建筑电气关键技术设计实践

JIANZHU DIANQI GUANJIAN JISHU SHEJI SHIJIAN

孙成群　编著

中国计划出版社

北　京

图书在版编目（CIP）数据

建筑电气关键技术设计实践 / 孙成群编著. -- 北京：中国计划出版社，2021.10

ISBN 978-7-5182-1314-6

Ⅰ. ①建… Ⅱ. ①孙… Ⅲ. ①房屋建筑设备－电气设备－建筑设计 Ⅳ. ①TU85

中国版本图书馆CIP数据核字(2021)第142016号

责任编辑：张　颖　　　　封面设计：韩可斌

责任校对：杨奇志　谭佳艺　　责任印制：李　晨

中国计划出版社出版发行

网址：www.jhpress.com

地址：北京市西城区木樨地北里甲 11 号国宏大厦 C 座 3 层

邮政编码：100038　电话：（010）63906433（发行部）

北京汇瑞嘉合文化发展有限公司印刷

787mm×1092mm　1/16　20 印张　915 千字

2021 年 10 月第 1 版　2021 年 10 月第 1 次印刷

定价：68.00 元

作 者 简 介

孙成群　1963年出生，1984年毕业于哈尔滨建筑工程学院建筑工业电气自动化专业，2000年取得教授级高级工程师任职资格，现任北京市建筑设计研究院有限公司设计总监、总工程师，住房和城乡建设部建筑电气标准化技术委员会副主任委员，中国建筑学会建筑雷电防护学术委员会副理事长，全国建筑标准设计委员会电气委员会副主任委员，中国工程建设标准化协会雷电防护委员会常务理事，中国消防协会标准化委员会电气防火专业委员，西安交通大学物联网绿色发展研究院兼职教授。

在从事民用建筑中的电气设计工作中，曾参加并完成多项工程项目，在这些工程中，既有高层和超过500 m高层建筑的单体公共建筑，也有数十万平方米的生活小区。担任电气第一负责人的项目主要包括：中国共产党历史展览馆，国家速滑馆，中信大厦（中国尊），全国人大机关办公楼，全国人大常委会会议厅改（扩）建工程，凤凰国际传媒中心，深圳中州大厦，珠海歌剧院，丽泽SOHO，中国天辰科技园天辰大厦，呼和浩特大唐国际喜来登大酒店，银河SOHO，张家口奥体中心，深圳联合广场，首都博物馆新馆，富凯大厦，金融街B7大厦，北京市公安局808工程，西双版纳“避寒山庄”，百朗园，富华金宝中心，泰利花园，福建省公安科学技术中心，九方城市广场，天津泰达皇冠假日酒店，北京上地北区九号地块–IT标准厂房，北京科技财富中心，新疆克拉玛依综合游泳馆，北京丽都国际学校，山东济南市舜玉花园Y9号综合楼，山东东营宾馆，李大钊纪念馆，北京葡萄苑小区，宁波天一家园，望都家园，西安紫薇山庄，山东辽河小区等。

主持编写《建筑电气设计方法与实践》《简明建筑电气工程师数据手册》《建筑工程设计文件编制实例范本——建筑电气》《建筑工程设计文件编制实例范本——建筑智能化》《建筑电气设备施工安装技术问答》《建筑工程机电设备招投标文件编写范本》《建筑电气设计实例图册④》等。参加编写《民用建筑电气设计标准》GB 51348、《智能建筑设计标准》GB 50314、《火灾自动报警系统设计规范》GB 50116、《火灾自动报警系统施工及验收标准》GB 50166、《住宅建筑规范》GB 50368、《建筑物电子信息系统防雷设计规范》GB 50343、《智能建筑工程质量验收规范》GB 50339、《建筑机电工程抗震设计规范》GB 50981、《会展建筑电气设计规范》JGJ 333、《商店建筑电气设计规范》JGJ 392、《消防安全疏散标志设置标准》DB 11/1024等标准和《全国民用建筑工程设计技术措施·电气》。

The Author was born in 1963. After graduated from the major of Industrial and Electrical Automation of Architecture of Harbin Institute of Architecture and Engineering (Now merged into Harbin Institute of Technology) in 1984, the author has been working in China Architecture

Design & Research Group (originally Architecture Design and Research Group of Ministry of Construction P.R.C) . He has acquired the qualification of professor Senior Engineer in 2000. He is chief engineer of Beijing Institute of Architectural Design,vice chairman of Housing and Urban and Rural Construction, Building Electrical Standardization Technical Committee, executive director of the Lightning Protection Committee of the China Engineering Construction Standardization Association, vice chairman of National Building Standard Design Commission Electrical Commission now. Adjunct professor, Green Development Research Institute, Xi'an Jiao Tong University.

Engaging in architectural design for civil buildings in these years , he have fulfilled many projects situated at many provinces in China ,which include high buildings and monomer public architectures which is more than 500m high, and also hundreds of thousands square meters living zone . They are Museum of communist Party of China, National Speed Skating Gymnasium,Zhongxin high-rise Building, Leeza SOHO tower, the NPC organs office building, Phoenix International Media Center, the expansion project of the Great Hall of the People,Hohhot Datang International Sheraton Hotel,Chaoyangmen SOHO project Ⅲ, the Unite Plaza of Shenzhen; Fukai Mansion; the New Museum of the Capital Museum; Bailang Garden; the B7 Building of Finance Street in Beijing; the FuHuaJinBao Center; the TAILI Garden; Fujian Provincial Public Security Science and Technology Center; Zhuhai Opera House; Nine side of City Square; Shenzhen Zhongzhou Building; Tianchen Building; Crowne Plaza Hotel in Tianjin TEDA; IT Standard Factory of Beijing Shangdi North Area No.9 lot; The Wealth Center of science & technology in Beijing ;Integrated Swimming Gymnasium of Xinjiang Kelamayi; Beijing Lidu International School; Y9 Integrated Building of ShunYu Garden in Shandong Jinan; Shandong dongying Hotel; The memorial of Lidazhao ;Beijing Vineyard Living Zone; Ningbo Tianyi Homestead; Wangdu Garden; Xian Ziwei Mountain Villa; Shandong Liaohe Living Zone, and so on.

He has charged many books such as *The Data Handbook for Architectural Electric Engineer*, *The Model for Architectural Engineering Designing File Example-Architectural Electric*, *Answers and Questions for Construction Technology in Electrical Installation Building*,*Model Documents of Tendering for Mechanical and Electrical Equipments in Civil Building* and Exemplified diagrams of Architecture Electrical Design. And he take part in the compilation of GB 51348 *Standard for Electrical Design of Civil Buildings*, GB 50314 *Standard for Design of Intelligent Building*,GB 50116 *Code for Design of Automatic Fire Alarm System*,GB 50166 *Code for Installation and Acceptance of Fire Alarm System*, GB 50368 *Residential Building Code*, GB 50343 *Technical Code for Protection Against Lightning of Building Electronic Information System* and GB 50339 *Code for Acceptance of Quality of Intelligent Building Systems*, GB 50981 *Code for Seismic Design of Mechanical and Electrical Equipment*,JGJ 333 *Code for Electrical Design* of *Conference & Exhibition Buildings*, JGJ 392 *Code for Electrical Design of Store Buildings*, DB 11/1024 *Standard or Fire Safety Evacuation Signs Installation and the National Architectural Engineering Design Technology Measures · Electric*.

序　言

北京市建筑设计研究院有限公司成立于1949年，是新中国第一家民用建筑设计院。作为国家高新技术企业和北京市设计创新中心，我们坚持用大国匠心打造城市的秩序与气度，用建筑作品续写中华民族的文脉传承，用专注赤诚扛起国企的使命与担当。经历七十多年的发展，经过几代人的开拓创新、励精图治，北京市建筑设计研究院有限公司已经完成了超过2.5亿平方米建筑面积的两万五千多项建筑设计作品和众多科研成果，贡献了不同时期的设计经典，不断实现建筑设计领域的技术创新和突破，形成了“建筑设计服务社会，数字科技创造价值”的企业核心价值观。

从学术上讲，建筑电气是应用建筑工程领域内的一门新兴学科，它是基于物理、电磁学、光学、声学、电子学理论上的一门综合性学科。建筑电气作为现代建筑的重要标志，它以电能、电气设备、计算机技术和通信技术为手段来创造、维持和改善建筑物空间的声、光、电、热以及通信和管理环境，使其充分发挥建筑物的特点，实现其功能。建筑电气是建筑物的神经系统，建筑物能否实现使用功能，电气是关键。建筑电气在维持建筑内环境稳态，保持建筑完整统一性及其与外环境的协调平衡中起着主导作用。

《建筑电气关键技术设计实践》一书结合北京市建筑设计研究院有限公司在医疗建筑、体育建筑、剧场建筑、航站楼建筑、博展建筑、文化建筑、办公建筑、教育建筑、旅馆建筑、商店建筑、城市综合体、援外项目的电气设计实践，从设计到理论，阐述电气设计中的关键技术，给出适合建筑特点的电气工程系统模型和电气设计方法和相关理论，为不同类型工程建设实现最优配置，内容采用图表并茂表述，简明扼要，通俗易懂，广大电气工程师在工作中熟练地掌握分析方法，确保建筑工程质量和安全，提高房屋建筑设计水平有着重要的意义。

未来，北京市建筑设计研究院有限公司将以科技服务为主业，在构建高精尖经济结构、推进“设计之都”建设中，努力实现高质量发展，打造“国际一流的建筑设计科创企业”。希望读者通过此书获得收益，指导工程建设的电气设计和施工，提高建设工程质量、水平和效率，实现与国际同行业接轨，开阔设计和施工人员的视野，共同完善建筑电气设计理论，创造出更多精品工程。

北京市建筑设计研究院有限公司董事长 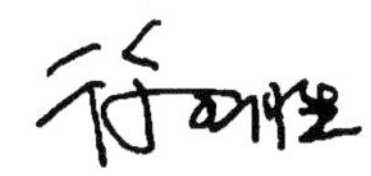

前　言

建筑以其独特的方式保留人类物质历史和情感历史，它不仅仅是对历史文化的凝固，也是人类现实梦想乃至生命的凝固。建筑行业发生的变化，使得当前业主和设计师等对建筑的认识较以前更加自主、成熟，人们需要秉承敬业精神和服务社会的良好心态，本着安全可靠、经济合理、技术先进的理念，才能创造出更多、更专业、更全面的设计产品。建筑电气作为现代建筑的重要标志，它以电能、电气设备、计算机技术和通信技术为手段来创造、维持和改善建筑物空间的声、光、电、热以及通信和管理环境，使其充分发挥建筑物的特点，实现其功能。电气系统存在着鲜明特点，它取决于不同建筑业态的管理模式。电气系统之间存在相互依存、相互助益的能动关系，它内部有很多子系统和层次，不是简单系统，也不是随机系统，有时是一个非线性系统。本书遵循国家有关方针、政策，突出电气系统设计的可靠性、安全性和灵活性，秉承“建筑服务社会，设计创造价值”的核心理念，通过作者 36 年的设计经验和工程设计实践经验，针对不同建筑形式，阐述电气设计方法和相关理论。本书不仅可以作为建筑电气工程设计、施工人员实用参考书，也可作为建筑电气工程师再教育培训教材，供大专院校有关师生教学参考使用。

本书是结合医疗建筑、体育建筑、剧场建筑、航站楼建筑、博展建筑、文化建筑、办公建筑、教育建筑、旅馆建筑、商店建筑、城市综合体、援外项目的电气设计关键技术设计实例，阐述电气设计关键技术，给出适合建筑特点的电气工程系统模型，为工程的建设实现最优配置。由于电气设计理论和产品技术的不断进步，书中如有与国家规范的规定有不一致者，应以现行国家规范的规定为准。

本书取材广泛、数据准确、注重实用，内容采用图文并茂形式表述，简明扼要，通俗易懂，希望读者通过阅读本书，开扩思路，提高设计技能，增强解决实际工程问题的能力。

在本书编写过程中，得到吴威、韩文秀、刘魁、武亦农、刘瑞河、穆晓霞、刘侃、余道鸿、马岩、丁凌云、舒天忙、梁巍、董艺、白喜录、郑成波等很多同行的热情支持和帮助，这里深怀感恩之心来品味自己的成长历程，发现人生的真正收获。感恩父母的言传身教，给了我无私的爱和关怀。感恩老师的谆谆教诲，是他们给了我知识和看世界的眼睛。感恩同事的热心帮助，是他们给了我平淡中蕴含着亲切，微笑中透着温馨。感恩朋友的鼓励支持，是他们给了我走向成功的睿智。

限于编者水平，若书中有不妥之处，真诚地希望广大读者批评指正。

北京市建筑设计研究院有限公司设计总监、总工程师　孙成群

目　　录

第一章

医疗建筑电气关键技术设计实践

Design Practice of Electrical Key Technology of Medical Building

医疗建筑是指为了人的健康进行的医疗活动或帮助人恢复或保持身体机能而提供的相应建筑场所。医疗建筑是关系到人的生命健康的场所，功能要求特殊，一般包括门厅、挂号厅、候诊区、家属等候区、病房、手术室、重症监护室、诊断室等场所。医疗建筑电气设计应根据建筑规模和使用要求，贯彻执行国家关于医疗建设的法规，满足医生和患者的不同使用要求，阻断传染渠道，对突发事故、自然灾害、恐怖袭击等应有预案，保证医院工程的安全性，营造良好的医疗环境。

1.1 强电设计

扫码观看
书中详图

医疗建筑供配电系统要根据建筑规模和等级、医疗设备要求、管理模式和业务需求进行配置变压器容量、变电所和柴油发电机组的设置，既要满足近期使用要求，又要兼顾未来发展的需要，要根据医患特点和不同场所的要求，满足医疗建筑日常供电的安全可靠要求，能够使医生和患者获得安全、舒适的治疗环境，并有利于患者的康复。

医疗建筑分级及医疗场所的安全防护要求

一、医疗建筑分级

医院按**三级**医疗预防体系实行分级与分等。

一级医院：直接向一定人口的社区提供预防、医疗、保健、康复服务的基层医院、卫生院。

二级医院：向多个社区提供综合医疗卫生服务和承担一定教学、科研任务的地区性医院。

三级医院：向几个地区提供高水平专科性医疗卫生服务和执行高等教学、科研任务的区域性以上的医院。

各级医院经过评审，确定为甲、乙、丙三等，三级医院增设特等。

医疗建筑电力用户等级及电源要求

医疗建筑等级	重要电力用户等级	电源需求
三级医院	一级	双重电源+应急电源
二级医院	一级	双重电源+应急电源
一级医院	具体分析	具体分析

二、医疗场所的安全防护要求

医疗场所应按使用接触部件所接触的部位及场所分为0、1、2三类，各类应符合下列规定：

0类场所：应为不使用接触部件的医疗场所。

1类场所：应为接触部件接触躯体外部及除2类场所规定外的接触部件侵入躯体的任何部分。

2类场所：应为将接触部件用于心内诊疗术、手术室以及断电将危及生命的重要治疗的医疗场所。

医疗功能单元

医疗建筑功能分类表

分类	门诊	预防保健管理	临床各科	医技科室	医疗管理
各功能单元	● 分诊、挂号、收费； ● 各诊室； ● 急诊、急救； ● 输液、留观	● 体检； ● 保健； ● 社区服务	● 内科各科； ● 外科各科； ● 眼耳鼻口科； ● 儿科； ● 妇产科； ● 手术、麻醉； ● ICU、CCU； ● 介入治疗； ● 放射治疗； ● 血液透析； ● 理疗科	● 药剂科； ● 检验科； ● 放射科； ● 核医学科； ● 超声科； ● 电生理科； ● 病理科； ● 血库	● 病案、统计； ● 住院管理； ● 门诊管理； ● 感染控制

医疗建筑各类用电设备负荷等级

医疗建筑一级负荷中的特别重要负荷：二级以上医院中急诊抢救室、血液病房的净化室、产房、烧伤病房、重症监护室、早产儿室、血液透析室、手术室、术前准备室、术后复苏室、麻醉室、心血管造影检查室等场所中涉及患者生命安全的设备及其照明用电；大型生化仪器、重症呼吸道感染区的通风系统。备用电源的供电时间不少于3 h，二级医院备用电源的供电时间不少于12 h，三级医院备用电源的供电时间不少于24 h。

医疗建筑一级负荷：二级以上医院中急诊抢救室、血液病房的净化室、产房、烧伤病房、重症监护室、早产儿室、血液透析室、手术室、术前准备室、术后复苏室、麻醉室、心血管造影检查室等场所中的除一级负荷中特别重要负荷的其他用电二级医院设备，一些诊疗设备及照明用电。

医疗建筑二级负荷：二级以上医院中电子显微镜、影像科诊断用电设备，肢体伤残康复病房照明用电；中心(消毒)供应室、空气净化机组，贵重药品冷库、太平柜，客梯、生活水泵、采暖锅炉及换热站等用电负荷，一级医院急诊室。

一般大型综合医院供电指标采用80 W/m²，专科医院供电指标采用50 W/m²。在医院的用电负荷中，一般照明插座负荷约占30%，空调负荷约占50%，动力及大型医疗设备负荷约占20%。

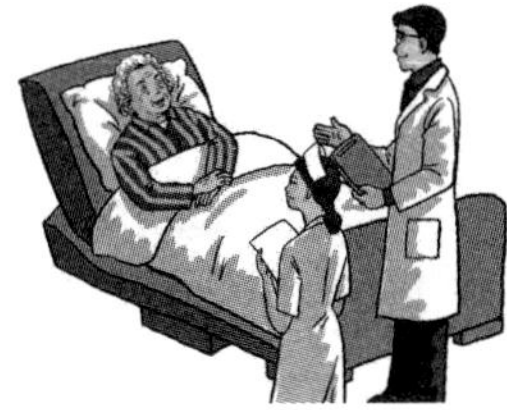

医疗建筑对供电电压和电能质量的要求

1.医疗装备的电压、频率允许波动范围和线路电阻应符合设备要求，否则应采取相应措施。
2.医用X光诊断机的允许电压波动范围为额定电压的±10%。
3. 室内一般照明宜为±5%，在视觉要求较高的场所（如手术室、化验室等）宜为-2.5%~5%。
4. 医疗建筑注入公共电网的谐波电流应符合《电能质量　供电电压偏差》GB/T 12325—2008用户注入电网的传导骚扰（主要是谐波）的规定。
5. 供配电系统宜采取谐波抑制措施，系统电压总谐波畸变率THDu应小于5%。
6. 大型医疗设备的电源系统，应满足设备对电源压降的要求。

医疗建筑典型配电方案(一)

- 本方案适用于三级、二级医院，采用双路10kV市电供电，自备0.4kV柴油发电机组。
- 要求中断供电时间小于或等于0.5s的一级负荷中特别重要的负荷，均应在末墙设置UPS（不间断电源）装置。

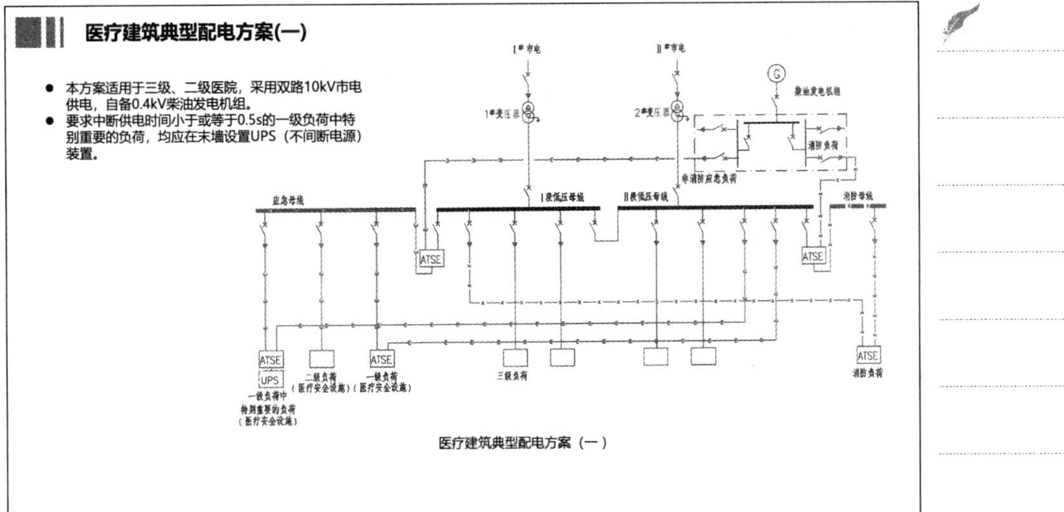

医疗建筑典型配电方案（一）

医疗建筑典型配电方案（二）

- 本方案适用于三级、二级医院，采用双路10kV市电供电，自备0.4kV柴油发电机组。
- 要求中断供电时间小于或等于0.5s的一级负荷中特别重要的负荷，均应在末端设置UPS装置。

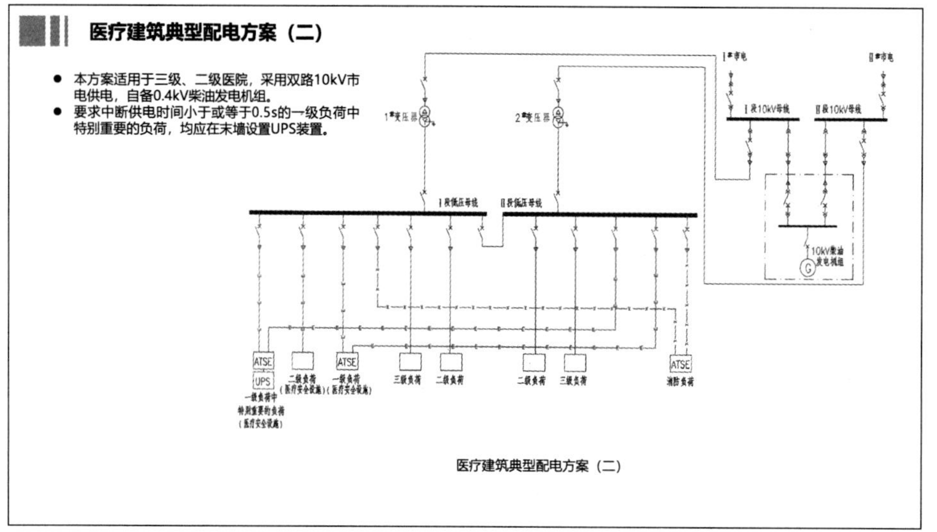

医疗建筑典型配电方案（二）

医疗建筑典型配电方案（三）

- 本方案适用于三级、二级医院，采用双路10kV市电供电，自备10kV柴油发电机组。
- 要求中断供电时间小于或等于0.5s的一级负荷中特别重要的负荷，均应在末端设置UPS装置。

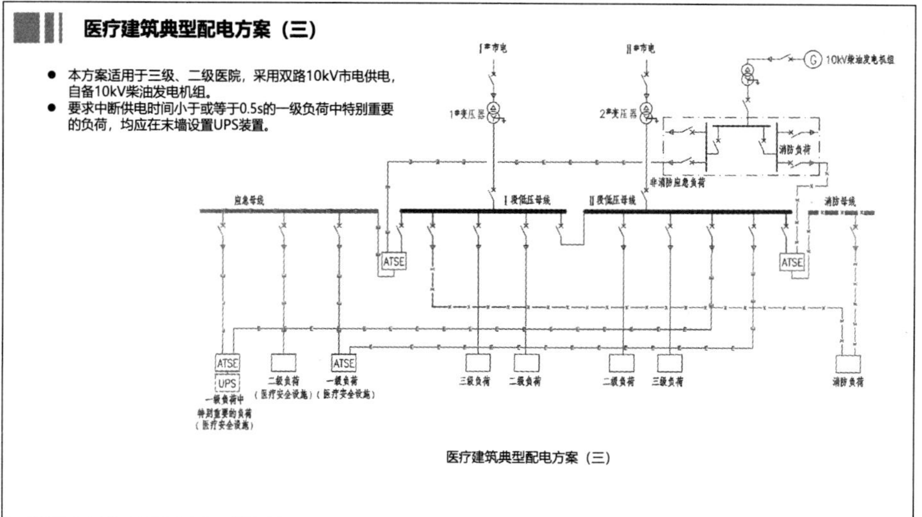

医疗建筑典型配电方案（三）

医疗建筑典型配电方案（四）

- 本方案适用于一级、二级负荷较少的医院，采用一路10kV市电供电，自备0.4kV柴油发电机组。
- 要求中断供电时间小于或等于0.5s的一级负荷中特别重要的负荷，均应在末端设置UPS装置。

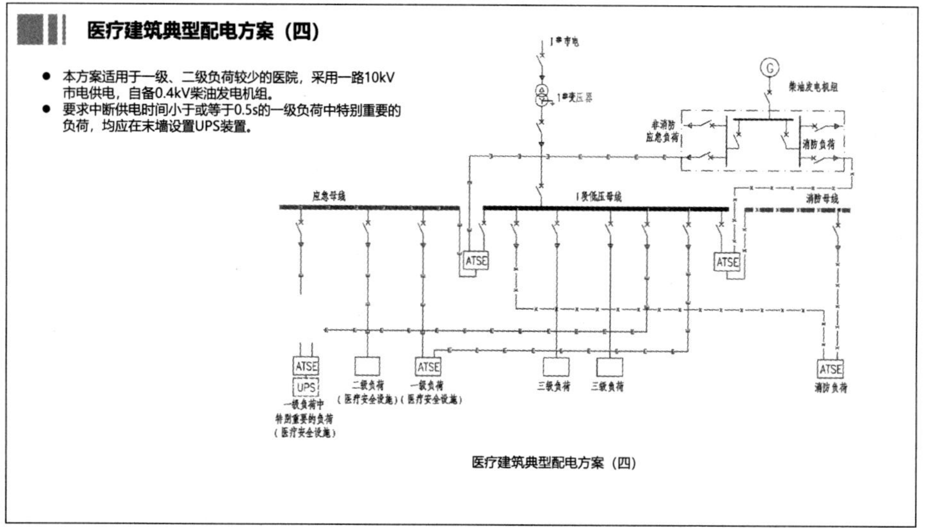

医疗建筑典型配电方案（四）

医疗建筑典型配电方案（五）

本方案适用于一级医院，采用一路10kV市电供电，另一路10kV市电作为第二电源。

医疗建筑典型配电方案（五）

供电可靠及连续是用电安全的保障

□ 保证电源的供电可靠率

- 统计时间内，对用户有效供电总小时数与统计期间小时数之比（供电部门的指标）。

□ 保证配电系统稳定

- 一级负荷、二级负荷、三级负荷的配电方案不同，切换装置及UPS的使用会提升可靠性等。

□ 保证电气设备抗扰

- 电气设备的技术参数和生命周期，对不良环境的耐受性，以及人为操作等因素。

□ 保证供电连续率

- 供电连续性系统结构和电气设备。
- 解决电能质量问题：
  - 本区域内的电能质量问题；
  - 其他区域的影响。
- 用电设备性能。

□ 提高运行可靠性

- 系统（电气系统）结构合理，合理分布电源和无功补偿装置，提高系统抗干扰能力。
- 提升自动化管理水平，装设分散协调控制装置SP。
- 根据负荷确定合理供电方式，限制缩小故障区段。

供电可靠及连续是用电安全的保障

- 上传设备实时数据
- 获取及整合设备运行数据
- 分析设备老化数据
- 输出风险提示
- 主动性维护执行措施提示

智能配电解决方案

应用分析与服务

边缘控制

互联互通的产品

智能配电系统价值

主动式运维

缩短停电时间 35%~45%

预警 过载，过温，绝缘监测，局部放电

减少停电次数 70%~75%

预测 负荷用能，设备老化，电能质量问题

延长设备寿命 30%

预防 非正常停电，事故的扩大，精确定位……

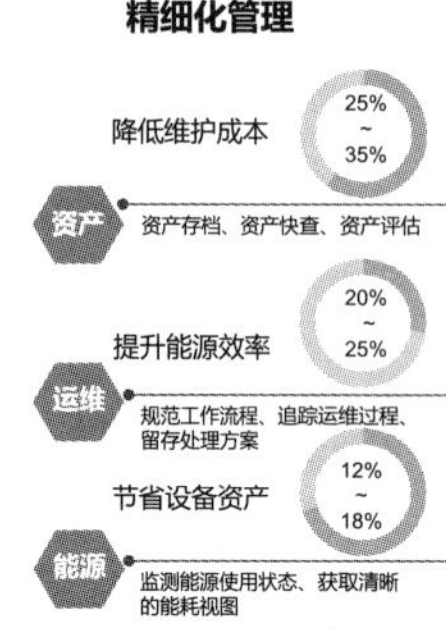

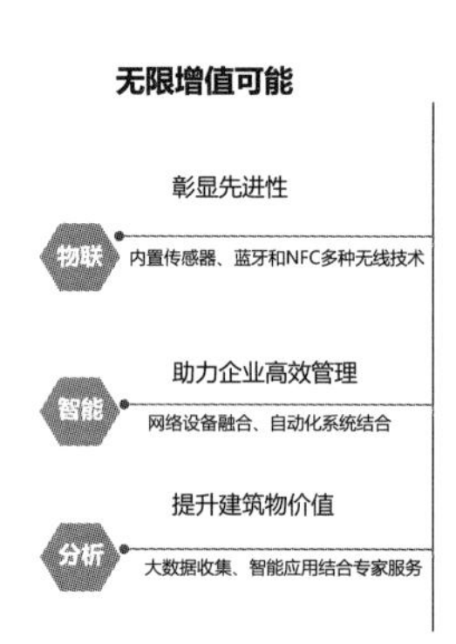

医院照明设计

医疗建筑照明标准表

房间或场所	参考平面及其高度	照度标准值（lx）	统一眩光值	照度均匀度U_0	一般显色指数R_a
治疗室	0.75m水平面	300	19	0.7	80
化验室	0.75m水平面	500	19	0.7	80
手术室	0.75m水平面	750	19	0.7	90
诊室	0.75m水平面	300	19	0.6	80
候诊室、挂号室	0.75m水平面	200	22	0.4	80
走道	地面	100	19	0.6	80
病房	地面	100	19	0.6	80
护士站	0.75m水平面	300	—	0.6	80
药房	0.75m水平面	500	19	0.6	80
重症监护室	0.75m水平面	300	19	0.6	80

医院照明设计

1. 医疗建筑医疗用房应采用高显色照明灯具，显色指数≥80。
2. 光源色温、显色性应满足诊断要求。

医院照明推荐色温表

房 间 名 称	推荐色温(K)
病房、病人活动室、理疗室、监护病房、餐厅	≤3 300
诊查室、候诊室、检验科、病理科、配方室、医生办公室、护士室、值班室、放射科诊断室、核医学科、CT诊断室、放射科治疗室、手术室、设备机房	3 300~5 300

注：医疗场所照明配电设计应特别注意要求自动恢复供电时间$t\leq0.5$s的医疗场所。医院电气照明应创造宽敞舒适的气氛、整洁安静的环境。为此光源的光色、显色性和建筑空间配色的相互协调所形成的“颜色气候”的合理性是构成医院照明设计的重要因素。

3. 医院安全照明设计。当主电源故障时，疏散通道，出口标志照明，应急发电机房、变电室、配电室，装设重要设施的房间应由安全设施电源提供必需的最低照度的照明用电。每间内至少有一个照明器由安全电源供电。其转换到安全电源的时间不应超过15s 。1类医疗场所的房间，每间内至少有一个照明器由安全电源供电；2类医疗场所的房间，每间内至少有50%照明器由安全电源供电。

医院照明设计

4. 医院照明设计应合理选择光源和光色，对于诊室、检查室和病房等场所宜采用高显色光源。
5. 诊疗室、护理单元通道和病房的照明设计宜避免卧床病人视野内产生直射眩光，高级病房宜采用间接照明方式。
6. 护理单元的通道照明宜在深夜关掉其中一部分或采用可调光方式。
7. 护理单元的疏散通道和疏散门应设置灯光疏散标志。
8. 病房的照明设计宜以病床床头照明为主，宜采用一床一灯，并另设置一般照明（灯具亮度不宜大于2 000cd/m^2），当采用荧光灯时宜采用高显色型光源。精神病房不宜选用荧光灯。
9. 在病房的床头上如设有多功能控制板时，其上宜设有床头照明灯开关、电源插座、呼叫信号、对讲电话插座以及接地端子等。
10. 单间病房的卫生间内应设有紧急呼叫信号装置。
11. 病房内应设有夜间照明，如地脚灯。在病房床头部位的照度不宜大于0.1 lx，儿科病房床头部位的照度可为1.0 lx。
12. 候诊室、传染病院的诊室和厕所、呼吸器科、血库、穿刺、妇科冲洗、手术室等场所应设置紫外线杀菌灯，如为固定安装时应避免直接照射到病人的视野范围之内。
13. 手术室内除设有专用手术无影灯外，宜另设有一般照明，其光源色温应与无影灯光源相适应。手术室的一般照明宜采用调光方式。
14. 手术室、抢救室、核医学检查及治疗室等用房的入口处应设置工作警示信号灯。X光诊断室、加速器治疗室、核医学扫描室、γ照相机室和手术室等用房，应设置防止误入的红色信号灯，红色信号灯电源应与机组联锁。
15. 共振扫描室、理疗室、脑血流图室等需要电磁屏蔽的地方采用直流电源灯具。

医院照明控制

1.一般场所照明开关的设置按下列规定设置：

(1) 门诊部、病房部等面向患者的医疗建筑的门厅、走道、楼梯、挂号厅、候诊区等公共场所的照明，宜在值班室、候诊服务台处采用集中控制，并根据自然采光和使用情况设分组、分区控制措施。

(2) 挂号室、诊室、病房、监护室、办公室个性化小空间宜单灯设照明开关。药房、培训教室、会议室、食堂餐厅等较大的空间宜分区或分组设照明开关。

2.护理单元的通道照明宜设置分组、时控、调光等控制方式。标识照明灯应单独设照明开关，仅夜间使用的标识照明灯可采用时控开关或照度控制。公共场所一般照明可由建筑设备监控系统或智能照明控制系统控制。医疗建筑内照明不宜采用声控或定时开关控制。

3.特殊场所照明开关的设置按下列规定设置：

(1) 手术室一般照明、安全照明和无影灯应分别设照明开关，手术室一般照明宜采用调光方式。

(2) X光诊断机、CT机、MRI机、DSA机、ECT机等专用诊疗设备主机室的照明开关宜设置在控制室内或在主机室及控制室设双控开关。净化层流病房宜在室内和室外设置双控开关。

(3) 传染病房、洗衣房等潮湿场所照明开关宜采用防潮型。

(4) 精神病房照明、插座宜在护士站集中控制。

(5) 医用高能射灯、医用核素等诊疗设备的扫描室、治疗室等涉及射线安全防护的机房入口处应设置红色工作标识灯，且标识灯的开关应设置在设备操作台上。

医院照明示例——门厅

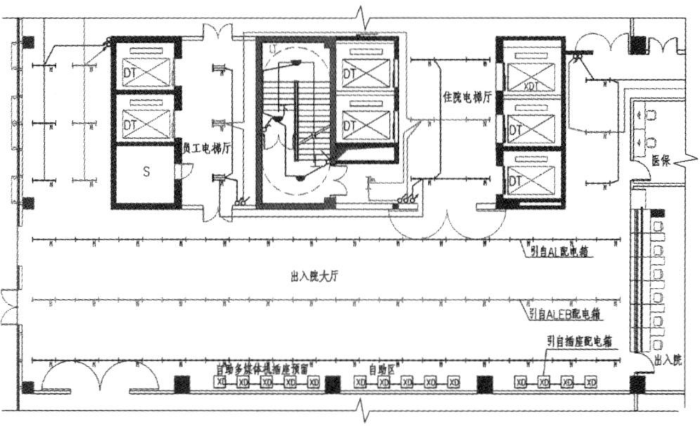

医院门厅照明示例

医院照明示例——走道

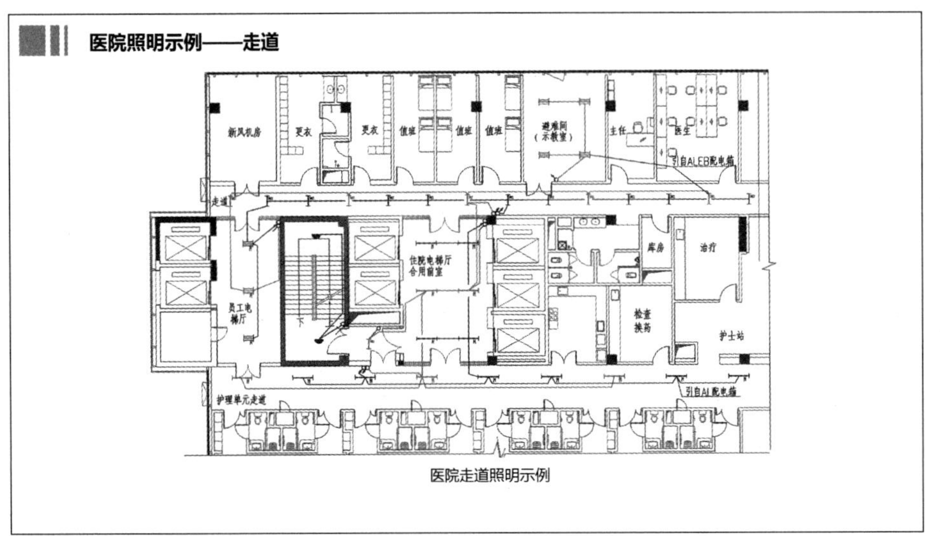

医院走道照明示例

医院照明示例——标识

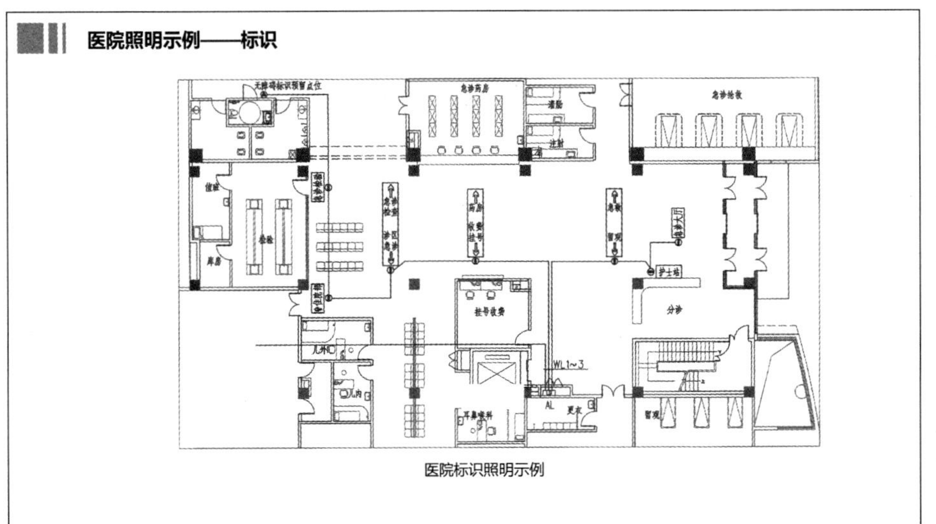

医院标识照明示例

医院照明示例——诊室

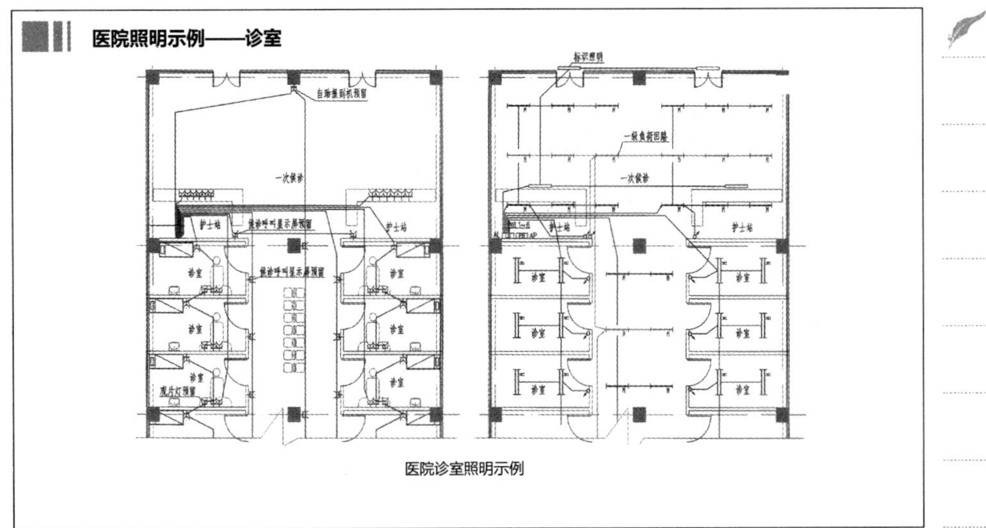

医院诊室照明示例

医院照明示例——抢救室

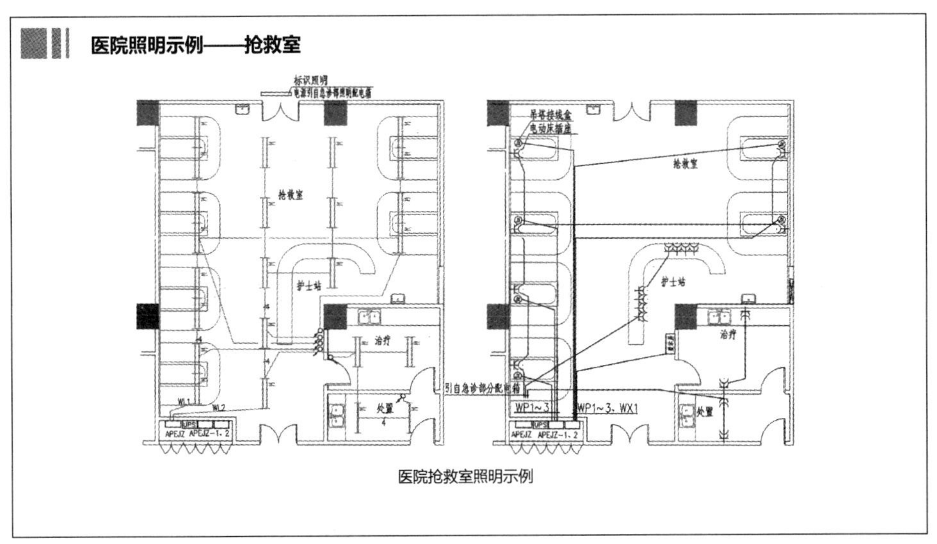

医院抢救室照明示例

医院照明示例——护士站

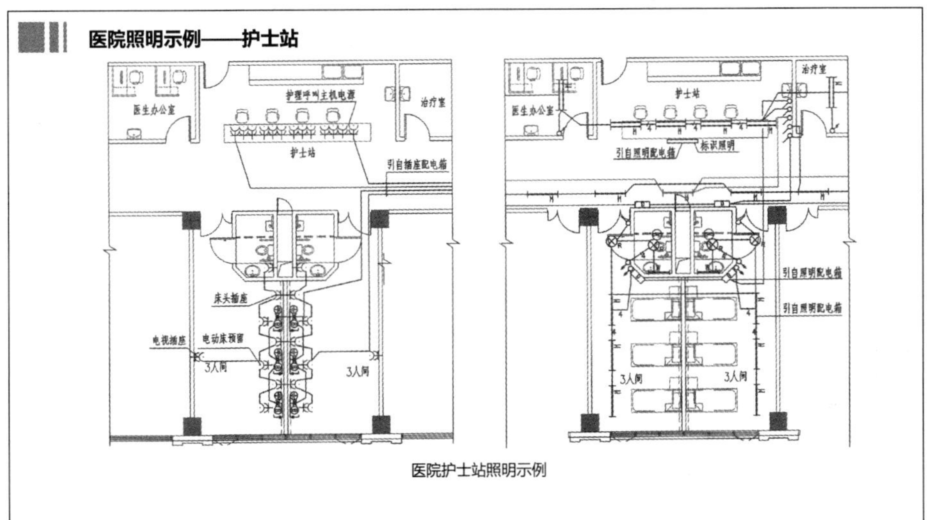

医院护士站照明示例

医院照明示例——内窥镜室、B超室

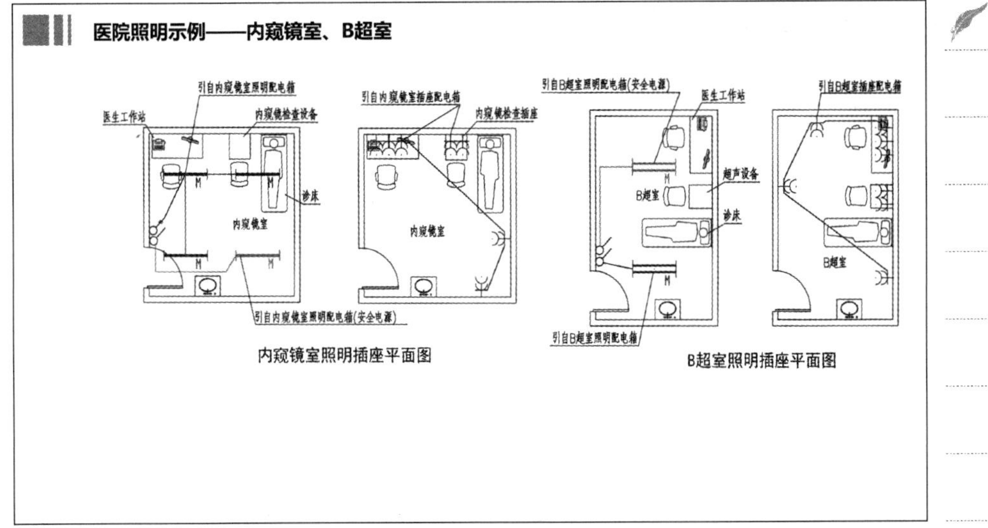

内窥镜室照明插座平面图

B超室照明插座平面图

医院照明示例—— CT/DR室

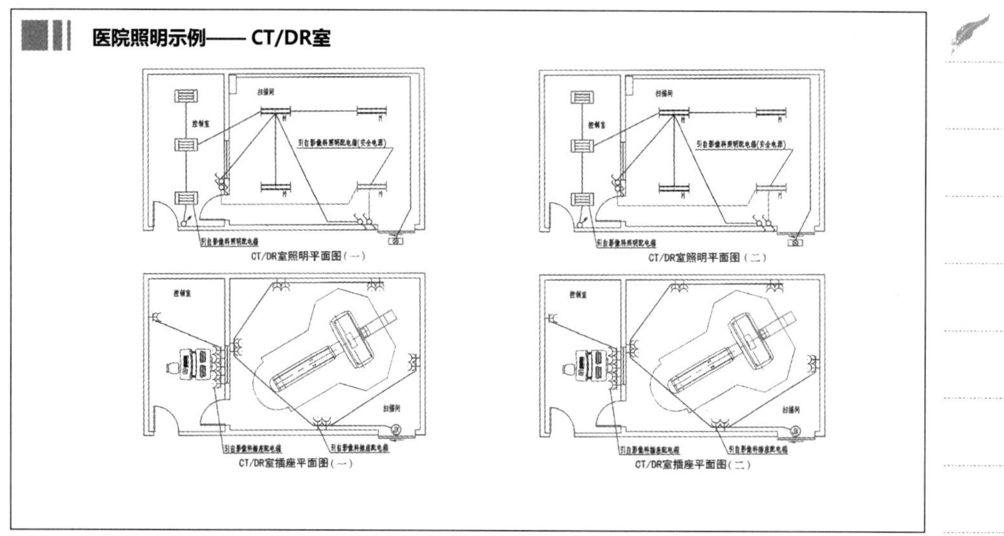

医院照明示例——影像科CT/DR室插座布置

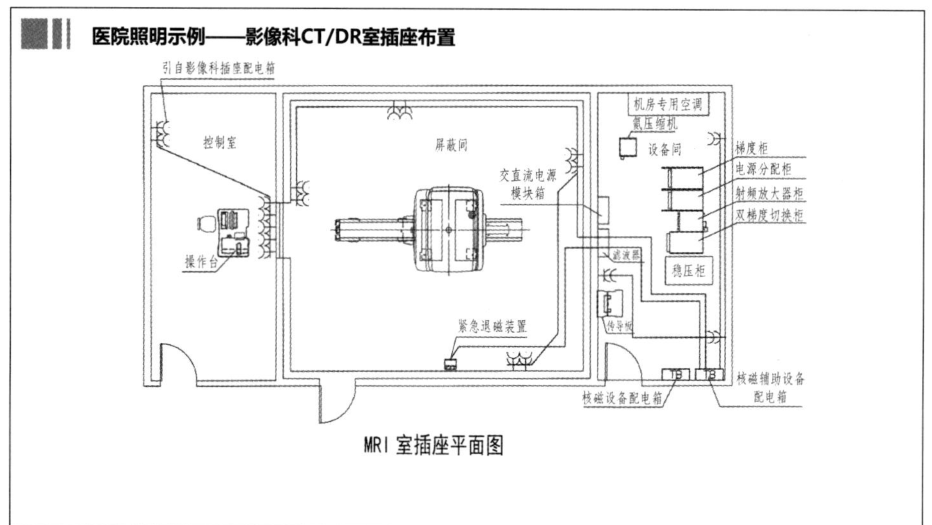

MRI 室插座平面图

医院照明示例——影像科CT/DR室

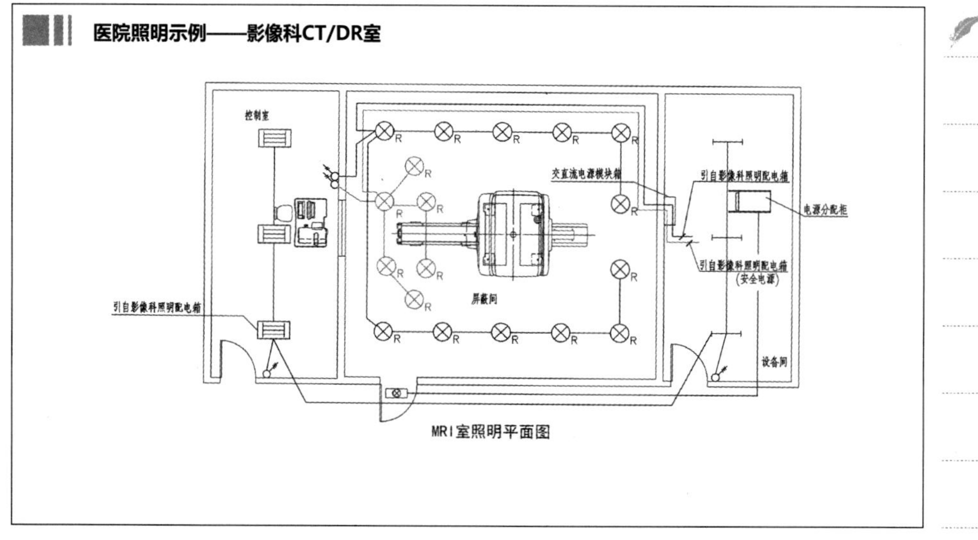

MRI室照明平面图

医院照明示例——直线加速器室

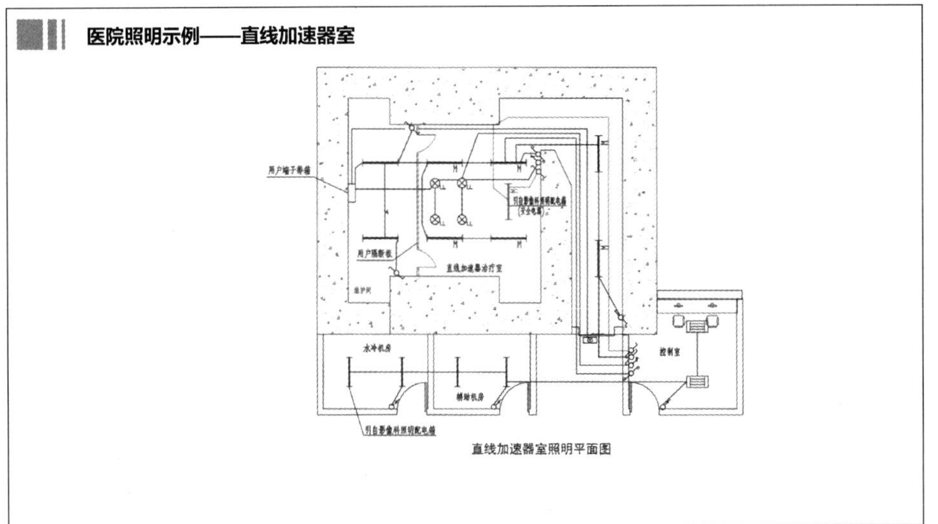

直线加速器室照明平面图

医院照明示例——直线加速器室插座布置

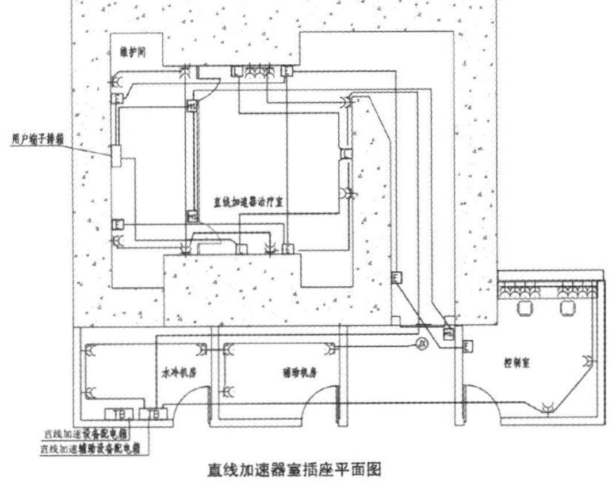

直线加速器室插座平面图

其他

1. 手术室、抢救室、重症监护病房等2类医疗场所的配电应采用医用IT系统，应配套设置绝缘监视器，并满足有关监测要求。
2. 大型放射或放疗设备等电源系统及配线应满足设备对电源内阻的要求，并采用专用回路供电。
3. 配电箱不得嵌装在防辐射屏蔽墙上。
4. 需要进出磁共振室的电气管路、线槽应采用非磁性、屏蔽电磁的材料，进入磁共振室内的供电回路需经过滤波设备，其他无关管线不得进入或穿过。
5. 在清洁走廊、污洗间、卫生间、候诊室、诊室、治疗室、病房、手术室及其他需要灭菌消毒的地方应设置杀菌灯。杀菌灯管吊装高度距离地面1.8~2.2 m，安装紫外线杀菌灯的数量、功率满足大于或等于1.5 W/m^3（平均值）。紫外杀菌灯应采用专用开关，不应合用多联开关，便于识别和操作，安装高度不应小于1.8 m，并应有防误开措施。
6. 多功能医用线槽内的电气回路必须穿塑料管保护，且应远离氧气管道，电气装置与医疗气体释放口的安装距离不得小于0.2 m。
7. 传染病医院的下列部门及设备除应设计双重电源外，还应自备应急电源：
   (1) 手术室、抢救室、急诊处置及观察室、产房、婴儿室；
   (2) 重症监护病房、呼吸性传染病房(区)、血液透析室；
   (3) 医用培养箱、恒温(冰)箱，重要的病理分析和检验化验设备；
   (4) 真空吸引、压缩机，制氧机；
   (5) 消防系统设备；
   (6) 其他必须持续供电的设备或场所。

不同房间紫外线杀菌灯配置表

房间宽度（m）	房间长度（m）						
	3.1~4.0	4.1~5.5	5.6~7.0	7.1~9.5	9.6~12.0	12.1~15.0	15.1~18.0
3.1~4.0	2，1	2，1	2，1	3，1	5，2	6，3	8，4
4.5~5.5	—	3，1	3，1	4，2	6，3	7，3	9，4
5.6~7.0	—	—	4，2	5，2	7，3	9，4	11，5
7.1~9.5	—	—	—	6，3	8，4	10，5	12，6
9.6~12.0	—	—	—	—	10，5	12，6	14，7

注：本表中第1个数字指灭菌灯为15W时所需的灯数，第2个数字指灭菌灯为30W时所需的灯数。

其他

8. 对于需要进出有射线防护要求的房间的电气管路、线槽为避免射线泄露，应采用铅当量不小于墙体材料的铅板防护，防护长度从墙面防护表面起不小于0.5m且应确保无射线外露，并应与墙面防护材料搭接不小于0.03m，其他无关管线不得进入或穿过射线防护房间。
9. 负压隔离病房通风系统的电源、空调系统的电源应独立。
10. 配电箱、控制箱等应设置在清洁区，不应设置在患者区域。
11. 电动密闭阀宜采用安全电压供电，当采用220V供电时，其配电回路应设置剩余电流保护装置保护，其金属管道应做等电位连接，电动密闭阀应在护士站控制。
12. 负压隔离病房电气管路尽可能设在电气系统末端。
13. 穿越患者活动区域的线缆保护管口、接线盒以及穿越存在压差区域的电气管路或槽盒应采用不燃材料和可靠的密封措施。
14. 负压隔离病房和洁净用房的照明灯具采用洁净密闭型灯具。
15. 负压病房照明控制应采用就地与清洁区两地控制。
16. 预留隔离病房传递窗口、感应门、感应冲便器、感应水龙头等设施的电源。
17. 污水处理设备、医用焚烧炉、太平间冰柜、中心供应等用电负荷应采用双电源供电；有条件时，其中一路电源宜引自应急电源。

医疗场所的接地要求

在**1类**和**2类医疗场所**内应安装辅助等电位联结导体，并应将其连接到位于“患者区域”内的等电位联结母线上，实现下列部分之间等电位：

（1）保护导体；

（2）外界可导电部分；

（3）抗电磁场干扰的屏蔽物；

（4）导电地板网格；

（5）隔离变压器的金属屏蔽层。

注：固定安装的可导电的患者非电支撑物，如手术台、理疗椅和牙科治疗椅，宜与等电位联结导体连接，除非这些部分要求与地绝缘。

手术室等电位联结方案（一）

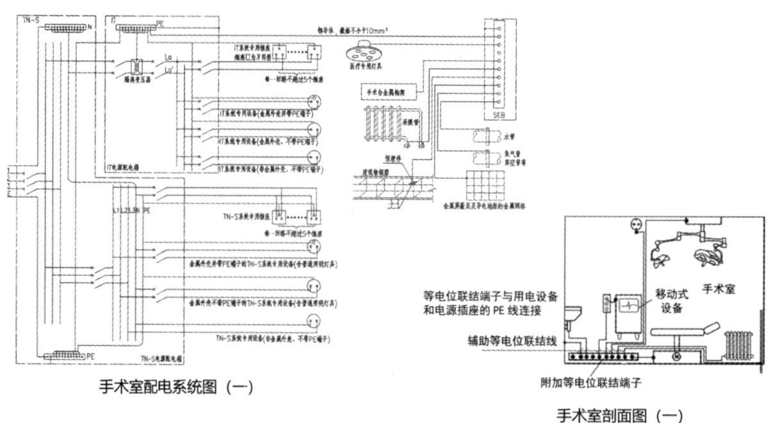

手术室配电系统图（一）

手术室剖面图（一）

手术室等电位联结方案（二）

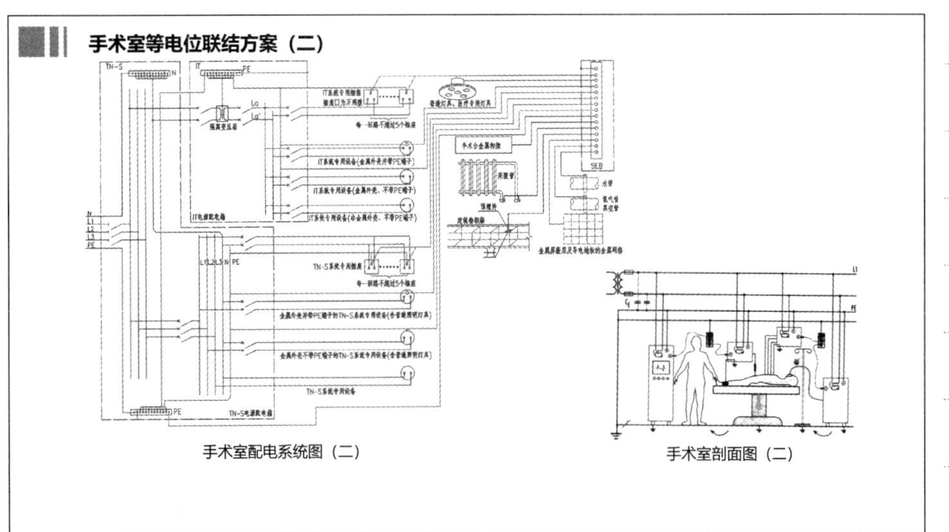

手术室配电系统图（二）　　手术室剖面图（二）

手术室等电位联结平面图

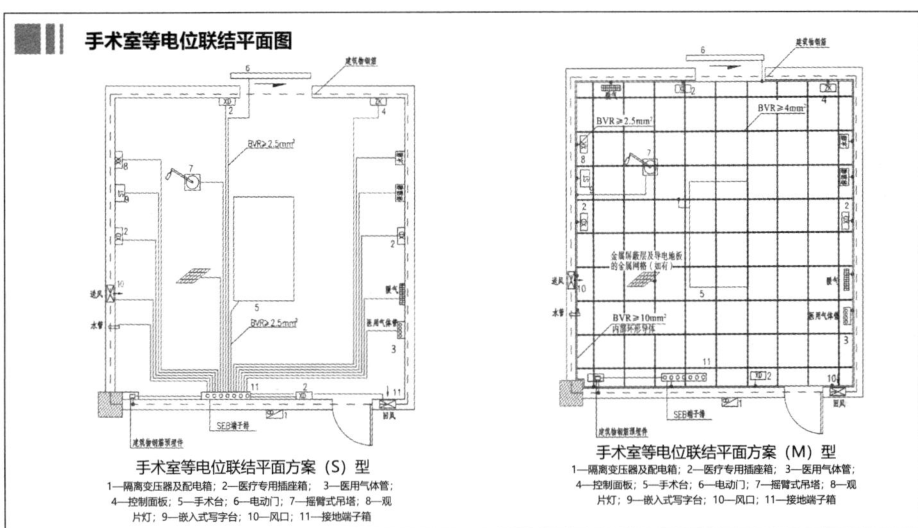

手术室等电位联结平面方案（S）型

1—隔离变压器及配电箱；2—医疗专用插座箱；3—医用气体管；4—控制面板；5—手术台；6—电动门；7—摇臂式吊塔；8—观片灯；9—嵌入式写字台；10—风口；11—接地端子箱

手术室等电位联结平面方案（M）型

1—隔离变压器及配电箱；2—医疗专用插座箱；3—医用气体管；4—控制面板；5—手术台；6—电动门；7—摇臂式吊塔；8—观片灯；9—嵌入式写字台；10—风口；11—接地端子箱

手术室等电位联结平面图

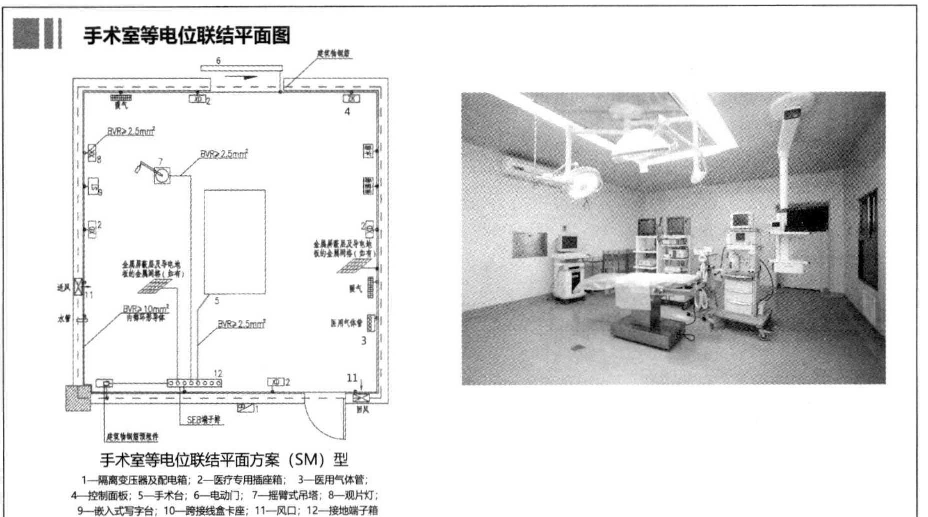

手术室等电位联结平面方案（SM）型

1—隔离变压器及配电箱；2—医疗专用插座箱；3—医用气体管；4—控制面板；5—手术台；6—电动门；7—摇臂式吊塔；8—观片灯；9—嵌入式写字台；10—跨接线盒卡座；11—风口；12—接地端子箱

医用气源系统

基本气源种类为：氧气（O_2）、真空吸引（Vac）、压缩空气（Air）三种，氮气、笑气、氩气、二氧化碳可按实际需要配置。

物流传输系统：物流传输系统通常采用气压管道传输方式。

医用气源系统需求表

项目	门诊、急诊、体检	医技科室	临床科室	管理科室
功能单元站点	●收费、挂号处； ●诊室护士站； ●采血、取样站； ●急诊护士站； ●急救室； ●体检护士站	●药局；●B超、心电图护士站； ●放射科登记处；●检验科； ●病理科；●核医学科； ●中心供应室；●血库	●各护理单元护士站； ●ICU、CCU护士站； ●手术部护士站； ●血透室； ●放疗科护士站	●病案统计； ●住院处； ●图书馆
终端数量	各1个	各1～2个	各1个	各1个
传输物品	病历、检验单、标本	药品、标本、血液、单据	标本、血液、药品、单据	病历、单据、资料

医用气源系统接地

各医疗房间内可能产生静电危害的设备、流动液体、气体或粉体管道应采取防静电接地措施，其中有爆炸和火灾危险场所的设备、管道应符合现行国家标准《爆炸危险环境电力装置设计规范》GB 50058的有关规定。医疗气体管道包括（氧气、负压吸引、压缩空气、氮气、笑气及二氧化碳等）在始端、分支点、末端及医疗带上的末端用气点均应可靠接地。

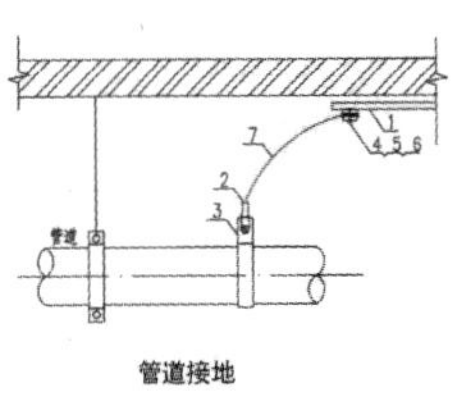

管道接地

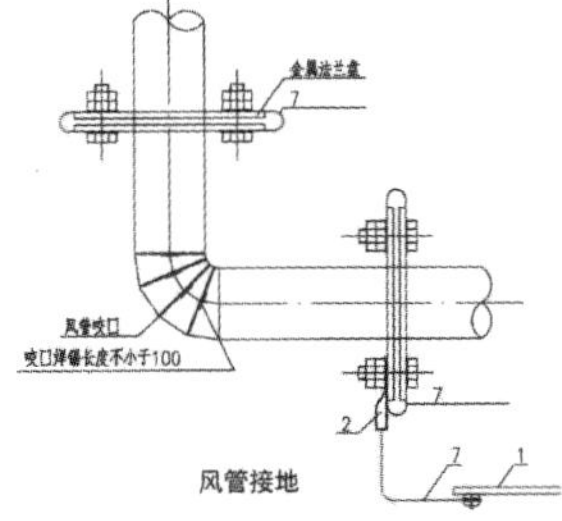

风管接地

1—接地线；2—接地鼻子；3—专用接地卡；4—螺栓；5—螺母；6—垫圈；7—跨地线

1.2 医疗工艺配电设计

医疗建筑不同于一般的公共建筑，具有使用对象特殊、功能复杂、设备多而分散、工艺及安全防护要求高、电气系统种类多、对供电的可靠性要求高，医疗工艺配电设计应满足医疗场所的安全防护要求，确保医疗场所内电气设备的供电可靠性和用电安全性，确保治疗过程中医务人员和患者的安全。

医疗场所的安全防护要求

医疗场所及设施的类别划分与要求自动恢复供电的时间

名称	医疗场所及设施	场所类别			要求自动恢复供电时间t(s)		
		0	1	2	t≤0.5	0.5<t≤15	t>15
门诊部	门诊诊室	√	—	—	—	—	—
	门诊治疗	—	√	—	—	—	√
急诊部	急诊诊室	√	—	—	—	√	—
	急诊抢救室	—	—	√	√(a)	√	—
	急诊观察室、处置室	—	√	—	—	√	—
住院部	病房	—	√	—	—	—	√
	血液病房的净化室、产房、烧伤病房	—	√	—	√(a)	√	—
	婴儿室	—	√	—	—	√	—
	重症监护室、早产儿室	—	—	√	√(a)	√	—
	血液透析室	—	√	—	√(a)	√	—

医疗场所的安全防护要求

医疗场所安全防护要求表（一）

名称	医疗场所及设施	场所类别			要求自动恢复供电时间t（s）		
		0	1	2	t≤0.5	0.5<t≤15	t>15
手术部	手术室	—	—	√	√(a)	√	—
	术前准备室、术后复苏室、麻醉室	—	√	—	√(a)	√	—
	护士站、麻醉师办公室、石膏室、冰冻切片室、敷料制作室、消毒敷料室	√	—	—	—	√	—
功能检查	肺功能检查室、电生理检查室、超声检查室	—	√	—	—	√	—
内镜	内镜检查室	—	√(b)	—	—	√(b)	—
泌尿科	诊疗室	—	√(b)	—	—	√(b)	—
影像科	DR诊断室、CR诊断室、CT诊断室	—	√	—	—	√	—
	导管介入室	—	√	—	—	√	—
	心血管造影检查室	—	—	√	√(a)	√	—
	MRI扫描室	—	√	—	—	√	—
放射治疗	后装、钴60、直线加速器、γ刀、深部X线治疗	—	√	—	—	√	—
理疗科	物理治疗室	—	√	—	—	—	√
	水疗室	—	√	—	—	—	√
检验科	大型生化仪器	√	—	—	√	—	—
	一般仪器	√	—	—	—	√	—
核医学	ECT扫描室，PET扫描室、γ像机、服药、注射	—	√	—	—	√(a)	—
	试剂培制、储源室、分装室、功能测试室、实验室、计量室	√	—	—	—	√	—

医疗场所的安全防护要求

医疗场所安全防护要求表（二）

名称	医疗场所及设施	场所类别			要求自动恢复供电时间t(s)		
		0	1	2	t≤0.5	0.5<t≤15	t>15
高压氧	高压氧仓	—	√	—	—	√	—
输血科	贮血	√	—	—	—	√	—
	配血、发血	√	—	—	—	—	√
病理科	取材室、制片室、镜检室	√	—	—	—	√	—
	病理解剖	√	—	—	—	—	√
药剂科	贵重药品冷库	√	—	—	—	—	√
保障系统	医用气体供应系统	√	—	—	—	√	—
	中心（消毒）供应室、空气净化机组	√	—	—	—	—	√
	太平柜、焚烧炉、锅炉房	√	—	—	—	—	√

注：（a）指的是涉及生命安全的电气设备及照明，（b）指的是不作为手术室时。本表引自《医疗建筑电气设计规范》JGJ 312—2013。

医疗场所的安全防护要求

在1类和2类医疗场所内要求配置安全设施的供电电源，当失去正常供电电源时，该安全电源应在预定的切换时间内投入运行，以供电给0.5s级、15s级和大于15s级的设备，并能在规定的时间内持续供电。

在1类或2类医疗场所内至少应配置接自两个不同电源的两个回路，用于供电给某些照明灯具。这两个回路中的一个回路应接至安全设施的供电电源。

疏散通道内的照明器应交替地接至安全设施的供电电源。

2类医疗场所内线路的保护：对每个终端回路都需设置短路保护和过负荷保护，但医疗IT系统的变压器的进出线回路不允许装设过负荷保护，但可用熔断器作短路保护。

在1类和2类医疗场所内，如果主配电盘内一根或一根以上线导体的电压下降幅度超过标称电压的10%时，安全供电电源应自动承担供电。

电源的切换宜具有延时，以使其与电源进线断路器（短时电源间断）的自动重合闸相适应。

切换时间小于或等于0.5 s的供电电源， 在配电盘的一根或一根以上线导体发生电压故障时，专业的安全供电电源应维持手术台照明器和其他重要照明器的供电，如内窥镜室的灯至少要能维持3 h。恢复供电的切换时间不应超过0.5 s 。

医疗场所的安全防护要求

切换时间小于或等于15 s的供电电源，当用于安全设施的主配电盘的一根或一根以上线导体地电压下降幅度超过供电标称电压的10%且持续时间超过3 s时，规定的设备应在15 s内接到安全供电电源上，并至少能维持24 h供电。

维持医院服务设施所需的设备，可以自动或手动连接到至少能维持24 h供电的安全供电电源上。例如：消毒设备；建筑物技术设备，特别是空调、采暖通风、废物处理和建筑物服务设施；冷却设备；炊事设备；蓄电池充电设备。

照明以外的需按照安全设施供电的其他设施，其电源转换时间要求不超过15 s的其他设施，例如：

（1）消防电梯，防排烟设备，火灾报警系统和灭火系统。

（2）呼叫系统。

（3）2类医疗场所内用于为外科手术或其他极其重要的医疗设施服务的辅助医疗电气设备。

（4）医疗气体（压缩空气、真空吸引、氧气、麻醉气体等）供气系统的电气设备，以及其监测器。

医疗电器用电容量

名称	电源		外形尺寸(mm)	备注
	电压（V）	功率（kW）		
手术室				
呼吸机	220	0.22~0.275	—	—
全自动正压呼吸机	220	0.037	—	—
加温湿化一体正压呼吸机	220	0.045	165×275×117	—
电动呼吸机	220	0.1	365×320×255	—
全功能电动手术台	220	1.0	480×2 000×800	高度450~800mm可调
冷光12孔手术无影灯	24	0.35	—	—
冷光单孔手术无影灯	24	0.25~0.5	—	—
冷光9孔手术无影灯	24	0.25	—	—
人工心肺机	380	2	586×550×456	—
中医科				
电动挤压煎药机	220	1.8~2.8	550×540×1 040	容量：20 000mL
立式空气消毒机	220	0.3	—	
多功能真空浓缩机	220	2.4~1.8	—	容量：25 000~50 000cc
高速中药粉碎机	220	0.35~1.2	—	容量：100~400g
多功能切片机	220	0.35	340×200×300	切片厚度0.3~3mm
电煎常压循环一体机	220	2.1~4.2	—	容量：12 000~60 000mL

名称	电源		外形尺寸(mm)	备注
	电压（V）	功率（kW）		
放射科、化验科				
300mAX射线机	220	0.28	—	—
50mA床旁X射线机	220	3	1 320×780×1 620	—
全波型移动式X射线机	220	5	—	质量：160kg
高频移动式C臂X射线机	220	3.6	—	垂直升降400mm
牙科X射线机	220	1.0	—	—
单导心电图机	220	0.05	—	—
三导心电图机	220	0.15	—	—
推车式B超机	220	0.07	600×800×1 200	—
超速离心机	380	3	1 200×700×930	—
低速大容量冷冻离心机	220	4	—	—
高速冷冻离心机	220	0.3	—	—
深部治疗机	220	10	—	—
其他				
不锈钢电热蒸馏水器	220	13.5	—	出水量20L
热风机	380	1.5~2.3+0.55	366×292×780	—
电热鼓风干燥箱	220	3	850×500×600	—
隔水式电热恒温培养箱	220	0.28~0.77	—	—
低温箱	380	3~15		—
太平柜	380	3	2 600×1 430×1 700	—
—	—	—	—	—

注：本表引自《民用建筑电气设计与施工》D 800-1~3。

CT诊断室配电示例（一）

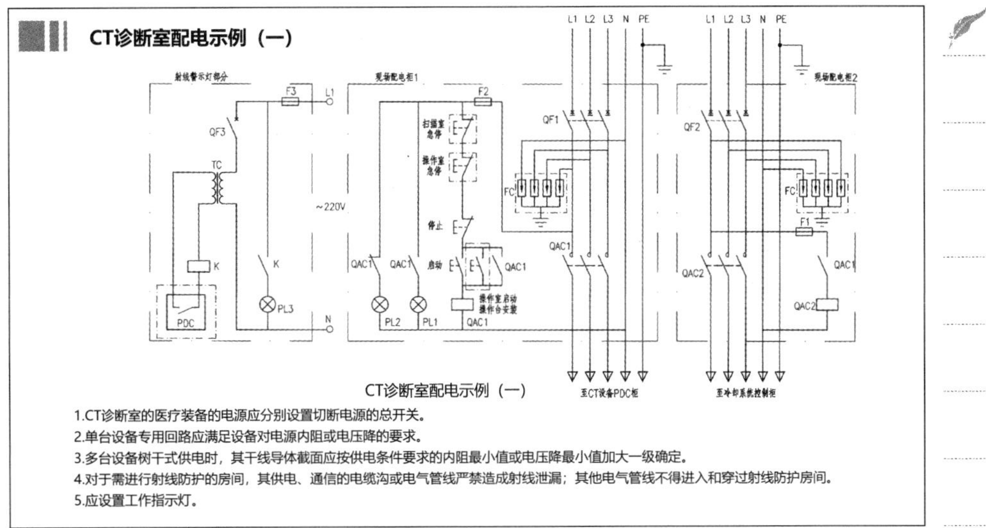

CT诊断室配电示例（一）

1.CT诊断室的医疗装备的电源应分别设置切断电源的总开关。

2.单台设备专用回路应满足设备对电源内阻或电压降的要求。

3.多台设备树干式供电时，其干线导体截面应按供电条件要求的内阻最小值或电压降最小值加大一级确定。

4.对于需进行射线防护的房间，其供电、通信的电缆沟或电气管线严禁造成射线泄漏；其他电气管线不得进入和穿过射线防护房间。

5.应设置工作指示灯。

CT诊断室配电示例（二）

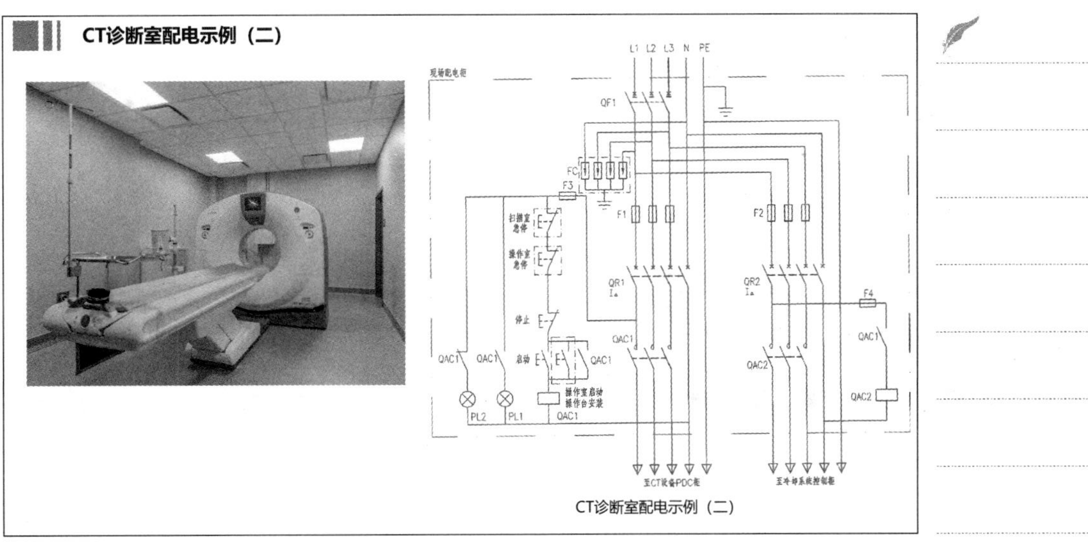

CT诊断室配电示例（二）

CT诊断室布置示例（三）

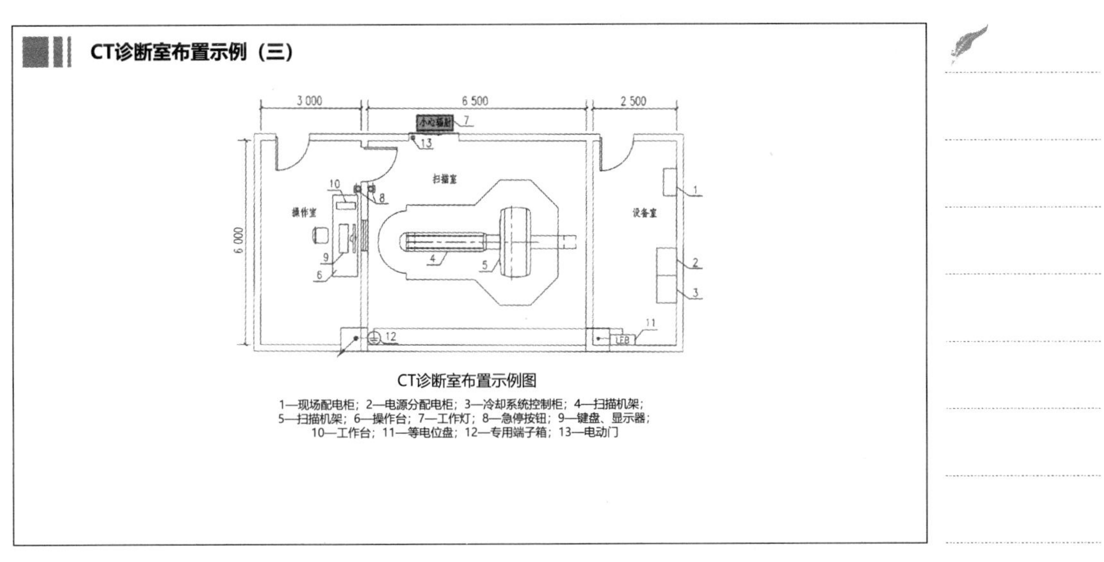

CT诊断室布置示例图

1—现场配电柜；2—电源分配电柜；3—冷却系统控制柜；4—扫描机架；5—扫描机架；6—操作台；7—工作灯；8—急停按钮；9—键盘、显示器；10—工作台；11—等电位盘；12—专用端子箱；13—电动门

CT诊断室布线示例

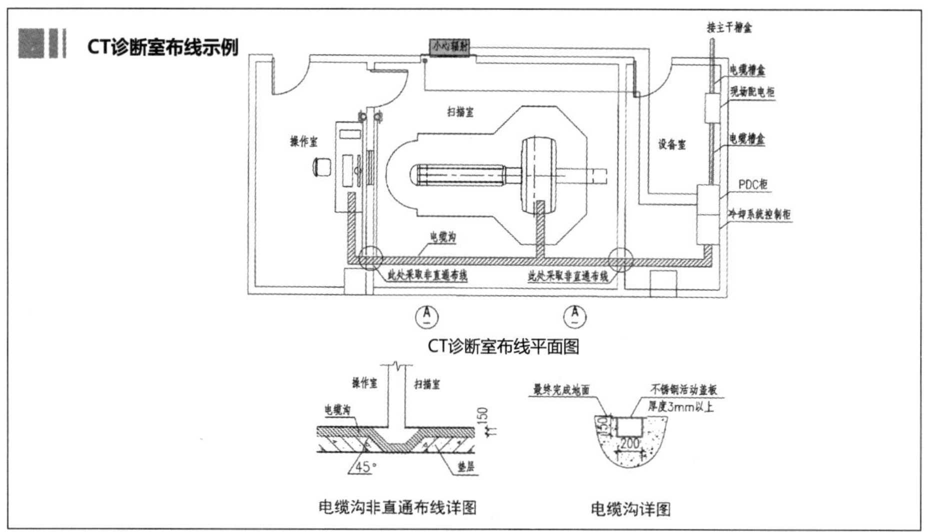

CT诊断室布线平面图

电缆沟非直通布线详图　　电缆沟详图

CT诊断室电气布置示例

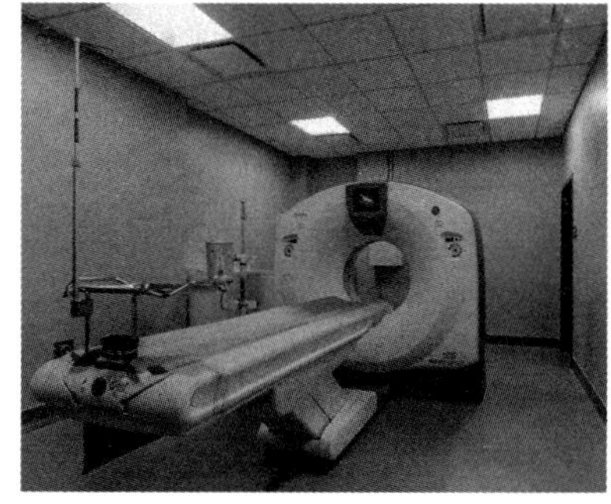

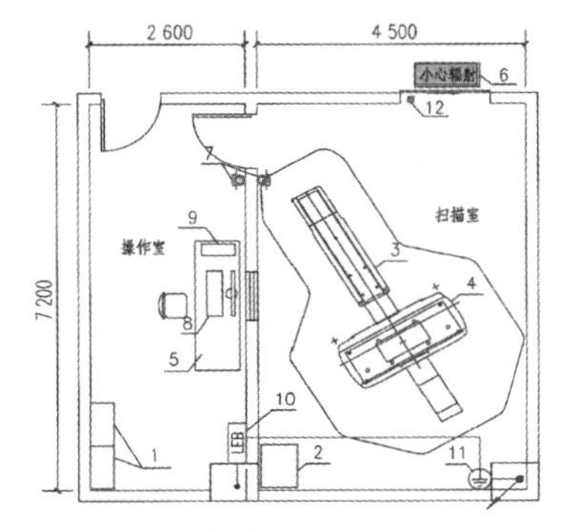

CT诊断电气布置示例图

1—现场配电柜；2—电源分配电柜；3—诊断床；4—扫描机架；5—操作台；6—工作灯；7—急停按钮；8—键盘、显示器；9—工作站；10—等电位盘；11—专用端子箱；12—电动门

DSA诊断室配电示例

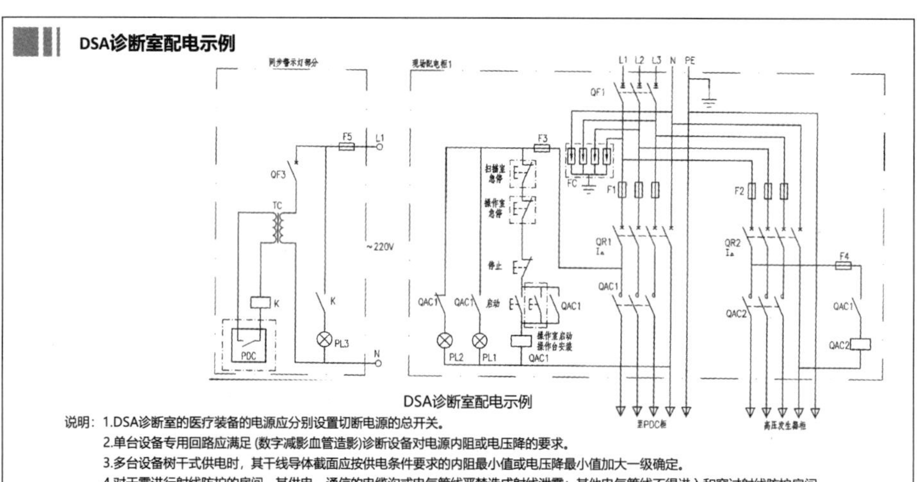

DSA诊断室配电示例

说明：1.DSA诊断室的医疗装备的电源应分别设置切断电源的总开关。

2.单台设备专用回路应满足(数字减影血管造影)诊断设备对电源内阻或电压降的要求。

3.多台设备树干式供电时，其干线导体截面应按供电条件要求的内阻最小值或电压降最小值加大一级确定。

4.对于需进行射线防护的房间，其供电、通信的电缆沟或电气管线严禁造成射线泄露；其他电气管线不得进入和穿过射线防护房间。

5.应设置工作指示灯。

DSA诊断室布线示例

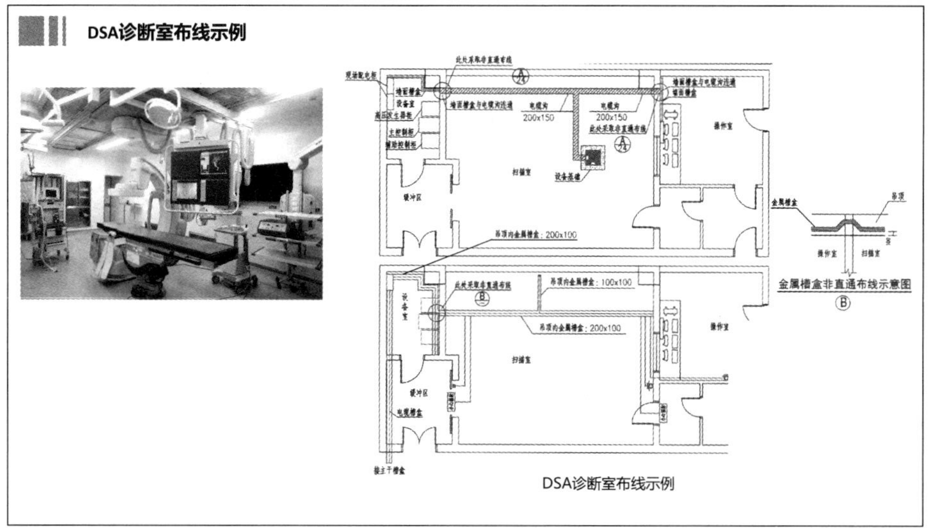

DSA诊断室布线示例

DSA诊断室电气布置示例

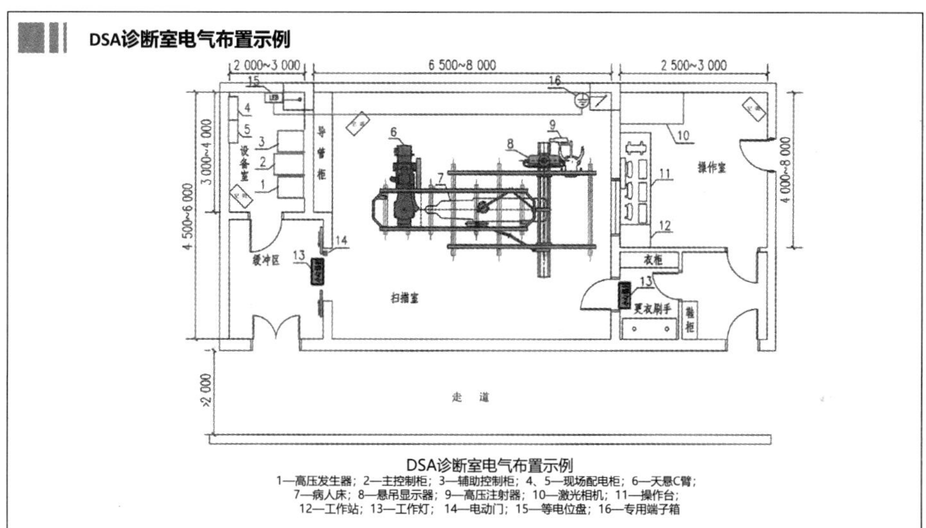

DSA诊断室电气布置示例

1—高压发生器；2—主控制柜；3—辅助控制柜；4、5—现场配电柜；6—天悬C臂；7—病人床；8—悬吊显示器；9—高压注射器；10—激光相机；11—操作台；12—工作站；13—工作灯；14—电动门；15—等电位盘；16—专用端子箱

DR诊断室布线示例

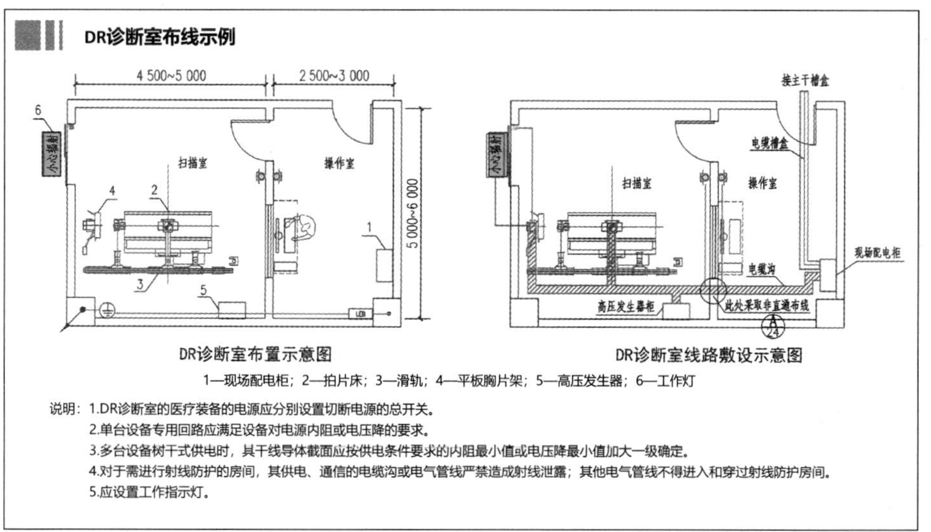

DR诊断室布置示意图　　　DR诊断室线路敷设示意图

1—现场配电柜；2—拍片床；3—滑轨；4—平板胸片架；5—高压发生器；6—工作灯

说明：1.DR诊断室的医疗装备的电源应分别设置切断电源的总开关。

2.单台设备专用回路应满足设备对电源内阻或电压降的要求。

3.多台设备树干式供电时，其干线导体截面应按供电条件要求的内阻最小值或电压降最小值加大一级确定。

4.对于需进行射线防护的房间，其供电、通信的电缆沟或电气管线严禁造成射线泄露；其他电气管线不得进入和穿过射线防护房间。

5.应设置工作指示灯。

数字肠镜诊断室布线示例

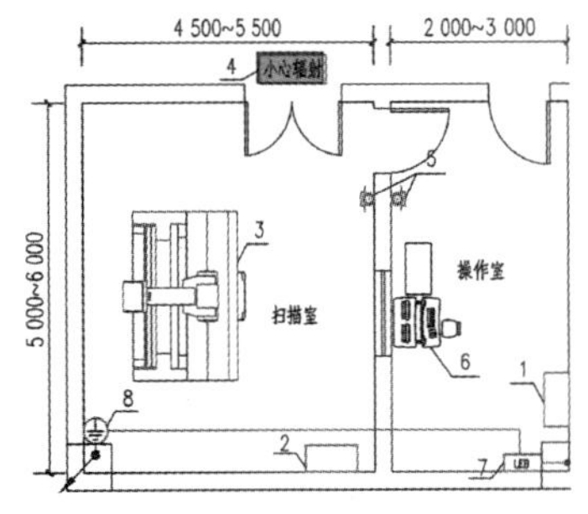

数字胃肠诊断室布置示意图

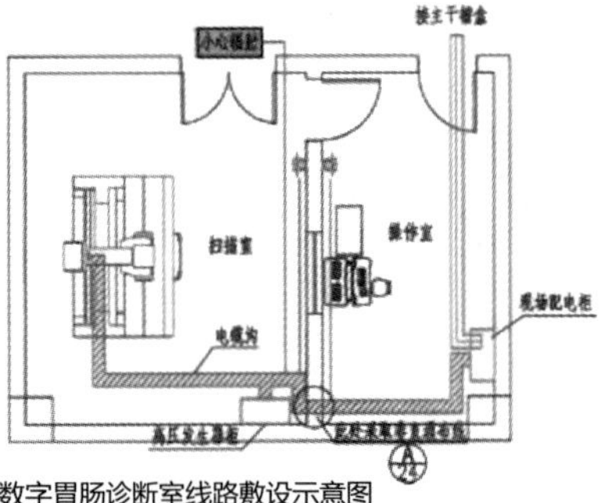

数字胃肠诊断室线路敷设示意图

1—现场配电柜；2—高压发生器；3—数字胃肠机；4—工作灯；5—急停按钮；6—操作台；7—等电位箱；8—专用接地端子箱

说明：1.数字肠镜诊断室的医疗装备的电源应分别设置切断电源的总开关。

2.单台设备专用回路应满足设备对电源内阻或电压降的要求。

3.多台设备树干式供电时，其干线导体截面应按供电条件要求的内阻最小值或电压降最小值加大一级确定。

4.对于需进行射线防护的房间，其供电、通信的电缆沟或电气管线严禁造成射线泄露；其他电气管线不得进入和穿过射线防护房间。

5.应设置工作指示灯。

钼靶诊断室布置示例

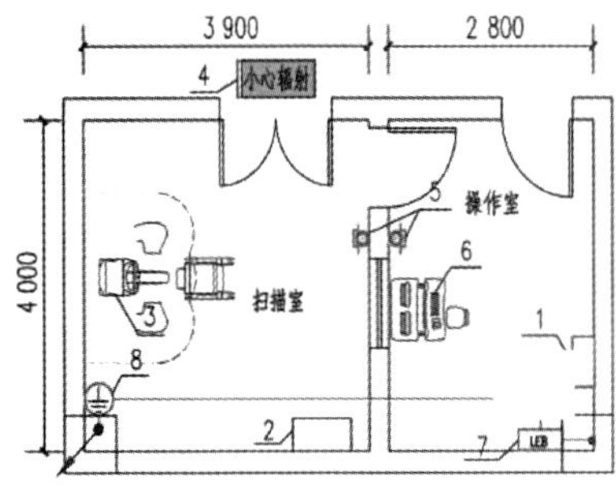

钼靶诊断室布置示意图

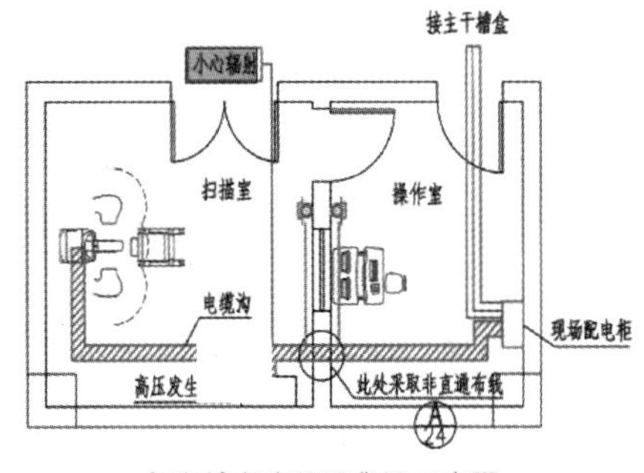

钼靶诊断室线路敷设示意图

1—现场配电柜；2—高压发生器；3—扫描架；4—工作灯；5—急停按钮；6—操作台；
7—等电位箱；8—专用端子箱

ECT诊断室布置示例

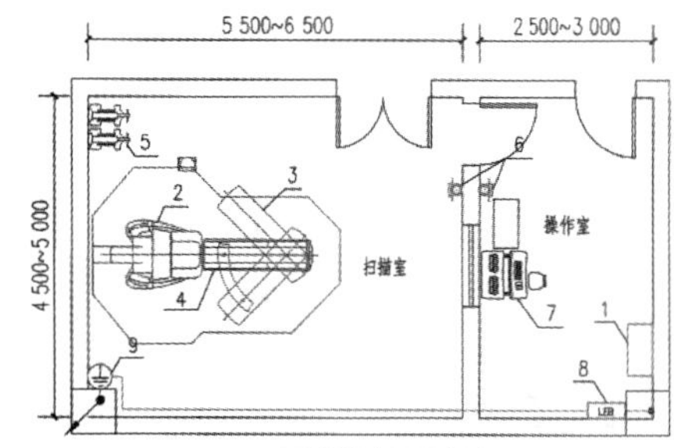

ECT诊断室布置示意图

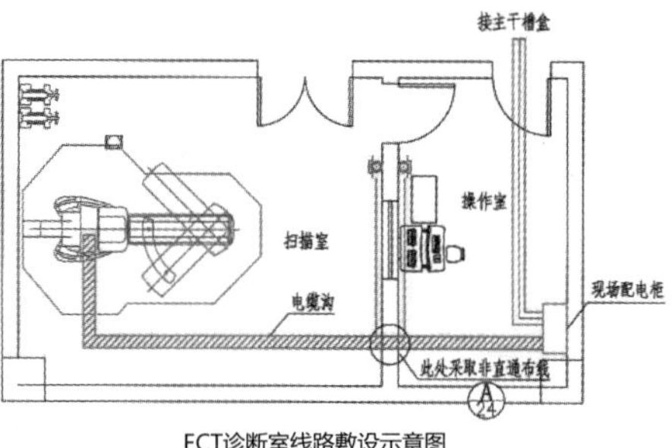

ECT诊断室线路敷设示意图

1—现场配电柜；2—VG成像系统；3—高能准直器；4—检查床；5—准直器车；6—急停按钮；
7—操作台；8—等电位箱；9—专用端子箱

说明：1.ECT诊断室的医疗装备的电源应分别设置切断电源的总开关。

2.单台设备专用回路应满足设备对电源内阻或电压降的要求。

3.多台设备树干式供电时，其干线导体截面应按供电条件要求的内阻最小值或电压降最小值加大一级确定。

4.对于需进行射线防护的房间，其供电、通信的电缆沟或电气管线严禁造成射线泄露；其他电气管线不得进入和穿过射线防护房间。

5.应设置工作指示灯。

PET-CT诊断室电气布置示例

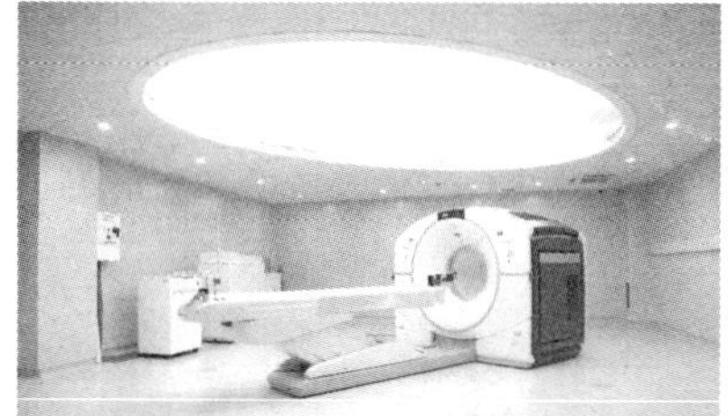

说明：1. PET-CT诊断室的医疗装备的电源应分别设置切断电源的总开关。
2.单台设备专用回路应满足设备对电源内阻或电压降的要求。
3.多台设备树干式供电时，其干线导体截面应按供电条件要求的内阻最小值或电压降最小值加大一级确定。
4.对于需进行射线防护的房间，其供电、通信的电缆沟或电气管线严禁造成射线泄露；其他电气管线不得进入和穿过射线防护房间。
5.应设置工作指示灯。

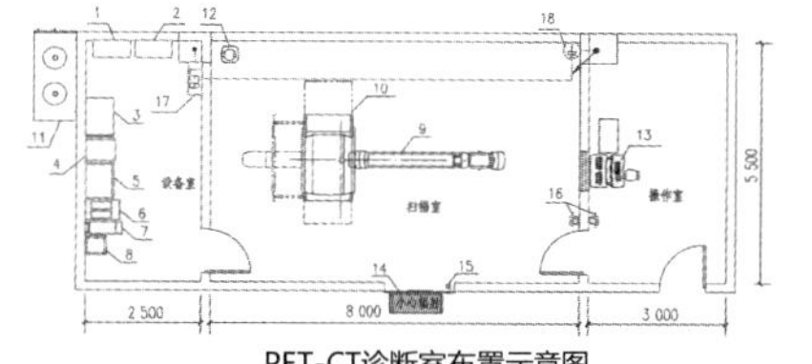

PET-CT诊断室布置示意图

PET-CT诊断室线路敷设示意图

1、2—现场配电柜；3—水冷室内机；4—PDU柜；5—PDC柜；6—ACS/PRS机柜；7—IRS图像重建系统；8—质控源屏蔽；9—病人床；10—机架；11—水冷室外机；12—放射源存放容器；13—操作台；14—工作指示灯；15—电动门；16—急停按钮；17—等电位端子箱；18—专用端子箱

后装机治疗室线路敷设示例

说明：1.后装机治疗室的医疗装备的电源应分别设置切断电源的总开关。
2.单台设备专用回路应满足设备对电源内阻或电压降的要求。
3.多台设备树干式供电时，其干线导体截面应按供电条件要求的内阻最小值或电压降最小值加大一级确定。
4.对于需进行射线防护的房间，其供电、通信的电缆沟或电气管线严禁造成射线泄露；其他电气管线不得进入和穿过射线防护房间。
5.应设置工作指示灯。

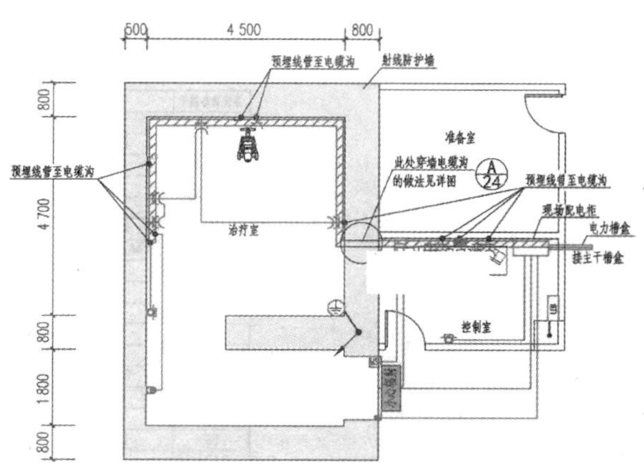

后装机治疗室线路敷设示意

后装机治疗室电气布置示例

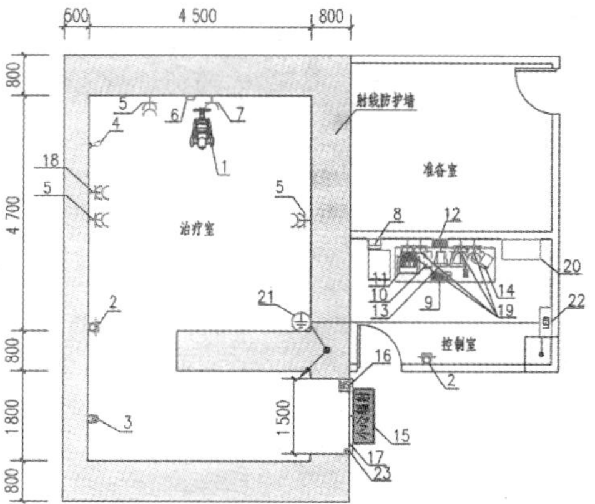

后装机治疗室电气布置示例

1—后装治疗主机；2—急停按钮；3—放射线指示器；4—放射性监测器；5—普通插座；6—治疗系统接线盒；7—后装机专用电源插座；8—控制室接线盒；9—键盘；10—TCS控制台；11—打印机；12—放射线控制器；13—TCS工作站；14—CCTV监视器；15—工作灯；16—门连磁性开关；17—铅防护门；18—CCTV摄像头专用电源插座；19—控制室电源插座；20—现场配电柜；21—专用端子箱；22—等电位端子箱；23—电动门接线盒

直线加速器治疗室配电示例

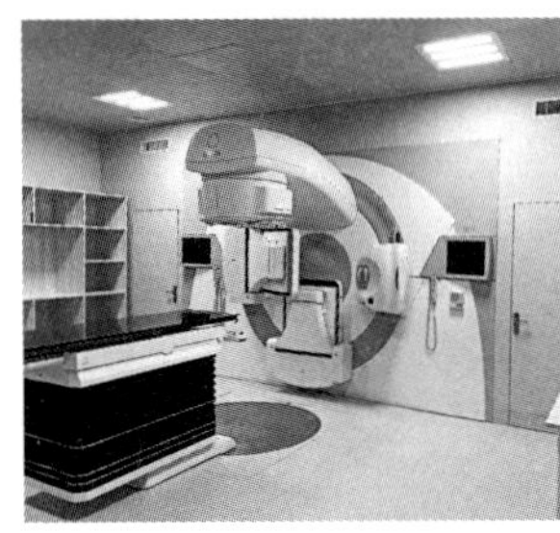

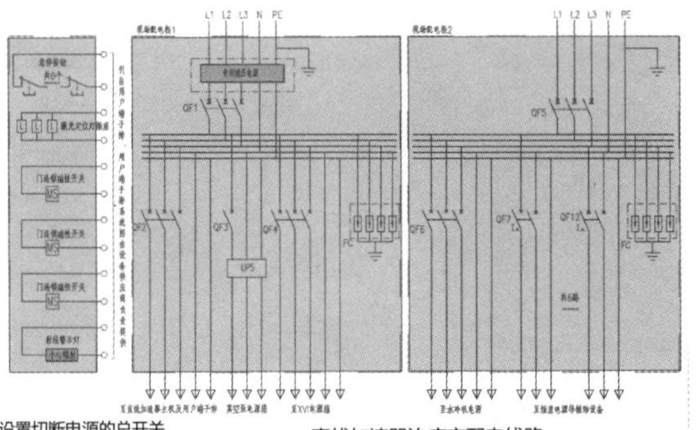

直线加速器治疗室配电线路

说明：1.直线加速器治疗室的医疗装备的电源应分别设置切断电源的总开关。

2.单台设备专用回路应满足设备对电源内阻或电压降的要求。

3.多台设备树干式供电时，其干线导体截面应按供电条件要求的内阻最小值或电压降最小值加大一级确定。

4.对于需进行射线防护的房间，其供电、通信的电缆沟或电气管线严禁造成射线泄露；其他电气管线不得进入和穿过射线防护房间。

5.应设置工作指示灯。

直线加速器治疗室电气布置示例

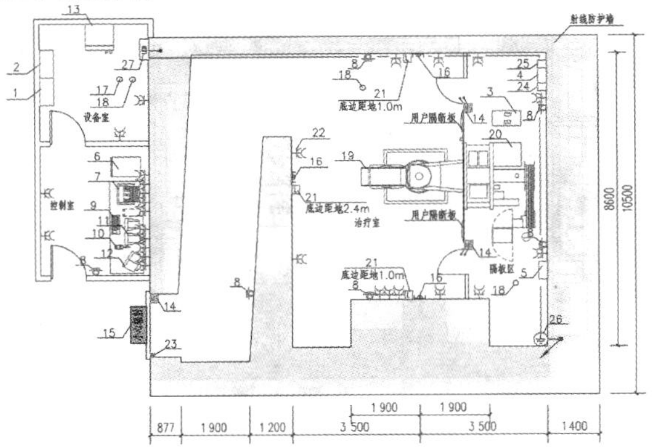

直线加速器治疗室电气布置图

1、2—现场配电柜；3—电源稳压器；4—直线加速器电源箱；5—XVI电源箱；6—控制柜；7—打印机；8—急停按钮；9—键盘；10—功能键盘；11—终端显示器；12—CCTV显示器；13—水冷机；14—门连锁磁性开关；15—工作灯；16—激光定位灯；17—水源；18—地漏；19—精确治疗床；20—主机架；21—激光定位灯插座；22—普通插座；23—电动门接线盒；24—用户端子排；25—真空泵系统电源箱；26—专用端子箱；27—等电位端子箱

直线加速器治疗室布线示例

直线加速器治疗室布线示例图

钼靶诊断室配电示例

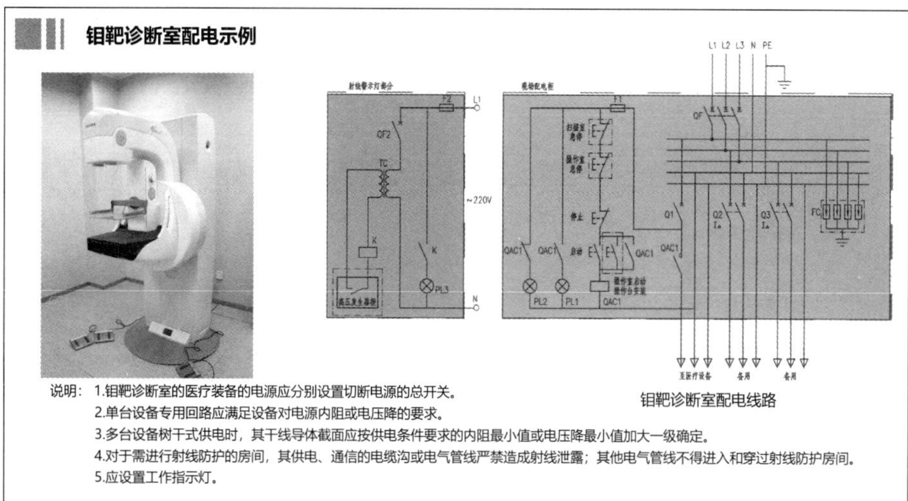

钼靶诊断室配电线路

说明：1.钼靶诊断室的医疗装备的电源应分别设置切断电源的总开关。

2.单台设备专用回路应满足设备对电源内阻或电压降的要求。

3.多台设备树干式供电时，其干线导体截面应按供电条件要求的内阻最小值或电压降最小值加大一级确定。

4.对于需进行射线防护的房间，其供电、通信的电缆沟或电气管线严禁造成射线泄露；其他电气管线不得进入和穿过射线防护房间。

5.应设置工作指示灯。

MRI诊断室配电示例（一）

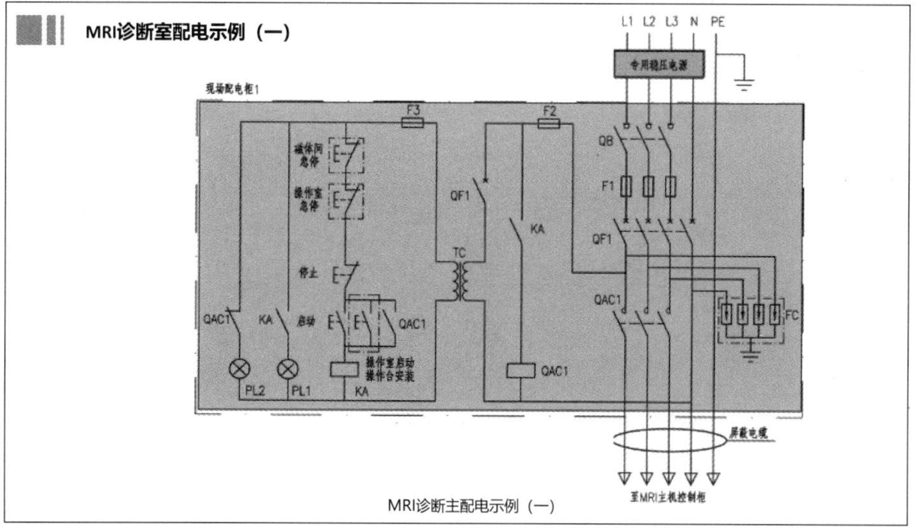

MRI诊断主配电示例（一）

MRI诊断室配电示例（二）

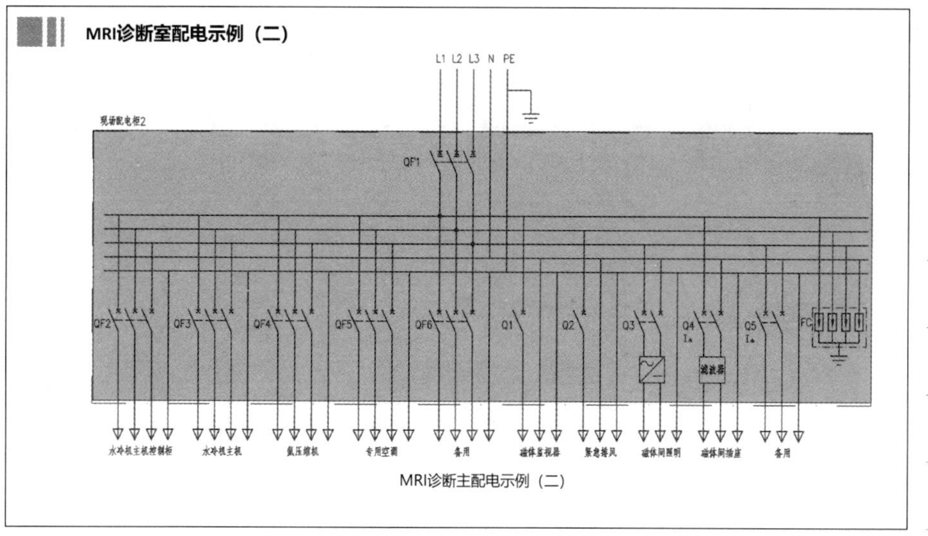

MRI诊断主配电示例（二）

MRI诊断室电气布置示例

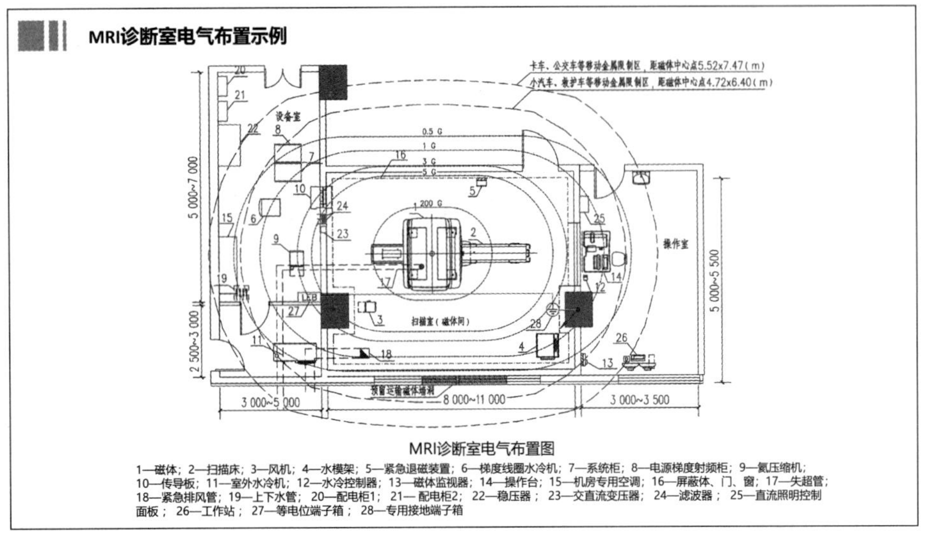

MRI诊断室电气布置图

1—磁体；2—扫描床；3—风机；4—水模架；5—紧急退磁装置；6—梯度线圈水冷机；7—系统柜；8—电源梯度射频柜；9—氦压缩机；10—传导板；11—室外水冷机；12—水冷控制器；13—磁体监视器；14—操作台；15—机房专用空调；16—屏蔽体、门、窗；17—失超管；18—紧急排风管；19—上下水管；20—配电柜1；21—配电柜2；22—稳压器；23—交直流变压器；24—滤波器；25—直流照明控制面板；26—工作站；27—等电位端子箱；28—专用接地端子箱

MRI诊断室布线示例

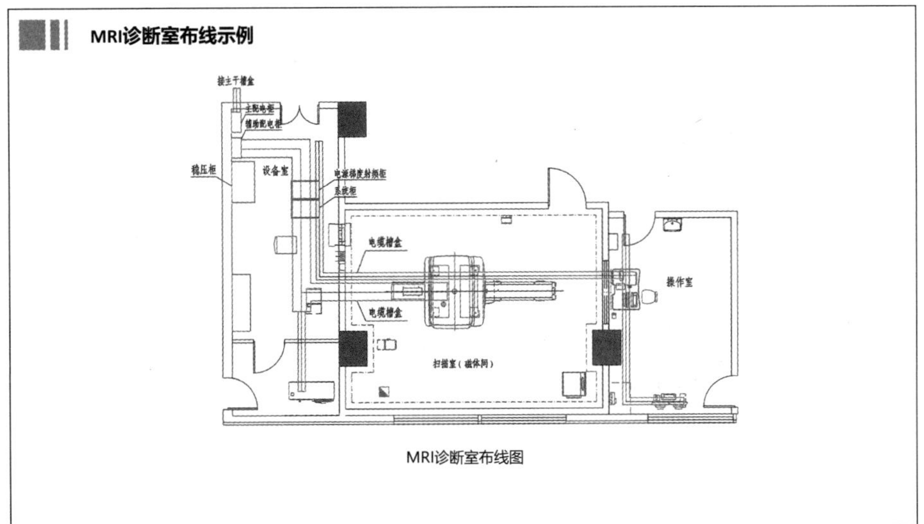

MRI诊断室布线图

UPS使用场所

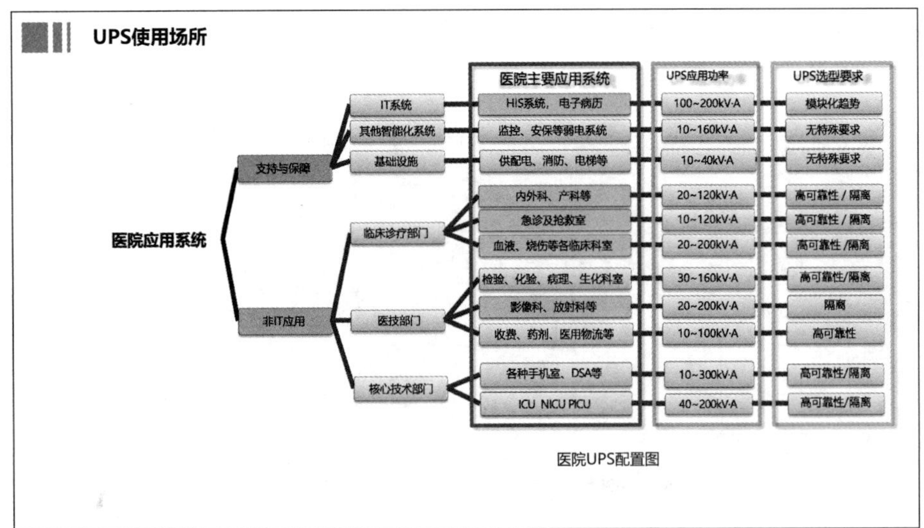

医院UPS配置图

手术室、ICU医疗配电系统特点

涉及介入人体的医疗用电设备：

- 配置了医用IT隔离电源系统；
- 变压器是典型的电感性负载；
- 配置IT隔离变压器的目的是形成不接地的手术室用电环境；
- 启动时产生很强的励磁涌流。

不同UPS通风、散热要求

容量（kV·A）	10	20	30	40	60
通风量（m³/h）	600	600	1 100	1 500	2 000
散热量（kcal/h）	700	1 500	2 200	4 000	5 600
容量（kV·A）	80	100	120	160	200
通风量（m³/h）	2 000	2 000	2 000	2 400	2 400
散热量要求（kcal/h）	5 600	6 700	7 400	10 000	13 000

UPS的配置及对环境的要求：

- 要求UPS必须具备6~8倍励磁涌流耐受能力；
- 三相UPS系统必须配置隔离变压器；
- UPS的配置容量应选择1.2~1.5倍；
- UPS机房必需考虑设计空调，应7×24 h制冷；
- 需留有足量的通风条件；
- 不满足UPS的通风散热基本要求时，将降容使用，需设计更大容量的UPS；
- 设计选择UPS的安装位置应避开净化区域。

手术室UPS供电方案

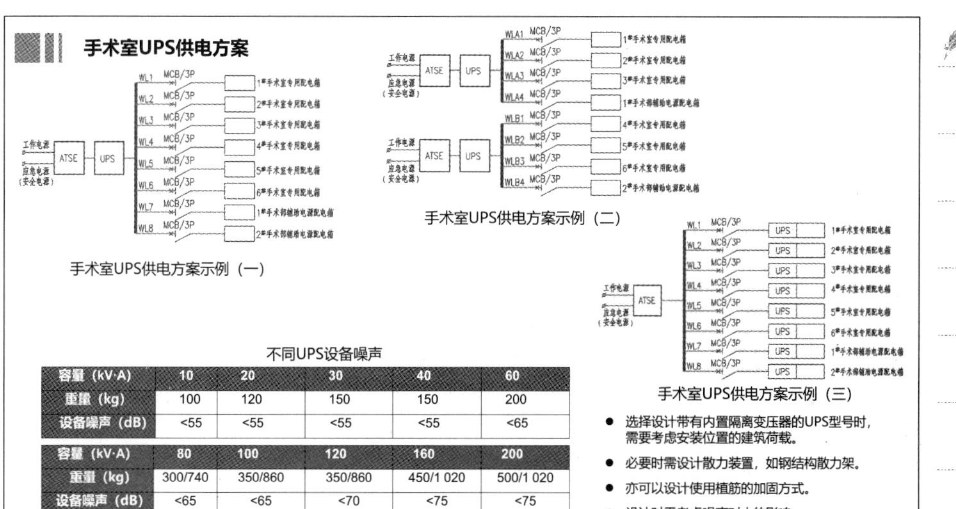

手术室UPS供电方案示例（一）

手术室UPS供电方案示例（二）

手术室UPS供电方案示例（三）

不同UPS设备噪声

容量（kV·A）	10	20	30	40	60
重量（kg）	100	120	150	150	200
设备噪声（dB）	<55	<55	<55	<55	<65
容量（kV·A）	80	100	120	160	200
重量（kg）	300/740	350/860	350/860	450/1 020	500/1 020
设备噪声（dB）	<65	<65	<70	<75	<75

- 选择设计带有内置隔离变压器的UPS型号时，需要考虑安装位置的建筑荷载。
- 必要时需设计散力装置，如钢结构散力架。
- 亦可以设计使用植筋的加固方式。
- 设计时需考虑噪声对人的影响。

手术室配电方案（一）

手术室属2类医疗场所。其照明及生命支持电气设备的自动恢复供电时间要求不得大于0.5 s。手术部用电应从本建筑物配电中心专线供给，每个手术室应设有一个独立专用配电箱，每个手术室的干线必须单独敷设，手术室内用电应与辅助用房用电分开。手术部的配电应从变电所低压配电室的不同母线段引入两路电源（其中一路引自备用母线段），经自动切换装置后向每个手术室放射式配电。

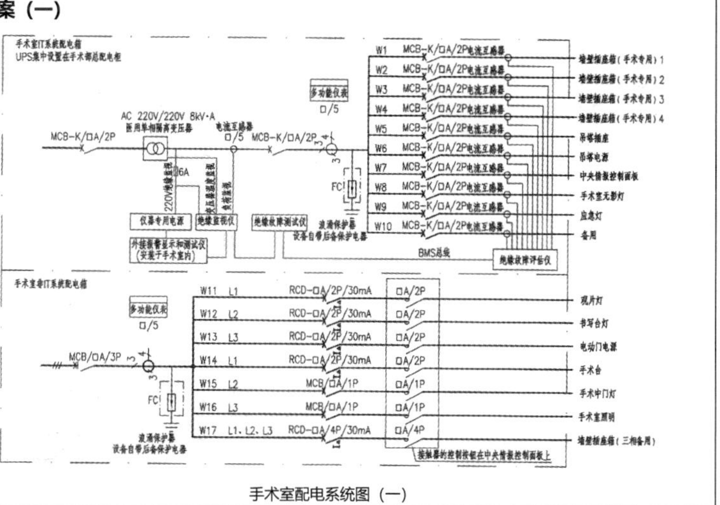

手术室配电系统图（一）

手术室配电方案（二）

关于手术室的照明、空调、自动门口、插座箱、手术床、无影灯、吊塔等用电设备配电系统的设计以及局部等电位联结的布置，施工图设计时可先预留电源到各手术室的专用配电箱。待设备及工艺布置确定后，按规范要求进行深化设计，但应与建筑专业协调预留好手术室的UPS电源、隔离变压器等设置的安装位置，并应尽量靠近相应的医疗场所。

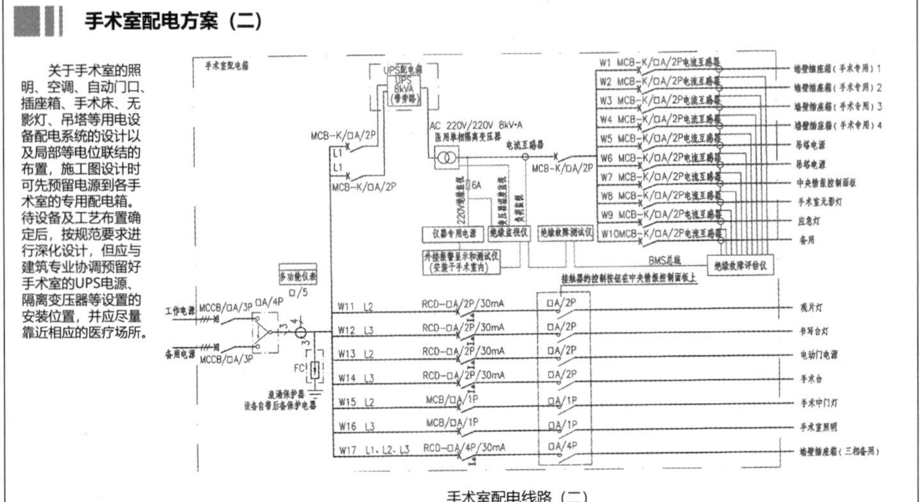

手术室配电线路（二）

手术室照明、插座供电示例

手术室照明示例　　　　手术室插座示例

1—IT隔离变压器配电箱；2、3—医用专用插座箱；4—中央信息控制面板；5—应急照明灯；6—照明灯具；7—无影手术灯；8—电动门；9—手术工作灯；10—摇臂吊塔；11—观片灯；12—嵌入式暗装书写灯；13—手术台接线盒；14—等电位盘

2类医疗场所配电要求

一、配电线路要求

1.洁净手术室必须保证用电可靠性，当采用双路供电电源有困难时，应设置备用电源，并能在 1min 内自动切换。

2.洁净手术室内用电应与辅助用房用电分开，每个手术室的干线必须单独敷设。

3.洁净手术室用电应从本建筑物配电中心专线供给。根据使用场所的要求，主要选用 TN-S 系统和 IT 系统两种形式。

二、手术室配电、用电设施要求

1. 洁净手术室的总配电柜，应设于非洁净区内。供洁净手术室用电的专用配电箱不得设在手术室内，每个洁净手术室应设有一个独立专用配电箱，配电箱应设在该手术室的外廊侧墙内。

2. 洁净手术室的配电总负荷应按设计要求计算，并不应小于8 kV·A 。

ICU供电方案

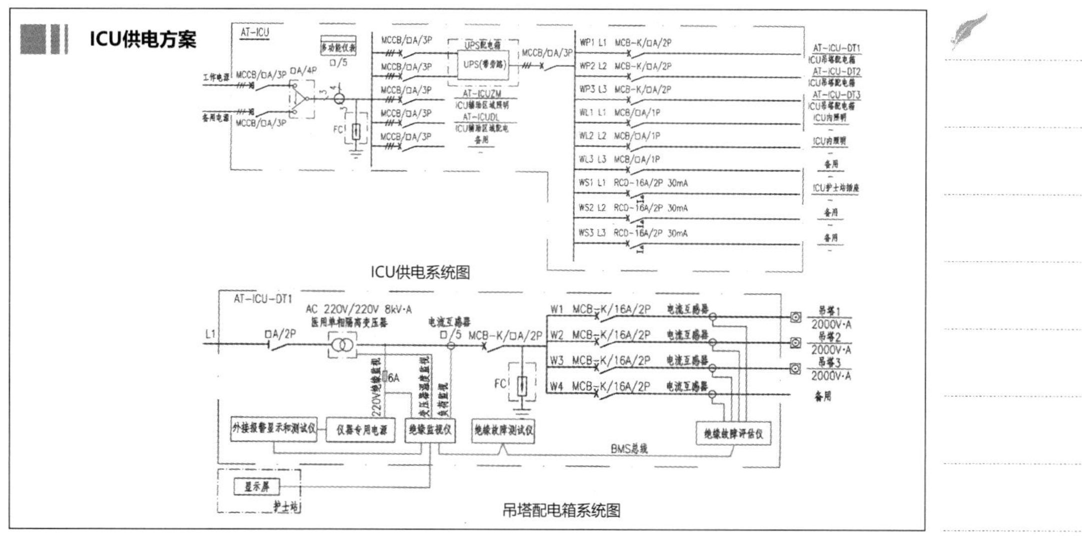
ICU供电系统图

吊塔配电箱系统图

ICU照明、插座供电示例

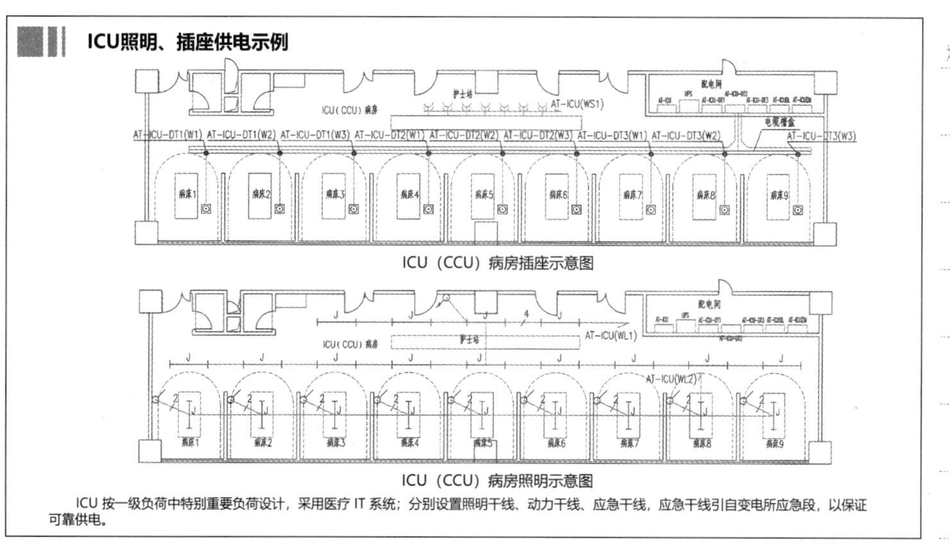
ICU（CCU）病房插座示意图

ICU（CCU）病房照明示意图

ICU 按一级负荷中特别重要负荷设计，采用医疗 IT 系统；分别设置照明干线、动力干线、应急干线，应急干线引自变电所应急段，以保证可靠供电。

血液透析室供电方案

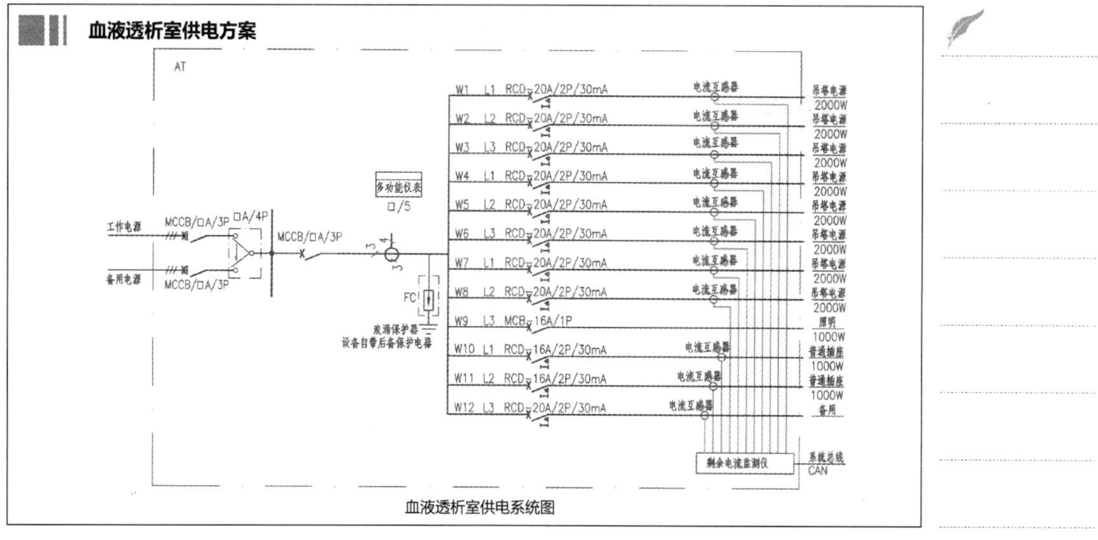
血液透析室供电系统图

血液透析室照明、插座供电示例

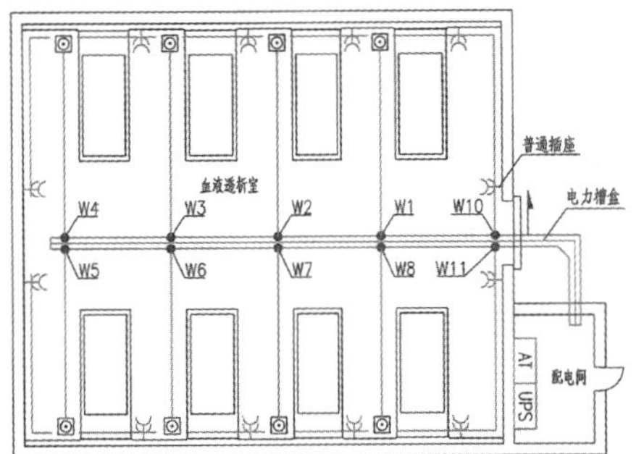

血液透析室插座示意图

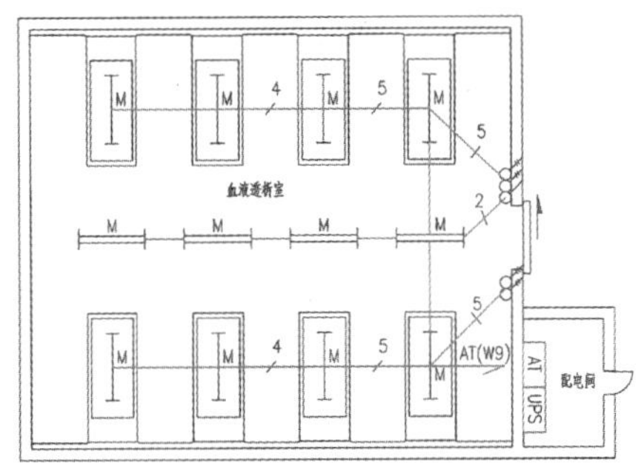

血液透析室照明示意图

通常设一个双电源切换箱，电源引自变电所不同变压器两段母线。每台透析机(2 kW，220 V)自带 UPS 电源，建议每床自双电源切换箱引一路电源，医疗槽上设 4 个 3 孔电源插座，可为透析机、呼吸机、心电监护仪等设备使用；每床预留有线电视、手机充电器及计算机插座，电源引自本层的普通动力总箱以避免普通用电设备跟医疗设备共用电源，保证供电安全。

医用设备电源要求

1. 大型医疗设备的供电应从变电所引出单独的回路，其电源系统应满足设备对电源内阻的要求。
2. 在医疗用房内禁止采用TN-C系统。
3. 医疗配电装置不宜设置在公共场所，当不能避免时，应设有防止误操作的措施。
4. 放射科、核医学科、功能检查室、检验科等部门的医疗装备的电源应分别设置切断电源的总开关。
5 .医用放射线设备的供电线路设计应符合下列规定：
  (1) X射线管的管电流大于或等于400 mA的射线机应采用专用回路供电；
  (2) CT机、电子加速器应不少于两个回路供电，其中主机部分应采用专用回路供电；
  (3) X射线机不应与其他电力负荷共用同一回路供电。

1.3　智能化设计

医疗建筑智能化设计应利用计算机网络技术、集成医院建筑智能化系统和医疗智能化辅助系统为医院提供安全、舒适、绿色、低碳的就医环境，采集高科技、自动化的医疗设备和医护工作站所提供的各种诊疗数据，实现就医流程最优化、医疗质量最佳化、工作效率最高化、病历电子化、决策科学化、办公自动化、网络区域化、软件标准化，实现患者与医务人员、医疗机构、医疗设备之间的互动。

医院建筑智能化系统配置

医院建筑智能化系统配置表（一）

<table>
<tr><th colspan="3">智能化系统</th><th>一级医院</th><th>二级医院</th><th>三级医院</th></tr>
<tr><td rowspan="11">信息化应用系统</td><td colspan="2">公共服务系统</td><td>宜配置</td><td>应配置</td><td>应配置</td></tr>
<tr><td colspan="2">智能卡应用系统</td><td>宜配置</td><td>应配置</td><td>应配置</td></tr>
<tr><td colspan="2">物业管理系统</td><td>宜配置</td><td>应配置</td><td>应配置</td></tr>
<tr><td colspan="2">信息设施运行管理系统</td><td>可配置</td><td>应配置</td><td>应配置</td></tr>
<tr><td colspan="2">信息安全管理系统</td><td>宜配置</td><td>应配置</td><td>应配置</td></tr>
<tr><td>通用业务系统</td><td>基本业务办公系统</td><td colspan="3" rowspan="6">按国家现行有关标准进行配置</td></tr>
<tr><td rowspan="5">专业业务系统</td><td>医疗业务信息化管理系统</td></tr>
<tr><td>病房探视系统</td></tr>
<tr><td>视频示教系统</td></tr>
<tr><td>候诊呼叫信号系统</td></tr>
<tr><td>护理呼应信号系统</td></tr>
<tr><td colspan="2" rowspan="2">智能化集成系统</td><td>智能化信息集成(平台)系统</td><td>可配置</td><td>宜配置</td><td>应配置</td></tr>
<tr><td>集成信息应用系统</td><td>可配置</td><td>宜配置</td><td>应配置</td></tr>
</table>

注：1.信息化应用系统的配置应满足综合医院业务运行和物业管理的信息化应用需求。
2.智能卡应用系统应能提供医务人员身份识别、考勤、出入口控制、停车、消费等需求，还能提供患者身份识别、医疗保险、大病统筹挂号、取药、住院、 停车、消费等需求。医院病房设备带的氧气、卫生间淋浴用水等也可通过智能卡付费方式进行消费使用。
3.在医院出入院大厅、挂号收费处等公共场所配置供患者查询的多媒体信息查询终端机系统能向患者提供持卡查询实时费用结算的信息。

医院建筑智能化系统配置

医院建筑智能化系统配置表（二）

<table>
<tr><th colspan="2">智能化系统</th><th>一级医院</th><th>二级医院</th><th>三级医院</th></tr>
<tr><td rowspan="10">信息化设施系统</td><td>信息接入系统</td><td>应配置</td><td>应配置</td><td>应配置</td></tr>
<tr><td>布线系统</td><td>应配置</td><td>应配置</td><td>应配置</td></tr>
<tr><td>移动通信室内信号覆盖系统</td><td>应配置</td><td>应配置</td><td>应配置</td></tr>
<tr><td>用户电话交换系统</td><td>可配置</td><td>应配置</td><td>应配置</td></tr>
<tr><td>无线对讲系统</td><td>应配置</td><td>应配置</td><td>应配置</td></tr>
<tr><td>信息网络系统</td><td>应配置</td><td>应配置</td><td>应配置</td></tr>
<tr><td>有线电视系统</td><td>应配置</td><td>应配置</td><td>应配置</td></tr>
<tr><td>公共广播系统</td><td>应配置</td><td>应配置</td><td>应配置</td></tr>
<tr><td>会议系统</td><td>可配置</td><td>宜配置</td><td>应配置</td></tr>
<tr><td>信息导引及发布系统</td><td>应配置</td><td>应配置</td><td>应配置</td></tr>
<tr><td rowspan="2">建筑设管理系统</td><td>建筑设备监控系统</td><td>宜配置</td><td>应配置</td><td>应配置</td></tr>
<tr><td>建筑能效监管系系统</td><td>可配置</td><td>宜配置</td><td>应配置</td></tr>
</table>

注：1.信息导引及发布系统应在医院大厅、挂号及药物收费处、门（急）诊候诊厅等公共场所配置发布各类医疗服务信息的显示屏和供患者查询的多媒体信息查询终端机，并应与医院信息管理系统互联。
2.移动通信室内信号覆盖系统的覆盖范围和信号功率应保证医疗设备的正常使用和患者的人身安全。
3.建筑设备管理系统应满足医院建筑的运行管理需求，并应根据医疗工艺要求，提供对医疗业务环境设施的管理功能。

医院建筑智能化系统配置

医院建筑智能化系统配置表（三）

<table>
<tr><th colspan="3">智能化系统</th><th>一级医院</th><th>二级医院</th><th>三级医院</th></tr>
<tr><td rowspan="10">公共安全系统</td><td colspan="2">火灾自动报警系统</td><td colspan="3" rowspan="6">按国家现行有关标准进行配置</td></tr>
<tr><td rowspan="7">安全技术防范系统</td><td>入侵报警系统</td></tr>
<tr><td>视频安防监控系统</td></tr>
<tr><td>出入口控制系统</td></tr>
<tr><td>电子巡查系统</td></tr>
<tr><td>安全检查系统</td></tr>
<tr><td>停车库(场)管理系统</td><td>可配置</td><td>宜配置</td><td>应配置</td></tr>
<tr><td>安全防范综合管理(平台)系统</td><td>可配置</td><td>宜配置</td><td>应配置</td></tr>
<tr><td colspan="2">应急响应系统</td><td>可配置</td><td>宜配置</td><td>应配置</td></tr>
</table>

注：1.入侵报警系统。根据医院重点房间或部位的不同，在计算机机房、实验室、财务室、现金结算处、药库、医疗纠纷会议室、同位素室及同位素物料区、太平间、贵重物品存放处及其他重要场所，配置手动报警按钮或其他入侵探测装置对非法进入或试图非法进入设防区域的行为发出报警信息，系统报警后应能联动照明、视频安防监控、出入口控制系统等。
2.视频安防监控系统。在常规场所配置摄像机外一般在挂号收费处以及药库等重要部位对每个工位一 一对应地配置摄像机。
3.出入口控制系统。在行政、财务、计算机机房、医技室、实验室、药库、血库、各放射治疗区、同位素室及同位素物料区以及传染病院的清洁区、半污染区和污染区、手术室通道、监护病房、病案室等重要场所配置出入口控制系统，系统只采用非接触式智能卡。系统应与消防报警系统联动。当火灾发生时，应确保开启相应区域的疏散门和通道，方便人员疏散。
4.电子巡查系统。可在医院的主要出入口、各层电梯厅、挂号收费、药库、计算机机房等重点部位合理地配置巡查路线以及巡查点，巡查点位置一般配置在不易被发现、被破坏的地方，并确保巡逻人员能对整个建筑物进行安全巡视。

医院建筑智能化系统配置

医院建筑智能化系统配置表（四）

智能化系统		一级医院	二级医院	三级医院
机房工程	信息接入机房	应配置	应配置	应配置
	有线电视前端机房	应配置	应配置	应配置
	信息设施系统总配线机房	应配置	应配置	应配置
	智能化总控室	应配置	应配置	应配置
	信息网络机房	宜配置	应配置	应配置
	用户电信交换机房	宜配置	应配置	应配置
	消防控制室	应配置	应配置	应配置
	安防监控中心	应配置	应配置	应配置
	应急响应中心	可配置	宜配置	应配置
	智能化设备间（弱电间）	应配置	应配置	应配置
	机房安全系统	按国家现行有关标准进行配置		
	机房综合管理系统	宜配置	应配置	应配置

智慧医院示意图

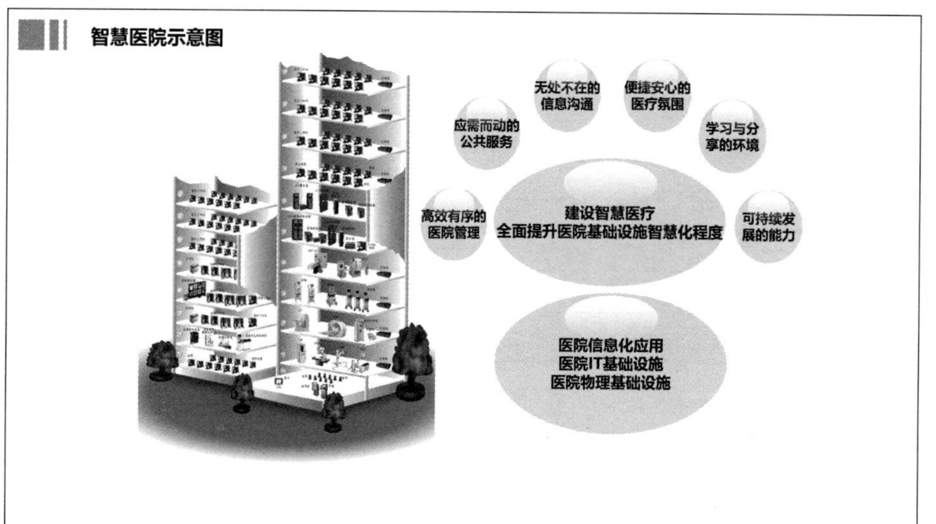

医院信息化配置示意图

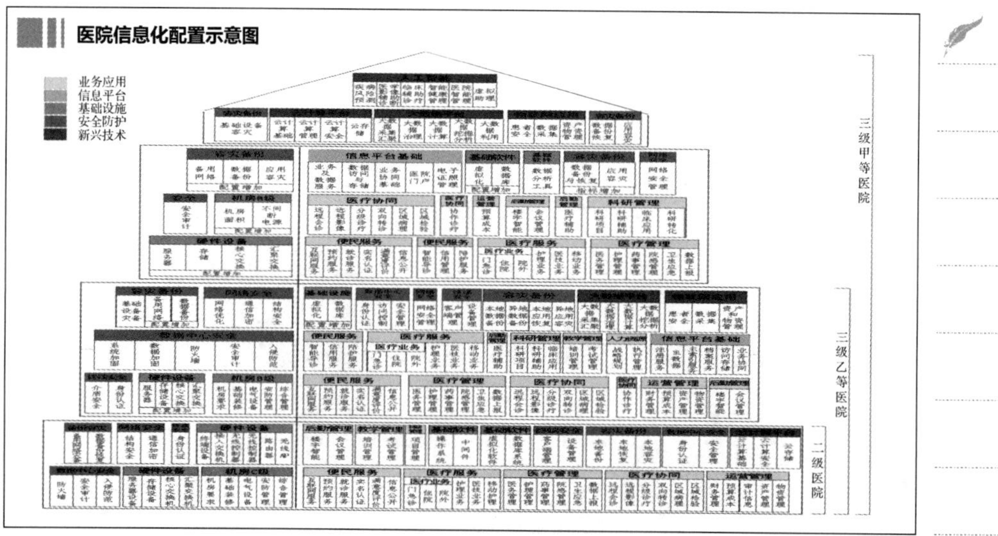

医院智能化网络设计

医院智能化总体设计目标是：设计先进的、功能完备的、可实施的民用医院信息化硬件支撑平台，对民用医院的智慧医院建设提供有力支撑，满足未来5~10年的发展需求，支撑医院成为全国乃至世界先进的现代化智慧医院。

智慧医院是现代医疗发展的新趋势，智慧医院系统是医院业务软件、数字化医疗设备、IT基础平台所组成的综合信息系统，智慧医院工程有助于医院实现资源整合、流程优化，降低运行成本，提高服务质量、工作效率和管理水平，智慧医院是医院现代化的必由之路，医院只有充分利用数字信息技术，才能解放劳动力，使其在激烈的市场竞争中取得成功。

系统采用核心-汇聚-接入的三层架构，整个网络在传输层/网络层采用TCP/IP协议，使用国际标准的路由协议为核心层/汇聚层以及各区核心之间提供动态路由与负载均衡，各主干网络采用高速网络，无线覆盖采用WiFi6协议，另外采用SDN技术提高网络扩展的便利性以及实现高效管理。

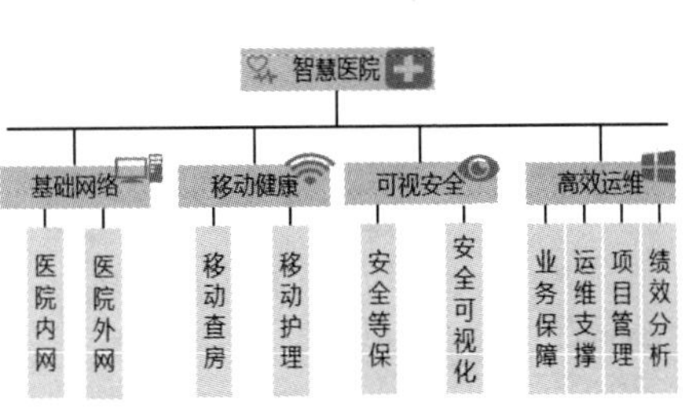

智慧医院网络设计

医院智能化网络设计

智慧医院的规划与建设包括了智能技术、信息技术、数字影像、设备集成、电子医疗、临床应用、生物信息化、远程医学、辅助医疗等多个学科体系。其技术核心是智能化与信息化的集成融合，信息系统在兼顾医院核心业务(如诊疗、科研等)管理、运营管理、医院HERP人财物管理的同时，也将充分考虑和整合楼宇智能化中的楼控、安保、电力、暖通、消防等系统，充分集成和优化系统资源，提高医院各系统的协同能力。

核心层采用两台基于万兆平台的核心交换机，通过VSU技术虚拟成一台设备工作，再通过VSD技术为不同的业务虚拟出多张逻辑网络，实现网络资源池化，按需分配和灵活扩展。各医院楼宇使用万兆的汇聚交换机，通过双万兆光纤链路上联至核心设备；楼层接入层交换机采用千兆交换机，通过千兆光纤链路上联至楼宇的汇聚层交换机；科室采用千兆交换机，支持POE+供电，通过千兆光纤上联至楼层接入交换机。有线网络使用SDN技术，实现全网自动化部署，有效管理接入的终端，实现IP可视化管理，防止未授权终端私自接入网络，让终端接入更安全。

采用WiFi6技术，实现医院无线WiFi全覆盖，如报告厅、候诊大厅、门诊大厅、办公等高密接入的场所，采用三射频的AP，单台AP可支持超过百人同时流畅地观看视频。病房对于移动医护要求高，且覆盖信号需要好的场景，建议可以使用天馈系统保障每个房间都有信号入室，且数据交互不丢包，一个病区运行在一个无线信号基站环境中。与此同时，为了考虑后期医院为智慧医院的升级，需要提前预留物联网扩展，如蓝牙等物联网应用扩展。

由于医院电子病历建设对于安全要求非常高，网络安全上部署防火墙、上网行为管理、实名认证、日志系统等设备，满足公安部信息安全的要求，达到等保二级或三级的要求。另外，通过在监控摄像头前端处部署安全接入交换机，加强医院视频监控安全；通过部署安全动态防御系统，克服传统被动防御的弊端，实现主动防御，提升整体网络的安全性。

医院的办公计算机、医护工作站、收费窗口等都有大量终端需求，采用IDV云桌面的技术架构，实现统一管理、统一维护，提升管理部署效率，更好地降低管理者的维护工作量，更好地提高医院终端信息化使用和维护效率，并达到节能减排的目标。

通过远程医疗、医疗物联网、人工智能等技术提升医院智慧化程度。

医院智能化网络设计

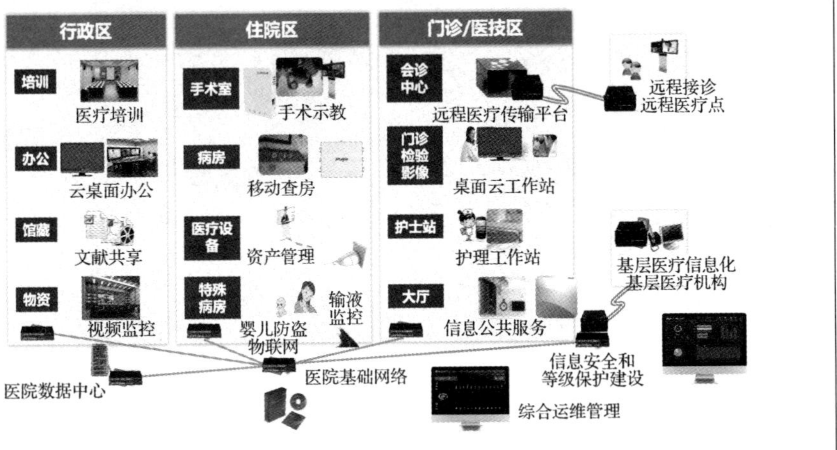

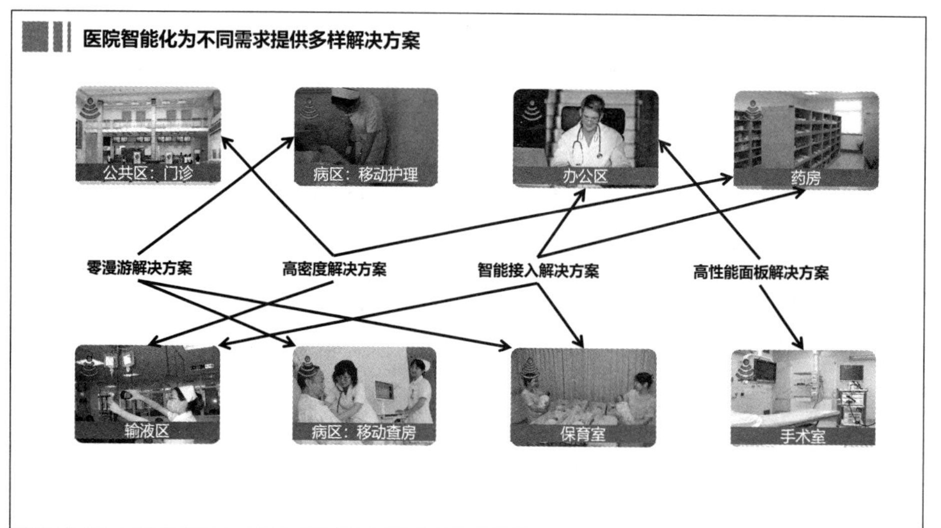

医院智能化为不同需求提供多样解决方案
公共区：门诊
病区：移动护理
办公区
药房
零漫游解决方案
高密度解决方案
智能接入解决方案
高性能面板解决方案
输液区
病区：移动查房
保育室
手术室

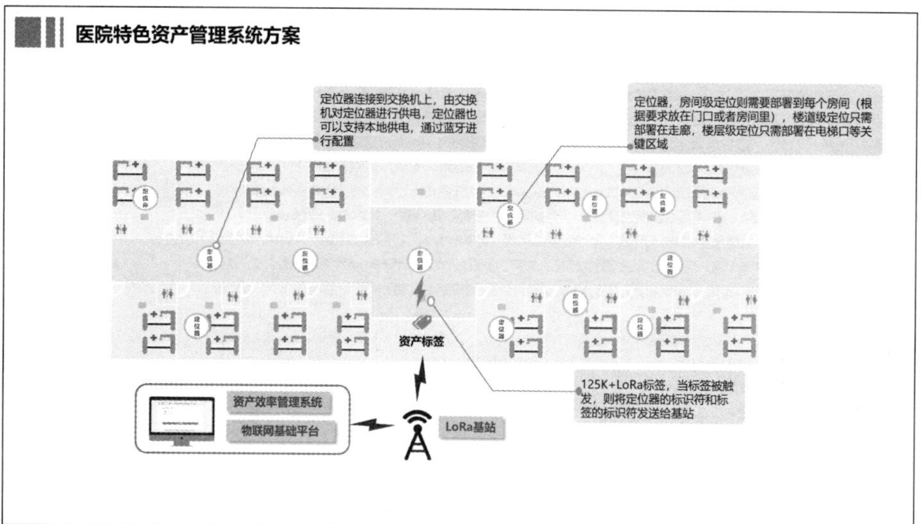

医院特色资产管理系统方案
定位器连接到交换机上，由交换机对定位器进行供电，定位器也可以支持本地供电，通过蓝牙进行配置
定位器，房间级定位则需要部署到每个房间（根据要求放在门口或者房间里），楼道级定位只需部署在走廊，楼层级定位只需部署在电梯口等关键区域
资产标签
125K+LoRa标签，当标签被触发，则将定位器的标识符和标签的标识符发送给基站
资产效率管理系统
物联网基础平台
LoRa基站

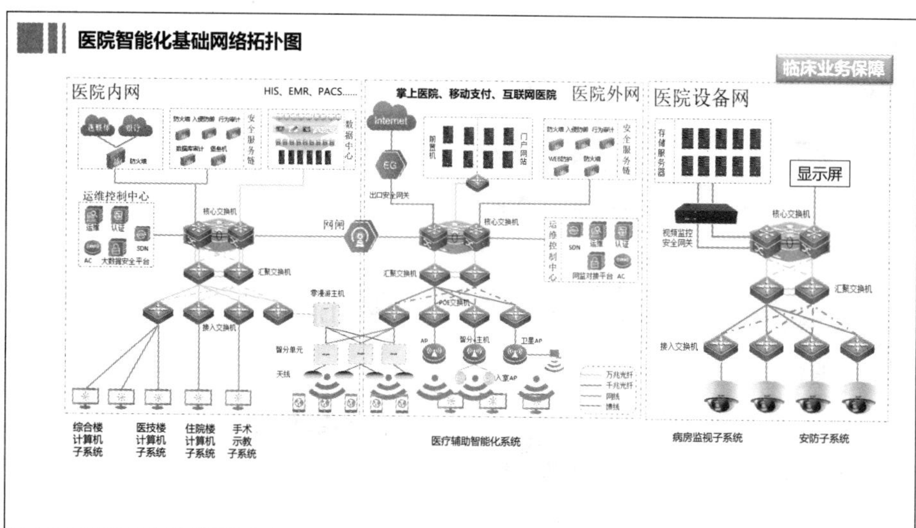

医院智能化基础网络拓扑图
临床业务保障
医院内网
HIS、EMR、PACS......
安全服务链
数据中心
运维控制中心
核心交换机
汇聚交换机
接入交换机
网闸
掌上医院、移动支付、互联网医院
医院外网
Internet
出口安全网关
门户网站
运维控制中心
医院设备网
存储服务器
显示屏
视频监控安全网关
核心交换机
汇聚交换机
接入交换机
综合楼计算机子系统
医技楼计算机子系统
住院楼计算机子系统
手术示教子系统
医疗辅助智能化系统
病房监视子系统
安防子系统

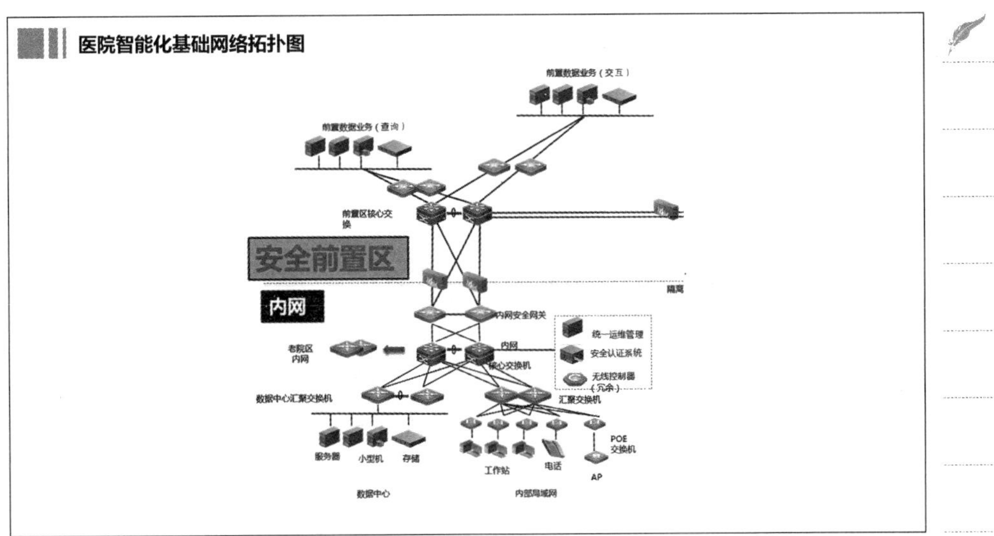
医院智能化基础网络拓扑图
前置数据业务（交互）
前置数据业务（查询）
前置区核心交换
安全前置区
隔离
内网
内网安全网关
老院区内网
内网
核心交换机
统一运维管理
安全认证系统
无线控制器（冗余）
数据中心汇聚交换机
汇聚交换机
POE交换机
服务器
小型机
存储
工作站
电话
AP
数据中心
内部局域网

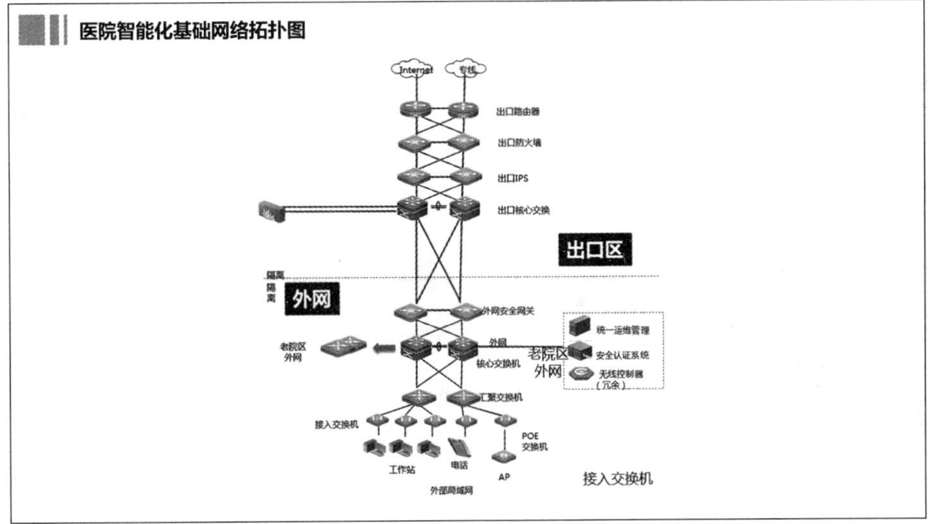
医院智能化基础网络拓扑图
Internet
出口路由器
出口防火墙
出口IPS
出口核心交换
出口区
隔离
外网
外网安全网关
老院区外网
外网
核心交换机
老院区外网
统一运维管理
安全认证系统
无线控制器（冗余）
汇聚交换机
接入交换机
POE交换机
工作站
电话
AP
外部局域网
接入交换机

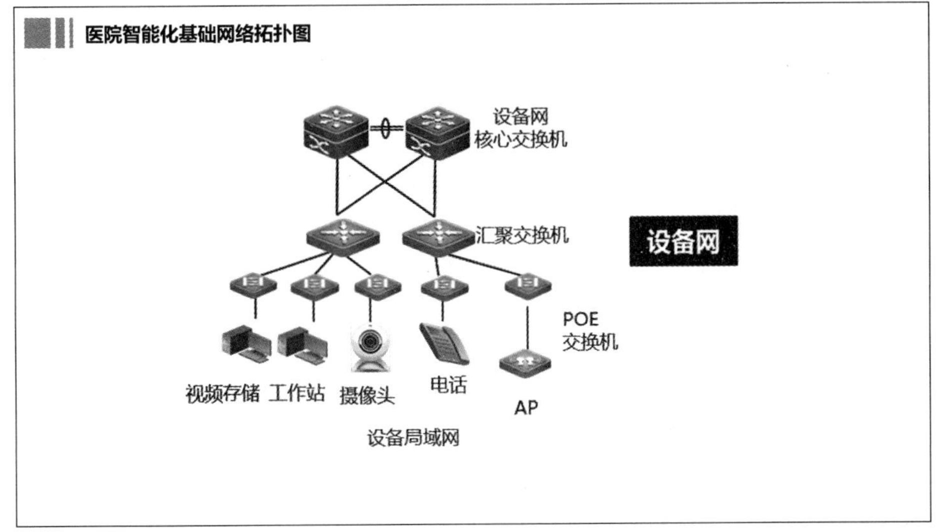
医院智能化基础网络拓扑图
设备网
核心交换机
汇聚交换机
设备网
POE
交换机
视频存储
工作站
摄像头
电话
AP
设备局域网

医院智能化采用SDN技术搭建基础网络架构

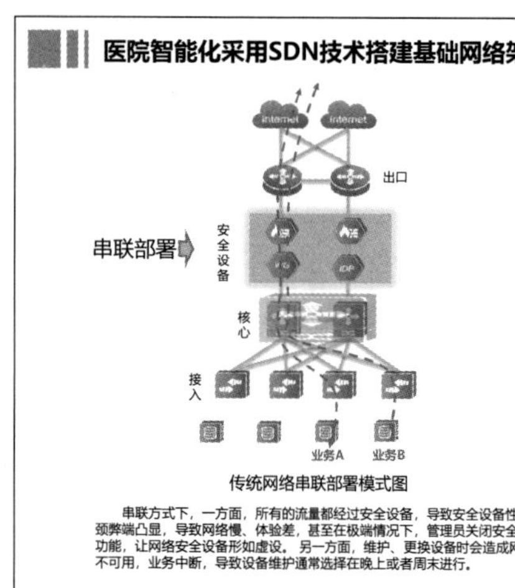

传统网络串联部署模式图

串联方式下，一方面，所有的流量都经过安全设备，导致安全设备性能瓶颈弊端凸显，导致网络慢、体验差，甚至在极端情况下，管理员关闭安全检测功能，让网络安全设备形如虚设。另一方面，维护、更换设备时会造成网络不可用，业务中断，导致设备维护通常选择在晚上或者周末进行。

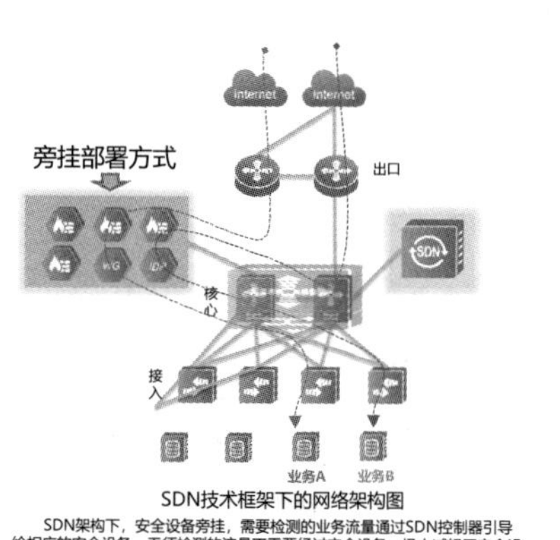

SDN技术框架下的网络架构图

SDN架构下，安全设备旁挂，需要检测的业务流量通过SDN控制器引导给相应的安全设备，无须检测的流量不需要经过安全设备，极大减轻了安全设备的压力，保障了网络体验；同时，无须断网，可以随时更换、维护安全设备。

无线网全覆盖

美化天线
智分单元
护士站
配药室
智分基站
值班室

病房无线网布置示意图

零漫游，不丢包，业务稳定运行

内外网物理隔离，安全无忧

5G零漫游，10s内打开PAGS影像

无线查房，数据快速录入

效率高

速度快

即查即得

HIS联动数据归档

移动推车，医生查房

医嘱即开即生效

EMR数据关联

HIS联动数据归档

决策辅助

物联网应用

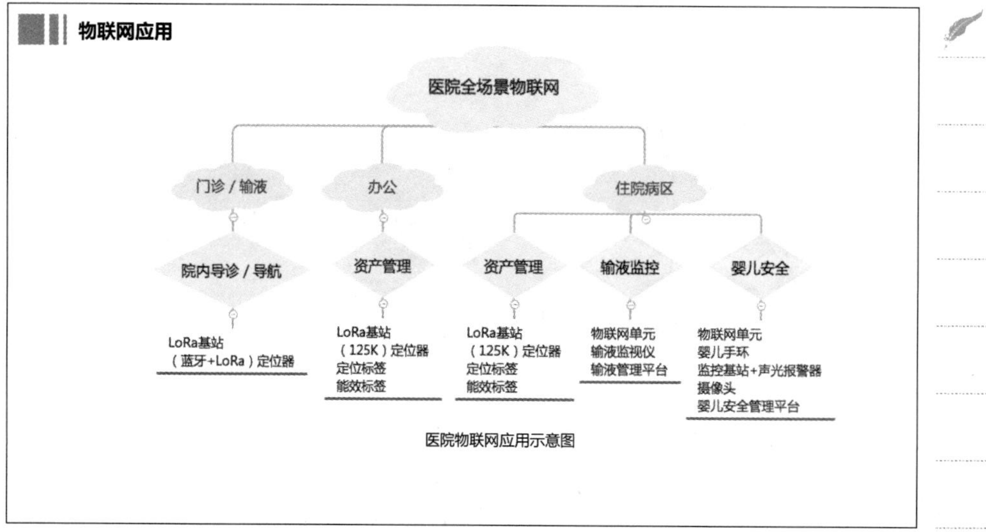

医院物联网应用示意图

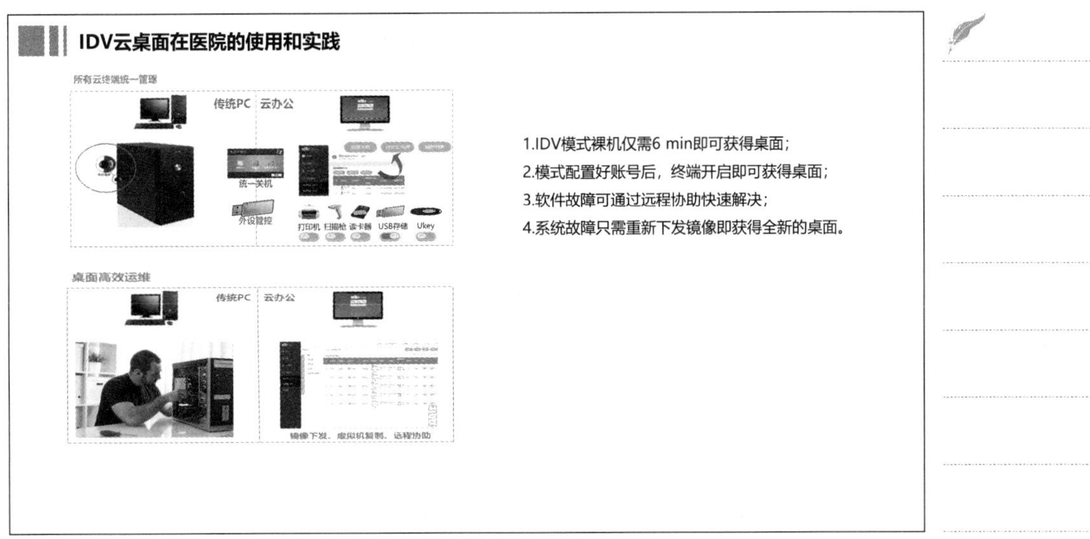

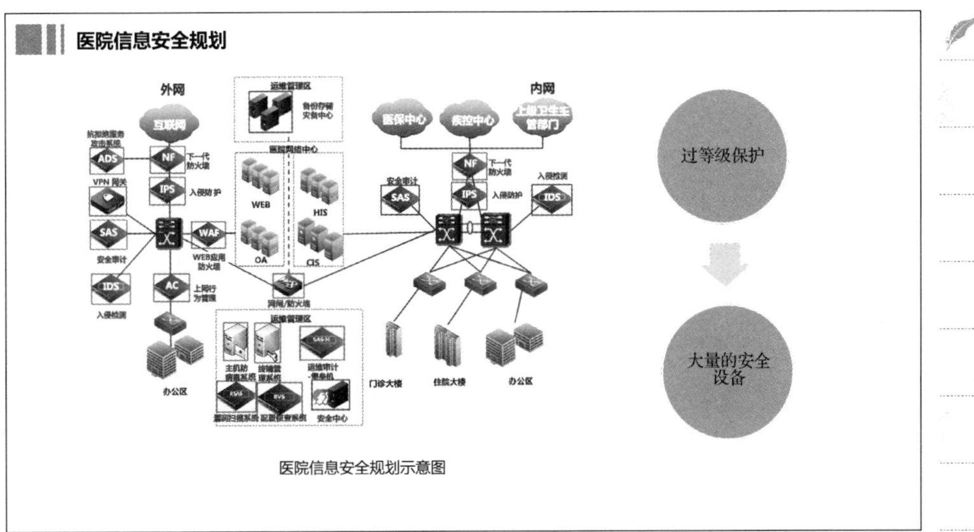

医院信息安全规划示意图

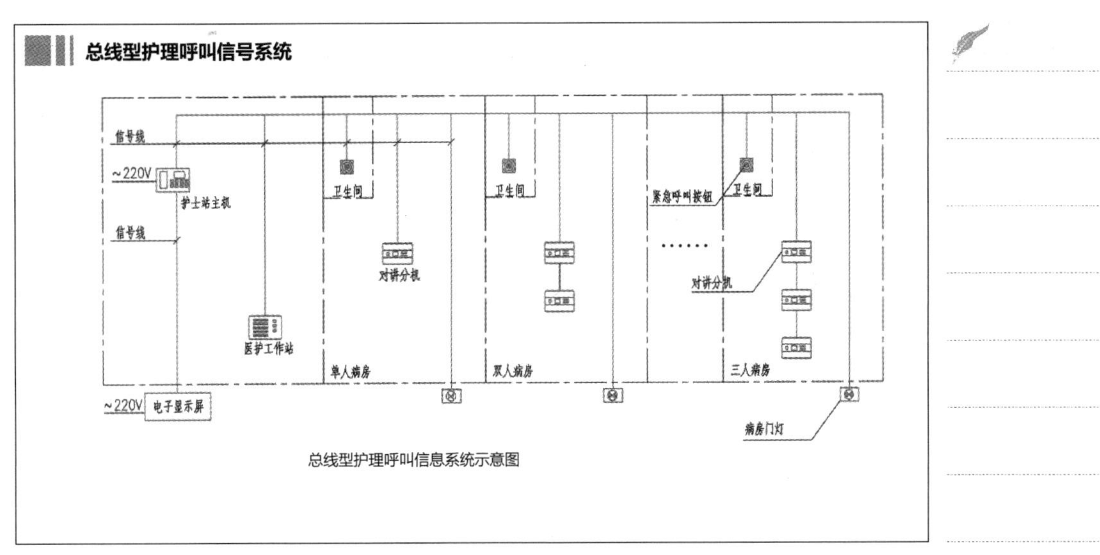

总线型护理呼叫信息系统示意图

总线型护理呼叫信号系统安装

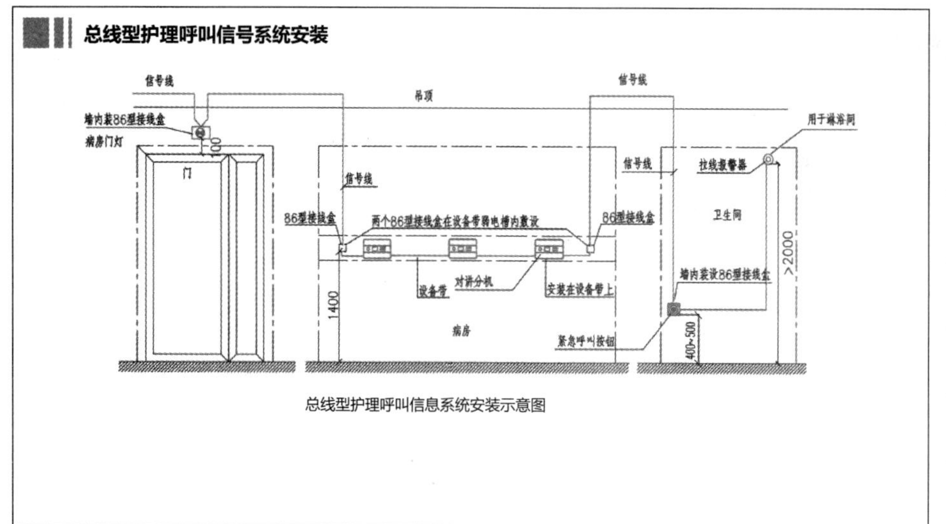

总线型护理呼叫信息系统安装示意图

数字型护理呼叫信号系统安装示意图

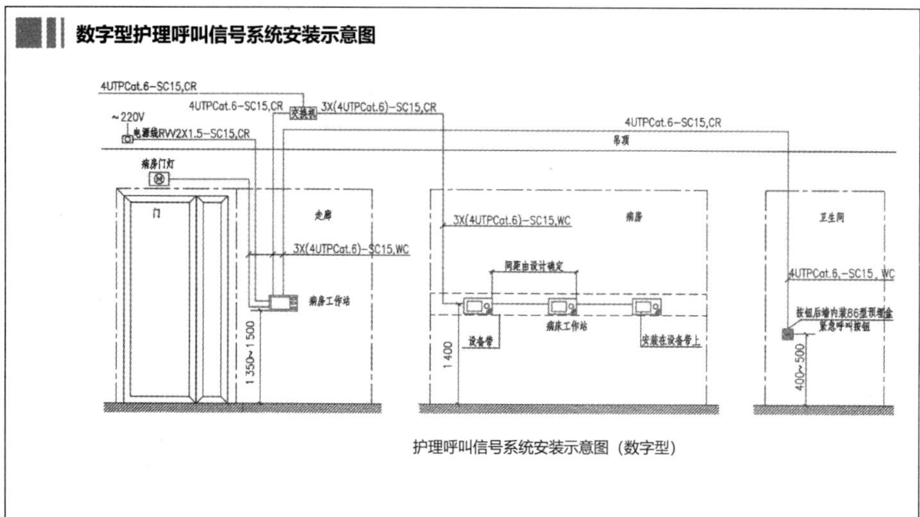

护理呼叫信号系统安装示意图（数字型）

候诊呼叫信号系统

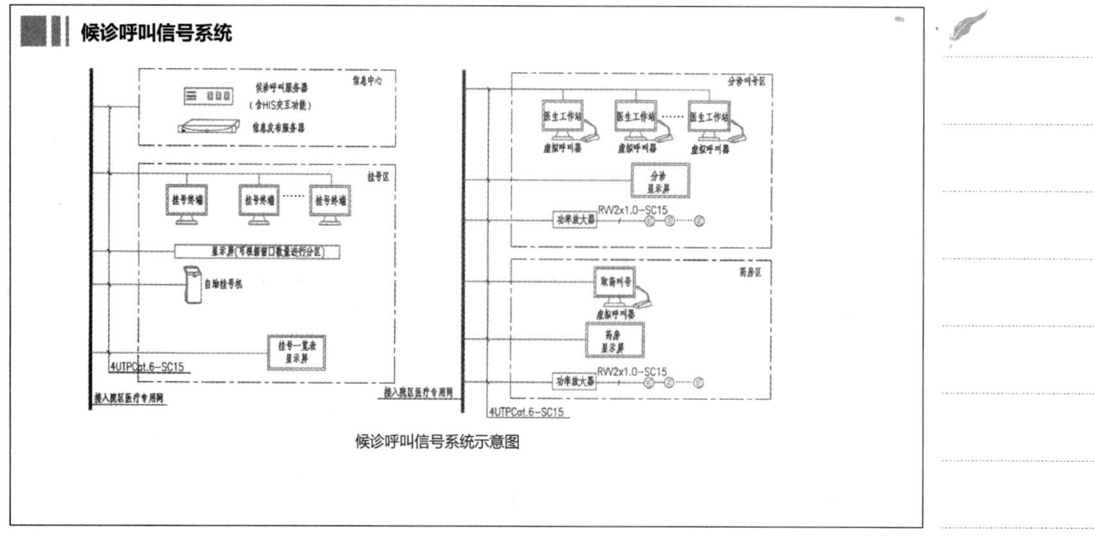

候诊呼叫信号系统示意图

候诊呼叫信号系统

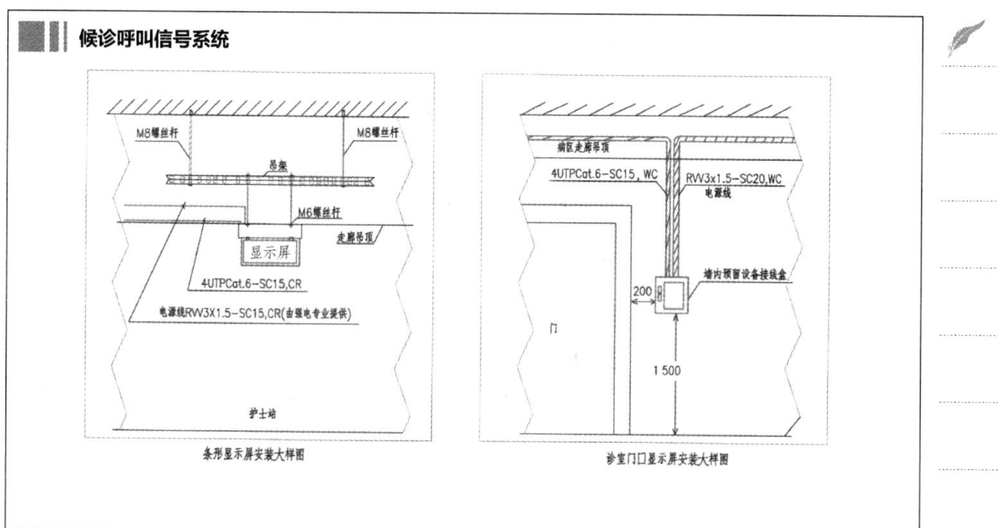

条形显示屏安装大样图

诊室门口显示屏安装大样图

病房探视系统、可视对讲系统

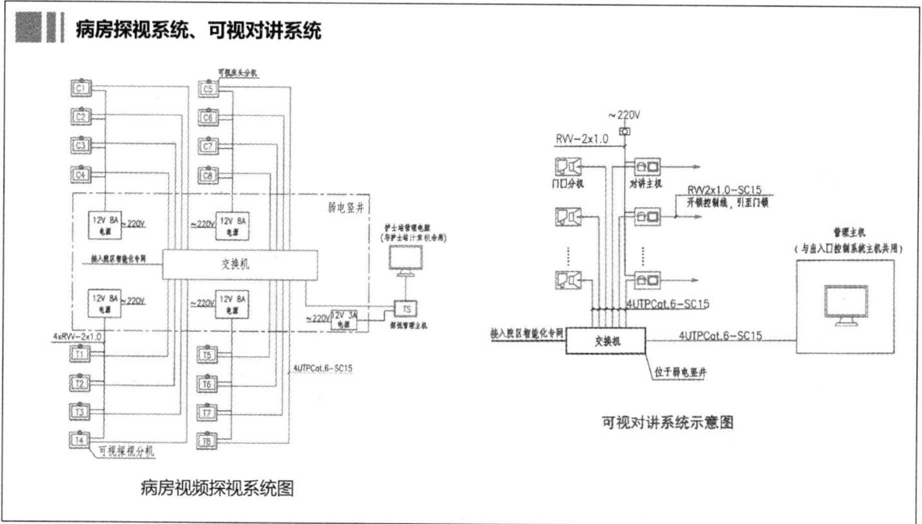

病房视频探视系统图

可视对讲系统示意图

手术室视频管理系统、门诊图像监视系统

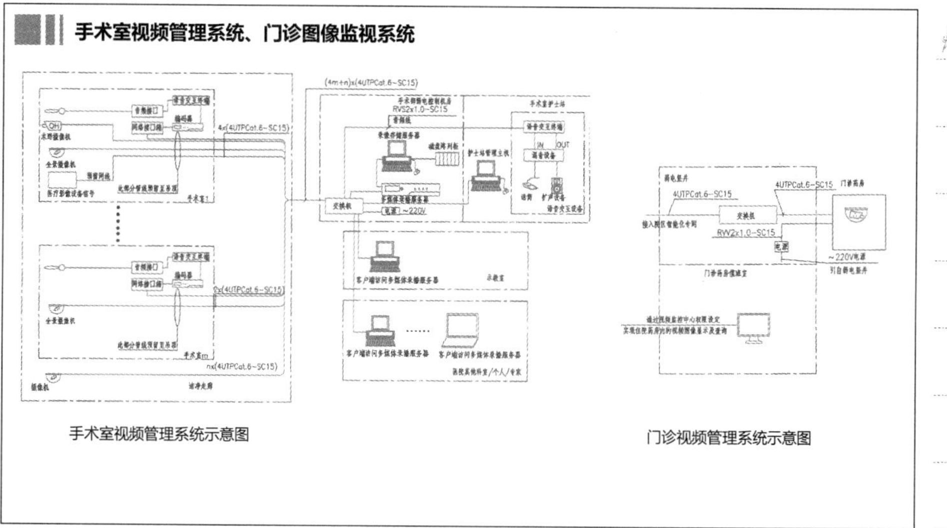

手术室视频管理系统示意图

门诊视频管理系统示意图

手术室视频管理系统

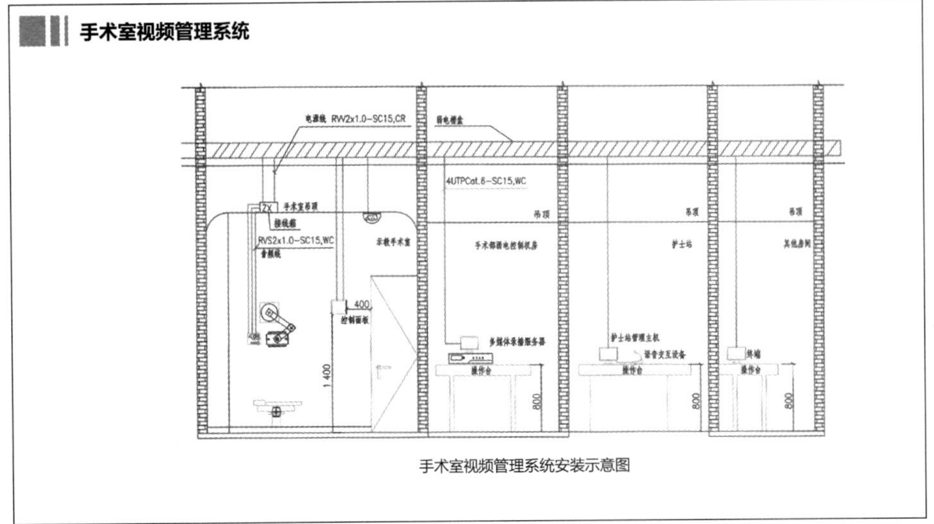

手术室视频管理系统安装示意图

手术室视频管理系统

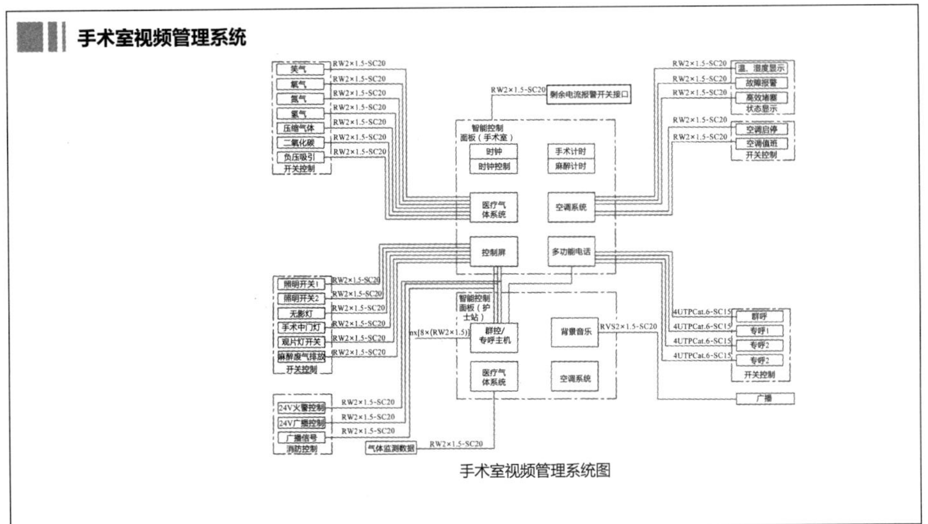

手术室视频管理系统图

可视呼叫系统

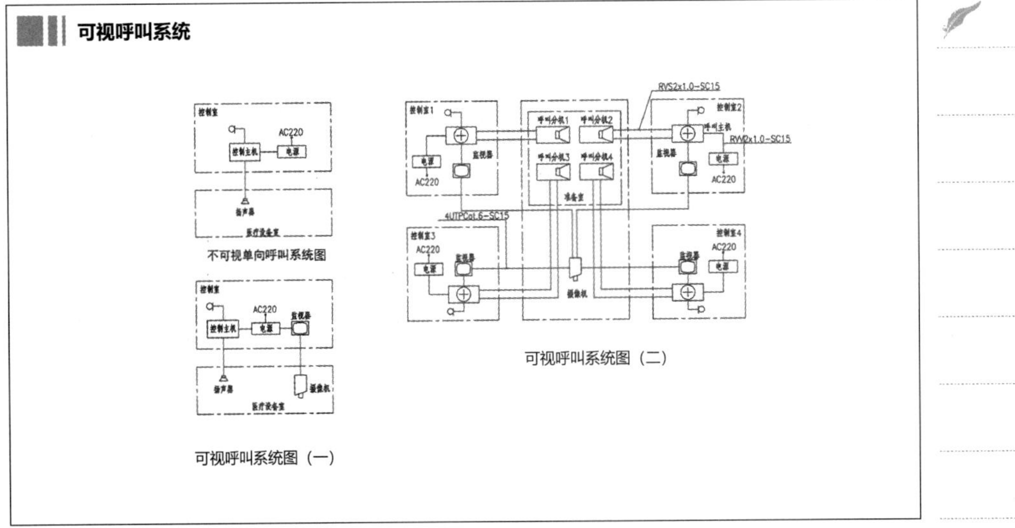

不可视单向呼叫系统图

可视呼叫系统图（一）

可视呼叫系统图（二）

防火措施

1.放射机房：电器设备必须符合电气安装规程，电缆、变压器的负载、容量应达到规定的安全系数，防止超载失火。
2.手术室：在防静电时应采用特制的导电软管，或对麻醉机和手术床做导除静电处理，并应穿着防静电服装和导电鞋操作。麻醉机及手术台周围地板要采用金属导线接地等导除静电的技术措施。
3.药房：电气照明的灯具、开关、线路，不得靠近药架或穿过药品。
4.生化检验及实验室：烘箱应有自动恒温装置。
5.病理室：制作切片过程中的所有烘干工序都应在真空烘箱中进行，不宜使用电热烘箱。
6.制剂室：电气设备应有防爆装置。
7.高压氧舱：电气设备应采用防爆型。所有电器开关应装在舱外，若为纯氧舱，还必须采用外照明。
8.电气器件（如插座和开关）的安装位置应距医疗用可燃气体出气口水平距离（中心到中心）至少0.2 m。
9.对使用中带有可燃气体和蒸汽的医疗电气设备，应遵循国家制定的有关医疗电气设备产品标准的规定。在可能发生危险情况（如存在可燃气体和蒸汽或一些麻醉、消毒或洗涤用剂会起火或爆炸）的场所，需采取特殊的预防措施。
10.病房楼或手术部内的避难间、楼梯间、前室或合用前室、避难走道应急疏散指示照明地面水平最低照度不应低于10.0 lx。医院手术室及重症监护室等病人行动不便的病房或需要救援人员协助疏散的区域不应低于5.0 lx。
11.手术室及重症监护室等病人行动不便的场所消防应急照明和灯光疏散指示标志的备用电源的连续供电时间不应少于1. 5 h 。
12.二级及以上医院应采用低烟、低毒阻燃类线缆。
13.病房宜设置火灾报警声光警报器。

1.4　电气设计实例

本工程属于三级综合医院，总建筑面积12.2万m²，包括住院楼、医技楼、门诊楼及大厅、污水处理站和液氧储罐附属机房等。其中，地上建筑面积80 900 m²，地下建筑面积41 100 m²，地上裙房4层，地下2层，地上塔楼9层，建筑高度45 m，床位数600床，抗震设防烈度为 8 度，防火设计建筑分类为一类；建筑耐火等级为一级，设计使用年限为50年。

负荷及电源

一、负荷统计

一级负荷中特别重要的负荷容量为3 324 kW，一级负荷容量为4 349 kW，二级负荷容量为1 485 kW，三级负荷容量为3 049 kW。

二、电源

1. 外电源由市政采用两路高压10 kV双重电源，高压电力电缆埋地方式引来。两路高压电源采用互备方式运行，要求任一路高压电源可以带起楼内全部一、二级负荷。
2. 应急电源与备用电源。院区内设有两处柴油发电机房，分别设置2台1 600 kW和1台400 kW柴油发电机组，为本项目提供0.4 kV备用电源。

三、变配电站

本工程为一级负荷用户，在建筑地下一层西北侧设总变、配电站1座，内设2台 25 00 kV·A变压器，并由本站高压不同母线段分别提供三路10 kV供电源至1#分变、配电站（内设2台 2 500 kV·A变压器），2#分变、配电站（内设2台 2 500 kV·A变压器），3#分变、配电站（内设2台 1 000 kV·A变压器）。变压器总安装容量共计17 000 kV·A。变压器容量选择需满足当一台变压器中断供电时，另一台变压器应能承担全部一级、二级负荷。

机房布置

本项目总（变）配电室，2x2 500kV·A

本项目消防控制中心

本项目1# 柴油发电机房,2x1 600kW

本项目1# 分变配电室，2x2 500kV·A

本项目2# 分变(配)电室，2x2 500kV·A

本项目2# 柴油发电机房,1x400kW

本项目3# 分变(配)电室，2x1 000kV·A

市政10 kV接入口

本项目10 kV开关站

10 kV电缆接市政路由

本项目总变配电室

本项目分变配电室

本项目柴油发电机房

本项目消防控制中心

机房布置图

电能计量

本工程电能计量采用高压集中计量。在低压馈电柜的馈出回路设置相应配套的电流互感器、分时计费的有功电能表及变送器，并利用集中远传的计算机计费。照明、给排水设备、充电桩、景观照明及其他主要用电负荷等均设置独立分项电能计量装置；其中，制冷站、热力站内的冷热源、输配系统还设置独立分项计量装置。对医院建筑消耗的各类能源主要用途划分进行采集设分项计量表，如照明插座用电、空调用电、电梯用电、给水排水用电、其他动力用电等；按建筑功能区域设分区计量表，按门诊、急诊、住院、医技、办公等，可细分至各科室进行计量。

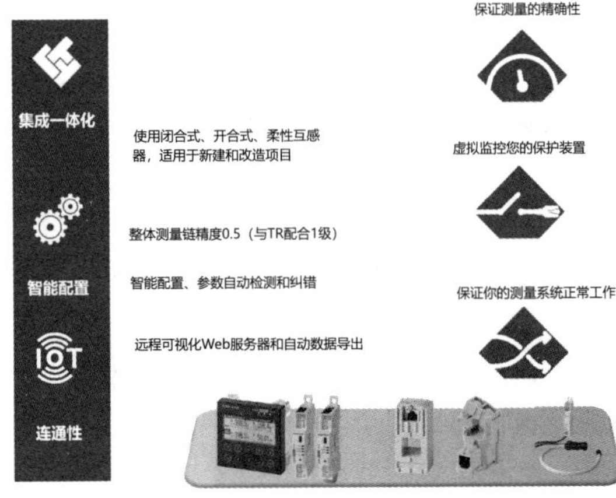

电力、照明系统

1. 低压配电系统按照楼层及建筑物使用功能分区配电。在各楼层分别设置强电配电间和智能化配线间。垂直配电为树干式，水平为放射式。医院的大型医疗设备包括核磁共振机(MRI)，血管造影机(DSA)、肠胃镜、计算机断层扫描机(CT)、X光机、同位素断层扫描机(ECT)，直线加速器、后装治疗机、钴60治疗机，模拟定位机等由变电所放射式配电。
2. 各级负荷的配电方式：一级负荷中特别重要负荷采取双路电源末端互投供电，并设有UPS或EPS作为后备电源。信息系统主机、重要手术室、重症监护室等要求供电连续的特别重要负荷，采用UPS作为后备电源，UPS由相关系统的设备供应商根据设备容量配套提供。一级负荷中的消防负荷采取双路电源末端互投供电，火灾报警控制器自带UPS备用电源。应急照明（疏散照明及疏散标志灯）采用集中供电蓄电池作为后备电源。其他一级负荷采取双路电源在适宜的配电点互投后专路供电。二级负荷采用双回路电源在适宜的配电点互投供电，冷冻机组等大容量二级负荷从变电所用可靠独立出线的单回路供电。
3. 病房床头上方一般设置有综合医疗设备带。设备带上配置有电源插座、医疗设备接地端子等。一般每床设置2~3组插座，一组接地端子，监护病床处可适当增加插座数量。病房插座回路较多，其配电线路采用线槽布线方式；敷设在护理单元走道吊顶内，方便线路更改和维护。

导体、电缆选型

1. 本工程全部选用铜芯导体。
2. 非消防负荷的配电干线和支干线采用WDZA-YJY-0.6/1 kV 型低烟无卤B_1级阻燃型交联聚乙烯绝缘护套电力电缆。消防负荷的配电干线和支干线采用WDZAN-YJY-0.6/1 kV型低烟无卤B_1级阻燃、耐火性能A级交联聚乙烯绝缘聚乙烯护套电力电缆。消防负荷配电干线敷设在专门的配电竖井内，不与非消防配电干线合用竖井。
3. X射线机供电线路导线截面按下列条件确定：

（1）单台X射线机供电线路导线截面应按满足X射线机电源内阻要求选用，并应对选用的导线截面进行电压损失校验；

（2）多台X射线机共用同一条供电线路时，其共用部分的导线截面应按供电条件要求电源内阻最小值X射线机确定的导线截面至少再加大一级。

照明设计

1. 门诊大厅、住院大厅、医疗主街、候诊区、休息区、走廊等公共区域等结合装修采用筒灯、LED 线型灯，局部结合 LED 灯槽；MRI磁体间内采用直流灯具，并应采用铜、铝、工程塑料等非磁性材料。
2. 门诊大厅及医疗主街结合格栅吊顶采用 LED 线型灯，候诊厅、医护走廊、病房、备餐间、污物间、更衣室、办公室、会议室、功能检查、诊室、药库、药房、实验室、化验室、治疗室、处置室选用棱镜面罩荧光灯嵌顶安装；住院大厅、病房区走廊等采用嵌入式筒灯嵌顶安装；变（配）电所、电梯机房、设备机房、库房等无吊顶的房间采用控照链吊式和壁装荧光灯；MRI磁体间内采用直流灯具。
3. 楼梯间采用节能型吸顶灯，卫生间、洗衣房、消毒室等采用防潮型灯具。
4. 病房的一般照明主要用于满足正常看护和巡查的需要，病房照明采用一床一灯，以床头照明为主，设置在病房的活动区域，而不设在床位的上方。病房综合医疗设备带上设置有床头壁灯及控制开关等。供医生检查和患者使用并减少对其他患者的影响。考虑到安全，床头壁灯回路可设剩余电流动作保护。病房及护理单元走道应设夜间照明。护理单元走道灯的设置位置宜避开病房门口。建筑立面照明(包括航空障碍灯)的设置要避免对病房产生影响。病房及护理单元走道灯的设置应避免对卧床患者产生眩光。

照明设计

5. 手术室除采用专用的手术无影灯外，另设有一般照明，采用密闭洁净荧光灯嵌顶安装。
6. 在X射线机室、同位素治疗室、电子加速器治疗室、CT机扫描室的入口处，设置红色工作标志灯。标志灯的开闭应受设备的操纵台控制。
7. 在候诊区、手术室、血库、隔离病房、洗消间、消毒供应室、太平间、垃圾处理站等场所及其他有灭菌要求的场所预留相关插座，采用移动式紫外线消毒器。
8. 在局部高度小于 2 m 的区域，灯具采用防护型，供电采用 36 V低压，防止工作人员触电。
9. 手术部，导管造影室，无菌室，注射室，输液室、传染病科，妇产科，烧伤病房，换药室，治疗室，候诊区，污洗间，呼吸科、基因分析和培养间、细胞实验室，收标本，穿刺，标本取材，荧光实验室，肠胃镜，肺功能，病毒和细菌培养，中心供应等设置紫外线灯。
10. 手术室，部分科室医生办公室需设置观片灯。
11. 景观照明。本建筑物为医疗综合大楼，为避免对病房区造成休息干扰，仅在主立面（门诊大厅入口侧）结合立面造型设置泛光照明，可在节假日开启，为建筑物提供亮丽的夜景照明。室外道路结合景观采用庭院灯和草坪灯作为道路及景观照明，室外照明及夜景照明均采用智能控制器进行控制。

应急照明、疏散照明及直升机停机坪照明

一、应急照明与疏散照明

1. 备用照明：变配电室、消防安防控制室、消防水泵房、手术室、ICU和NICU监护病房、急症通道、化验室、药房、产房、血库、病理实验室设置100%的备用照明，门诊大厅、住院大厅、候诊区、休息区、走廊等公共区域设置不少于 30%的备用照明。
2. 疏散照明：楼梯间、疏散走道等公共场所设有电光源疏散照明，疏散照明内蓄电池采用集中免维护36 V电池进行供电，停电时自动切换为直流供电，并且应急照明持续时间不应少于60 min。
3. 在各主要出入口、楼梯间、门诊大厅、住院大厅、候诊区、休息区、走廊、车库、180 人大会议室、化验室等处设置电光源疏散照明和疏散指示标志照明，疏散指示标志灯间距不大于20 m，疏散指示标志灯间距对于袋形走道不应大于10 m，室内电光源疏散照明和楼梯间疏散照明在地面上方最低照度不应低于 5.0 lx，其他区域在地面上的最低照度不低于3.0 lx，避难间的最低照度不低于10.0 lx。
4. 应急照明灯具和消防疏散指示标志灯选用专用的消防灯具，应设玻璃或其他不燃烧材料制作的保护罩。应急照明的光源为能瞬时点亮的光源，本设计主要采用LED灯。

二、直升机停机坪照明

在病房楼屋顶设有直升机停机坪，在机坪地面设有停机坪标志灯，接地、离地区边灯，泛光照明灯，红色中光强B型航空闪光障碍灯等，在局部高出停机坪的电梯间屋顶上设置红色中光强B型航空闪光障碍灯。

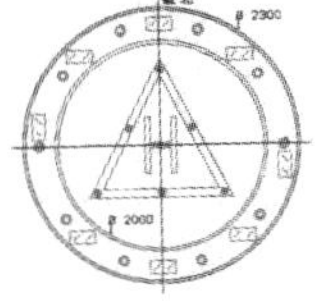

直升机停机坪灯具布置

防雷与接地系统

1. 本建筑物为第二类防雷建筑物，电子信息系统雷电防护等级为A级。
2. 220/380 V低压系统接地形式为TN-S系统，PE线与N线严格分开。为防电气设备对患者产生微电击，对手术室、ICU、CCU等监护病房，导管造影室等采用IT系统将电源对地进行隔离，并进行绝缘监视及报警。
3. 消防控制室、电信机房、弱电机房等处设有专用接地端子箱。在浴室、有淋浴的卫生间等设置辅助电位端子箱，做辅助等电位连接。
4. 在对手术室、抢救室、ICU、CCU等监护病房，导管造影室、肠胃镜，内窥镜、治疗室、功能检查室、有浴室的卫生间等处设辅助等电位连接。
5. 屏蔽接地。在磁共振扫描室、理疗室、脑血流图室等需要电磁屏蔽的地方设屏蔽接地端子。屏蔽接地与防雷接地、保护接地共用接地装置。
6. 防静电接地。对氧气、真空吸引、压缩空气等医用气体管路进行防静电接地。防静电接地与防雷接地、保护接地共用接地装置，与保护接地共用接地线。

电气消防系统

1. 火灾自动报警系统。本项目为集中报警系统，火灾报警及探测采用分布智能技术。系统采用报警环形两总线按防火分区进行连接，在走廊、电梯厅、门厅、诊室、急救大厅、各检查室、化验室、病房、手术室、值班室、药房、办公用房、会议室、车库、库房、设备用房等处设置感烟探测器；在门诊大厅等高大空间设置红外对射火灾探测器；在火灾报警室、弱电机房、病案室设置感烟、感温两种探测器；在厨房设置感温探测器及可燃气体探测器，气瓶间及汇流间设置防爆型感烟探测器。各楼层设有火灾报警重复显示器。220/380 V低压系统接地形式为TN-S系统，PE线与N线严格分开。为防电气设备对患者产生微电击，对手术室、ICU、CCU等监护病房，导管造影室等采用IT系统将电源对地进行隔离，并进行绝缘监视及报警。
2. 消防联动控制系统。火灾报警时，通过消防联动控制器对消火栓系统、自动喷水灭火系统、防烟排烟系统、气体灭火系统、应急照明和疏散指示系统、防火卷帘、防火门、电梯系统、应急广播系统以及切除非消防电源等进行控制。
3. 消防紧急广播系统。广播机房设在首层(与消防控制室合用)。火灾发生时，启动全楼的消防广播。
4. 消防通信系统。消防控制室设有消防专用电话交换机和消防直通外线电话。
5. 电梯控制系统。在消防控制室设置电梯监控盘，除显示各电梯运行状态、层数外，还应设置正常、故障、开门、关门等状态显示。
6. 电气火灾监控系统。在变电所低压出线回路装设温度报警探测器；除消防设备配电干线外，在楼层配电间装设剩余电流监视检测装置。
7. 消防电源监控系统。在消防设备配电箱内设置电源监控模块，系统可监测消防设备的电流、电压值和开关状态，判断消防电源是否存在断路、短路、过压、欠压、过流以及缺相、错相、过载等状态并进行报警和记录，并应在图形显示装置上显示。
8. 防火门监控系统。防火门监控系统采用总线式结构，监控主机设在消防控制室，疏散通道上常开及常闭防火门的开启、关闭及故障状态均反馈至防火门监控器，并应在消防控制室图形显示装置上显示。
9. 消防控制室。在首层设置消防控制室，消防控制室内设有火灾报警控制主机、联动控制装置、火灾事故广播装置、消防专用对讲电话装置、电梯监控盘、消防控制室图形显示装置、打印机、UPS备用电源等。

智能化系统

设计理念

提出智慧医院物联网的概念，通过射频识别、传感器、红外感应、全球定位、图像识别等信息感知设备和网络，按通信协议，把任何物品与互联网相连接，进行信息交换和通信，以实现智能化识别、感知、定位、跟踪、监控和管理。

技术策略分析

采用多机制识别和感知技术，实现多源数据相互融合和协同利用，通过网络和移动终端设备，为物联网提供广泛便捷的展示和应用，为医疗机构、政府职能部门和个人提供全方位的服务，打造全方位、全对象、全过程智慧医院的建设目标。

通过物联网技术全面提升医院基础设施智慧化程度，建设智慧医疗，达到高效的医院管理、应需而动的公共服务、无处不在的信息沟通、便捷安心的医疗氛围、学习与分享的环境、可持续发展的能力。

综合效益

通过本工程智能化系统可以为各项业务开展提供有效的保障，同时可以提高管理人员的工作效率。其高效性体现在以下几个方面：提供建筑物综合管理平台，提高设备管理效率，有效降低建筑物运行能耗，降低运行维护成本，提高对突发事件的综合处理能力，优化设备运行，设备运行状态全过程控制。节约人力资源，提升医院服务水平，提高办公人员工作效率，从根本上改变医院的原始管理方式，提高医院管理效益，提高医院医护质量，使医院经济效益和社会效益得到提升，达到数字化医院的目标。

医院信息系统(HIS)及医学影像系统(PACS)

一、医院信息系统(HIS)

医院信息系统(HIS)是利用电子计算机和通信设备，为医院所属各部门提供病人诊疗信息和行政管理信息的收集、存储、处理、提取和数据交换的能力，并满足不同授权用户的功能需求的平台。

二、医学影像系统(PACS)

医学影像系统(PACS)是应用在医院影像科室的影像归档和通信系统。医学影像系统在各种影像设备间传输数据和组织存储数据具有重要作用，它将日常产生的各种医学影像（包括核磁、CT、超声、各种X光机、各种红外仪、显微仪等设备产生的图像）通过各种接口（模拟，DICOM，网络）以数字化的方式保存起来，当需要的时候在一定的授权下能够很快地调回使用，同时附加一些辅助诊断管理功能。

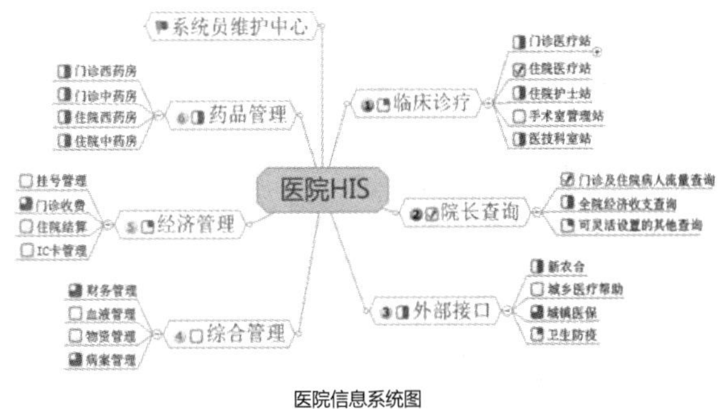

医院信息系统图

临床信息系统(CIS)及远程医疗系统

一、临床信息系统(CSI)

临床信息系统(CIS)支持医院医护人员的临床活动，收集和处理病人的临床医疗信息，丰富和积累临床医学知识，并提供临床咨询、辅助诊疗、辅助临床决策。临床信息系统(CIS)包括医嘱处理系统、病人床边系统、医生工作站系统、实验室系统、药物咨询系统等，能够提高医护人员的工作效率，为病人提供更好的服务。

二、远程医疗系统

远程医疗系统借助信息及电信技术来交换相隔两地的患者的医疗临床资料及专家的意见。远程医疗包括远程医疗会诊、远程医学教育、建立多媒体医疗保健咨询系统等。远程医疗会诊使病人在原地、原医院即可接受异地专家的会诊并在其指导下进行治疗和护理，可以节约医生和病人大量的时间和金钱。

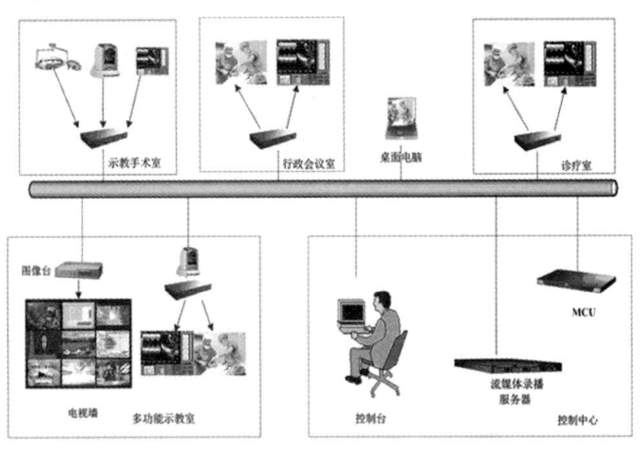

呼叫信号系统

一、候诊呼叫信号系统

呼叫信号系统主机一般由医疗设备自带，设计时只需预留管线及配置按钮、话筒、摄像机及显示器等外部设备。语音采用独立的喇叭，不需要与医院的背景音乐系统连接。

二、排队叫号系统（缴费、挂号）

由分诊台、子系统管理控制电脑（与分诊台合一）、系统服务器、管理台、信息节点机、信息显示屏、语音控制器、无源音箱、呼叫终端(物理终端或虚拟终端)、风险盒组成。系统自成体系、独立运行，也可与HIS系统连接、交互数据。传输线缆可直接利用综合布线，同时支持集中挂号与科室挂号。医生操作终端可采用物理操作终端或虚拟操作终端，也可同时采用。

三、病房探视系统

可设一探视间，内装可视电话对讲系统，在探视时间内，不能进入特护病房的家属可通过可视对讲电话和病人交谈。

四、护理呼叫信号系统

医院必备的系统，在病房设置呼叫器、扬声器，与护士站进行双向对讲，护士站设控制台。

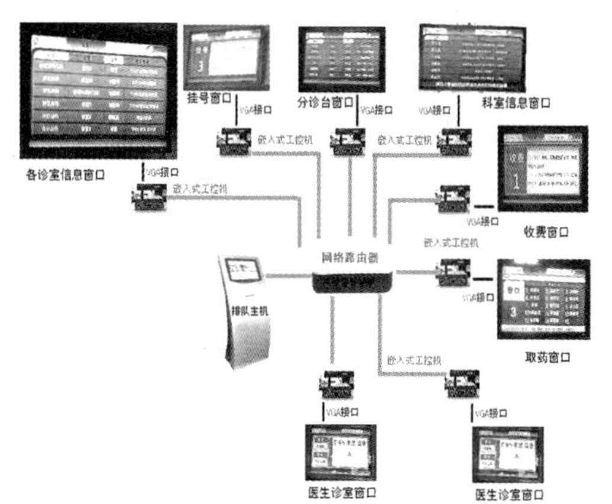

智能化系统配置

智能化系统配置表（一）

系统类别	建设内容及规模	特点（开通率、故障率、实用性、适用性）
智能化集成系统	弱电系统设置三层架构，中心管理服务器作为整个系统的第一层架构，各个分项系统的集中管理服务器是第二层架构，第三层架构就是各个系统末端设备	弱电系统设计实质为将不同的系统互连，在同一个软件平台上进行综合管理，并实现各互连子系统之间的互动。其目的是针对有管理需求的内容，进行事先安排的程序预案的解决措施，对事件的发生进行有效、快速地处理。系统集成不是目的，它是为提高管理水平所提供的一个平台。该系统将不同功能的医疗智能化系统，通过统一的信息平台实现统一管理，以形成具体信息汇集、资源共享及优化管理等综合功能的系统
综合布线系统	综合布线主机房设置信息中心主机房，电话主机房，设置2层	综合布线系统采用万兆网系统模块。网络中心机房引出12芯/24芯单模室内光缆到各个楼层配线间，楼层配线间引出六类非屏蔽双绞线到桌面；市政引入语音光缆到电话机房，电话机房引100对大对数电缆到各楼层配线间，楼层配线间引出六类非屏蔽双绞线到桌面
通信网络系统	本工程市政电信网以光缆形式引入。全院的网络以万兆光纤为核心，6类线到桌面，网WiFi全院覆盖。 整个医院的无线移动通信发射接收天线设置在屋顶。 整个医院的数字微蜂窝对讲系统发射接收天线设置在屋顶。 整个医院卫星接收系统（含医疗用卫星）接收天线设置在屋顶	通信网络进线光缆通过地下一层进线间引入，经弱电线槽引至信息中心主机房，与外部的通信应充分考虑安全性，有效防止外界非法入侵。提出"物联网"的概念，通过无线数据通信网络把它们自动采集到中央信息系统，实现物品(商品)的识别，进而通过开放性的计算机网络实现信息交换和共享，实现对物品的"透明"管理。 物联网通过各种信息传感设备，实时采集任何需要监控、连接、互动的物体或过程等各种需要的信息，与互联网结合形成一个巨大的网络。其目的是实现物与物、物与人，所有的物品与网络的连接，方便识别、管理和控制。 通过物联网实现医院对人的智能化医疗和对物的智能化管理工作，支持医院内部医疗信息、设备信息、药品信息、人员信息、管理信息的数字化采集、处理、储存、传输、共享等，实现物资管理可视化、医疗信息数字化、医疗过程数字化、服务沟通人性化，满足医疗健康信息、医疗设备与用品、公共卫生安全的智能化管理与监控的要求，从而解决医疗业务平台支持薄弱、医疗服务水平整体较低、医疗安全生产隐患等问题

智能化系统配置

智能化系统配置表（二）

系统类别	建设内容及规模	特点（开通率、故障率、实用性、适用性）
移动通信室内信号覆盖系统	本系统由专业的公司（移动、联通、电信）设计施工，本工程预留进线路由条件及机房土建条件	本系统由专业的公司（移动、联通、电信）设计施工，本工程预留进线路由条件及机房土建条件
卫星电视及有线电视系统	有线电视信号接自城市有线网，有线电视前端机房设在本建筑地下一层消防、安防值班室内。在每层弱电竖井内设置电视分支分配器设备，在各病房、候诊区、会议室和示教室等处设有线电视插座（机顶盒）	有线电视网采用树形结构，全数字高清式；水平主干采用2芯单模光缆接入，支线采用6类网线传输，均穿金属管敷设在吊顶内或楼板、垫层内。垂直主干在弱电竖井内沿金属线槽敷设。整个医院卫星接收系统接收天线预留设在屋顶
无线对讲系统	本项目内建立无线对讲系统。在首层楼控机房设主控设备基站。对讲系统沿各楼的弱电竖井垂直走线，采用转发器、功分器、接收天线、线缆等设备将信号分布到各层用于改善楼内的无线通信质量	技术要求:系统采用全双工数字化系统及数字化手持台，同时支持模拟手台的接入，架构简单，便于维护，且系统运行不需要专人值班，移动台使用方便，系统覆盖范围大， 不用拨号呼叫，适合于紧急呼叫， 便于保安与指挥中心间的联系。 支持多信道划分，手持对讲机，双向无线型对讲机适用于大型用户群体，通过它可将工作团队划为多组通话
建筑设备监控系统	建筑设备监控主机设置在地下一层楼控中心内，系统组成的主要功能是实施对建筑群内所有实时监控系统的集成管理，分散控制与联动，并在B地块及C地块分别设置控制分站。 本项目设置院长指挥舱系统，可总体监测全院的管理、医疗、耗材、经营情况	采用直接数字控制技术，对全楼的供水、排水、冷水、热水系统及设备、公共区域照明、空调设备、环境监测、供电系统和设备进行监视及节能控制。建筑设备监控系统为集散式系统。 系统具备设备的手／自动状态监视，启停控制，运行状态显示，故障报警、温湿度监测控制及实现相关的各种逻辑控制关系等功能。本工程建筑设备监控系统监控点数约为1 933控制点，其中AI=264点、AO=420点、DI=867点、DO=382点

智能化系统配置

智能化系统配置表（三）

系统类别	建设内容及规模	特点（开通率、故障率、实用性、适用性）
建筑能效监管系统	能耗监控管理中心，以方便进行设施能耗系统的统一管理。能耗监控管理系统的测控管理对象是电力、燃气、冷热水等各分类能耗系统，在建筑物各层设置带有通信功能的智能测控装置来传输能耗数据，并与中央监控通信，实时对整体能耗状况进行集中监测管理	智能抄表系统包括水表计量、冷热量表计量。在首层控制室设置抄表控制主机。在管道间、病房区的空调机房内设置抄表模块箱（DDC），抄表模块与远传采集器用4芯网线连接。每层抄表中端分别接入就近的智能楼宇控制系统（DDC）。一旦纳入楼宇自控系统的某一系统或某一区域能源计量出现较大异常，可协调至视频系统加强相应的监控频率以判断能源计量异常是否因人为因素导致
火灾自动报警系统	采用控制中心报警形式。各地块设置消防控制室	采用总体保护方式，选用智能型探测器，为二总线环状结构及支状结构混合工作方式
安全技术防范系统	安防控制中心设在主楼地下一层，与消防控制中心共用	系统通过统一的系统平台将安全防范各个子系统联网，实现控制中心对整体信息的系统集成和自动化管理；同时为保卫处值班室、医务处提供安防信号，并可实现保卫处值班室、医务处的统一调度和管理。系统具有标准、开放的通信接口和协议，以便进行IBMS系统集成。 本工程设计一套安防专网，采用TCP/IP方式传输数据。安防专网采用核心+接入的方式构建，核心交换机设置于安防控制中心，接入交换机设置于弱电竖井间。 供电方式采用控制室、弱电间集中供电的方式，安防控制室内设置UPS为整个安防系统提供电源。控制室、弱电间统一供给摄像机、交换机、报警探测器、门禁控制器、停车场设备等安防设备所需的电源；后备供电时间为24 h

智能化系统配置

智能化系统配置表（四）

系统类别	建设内容及规模	特点（开通率、故障率、实用性、适用性）
电子会议系统	采用统一视频服务平台系统。实现对互动电视、智能化视频会议及各种功能智能终端的精准服务	借助多方互联的信息手段，把分散在各地的与会者组织起来，通过电话进行业务会议的沟通形式。利用电话线作为载体来开会的新型会议模式。从功能上讲，打破通话只能局限于两方的界限，可以满足三方以上（根据不同提供商的产品，及时实现多方同时通话）具有电话无法实现的沟通更加顺畅，信息更加真实，范围更加广泛等特点
信息引导及发布系统	采用统一视频服务平台系统。信息发布可以对终端屏幕进行选择。发布信息的内容和播放的时间也可以按照预先的设定，自动进行程序播放或循环播放。在一些公共区域，通过数字化平台管理的终端屏幕还具备电子地图的功能。提供实时的电子展览地图和位置导航	在医院的公共区、电梯厅、等待区或任意有需要的区域，通过统一视频服务平台管理的显示屏幕(包括触摸查询机、投影机、LED屏、等离子屏、多媒体显示屏、电视机等)可以用于播放重要通知、最新新闻、医院内部新闻、健康教育、即时信息、临时通知。同时可实现候诊室的病人排队叫号功能。 当出现紧急事件时，平台可以即刻终止当前所有终端屏幕播放的视频，插入紧急通知，指导人员疏散等
公共广播系统	本系统为全数字，模块化网络广播系统，系统具有TCP/IP协议以太网网络化管理功能	本工程广播系统是按照医院各个不同科室，防火分区，楼层设置广播扬声器，进行不同的业务性广播，服务性广播。本系统预留与智能化连接的网络接口，数字化网络广播系统可以和通信网络系统、火灾报警系统、安全技术防范系统等集成在一个平台上统一管理。 广播系统由日常广播及消防广播两部分组成，前端设在消防控制中心。日常广播和紧急广播合用一套广播线路及扬声器，平时播放背景音乐和日常广播，火灾时受火灾信号控制相关楼层自动切换为紧急广播。本工程广播系统按防火分区及功能分区设置扬声器
机房工程	机房工程主要有三部分组成，分别为主机房、弱电间、控制室	主机房（信息中心机房、备用机房）：信息中心机房设置为B级机房。机房内均设置架空防静电地板，设置专用接地装置，机房内电子信息设备采用S/M混合型等电位联结的方式。进线设备设置浪涌保护。机房的功能接地、保护接地、防雷接地等各种接地宜共用接地网，接地电阻按其中最小值确定。 机房应采用有效地防止慢溢和渗漏的措施。主机房设置气体灭火装置和专用的空调设施。机房的供电采用UPS蓄电池组。防雷与接地应满足《建筑物防雷设计规范》GB 50057和《建筑物电子信息系统防雷技术规范》GB 50343的规定（A级）。 电信间应设接地母线和接地端子。 应急指挥中心：本工程预留进线路由条件及机房土建条件

物联网应用

医疗设施和设备管理全面采用物联网技术，通过物联技术全面提升医院基础设施的智慧化程度，打造智慧医疗，达到高效快捷的医院管理，实现医疗信息的移动化和可追溯化，优化管理流程和医护流程，提升工作效率，杜绝医疗差错，达到数字化智慧医院的目标。

同时，医院采用先进的医院信息管理系统（HIS系统）、统一视频平台管理系统，先进的智能化集成平台技术，对医院的人力资源系统、物流信息、财务信息、医疗信息等进行综合管理，从而为医院的整体运行、资源共享提供全面的自动化管理及各种服务，实现数据的相互融合和协同利用，为医院的优化管理提供一个有效、快速的平台。

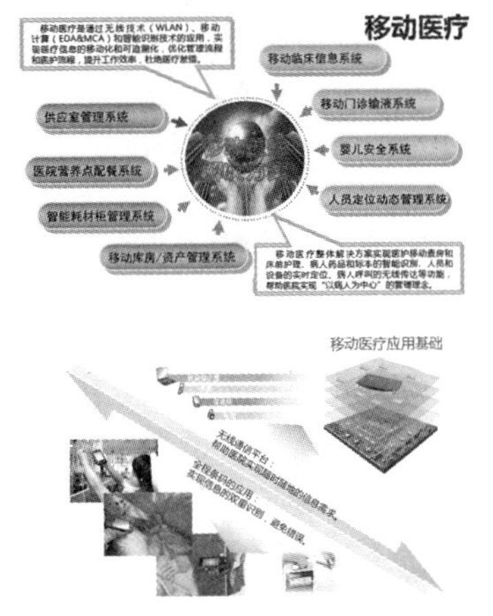

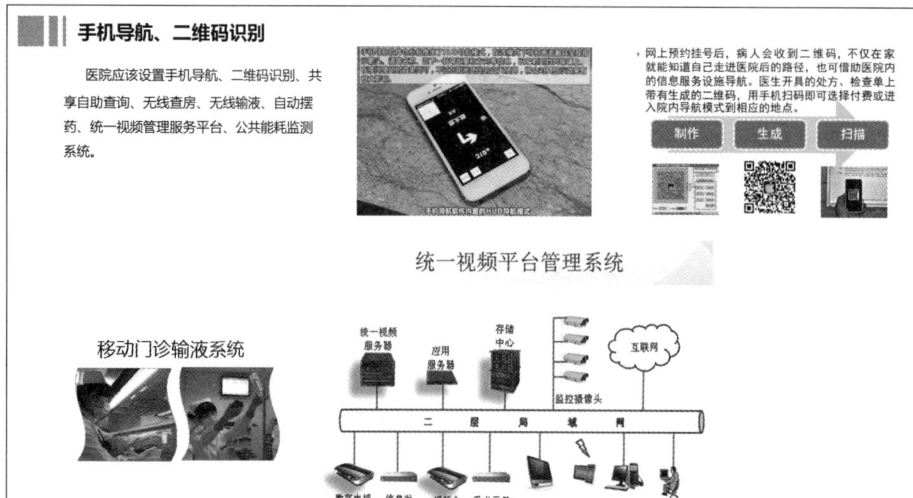
手机导航、二维码识别
医院应该设置手机导航、二维码识别、共享自助查询、无线查房、无线输液、自动摆药、统一视频管理服务平台、公共能耗监测系统。
网上预约挂号后，病人会收到二维码，不仅在家就能知道自己走进医院后的路径，也可借助医院内的信息服务设施导航。医生开具的处方、检查单上带有生成的二维码，用手机扫码即可选择付费或进入院内导航模式到相应的地点。
制作
生成
扫描
手机导航软件内置的HUD导航模式
统一视频平台管理系统
移动门诊输液系统
统一视频服务器
应用服务器
存储中心
监控摄像头
互联网
二层局域网
数字电视机顶盒
信息发布终端
视频会议终端
手术示教终端
软终端
平板终端
监控
管理员

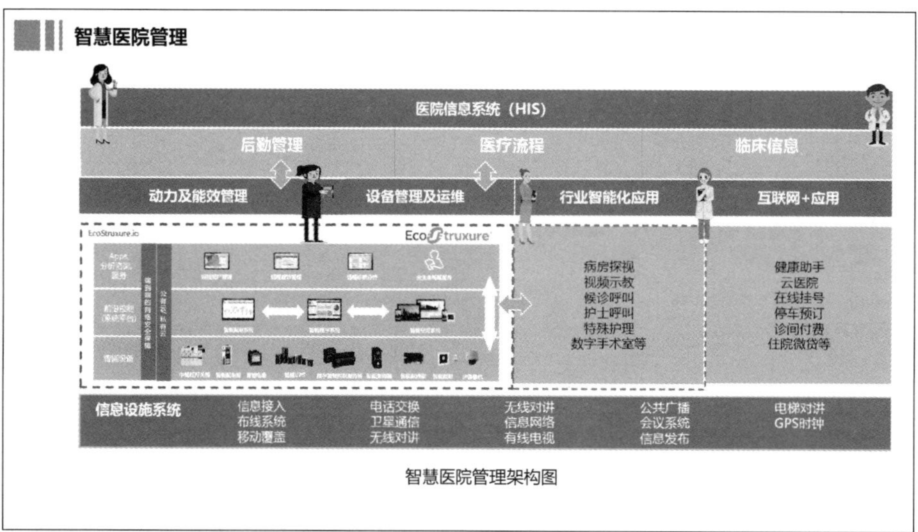
智慧医院管理
医院信息系统（HIS）
后勤管理
医疗流程
临床信息
动力及能效管理
设备管理及运维
行业智能化应用
互联网+应用
EcoStruxure
病房探视
视频示教
候诊呼叫
护士呼叫
特殊护理
数字手术室等
健康助手
云医院
在线挂号
停车预订
诊间付费
住院微贷等
信息设施系统
信息接入
布线系统
移动覆盖
电话交换
卫星通信
无线对讲
无线对讲
信息网络
有线电视
公共广播
会议系统
信息发布
电梯对讲
GPS时钟
智慧医院管理架构图

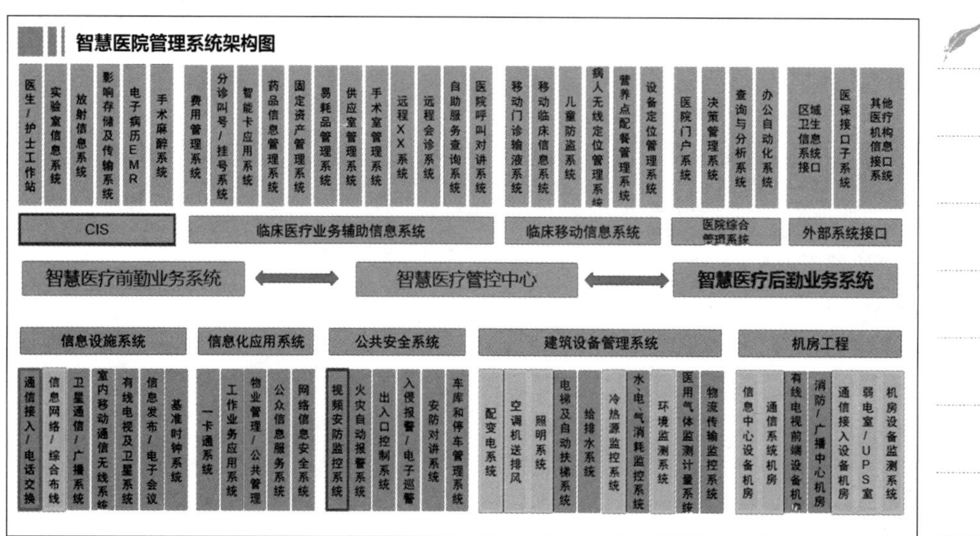
智慧医院管理系统架构图
医生/护士工作站
实验室信息系统
放射信息系统
影响存储及传输系统
电子病历EMR
手术麻醉系统
费用管理系统
分诊叫号/挂号系统
智能卡应用系统
药品信息管理系统
固定资产管理系统
易耗品管理系统
供应室管理系统
手术室管理系统
远程XX系统
远程会诊系统
自助服务查询系统
医院呼叫对讲系统
移动门诊输液系统
移动临床信息系统
儿童防盗系统
病人无线定位管理系统
营养点配餐管理系统
设备定位管理系统
医院门户系统
决策管理系统
查询与分析系统
办公自动化系统
区域卫生信息系统接口
医保接口子系统
其他医疗机构信息接口系统
CIS
临床医疗业务辅助信息系统
临床移动信息系统
医院综合管理系统
外部系统接口
智慧医疗前勤业务系统
智慧医疗管控中心
智慧医疗后勤业务系统
信息设施系统
信息化应用系统
公共安全系统
建筑设备管理系统
机房工程
通信接入/电话交换
信息网络/综合布线
卫星通信/广播系统
室内移动通信无线系统
有线电视及卫星系统
信息发布/电子会议
基准时钟系统
一卡通系统
工作业务应用系统
物业管理/公共管理
公众信息服务系统
网络信息安全系统
视频安防监控系统
火灾自动报警系统
出入口控制系统
入侵报警/电子巡警
安防对讲系统
车库和停车管理系统
配变电系统
空调机送排风
照明系统
电梯及自动扶梯系统
给排水系统
冷热源监控系统
水电气消耗监控系统
环境监测系统
医用气体监测计量系统
物流传输监控系统
信息中心设备机房
通信系统机房
有线电视前端设备机房
消防/广播中心机房
通信接入设备机房
弱电室/UPS室
机房设备监测系统

智慧医院管理获益点

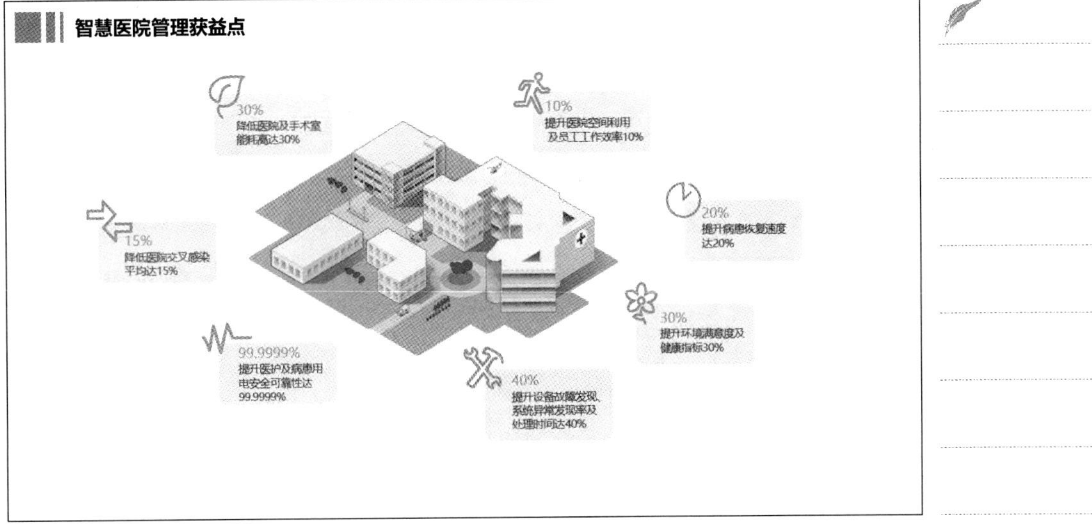

小结

医院建筑电气设计应根据医疗建筑分级和建筑内负荷确定供电措施，并应满足电能质量要求。照明设计应根据医生、患者、维护人员的不同需求选择光源、灯具和控制方式。医用有射线安全防护的机房入口处，应设置红色工作标识灯。需要灭菌消毒的地方应设置杀菌灯。大型医疗设备的供电应从变电所引出单独的回路，其电源系统应满足设备对电源内阻的要求。医疗用房内禁止采用TN-C系统，手术室等2类医疗场所的配电应采用医用IT系统，应配套装置绝缘监视器。负压隔离病房通风系统的电源、空调系统的电源应独立，负压隔离病房电气管路尽可能在电气系统末端。

The End

第二章

体育建筑电气关键技术设计实践

Design Practice of Electrical Key Technology of Sports Building

体育建筑是人们为了达到健身和竞技目的而建设的活动场所，一般包括比赛场地、运动员用房、观众座席和管理用房三部分，有承办专项比赛的场（馆），也有全民健身的综合型场（馆），由于体育建筑用途、规模和建设条件的不同，存在较大差异。体育建筑的电气设计应根据体育建筑用途、规模特点，配置合理变配电系统、智能化照明系统、防雷接地系统、火灾报警系统，电气设施的装备水平要与工程的功能要求和使用性质相适应，同时要考虑赛时和赛后的不同使用要求，发挥更大的社会效益和经济效益。

2.1　强电设计

体育建筑供配电系统要根据建筑规模和等级、管理模式和业务需求进行配置，针对比赛场地、观众席、运动员用房、管理用房特点和不同场所的要求，必须符合国家体育主管部门颁布的各项体育竞赛规则中对电气提出的要求，同时还必须满足相关国际体育组织的有关标准和规定，既要满足比赛使用要求，又要兼顾赛后充分利用的需要，不应将临时用电做成永久用电，达到既经济又实用的目的。

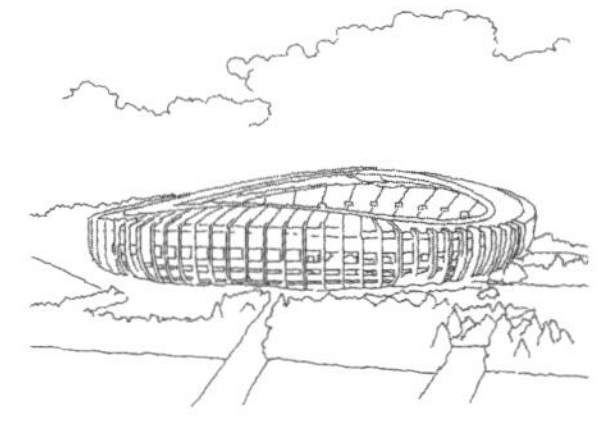

体育建筑分级

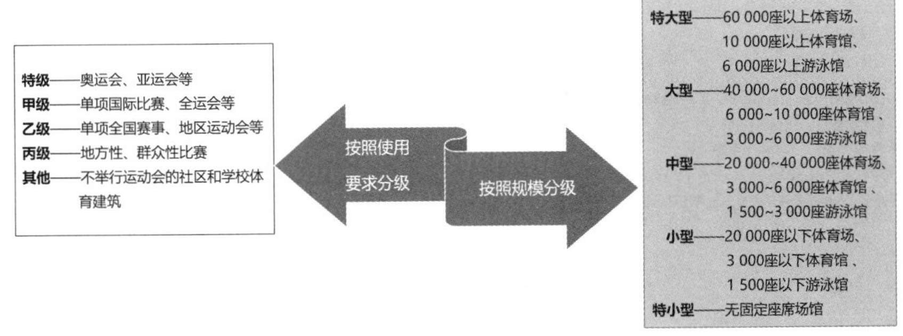

综合比赛场（足球、田径）

1. 纵向轴平行南北方向，可以北偏东或北偏西，主席台设在西侧。
2. 田径场地：环形道（不大于8条）圆弧内径36.5 m，圆心距89.38 m；西直道（不大于8条）总长150 m。
3. 足球场地：105 m×68 m，最大120 m×90 m，坡度最小5/1 000。
4. 天然草皮。
5. 环形沟。
6. 挑棚。

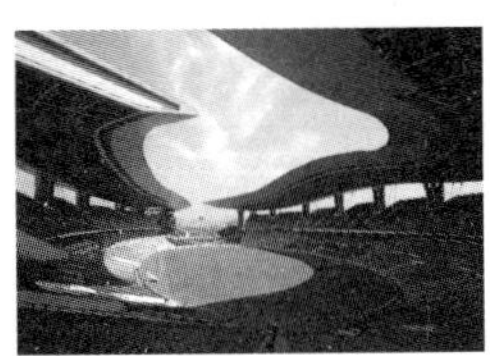

体育场馆特点

一、综合比赛馆建筑特点（球类、体操）

1. 综合馆净高不小于15 m，专项馆可适当降低。
2. 篮球场地不小于38 m×20 m。
3. 手球场地不小于44 m×24 m。
4. 体操场地不小于70 m×40 m。
5. 羽毛球、乒乓球等比赛对体育馆空调风速较敏感。
6. 为避免混响时间过长，需要考虑吸声措施。
7. 体育馆屋顶结构需要考虑各种悬挂需求。

二、游泳馆建筑特点

1. 标准泳池50 m×25 m×2 m，标准跳水池21 m×25 m×5.25 m，间距不小于10 m。
2. 建筑布局与比赛流线关系密切。
3. 与综合体育馆相比，用电负荷峰值明显较小。
4. 水下照明：1 000 lm/m^2。
5. 电子触板：2.4 m×0.9 m。
6. 重视电气系统的防水、防潮、防腐措施和等电位联结。

体育场馆特点

三、自行车馆建筑特点

1. 赛道内环周长250 m，宽度不小于7 m，赛道坡度13°～47°。
2. 场地内部要布置练习道、比赛人员通道、车辆器材通道、裁判室以及为各运动队服务的临时设施等。
3. 由于赛场面积较大，一般观众席位不超过3 000个。

四、射击馆建筑特点

1. 50 m手枪慢射：靶纸尺寸550 mm×520 mm；50 m步枪，3 mm×40 mm；50 m气步枪移动靶为10 m，5 s。
2. 25 m运动手枪：靶纸尺寸同50 m手枪慢射；25 m手枪速射。
3. 10 m气手枪：靶纸尺寸170 mm×170 mm；10 m气步枪移动靶为2 m，2.5 s。

- 隔声、隔震结构，避免对运动员的干扰；枪支及弹药保管，双重土建结构，远离观众区。

负荷分级

特级体育建筑重大赛事的负荷分级：

1.A 级包括主席台、贵宾室、接待室、新闻发布厅等照明负荷，应急照明负荷，网络机房、固定通信机房、扩声及广播机房等用电负荷、电台和电视转播及新闻摄影电源、消防和安防用电设备；计时记分、升旗控制系统、现场影像采集及回放系统及其机房用电负荷等。

2.B 级包括观众席、观众休息厅照明、生活水泵、污水泵、临时医疗站、兴奋剂检查室、血样收集室等用电设备、VIP办公室、奖牌储存室、运动员、裁判员用房、包厢、建筑设备管理系统用电、售检票系统等用电负荷，大屏幕显示用电、电梯用电、场地信号电源等。

3.C 级包括普通办公用房、广场照明。

4.D 级普通库房、景观类用电负荷等。

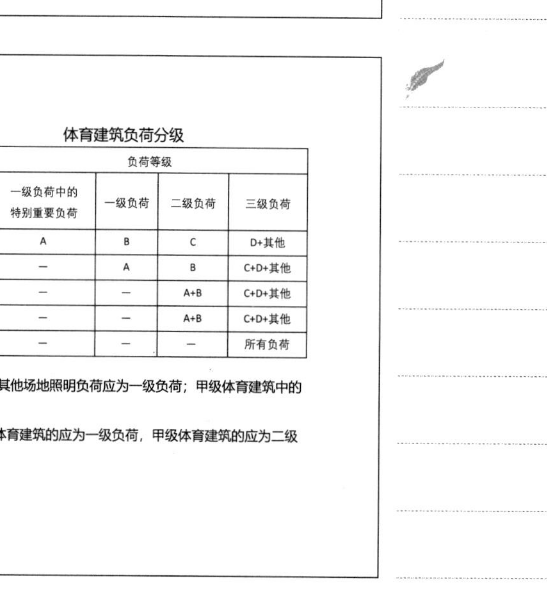

体育建筑负荷分级

体育建筑等级	负荷等级			
	一级负荷中的特别重要负荷	一级负荷	二级负荷	三级负荷
特级	A	B	C	D+其他
甲级	—	A	B	C+D+其他
乙级	—	—	A+B	C+D+其他
丙级	—	—	A+B	C+D+其他
其他	—	—	—	所有负荷

5.特级体育建筑中比赛厅（场）的TV应急照明负荷应为一级负荷中特别重要的负荷，其他场地照明负荷应为一级负荷；甲级体育建筑中的场地照明负荷应为一级负荷；乙级、丙级体育建筑中的场地照明负荷应为二级负荷。

6.对于直接影响比赛的空调系统、泳池水处理系统、冰场制冰系统等用电负荷，特级体育建筑的应为一级负荷，甲级体育建筑的应为二级负荷。

7.除特殊要求外，特级和甲级体育建筑中的广告用电负荷等级不应高于二级。

大型集会与文化活动的负荷分级

1. 演出用电，主席台、贵宾室、接待室、新闻发布厅照明，广场及主要通道的疏散照明，计算机机房、电话机房、广播机房、电台和电视转播及新闻摄影电源，灯光音响控制设备、应急照明、消防和安防用电设备；售检票系统、现场影像采集及回放系统等为特别重要负荷。
2. 观众席、观众休息厅照明，生活水泵、污水泵用电，餐厅、临时医疗站、VIP办公室、化妆间（运动员、裁判员用房）、包厢、建筑设备管理系统用电，电梯用电等为一级负荷。
3. 普通办公用房、配套商业用房、广场照明、大屏幕显示用电为二级负荷。
4. 普通库房、景观类用电负荷等为三级负荷。

供电措施

1.甲级及以上等级的体育建筑应由双重电源供电，当仅有两路电源供电时，其任一路电源供电的变压器容量应满足本项目全部用电负荷。乙级、丙级体育建筑宜由两回线路电源供电，丁级体育建筑可采用单回线路电源。特级、甲级体育建筑的电源线路宜由不同路由引入。

2.小型体育场馆当用电设备总容量在100 kW以下时，宜采用380 V电源供电，除此之外的体育场馆应采用10 kV或以上电压等级的电源供电。当体育建筑群进行整体供配电系统供电时，可采用20 kV、35 kV电压等级的电源供电。当供电电压大于或等于35 kV时，用户的一级配电电压宜采用10 kV。

（1）特级体育建筑应采用专线供电，甲级体育建筑宜采用专线供电，其他体育建筑在举办重大比赛时应考虑采用专线供电。

（2）根据体育建筑的使用特征，当任一路电源均可承担全部变压器的供电时，变压器负荷率宜为80%左右；否则不宜高于65%。

（3）可能举办重大比赛的体育建筑应预留移动式供电设施的安装条件。

（4）综合运动会开闭幕式用电负荷不宜计入供配电负荷：

开闭幕式用电总体特点：临时性用电，负荷容量大（开幕式用电多在5 000 kW以上）；负荷类型多样，特性不一（声、光、电数字技术的大量应用）；用电点分散，供电距离远（开幕式一般在体育场举行，用电设施遍布体育场各区）；供电可靠性要求极高（展示形象，具有较大政治意义）。

开（闭）幕式临时用电负荷资料

国内近年来大型赛会开（闭）幕式用电负荷统计表

序号	名称	总安装负荷(kW)	计算负荷(kW)
1	2008年北京奥运会开幕式	14 650	10 500
	2008年北京奥运会闭幕式	12 150	8 829
2	2010年广州亚运会开幕式	13 250	9 560
3	2011年深圳大运会开幕式	7 520	5 630
4	2014年南京青奥会开幕式	11 850	8 950
5	2017年天津全运会开幕式	7 235	5 216
6	2019年武汉军运会开幕式	16 494	10 054

第七届世界军人运动会开幕式用电负荷统计表

序号	设备名称	安装功率(kW)	需要系数	计算功率(kW)
1	灯光	3 955	1	3 955
2	投影	2 220	0.9	1 998
3	音响	390	0.8	312
4	上空设备	5 100	0.8	4 080
5	地面设备	3 399	0.8	2 719
6	水特效设备	1 260	0.9	1 134
7	火炬塔动力	260	1	260
8	火炬塔灯光	360	1	360
9	通信控制及设备机房	35	1	35
10	灯光控制室	30	1	30
11	投影控制室	20	1	30
12	地面设备控制室	5	1	5
13	威亚操作台	50	0.9	45
14	威亚控制室	5	1	5
15	指挥监控室	5	1	5
16	总导演室	15	1	15
17	火炬塔控制室	5	1	5
18	合计	16 494		14 363
同期系数（取0.7）				10 054

部分场所的用电负荷参考指标

体育建筑常用电气设备负荷指标

负荷名称	用电负荷指标（W/m²）	负荷名称	用电负荷指标
田径场地照明	50～70	电子显示屏（馆）	100 kW/块
足球场地照明（中超）	70～100	电子显示屏（场）	300 kW /块
		计时记分系统	20 kW
足球场地照明（FIFA）	100～150	信息机房	30 kW
		扩声机房（馆）	30 kW
体操、球类场馆照明	60～80	室外媒体区	200 kW
游泳馆照明	50～70	电视转播机房	60 kW
自行车馆照明	60～80	文艺演出（馆）	500 kW
滑冰馆照明	40～60	文艺演出（场）	800～1 500 kW

部分用电负荷的供电要求

- 比赛场地照明宜采用两个专用供电干线同时供电，各承担50%用电负荷的方式；一般而言，体育馆至少要考虑2路供电干线，挑棚布灯的体育场为4路供电干线，四塔式布灯的体育场为8路供电干线。
- 其他需要双路供电的用电负荷包括：消防设施，主席台（含贵宾接待室），媒体区，广场及主要通道照明，计时记分装置，信息机房，扩声机房，电台和电视转播及新闻摄影用电等。
- 大型赛会需要由移动式自备电源供电的用电负荷包括：50%比赛场地照明，主席台（含贵宾接待室），媒体区，广场及主要通道照明，计时记分机房，扩声机房，电视转播机房，保安备勤用房等。
- 特级、甲级体育建筑应考虑为室外转播车提供电源，每辆转播车供电容量不小于20 kW，一般不超过60 kW。

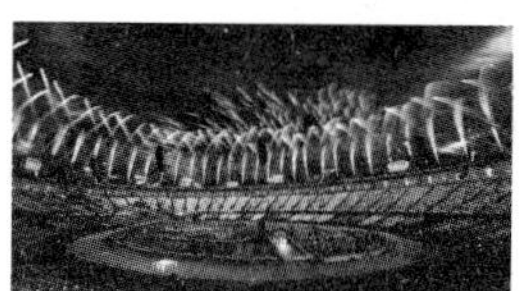

应急电源供电要求

1. 电子信息设备、灯光音响控制设备、转播设备应选用不间断电源装置（UPS）作为备用电源。
2. TV应急转播照明应选用EPS作为备用电源，当采用金属卤化物灯具时，EPS的特性应与其启动特性、过载特性、光输出特性、熄弧特性等相适应。
3. 与自启动的柴油发电机组配合使用的UPS或EPS的供电时间不应少于10 min。
4. 特级体育建筑应设置快速自动起动的柴油发电机组作为应急电源和备用电源，对于临时性重要负荷可另设临时柴油发电机组作为应急备用电源。根据供电半径，柴油发电机可分区设置。
5. 甲级体育建筑应为应急备用电源的接驳预留条件。乙级及以下等级的体育建筑可不设应急备用电源。

配电系统要求

1. 特级及甲级体育建筑、体育建筑群总配变电所的高压供配电系统应采用放射式向分配变电所供电。当总配变电所同时向附近的乙级及以下的中小型体育场馆、负荷等级为二级及以下的附属建筑物供电时，也可采用高压环网式或低压树干式供电。
2. 配变电所的高压和低压母线宜采用单母线或单母线分段结线形式。特级及甲级体育建筑的电源应采用单母线分段运行，低压侧还应设置应急母线段或备用母线段。
3. 应急母线段由市电、应急和备用电源供电，市电与应急和备用电源之间应采用电气、机械联锁。当采用自动转换开关电器（ATSE）时，应选择PC级、三位式、四极产品。
4. 低压配电系统设计中的照明、电力、消防及其他防灾用电负荷、体育工艺负荷、临时性负荷等应分别自成配电系统。当具有文艺演出功能时，宜在场地四周预留配电箱或配电间。
5. 敷设于槽盒内的多回路电线电缆应采用阻燃型电线电缆。

常用设备配电

1. 特级、甲级体育建筑媒体负荷，如新闻发布、文字媒体、摄影记者工作间应单独设置配电系统，并采用两路低压回路放射式供电；乙级及以下体育建筑宜单独设置配电系统，可采用树干式供电。
2. 特级、甲级体育建筑应为看台上的媒体用电预留供电路由和容量，其配电设备宜安装在看台媒体工作区附近的电气房间内，为看台区设置的综合插座箱供电。
3. 特级、甲级体育建筑中各类体育工艺专用设施：如场地信号井、扩声机房、计时计分机房、升旗设备、终点摄像机房等配电系统应单独设置，并采用两路独立的低压回路放射式供电；乙级及以下体育建筑各类专用设施的配电系统可合并设置，并可采用树干式供电。
4. 变电所内为场地临时设备用电预留的出线回路，应引至场地四周的摄影沟或场地入口处，为其提供接入条件。
5. 跳水池、游泳池、戏水池、冲浪池及类似场所，其配电应采用安全特低电压（SELV）系统，标称电压不应超过12 V，特低电压电源应设在2区以外的地方。
6. 体育建筑的广场应预留供广场临时活动用的电源。
7. 特级、甲级体育建筑供配电系统应为广告用电预留容量，乙级体育建筑宜预留广告电源。广告电源可预留在场地四周、看台、入口、广场等处。

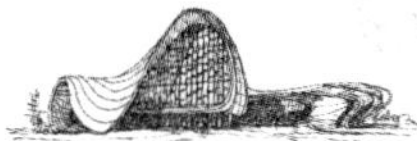

照度标准

体育建筑不同功能层间照度表

类　别		参考平面及其高度	水平照度标准值（lx）	统一眩光值UGR	照度均匀度U_0	一般显色指数R_a
运动员用房、裁判员用房		0.75 m水平面	300	22	0.6	80
转播机房、计时记分和成绩处理机房、信息显示及控制机房、场地扩声机房、同声传译控制室、升旗和火炬控制系统等弱电机房及照明控制室		工作台面	500	19	0.6	80
观众休息厅（开敞式）、观众集散厅		地面	100	—	0.4	80
观众休息厅（房间）		地面	200	22	0.4	80
国旗存放间、奖牌存放间		0.75 m水平面	300	19	0.4	80
颁奖嘉宾等待室、领奖运动员等待室		地面	300/500	19	0.6	80
兴奋剂检查室、血样收集室、医务室		0.75 m水平面	500	19	0.7	80
检录处		0.75 m水平面	300	22	0.6	80
安检区		0.75 m水平面	300	19	0.6	80
新闻发布厅	记者席	0.75 m水平面	300/500	22	0.6	80
	主席台	0.75 m水平面	500/750	22	0.6	80
新闻中心、评论员控制室		0.75 m水平面	500	19	0.6	80
媒体采访混合区		0.75 m水平面	500/750	—	0.6	80
竞赛用通道		地面	≥500			

照明配电要求

1. 大型、特大型体育建筑的场地照明应采用多回路供电。
2. 特级体育建筑在举行国际重大赛事时50%的场地照明应由发电机供电，另外50%的场地照明应由市电电源供电；其他赛事可由双重电源各带50%的场地照明。
3. 甲级体育建筑应由双重电源同时供电，且每个电源应各供50%的场地照明灯具。
4. 乙级和丙级体育建筑宜由两回线路电源同时供电，且每个电源宜各供50%的场地照明。
5. 其他等级的体育建筑可只有一个电源为场地照明供电。
6. 对于乙级及以上等级体育建筑的场地照明，一个配电回路所带的灯具数量不宜超过3套，对于乙级以下等级的体育建筑的场地照明，一个配电回路所带的灯具数量不宜超过9套。配电回路宜保持三相负荷平衡，单相回路电流不宜超过30 A。
7. 为防止气体放电灯的频闪，相邻灯具的电源相位应换相连接。
8. 比赛场地照明灯具端子处的电压偏差允许值应满足规定。
9. 当采用金属卤化物灯等气体放电灯时，应考虑谐波影响，其配电线路的中性线截面不应小于相线截面。

照明灯光控制

1. 特级和甲级体育建筑应采用智能照明控制系统，乙级体育建筑宜采用智能照明控制系统。
2. 体育建筑的场地照明控制应按运动项目的类型、电视转播情况至少分为四种控制模式。
3. 用于体育舞蹈、冰上舞蹈等具有艺术表演的运动项目，应增设具有调光功能的照明控制系统。

体育建筑灯光控制表

照明控制模式		场馆等级（规模）			
		特级（特大型）	甲级（大型）	乙级（中型）	丙级（小型）
有电视转播	HDTV转播重大国际比赛	√	○	×	×
	TV转播重大国际比赛	√	√	○	×
	TV转播国家、国际比赛	√	√	√	○
	TV应急	√	○	○	×
无电视转播	专业比赛	√	√	√	○
	业余比赛、专业训练	√	√	○	√
	训练和娱乐活动	√	√	√	○
	清扫	√	√	√	√

注：1.√表示应采用，○表示视具体情况决定，×表示不采用。
2.表中HDTV指高清晰度电视，TV指标准清晰度彩色电视。

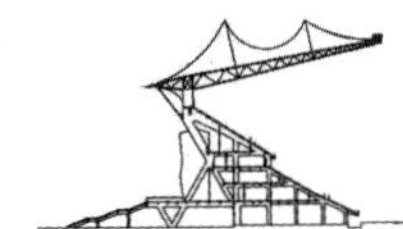

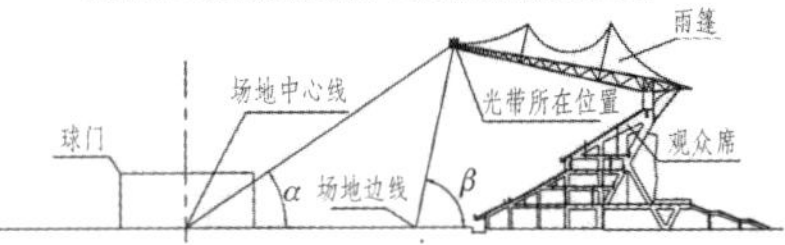

体育场灯具布置剖面图

2.2 体育工艺电气设计

体育建筑工艺包括场地照明、升旗（横杆）系统、计时记分系统、标准时钟系统、电视转播和现场评论系统、场馆运维指挥集成管理系统、竞赛实时信息发布系统、赛事综合管理系统、场馆比赛设备集成系统等。体育建筑工艺系统的设计应根据体育建筑的类别、规模、举办体育赛事的级别等要求进行选择。

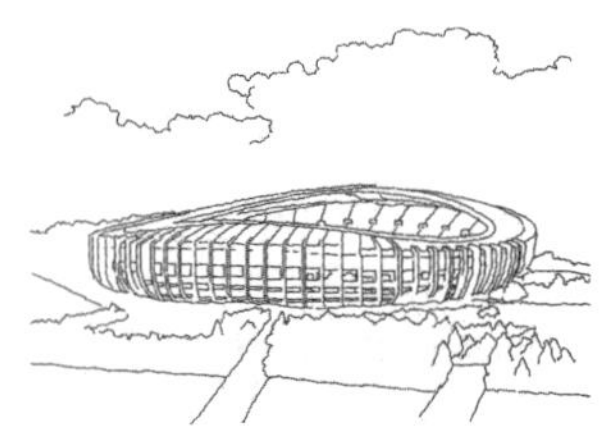

场地照明

1. 场地照明设计主要参数包括水平照度、垂直照度、水平照度均匀度、垂直照度均匀度、色温、显色指数、应急照明。一些国际大型赛事根据其转播要求还有更高要求，如色温不小于5 500 K，显色性大于90等。
2. 体育场馆照明布置应符合现行行业标准《体育场馆照明设计及检测标准》JGJ 153的规定。
3. 不同赛事要求的场地照明灯具布置方式、灯具的安装高度应根据建筑形式、不同赛事对灯具投射角的要求设定。
4. 场地灯具选型应满足以下要求：
   - 体育场馆内的场地照明，宜采用LED半导体发光二极管作为场地照明的光源。
   - 一般场地照明灯具应选用有金属外壳接地的Ⅰ类灯具，跳水池、游泳池、戏水池、冲浪池及类似场所水下照明设备应选用防触电等级为Ⅲ类的灯具。
   - 金属卤化物灯不应采用敞开式灯具，灯具效率不应低于70%。灯具外壳的防护等级不应低于IP55，不便于维护或污染严重的场所其防护等级不应低于IP65，水下灯具外壳的防护等级应为IP68。
   - 场地照明灯具应有灯具防跌落措施，灯具前玻璃罩应有防爆措施。
   - 室外场地照明灯具不应采用升降式。
5. 观众席和运动场地安全照明的平均水平照度值不应小于20 lx。
6. 体育场馆出口及其通道的疏散照明最小水平照度值不应小于5 lx。

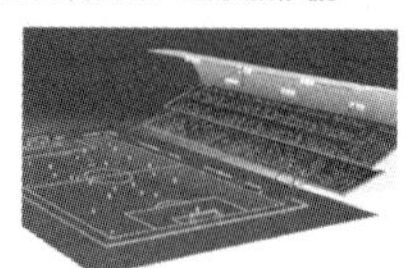

场地照明控制

1. 有电视转播要求的比赛场地照明应设置集中控制系统。集中控制系统应设于专用控制室内，控制室应能直接观察到主席台和比赛场地。
2. 有电视转播要求的比赛场地照明的控制系统应符合下列规定：
   (1) 能对全部比赛场地照明灯具进行编组控制；
   (2) 应能预置不少于4个不同的照明场景编组方案；
   (3) 显示全部比赛场地照明灯具的工作状态；
   (4) 显示主供电源、备用电源和各分支路干线的电气参数；
   (5) 电源、配电系统和控制系统出现故障时应发出声光故障报警信号；
   (6) 对于没有设置热触发装置或不中断供电设施的照明系统，其控制系统应具有防止短时再启动的功能。
3. 有电视转播要求的比赛场地照明的控制系统宜采用智能照明控制系统。
4. 照明控制回路分组应满足不同比赛项目和不同使用功能的照明要求；当比赛场地有天然光照明时，控制回路分组方案应与其协调。

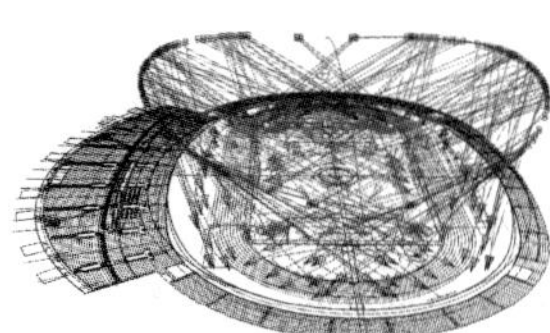

体育场田径场照明（非高清）举例

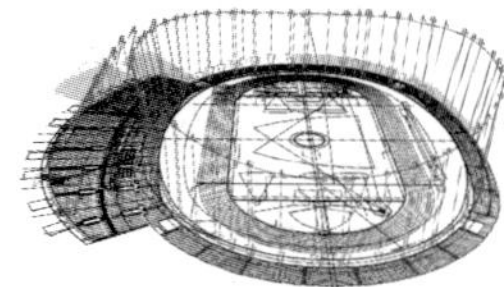

体育场观众席照明举例

体育场照明布置

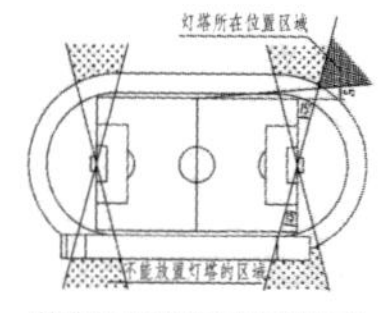

体育场照明灯具布置要求

说明：

1.主要变配电所(室)不应设置于大量观众能达到的场所,并依据布灯方式、用电负荷综合考虑，四塔布灯时，通常每个塔底布置专用变压器；光带布灯时，变配电所位置应接近光带的中心位置,当电力用电量较大时,应对电力和照明设备综合考虑。

2.大型体育场的变配电所一般不少于两个，以缩短供配电距离。

体育场照明灯具布置

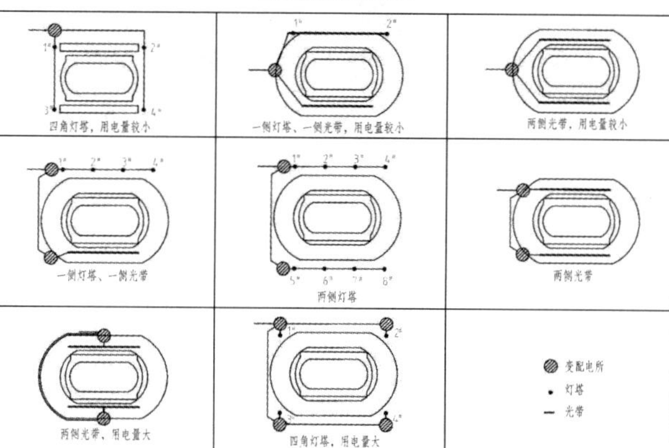

体育馆照明布置

说明：1.室内比赛场地可采用直接照明和间接照明两种形式。
2.综合性体育馆通常采用直接照明或直接与间接混合照明，灯具安装在马道上。

体育馆照明灯具布置比较

方式	灯具安装方式	平面示意	特点	适用场所
直接照明	满天星		垂直照度较低、眩光小、照度均匀、设备费用低	综合体育馆、拳击、体操、技巧、摔跤、训练馆
	灯桥		用于方向一定的球技运动时，眩光小、垂直照度高、立体感强	球类、技巧、体操、游泳、水球
	混合		照度均匀、眩光小、垂直照度高、设备费用低	综合体育馆、体操、技巧、拳击、摔跤
间接照明	从侧面斜照		光线柔和、眩光小、维护方便，但不经济	球类、技巧、体操、游泳、水球
	直接向上照射		照明效果好、眩光小，但很不经济，同时设备费用非常高	球类、技巧、体操、游泳、水球

升旗（横杆）系统

系统简介

国旗自动升降系统（横杆）应用于体育馆、游泳馆和大型会场等场所，辅助完成国际赛事的颁奖仪式以及重大活动的升旗仪式，是大型国际场馆必备的基础设施。

使用场景

系统特点

01 具有远程自动、本地自动、手动电控、应急手摇4种控制方式，确保在各种场景下完成升旗控制

02 计算机根据国歌播放时间自动同步升旗速度，增加升旗仪式的庄重感和可观性

03 主旗杆按奥运会标准定制，满足各种赛事要求。旗杆材质为304不锈钢，美观大方且适应各种应用环境

04 系统具有上限位、下限位、冲顶等多重保护措施，确保系统安全运行

系统展示

①升旗电脑　②控制箱　③④旗杆示例

主要功能

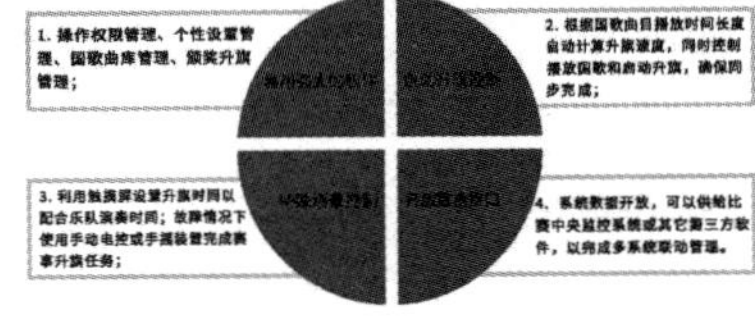

田径计时记分系统

系统简介

田径计时记分系统针对田径比赛提供自动化计时和测距设备，完全符合国际标准的现代化比赛所需的电子服务系统要求，满足国际田径联合会比赛规则。系统采用了先进的面阵摄像技术、现代嵌入技术、网络技术、数据图像处理技术、LED显示技术等光机电一系列高新技术。整套系统由径赛计时设备、田赛测距设备、成绩公告显示设备、成绩处理系统等组成，具有智能化、网络化、先进性、稳定性的特点，系统工作稳定、可靠、准确、迅速确保比赛公平、公正。

使用场景

各级别田径赛事，很多设备还可用于自行车、赛马、龙舟、赛艇、皮划艇、短道速滑、滑雪、速度滑冰、体育考试等项目。

设备组成

田径计时记分设备配置以及涉及的设备

田赛部分	1. 激光测距仪；2. 田赛显示牌；3. 延时计时器；4. 超声波风速仪
径赛部分	1. 径赛自动计时仪；2. 电子起跑器；3. 电子发令系统；4. 起跑犯规检测系统；5. 超声波风速仪；6. 径赛分段计时系统；7. 中长距离自动计圈系统

系统展示

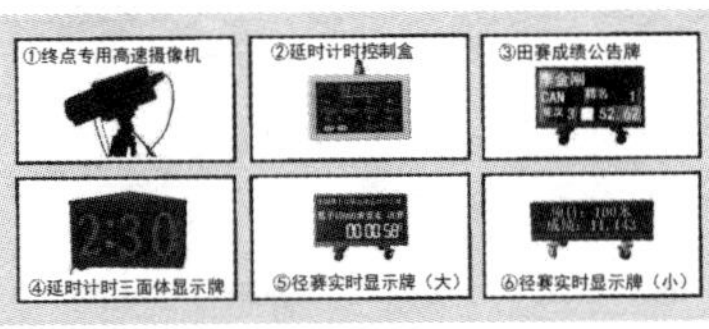

主要功能

1. 实现了赛事的信息化管理
2. 智能化校准终点线：无需光学取景镜，直接观察终点线区域图像即可校准；发令可采用有线或无线方式
3. 直观可视化控制界面
4. 计时、记分、成绩公告屏采用贴片、满点LED器件，可视性好，显示分辨率高
5. 便捷与电视台、运动会竞赛信息网络系统连接

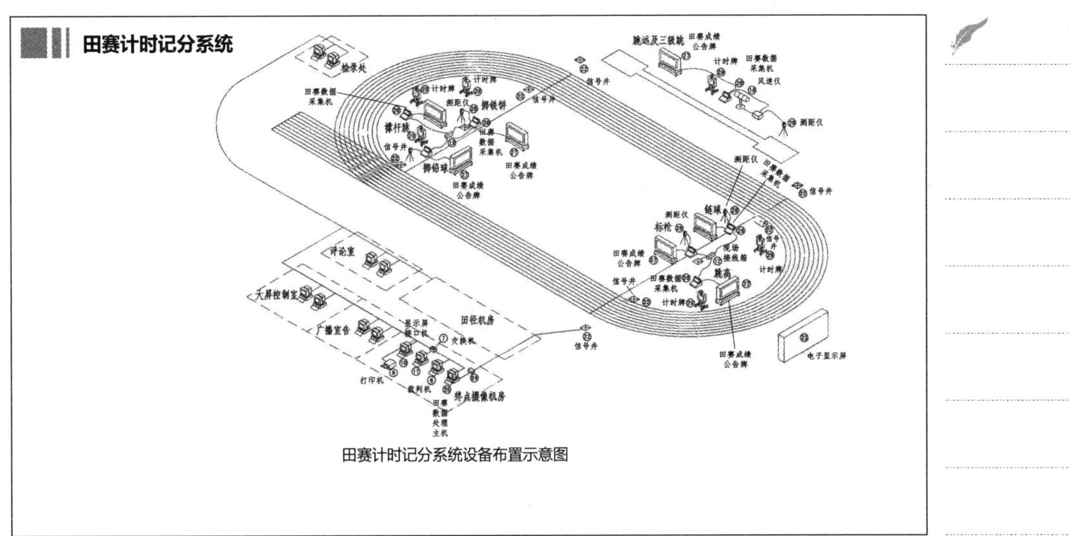

田赛计时记分系统设备布置示意图

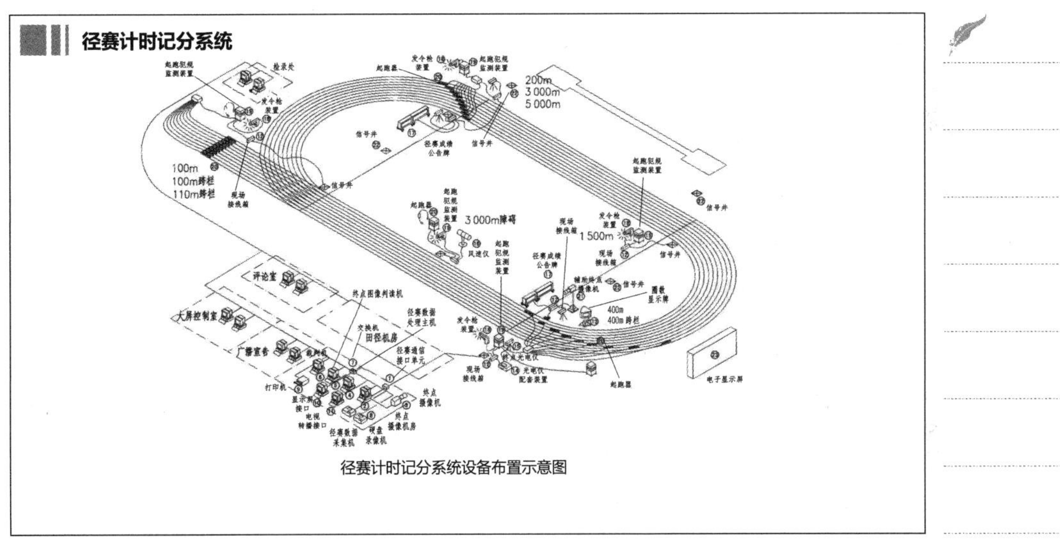

径赛计时记分系统设备布置示意图

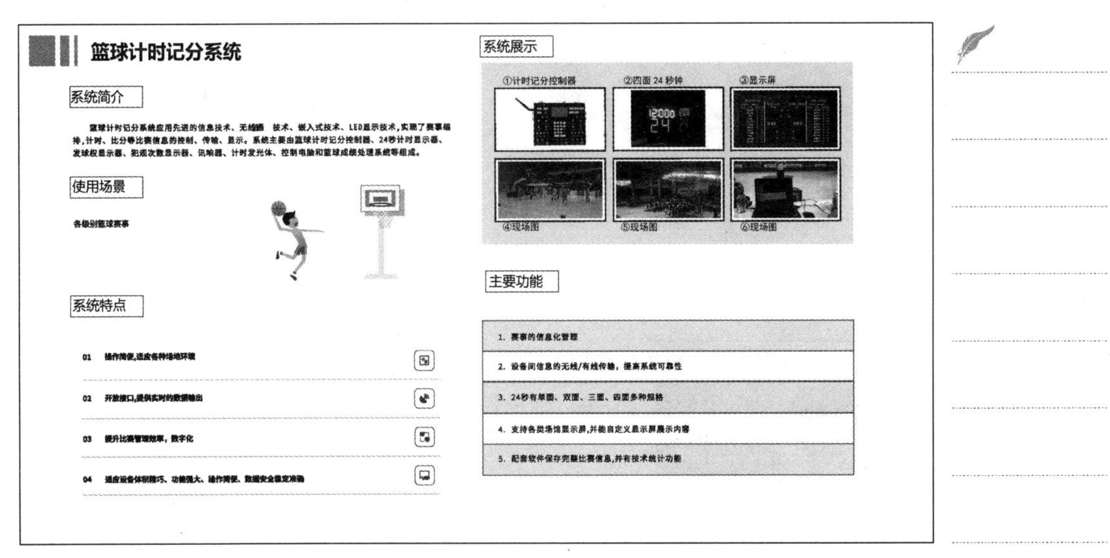

篮球计时记分系统

系统简介

篮球计时记分系统应用先进的信息技术、无线通讯 技术、嵌入式技术、LED显示技术，实现了赛事编排，计时、比分等比赛信息的控制、传输、显示。系统主要由篮球计时记分控制器、24秒计时显示器、发球权显示器、犯规次数显示器、讯响器、计时发光体、控制电脑和篮球成绩处理系统等组成。

使用场景

各级别篮球赛事

系统特点

01 操作简便,适应各种场地环境

02 开放接口,提供实时的数据输出

03 提升比赛管理效率，数字化

04 适应设备体积精巧、功能强大、操作简便、数据安全稳定准确

系统展示

①计时记分控制器 ②四面24秒钟 ③显示屏

④现场图 ⑤现场图 ⑥现场图

主要功能

1. 赛事的信息化管理
2. 设备间信息的无线/有线传输，提高系统可靠性
3. 24秒有单面、双面、三面、四面多种规格
4. 支持各类场馆显示屏,并能自定义显示屏展示内容
5. 配套软件保存完整比赛信息,并有技术统计功能

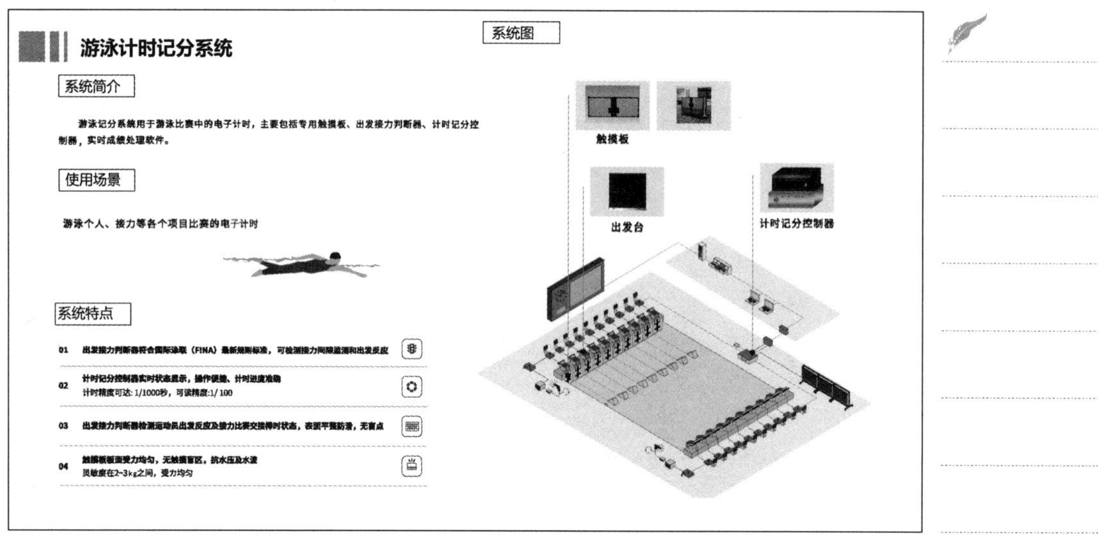
游泳计时记分系统
系统简介
游泳记分系统用于游泳比赛中的电子计时，主要包括专用触摸板、出发接力判断器、计时记分控制器，实时成绩处理软件。
使用场景
游泳个人、接力等各个项目比赛的电子计时
系统特点
01 出发接力判断器符合国际泳联（FINA）最新规则标准，可检测接力间隙监测和出发反应
02 计时记分控制器实时状态显示，操作便捷、计时进度准确
计时精度可达: 1/1000秒，可读精度:1/ 100
03 出发接力判断器检测运动员出发反应及接力比赛交接棒时状态，表面平整防滑，无盲点
04 触摸板板面受力均匀，无触摸盲区，抗水压及水波
灵敏度在2~3kg之间，受力均匀
系统图
触摸板
出发台
计时记分控制器

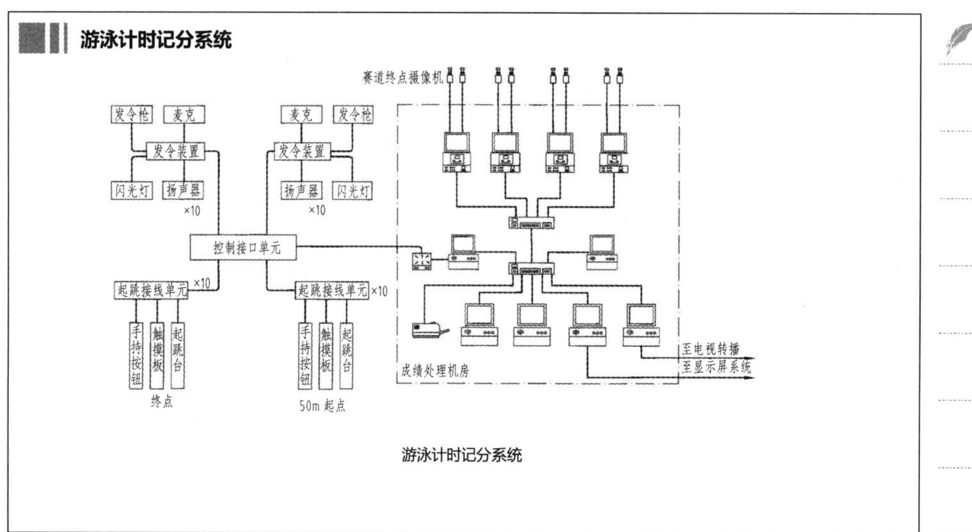
游泳计时记分系统
赛道终点摄像机
发令枪
麦克
发令装置
闪光灯
扬声器
×10
麦克
发令枪
发令装置
扬声器
闪光灯
×10
控制接口单元
起跳接线单元 ×10
起跳接线单元 ×10
手持按钮
触摸板
起跳台
终点
手持按钮
触摸板
起跳台
50m 起点
成绩处理机房
至电视转播
至显示屏系统
游泳计时记分系统

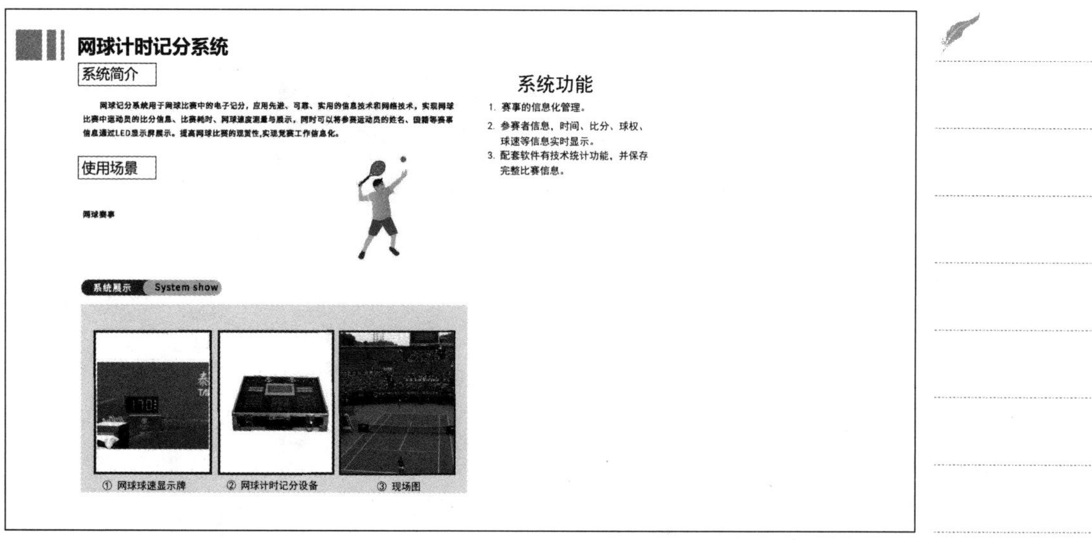
网球计时记分系统
系统简介
网球记分系统用于网球比赛中的电子记分，应用先进、可靠、实用的信息技术和网络技术，实现网球比赛中运动员的比分信息、比赛耗时、网球速度测量与展示，同时可以将参赛运动员的姓名、国籍等赛事信息通过LED显示屏展示。提高网球比赛的观赏性,实现竞赛工作信息化。
使用场景
网球赛事
系统功能
1. 赛事的信息化管理。
2. 参赛者信息，时间、比分、球权、球速等信息实时显示。
3. 配套软件有技术统计功能，并保存完整比赛信息。
系统展示 System show
① 网球球速显示牌
② 网球计时记分设备
③ 现场图

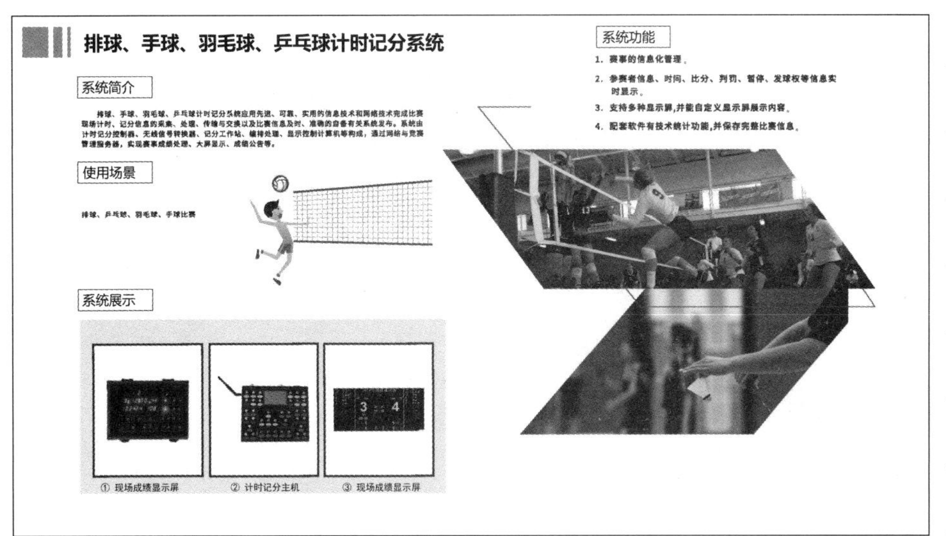
排球、手球、羽毛球、乒乓球计时记分系统
系统简介
排球、手球、羽毛球、乒乓球计时记分系统应用先进、可靠、实用的信息技术和网络技术完成比赛现场计时、记分信息的采集、处理、传输与交换以及比赛信息及时、准确的自备有关系统发布。系统由计时记分控制器、无线信号转换器、记分工作站、编排处理、显示控制计算机等构成，通过网络与竞赛管理服务器，实现赛事成绩处理、大屏显示、成绩公告等。
使用场景
排球、乒乓球、羽毛球、手球比赛
系统展示
① 现场成绩显示屏
② 计时记分主机
③ 现场成绩显示屏
系统功能
1. 赛事的信息化管理。
2. 参赛者信息、时间、比分、判罚、暂停、发球权等信息实时显示。
3. 支持多种显示屏,并能自定义显示屏展示内容。
4. 配套软件有技术统计功能,并保存完整比赛信息。

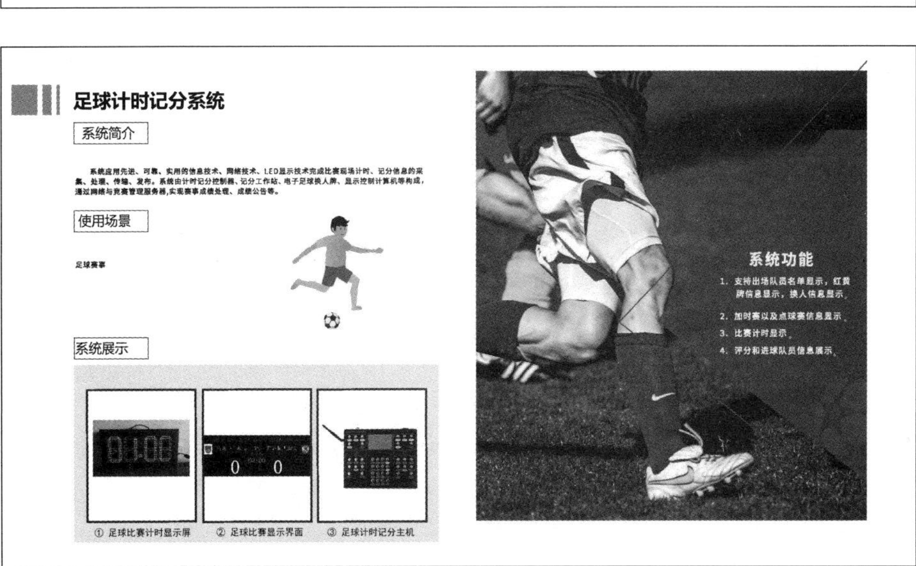
足球计时记分系统
系统简介
系统应用先进、可靠、实用的信息技术、网络技术、LED显示技术完成比赛现场计时、记分信息的采集、处理、传输、发布。系统由计时记分控制器、记分工作站、电子足球换人牌、显示控制计算机等构成，通过网络与竞赛管理服务器,实现赛事成绩处理、成绩公告等。
使用场景
足球赛事
系统展示
① 足球比赛计时显示屏
② 足球比赛显示界面
③ 足球计时记分主机
系统功能
1. 支持出场队员名单显示，红黄牌信息显示，换人信息显示。
2. 加时赛以及点球赛信息显示。
3. 比赛计时显示。
4. 评分和进球队员信息展示。

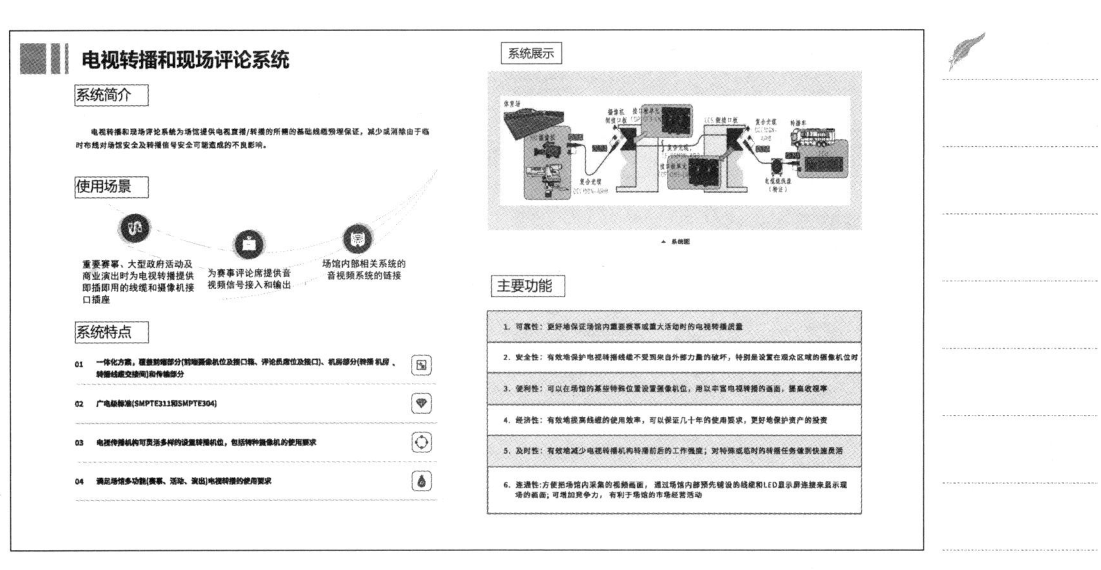
电视转播和现场评论系统
系统简介
电视转播和现场评论系统为场馆提供电视直播/转播的所需的基础线缆预埋保证，减少或消除由于临时布线对场馆安全及转播信号安全可能造成的不良影响。
使用场景
重要赛事、大型政府活动及商业演出时为电视转播提供即插即用的线缆和摄像机接口插座
为赛事评论席提供音视频信号接入和输出
场馆内部相关系统的音视频系统的链接
系统特点
01 一体化方案，覆盖前端部分(前端摄像机位及接口箱、评论员席位及接口)、机房部分(转播机房、转播线缆交接间)和传输部分
02 广电级标准(SMPTE311和SMPTE304)
03 电视传播机构可灵活多样的设置转播机位，包括特种摄像机的使用要求
04 满足场馆多功能(赛事、活动、演出)电视转播的使用要求
系统展示
体育场
复合光缆
电缆接线盒（转注）
▲ 系统图
主要功能
1. 可靠性：更好地保证场馆内重要赛事或重大活动时的电视转播质量
2. 安全性：有效地保护电视转播线缆不受到来自外部力量的破坏，特别是设置在观众区域的摄像机位时
3. 便利性：可以在场馆的某些特殊位置设置摄像机位，用以丰富电视转播的画面，提高收视率
4. 经济性：有效地提高线缆的使用效率，可以保证几十年的使用要求，更好地保护资产的投资
5. 及时性：有效地减少电视转播机构转播前后的工作强度；对特殊或临时的转播任务做到快速灵活
6. 连通性:方便把场馆内采集的视频画面，通过场馆内部预先铺设的线缆和LED显示屏连接来显示现场的画面；可增加竞争力，有利于场馆的市场经营活动

现场影像采集及回放系统

系统简介

现场影像采集及回放系统对场地现场赛事或活动时进行视频摄像并存储，为相关人员提供现场实时视频信号和录像回放信号。

使用场景

1. 运动员、教练员回看训练或赛事视频。
2. 裁判员及时获取比赛视频回放画面，用于辅助比赛仲裁。
3. 把系统采集的现场比赛画面或体育展示画面传送给LED显示屏。

系统特点

采HD-SDI视频采集，保证转发的视频满足广电基带信号的，回放的图像满足高清的要求

系统采用广电级的专业摄像机，可以根据赛事或活动的要求，灵活设置视频采集机位

系统展示

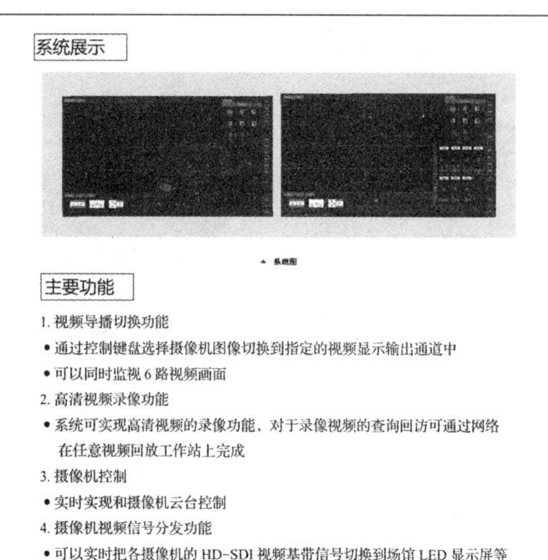

▲ 系统图

主要功能

1. 视频导播切换功能
- 通过控制键盘选择摄像机图像切换到指定的视频显示输出通道中
- 可以同时监视6路视频画面

2. 高清视频录像功能
- 系统可实现高清视频的录像功能、对于录像视频的查询回访可通过网络在任意视频回放工作站上完成

3. 摄像机控制
- 实时实现和摄像机云台控制

4. 摄像机视频信号分发功能
- 可以实时把各摄像机的HD-SDI视频基带信号切换到场馆LED显示屏等系统中

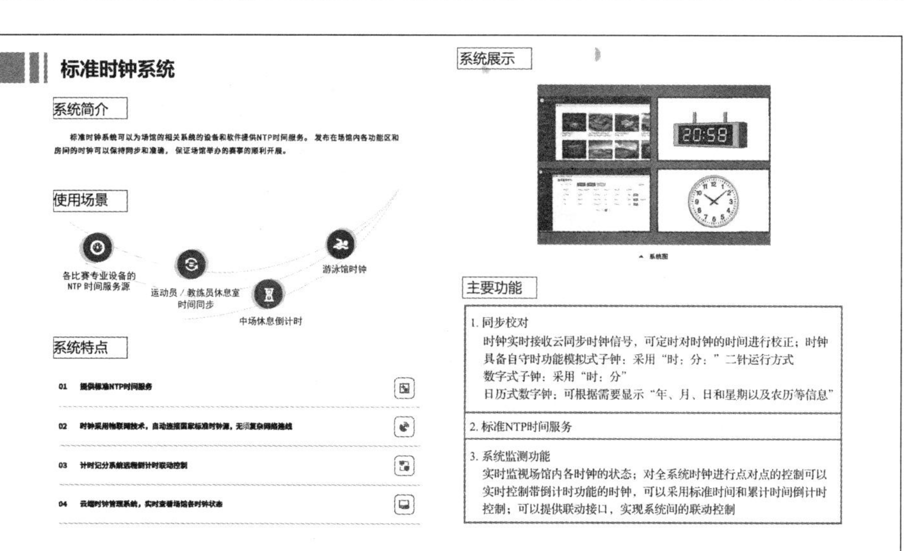

标准时钟系统

系统简介

标准时钟系统可以为场馆的相关系统的设备和软件提供NTP时间服务。发布在场馆内各功能区和房间的时钟可以保持同步和准确，保证场馆举办的赛事的顺利开展。

使用场景

系统特点

01 提供标准NTP时间服务

02 时钟采用物联网技术，自动连接国家标准时钟源，无须复杂网络连线

03 计时记分系统远程倒计时联动控制

04 云端时钟管理系统，实时查看场馆各时钟状态

系统展示

▲ 系统图

主要功能

1. 同步校对
   时钟实时接收云同步时钟信号，可定时对时钟的时间进行校正；时钟具备自守时功能模拟式子钟：采用"时：分："二针运行方式
   数字式子钟：采用"时：分"
   日历式数字钟：可根据需要显示"年、月、日和星期以及农历等信息"

2. 标准NTP时间服务

3. 系统监测功能
   实时监视场馆内各时钟的状态；对全系统时钟进行点对点的控制可以实时控制带倒计时功能的时钟，可以采用标准时间和累计时间倒计时控制；可以提供联动接口，实现系统间的联动控制

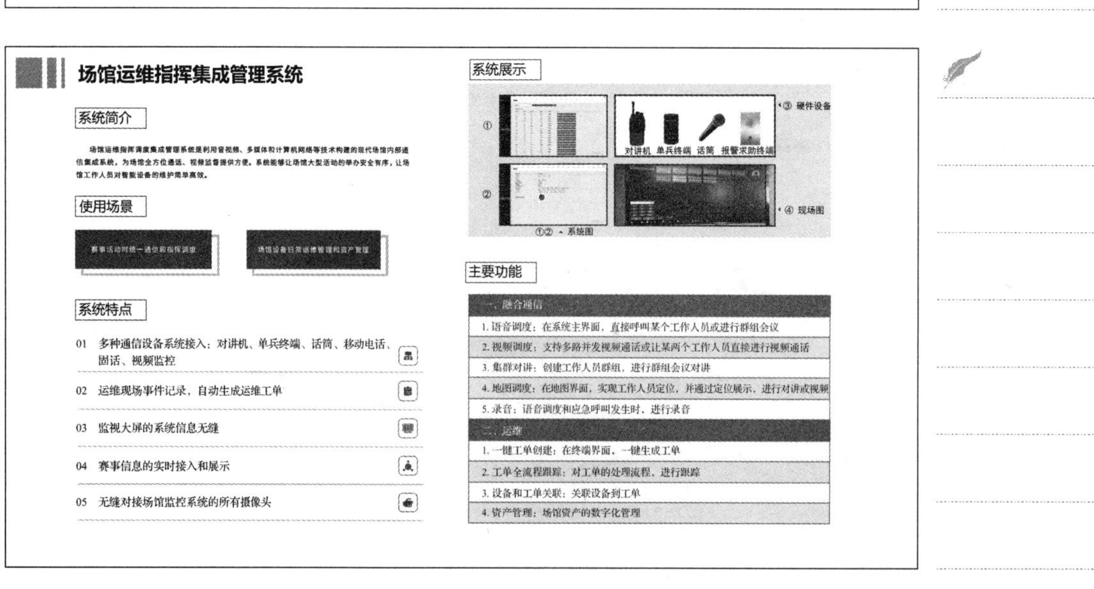

场馆运维指挥集成管理系统

系统简介

场馆运维指挥调度集成管理系统是利用音视频、多媒体和计算机网络等技术构建的现代场馆内部通信集成系统，为场馆全方位通话、视频监督提供方便。系统能够让场馆大型活动的举办安全有序，让场馆工作人员对智能设备的维护简单高效。

使用场景

赛事活动时统一通信和指挥调度

场馆设备日常运维管理和资产管理

系统特点

01 多种通信设备系统接入：对讲机、单兵终端、话筒、移动电话、固话、视频监控

02 运维现场事件记录，自动生成运维工单

03 监视大屏的系统信息无缝

04 赛事信息的实时接入和展示

05 无缝对接场馆监控系统的所有摄像头

系统展示

①② ▲ 系统图

主要功能

一、融合通信
1. 语音调度：在系统主界面，直接呼叫某个工作人员或进行群组会议
2. 视频调度：支持多路并发视频通话或让某两个工作人员直接进行视频通话
3. 集群对讲：创建工作人员群组，进行群组会议对讲
4. 地图调度：在地图界面，实现工作人员定位，并通过定位展示、进行对讲或视频
5. 录音：语音调度和应急呼叫发生时，进行录音
二、运维
1. 一键工单创建：在终端界面、一键生成工单
2. 工单全流程跟踪：对工单的处理流程、进行跟踪
3. 设备和工单关联：关联设备到工单
4. 资产管理：场馆资产的数字化管理

场馆运营服务管理系统
系统简介
场馆运营服务管理系统主要解决综合性体育场馆对公众开放收费、预约、会员服务等问题。系统包括云端系统、多种客户端系统（收银机系统、手持机系统、自助机系统、Web终端、小程序等），还有配套的硬件（收银机、手持机、自助机等）。系统也可以用于单一运动类型场地（如单体羽毛球馆、网球馆、乒乓球馆等）。
使用场景
场馆服务人员本地收银
用户远程预订
用户自助下单
账务对账结算
管理者对运营情况跟踪
系统特点
01 云端SaaS系统，快速部署应用
02 线上线下结合，提供最优客户体验
03 针对体育场馆研发的收银终端
04 开放性设计，支持场馆内对外各项业务对接
05 针对综合性体育场馆设计
支持包括游泳馆手牌，篮球馆包场，网球场灯控等特定的业务管理流程
系统展示
①报表小程序
②预订小程序
③收银机界面
④收银机＋手持机
主要功能
会员系统
•线上会员注册，绑定线下会员卡
•线下会员、办理，支持：充值卡、次卡、年卡、季卡、月卡等
本地收银
•开场下单，离场结算，订场，收费，小票打印，商品售卖等
•灵活的价格策略配置，支持：以时间为单位的基准价格；根据时间，人员不同的折扣不同人群价格不同等
网络预订
•小程序预订
•公众号预订
•网站预订
报表支持
•分场地部门的各种日报，月报等
•为场馆管理者提供运营管理小程序，丰富的数据图表功能
集成扩展
•场地通道闸
•灯光联动控制
•合规性支持

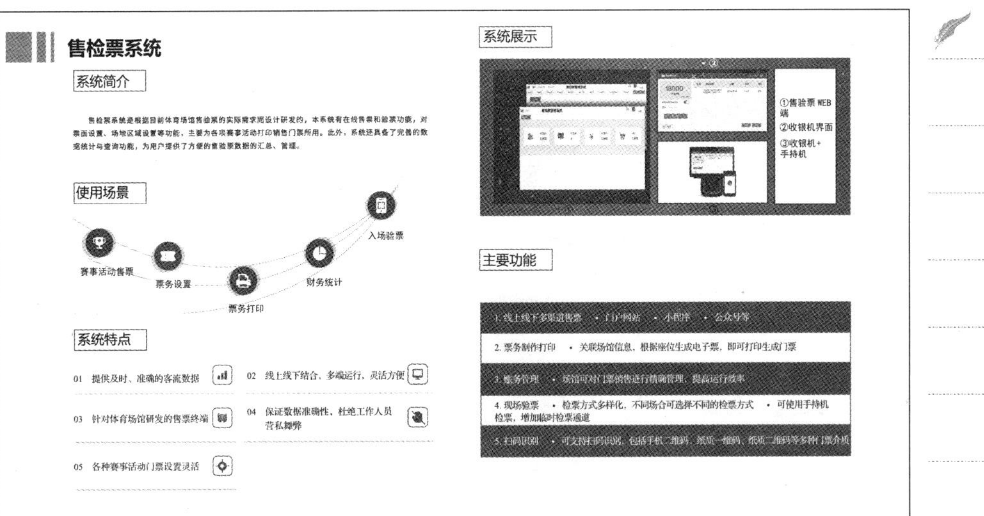
售检票系统
系统简介
售检票系统是根据目前体育场馆售检票的实际需求而设计研发的，本系统有在线售票和验票功能，对票面设置、场地区域设置等功能，主要为各项赛事活动打印销售门票所用。此外，系统还具备了完备的数据统计与查询功能，为用户提供了方便的售验票数据的汇总、管理。
使用场景
赛事活动售票
票务设置
票务打印
财务统计
入场验票
系统特点
01 提供及时、准确的客流数据
02 线上线下结合，多端运行，灵活方便
03 针对体育场馆研发的售票终端
04 保证数据准确性，杜绝工作人员营私舞弊
05 各种赛事活动门票设置灵活
系统展示
①售验票WEB端
②收银机界面
③收银机＋手持机
主要功能
1. 线上线下多渠道售票 • 门户网站 • 小程序 • 公众号等
2. 票务制作打印 • 关联场馆信息，根据座位生成电子票，即可打印生成门票
3. 账务管理 • 场馆可对门票销售进行精确管理，提高运行效率
4. 现场验票 • 检票方式多样化，不同场合可选择不同的检票方式 • 可使用手持机检票，增加临时检票通道
5. 扫码识别 • 可支持扫码识别，包括手机二维码、纸质一维码、纸质二维码等多种门票介质

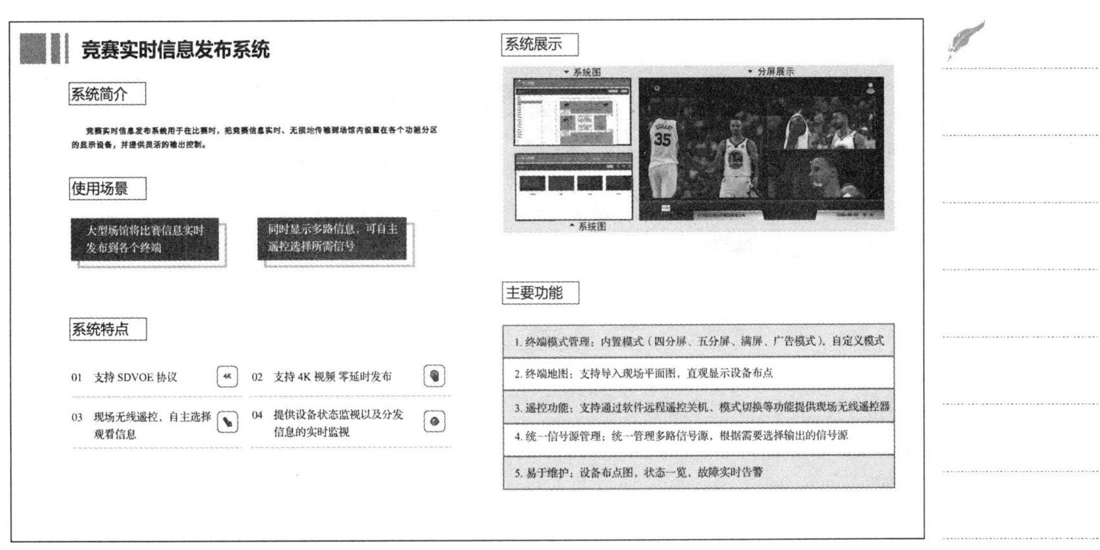
竞赛实时信息发布系统
系统简介
竞赛实时信息发布系统用于在比赛时，把竞赛信息实时、无损地传输到场馆内设置在各个功能分区的显示设备，并提供灵活的输出控制。
使用场景
大型场馆将比赛信息实时发布到各个终端
同时显示多路信息，可自主遥控选择所需信号
系统特点
01 支持SDVOE协议
02 支持4K视频零延时发布
03 现场无线遥控，自主选择观看信息
04 提供设备状态监视以及分发信息的实时监视
系统展示
系统图
分屏展示
系统图
主要功能
1. 终端模式管理：内置模式（四分屏、五分屏、满屏、广告模式），自定义模式
2. 终端地图：支持导入现场平面图，直观显示设备布点
3. 遥控功能：支持通过软件远程遥控关机、模式切换等功能提供现场无线遥控器
4. 统一信号源管理：统一管理多路信号源，根据需要选择输出的信号源
5. 易于维护：设备布点图，状态一览，故障实时告警

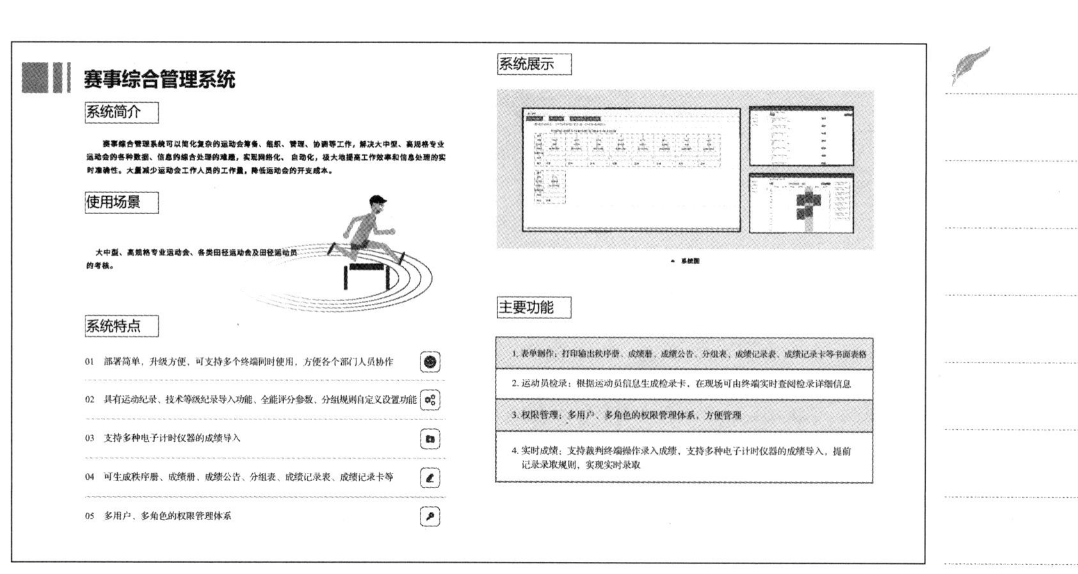
赛事综合管理系统
系统简介
赛事综合管理系统可以简化复杂的运动会筹备、组织、管理、协调等工作，解决大中型、高规格专业运动会的各种数据、信息的综合处理的难题，实现网络化、自动化，极大地提高工作效率和信息处理的实时准确性。大量减少运动会工作人员的工作量，降低运动会的开支成本。
使用场景
大中型、高规格专业运动会、各类田径运动会及田径运动员的考核。
系统特点
01 部署简单，升级方便，可支持多个终端同时使用，方便各个部门人员协作
02 具有运动纪录、技术等级纪录导入功能、全能评分参数、分组规则自定义设置功能
03 支持多种电子计时仪器的成绩导入
04 可生成秩序册、成绩册、成绩公告、分组表、成绩记录表、成绩记录卡等
05 多用户、多角色的权限管理体系
系统展示
系统图
主要功能
1. 表单制作：打印输出秩序册、成绩册、成绩公告、分组表、成绩记录表、成绩记录卡等书面表格
2. 运动员检录：根据运动员信息生成检录卡，在现场可由终端实时查阅检录详细信息
3. 权限管理：多用户、多角色的权限管理体系，方便管理
4. 实时成绩：支持裁判终端操作录入成绩、支持多种电子计时仪器的成绩导入，提前记录录取规则，实现实时录取

场馆比赛设备集成系统
系统简介
场馆比赛设备集成系统是一套集成式管理系统，系统对体育场馆内屏幕显示、场地照明、场地扩声、计时记分、标准时钟、升旗控制、现场影像采集及回放等各专项系统的集中控制和监视，为场馆运营人员、赛事管理和指挥人员提供一个为比赛服务的集成控制环境。同时，系统能对比赛进行场景管理，实现比赛场景控制。
使用场景
场馆设备操作人员或体育展示人员在赛事活动现场集中进行场馆音视频及灯光系统的控制。
系统特点
01 内置场景控制：统一联动控制赛前、赛前热身、赛中、中场休息、退场场景的音视频及场地灯光系统
02 内置众多赛事专项系统接口：场地扩声、LED 显示屏、场地照明、计时记分等
03 实时比赛信息的编辑管理，独立视频、音频的切换控制，音、视频信息的播放
04 观众互动信息集成管理，提供赛事观众互动小程序，满足赛事和观众的互动管理
系统展示
① 现场图
② 系统图
③ 现场图
主要功能
1. 屏幕显示控制：控制屏幕显示从其他专项系统获取的内容，显示屏幕当前状态
2. 场地照明控制：控制照明场景，显示照明灯光当前状态
3. 场地扩声：控制扩声系统内容输出，和屏幕的同步，返回各回路当前的状态信息
4. 计时记分：获取比赛成绩数据，获取赛场环境数据
5. 标准时钟：获取时钟状态，时钟校准，控制倒计时
6. 升旗控制：发送控制指令，获取国旗当前状态
7. 现场影像采集及回放：获取比赛现场监视画面、回放画面
8. 场景管理：灵活设置内置场景（赛前、热身、赛中、中场休息、退场等）对各系统的动作关联自定义场景：自定义比赛场景，及场景关联的各系统动作和状态

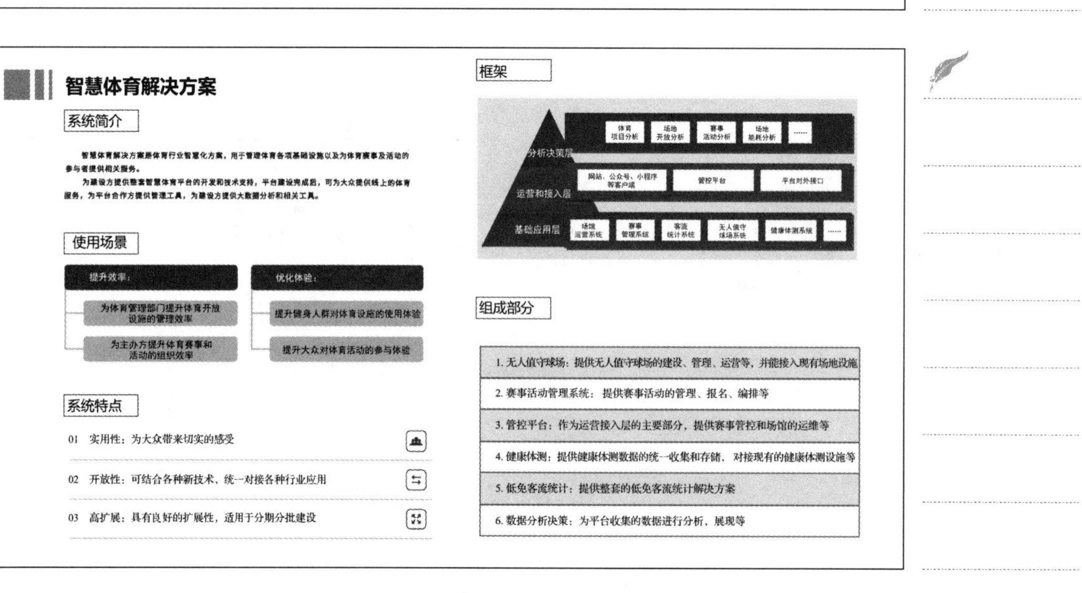
智慧体育解决方案
系统简介
智慧体育解决方案是体育行业智慧化方案，用于管理体育各项基础设施以及为体育赛事及活动的参与者提供相关服务。
为建设方提供整套智慧体育平台的开发和技术支持，平台建设完成后，可为大众提供线上的体育服务，为平台合作方提供管理工具，为建设方提供大数据分析和相关工具。
使用场景
提升效率：
为体育管理部门提升体育开放设施的管理效率
为主办方提升体育赛事和活动的组织效率
优化体验：
提升健身人群对体育设施的使用体验
提升大众对体育活动的参与与体验
系统特点
01 实用性：为大众带来切实的感受
02 开放性：可结合各种新技术，统一对接各种行业应用
03 高扩展：具有良好的扩展性，适用于分期分批建设
框架
分析决策层
体育项目分析
场地开放分析
赛事活动分析
场地能耗分析
……
运营和接入层
网站、公众号、小程序等客户端
管控平台
平台对外接口
基础应用层
场馆运营系统
赛事管理系统
客流统计系统
无人值守球场系统
健康体测系统
……
组成部分
1. 无人值守球场：提供无人值守球场的建设、管理、运营等，并能接入现有场地设施
2. 赛事活动管理系统：提供赛事活动的管理、报名、编排等
3. 管控平台：作为运营接入层的主要部分，提供赛事管控和场馆的运维等
4. 健康体测：提供健康体测数据的统一收集和存储、对接现有的健康体测设施等
5. 低免客流统计：提供整套的低免客流统计解决方案
6. 数据分析决策：为平台收集的数据进行分析，展现等

示例

赛事活动示例

无人值守球场通过使用互联网、物联网技术，管理场地，连接健身人群。健身用户通过手机码，扫码开门进入球场，扫码开门出场。

华亿创新智慧场馆运营系统通过扩展的软件组件，加上标准的球场/健身方案，可以达到球场/健身场地的无人值守化运行。

无人球场示例

赛事综合管理系统将与赛事有关的系统联结起来，提供信息处理及发布的平台，系统面向运营方提供一整套的流程管理工具，提升效率，并可以提供向大众开放的工具，帮助用户管理赛事活动。

系统功能

1. 赛事活动管理：活动管理用于管理多个活动，设置活动的比赛项目，管理活动的历史成绩等
2. 赛事报名：用于赛事活动发布后，接受赛事参与者，涉及分项目报名、报名审核、收费等
3. 赛事编排：能让赛事有条不紊，防止场地、时间及人员冲突
4. 成绩处理：提供成绩发布、分享等功能
5. 赛后分享：提供照片/视频分享

系统解决问题

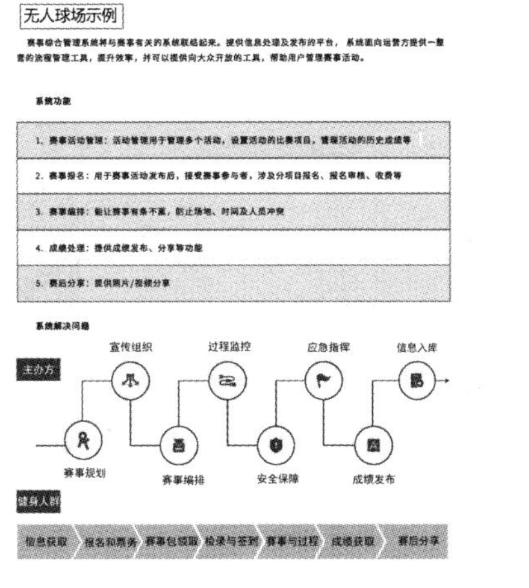

扩声系统

1. 扩声系统应保证比赛场地及有关技术用房内有足够的声压级，声音应清晰，声场应均匀 。
2. 扩声系统应包括可能同时独立使用的以下部分或全部子系统：
   - ●观众席的扩声系统；
   - ●比赛场地的扩声系统；
   - ●检录呼叫系统；
   - ●观众休息等房间的音乐、广播系统；
   - ●馆外入口附近的广播系统；
   - ●其他系统（如游泳馆的水下扩声系统、 体操比赛的音乐重放系统等）。
3. 各室内体育运动场所的扩声特性指标应执行《体育馆声学设计及测量规程 》JGJ/T 131的规定。
4. 分散式系统：距观众较近，因而有较强的直达声能，但是容易产生多个延时声干扰以及声像错位，因此适用于大型体育场。
5. 集中式系统：被大多数的新建室内体育馆采用，将扬声器悬吊在场地中心顶部，声像准确。
6. 系统指标：最大声压级（98dB、105dB）、传输频率特性（± 4dB ）、传声增益（不小于-10dB ）、声场不均匀度（不大于8dB ）、混响时间（1.2~1.9s）、系统噪声。

体育展示

体育展示是指运用视频、音频和表演等元素来烘托比赛现场的气氛，激发观众热情，力图让赛场呈现出一种舞台化的效果。体育展示包括竞赛展示和文化展示两个部分。竞赛展示是按照国际单项体育联合会规则和竞赛规程规定的赛前仪式、LED显示屏的成绩显示、与体育竞赛直接相关的现场广播和比赛信息。文化展示则着重于加强观众与赛场的互动，比赛前、后及间隙进行的文体娱乐活动，以及借助视频、音乐、表演等形式营造赛事的文化氛围，展示举办国文化。

体育展示

视频、音频和表演是体育展示的三种主要表现形式。

•视频表现指在所有竞赛场馆的现场大屏幕播放的视频内容，以及在记分屏上显示的动画、图标和文字的设计内容。

•音频表现包括总开场音乐(体育展示标志音乐)、运动员入场音乐、裁判员和运动员介绍音乐、信息通报音乐、提示音音乐、颁奖仪式系列音乐、比赛结束音乐、观众退场音乐等。

•现场表演指在比赛开场、退场和间歇期，为了烘托赛场气氛进行的表演。

体育展示——竞赛展示

国际单项体育联合会规则和竞赛规程规定的赛前仪式、现场记分屏的显示、与体育比赛直接相关的现场广播和比赛信息：

1. 根据赛事项目规定的赛前仪式，向观众播报出场前的参赛队及参赛运动员的名字、国籍、年龄、相关比赛经历、参赛队及参赛运动员的教练员及比赛裁判；
2. 比赛过程中大屏上显示比赛计时记分信息及竞赛信息；
3. 大屏上显示现场比赛的返送画面和精彩画面回放；
4. 比赛间隙阶段，对比赛取得优异成绩的运动员和运动队比赛精彩视频的播放；
5. 通过音频的播放，现场的比赛解说、动感的音乐给观众带来听觉上的冲击；
6. 比赛结束时，具有参赛获胜队和运动员文化背景的音乐播放；
7. 现场对获胜队和运动员的赛后现场采访的现场直播。

体育展示——文化展示

大型体育赛事的文化展示主要侧重于观赛观众和赛场的互动，比赛全过程中的文体娱乐活动以及借助视频、音频和现场表演等形式营造文化气氛，展现举办方文化，营造赛场气氛，让赛场的所有人员可以充分体验比赛带来的享受。

1. 场馆志愿者和服务人员的服装；
2. 现场大屏播放的举办国和城市的文化视频短片；
3. 比赛中现场观众和比赛现场的文化娱乐互动；
4. 具有举办国和城市文化的舞蹈表演；
5. 活跃比赛现场气氛的啦啦队表演；
6. 赛会吉祥物的现场表演；
7. 比赛现场表现举办国和城市的原创音乐的播放，以及比赛过程中带有文化特点的音乐播放；
8. 颁奖仪式中，颁奖礼仪、升旗手服装、颁奖台、颁奖花束、颁奖托盘和奖牌的设计。

体育展示——管理模式

体育展示分为核心团队和各竞赛场馆体育展示团队

- 核心团队人员由庆典和文化活动部体育展示领域工作人员、体育展示专家、体育展示服务供应商组成；负责体育展示整体的战略、策划及计划等工作。
- 竞赛场馆体育展示场馆团队由体育展示核心团队成员、聘用专业技术人员、体育展示实习生组成。
- 各竞赛场馆体育展示场馆团队是运行主体。

- 体育展示核心团队负责对各竞赛场馆体育展示团队人员的招募、培训，监督体育展示器材的供应，指导各竞赛场馆体育展示团队的开展工作。
- 各竞赛场馆体育展示团队，在场馆主任的领导下，由体育展示经理根据赛事组委会编制的体育展示运行手册以及场馆的实际情况，制定各岗位工作职责以及工作制度，带领团队开展场馆体育展示工作。

2.3　智能化设计

体育建筑作为举办体育赛事的场地，占地面积大，楼层低，设备分散，无论从布点还是设备管理上都会比其他建筑增加一定的难度。体育建筑智能化设计应针对体育场馆的比赛特性，利用计算机技术完成各子系统的信息交换，控制技术可以实现对各种设施的自动控制。实现资源和信息共享，提高设备利用率，节约能源，为使用者提供安全、舒适、快捷的环境。

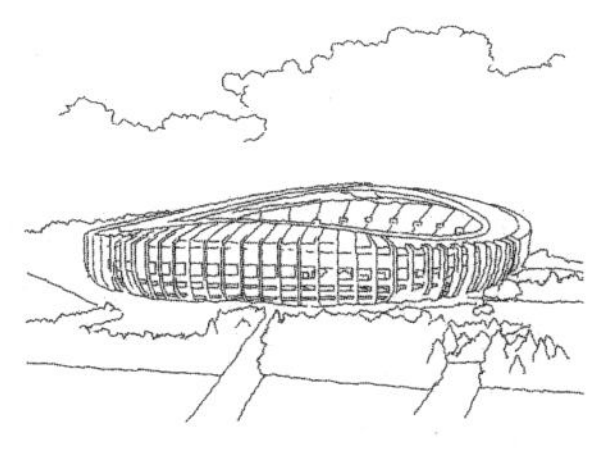

系统构架

体育建筑智能化系统

- 设备管理系统
  - 建筑设备监控系统
  - 安全技术防范系统
    - 视频安防监控子系统
    - 入侵报警子系统
    - 电子巡更管理子系统
    - 出入口控制子系统
    - 停车场管理子系统
  - 包厢智能环境控制系统
  - 建筑设备集成管理系统
- 信息设施系统
  - 综合布线系统
  - 语音通信系统
    - 程控电话语音系统
    - 无线对讲及信号覆盖系统
  - 信息网络系统
  - 有线电视系统
  - 公共广播系统
  - 电子会议系统
- 专用设施系统
  - 信息显示及控制系统
  - 场地扩声系统
  - 场地照明及控制系统
  - 计时记分及现场成绩处理系统
  - 现场影像采集及回复系统
  - 售检票系统
  - 电视转播和现场评论系统
  - 标准时钟系统
  - 升旗控制系统
  - 比赛设备集成管理系统
- 信息应用系统
  - 信息查询和发布系统
  - 赛事综合管理系统
  - 大型活动公共信息安全系统
  - 场馆运营服务管理系统

配套工程

- 机房工程
  - 信息技术机房
  - 监控机房
- 防雷接地系统
  - 机房防雷接地
  - 综合接地系统
- UPS电源供应系统
  - 中心机房UPS
  - 前端UPS配电系统
- 管网桥架工程
  - 室内管道桥架
  - 室外综合管网
- 电梯五方通话系统

体育建筑智能化系统构架图

体育建筑智能化系统配置

体育建筑智能化系统配置表（一）

智能化系统配置		场馆等级（规模）				
		特级（特大型）	甲级（大型）	乙级（中型）	丙级（小型）	丁级(特小型)
信息设施系统	综合布线系统	应设置	应设置	应设置	宜设置	可不设置
	语音通信系统	应设置	应设置	宜设置	宜设置	可不设置
	信息网络系统	应设置	应设置	宜设置	宜设置	可不设置
	有线电视系统	应设置	应设置	应设置	宜设置	宜设置
	公共广播系统	应设置	应设置	应设置	应设置	应设置
	电子会议系统	应设置	应设置	宜设置	可不设置	可不设置
信息应用系统	信息查询和发布系统	应设置	应设置	宜设置	可不设置	可不设置
	赛事综合管理系统	应设置	应设置	宜设置	可不设置	可不设置
	大型活动公共安全信息系统	应设置	应设置	宜设置	可不设置	可不设置
	场馆运营服务管理系统	应设置	应设置	宜设置	可不设置	可不设置

注：1.信息网络系统应为体育赛事组委会、新闻媒体和场馆运营管理者等提供安全、有效的信息服务，满足体育建筑内信息通信的要求，兼顾场(馆)赛事期间使用和场(馆)赛后多功能应用的需求，并为场(馆)信息系统的发展创造条件。
2.公共广播系统应在比赛场地和观众看台区外的公共区域和工作区等区域配置，宜与比赛场地和观众看台区的赛事扩声系统互相独立配置，公共广播系统与赛事扩声系统之间应实现互联，并可在需要时实现同步播音。

体育建筑智能化系统配置

体育建筑智能化系统配置表（二）

智能化系统配置		场馆等级（规模）				
		特级（特大型）	甲级（大型）	乙级（中型）	丙级（小型）	丁级(特小型)
设备管理系统	建筑设备监控系统	应设置	应设置	应设置	宜设置	可不设置
	建筑设备管理系统	应设置	应设置	宜设置	宜设置	可不设置
安全防范系统	火灾自动报警及消防联动控制系统	应设置	应设置	应设置	应设置	应设置
	视频安防系统	应设置	应设置	应设置	应设置	应设置
	门禁系统	应设置	应设置	应设置	应设置	应设置
	停车场管理系统	应设置	应设置	应设置	应设置	应设置
	出入口管理系统	应设置	应设置	应设置	应设置	应设置

注：1.火灾自动报警系统对报警区域和探测区域的划分应满足体育赛事和其他活动功能分区的需要。
2.安全技术防范系统应与体育建筑的等级、规模相适应。

体育建筑智能化系统配置

体育建筑智能化系统配置表（三）

智能化系统配置		场馆等级（规模）				
		特级（特大型）	甲级（大型）	乙级（中型）	丙级（小型）	丁级(特小型)
专用设施系统	信息显示及控制系统	应设置	应设置	宜设置	可不设置	可不设置
	场地扩声系统	应设置	应设置	应设置	宜设置	宜设置
	场地照明及控制系统	应设置	应设置	应设置	宜设置	宜设置
	计时记分及现场成绩处理系统	应设置	应设置	宜设置	可不设置	可不设置
	竞赛技术统计系统	应设置	应设置	宜设置	可不设置	可不设置
	现场影像采集及回放系统	应设置	应设置	宜设置	可不设置	可不设置
	售检票系统	应设置	应设置	宜设置	可不设置	可不设置
	电视转播和现场评论系统	应设置	应设置	宜设置	可不设置	可不设置
	标准时钟系统	应设置	应设置	宜设置	可不设置	可不设置
	升旗控制系统	应设置	应设置	宜设置	可不设置	可不设置
	比赛设备集成管理系统	应设置	应设置	宜设置	可不设置	可不设置

智能化网络系统

随着人工智能不断发展，各场馆运营单位都在积极寻求信息化升级，综合利用“大云物移智”和先进技术发展“智慧场馆”，提升场馆运维效率，促进市场化运营。通过信息化建设满足观众、赞助商、媒体的移动高质量互联网接入需求，通过互联网和物联网技术让游客的访问更加便捷，让场馆的品质更上一个台阶。

场馆的整体网络建设服务可分为赛时及赛后的使用。赛时为观众、媒体、赞助商、运动员以及裁判等提供优质的网络连接体验。赛后为日常参观以及外租再利用提供宣传服务，同时为办公及日常运维提供高效、便捷的辅助管理。

整体网络架构设计分为数据网以及智能化专网。数据网中为看台区、VIP区、新闻中心、运动员休息室以及裁判席等提供全场景高速无线网络覆盖，保障观众以及媒体等体验。智能化专网进行系统的整体互联互通，采用核心－汇聚－接入三层架构实现全网子系统打通，保障场馆整网的运营效果。

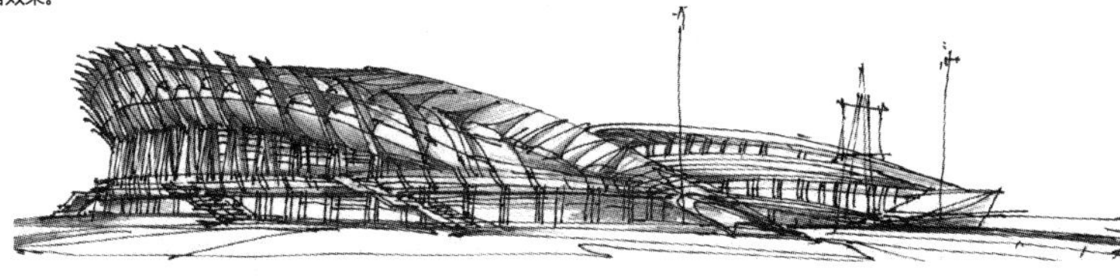

智能化网络系统

数据网与智能化专网有线网络采用核心－汇聚－接入的三层网络架构。核心层采用2台数据中心级核心交换机，通过VSU技术虚拟成一台设备进行整网流量支撑，再通过VSD技术为不同的业务虚拟出多张逻辑网，实现网络资源池化，按需分配和灵活扩展。汇聚层采用万兆汇聚交换机，通过双万兆光纤链路上联至核心设备；接入层交换机采用千兆交换机，通过千兆光纤链路上联至汇聚层交换机，千兆下联至多类型终端；智能化专网的智能监控、门禁等可采用HPOE高功率交换机，实现供电及数据传输合二为一。有线网络使用SDN技术，实现全网自动化部署，有效管理接入的终端，实现IP可视化管理，防止未授权终端私自接入网络，让终端接入更安全。

场馆全场景无线网络采用下一代WiFi6技术，实现场馆内外无线WiFi全覆盖，新闻中心、媒体室等高速率需求场景，采用三频AP，实现音视频高速率传播。看台、室内录播厅等高密场景采用高密AP，单台AP可支持超过百人进行同时无线上网及娱乐体验。同时WiFi6无线AP可支持如蓝牙等物联网应用扩展。

数据网整体网络安全建设中，互联网出口部署多业务出口网关、下一代防火墙、上网行为管理进行网络攻击防护，上网行为审计及实名认证、部署数据库审计日志系统实现对数据库服务器安全监视及记录，实现整体网络的安全合规。

场馆内办公区采用云桌面的技术架构，实现统一管理、统一维护，降低管理者的维护工作量，提升日常运维管理效率，同时达到节能减排的目标。

整体场馆IT运维工作，采用可视化综合业务管理，实现全品类IT设备的统一资源可视化监控，智能告警及自动巡检，降低赛后网络运维成本，提升运维管理质量，提高整体场馆运营管理能力。

数据网络拓扑示意图

SDN核心网络架构

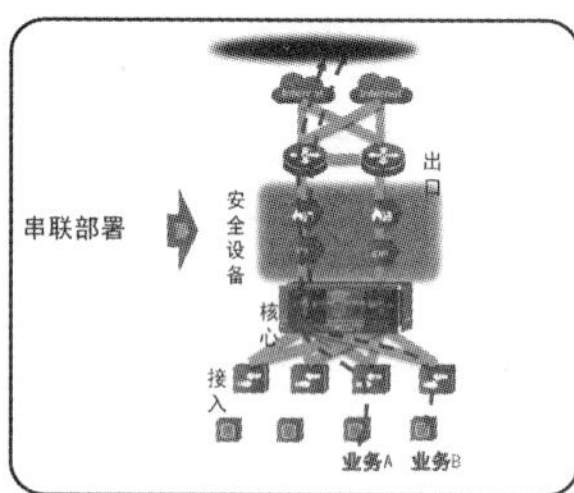

传统网络架构模式

- 传统网络局限性：流量路径的灵活调整能力不足
- 网络新业务升级速度较慢
- 网络协议实现复杂，运维难度较大

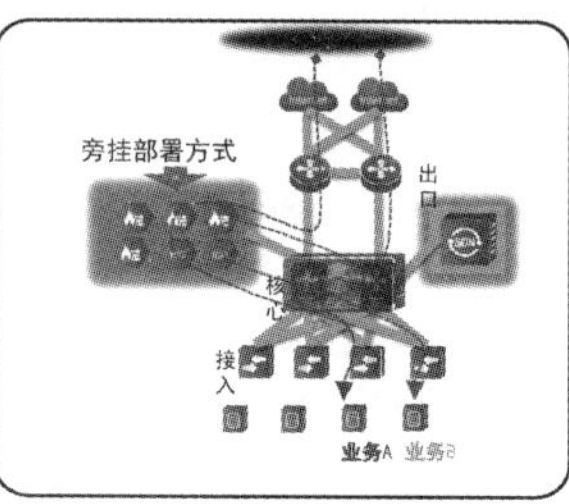

SDN技术框架下的网络架构

- SDN网络优势：网络路径流量优化
- 业务自动化，新业务快速上线
- 网络简单化，运维难度降低

WiFi6超畅快无线全场景覆盖

看台观众区高速WiFi保障餐饮及点播服务体验

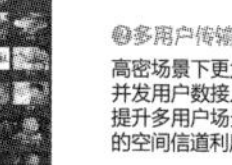

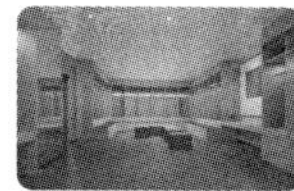

运动员休息区保障休闲及娱乐体验，保障录播服务

❶超4倍的速率提升
单射频芯片最大支持8条空间流超过9.6Gbps。

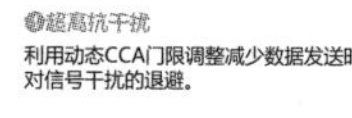

媒体新闻区实时高清视频及图文转播服务

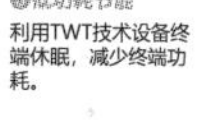

VIP服务区保障VIP最优质网络服务，飞速网络体验

运维管理部－IT资产可视化运维管理方案

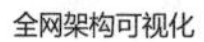
全网架构可视化

网络拓扑及设备监控

针对场馆整体网络架构以及智能化子系统的运维管理，通过综合业务可视化管理平台，实现多品类IT设备的资源监控，如有线/无线网络设备、安全设备、服务器、数据库、中间件、虚拟化设备、存储设备等，实现场馆全网架构可视化，运维管理部人员可轻松通过后端整体的资源监控平台，全面掌握场馆网络及业务节点运行健康状况。日常运维中，可针对网络与业务进行定期自动巡检，提升运维质量以及运维效率。

智能化专网网络拓扑示意图

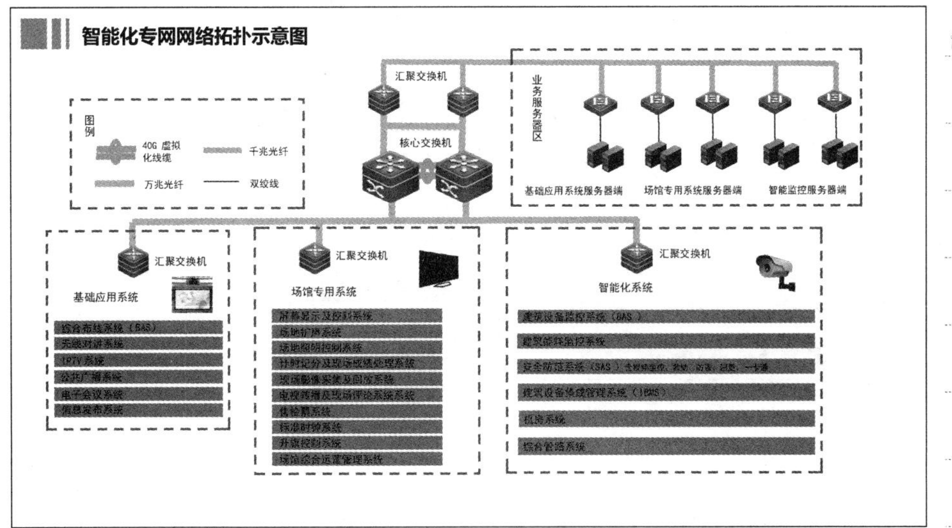

高功率HPoE供电方案

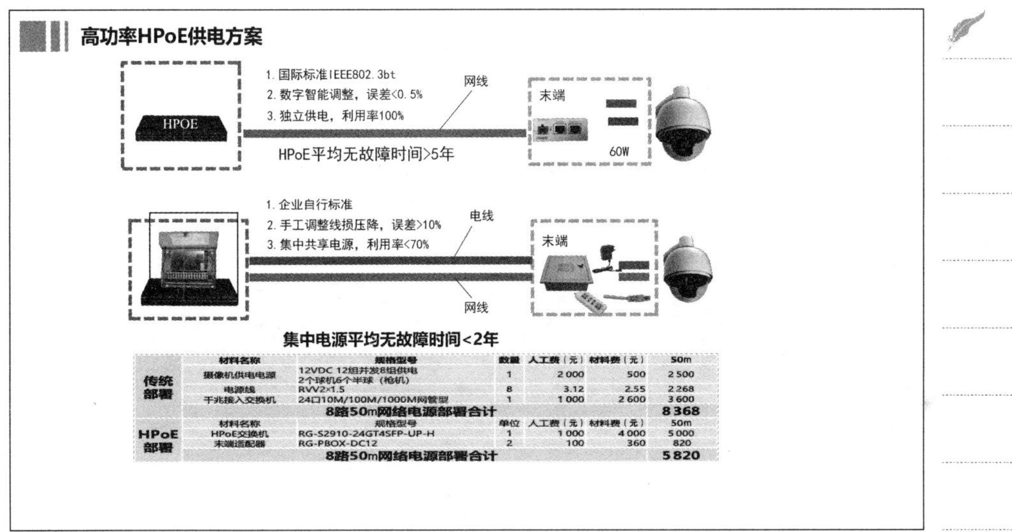

	材料名称	规格型号	数量	人工费（元）	材料费（元）	50m
传统部署	摄像机供电电源	12VDC 12组并发8组供电 2个球机6个半球（枪机）	1	2 000	500	2 500
	电源线	RVV2×1.5	8	3.12	2.55	2 268
	千兆接入交换机	24口10M/100M/1000M网管型	1	1 000	2 600	3 600
	8路50m网络电源部署合计					8 368
HPoE部署	材料名称	规格型号	单位	人工费（元）	材料费（元）	50m
	HPoE交换机	RG-S2910-24GT4SFP-UP-H	1	1 000	4 000	5 000
	末端适配器	RG-PBOX-DC12	2	100	360	820
	8路50m网络电源部署合计					5 820

2.4 电气设计实例

本工程建筑面积为126 000 m²。其中，地上建筑面积为28 925 m²，地下建筑面积为97 075 m²（含西区地下车库29 020 m²）。建筑高度为33.8 m（室外地面至屋顶最高点高度），场馆座席为12 000座。本工程是国内最大跨度正交双向索网结构（124 m×198 m单层双向正交马鞍形索网结构），具有大面积柔性屋面，外立面为4叠自由曲面玻璃幕墙。本工程是全冰面冰上场馆及跨临界二氧化碳制冷（12 000 m²的超大冰面），应用人工智能、大数据、5G等先进信息技术的智慧场馆。

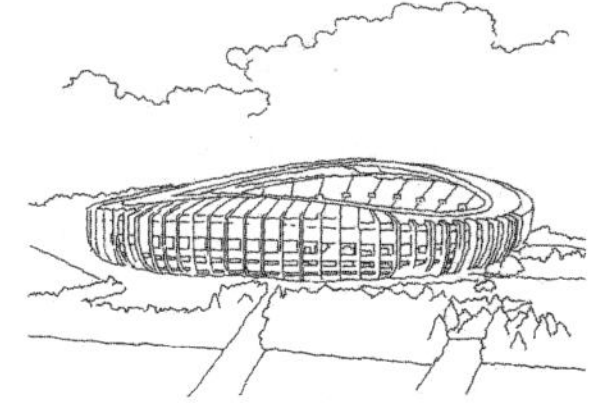

负荷分级

负荷分级表

负荷级别		用电负荷名称	供电方式
一级负荷	特别重要负荷	主席台、贵宾室及其接待室、新闻发布厅等照明负荷，计时记分、现场影像采集及回放、升旗控制等系统及机房用电负荷，网络机房、固定通信机房、扩声及广播机房等用电负荷，电台和电视转播设备，场地安全照明、TV应急照明负荷等	赛时三路市电,末端双路自动互投+应急柴油发电机。弱电机房等处设置UPS电源
		消防和安防用电设备等	赛时三路市电,末端双路自动互投+应急柴油发电机。弱电机房等处设置UPS电源
	一级负荷	冰场制冰系统、临时医疗站用电设备、兴奋剂检查室、血样收集室等用电设备，VIP办公室、奖牌储存室、运动员及裁判员用房、包厢、观众席等照明负荷，建筑设备管理系统、售检票系统等用电负荷，场地照明负荷、直接影响比赛的空调系统	赛时三路市电,末端双路自动互投+应急柴油发电机。建筑设备管理系统、售检票系统等设置UPS电源
		生活水泵、污水泵等用电，广场照明	双路互投供电
二级负荷		非比赛用电，普通办公用房等用电负荷	单路供电
		广告用电等用电负荷	单路供电
三级负荷		景观等用电负荷	单路供电

负荷统计

主变电室和1#分变电室负荷统计

楼层	名称	面积 (m^2)	负荷密度 (W/m^2)	电力负荷需求预测 (kW)
B2	运动员区	3 408	40	136.32
B2	媒体区	955	80	76.40
B2	场馆运营区	1 720	70	120.40
B2	设备用房	7 359	35	257.57
B2	其他房间	5 922	40	236.88
B2	东区车库	10 812	35	378.42
B1	场馆运营区	1 052	70	73.64
B1	安保交通区	1 025	70	71.75
B1	新闻媒体区	1 903	80	152.24
B1	赛事管理区	2 287	80	182.96
B1	设备用房	2 436	35	85.26
B1	其他房间	7 998	40	319.92
B1	东区车库	6 178	35	216.23
B1	FOP竞赛场地	15 000	50	750.00
1F	功能房间	11 305	50	565.25
2F	功能房间	7 139	50	356.95
3F	功能房间	1 962	50	98.10
1F、2F、3F	座席区	8 516	25	212.90
	合计	96 977		4291.19

2#分变电室负荷统计

名称	功率 (kW)	数量	总功率（kW）
冷水机组	512	4	2 048
水泵	90	5	450
水泵	55	5	275
水泵	22	2	44
水泵	3	2	6
水泵	30	2	60
水泵	18.5	3	55.5
水泵	30	3	90
冷却塔	15	8	120
合计			3 148.5

3#分变电室负荷统计

名称	功率 (kW)	数量	总功率（kW）
制冰机组	560	4	2 240
水泵	37	5	185
水泵	90	3	270
水泵	30	2	60
水泵	110	3	330
水泵	45	5	225
冷却塔	15	4	60
水泵	7.5	4	30
水泵	1.1	2	2.2
水泵	2.2	2	4.4
合计			3 406.6

变配电系统主接线

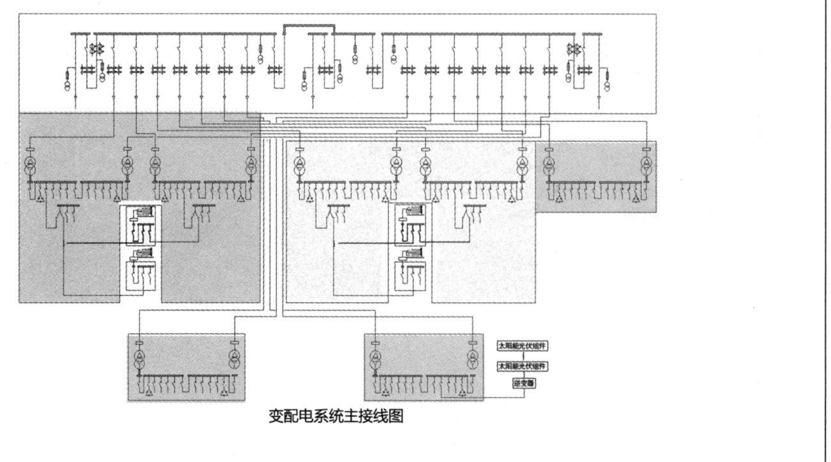

变配电系统主接线图

变电所平面布置

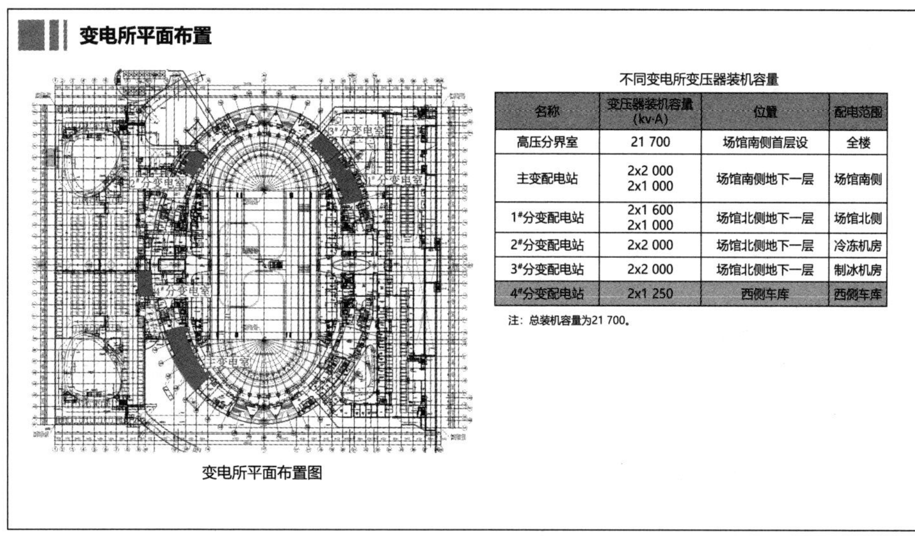

不同变电所变压器装机容量

名称	变压器装机容量（kv·A）	位置	配电范围
高压分界室	21 700	场馆南侧首层设	全楼
主变配电站	2x2 000 2x1 000	场馆南侧地下一层	场馆南侧
1#分变配电站	2x1 600 2x1 000	场馆北侧地下一层	场馆北侧
2#分变配电站	2x2 000	场馆北侧地下一层	冷冻机房
3#分变配电站	2x2 000	场馆北侧地下一层	制冰机房
4#分变配电站	2x1 250	西侧车库	西侧车库

注：总装机容量为21 700。

变电所平面布置图

电气竖井及UPS室布置

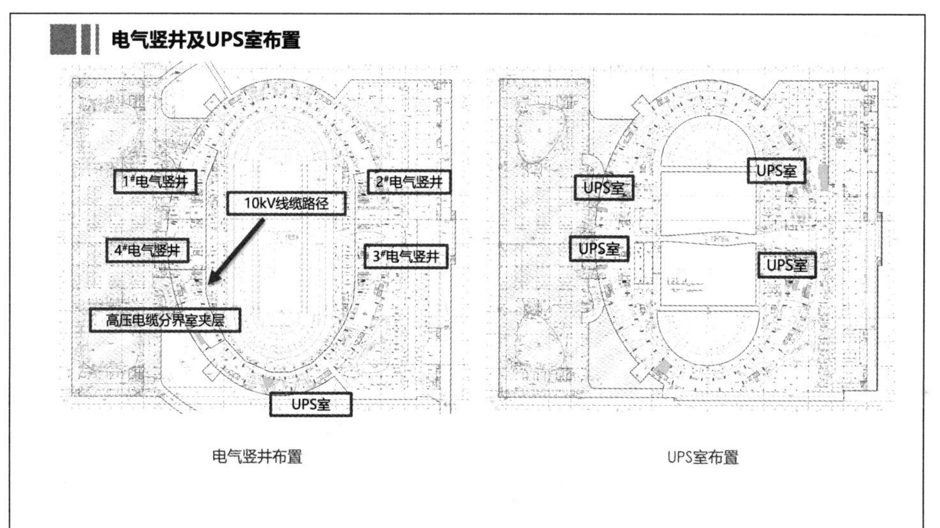

电气竖井布置　　UPS室布置

柴油发电机房布置图

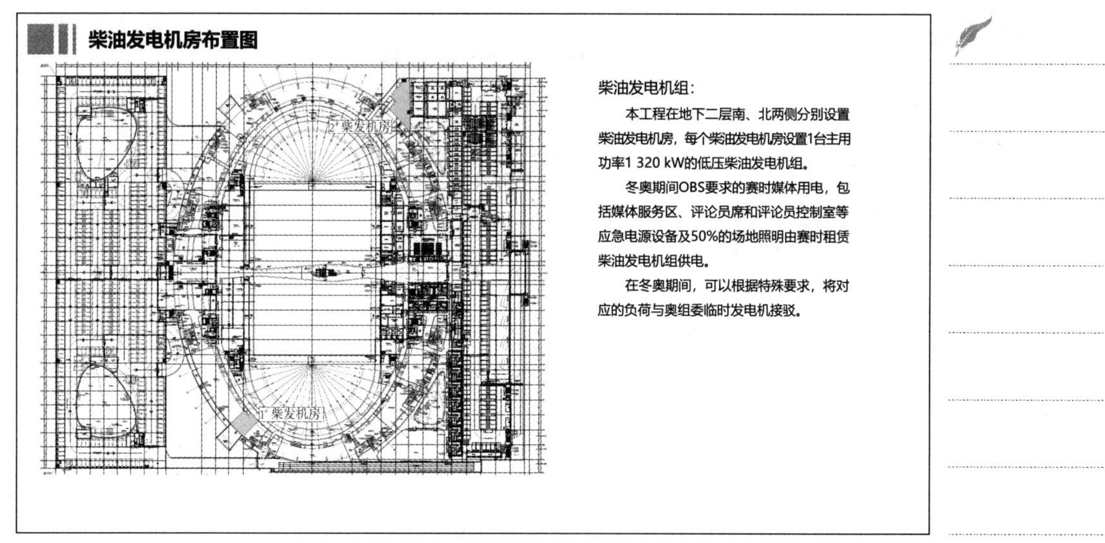

柴油发电机组：

本工程在地下二层南、北两侧分别设置柴油发电机房，每个柴油发电机房设置1台主用功率1 320 kW的低压柴油发电机组。

冬奥期间OBS要求的赛时媒体用电，包括媒体服务区、评论员席和评论员控制室等应急电源设备及50%的场地照明由赛时租赁柴油发电机组供电。

在冬奥期间，可以根据特殊要求，将对应的负荷与奥组委临时发电机接驳。

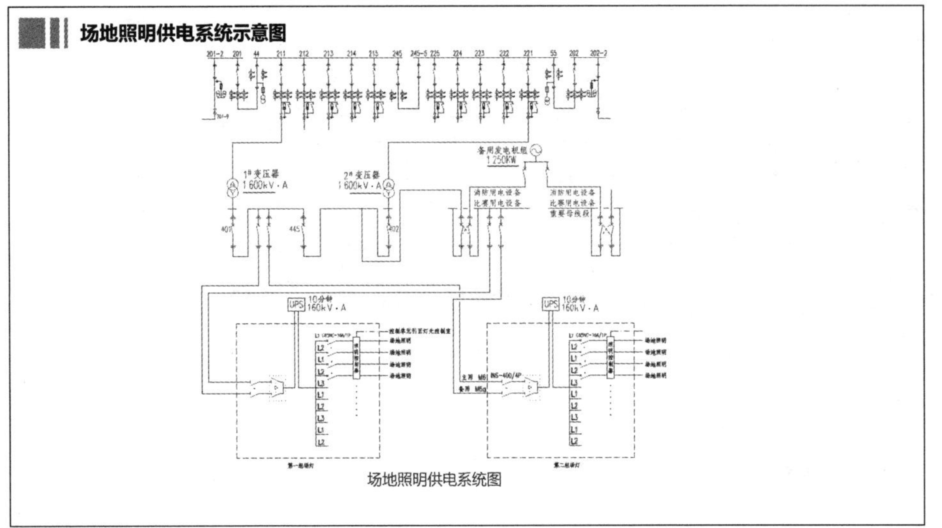
场地照明供电系统示意图
备用发电机组
1 250kW
1# 变压器
1 600kV·A
2# 变压器
1 600kV·A
UPS
10分钟
160kV·A
场地照明供电系统图

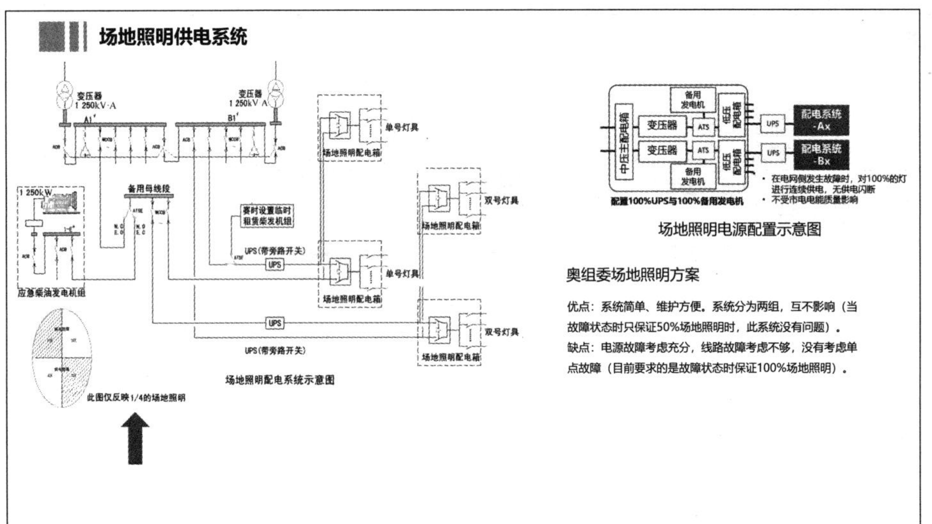
场地照明供电系统
变压器
1 250kV·A
A1#
B1#
备用母线段
赛时设置临时
租赁柴发机组
UPS (带旁路开关)
UPS
单号灯具
双号灯具
场地照明配电箱
应急柴油发电机组
场地照明配电系统示意图
此图仅反映1/4的场地照明
中压主配电箱
变压器
ATS
备用
发电机
低压
配电箱
UPS
配电系统
-Ax
配电系统
-Bx
配置100%UPS与100%备用发电机
• 在电网侧发生故障时，对100%的灯
进行连续供电，无供电闪断
• 不受市电电能质量影响
场地照明电源配置示意图
奥组委场地照明方案
优点：系统简单、维护方便。系统分为两组，互不影响（当
故障状态时只保证50%场地照明时，此系统没有问题）。
缺点：电源故障考虑充分，线路故障考虑不够，没有考虑单
点故障（目前要求的是故障状态时保证100%场地照明）。

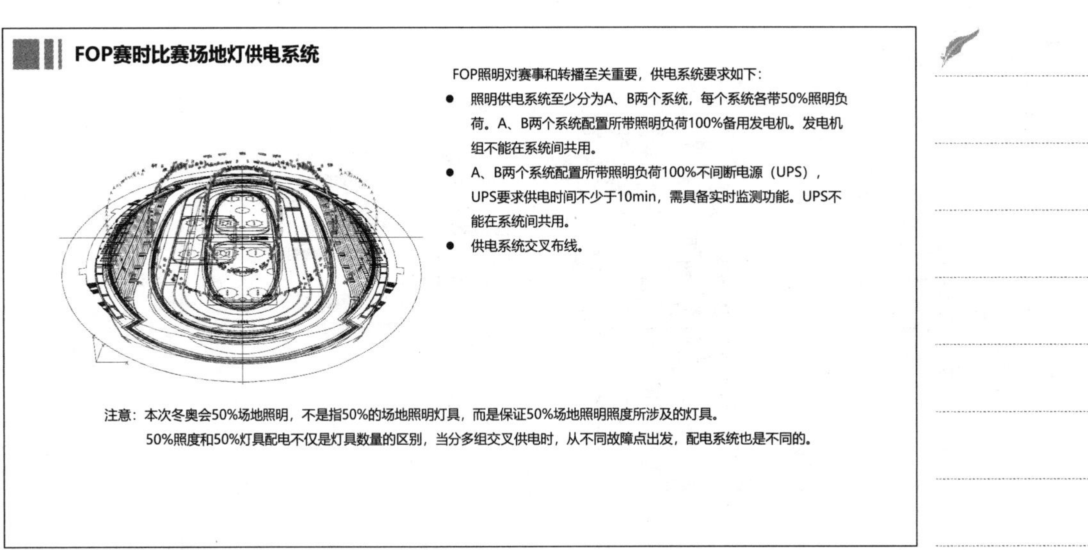
FOP赛时比赛场地灯供电系统
FOP照明对赛事和转播至关重要，供电系统要求如下：
● 照明供电系统至少分为A、B两个系统，每个系统各带50%照明负
荷。A、B两个系统配置所带照明负荷100%备用发电机。发电机
组不能在系统间共用。
● A、B两个系统配置所带照明负荷100%不间断电源（UPS），
UPS要求供电时间不少于10min，需具备实时监测功能。UPS不
能在系统间共用。
● 供电系统交叉布线。
注意：本次冬奥会50%场地照明，不是指50%的场地照明灯具，而是保证50%场地照明照度所涉及的灯具。
50%照度和50%灯具配电不仅是灯具数量的区别，当分多组交叉供电时，从不同故障点出发，配电系统也是不同的。

计时记分机房配电

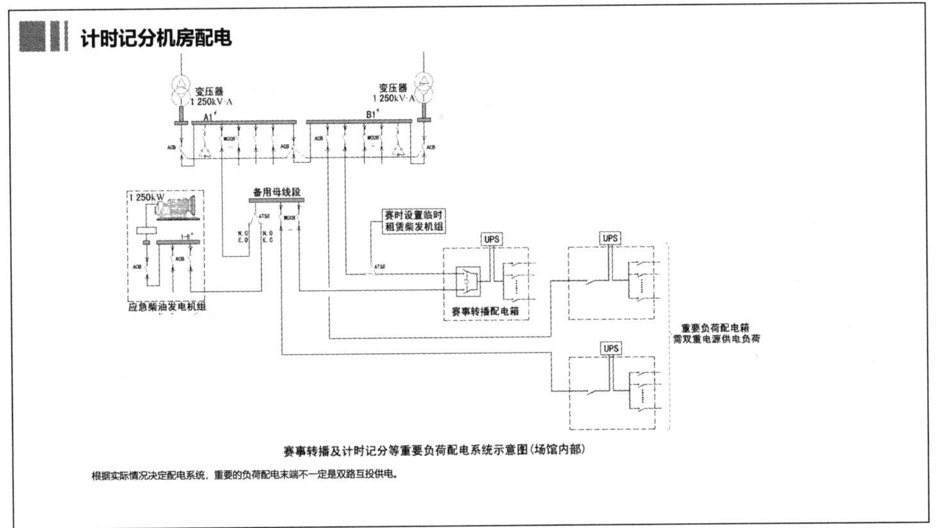

赛事转播及计时记分等重要负荷配电系统示意图（场馆内部）

根据实际情况决定配电系统，重要的负荷配电末端不一定是双路互投供电。

柴油发电机组和UPS的设置

冬奥场馆的柴油发电机组分为两类：永久柴油发电机组和赛时临时租赁柴油发电机组。

特级场馆没有奥运比赛也需要设置柴油发电机组作为后备电源。临时租赁柴油发电机组的方案目前没有确定，根据2008年夏季奥运会的要求，以下几类负荷接临时租赁柴油发电机组。

(1) 50%场地照明（场馆50%场地照明是作为主用回路，另外50%市电作为主用回路）。

(2) 场馆的计时记分、场地扩声和显示屏与赛事紧密相关的系统。

(3) 室外广播综合区（Broadcast Compound）。

(4) 目前提出部分制冰设备可能需要设置柴油发电机组作为后备电源。关于临时柴油发电机组的接入条件指两方面：土建接入条件及配电装置接入条件。永久柴油发电机组和赛时临时租赁柴油发电机组设置方案一般要结合场馆条件确定，一馆一议。特别是改造场馆，更要结合现状条件。

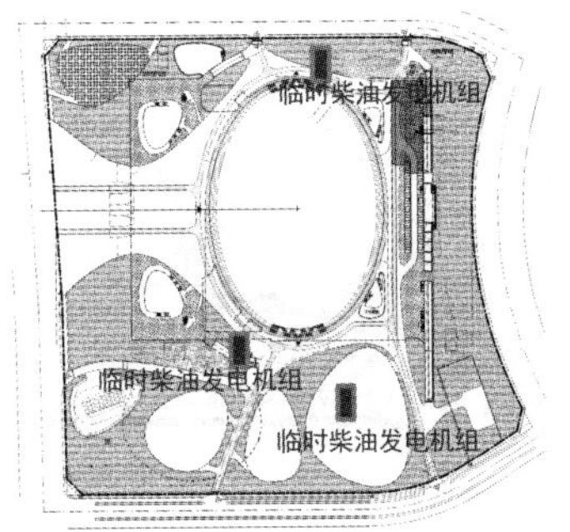

冬奥场馆的UPS从用途分为三大类：①场馆弱电设施UPS(常规的时间)；②场地照明UPS(场地照明配套的UPS供电时间不少于10min)；③赛时临时机房UPS。

UPS作为市电与发电机电源转换期间的过渡应急电源，故场地照明配套的UPS供电时间一般取10~15min。不宜过大，前期安装空间、荷载需求高，后期维护成本也高。

照度标准

照度标准值

运动类型		E_h (lx)	E_{vmai} (lx)	E_{vsec} (lx)	水平照度均匀度		垂直照度均匀度		R_a	T_{cp} (K)
					U_1	U_2	U_1	U_2		
业余水平	体能训练	150	—	—	0.4	0.6	—	—	65	5 600
	非比赛、娱乐活动	300	—	—	0.4	0.6	—	—	65	5 600
	国内比赛	600	—	—	0.5	0.7	—	—	65	5 600
专业水平	体能训练	300	—	—	0.4	0.6	—	—	65	5 600
	国内比赛	1 000	—	—	0.5	0.7	—	—	65	5 600
	TV转播的国内比赛	—	1 000	750	0.5	0.7	0.4	0.6	65	5 600
	TV转播的国际比赛	—	1 400	1 000	0.6	0.7	0.4	0.6	80	5 600
	高清晰度HDTV转播	—	2 500	2 000	0.7	0.8	0.6	0.7	80	5 600
	TV应急	—	1 000	—	0.5	0.7	0.4	0.6	80	5 600

注：E_h指水平照度，E_{vmai}指主摄像机方向垂直照度，E_{vaux}指辅摄像机方向垂直照度，U_1指最小照度与最大照度之比，U_2指最小照度与平均照度之比，R_a指一般显色指数，T_{cp}指相关色温。

眩光指数不大于30；特殊显色指数：R_9不小于20（HDTV转播），R_9不小于0（TV转播）；频闪比小于6%。

照度标准

辅助房间照度标准值

类别		参考平面及其高度	水平照度标准值（lx）	UGR	R_a
运动员用房、裁判员用房		0.75m水平面	300	22	80
转播机房、计时记分和成绩处理机房、信息显示及控制机房、场地扩声机房、同声传译控制室、升旗和火炬控制系统等弱电机房及照明控制室		工作台面	500	19	80
观众休息厅（开敞式）、观众集散厅		地面	100	—	80
观众休息厅（房间）		地面	200	22	80
国旗存放间、奖牌存放间		0.75m水平面	300	19	80
颁奖嘉宾等待室、领奖运动员等待室		地面	500	19	80
兴奋剂检查室、血样收集室、医务室		0.75m水平面	500	19	80
检录处		0.75m水平面	300	22	80
安检区		0.75m水平面	300	19	80
新闻发布厅	记者席	0.75m水平面	500	22	80
	主席台	0.75m水平面	750	22	80
新闻中心、评论员控制室		0.75m水平面	500	19	80
媒体采访混合区		0.75m水平面	750	—	80
竞赛用通道		地面	≥500		

场地灯具布置

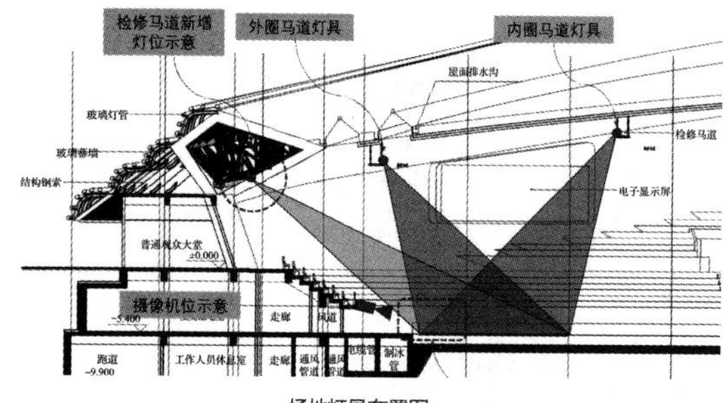

场地灯具布置图

比赛场地照明标准按照我国体育照明标准执行《体育场馆照明设计及检测标准》JGJ 153—2017。

- 观众席和运动场地安全照明的平均水平照度值不应小于20 lx。
- 体育场馆出口及其通道的疏散照明最小水平照度值不应小于5 lx。

比赛场地照明四种模式下等照度曲线

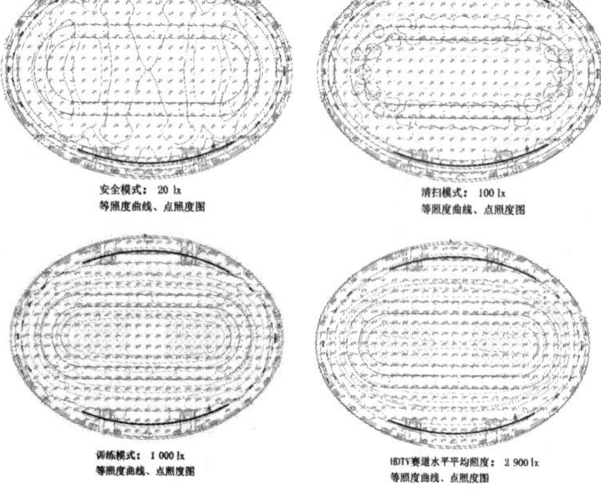

各模式计划用灯清单

速滑道不同体育赛事	照度标准	赛场灯具总数量RT200-9M-630W				观众席 RT410-200W		分组功率（kW）	总功率（kW）
		赛场灯具总数	1-1马道	1-2马道	2马道	3马道	4马道		
电视转播	垂直最小照度1 600 lx	364	—	184	180	20	20	237.32	237.32
一般比赛	垂直照度1 000 lx	271	—	145	126	20	20	178.73	
训练	水平照度1 000 lx	205	—	113	92	—	—	129.15	
清扫	水平照度100 lx	64	—	14	42	4	4	41.92	
安全	水平照度20 lx	22	—	—	18	2	2	14.66	

灯具布置要求

一、灯具对室内环境及冰面的影响

LED照明灯具作为冷光源，相对通过钠蒸气或者是汞蒸气激发发光的高压钠灯或者金卤灯向工作环境释放的热量相对要小得多，对于室内滑冰、滑雪场来说影响室内温度的重要热源之一——照明灯具的替代，在达到提高灯具的使用寿命、降低用电负荷的目的同时，附带的温控效果也是不能忽略的。

二、灯具在冰面产生的反射眩光对摄像机的拍摄及运动员的比赛的影响

考虑主摄像机的垂直照度满足要求，且灯具的安装要结合马道的位置。当灯位不能调整后，需要采用眩光控制器。但要注意眩光控制并不意味着完全控制溢出光，场地照明需要适度溢出光以满足部分观众席照明。加装合理的控制格栅，单纯采用遮光板对灯光的冰面倒影的帮助不大。但需要注意的是，越严格的遮蔽措施对灯具效率影响越大。

三、灯具安装方式及维护检修空间

马道设置的数量、高度、形状和位置应满足照明设计指标的相关要求。一般马道净宽不宜小于1m，净空高度不宜小于1.8m，并应设置防护栏杆。同时马道还要安装音响设备、摄像机、环境监测、信号覆盖甚至设备管线等各种设备，要综合考虑确定合理的马道布局。

火灾报警探测器选择

火灾报警探测器选择表

火灾探测器类型	设置场所	备注
点型感烟火灾探测器	公共走道及各种通道、门厅、休息区、休息室、餐厅、会议室、各弱电系统相关机房、库房、变配电室、各配电室、电缆夹层、空调机房、送/排风机房等各设备专业机房等工程内各弱电系统用房、电梯机房、车库及楼梯前室等	—
点型感温火灾探测器	开水间、防火卷帘、柴油发电机房、厨房、气体灭火区域	—
缆式线性感温火灾探测器	主要电缆干线槽盒	—
吸气式火灾感烟探测器 图像感烟火灾探测器	FOP、观众大厅等吊顶超过12m的区域	人员密集，必须做到极早报警、有序疏散，从而防止踩踏事件的发生；高大空间，烟雾容易扩散和被气流所稀释，传统探测器无法及时探测到初期火情；照明、音响及动力控制设备众多，发热量大，火灾隐患增加
可燃气体探测器	厨房、燃气表间	—

信息系统

一、信息接入系统

地下一层东车库的南侧和北侧各设置两处弱电进线间，各预留3家及4家运营商接入条件，保障通信的可靠性。

二、信息网络

- 外网
- 信息引导及发布网
- 无线覆盖网
- 奥组委专网
- 媒体专用网
- 建筑设备管理网
- 安防网
- 赛时专项系统网

三、用户电话交换系统

设置程控自动数字交换机及红机电话。

四、移动通信室内信号覆盖系统

场馆内无盲区覆盖中国移动、联通、电信4G信号和北京市政务800兆数字集群系统，此部分设计及施工需相关供应商负责。

五、有线电视系统

以传输数字电视信号为主，规模为C类，网络模式为自设前端、光纤同轴电缆混合网（HFC）方式组网，双向传输方式。

六、会议系统

会议系统包括数字会议系统、扩声系统、视频系统、远程电视会议、同声传译系统等。由奥组委临时安装，此次设计仅预留土建条件。

七、信息导引及发布系统

信息显示及发布系统与计时记分及现场成绩处理系统、有线电视系统、电视转播系统、现场影像采集及回放系统、信息网络系统及场地扩声系统等进行信号连通。

八、公共广播系统

分设公共广播系统、消防广播系统、场地扩声系统。

室内公共广播系统：负责体育馆1~3层公共广播区域（除场地外）。1~3层公共广播区域公共广播与消防广播共用扬声器。

场地扩声系统：负责场地内及观众席的平时及应急广播。

消防广播系统：覆盖整个工程，观众席、地下1~2层为消防广播区域单独设置消防广播扬声器。

导航及智能化集成系统

一、导航技术

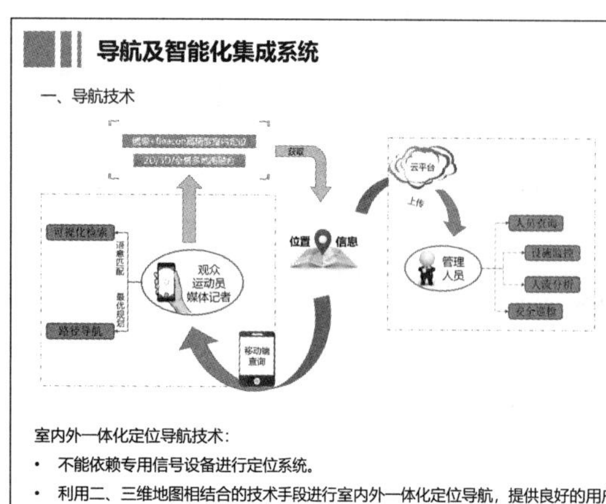

室内外一体化定位导航技术：

- 不能依赖专用信号设备进行定位系统。
- 利用二、三维地图相结合的技术手段进行室内外一体化定位导航，提供良好的用户体验。

二、智能化集成系统

- 智能化信息集成系统
- 集成信息应用系统
- 智慧建筑操作系统
- BIM运维系统
- 室内外一体化定位导航系统

建筑设备监控系统及建筑能效监管系统

建筑设备监控系统向人们提供全面的、高质量的、快捷的综合服务功能，是智慧场馆的一个重要组成部分。

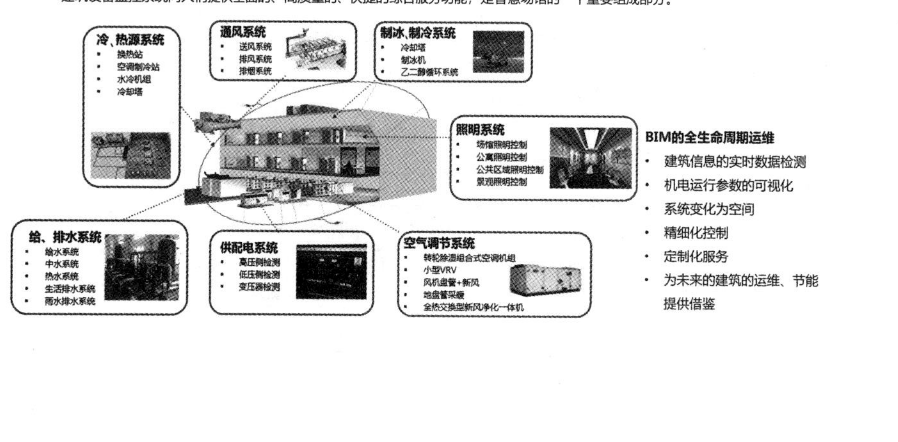

BIM的全生命周期运维

- 建筑信息的实时数据检测
- 机电运行参数的可视化
- 系统变化为空间
- 精细化控制
- 定制化服务
- 为未来的建筑的运维、节能提供借鉴

安防系统

- 停车（场）库管理系统
- 出入口控制系统
- 视频安防监控系统
- 入侵报警系统
- 电子巡查系统
- 安防专用通信系统
- 安防信息综合管理系统
- 其他安全防范子系统：防爆安全检查系统、重要仓储库安全防范系统等

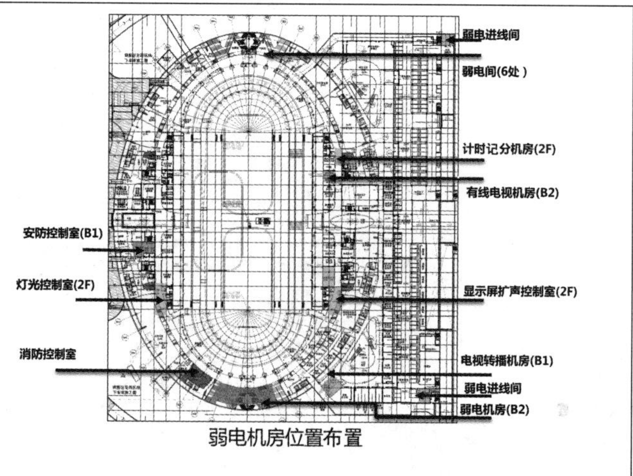

弱电机房位置布置

体育专用设施系统

一、大屏幕信息显示系统

LED大屏幕具备接收计时记分及现场成绩处理系统传来数据的功能，能够将实时处理的成绩信息显示在屏幕上；同时LED大屏幕可以接收来自电视转播系统的视频画面，将实时转播画面或经过处理的慢动作回放画面显示在大屏幕上。

二、电视转播与现场评论系统

- 电视转播系统按奥运赛时转播要求预留土建路由。
- 评论席预留条件：视频回放信号1个，信息终端接口1台，电话接口2部，有线电接口1个。

三、升旗控制系统

本工程升旗为挂杆式升旗系统，系统配置本地控制器，触摸屏控制方式，保证系统网络故障时，系统仍然可按国歌时间升降国旗。系统功能如下：

- 可伸缩挂杆，确保最多4面国旗同步升降。
- 系统控制采用远程、本地和手动控制三种方式，保证任何情况下都可升降国旗。
- 远程控制主机提供同步音频输出。
- 提供数据接口，便于系统集成。

四、标准时钟系统

标准时钟采用子母钟工作方式，母钟产生和发送标准时钟信号，在需时间显示的各区域设置相应的子钟。

五、售验票系统

系统采用条码技术和在线或离线手持验票机，对门票的制作、销售、管理、验票、统计等提供完整的一套票务系统。系统可以实现场馆本地门票的销售，也可以实现售票代理点售票的方式，为票务管理提供多样实用的管理模式。系统的售验票过程可通过在线或离线方式来实现。在线售验票系统只需在售票点周围的环境中安装基站。

体育专用设施系统

六、场地扩声系统

场地扩声系统分设公共广播系统、消防广播系统、场地扩声系统。

- 室内公共广播系统：负责体育馆1~3层公共广播区域（除场地外）。1~3层公共广播区域公共广播与消防广播共用扬声器。
- 场地扩声系统：负责场地内及观众席的平时及应急广播。
- 消防广播系统：覆盖整个工程，观众席、地下1~2层为消防广播区域单独设置消防广播扬声器。

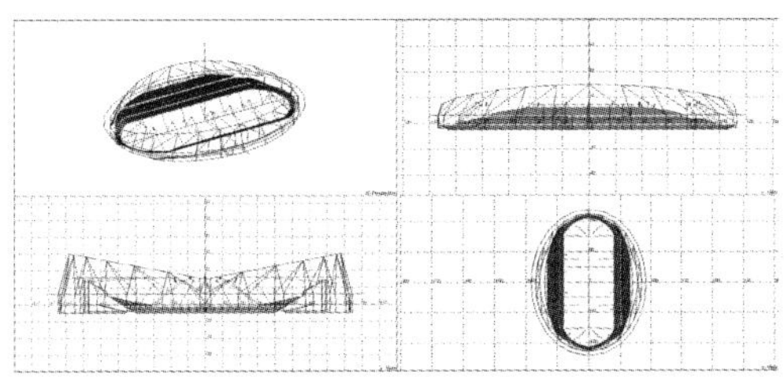

扩声指标	最大声压(dB)	传输频率特性(Hz)	传声增益	稳态声场不均匀度	系统总噪声级	总噪声级	语言传输指数
一级	额定通带内；≥105 dB	125~4 000 Hz平均声压级为0，此频带内允许±4 dB的变化	125~4 000 Hz平均不小于-10 dB	1 000 Hz、4 000 Hz大部分区域小于或等于8 dB	NR-25	NR-30/35	>0.5

体育专用设施系统

七、影像采集回放系统

现场影像采集及回放系统是在比赛和训练期间，能为裁判员、运动员和教练员提供即点即播的比赛录像或与其相关的视频信息。同时在出现判罚争议时，可随时调用比赛录像进行仲裁判定，可作为一种技术手段为仲裁裁判员服务。具体包含下列模块：

- 现场影像传送。
- 现场影像采集、存储。
- 现场影像光盘制作。
- 用户权限管理。
- 现场影像回放。

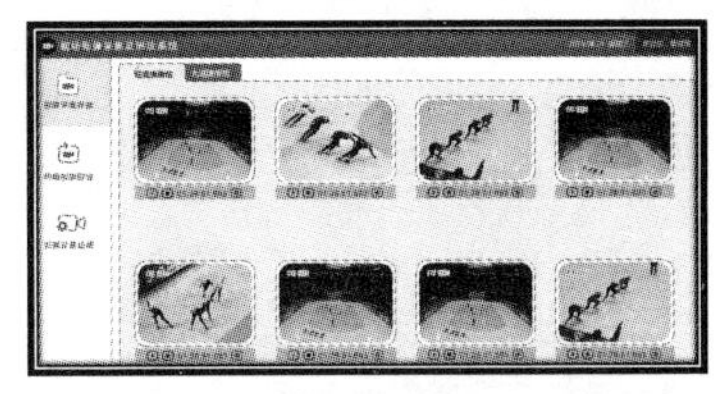

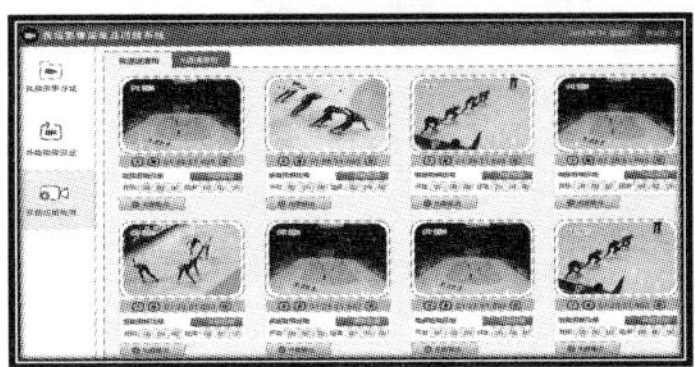

八、计时记分及现场成绩处理系统

系统设备：

- 发令模块。
- 终点摄像计时模块。
- 终点计时光栅。
- RFID自动计圈（计圈器）。
- Transponder计时模块等。

小结

体育建筑供配电系统要根据建筑规模和等级、管理模式和业务需求进行配置，必须符合国家体育主管部门颁布的各项体育竞赛规则中对电气提出的要求， 同时还必须满足相关国际体育组织的有关标准和规定，既要满足比赛使用要求，又要兼顾赛后的充分利用的需要，观众席和运动场地安全照明的平均水平照度值不应小于20 lx，不应将临时性用电做成永久用电，达到既经济又实用的目的。体育建筑智能化设计应针对体育场馆的比赛特性，利用计算机技术完成各子系统的信息交换，控制技术可以实现对各种设施的自动控制。实现资源和信息共享,提高设备利用率,节约能源,为使用者提供安全、舒适、快捷的环境。

第三章

剧场建筑电气关键技术设计实践

Design Practice of Electrical Key Technology's of Theater Building

剧场建筑是人们观赏演艺产品、陶冶情操的重要文化场所。剧场建筑通常由舞台、观众席和其他附属演出空间组成。剧场建筑电气设计应根据建筑规模和舞台、观众席和附属演出空间不同场所的不同要求，合理确定电气系统，对光源、机械、音响、控制措施进行设计，为观众提供安全舒适的观赏环境的同时，也应满足演出需求，并要关注剧场电气设备产生的谐波源，并应采取相应措施。剧场属于人员密集场所，为了避免停电时引起人员恐慌，以及保证火灾时人员疏散和逃生，应注意电气消防的设计。

3.1 强电设计

剧场建筑根据使用性质及现场演出条件可分为歌舞、话剧、戏曲三类。剧场建筑供配电系统要根据建筑规模和等级、剧场设备要求、管理模式和业务需求配置变压器容量、变电所和柴油发电机组，确保演出效果和观众安全。配电线路应采用阻燃低烟无卤交联聚乙烯绝缘电力电缆、电线或无烟无卤电力电缆、电线。主舞台区四个角应设三相专用电源，剧场台口两侧宜预留显示屏电源。观众厅应设清扫场地用的照明。

剧场建筑的主要技术要求

不同等级剧场建筑的主要技术要求（一）

等级	使用年限	主要电气指标	舞台工艺设备要求	消防
特等 甲等	不应小于 50年	剧场供电系统电压偏移应符合下列规定：①照明为+5%~-2.5%；②电梯±7%；③其他电力设备用电±5%	应在主舞台区四个角设中性导体截面积不小于相线截面积二倍的三相回路专用电源，其电源容量为：甲等剧场在主舞台后角电源不得小于三相250 A，在主舞台前角电源不得小于三相63 A。乙等剧场在主舞台后角电源不得小于三相180 A，在主舞台前角不得小于三相50 A	大型、特大型剧场应设消防控制室，位置宜靠近舞台，并有对外的单独出入口，面积不应小于12 m²
		配电线路应采用阻燃低烟无卤交联聚乙烯绝缘电力电缆、电线或无烟无卤电力电缆、电线		应设有火灾自动报警系统
		按第二类防雷建筑设置防雷保护	调光回路：歌舞剧场≥600回路，话剧场≥500回路，戏曲剧场≥400回路。除可调光回路外，各灯区宜配置2～4路直通电源，每回路容量不得小于32 A	灯控室、调光柜室、声控室、功放室、空调机房、冷冻机房、锅炉房等应设不低于正常照明照度的50%的应急备用照明
		宜设置灯光智能照明控制系统。观众厅照明、观众厅清扫场地用照明、观众席座位排号灯、前厅、休息厅、走廊等直接为观众服务的房间、主舞台区拆装台工作用灯照明控制应纳入灯光智能照明控制系统	应设追光室，预留3组以上容量不得小于32 A、AC 220 V追光灯电源	宜设台仓，台仓通往舞台和后台的门、楼梯应设明显的疏散标志和照明，便于演员上下场和工作人员通行
			功放室和调光柜室面积应大于20 m²	应设室内消火栓给水系统
			可设有红外线舞台监视系统	大型、特大型剧场舞台台口应设防火幕。中型剧场宜设防火幕
			设不少于两道以上的耳光室	
			设不少于两道以上的面光桥	
			应设卸货（景）区	

注：特大型剧场，观众容量1 501座以上；大型剧场，1 201～1 500座；中型剧场，801～1 200座；小型剧场，300～800座。

剧场建筑的主要技术要求

不同等级剧场建筑的主要技术要求（二）

等级	使用年限	主要电气指标	舞台工艺设备要求	消防
乙等	不应小于 50年	配电线路宜采用阻燃低烟无卤交联聚乙烯绝缘电力电缆、电线或无烟无卤电力电缆、电线	应在主舞台区四个角设中性导体截面积不小于相线截面积二倍的三相回路专用电源，其电源容量为：在主舞台后角电源不得小于三相180 A，在主舞台前角不得小于三相50 A	1. 大型、特大型剧场应设消防控制室，位置宜靠近舞台，并有对外的单独出入口，面积不应小于12 m²； 2. 中型及以上规模剧场应设室内消火栓给水系统
			当不设追光室时，可在楼座观众厅后部设临时追光位，并预留2组以上容量不得小于32 A、AC220 V追光灯电源	特大型剧场应设置火灾自动报警系统
			功放室和调光柜室面积应大于14 m²	宜设台仓，台仓通往舞台和后台的门、楼梯应设明显的疏散标志和照明，便于演员上下场和工作人员通行
		年预计雷击次数大于0.06时，按第二类防雷建筑设置防雷保护	根据需要设一道以上面光桥	
			根据需要设一道以上耳光室	大型、特大型剧场舞台台口应设防火幕，高层民用建筑中中型及以上规模剧场宜设防火幕
			应设卸货（景）区	

负荷分级

剧场用电负荷分级表

负荷级别	剧场分类及等级	用电负荷名称
一级负荷中的特别重要负荷	特、甲等剧场	舞台调光、调音、机械、通信与监督控制计算机系统用电
一级负荷	特、甲等剧场	舞台照明、贵宾室、演员化妆室、舞台机械设备、电声设备、电视转播用电、显示屏和字幕系统用电
		消防控制室、火灾自动报警及联动控制装置、火灾应急照明及疏散指示标志、防烟及排烟设施、自动灭火系统、消防水泵、消防电梯及其排水泵、电动的防火卷帘及门窗以及阀门等消防用电
二级负荷	甲等剧场	观众厅照明、空调机房电力和照明、锅炉房电力和照明用电
	乙等剧场	消防控制室、火灾自动报警及联动控制装置、火灾应急照明及疏散指示标志、防烟及排烟设施、自动灭火系统、消防水泵、消防电梯及其排水泵、电动的防火卷帘及门窗以及阀门等消防用电

注：特大型剧场，观众容量1 501座以上；大型剧场，1 201～1 500座；中型剧场，801～1 200座；小型剧场，300～800座。

供电及应急电源

一、供电措施

1. 特等、甲等剧场应采用双重电源供电；其余剧场应根据剧场规模、重要性等因素合理确定负荷等级，且不宜低于两回线路的标准。
2. 重要电信机房、安防设施的负荷级别应与该工程中最高等级的用电负荷相同。
3. 直接影响剧场建筑中一级负荷中特别重要负荷运行的空调用电应为一级负荷；当主体建筑中有大量一级负荷时，直接影响其运行的空调用电为二级负荷。

二、应急电源供电要求

1. 特等、甲等剧场的应急照明及重要消防负荷设备宜采用柴油发电机组作为应急电源。
2. 主供市电电源不稳定的地区，特、甲等剧场舞台工艺设备（如舞台音响、维持演出必须的部分重要舞台机械和舞台灯光）宜考虑设置柴油发电机组作为备用电源。
3. 特等、甲等剧场舞台灯光、音响、机械、通信与监督控制等计算机系统用电，要求连续供电或允许中断供电时间为毫秒级，应设置不间断电源装置（UPS）；乙等剧场上述设备宜设置不间断电源装置。

配电系统要求

1. 剧场变压器安装指标：80~120 V·A/m²。一般照明插座负荷占15%，舞台照明占26%，空调、水泵占40 %，其他19%。
2. 剧场建筑配电系统分为舞台用电设备和主体建筑常规设备两部分，舞台用电设备预留电量主要包括舞台机械、舞台灯光、舞台音响三个系统，依据舞台工艺设计要求预留管线通路，计算变压器容量。
3. 剧场建筑除舞台用电以外，还应考虑演出辅助用房、转播车位、卸货区等位置的电量预留。
4. 为舞台照明设备电控室（调光柜室）、舞台机械设备电控室、功放室、灯控室、声控室供电的各路电源均应在各室内设就地保护及隔离开关电器。
5. 舞台调光装置应采取有效的抑制谐波措施，宜在舞台灯光专用低压配电柜的进线处设置谐波滤波器柜。
6. 电声、电视转播设备的电源不宜接在舞台照明变压器上。
7. 音响系统供电专线上宜设置隔离变压器，有条件时宜设有源滤波器。
8. 舞台机械设备的变频传动装置应采取有效的抑制谐波措施，其配电回路中性导体截面不应小于相线截面。

照度标准

剧场照度标准值

房间名称		参考平面及高度	照度(lx)	统一眩光值 UGR	照度均匀度 U_0	一般显色指数 R_a
门厅		地面	200	22	0.4	80
存衣间		地面	200	—	0.4	80
观众厅	影院	0.75 m水平面	100	22	0.4	80
	剧场、音乐厅		150			
观众休息厅	影院	地面	150	22	0.4	80
	剧场、音乐厅		200			
化妆室	一般活动区	0.75 m水平面	150	22	0.6	80
	化妆台	1.1 m高处垂直面	500*	—	—	90
道具室		0.75 m水平面	200	—	—	80
候场室		地面	200	—	—	80
排演厅		地面	300	22	0.6	80

房间名称	参考平面及高度	照度(lx)	统一眩光值 UGR	照度均匀度 U_0	一般显色指数 R_a
抢妆室	0.75 m水平面	300	22	0.6	80
理发室(头部化妆)	0.75 m水平面	500	22	0.6	80
布景仓库	地面	50	—	—	80
服装室	0.75 m水平面	200	—	0.6	80
布景道具服装制作间	0.75 m水平面	300	19	0.6	80
绘景间	0.75 m水平面	500	19	0.6	80
灯控室、调光柜室	0.75 m水平面	300	22	0.6	80
声控室、功放室	0.75 m水平面	300	22	0.6	80
电视转播室	0.75 m水平面	300	22	0.7	80
舞台机械控制室、舞台机械电气柜室	0.75 m水平面	300	22	0.6	80
栅顶工作照明	地面	150	—	0.6	60

照明设计要求

1. 剧场应设置观众席座位排号灯，其电源电压不应超过AC36 V。
2. 有乐池的剧场，台唇边沿宜设发光警示线，但发光装置不得影响观众观看演出的视觉效果。
3. 主舞台应设置拆装台工作用灯，舞台区、栅顶马道等区域应设置蓝白工作灯。
4. 观众厅照明应采用平滑调光方式，并应防止不舒适眩光。
5. 观众厅宜按照不同场景设置照明模式，调光装置应在灯控室和舞台监督台等处设置，并具有优先权，清扫场地模式的照明控制应设在前厅值班室或便于清扫人员操作的地点。
6. 宜对剧场观众厅照明、观众席座位排号灯（灯控室照明箱供电）、前厅、休息厅、走廊等直接为观众服务的场所照明及舞台工作灯采用智能灯光控制系统，其控制开关宜设置在方便工作人员管理的位置并采取防止非工作人员操作的措施。
7. 化妆室照明宜选用高显色性光源，光源的色温应与舞台照明光源色温接近。

3.2 舞台工艺系统

剧场70%以上用电负荷是舞台照明和舞台机械设备，这些负荷随着剧情变化变动频繁且持续时间长，对电网供电质量影响较大，舞台机械设备的变频传动装置应采取抑制谐波措施。舞台照明设备电控室(调光柜室)、舞台机械设备电控室、功放室等电源应采用专用回路。乐池内谱架灯、化妆室台灯照明、观众厅座位排号灯等的电源电压应采用特低电压供电。

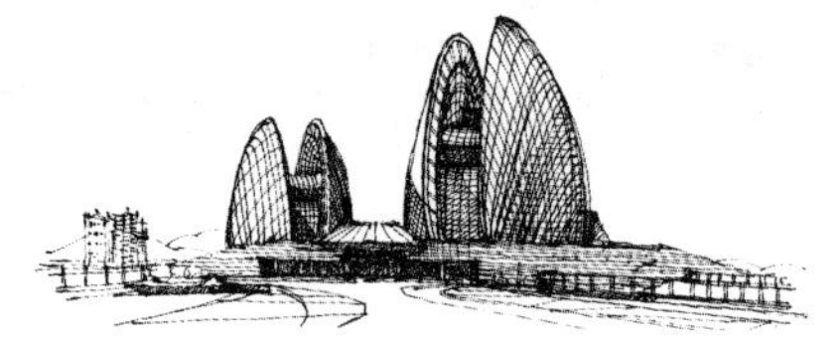

防雷接地要求

1. 特、甲等剧场应按第二类防雷建筑设置防雷保护措施；其他年预计雷击次数大于0.06 的剧场，应按第二类防雷建筑设置防雷保护措施。
2. 音响、电视转播设备应设屏蔽接地装置，且接地电阻不得大于4 Ω，屏蔽接地装置宜与电惊变压器工作接地装置在电路上完全分开。当单独设置接地极有困难时，可与电气装置接地合用接地板，接地电阻不应大于1 Ω 且屏蔽接地线应集中一点与合用接地装置连接。
3. 剧场设有玻璃幕墙时，玻璃幕墙的防雷设计应符合现行国家标准《建筑防雷设计规范》GB 50057的有关规定。幕墙的金属框架应与主体结构的防雷体系可靠连接，连接部位应清除非导电保护层。
4. 剧场舞台工艺用房均应预留接地端子。
5. 乐池内谱架灯、化妆室台灯照明、观众厅座位排号灯等的电源电压应采用特低电压供电。

舞台灯光系统

1. 剧场灯光配电系统的设计范围包括舞台灯光系统、观众厅照明系统和舞台工作灯系统。
2. 舞台工艺设计应向建筑设计提供舞台灯光系统的设备位置、尺寸、相关安装条件、用电负荷（装机容量、使用系数、功率因数）及技术用房等要求。建筑设计应满足灯光系统安装、检修、运行和操作等要求。
3. 特大型剧场舞台灯光的用电量为1 000~1 500 kW，大型剧场舞台灯光的用电量为600~1 000 kW，中、小剧场300~600 kW，K_x=0.8。在灯光控制室需预留15 kW容量。
4. 供电措施：
   - 舞台灯光系统需依据舞台工艺提供资料，在灯控室、后舞台、侧舞台、耳光室、天桥、投影室、聚光灯室、调光柜室等处为舞台灯光系统预留电源。
   - 观众厅灯光系统配电柜宜放置在调光柜室，智能照明控制系统应提供DMX512接口。
   - 在舞台区、栅顶马道等区域设置舞台工作灯系统，采用蓝白工作灯，检修时开启白光光源，演出时开启蓝光光源。在局部高度小于2 m的区域，灯具采用防护型，供电采用AC36 V，防止工作人员触电。
   - 特、甲等剧场调光用计算机系统用电为一级负荷中的特别重要负荷，应在灯光控制室、调光柜室、台口技术室及舞台栅顶等网络机柜处各设置一台UPS，向灯控网络机柜提供不间断供电。
   - 灯光系统配电回路宜配置平衡。
   - 常规布置的舞台灯位，在观众席区域有追光、面光、耳光；在舞台区域有顶光、侧光、流动光、天地排光、逆光、脚光等。

舞台灯光系统

5. 特大型、大型剧场按能转播电视节目的要求进行设计，舞台灯具采用聚光灯、PAR灯、大功率气体放电灯、冷光束可变焦成像灯、电脑灯、成像灯等多种类型灯具，其配置要求为:
   - 舞台平均照度值不低于1 500 lx。
   - 配置灯具保证演出换场时间少于4 h。
   - 配置灯具选择光学特性及光效最佳的灯。
   - 灯具的光源色温宜采用3 200 K和5 600 K两种灯泡。
   - 气体放电灯具显色指数值a>90，其余值a>95。
   - 噪声指标:所有设备开启时的噪声及外界环境噪声的干扰不高于NR25 测试点在距设备1 m 处的噪声不高于35 dB (A) 。
6. 中小型剧场:按能转播电视节目的要求进行设计。
   - 舞台演区基本光在1.5 m处的垂直照度不宜低于1 500 lx。
   - 演区主光的垂直照度为 1 800~2 250 lx。
   - 演区辅助光的垂直照度为1 200~1 800 lx。
   - 演区背景光的照度为800~1 000 lx。
   - 舞台演区光的色温应为（3 050±150）K。
   - 舞台演区光的显色指数不宜小于85。

舞台灯光分类及回路分配

舞台灯光分类及回路分配表（一）

灯光名称	灯光回路（路）	小型剧场（礼堂）		中型剧场（礼堂）			大型剧场（礼堂）			特大型剧场（礼堂）			灯具名称	安装场所	灯泡功率（W）	使用状态
		调光回路（路）	直通回路（路）	调光回路（路）	直通回路（路）	特技回路（路）	调光回路（路）	直通回路（路）	特技回路（路）	调光回路（路）	直通回路（路）	特技回路（路）				
二楼前沿光		—	—	—	—	—	6	3	—	12	3	3	泛光灯、聚光灯	—	—	—
面光		10	2	18	3	1	26	3	3	42	6	3	轮廓聚光灯 无透镜聚光灯 少数采用回光灯	观众的顶部	750 ~ 1 000	固定
指挥光		—	—	—	—	—	1	—	—	3	—	—	泛光灯、聚光灯	—	—	—
耳光		10	2	18	2	2	30	4	6	46	6	6	轮廓聚光灯 无透镜回光灯 透镜聚光灯	观众厅侧墙上部，合口外两侧的位置	500 ~ 1 000	固定
一顶光		6	—	8	—	—	15	—	2	27	3	3	泛光灯、聚光灯	舞台前部可升降的吊杆成吊桥上	1 000 ~ 1 250	可移动
二顶光		—	—	4	—	—	9	—	3	12	3	3	无透镜聚光灯 近程轮廓聚光灯 泛光灯	舞台前顶部可升降的吊杆或吊桥上	300 ~ 1 000	可移动
三顶光		—	—	8	—	—	15	—	3	21	3	3				
四顶光		—	—	7	—	—	6	—	1	12	3	1				
五顶光		—	—	9	—	—	12	—	2	15	3	2				
六顶光		—	—	—	—	—	6	—	1	11	3	1				

注：本表引自标准图集D800-1~3《民用建筑电气设计与施工》。

舞台灯光分类及回路分配

舞台灯光分类及回路分配表（二）

灯光名称	灯光回路（路）	小型剧场（礼堂）		中型剧场（礼堂）			大型剧场（礼堂）			特大型剧场（礼堂）			灯具名称	安装场所	灯泡功率（W）	使用状态
		调光回路（路）	直通回路（路）	调光回路（路）	直通回路（路）	特技回路（路）	调光回路（路）	直通回路（路）	特技回路（路）	调光回路（路）	直通回路（路）	特技回路（路）				
乐池光		—	—	3	—	—	3	2	—	6	3	2	泛光灯、聚光灯	—	—	—
脚光		—	—	3	—	—	3	—	3	3	2	3	泛光灯	舞台台唇前沿	60 ~ 200	固定
柱光		—	—	12	2	2	24	4	—	36	6	—	近程轮廓聚光灯中程无透镜回光灯	舞台口内两侧，舞台框附近的灯位	500 ~ 1 000	固定移动
吊笼光		—	—	—	—	—	48	—	8	60	6	8	—	—	—	—
侧光		20		12	2	2	6	4	2	10	6	4	无透镜回光灯聚光灯、柔光灯透镜回光灯	舞台两侧天桥上	500 ~ 1 000	固定移动
流动光		—	—	4	—	—	10	6	—	14	8	—	舞台逆光灯 低压逆光灯	可在台面上移动的灯位	750 ~ 1 000	移动
天幕光		14	3	14	2	2	20	6	3	30	8	3	泛光灯 投影幻灯	天幕的前部或后部、向天幕投光的灯位	300 ~ 1 000	固定
合计		60	7	120	11	9	240	32	37	360	72	45	—	—	—	—

注：本表引自标准图集D800-1~3《民用建筑电气设计与施工》。

舞台灯光控制系统

1. 舞台灯光信号传输系统的设计包括控制信号传输设备的配置、传输线路的路由设计和信号点的分配等。
2. 宜建立公共的以太网网络平台。
3. 选择具有稳定、兼容特性的转换协议。
4. 舞台灯光控制系统应预留智能控制接口，接收消防控制信号，在火灾时能中断演出模式，强行进入消防模式。
5. 大型剧场需在控制室放置常规灯主、备控制台，电脑灯主、备控制台。
6. 灯光控制系统宜采用全光纤网络。
7. 控制系统宜考虑备份和兼容。
8. 产品选型在考虑先进性的同时宜考虑维护的经济性。

舞台机械系统

1. 舞台工艺设计应向建筑设计提供舞台机械的种类、位置、尺寸、数量、台上和台下机械布置所需的空间尺度、设备荷载、受力分布、预埋件、用电负荷（装机容量、使用系数、功率因数）及控制台位置等要求。土建设计应满足舞台机械安装、检修、运行和操作等使用条件。剧场舞台台下机械的用电量根据不同规模及所需设备，小型约200 kW，中型约500 kW，大型约900 kW。
2. 台上机械:主舞台台口上空布置防火幕、大幕机、假台口上片、假台口侧片。舞台区域上空的悬吊设备主要有电动吊杆、轨道单点吊机、主舞台区域内的自由单点吊机和前舞台区域单点吊机等设备，用来悬吊布景、檐幕和边幕，制造特别演出效果。假台口上片、灯光渡桥、灯光吊架用于舞台照明，在主舞台区域还设置有飞行器、天幕吊杆、侧吊杆等设备。在左右侧舞台上空设有悬吊设备，后舞台上空设有电动吊杆和悬吊设备，剧场舞台台上机械的用电量根据不同规模及所需设备小型约100 kW，中型约400 kW，大型约800 kW。
3. 供电措施：
   - 在舞台机械控制室（台上、台下）、收货平台等处为舞台机械系统预留电源。
   - 当舞台口设置防火幕时，应预留消防电源。
   - 对于大负荷的舞台机械系统供电宜采用双路单母线分段中间加联络，正常时各带一半负荷，一路故障时，另一路带全部负荷。

舞台机械系统

4. 控制机房：
   - 舞台机械控制室宜设在舞台上场口舞台内墙上方，或在一层侧天桥中部；控制室应有三面玻璃窗，密闭防尘，操作时能直接看到舞台全部台上机械的升降过程。面积按舞台工艺设计要求确定。
   - 舞台机械控制室应预留接地端子。
5. 控制系统：
   - 在国际上，现代剧场要求舞台机械控制系统必须遵循现有的有关安全的标准。
   - 舞台机械控制系统总体现状和发展是特大型、大型剧场采用基于轴控制器的控制系统，中、小型演出场馆使用基于PLC的控制系统。
   - 舞台机械控制系统应预留智能控制接口，接收消防控制信号，在火灾时能中断演出模式，强行进入消防模式。
   - 产品选型在考虑先进性的同时宜考虑维护的经济性。

常用舞台机械用电量

常用舞台机械用电量表

机械名称		安装位置	控制方式	用电量(kW)	备注
旋转舞台（驱动、循环）		舞台下	舞台右侧动力盘内	2x5.5或1x10	配电盘内就地控制
升降乐池		舞台下	舞台右侧动力盘内	5.5	配电盘内就地控制
电动吊杆		天桥	天桥控制台	2.2	—
电动吊点		伸出舞台吊顶内	天桥控制台	2.2	又称吊钩
运景梯		剧场右侧台外面	舞台右侧动力盘内	5.5	配电盘内就地控制
灯光渡桥		顶光、天排光处	天桥控制台	5.5~10	—
推拉幕		台口处	舞台右侧动力盘内	2.2	—
大幕、二道幕护幕		台口处	舞台右侧动力盘内	1.1	放映室也可控制护幕
假台口		台口处	舞台右侧动力盘内	3.5	—
升降台		台口处	舞台右侧动力盘内	3x11	放映室也可控制
变框		台口处	舞台右侧动力盘内	0.6	—
灯光串笼		顶光、天排光处	天桥控制台	8x1.1	—
银幕架	提升	台口处	舞台右侧动力盘内	1.5	放映室也可控制
	左右照幅	台口处	舞台右侧动力盘内	0.4	—
	上下照幅	台口处	舞台右侧动力盘内	1.0	—

舞台音响系统

1. 扩声系统包括声源至传声器所处的声学环境，传声器至扬声器的扩声系统设备，以及扬声器系统和听众区的声学环境(即扩声声场)三个部分。剧场扩声系统宜考虑冗余设计，分别对组成扩声系统的信号源、调音台、信号传输系统、扬声器系统、配电系统等各个部分进行冗余设计。
2. 声学效果的三要素为：观众厅的体型设计、混响控制（墙面，顶板）、噪声控制，采用先进的声学设计软件达到需要的使用要求。
3. 舞台扩声控制系统应预留智能控制接口，接收消防控制信号，在火灾时能中断演出模式，强行进入消防模式。
4. 产品选型在考虑先进性的同时宜考虑维护的经济性。
5. 在声控室、功放室、舞台技术用房（信号交换机房）、监控机房（声像控制室）等处为舞台音响系统预留电源，电源与负载之间宜安装隔离变压器或有源滤波器。
6. 主舞台两侧应设AC 220 V，12~16 kW的流动功放电源专用插座。
7. 终端插座宜采取保护措施，避免外来设备未经允许接入扩声供电系统，产生过载或干扰。
8. 控制机房：
   - 声控室应设置在观众厅后部中央位置，并在面向舞台的左侧（灯控室设置在右侧），面积不应小于20 m²。
   - 声控室应预留工艺电量。
   - 声控室应预留接地端子。
   - 功放室宜设在主舞台两侧台口高度的位置(上场口一侧)。
   - 在上场口前侧墙内宜设电声设备机房，面积8 m²，用于设置数字化系统信号机柜。

舞台音响系统

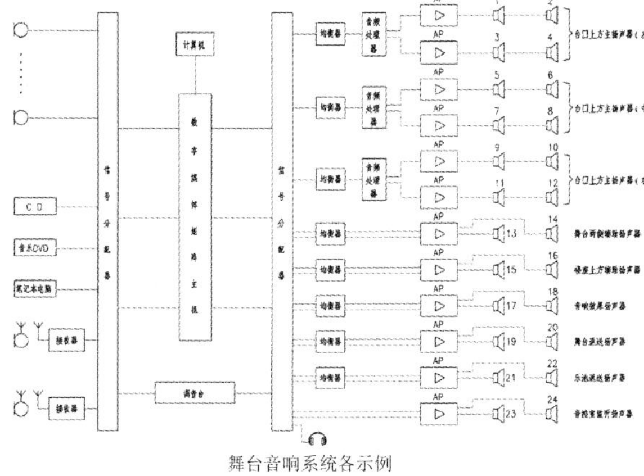

舞台音响系统各示例

舞台音响系统

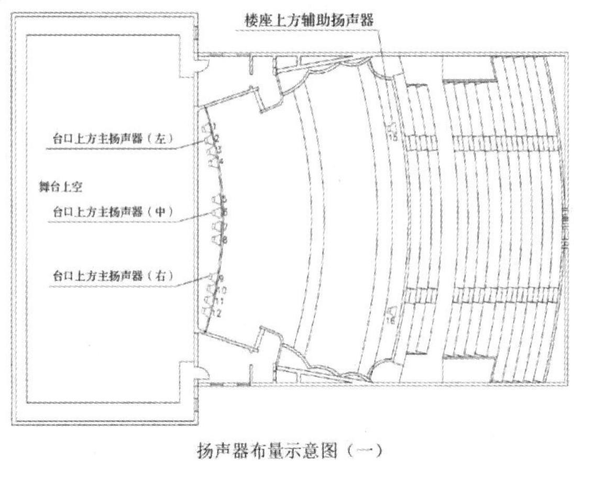

扬声器布量示意图（一）

舞台音响系统

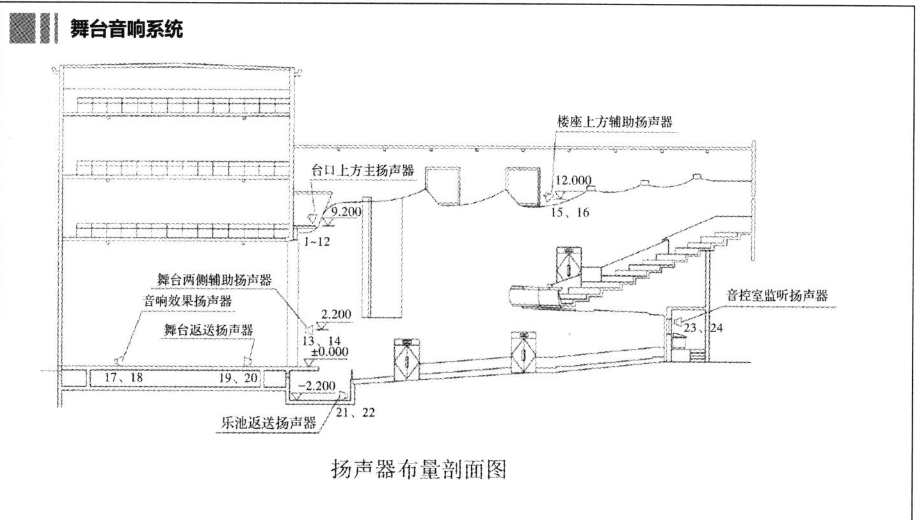

扬声器布量剖面图

舞台音响系统

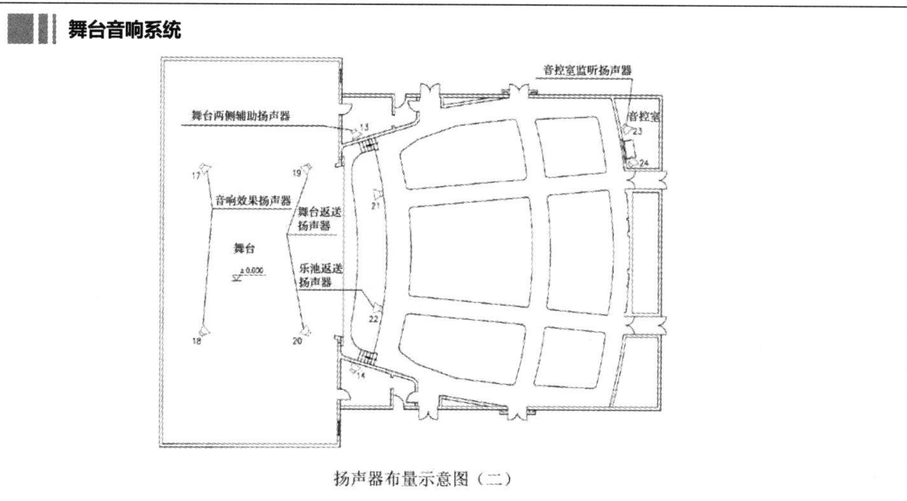

扬声器布量示意图（二）

舞台通信与监督系统

1. 舞台监督主控台应设置在舞台内侧上场口。
2. 灯控室、声控室、舞台机械操作台、演员化妆休息室、候场室、服装室、乐池、追光灯室、面光桥、前厅、贵宾室等位置应设置舞台监督通信终端器。
3. 舞台监视系统的摄像机应在舞台演员下场口上方和观众席挑台（或后墙）同时设置。同时在主舞台台口外两侧墙设置摄像机。
4. 应设观众休息厅催场广播系统。
5. 舞台监督台应设通往前厅、休息厅、观众厅和后台的开幕信号。
6. 舞台通信与监督系统设计宜包括以下内容：
   - 配电系统；
   - 内部通信系统；
   - 灯光提示系统；
   - 广播呼叫系统；
   - 演出监控视频系统；
   - 中央时钟系统；
   - 内部通信网络；
   - 演出监控视频网络。

3.3 智能化设计

剧场智能化设计应适应观演业务信息化运行的需求、具备观演建筑业务设施基础保障的条件和满足观演建筑物业规范化运营管理的需要。观演厅宜设置移动通信信号屏蔽系统。候场室、化妆区等候场区域应设置信息显示系统。剧场的出入口、贵宾出入口以及化妆室等宜设置自助寄存系统。

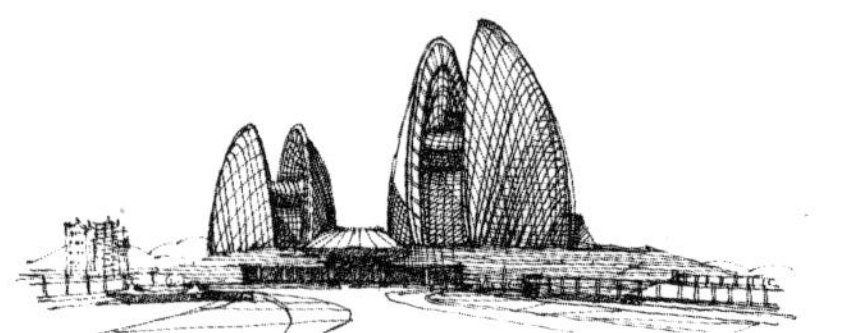

剧场建筑智能化系统配置

剧场建筑智能化系统配置表（一）

智能化系统			小型剧场	中型剧场	大型剧场	特大型剧场
信息化应用系统	公共服务系统		宜配置	应配置	应配置	应配置
	智能卡应用系统		应配置	应配置	应配置	应配置
	物业管理系统		宜配置	宜配置	应配置	应配置
	信息设施运行管理系统		可配置	宜配置	应配置	应配置
	信息安全管理系统		可配置	宜配置	应配置	应配置
	通用业务系统	基本业务办公系统	按国家现行有关标准进行配置			
	专业业务系统	舞台监督通信指挥系统				
		舞台监视系统				
		票务管理系统				
		自助寄存系统				
智能化集成系统		智能化信息集成(平台)系统	可配置	宜配置	应配置	应配置
		集成信息应用系统	可配置	宜配置	应配置	应配置

注：信息化应用系统的配置应满足剧场业务运行和物业管理的信息化应用需求，包括工作业务系统、自动寄存系统、人流统计分析系统、售检票系统，并包括演出管理系统和中央集成管理系统。演出管理系统为剧院的演出活动及相关事务的管理工作建立一个现代化的软、硬件环境，实现剧院的演出策划管理、演出合同管理、演出场地安排、演出器材和设施的合理调度与管理、演出团体管理、演出后勤管理、演出档案管理、演出票务管理、演出结算及统计管理等。

剧场建筑智能化系统配置

剧场建筑智能化系统配置表（二）

智能化系统		小型剧场	中型剧场	大型剧场	特大型剧场
信息化设施系统	信息接入系统	应配置	应配置	应配置	应配置
	布线系统	应配置	应配置	应配置	应配置
	移动通信室内信号覆盖系统	应配置	应配置	应配置	应配置
	用户电话交换系统	可配置	宜配置	应配置	应配置
	无线对讲系统	可配置	宜配置	应配置	应配置
	信息网络系统	应配置	应配置	应配置	应配置
	有线电视系统	宜配置	宜配置	应配置	应配置
	公共广播系统	应配置	应配置	应配置	应配置
	会议系统	宜配置	宜配置	应配置	应配置
	信息导引及发布系统	宜配置	应配置	应配置	应配置
建筑设管理系统	建筑设备监控系统	可配置	宜配置	应配置	应配置
	建筑能效监管系统	可配置	宜配置	应配置	应配置

注：1.剧场的出入口、贵宾出入口以及化妆室等宜设置自助寄存系统，且系统应具有友好的操作界面，并宜具有语音提示功能。
2.剧场的公共区域应设置移动通信室内信号覆盖系统；观演厅宜设置移动通信信号屏蔽系统，并应具有根据实际需要进行控制和管理的功能。
3.候场室、化妆区等候场区域应设置信息显示系统，并应显示剧场、演播室的演播实况，且应具有演出信息播放、排片、票务、广告信息的发布等功能。
4.舞台监督台应设通往前厅、休息厅、观众厅和后台的开幕信号。

剧场建筑智能化系统配置

剧场建筑智能化系统配置表（三）

智能化系统			小型剧场	中型剧场	大型剧场	特大型剧场
智能化系统	建筑设备监控系统		可配置	宜配置	应配置	应配置
	建筑能效监管系统		可配置	宜配置	应配置	应配置
公共安全系统	火灾自动报警系统		按国家现行有关标准进行配置			
	安全技术防范系统	入侵报警系统				
		视频安防监控系统				
		出入口控制系统				
		电子巡查系统				
		安全检查系统				
		停车库(场)管理系统	可配置	宜配置	应配置	应配置
	安全防范综合管理(平台)系统		可配置	宜配置	应配置	应配置

注：1.建筑设备管理系统应满足剧院的室内空气质量，温、湿度，新风量等环境参数的监控要求，并应满足公共区的照明、室外环境照明、泛光照明、演播室、舞台、观众席、会议室等的管理要求。
2.视频安防监控系统应在剧场内、放映室、候场区和售票处等场所设置摄像机。

剧场建筑智能化系统配置

剧场建筑智能化系统配置表（四）

智能化系统		小型剧场	中型剧场	大型剧场	特大型剧场
机房工程	信息接入机房	应配置	应配置	应配置	应配置
	有线电视前端机房	应配置	应配置	应配置	应配置
	信息设施系统总配线机房	应配置	应配置	应配置	应配置
	智能化总控室	应配置	应配置	应配置	应配置
	信息网络机房	宜配置	应配置	应配置	应配置
	用户电讯交换机房	可配置	应配置	应配置	应配置
	消防控制室	应配置	宜配置	应配置	应配置
	安防监控中心	应配置	应配置	应配置	应配置
	智能化设备间(弱电间)	可配置	应配置	应配置	应配置
	机房安全系统	按国家现行有关标准进行配置			
	机房综合管理系统	可配置	宜配置	应配置	应配置

3.4　电气设计实例

本工程总建筑面积59 000 ㎡，包括1 550 座歌剧院、550 座多功能剧院、室外剧场预留及旅游、餐饮、服务设施等。建筑层数：地上4 层（含-4.50 的海岛地坪层），地上裙房2层，地下1层（主台仓层）；建筑高度：歌剧院60 m（构筑物高度90 m），多功能剧院36 m（构筑物高度56 m）；结构形式：框架剪力墙混凝土结构及钢结构。

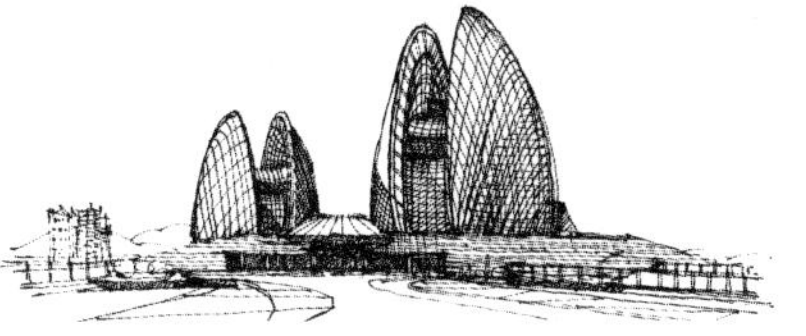

负荷分级及供电电源

一、负荷分级

- 一级负荷：调光用电子计算机系统电源、舞台照明、VIP休息室、VIP演员化妆室、舞台机械设备、电声设备、电视转播、新闻摄影用电、火灾报警及联动控制设备、消防泵、消防电梯、排烟风机、加压风机、保安监控系统、应急照明、疏散照明等。其中的调光用电子计算机系统电源等为一级负荷中的特别重要负荷。
- 二级负荷：观众厅照明及空调、客梯、排水泵、生活水泵等属二级负荷。
- 三级负荷：其他照明及空调动力负荷。

二、供电电源

本工程由市政外网引来两路高压电源。高压系统电压等级为10 kV。高压采用单母线分段运行方式，中间设联络开关，平时两路电源同时分列运行，互为备用，当一路电源故障时，通过手/自操作联络开关，另一路电源负担全部负荷。10 kV电缆从建筑物北侧穿管埋地引入位于-4.5 m层的高压配电室。

三、应急电源

本工程内设1台1 250 kW柴油发电机组供消防负荷及特别重要负荷用电。

高压供电系统结线型式及运行方式

本工程从两处不同高压变电站引来两路高压电源。高压为单母线分段运行方式，中间设联络开关，平时两路电源同时运行，当一路电源故障时，通过手/自动操作联络开关，由另一路电源负担全部负荷。

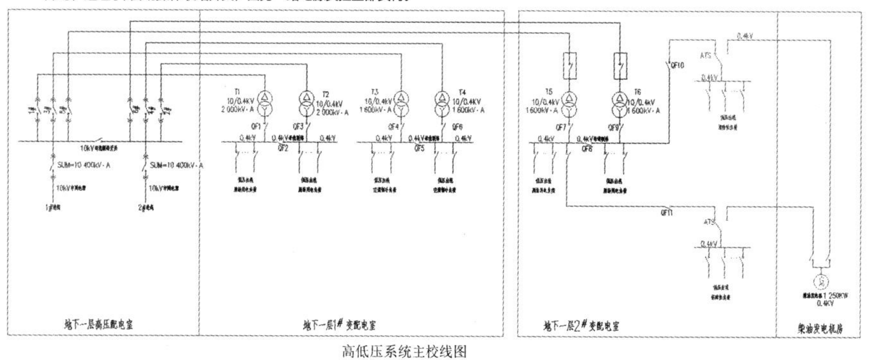

高低压系统主校线图

电气消防要求

1. 剧场配电线路应采用阻燃低烟无卤交联聚乙烯绝缘电力电缆、电线或无烟无卤电力电缆、电线。
2. 特等、甲等剧场，座位数超过1 500个的其他等级的剧场应设置火灾自动报警系统。
3. 甲等及乙等的大型、特大型剧场下列部位应设有火灾自动报警装置：观众厅、观众厅闷顶内、舞台、服装室、布景库、灯控室、声控室、发电机房、空调机房、前厅、休息厅、化妆室、栅顶、台仓、吸烟室、疏散通道及剧场中设置雨淋灭火系统的部位。甲等和乙等的中型剧场上述部位宜设火灾自动报警装置。
4. 剧场内高度大于12 m的空间场所宜同时选择两种及以上火灾参数的火灾探测器。
5. 剧场内大空间处设置自动消防水炮灭火系统时，前端探测部分宜采用双波段图像型火灾探测器。
6. 观众厅大空间部分宜采用线型光束感烟火灾探测器，局部楼座处采用点型感烟火灾探测器。
7. 舞台区域宜采用的火灾报警探测器包括吸气式感烟火灾探测器、双波段图像型火灾探测器、点型感烟火灾探测器。
8. 休息大厅部分火灾报警探测器的选型：大空间部分宜采用线型光束感烟火灾探测器；设置自动消防水炮灭火系统时，前端探测部分宜采用双波段图像型火灾探测器或红外点型火焰探测器。
9. 净高大于12 m舞台上方、观众厅上方等处电气线路应设置电气火灾监控探测器，照明线路上应设置具有探测故障电弧功能的电气火灾监控探测器。

电气机房及电力配电系统

一、变配电室及柴油发电机房

- 高压配电室内设14面高压配电柜、直流屏及信号屏。
- 1#变配电室位于地下一层歌剧院后附台，为本工程的配电中心，内设1#~4#变压器及对应的低压配电屏。1#、2#变压器的供电范围：舞台灯光调光设备、舞台机械设备及其他剧场用电负荷；3#、4#变压器的供电范围：舞台音响设备、舞台机械设备及其他剧场用电负荷。
- 2#变配电室位于地下一层歌剧院与多功能剧场之间的贝壳内，内设高压隔离柜，5#、6#变压器及对应的低压配电屏。5#、6#变压器的供电范围：制冷机房设备用电。

二、电力配电系统

- 普通负荷的低压配电干线电缆采用阻燃辐照交联聚乙烯低烟无卤电力电缆WDZ-YJ(F)E，消防负荷低压配电干线电缆采用矿物绝缘电力电缆BTTZ;照明及插座线路均采用铜芯无卤低烟阻燃交联聚乙烯绝缘电线WDZ-BYJ,应急照明线路采用铜芯无卤低烟阻燃交联聚乙烯绝缘耐火电线WDZN-BYJ。

照明、照明控制及线路敷设

一、光源与灯具选择

办公室、车库等采用高效荧光灯，为提高功率因数及节能，荧光灯均选配电子镇流器。走道、卫生间均选用节能筒灯。冷冻机房、水泵房、风机房采用小功率金属卤化物灯。

二、备用照明及疏散照明

变配电所、柴油发电机房、计算中心、消防控制中心、水泵房、防排烟风机房、走廊、楼梯间、电梯前室、门厅等场所设置应急照明。在走廊、安全出口、大厅、楼梯间等处设疏散指示灯。消防控制室、变配电所、配电间、电讯机房、弱电间、楼梯间、前室、水泵房、电梯机房、排烟机房、重要机房的值班照明等处的备用照明按100%考虑；门厅、走道按30%设置备用照明；其他场所按10%设置备用照明。各层走道、拐角及出入口均设疏散指示灯，蓄电池采用集中免维护电池进行供电，停电时自动切换为直流供电，并且照明持续时间为90 min。

照明、照明控制及线路敷设

三、照明控制

本工程采用智能型照明控制系统，部分灯具考虑调光；楼梯间、走廊等公共场所的照明采用集中控制和就地控制相结合的方式；走廊的照明采用集中控制。走廊的应急照明考虑就地控制和消防集中控制的方式。室外照明的控制纳入建筑设备监控系统统一管理。

四、航空障碍物照明

本工程分别在歌剧院大贝壳（两瓣）壳体最高处设置2个白色高光强型航空障碍灯。最高和最宽之间设置4个（两瓣）中强度型航空障碍灯，最宽处设置4个（两瓣）中强度型航空障碍灯，多功能剧场贝壳壳体最高处，最高和最宽之间共设置3个（一瓣，靠近歌剧院方向壳体不装）中强度型航空障碍灯。航空障碍标志灯的控制纳入建筑设备监控系统统一管理，并根据室外光照及时间自动控制。

五、线路敷设

- 为了有效抑制谐波，在变配电室供给物体机械、舞台灯光、舞台音响等配电干线处设置就地有源滤波装置。
- 低压配电系统采用220 V/380 V放射式与树干式相结合的方式，对于单台容量较大的负荷或重要负荷采用放射式供电；对于照明及一般负荷采用树干式与放射式相结合的供电方式。
- 至各层电井内照明/插座配电箱、空调/电力配电箱均采用经封闭母线树干式低压配电方式，至各层电井内应急照明配电箱采用低压电缆T接式配电方式。

建筑防雷措施

1. 本工程按二类防雷（年预计雷击次数：歌剧院0.623次/a，多功能剧场0.399次/a）设防，建筑的防雷装置满足防直击雷、侧击雷、雷电感应及雷电波的侵入，并设置总等电位联结。
2. 利用屋面钢结构支架或短支接闪杆（壳体）和接闪带（屋面）作为接闪器。
3. 防侧击雷（当建筑高度超过45 m）。
4. 防雷接地引下线，利用玻璃幕墙钢构柱或混凝土柱内 $\phi \geqslant 16$结构主筋(不少于2根)，上下贯通焊接。
5. 防止雷电波的侵入：进户电缆金属外皮，埋地的金属管道均与防雷接地装置连接,建筑物内部金属管道及其金属支架应做等电位连接。
6. 雷电感应高电压以及雷电电磁脉冲的防护是在入侵通道上将雷电过电压、过电流泄放入地，从而达到保护电子设备的目的。
7. 歌剧院、多功能剧场的电子信息系统的防雷设计均定为A级防护。

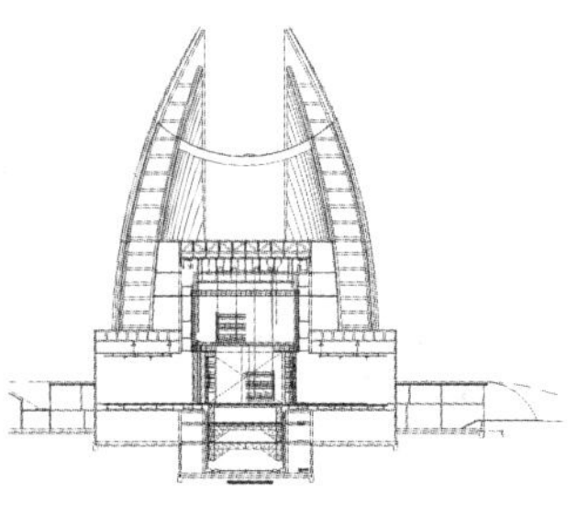

接地及安全措施

1. 低压配电系统的接地形式采用TN-S系统。
2. 本工程防雷接地、变压器中性点接地，电气设备的保护接地、电梯机房、消防控制室、通信机房、计算机房等的接地采用共用接地体，要求接地电阻不大于0.5 Ω。
3. 垂直敷设的金属管道及金属物的底端及顶端应就地与接地装置连接。电梯轨道下端应就近与接地装置相连。
4. 凡正常不带电，而当绝缘破坏有可能呈现电压的一切电气设备金属外壳均应可靠接地。
5. 过电压保护：在变配电室低压母线上装一级浪涌保护器，弱电机房配电箱内装设二级浪涌保护器。
6. 计算机电源系统、有线电视系统引入端、卫星接收天线引入端、电信引入端设过电压保护装置。

电气消防系统

1.大剧场主舞台上空设置极早期吸气式火灾自动探测报警系统，侧舞台及后舞台设置光截面火灾探测器和双波段火灾探测器，观众厅、休息厅设红外光束感烟探测器。
2.多功能剧场设置红外光束感烟探测器。
3.大厅等高大复杂空间建筑内选用水炮灭火装置，采用光截面火灾探测器和双波段火灾探测器探测火灾图像信息，完成对大厅的火灾探测。
4.排练厅、化妆室、办公、剧场技术用房和设备用房设智能型感烟探测器。
5.观众厅闷顶内、台仓及疏散通道设智能型感烟探测器。
6.厨房设可燃气体探测器及感温探测器。
7.柴油机房变电室配合气体灭火设感烟感温探测器组。
8.电动防火卷帘门两侧设感烟感温探测器组。
9.闷顶内沿电缆桥架或支架上设置缆式线型定温探测器。

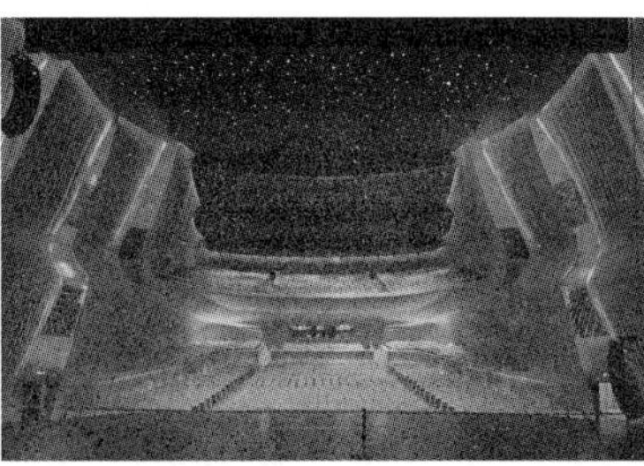

电气消防系统

1.本建筑采用控制中心报警方式。消防控制室设在剧场一层，内设集中火灾自动报警主机、联动控制柜、消防紧急广播主机、消防对讲电话主机，UPS 电源等。其主要功能：火灾报警设备的动作显示，系统巡检及故障显示，系统运行记录。

2.消防联动控制。

（1）消火栓泵控制。任一个消火栓按钮动作，一对接点在集中报警控制器上报警及显示位置，可通过现场模块联动启动消火栓泵；同时另一对接点可直接启动消火栓泵，并接受反馈信号。消防控制中心可远距离控制泵的启停。

（2）自动喷洒灭火泵控制。任一个湿式报警阀的压力开关动作，一对接点在集中报警控制器中报警，可通过现场模块联动启动喷淋泵，并接收其反馈信号。同时另一对接点可直接启动喷淋泵。消防控制中心可远距离控制泵的启停。

（3）自动喷水雨淋泵控制。主舞台葡萄架下设置开式自动喷水雨淋系统，车库、舞台马道、台仓等设置闭式自动喷水灭火系统。吸气式烟雾探测报警器报警后，经消防控制中心确认，打开相应雨淋区域的电磁阀放水，通过报警阀处压力开关自动启动喷淋泵（与湿式系统合用水泵）。

（4）水幕泵控制。

- 非演出期间，舞台或观众厅任一侧两组及以上探测器报警信号控制水幕泵启动，同时向控制中心发出警报信号。
- 演出期间，舞台或观众厅任一侧两组及以上探测器报警后，由值班人员现场确认后，由消防中心控制防火水幕的动作。

电气消防系统

（5）消防水炮控制。水炮专用火灾探测器与水炮非一一对应关系，火灾探测器探测到火灾情况，由计算机自动编程确定启动水炮。消防控制中心可远距离控制启停。

（6）气体自动灭火系统、防烟、排烟系统。

（7）电梯应急控制。

（8）防火卷帘控制。

（9）火灾应急照明。

（10）切断非消防电源。

（11）楼层显示器与报警发声器。

3. 火灾应急广播系统。

4. 消防通信系统。

5. 电气火灾监控系统。

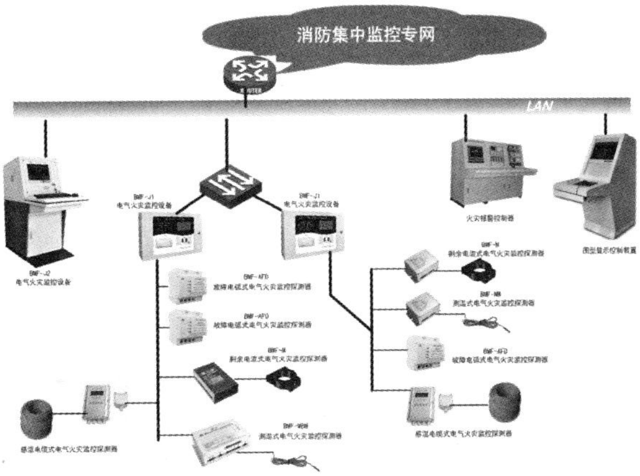

电气消防系统图

信息化应用系统

1. 公共服务系统。公共服务系统应具有访客接待管理和公共服务信息发布等功能，并宜具有将各类公共服务事务纳入规范运行程序的管理功能。
2. 智能卡应用系统。根据建设方物业信息管理部门要求对出入口控制、电子巡查、停车场管理、考勤管理、消费等实行一卡通管理。
3. 信息设施运行管理系统。信息设施运行管理系统应具有对建筑物信息设施的运行状态、资源配置、技术性能等进行监测、分析、处理和维护的功能。
4. 信息安全管理系统。信息网络安全管理系统通过采用防火墙、加密、虚拟专用网、安全隔离和病毒防治等各种技术和管理措施，使网络系统正常运行，确保经过网络传输和交换的数据不会发生增加、修改、丢失和泄露。
5. 多媒体公共信息显示、查询系统。
6. 售检票系统。售检票系统由管理中心、网络、终端售票和验票通道系统组成，管理中心对所有的统计数据及门票交易汇总处理。

信息化应用系统

7.智能卡应用系统（出入口控制、考勤、停车场控制）。

(1) 采用非接触式智能卡技术，建立统一的发卡模式，具备身份识别、门匙、信息系统密钥、考勤、消费、会议签到、水电控制、储物柜管理、访客管理和停车管理等功能，实现一卡通用。

(2) 制卡、发卡中心设置在物业管理办公室。

(3) 智能卡系统包括：出入口控制、餐厅消费、停车场管理等子系统，其他应用做设计预留。

(4) 在内部管理通道、重要机房、设备用房、办公室、剧务用房、演出技术用房、后台业务用房等设置通道控制点，配置智能卡读卡器、门磁、电插锁/磁力锁、现场控制器等设备。系统共设置通道控制点104个，配置读卡器104台、双门控制器61台、四门控制器4台。

(5) 在办公功能区域入口等设置一体化考勤机4台。

(6) 在主出入口设置1进1出停车场管理系统2套。

信息网络系统

1.信息网络分为外部网络和内部网络。

2.采用二级和三级混合方式组网。

3.采用星形冗余拓扑结构。

4.小剧场-4.5 m层网络机房各配置两台核心层交换机和两台汇聚层交换机，万兆接口与核心相连。

5.两台核心交换机和两台汇聚交换机互为冗余热备用。

6.楼层交换机采用可堆叠的接入交换机，千兆与上层相连。

7.部署安全网关：防火墙、千兆级入侵检测系统、漏洞扫描系统和安全审计系统等。

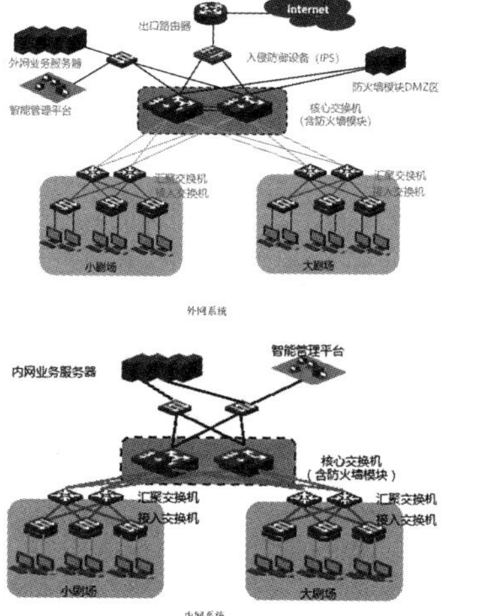

信息化设施系统

一、综合布线系统

- 采用非屏蔽6类布线系统。
- 设置内网管理数据点、外网数据点、语音点和光纤点等终端插座。
- 将公用通信网光纤、铜缆线路系统引入小剧院-4.5 m层网络机房内。
- 电话主干采用三类大对数线缆/网络主干采用6芯多模光纤。
- 从小剧院-4.5 m层网络机房分别引至本楼各层网络设备间及经由室外弱电沟引至大剧场各楼层网络设备间。

二、室内移动通信覆盖及屏蔽系统

- 针对地下层、电梯轿厢、各楼层某一些角落存在移动通信信号盲区现象，设置移动信号增强系统。
- 对于移动通信限制区（如小剧场、大剧场、会议室等区域）对信号进行屏蔽。
- 由移动、联通、电信通信运营商自行设计、投资建设和运营维护。

三、会议系统

- 本工程在多功能厅设置全数字化技术的数字会议网络系统（DCN系统），该系统采用模块化结构设计，全数字化音频技术。具有全功能、高智能化、高清晰音质。方便扩展和数据传递保密等优点。可实现发言演讲、会议讨论、会议录音等各种国际性会议功能，其中主席设备具有最高优先权，可控制会议进程。
- 系统配置：扩声、投影、会议讨论、远程视频会议、视像跟踪、会议灯光、中央集中控制系统。

信息化设施系统

四、广播系统

- 系统由广播控制主机、音频信号源、功率放大器、音量调节器、现场末端扬声器及物理连接线路组成。
- 节目源：呼叫站、激光唱机、调幅调频收音机。
- 用户设备：壁挂式、吸顶式、草地扬声器。
- 系统与消防紧急广播共用一套主机设备和终端，留有与火灾自动报警系统的硬件联动接口，消防报警时作为应急消防广播使用，消防应急广播具有优先级。
- 入口门厅、走廊、电梯门厅、电梯轿厢、地下室、洗手间、休息区、办公室、室外绿地等公共场所提供音乐节目和公共广播信息。
- 系统总容量5 226 W，末端扬声器816个，其中3 W嵌入式吸顶扬声器428只、6 W壁挂式扬声器318只、草地音箱40只、室外防水音柱30只。
- 广播系统主机设在大剧场一层的消防及安保控制室。

五、有线电视接收系统

- 系统采用860 MHz带宽邻频双向传输网络，上行频段50～65 MHz，下行频段750～870 MHz，其中550～870 MHz为电视广播信号，750～5 500 MHz为数据信号传输。
- 用户分配网络采用干线—放大—分支的分配方式，用户终端电平为（69±6）dB。
- 有线电视信号来自市有线电视台,并预留自办节目和远程视频会议的接口。
- 干线自地下一层引进至有线电视机房。

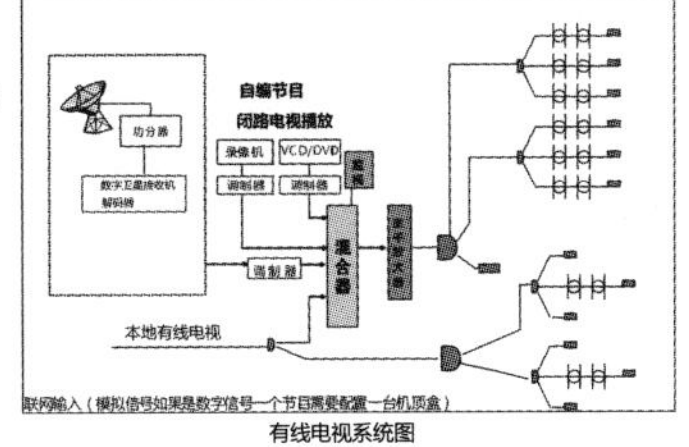

有线电视系统图

信息化设施系统

六、信息导引及发布系统

1. 系统组成：包括发布管理服务器、信息制作工作站、现场管理工作站、多媒体控制器、传输网络和显示终端等，显示信号为单向传输，即由多媒体控制器经音视频线缆传送至显示终端上。
2. 设置区域：出入口大厅、休息大厅、会议室门口、售票区、电梯厅、建筑物外墙等的各种显示终端设备，实现信息导引功能。
3. 显示终端为19寸LCD显示屏的56台、42寸LCD显示屏的20台、室内双基色LED条屏6块、室内彩色LED显示屏2块、一体化LCD触摸查询机11台。
4. 系统功能:包括远程管理，节目源管理，字幕管理，播出任务管理，发送管理，紧急插播管理，终端设备管理，电源管理，用户管理。

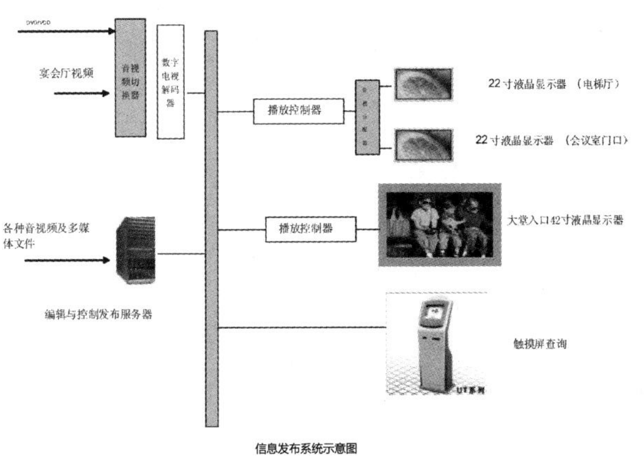

信息发布系统示意图

信息化设施系统

七、时钟系统

- 配置主从分布式计算机监控子母钟系统时钟系统由GPS校时接收设备、中心母钟、传输网络、各式子钟等组成。
- 采用恒温石英振荡器或原子钟等作为本地基准时间信号源。
- 标准时间则采用"中国国家授时中心"提供的北京时间标准，利用GPS同步时钟接收机接收精确的秒同步信号。
- 母钟设置消防安保控制室。
- 在入口门厅、观众厅候场、通道、领导办公室、VIP休息室、会议室、机房、室外花坛等设置子钟总计97台。

八、售检票系统

- 售票验票系统应该能够满足全价、半价、优惠价、赠票等不同票券的功能，票券采用二维码方式，售票系统能够在票券上打印节目、时间、座位、 票价、票券种类、演出单位、演出地点等内容。售票验票系统能够自动地识别票券的合法性，并在计算机系统做出相应的记录和不同的报表。
- 大剧院内的售票厅设在剧院首层的大厅内，在售票厅内设有5个售票终端，售票终端提供按票价区、分区和指定座位查询座位信息功能，座位信息包括价格、是否已售出等，要求操作方便，界面美观。同时要求售票终端另外提供支持观众查询的触摸屏幕，为观众显示票座情况，并能显示票座等级，通过三维动画等技术直观显示剧场内座位的详细信息。售票员同时可知道所负责窗口的观众正在查询座位的情况，并可快速进入售票交易窗口。
- 考虑到剧场的人流特点，检票系统在大剧场和小剧场的入口设置无线手持式验票器（带液晶显示器，有声音和灯光提示），在双开门的地方设置2个验票器，单开门设置1个验票器，每个无线手持式验票器都通过一个控制器与售检票系统进行通信，验到有效票时，有声音提示，并且指示灯变为绿色，在液晶显示器上显示出票的基本情况（如座位号），可供工作人员进行座位引导；验到无效票时，有报警提示时，并且指示灯变为红色。

演出管理系统

演出管理系统是一个专业的信息管理系统，是大剧院信息管理系统中最重要也是最有特色的组成部分。演出管理系统充分利用计算机、网络技术、数据通信等现代信息技术，为大剧院的演出活动及相关事务的管理工作建立一个现代化的软、硬件环境，实现大剧院的演出团体管理、演出经纪公司管理、客户管理、演出项目管理、演出推广管理、演出安排管理、演出后勤服务管理、演出预算管理和演出总结分析、特殊档案管理等，使得大剧院对演出管理标准化、制度化、流程化，从而提高大剧院对演出活动的管理效率。

演出管理系统具有三种经营管理模式：自主经营、合作经营、租赁经营。对于演出管理系统同时需要具有相应的管理模块。

建筑设备监控系统

1. 系统组成：由中央工作站，图形操作软件、网络通信器、打印机、直接数字控制器、各类传感器及电动阀等组成。
2. 控制对象：包括冷水主机、冷冻泵、冷却泵、冷却塔；空调机组、新风机；送排风机；给排水泵、水箱；变配电；公共照明；电梯。

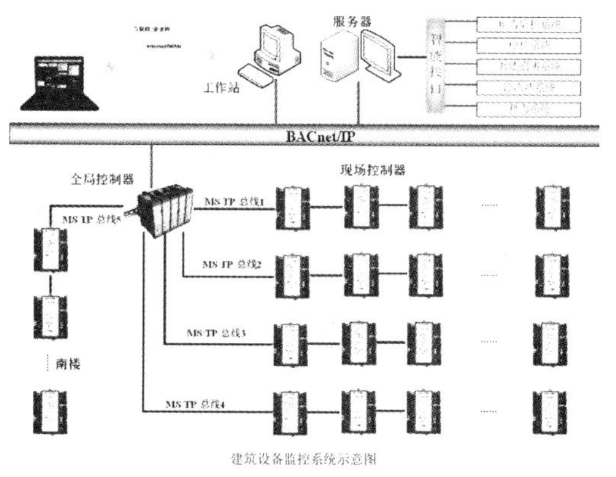

建筑设备监控系统示意图

安全防范系统

一、视频监控系统

- 利用成熟视频技术探测、监视大剧院门厅内外、主要通道等受控区域，并显示和记录现场图像的网络系统。电视监控系统的重点是对大剧院内的大厅、出入口，主要通行道，停车场等重要部位、电梯轿厢等场所进行视频监视和录像。所有摄像机进行24 h录像，并在必要的情况下进行与其他子系统联动。
- 电视监控系统应能全方位进行监视，没有死角。对进出观众席的门（验票处）要设置双向图像监控和录像。考虑到剧场为公众场所，为了达到人性化和美观的要求，尽量采用半球或一体化球型摄像机。同时，考虑到在售票厅和验票处有可能会发生纠纷，因此在售票厅和验票处安装声音复核装置，当声音超过某个设定值时，自动把声音录制下来。
- 考虑到剧场的管理秩序和演出秩序的顺利进行，在合适的地方设置身高测量装置，并保证测量身高过程的监控图像能记录下来，用于解决可能出现的纠纷。

安全防范系统

二、非法入侵防范系统

- 在大厅正门左侧（面向入口）外，设一个巡更读卡器，以确保剧院外围的安全。
- 区域防护：在大剧院内安全防范系统提供演出秩序和礼仪庆典活动的保证，即区域监控防护。如果出现可能影响到活动秩序、贵宾安全、观众安全、演员安全、剧场演出的不正常情况，立即向控制中心发出报警信息，控制中心根据情况做出相应处理。
- 目标防护：对特定目标，如礼仪庆典活动的大厅、剧场贵宾席、演出后台、保险柜、财务重地与重要部门等进行专门保护。
- 根据上述秩序管理需要设置常规的安防系统外，大剧院设计为24 h不间断的安保监察管理系统，以确保大剧院内外工作的有条不紊。

三、防盗报警系统

- 利用自定义符识别或模式识别技术对出入口目标进行识别和控制的电子系统或网络。门禁控制子系统是对整个大剧院重要的通行门、主要出入口通道、各设备机房、电梯出入等进行监测和控制。
- 在化妆间区域设置区域门控装置，集中控制该区域门的开启和关闭；每个剧场包括观众厅的门也用同样的控制方式（安全疏散门除外）。区域门控装置应有密码保护装置。区域门控应该与门禁控制系统具有通信功能。
- 消防通道和安全疏散通道的门按消防有关规范对电动锁进行控制。

安全防范系统

四、门禁系统

- 根据歌剧院建筑物(群)安全防范的环境条件，结合门禁系统以功能区防护为主。
- 歌剧院整体为最外围出入防区。各个剧场、贵宾厅为独立周边防区。各剧场后台为内部防区。财务室、档案室、道具库、仓库、监控中心、储藏间、重要机房、重要领导办公室、贵宾休息厅、计算机机房等设为要害部门。
- 在残厕等需要帮助的地方应设置紧急按钮（求助按钮）。
- 自成网络，可独立运行。有输出接口，可用手动、自动方式以有线系统向外报警。系统应能与电视监控系统、门禁控制系统联动，应能与安全技术防范系统的监控中心联网，实现监控中心对入侵报警系统的自动化管理。

门禁系统示意

五、离线巡更系统

离线巡更是对闭路电视监控系统的补充。系统要求保安按照规定的路线、规定的时间巡查，通过人员巡查避免闭路电视监控的死角。

电子寄存系统

要求在歌剧院大堂、贵宾出入口处和演员化妆室分别放置自动寄存系统，自动寄存柜采用条形码识别技术，能对演员工作证上的条码和观众票券上的条码进行识别，自动对柜门进行管理。自动寄存柜的分配、使用时间及权限由系统的管理机统一进行授权管理。其具体要求如下：

- 存储速度快，安全性高。
- 自动寄存系统为一一对应关系，即一张票或一张工作证对应一个寄存柜。
- 系统设置灵活，可以综合利用。
- 柜体采用优质进口镀锌钢板，厚度不低于1.0 mm。
- 电控锁结构简洁，具有防撬、防软片插入装置、安全可靠，寿命10万次以上，拥有自主知识产权的专利技术。
- 采用点阵式带背光的大屏幕液晶显示屏。
- 有齐全的各种记录备查。
- 友好的用户界面。
- 具有语音提示用户。
- 具有充足的后备电源，停电后能持续工作6 h。
- 其中有44个8门寄存柜分布在各演员化妆和活动间，8个36门寄存柜分布在观众出入口和贵宾出入口。

集成系统及一卡通系统

一、集成系统主要功能

- 实时监测设备运行状态并对其进行控制；
- 建立开放的数据共享平台，采集、转译各子系统的数据；
- 采用通用接口技术，通过特定的系统交换层面和标准的；
- 通信协议，无缝兼容不同子系统。

二、一卡通系统功能

歌剧院"一卡通"系统使用对象主要为：歌剧院的工作人员，参加演出的演职人员，VIP会员。至少满足以下使用要求：

- 考勤管理功能；
- 门禁管理功能；
- 巡更管理功能；
- 停车场管理功能；
- 消费管理功能；
- 卡管理。

机房工程

- 信息中心机房位于小剧场-4.5 m层，划分为辅助设备区、数据通信配线架区和主设备区；
- 消防安保控制室位于大剧场-4.5 m层，具备安防监控设备机房、智能化系统设备总控室和智能化集成系统机房的功能。

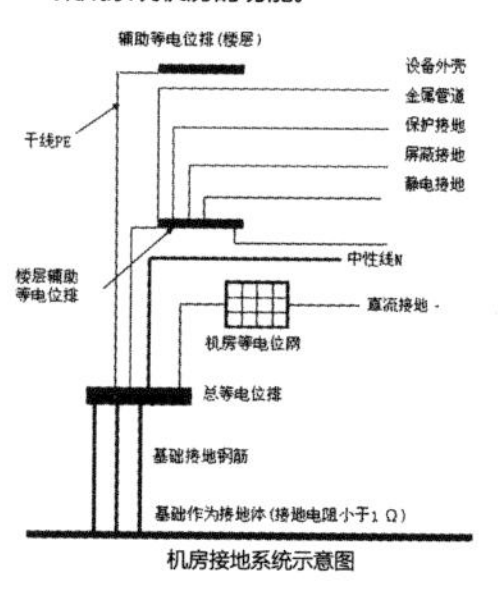

机房接地系统示意图

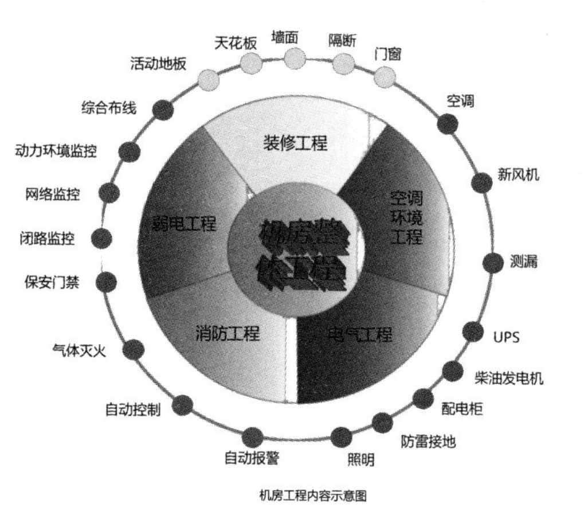

机房工程内容示意图

小结

剧场建筑电气设计应根据建筑规模和舞台、观众席和附属演出空间不同场所的不同要求，合理确定电气系统，对光源、机械、音响、控制措施进行设计，为观众提供安全舒适的观赏环境同时，也应满足演出需求，并要关注剧场电气设备产生的谐波源，采取相应措施。剧场属于人员密集场所，为了避免停电时引起人员恐慌，以及保证火灾时人员疏散和逃生，应注意电气消防的设计。剧场智能化设计应适应观演业务信息化运行的需求、具备观演建筑业务设施基础保障的条件和满足观演建筑物业规范化运营管理的需要。观演厅宜设置移动通信信号屏蔽系统。候场室、化妆区等候场区域应设置信息显示系统。剧场的出入口、贵宾出入口以及化妆室等宜设置自助寄存系统。

The End

第四章

航站楼建筑电气关键技术设计实践

Design Practice of Electrical key Technology of Airport Terminal Building

航站楼指为公众提供飞机客运形式的建筑，航站楼通常包括候机室、售票台、问询处、中央大厅、到达大厅、售票大厅、海关、安全检查、行李认领、出发大厅、餐饮、连接区、库房、办公等辅助用房。航站楼电气设计应根据建筑规模和使用要求，结合建筑形态，满足安全、迅速、有秩序地组织旅客登机、离港，方便旅客办理相关旅行手续，合理确定电气系统，为旅客提供安全舒适的候机条件，并可实现集客运商业、旅游业、饮食业、办公等多种功能为一体的现代化综合性要求。城市交通建筑属人员密集场所，应关注安防、防火等内容，确保使用安全。

4.1 强电设计

航站楼建筑供配电系统要根据建筑规模和等级、民航设备要求和业务需求以及负荷性质、用电容量进行配置变压器容量、变电所和柴油发电机组的设置，既要满足近期使用要求，又要兼顾未来发展的需要，合理确定设计方案，实现安全、迅速、有秩序地组织旅客登机、离港，方便旅客办理相关旅行手续，为旅客提供安全舒适的候机条件。航站楼建筑内有大量的一、二级负荷，负载率控制在65%之内，同时要考虑电能质量的影响。交通建筑中的工艺设备、专用设备、消防及其他防灾用电负荷，应分别自成配电系统或回路。与安检、传送等设施无关的配电线路不应穿过安检、传送等设施区域。

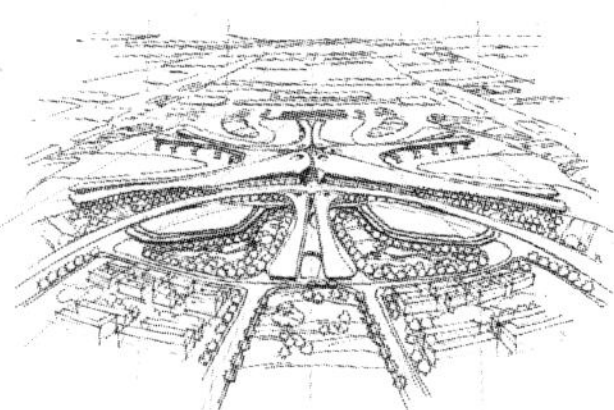

民用机场分类、负荷分级

民用机场分类表

机场等级	Ⅰ类机场	Ⅱ类机场	Ⅲ类机场	Ⅳ类机场
分类标准	供国际和国内远程航线使用的机场	供国际和国内中程航线使用的机场	供近程航线使用的机场	供短途和地方航线使用的机场

民用机场负荷分级表

负荷等级	一级负荷中特别重要的负荷	一级负荷	二级负荷
适用场所	航站楼内的航空管制、导航、通信、气象、助航灯光系统设施和台站用电；边防海关的安全检查设备;航班信息显示及时钟系统航站楼、外航驻机场办事处中不允许中断供电的重要场所用电负荷	Ⅲ类及以上民用机场航站楼的公共区域照明、电梯、送排风系统设备、排污泵、生活水泵、行李处理系统（BHS）；航站楼、外航驻机场航站楼办事处、机场宾馆内与机场航班信息相关的系统、综合监控系统及其他系统	航站楼内除一级负荷以外的其他主要用电负荷，包括公共场所空调设备、自动扶梯、自动人行道

供电措施

1. 航站楼内具有一级负荷中特别重要负荷时，应设置应急电源设备，应急电源设备宜优先选用柴油发电机组。
2. 一级负荷供电的航站楼，当采用自备发电设备作备用电源时，自备发电设备应设置自动和手动启动装置，且自动启动方式应能在30 s内供电。
3. 航站楼单台变压器长期运行负荷率宜为55%~65%，且互为备用的两台变压器单台故障退出运行时，另一台应能负担起全部一、二级负荷。
4. 当采用需用系数法进行负荷计算时，选取由航站楼供电的飞机机舱专用空调及机用400 Hz电源的需用系数。
5. 行李处理系统应采用独立回路供电，容量较大时应设置独立的配变电所为其供电。
6. 不同业态商业功率密度取值见下表。

不同业态商业功率密度取值表

序号	业态	功率密度(W/m²)	需用系数	备注
1	中餐正餐	800	0.5	厨房区域
2	西式快餐	250	0.5	操作间+营业区，建议不低于100 kW
3	中式快餐	400	0.5	厨房区域
4	咖啡厅	500	0.6	操作间（台）区域，建议不低于15 kW
5	休闲中心	400	0.3	营业面积
6	免税店	60~100	0.6	营业面积

照度标准

航站楼照度标准值表

房间或场所		参考平面及其高度	照度标准值(lx)	统一眩光值	照度均匀度	一般显色指数
值机柜台		0.75 m水平面	300	19	0.6	80
问询处		0.75 m水平面	200	22	0.6	80
候机厅	普通	地面	150	22	0.4	80
	高档	地面	200	22	0.6	80
中央大厅		地面	200	22	0.4	80
海关、护照检查		工作面	500	22	0.7	80
安全检查		地面	300	22	0.6	80
行李提取、到达大厅、出发大厅		地面	200	22	0.6	80
通道、连接区		地面	150	—	0.4	80
行李存放库房、小间寄存		地面	100	25	0.4	80
自动售票机、自动检票口		0.75 m水平面	300	19	0.6	80
VIP休息		0.75 m水平面	300	22	0.6	80
走道、流动区域	普通	地面	75	—	0.4	60
	高档	地面	150	—	0.6	80
楼梯、平台	普通	地面	75	—	0.4	60
	高档	地面	150	—	0.6	80

照明设计要求

1. 航站楼内有作业要求的作业面上一般照明照度均匀度不应小于0.7，非作业区域、通道等的照明照度均匀度不宜小于0.5。
2. 高大空间的公共场所，垂直照度（E_v）与水平照度（E_h）之比不宜小于0.25。
3. 计算机房、出发到达大厅等场所的灯光设置应防止或减少在该场所的各类显示屏上产生的光幕反射和反射眩光。
4. 标识引导系统应满足以下要求：

- 航站楼内的标识、引导指示，应根据其种类、形式、表面材质、颜色、安装位置以及周边环境特点选择相应的照明方式。
- 当标识采用外投光照明时，应控制其投射范围，散射到标识外的溢散光不应超过外投光的20%。

高大空间各种照明手段比较表

照明方式	效率	维护	其他
直接下射照明	高40~50 lx/w/m²	如无马道则困难，如有马道及考虑到维护设计，则不难	适用于大规模对照度和均匀度都较高，并可设置马道的区域
顶棚间接照明	低10~20 lx/w/m²	容易	适用于大规模照度要求低的区域，并可表现建筑造型
反射板照明吊灯照明	较高20~40 lx/w/m²	较容易	适用于有一定照度要求的区域。 由于造型特殊，对建筑和照明设计者要求较高
立杆照明	局部较高眩光容易高20~40 lx/w/m²	容易	适用于提高局部照明。 灯具造型明显，对空间影响较大

应急照明系统

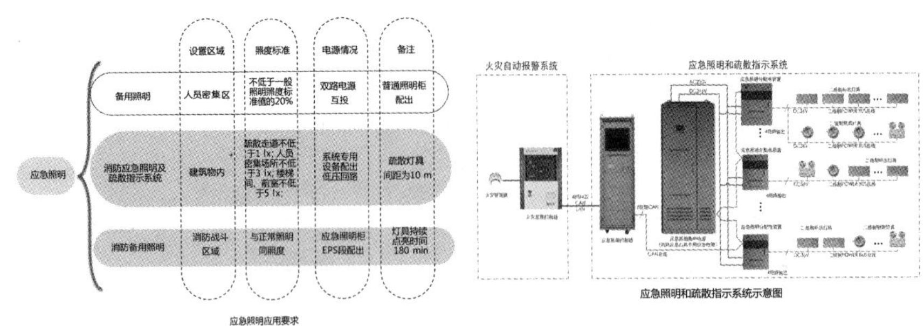

应急照明应用要求

应急照明和疏散指示系统示意图

性能化区域疏散指示标志设置间距目前按照不大于20 m实施。

4.2 专项工艺系统

航站楼专项工艺系统包括飞机400 Hz专用电源、飞机空气预制冷机组PCA专用电源、大通道X光机；CT设备、值机岛、登机口、安检现场等柜台设备、自助值机设备、防爆检测设备、人身门、毫米波人身门、自助登机门、人脸识别与自助通关闸机、生物因子、微小气候、核辐射分子检测装置等。对重要设备应采用双电源供电，同时应关注电网侧由雷电、电力公司的设备故障、施工或交通事故等引起的电压暂降对设备的影响，确保设备正常运行。

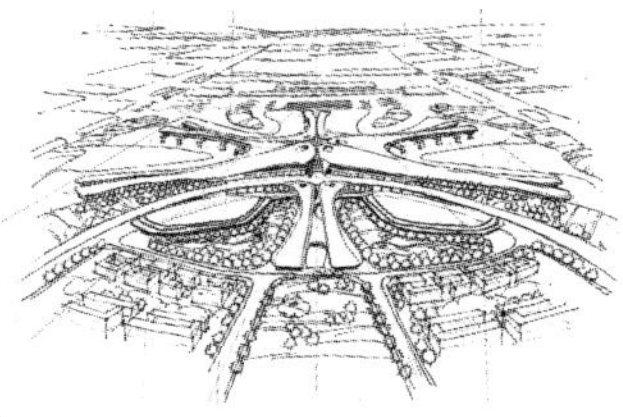

专用电源及楼内专用设备

一、专用电源系统

- 各变配电室均设置总配电间，内设专用电源总柜，再由专用电源总柜采用放射与树干相结合的方式，将专用电源送至各层强电间内的专用电源配电柜；
- 信息及弱电系统的机房电源，容量大的机房由变配电室直接放射式供电，容量小的机房由就近各层强电间内的专用电源配电柜供电；
- X光机、值机岛柜台、安检柜台等弱电系统专项工艺设备的电源（AC 220 V）由就近专用电源配电柜（箱）供电。

二、楼内专用设备

- 大通道X光机；
- CT设备；
- 值机岛、登机口、安检现场等柜台设备；
- 自助值机设备；
- 防爆检测设备；
- 人身门；
- 毫米波人身门；
- 自助登机门；
- 人脸识别与自助通关闸机；
- 生物因子、微小气候、核辐射分子检测装置等。

登机桥专项设备

送往登机桥配电间的电源包含：

- 飞机400 Hz专用电源；
- 飞机空气预制冷机组PCA专用电源；
- 机坪机务用电专用电源；
- 机坪高杆灯、机坪高杆障碍灯、机位牌专用电源；
- 登机桥活动端转动专用电源；
- 登机桥照明电源。

登机桥专项设备表

设备名称	每组台数	需要系数(K_x)
飞机机舱专用空调	5台及以下	0.25~0.35
	6~10台	0.14~0.25
	10台以上	0.10~0.15
机用400 Hz电源	5台及以下	0.40~0.50
	6~10台	0.30~0.40
	10台以上	0.20~0.30

机场用400 Hz电源设备应满足以下要求：

- 供给400 Hz电源的输入电压偏差不应超过±7%，频率偏差不应超过±1%；
- 400 Hz电源设备工作在额定功率下，功率因数不小于0.8；
- 400 Hz电源的总谐波含量不应超过3%，单次谐波含量不应超过2%。

专项工艺布置

特殊负荷电量

特殊负荷电量表

序号	负荷分类	设备容量（kW）	备注
1	登机桥活动端转动电源	50 kW/桥	50kW/桥，和第2、3项不同时使用
2	400 Hz专用电源	C类90 kV·A E类160 kV·A F类180 kV·AX2	C类飞机737、319 E类飞机747、340 F类380
3	PCA空调预制冷电源	C类160 kV·A E类200 kV·A F类200 kV·AX2	
4	机务维修亭	20 kW/个	位置数量由空侧单位确定
5	高杆灯	8~10 kW/个	位置数量由空侧单位确定

行李系统

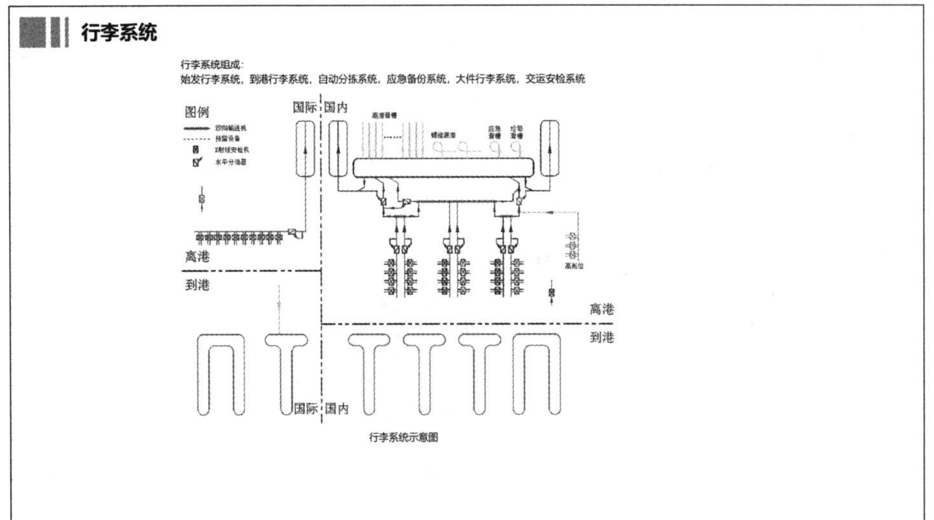

行李系统示意图

关注电压暂降影响

电压暂降剩余电压

- 50%~85% 75%
- 小于50% 6%
- 85%~90% 19%
- 非三相暂降67%
- 三相暂降 33%

■ 85%~90% ■ 50%~90% □ 小于50%

- 短路类型：金属性短路，非金属性短路
- 故障点距离公共连接点PCC的距离

电压暂降持续时间

- 大于3 s 4%
- 1~3 s 6%
- 0.5~1 s 12%
- 小于0.5 s 78%

未能正常分断的短路故障

大功率设备启动

关注电压暂降影响

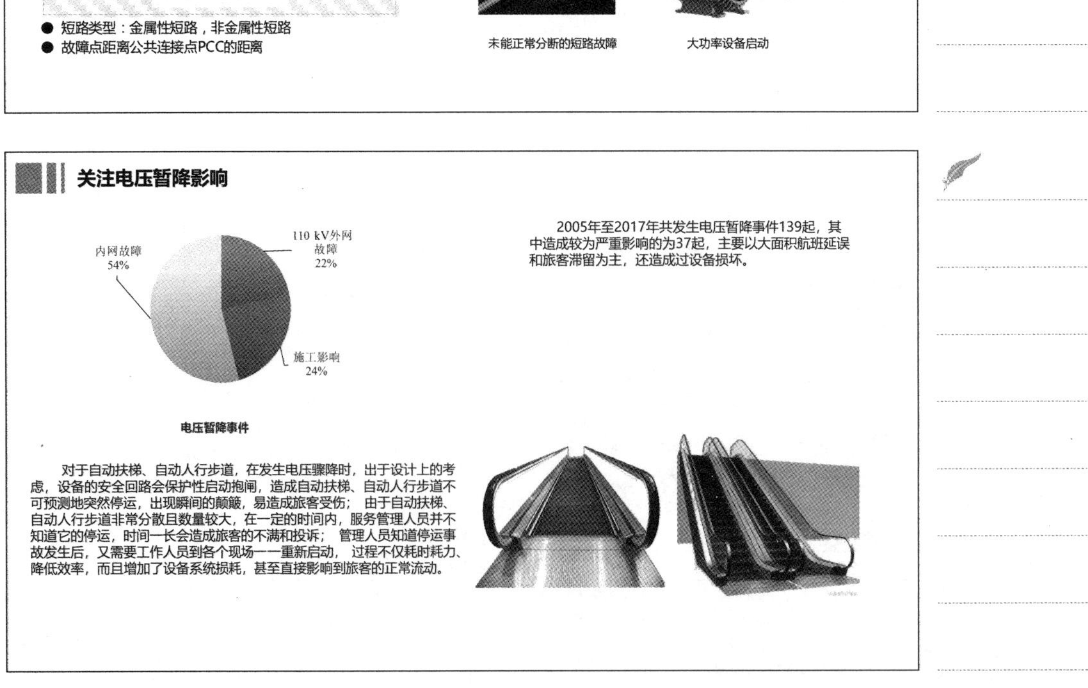

关注电压暂降影响

自动行李处理系统分别控制离港和到港两部分设备，采用信息网、控制网和远程I/O链路三级控制结构。自动行李处理系统与机场信息集成系统，以及离港控制系统进行实时数据交换，并根据获得的航班信息、行李报文以及行李条码信息等数据对行李进行传运处理。一旦发生电压骤降，可能造成系统数据传递中断，导致某一环节故障停运；而当故障恢复，系统重启后，数据更新，需要对已扫描处理过的行李从系统上人工搬下后送至扫描处重新扫描、分配，造成了人力、物力的浪费，严重降低了运营效率，甚至导致行李损坏丢失、航班延误等严重事件。

航空货柜扫描检查系统是一套安装在机场货运区的固定式检查系统，占地小，自动化程度高。专门负责检查飞机的标准货柜箱中是否非法藏有国际和国家明令禁止的各种违禁物品，如毒品、药品、爆炸物、枪支弹药及非法偷运的动植物等违禁物品。由于货柜就位后扫描工作是连续不断进行的，计算机对扫描系统采集的数据也要及时保存、对比和计算处理，绝不允许设备运行期间出现失电停顿现象，因此对系统的供电提出较高的要求。

关注电压暂降影响

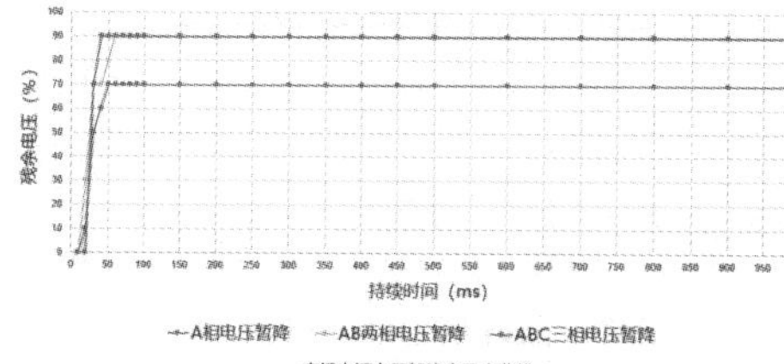

廊桥电源电压暂降容忍度曲线

廊桥电源是为飞机供电的重要设备，通过电源自身将机场供电转变为115 V、400 Hz的飞机专用电源，廊桥电源的稳定与否一方面影响飞机供电业务的能否创收，另一方面影响着飞机自身电子系统的安全与否。廊桥电源是极为敏感的电力电子设备，当电压降低至90%以下时就会停止工作，瞬间造成飞机电子系统和功率系统停电，重启检查这些系统，轻则造成飞机延误，影响乘客和航空公司的满意度，重则损坏飞机上敏感的电子器件，造成航空公司的严重损失。

4.3　智能化设计

航站楼智能化系统的设计应充分考虑不同规模机场对智能化系统的实际需要，依据《民用机场工程初步设计文件编制内容及深度要求》 MH 5016—2001的要求， 配置信息管理系统、广播系统、闭路电视监视系统、航班动态显示系统、 有线调度对讲系统、值机引导系统、登机桥监控系统、 行李提取系统和登机门显示系统、旅客离港系统、综合布线系统、子母钟系统、旅客问讯系统、楼宇自控系统、泊位引导系统等，要求智能化各子系统，由各自独立分离的设备、功能和信息集成为一个相互关联、完整和协调的综合系统，使智能化系统的信息高度共享和资源合理分配，实现智能化各子系统间的相互操作与联动控制。

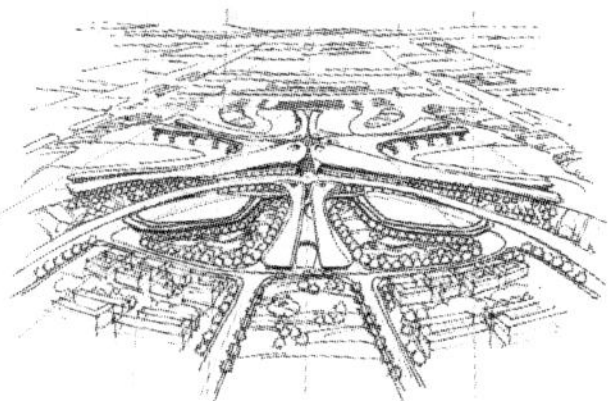

航站楼建筑智能化系统配置

航站楼建筑智能化系统配置表

智能化系统			支线航站楼	国际航站楼
信息化应用系统	公共服务系统		应配置	应配置
	智能卡应用系统		应配置	应配置
	物业管理系统		应配置	应配置
	信息设施运行管理系统		应配置	应配置
	信息安全管理系统		应配置	应配置
	通用业务系统	基本业务办公系统	按国家现行有关标准进行配置	
	专业业务系统	航站业务信息化管理系统		
		航班信息系统		
		离港系统		
		售检票系统		
		泊位引导系统		
智能化集成系统		智能化信息集成(平台)系统	宜配置	应配置
		集成信息应用系统	宜配置	应配置

注：信息化应用系统的配置应满足各等级民用机场航站楼业务运行和物业管理的信息化应用需求。

信息化应用与集成系统

一、航班信息类系统

- 信息集成系统
- 离港控制系统
- 航班信息显示系统
- 公共广播系统
- 安检信息管理系统

二、电子设备类系统

- 时钟系统
- 有线电视系统
- 机房工程
- UPS及弱电配电系统
- 智能楼宇管理系统

三、安全防范类系统

- 视频监控系统
- 门禁系统
- 报警系统
- 火灾报警及联动控制系统

四、基础支撑类系统

- 桥架及综合管路系统
- 综合布线系统
- 航站楼网络系统
- 内部通信系统
- 无线通信室内覆盖系统

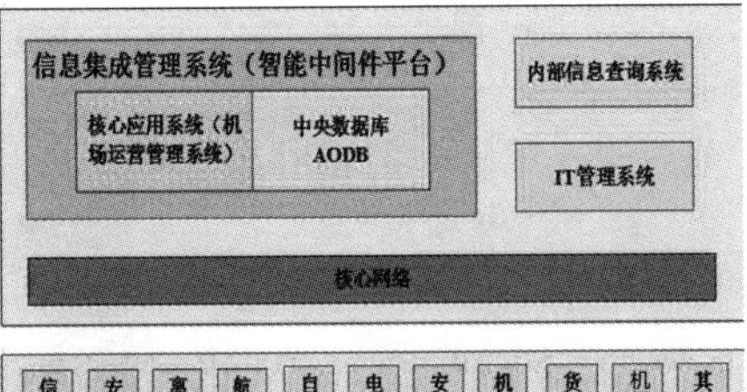

信息查询系统 | 安检信息系统 | 离港系统 | 航班显示系统 | 自动广播系统 | 电报翻译系统 | 安防系统 | 机场配餐 | 货运系统 | 机场办公自动化系统 | 其他系统

航站楼建筑智能化系统配置

航站楼建筑智能化系统配置表（一）

智能化系统			支线航站楼	国际航站楼
信息化设施系统	信息接入系统		应配置	应配置
	布线系统		应配置	应配置
	移动通信室内信号覆盖系统		应配置	应配置
	用户电话交换系统		应配置	应配置
	无线对讲系统		应配置	应配置
	信息网络系统		应配置	应配置
	有线电视系统		应配置	应配置
	公共广播系统		应配置	应配置
	会议系统		宜配置	应配置
	信息导引及发布系统		应配置	应配置
	时钟系统		应配置	应配置
建筑设备管理系统		建筑设备监控系统	应配置	应配置
		建筑能效监管系统	应配置	应配置

注：1.信息接入系统应满足机场航站楼业务及海关、边防、检验检疫、公安、安全等进驻单位的信息通信需求。
2.用于离港系统、安全检查系统以及公安、海关、边防的信息网络系统应采用专用网络系统。规模较大的视频安防监控系统宜采用专用网络系统。办票大厅、候机区、登机口、行李分拣厅、近机位、贵宾室、餐饮、商业区等场所宜提供无线接入。
3.公共广播系统应播放航班动态信息。
4.航站楼内值机大厅、候机大厅、到达大厅、到达行李提取大厅应安装同步校时的子钟。航站楼内贵宾休息室、商场、餐厅和娱乐等处宜安装同步校时的子钟。

航站楼建筑智能化系统配置

航站楼建筑智能化系统配置表（二）

智能化系统			支线航站楼	国际航站楼
公共安全系统	火灾自动报警系统		按国家现行有关标准进行配置	
	安全技术防范系统	入侵报警系统		
		视频安防监控系统		
		出入口控制系统		
		电子巡查系统		
		安全检查系统		
		停车库(场)管理系统	可配置	应配置
	安全防范综合管理(平台)系统		应配置	应配置
	应急响应系统		可配置	应配置

注：1.安检信息系统应对检查交运行李、超规定交运行李、团体交运行李和旅客手提行李所查验的图像提供本地辨识和中心控制机房辨识，且应摄录储存旅客肖像信息并传送至离港系统。
2.值机大厅应设置离港终端，满足旅客自助值机和行李交运业务的需要。
3.安全技术防范系统应符合机场航站楼的运行及管理需求。

火灾报警及联动控制系统（FA&CS）

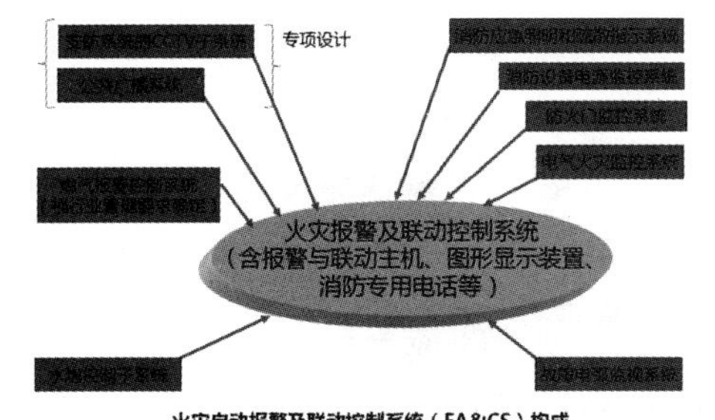

火灾自动报警及联动控制系统（FA&CS）构成

通过底层模块接入的相关系统包括：

- 排烟天窗现场控制器。
- 管路吸气式探测器。
- 气体灭火现场控制器。
- 线型光束探测器。
- 门禁控制器。
- 消防控制室内设置消防水箱与高位稳压水箱液位显示装置。

火灾报警及联动控制系统管理层架构

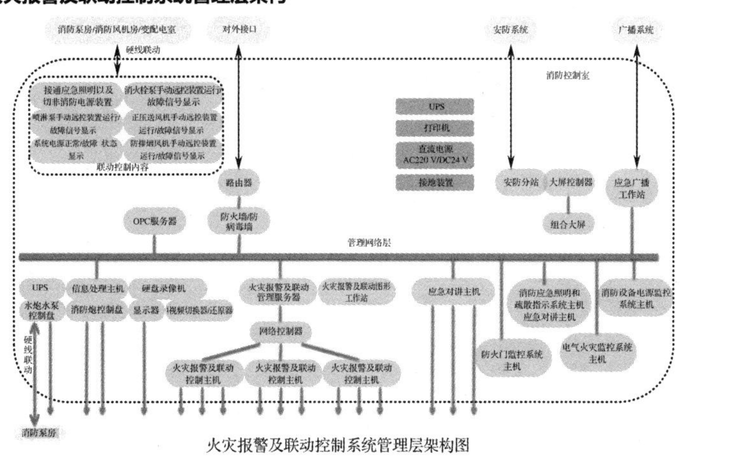

火灾报警及联动控制系统管理层架构图

火灾报警及联动控制系统控制层架构

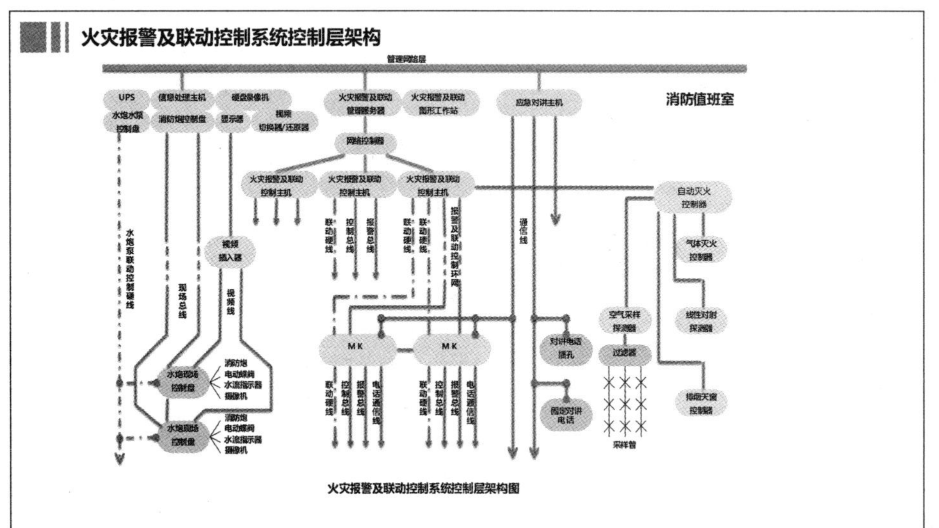

火灾报警及联动控制系统控制层架构图

典型区域火灾自动报警设备的选择

火灾探测器的选择

场所名称	探测器类型	备注
普通办公室、业务用房、员工用房、商业零售、餐饮、卫生间、设备机房、迎客大厅、行李提取大厅、楼梯间前室、配电间、电气机房、走廊等	光电感烟探测器	智能探测器
开闭站、变配电所	光电感烟探测器、感温探测器	智能探测器，联动气体灭火
信息弱电主机房	光电感烟探测器、感温探测器	智能探测器，联动气体灭火（主机房内机柜采用空气采样探测器）
行李分拣区域	空气采样探测器	空气采样附加过滤装置
屋顶顶棚	空气采样探测器，线型光束探测器	空气采样附加过滤装置
地下室电气管廊	光电感烟、感温探测器、缆式线性探测器	智能探测器

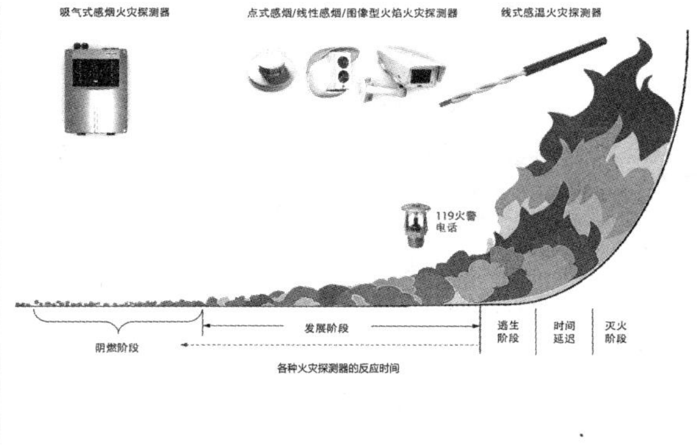

各种火灾探测器的反应时间

吸气式探测器的保护方式——高大空间

对于高度高于12m的高大空间：

- 探测管路贴屋顶布置。
- 采样孔的布置位置及间距，参考点式感烟火灾探测器。
- 竖向的管道开孔，开孔的高度为12 m，孔间距为3 m（或者2℃）。
- 每台ASD535-3探测器的保护面积约2 000 m^2，最多开30个孔，确保高灵敏度。
- 每台ASD535-4探测器的保护面积约4 000 m^2，最多开60个孔，确保高灵敏度。

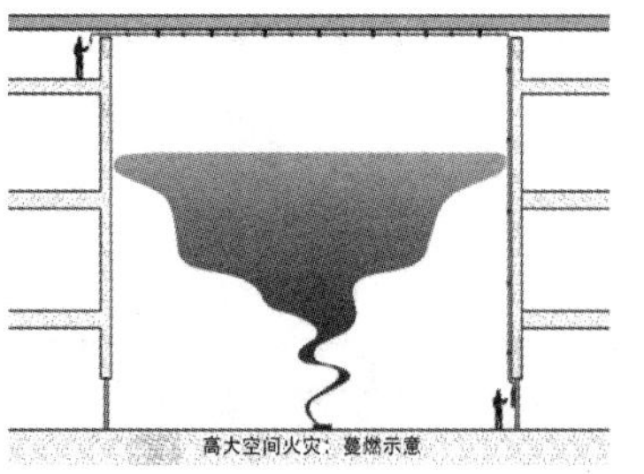

应用区域：机场航站楼/候机大厅、捷运系统站厅/飞机机库。

吸气式探测器的保护方式——回风区域保护

对于核心通信机房/数据网络中心机房、其他有封闭空气循环/强气流的区域：

- 探测管布置在上述系统的回风区域，安装在回风口前端。
- 采样孔的保护回风区域面积为0.36 ㎡。
- 采样管道的间距由回风区域的大小及形状确定。
- 每个区域的设备数量由回风区域的数量和面积确定。

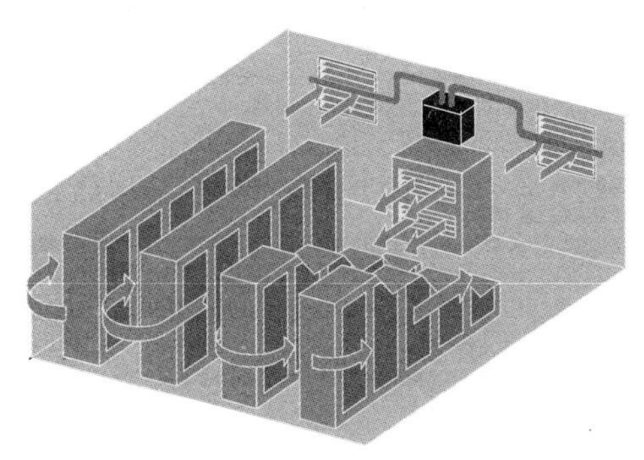

吸气式探测器的保护方式——机柜保护

对于数据网络中心机房较重要的机柜，可以采用机柜采样的方式实现设备保护（两种采样方式）

- 第一种探测管布置在保护区的顶部，通过毛细采样管道从顶部伸进机柜内部。
- 第二种探测管布置在保护区的底部（架空地板下），直接将管道伸进机柜内部。
- 根据业主要求或灭火系统的配置确定每台设备保护的机柜数量。

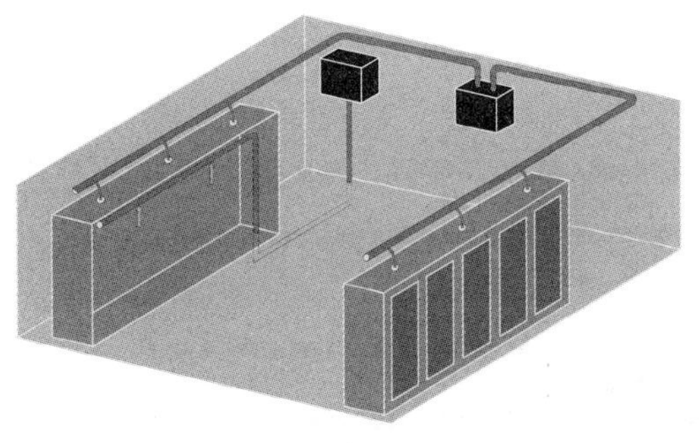

其他典型火灾自动报警设备及联动设备

一、其他典型火灾自动报警设备的设置

- 对应消火栓设置消火栓按钮，报警按钮信号接入报警控制总线。
- 消防水池、高位稳压水箱均设置水箱液位显示装置。
- 利用CCTV系统进行人工火灾监视。
- 在主要出入通道及疏散楼梯出入口附近设置火灾声光警报器装置。
- 在残厕设火灾声光警报器装置。
- 在每个报警区域设置一台区域显示器。
- 设置手动火灾自动报警器及对讲电话插孔。

二、典型联动消防设备

- 消火栓灭火系统、自动喷淋灭火系统、水炮灭火系统、气体灭火系统。
- 加压送风系统、防排烟系统、排烟天窗系统。
- 电动防火卷帘、门禁系统、自动门。
- 火灾应急广播系统。
- 强制启动应急照明，停非消防电源。
- 控制电梯、自动扶梯、自动步道。

其他典型火灾自动报警设备及联动设备

三、消防应急照明与疏散指示系统

在消防控制室设置系统主机，在楼层强电小间设置系统区域控制器，疏散走道最低平均照度不低于1 lx，人员密集场所不低于3 lx，楼梯间、前室不低于5 lx。

在非性能化区域疏散指示标志设置间距按照不大于10 m实施，在性能化区域疏散指示标志设置间距按照不大于20 m实施。

大面积设备机房、消防控制室等设置消防备用照明，备用照明照度不低于正常照明。

四、电气火灾监控系统

在消防控制室设置电气火灾监控系统主机。

在配电间等现场配电柜中设置剩余电流互感器（模块）。

现场总线组网，通过底层通信总线连接至系统主机，电气火灾监控系统主机与消防主机间实施通信。

五、故障电弧监视系统

在消防控制室设置故障电弧监控系统主机。

位于高度大于12 m的空间场所中的照明电气线路上设置故障电弧探测器（模块），该探测器（模块）安装在现场配电柜中。

其他典型火灾自动报警设备及联动设备

六、防火门监控系统

1. 在消防控制室设置防火门监控系统主机。
2. 疏散通道防火门上安装现场控制器。
3. 现场总线组网，通过底层通信总线连接至系统主机，防火门监控系统主机与消防主机间实施通信。

防火门监控系统安装示意图

七、消防设备电源监控系统

1. 在消防控制室设置消防设备电源监控系统主机，在配电间等现场配电柜中设置区域分机。
2. 在消防负荷配电箱主、备电回路输入端设置电压信号传感器。
3. 现场总线组网，通过底层通信总线连接至系统主机，消防设备电源监控系统主机与消防主机间实施通信。

八、特定区域的火灾自动报警系统

1. 为提高人员密集场所区域的火灾报警速度，在多层值机大厅与候机大厅内适当加密设置手动报警装置。
2. 在穿越楼板的中庭洞口边加装线性光束感烟探测器。
3. 消防联动按预案联动本报警防火分区及防火控制区内的相关设施，逐次扩大至水平贴邻的分区，再扩大至竖向贴邻分区。
4. 因为涉及空防安全，火灾疏散应严守空侧可向陆侧疏散，陆侧禁止向空侧疏散的原则。
5. 登机桥固定端的门禁装置由工作人员解除。

航站楼建筑智能化系统配置

航站楼建筑智能化系统配置表

智能化系统		支线航站楼	国际航站楼
机房工程	信息接入机房	应配置	应配置
	有线电视前端机房	应配置	应配置
	信息设施系统总配线机房	应配置	应配置
	智能化总控室	应配置	应配置
	信息网络机房	宜配置	应配置
	用户电信交换机房	可配置	应配置
	消防控制室	应配置	应配置
	安防监控中心	应配置	应配置
	应急响应中心	可配置	应配置
	智能化设备间（弱电间）	应配置	应配置
	机房安全系统	按国家现行有关标准进行配置	
	机房综合管理系统	可配置	应配置

智能楼宇管理系统架构

建筑设备监控室

机电设备监控系统 + 网络连接控制器

照明监控系统 + 网络连接控制器

电梯监控系统 + 网络连接控制器

电力监控值班室

电力监控系统 + 网络连接控制器

智能楼宇管理系统 → 能源管理系统主机

上级数据库（预留接口）

智能楼宇管理系统架构图

建筑设备监控管理系统

一、电梯监控管理系统

1. 航站楼内电梯监控系统是一个相对独立的子系统；
2. 系统提供机场所有电梯装置的运行状况、运行警报以及位置信息；
3. 扶梯、步道在底层与建筑设备监控系统简单互联，提供运行状况、运行警报等信息。

二、照明监控管理系统

1. 照明监控管理系统是一个相对独立的子系统，采用分布式集散控制系统；
2. 照明监控管理系统可实现灯光的开关自动和手动控制、分散集中控制等多种控制方式；
3. 通过照明监控系统实现照明控制自动化；
4. 工作人员走道主要采用感应开关控制灯具方式。

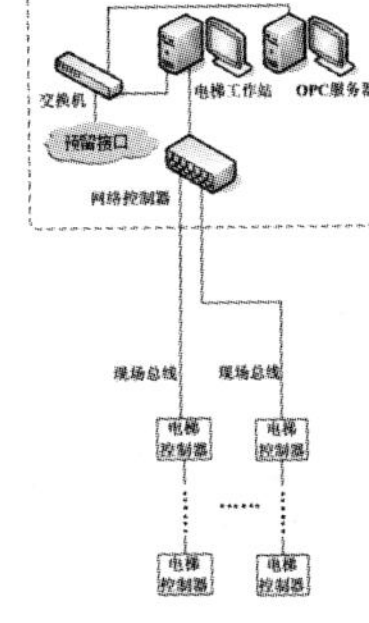

电梯系统控制层网络架构图

机场无线网整体解决方案

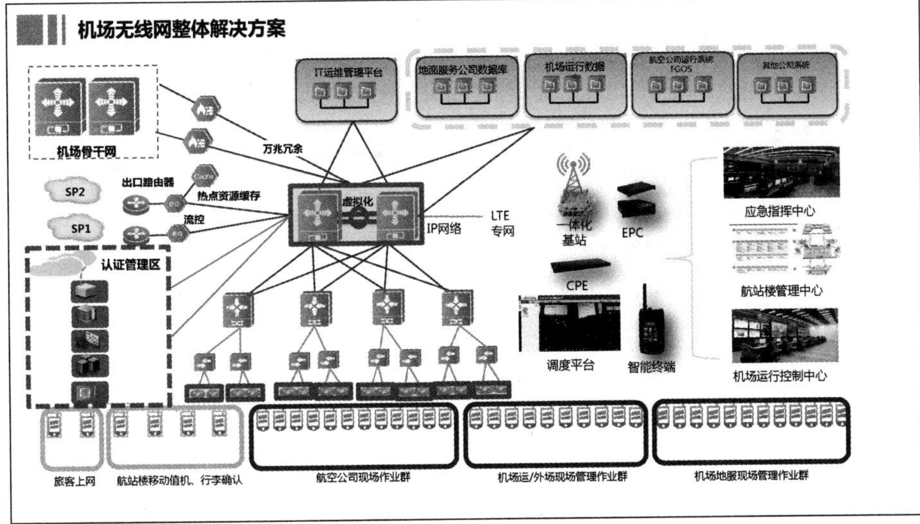

4.4 电气设计实例

本工程总建筑面积78万㎡。建筑层数：地上5层（局部6层），地下2层。双层金属屋面最高点50 m，向周边起伏下降至25 m。设计标高：±0绝对标高=24.55(黄海高程)；二层6.50 m（除中央指廊外的其他区域）、4.50 m（中央指廊）、三层12.50 m（除中央指廊外的其他区域）、8.50 m(中央指廊)；四层19.00 m（主楼北区）、17.00 m（主楼南区）；五层23.50 m。地下一层-6.00 m（主楼北区）；地下二层-17.00 m（轨道站台）、-19.00 m（轨道结构）。建筑耐火等级：一级。建筑防水等级：一级。主体结构采用全现浇钢筋混凝土框架结构，框架的抗震等级为一级，桩基。屋顶及支撑结构采用钢结构。抗震设防烈度：8度。

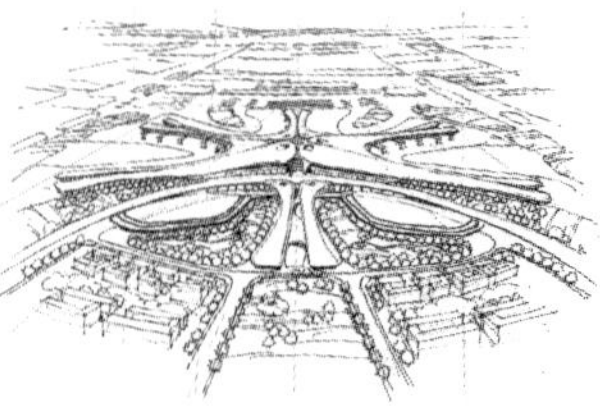

专项特定负荷和特殊用户

- 行李系统，其中行李7158.6 kW占13%，装机16 000 kV·A占15%。
- 安检系统，X光机、CT机、爆炸物探测等。
- 飞机空调，400 Hz电源，登机桥用电，近机位机坪用电、高杆灯等。
- 民航业务与信息工程用电。
- 商业餐饮、厨房、计时酒店、高端休息。
- 特许经营（邮政、通信、银行）。
- 一关三检、外联办。
- 旅客运输系统：APM、电车。

负荷计算及供电

一、负荷计算

负荷分级表

设备容量总计	需要系数	预计最大负荷	变压器总装机容量	备注
142 782.2 kW	0.39	55 693.6 kW	105 800 kV·A	变压器平均负荷率55.4%功率因数取0.95
183 kW/m²	—	71 W/m²	136 V·A/m²	单位面积指标按78万m²计算

注：1. 不含登机桥、行李夹层。

2. 计算未含11 760 kW的充电桩和4 560 kW的电动平台车，需用系数取0.2~0.3，计算负荷3 264~4 896 kW，占约5%的变压器总装机容量。

二、供电方案

外电源由新建的上级1#和2#110 kV/10 kV中心变电站馈出10 kV电源向楼内开闭站供电。

110 kV/10 kV中心变电站电源中性点经小电阻接地方式。

- KB1与KB2、KB3与KB4组成两个双环网。
- KB5采用三电源接线方式。

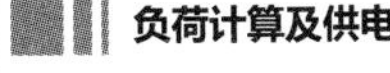

负荷计算及供电

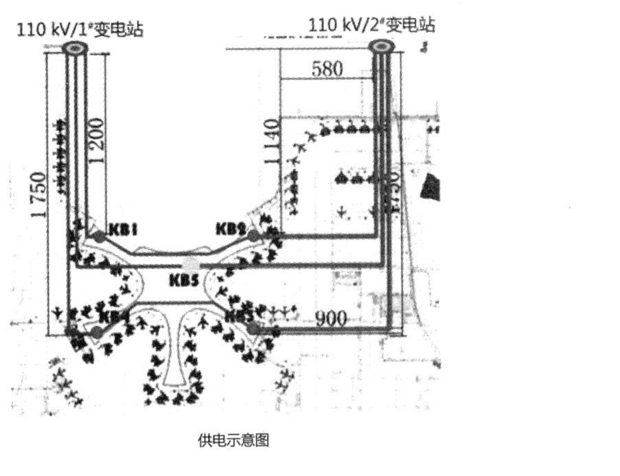

供电示意图

双环网高压接线架构

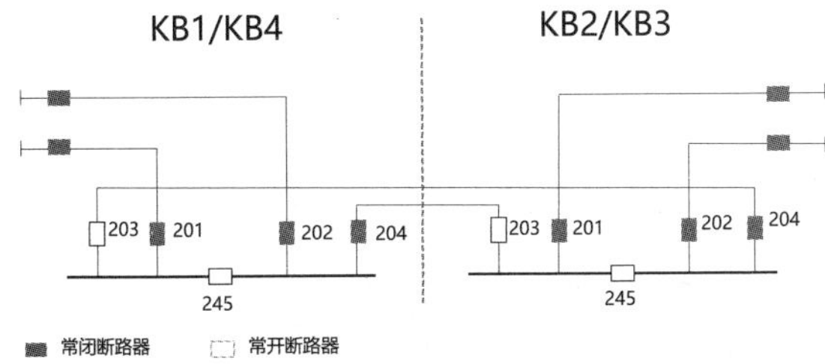

双环网高压接线架构图

保护及配置：选用微机型综合保护装置，具备过电流保护、速断保护、零序电流保护和重合闸。
201、202进线和203、204联络设置光纤纵差主保护及分段式电流后备保护。
245设置合环保护。
备自投：单路失电，如201失电，先投203开关；203失电自投不成功，关掉203开关后再投245开关。
两路均失电，掉201、202、204开关后投203、245开关，另一站202进线通过203、245开关带4#、5#母线的负荷。
合环：245开关设置手动合环电源转换操作条件。单独配置一台合环保护装置，通过功能压板投退可以实现合环过流选跳任一断路器（201、202、203、204、245）。
合环利用进线和联络过流保护功能来闭锁备自投。

三路高压进线接线架构

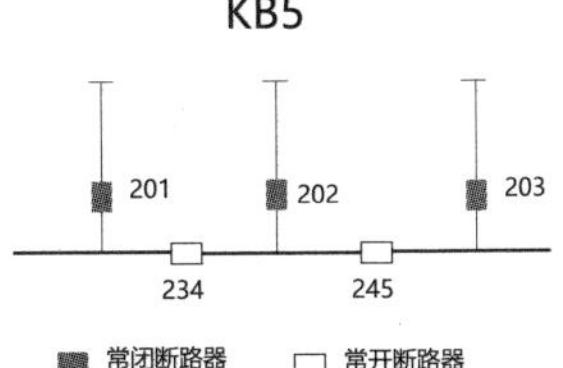

三路高压进线接线架构图

保护及配置：选用微机型综合保护装置，具备过电流保护、速断保护、零序电流保护和重合闸。
201、202和203进线均设置分段式电流保护，保护动作闭锁相邻母联自投。
234、245设置合环保护。
备自投：单路失电，如201失电，掉201开关后投234开关。
202失电，掉202开关后，闭锁234、245开关自投。
合环：234及245开关设置手动合环电源转换操作条件。
单独配置合环保护装置，通过功能压板投退可以实现合环过流选跳任一断路器。

变压器配置

变压器配置表

开闭站编号	变电室编号	变压器容量(kV·A)	变压器台数	合计容量(kV·A)	负荷类型	合计(kV·A)	备注
KB1	T1A	2 000	2	4 000	公共变电室，所带负荷主要为航站楼照明、动力、空调、航站楼信息系统电源（UPS）、飞机地面静变电源、充电桩	24 100	尚有2 400 kW机坪电动平台车及充电桩安装容量未包含在计算负荷表数据内
	T1B	2 000	2	4 000			
	T1C	2 000	2	4 000			
	T1D	1 600	4	6 400			
	T1E	1 600	2	5 700			
		1 250	2				
KB2	T2A	2 000	2	4 000	公共变电室，所带负荷主要为航站楼照明、动力、空调、航站楼信息系统电源（UPS）、飞机地面静变电源、充电桩	23 300	尚有2 280 kW机坪电动平台车及充电桩安装容量未包含在计算负荷表数据内
	T2B	1 600	2	3 200			
	T2C	2 000	2	4 000			
	T2D	1 600	4	6 400			
	T2E	1 600	2	5 700			
		1 250	2				
KB3	T3A	2 000	2	4 000	公共变电室，所带负荷主要为航站楼照明、动力、空调、航站楼信息系统电源（UPS）、飞机地面静变电源、充电桩	20 800	尚有5 220 kW机坪电动平台车及充电桩安装容量未包含在计算负荷表数据内
	T3B	2 000	2	4 000			
	T3C	1 600	2	3 200			
	T3D	1 600	2	3 200			
	T3E	1 600	2	3 200			
	T3F	1 600	2	3 200			
KB4	T4A	2 000	2	4 000	公共变电室，所带负荷主要为航站楼照明、动力、空调、航站楼信息系统电源（UPS）、飞机地面静变电源、充电桩	21 600	尚有6 780 kW机坪电动平台车及充电桩安装容量未包含在计算负荷表数据内
	T4B	2 000	2	4 000			
	T4C	1 600	2	3 200			
	T4D	1 600	2	3 200			
	T4E	1 600	2	3 200			
	T4F	2 000	2	4 000			
KB5	T5A	2 000	2	4 000	行李专用变电室及捷运APM变电室（预留）	16 000	—
	T5B	2 000	2	4 000			
	T5C	2 000	2	4 000			
	T5D	2 000	2	4 000			
总计						105 800	

柴油发电机配置

柴油发电机配置表

序号	发电机房编号	设置区及层号	发电机组备载基准功率（kW）	配套变配电所编号
1	GA	C区F1层	1 800	T1A、T1B
2	GB	G区F1层	1 300	T2A、T2B
3	GC	AL区F1层	2x1 600	T1C、T1D、T1E
4	GD	AR区F1层	2x1 250	T2C、T2D、T2E
5	GE	BL区F1层	1 800	T3F、T4D、T4C
6	GF	BR区F1层	1 600	T3C、T3D、T3E
7	GG	D区F1层	900	T3A、T3B
8	GH	F区F1层	900	T4E、T4F
9	GI	E区F1层	900	T4A、T4B
总计			14 900	

注：1. 高速柴油发电机组，发动机电喷，发电机无刷型永磁励磁，环境温度50℃的散热器，闭式循环风冷散热冷却方式，环保标准型，烟道排放达欧洲Ⅲ号以上标准，发动机水套预热电加热，直流电源启动，控制屏采用微处理器。

2. 按功率因数滞后0.8计算，占变压器总装机容量的17.6%。

柴油发电机配置

- 备用电源管制，防止变压器、发电机组因电源备自投转换过负荷，投切负荷顺序为充电桩、广告、空调箱（非消防）。
- 租户电能计量及收费管理。
- 监控对象：高压配电柜、低压配电柜、变压器、直流电源装置、不间断电源UPS、ATSE、自备柴油发电机组、电能质量表、多功能表、电流表、各种控制器、负荷测控装置、温度检测装置。
- 远程启动柴油发电机组。
- 可实现配网自动化。
- 功能：集中操作权限管理，统一操作界面，专业组态软件。

  监测显示各种电气参数(图形、曲线、表格)。

  监视系统器件运行状态，超限、故障报警。

  参数统计、电能报表、趋势分析、节电评价。

  自诊断功能，专家支持系统应急、操作预案。

  存储历史记录。

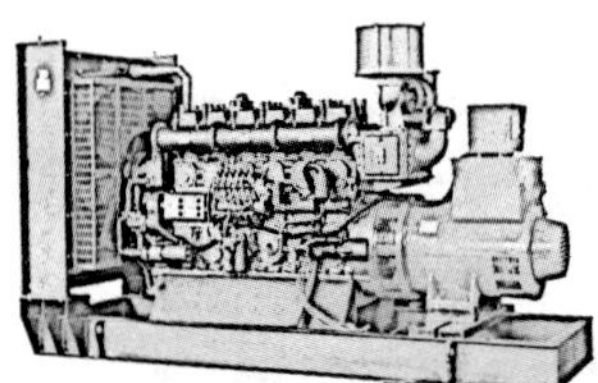

线路敷设

多路外电源线路分散路径入户，加强楼内电源电缆线路敷设的防护措施，减少相互影响。

首先，多路入户电源和配电电源线路的双回线路分别敷设在不同槽盒，槽盒采用金属封闭式，既加强双回电源线路的隔离防护，也减少电磁干扰。

其次，多路入户电源线路或双回电源线路尽量分开路径敷设，减少相互影响。

最后，进户线和馈出线分槽盒敷设。

强、弱电槽盒分列两侧，低压槽盒、母线在下方。

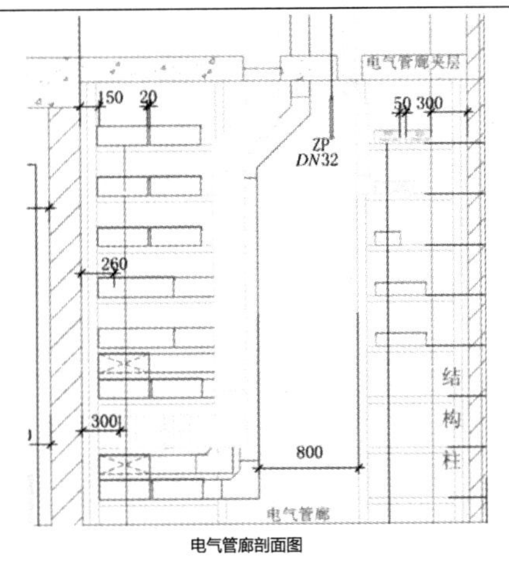

电气管廊剖面图

电力系统（机电一体化）

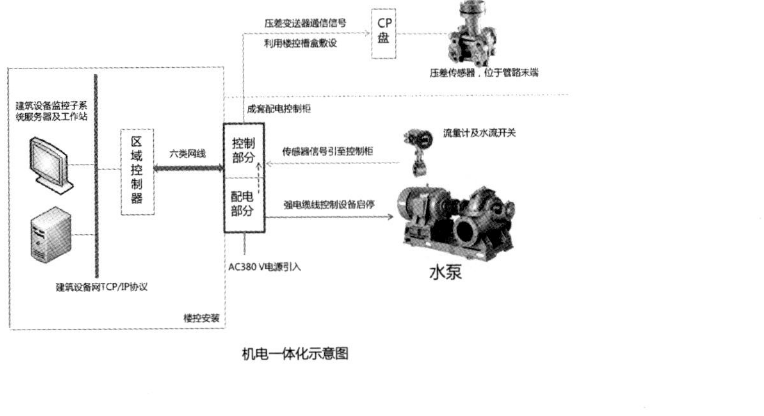

机电一体化示意图

照明系统

一、设计目标

1. 建筑功能：航站楼是一座交通建筑，照明是对方位感、空间感的表达，可以提高旅客的使用效率和舒适度。
2. 建筑造型：航站楼也是一个城市甚至国家的窗口，应当有一定的地域特色。将功能照明建筑化，表达并突出建筑和空间的特点，航站楼的特点也反过来成为一个地域的新特色。
3. 环境感受：考虑人在大空间的感受，关注照度和亮度、水平照度和垂直照度的关系。
4. 建筑节能：对自然光的充分利用，不仅节能，而且巧妙设计的天窗和采光也会成为建筑的独特之处。

二、灯具设置手法

1. 灯具分布和安装位置与建筑形态紧密结合，灯和光都能逻辑清晰地表达建筑形态和交通流线。
2. 直接下射照明和反射照明的结合，减少天花布灯数量，减少马道和负载，降低维护的工作量。
3. 大空间不片面强调均匀度，通过空间照度亮度的变化，在旅客的行进过程中形成一种序列，张弛转换、平衡对称、主次分明。
4. 层间灯具结合功能使用灵活设置灯具。
5. 对采光、遮阳有充分考虑，并且通过计算和模拟。

智能照明监控系统架构

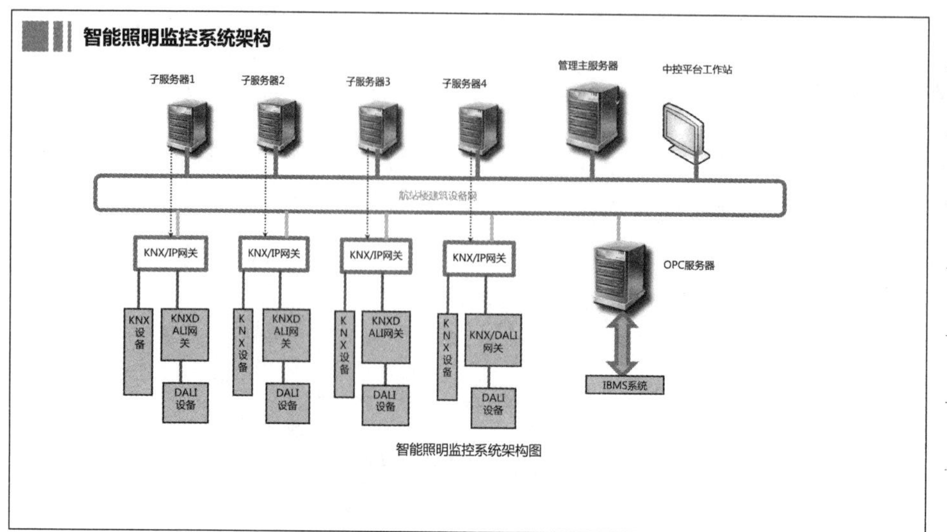

智能照明监控系统架构图

照明灯具选择安装

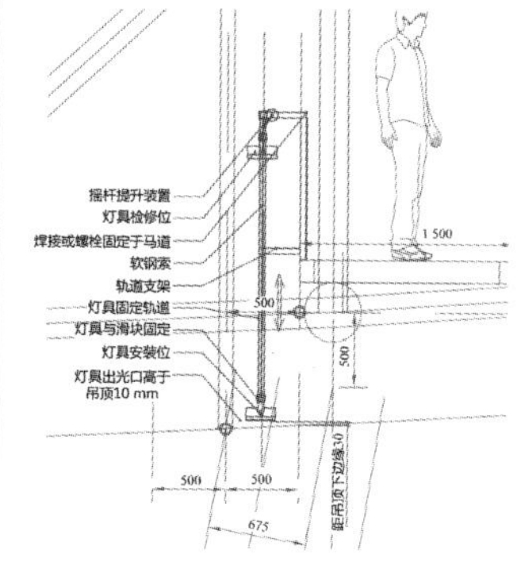

- 规定各类LED灯具综合能效指标最低值，设计指标选择上兼顾技术与造价控制，选用中等以上产品。
  LED筒灯>80 lm/W，LED射灯>60 lm/W，LED灯带>70 lm/W，LED灯盘>85 lm/W，LED投光灯>90 lm/W，LED发光顶棚>40 lm/W。
- 色温4 000 K（3 985 K±275 K），显色指数R_a>80（特殊显色性R9>0），光源的色容差SDCM<5。
- 灯具寿命（光通量输出降至初始光通量70%的时间）>40 000 h@L70@25°C。
- 灯具输出光通量不能低于要求的数值，且光束角（D1/2Imax）偏离不得超过技术文件要求的±5%之内，灯具的最大光强需要大于招标要求，且控制在0~10%之内。
- 驱动电源转换效率大于85%，功耗小于0.2 W，功率因数cosϕ>0.9，THD_i<15%。
- LED灯具产品需要通过IEC/EN62471光生物安全豁免级及GB 7000.1光生物安全认证。
- 应用范围：旅客流动的公共空间，大空间调光，马道支架安装，防坠落措施。

其他系统

一、设置航班信息、时间表开关控制的区域

- 国际旅客到达区。
- 行李提取厅。
- 远机位厅。
- 迎客大厅。
- 登机桥。
- 联检及安检现场。

二、恒照度调光控制

- 候机厅。
- 值机大厅。

三、存在感应探测器控制及手动调光控制的场所

- 员工走廊感应控制。
- 管廊感应控制。
- 卫生间感应控制。
- 柜台手动调光控制。

其他系统

四、光照度反馈控制

根据不同时间的日照采光，对灯具的开关进行科学合理地分配，大空间灯具采用调光控制。

五、存在感应探测器控制

根据有人无人探测控制灯具的开关。

六、局部照明控制

行李提取区上空布灯根据转盘考虑（灯具布置在转盘上方），考虑在提取行李时，转盘上方的灯具开灯数量增加（可采用调光控制按百分数开灯），提高照度要求，转盘不工作时可降低照度，以达到节能。

值机区柜台、边检区柜台可采用局部照明，增加工作台面的照度，并可在阴天、忽然变暗的环境下，减少屋面灯具的开启。候机区座椅区局部增加灯具，提高照度水平，满足座椅区乘客阅读需要。

登机口柜台安装“现在登机”指示闪灯，柜台控制，方便远端旅客识别。

防雷设计

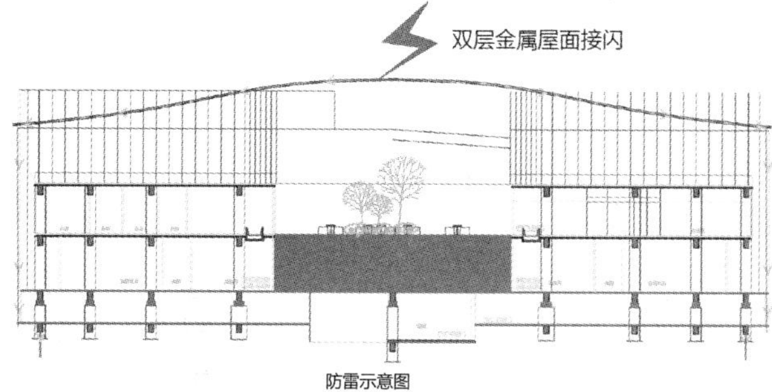

防雷示意图

建筑物按整体防雷新概念设计，采用传统的法拉第笼式防雷体系。

利用金属屋面、天窗金属构件作接闪器；为增加玻璃区域保护效果，适当布置若干提前放电接闪杆，引下线单独敷设至外沿周边与外幕墙引下线连接。

利用土建外侧钢结构柱、幕墙钢结构柱或外墙混凝土结构柱内主钢筋（4根主筋）作防雷装置引下线，绝缘或转动连接部位导体跨接。

电气消防设计

- 防火控制区概念及联动控制关系、特别控制策略。
- 疏散指示标识（尺寸与距离、非标智能、防护等级）。
- 高大空间、管廊的探测方式：2种以上探测器。
- 控制室设置数量：管理范围、线路长度、联动硬线数量影响进出控制室槽盒。
- 相关系统间互连界面与接口形式：

  消防设备控制箱柜，二次电路。

  广播系统，通信接口及干接点。

  安防系统，通信接口及干接点，门禁控制器、摄像机。

  红线门，门磁控制器。
- 与相关设计专业配合协调：

  设备：各种排烟防火阀门、风机、水泵、控制策略；先停非消防设备，再切断非消防电源。

  建筑：卷帘、挡烟垂臂、疏散通道防火门、疏散指示标识。

  关断燃气阀门等。

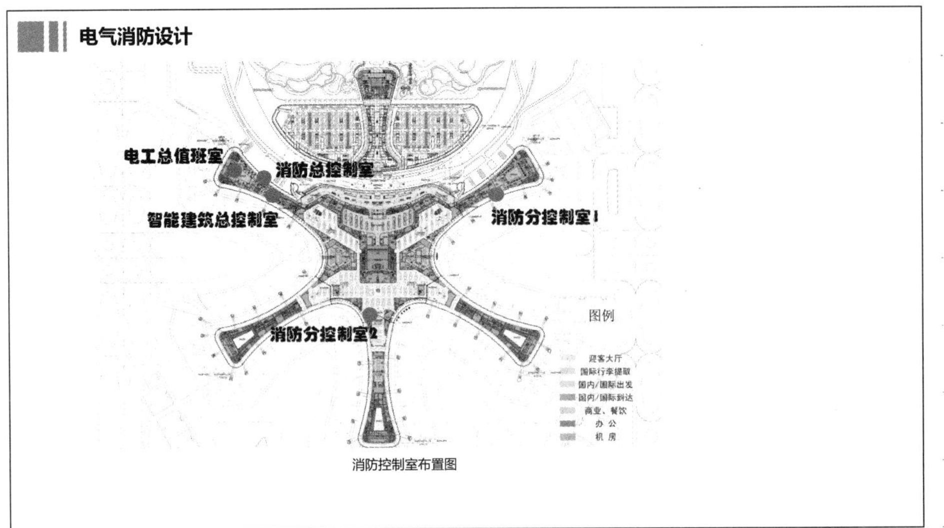

消防控制室布置图

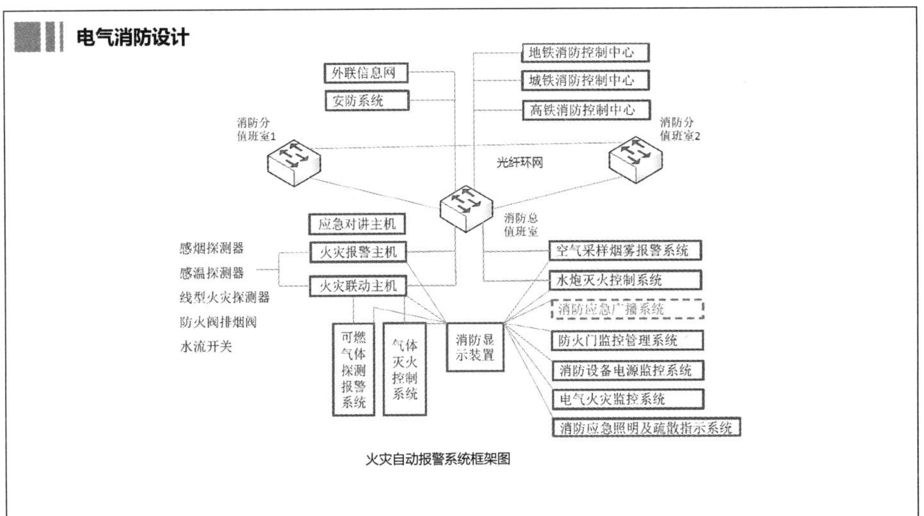

火灾自动报警系统框架图

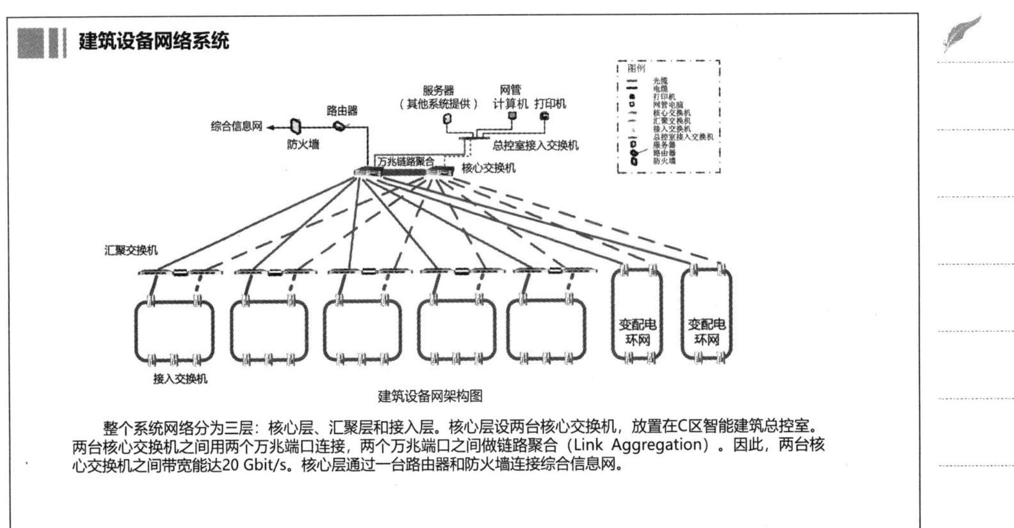

建筑设备网架构图

整个系统网络分为三层：核心层、汇聚层和接入层。核心层设两台核心交换机，放置在C区智能建筑总控室。两台核心交换机之间用两个万兆端口连接，两个万兆端口之间做链路聚合（Link Aggregation）。因此，两台核心交换机之间带宽能达20 Gbit/s。核心层通过一台路由器和防火墙连接综合信息网。

基于BIM的IBMS

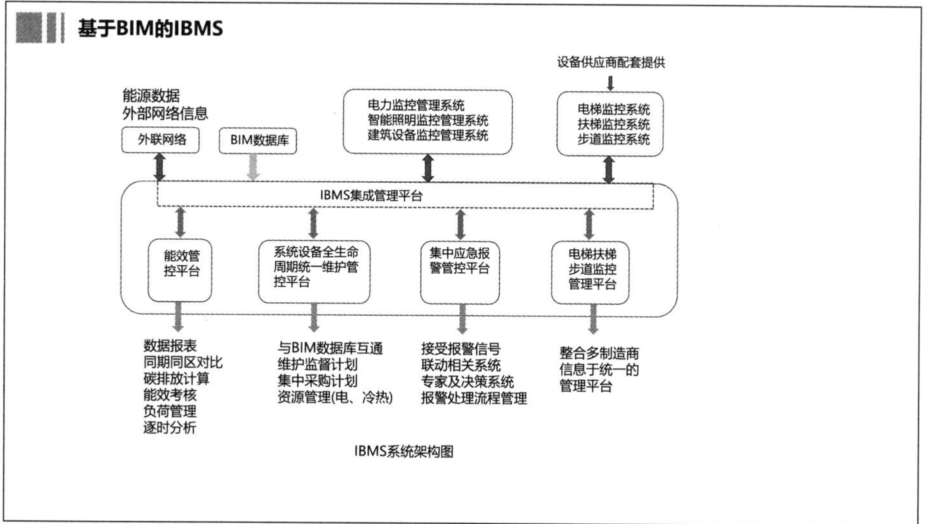

IBMS系统架构图

建筑设备监控管理平台

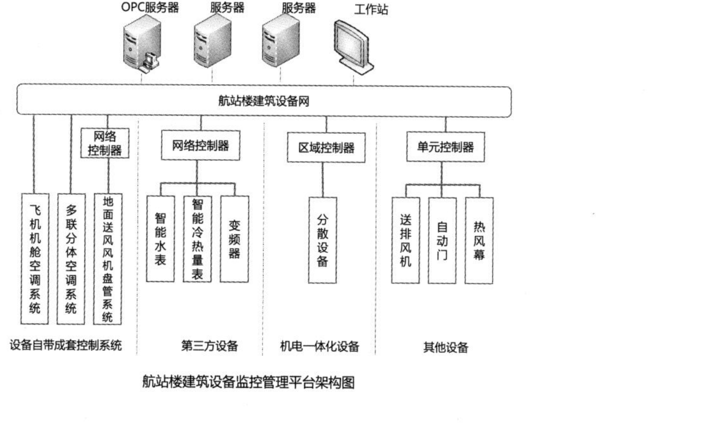

航站楼建筑设备监控管理平台架构图

小结

航站楼建筑供配电系统要根据建筑规模和等级、民航设备要求和业务需求以及负荷性质、用电容量进行配置变压器容量、变电所和柴油发电机组的设置，既要满足近期使用要求，又要兼顾未来发展的需要，合理确定设计方案，实现安全、迅速、有秩序地组织旅客登机、离港，便利旅客办理相关旅行手续，为旅客提供安全舒适的候机。交通建筑中的工艺设备、专用设备、消防及其他防灾用电负荷，应分别自成配电系统或回路。与安检、传送等设施无关的配电线路不应穿过安检、传送等设施区域。对重要设备应采用双电源供电，同时应关注电网侧由雷电、电力公司的设备故障、施工或交通事故等引起的电压暂降对设备的影响，确保设备正常运行。航站楼智能化系统的设计应充分考虑不同规模机场对智能化系统的实际需要，配置信息管理系统、广播系统、闭路电视监视系统、航班动态显示系统有线调度对讲系统、值机引导系统、登机桥监控系统、行李提取系统和登机门显示系统、旅客离港系统、综合布线系统、子母钟系统、旅客问讯系统、建筑设备管理系统、泊位引导等系统等。

The End

第五章

博展建筑电气关键技术设计实践

Design Practice of Electrical key Technology of Exhibition Building

博展建筑指供收集、保管、研究和陈列、展览有关自然、历史、文化、艺术、科学和技术方面的实物或标本之用的公共建筑，通常由陈列、展览、教育与服务分区，藏品库分区，技术工作分区，行政与研究办公分区组成。博展建筑的电气设计要根据建筑规模和使用要求，特别是展品的陈列、展览和存储的特殊要求进行电气设计，确定合理电气系统，保证展品和参观的正常使用，做好防火、防盗、防雷及陈列展览等基本功能方面的设计，为参观者提供安全、舒适的观赏环境，满足全面发挥社会、经济和环境三大效益的要求。

5.1　强电设计

博物馆是以物质文化遗产(文物)和非物质文化遗产为基础，用保存和展示的方式实证人类历史供社会公众终身学习和体验人类共同记忆的公共文化建筑。博展建筑是指进行展览活动的建筑物。博展建筑供配电系统要根据建筑规模和等级、管理模式和业务需求进行配置，既要满足近期使用要求，又要兼顾未来发展的需要，满足博览建筑日常供电的安全可靠要求，为文物、展品、观众和工作人员提供良好的环境。

博物馆建筑风险及规模分级

博物馆风险等级划分

风险等级	风险单位	风险部位
三级风险	具备下列条件之一的定为三级风险单位： a)10 000件藏品以下的博物馆； b)有藏品的县级文物保护单位	具备下列条件之一的定为三级风险部位： a) 三级藏品300件以下的库房； b)陈列500件藏品以下的展示（室）
二级风险	具备下列条件之一的定为二级风险单位： a)10 000件藏品以上，50 000件藏品以下的博物馆； b)省（市）级文物保护单位	具备下列条件之一的定为二级风险部位： a)二级藏品及专用库房或专用柜； b) 三级藏品300件以上（含300件）的库房； c) 陈列藏品500件以上（含500件）的展厅（室）； d) 陈列的现代小型武器； e) 二、三级藏品修复室、养护室
一级风险	具备下列条件之一的定为一级风险单位： a) 国家级或省级博物馆； b) 有50 000件藏品以上的单位； c) 列入世界文化遗产的单位或全国重点文物保护单位	具备下列条件之一的定为一级风险部位： a) 一级藏品及其专用库房或专用柜； b) 二级藏品300件以上（含300件）或三级藏品500件以上（含500件）的库房； c)收藏、陈列具有重大科学价值的古脊椎动物化石和古人类化石，以及经济价值贵重的文物（金、银、宝石等）的场所； d)陈列1 000件（含1000件）藏品以上的展厅(室)； e)一级藏品修复室、养护室； f)武器藏品专用库房或专用柜

博物馆等级划分

等级	博物馆规模	等级	博物馆规模
特大型	40 000m^2（不含）以上	中（二）型	4 000（含）~10 000m^2（不含）
大型	20 000（含）~40 000m^2（含）	小型	4 000m^2（含）以下
中（一）型	10 000（含）~20 000（不含）		

博物馆建筑主要用电负荷分级

博物馆主要用电负荷分级

等级	博物馆规模	主要用电负荷名称	负荷级别
特大型	40 000m^2（不含）以上	安防系统用电、珍贵展品展室照明用电	一级负荷特别重要负荷
		有恒温、恒湿要求的藏品库、展室空调用电	一级负荷
		展览用电	二级负荷
大型	20 000m^2（不含）~ 40 000m^2（含）	安防系统用电、珍贵展品展室照明用电	一级负荷特别重要负荷
		有恒温、恒湿要求的藏品库、展室空调用电	一级负荷
		展览用电	二级负荷
中型	4 000m^2（不含）~ 20 000m^2（含）	安防系统用电，有恒温、恒湿要求的藏品库、展室空调用电	一级负荷
		展览用电	二级负荷
小型	4 000m^2（含）以下	安防系统用电，有恒温、恒湿要求的藏品库、展室空调用电	二级负荷

注：1.一般大型国家级、省(市、自治区)级博物馆不宜低于100 W/m^2，经济发达地区地(市)级博物馆不宜低于60 W/m^2，一般地区地(市)级博物馆和行业博物馆不宜低于45 W/m^2，县(行业)级、私人博物馆不宜低于20 W/m^2。

2.在博物馆的用电负荷设计中通常照明负荷约占25%，空调负荷约占45%，信息发布和展览设备负荷约占15%，计算机系统设备负荷约占15%。

博物馆建筑配电设计

1. 一般展览、陈列部分的空调设施为季节性用电负荷；有恒温、恒湿要求的藏品库、陈列厅（室）空调负荷则为全年性用电负荷。
2. 藏品库房、基本展厅的用电负荷相对固定；而临时展厅的用电负荷具有不确定性。
3. 特大型、大型博物馆应设置备用柴油发电机组。自备电源机组容量约为变压器安装容量的25% ~30% ,保证博物馆对安全保卫、消防、库房空调的负荷供电要求。
4. 藏品库区应设置单独的配电箱，并设有剩余电流保护装置。配电箱应安装在藏品库区的藏品库房总门之外。藏品库房的照明开关安装在库房门外。
5. 博物馆的文物修复区包括青铜修复室、陶瓷修复室和照相室等功能房间，宜采用独立供电回路。
6. 文物库房的消毒熏蒸装置、除尘装置电源宜采用独立回路供电，熏蒸室的电气开关必须在熏蒸室外控制。
7. 馆中陈列展览区内不应有外露的配电设备；当展区内有公众可触摸、操作的展品电气部件时，应采用安全低电压供电。
8. 电缆选用采用铜芯、防鼠型低烟无卤电线或电缆。
9. 科学实验区包括X射线探伤室、X射线衍射仪室、气相色谱与质谱仪室、扫描电镜室和化学实验室等功能房间，应采用独立工作回路，且每个功能房间宜设置总开关。

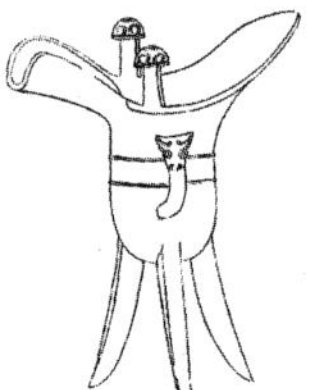

博物馆建筑照度标准

不同展品房间照度及年曝光量要求

类　别	参考平面及其高度	照度标准值 (lx)	年曝光量 (lx・h/a)
对光特别敏感的展品：纺织品、织绣品、绘画、纸质物品、彩绘、陶（石）器、染色皮革和动物标本等	展品面	≤50	≤50 000
对光敏感的展品：油画、蛋清画、不染色皮革、角制品、骨制品、象牙制品、竹木制品和漆器等	展品面	≤150	≤360 000
对光不敏感的展品：金属制品、石质器物、陶瓷器、宝玉石器、岩矿标本、玻璃制品、搪瓷制品和珐琅器等	展品面	≤300	不限制

博物馆建筑照度标准

房间或场所	参考平面及其高度	照度标准值 (lx)	统一眩光值 UGR	照度均匀度 U_0	一般显色指数 R_a
门厅	地面	200	22	0. 40	80
序厅	地面	100	22	0. 40	80
展厅	地面	200	19	0. 60	80
美术制作室	0. 75m水平面	500	22	0. 60	90
编目室	0. 75m水平面	300	22	0. 60	80
摄影室	0. 75m水平面	100	22	0. 60	80
熏蒸室	实际工作面	150	22	0. 60	80
实验室	实际工作面	300	22	0. 60	80
保护修复室	实际工作面	750*	19	0. 70	90
文物复制室	实际工作面	750*	19	0. 70	90
标本制作室	实际工作面	750*	19	0. 70	90
周转库房	地面	50	22	0. 40	80
藏品库房	地面	75	22	0. 40	80
藏品提看室	0. 75m水平面	150	22	0. 60	80

博物馆建筑照明设计

1.一般要求：

(1) 展品与其背景的亮度比不宜大于3：1。在展馆的入口处应设过渡区，区内的照度水平宜满足视觉暗适应的要求。对于陈列对光特别敏感的物体的低照度展室，应设置视觉适应的过渡区。

(2) 在完全采用人工照明的博物馆中必须设置应急照明。在珍贵展品展室及重要藏品库房应设置警卫照明。

(3) 展厅灯光宜采用智能灯光控制系统自动调光。对光敏感的文物应尽量减少受光时间，在展出时应采取 “人到灯亮人走灯灭”的控制措施。

(4) 开关控制面板的布置应避开观众活动区域。

2. 光源和灯具：

(1) 展厅、藏品库、文物修复室和实验室的照明要求较高，应从展示效果及保护文物出发严格选择光源和灯具。应根据识别颜色要求和场所特点，选用相应显色指数的光源。其中，对光特别敏感的展品应采用过滤紫外线辐射的光源，对光不敏感的展品可采用金属卤化物灯。

(2) 展厅采用直装式导轨灯，以方便布展照明。对于具有立体造型的展品，为突出其质感效果可设置一定数量的聚光灯或射灯。应根据陈列对象及环境对照明的要求选择灯具或采用经专门设计的灯具。

(3) 博物馆的照明光源宜采用高显色荧光灯、高显色LED、小型金属卤化物灯和PAR灯，并应限制紫外线对展品的不利影响。当采用卤钨灯时，其灯具应配以抗热玻璃或滤光层。

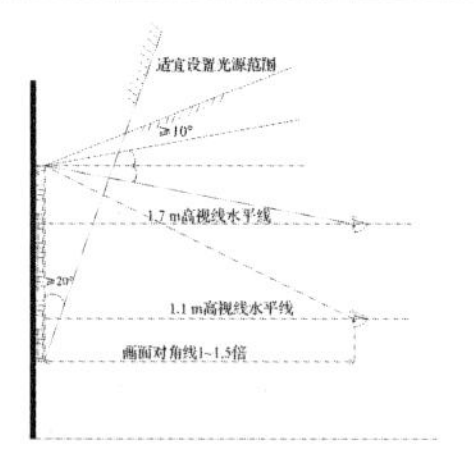

壁挂陈列照明剖面图

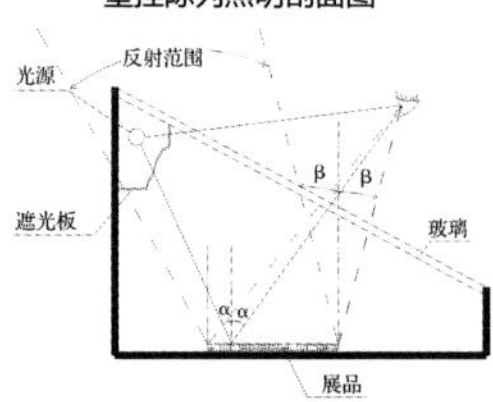

展柜陈列照明剖面图

博物馆建筑照明设计

3.陈列照明：

（1）壁挂陈列照明，宜采用定向性照明。对于壁挂式展示品，在保证必要照度的前提下，应使展示品表面的亮度在25 cd/m²以上，并应使展示品表面的照度保持一定的均匀性，最低照度与最高照度之比应大于0.75。对于有光泽或放入玻璃镜柜内的壁挂式展示品，照明光源的位置应避开反射干扰区；为了防止镜面映像，应使观众面向展示品方向的亮度与展示品表面亮度之比应小于0.5。

（2）立体展品陈列照明，应采用定向性照明和漫射照明相结合的方法，并以定向性照明为主。定向性照明和漫射照明的光源的色温应一致或接近。对于具有立体造型的展示品，宜在展示品的侧前方40°～60°处设置定向聚光灯，其照度宜为一般照度的3～5倍，当展示品为暗色时，定向聚光灯的照度应为一般照度的5～10倍。

（3）展柜陈列照明，展柜内光源所产生的热量不应滞留在展柜中。观众不应直接看见展柜中或展柜外的光源。陈列橱柜的照明应注意照明灯具的配置和遮光板的设置，防止直射眩光；不应在展柜的玻璃面上产生光源的反射眩光，并应将观众或其他物体的映像减少到最低程度。

4.展品的保护设计要求：

（1）应减少灯光和天然光中的紫外线辐射，使光源的紫外线相对含量小于20 μW / lm。

（2）对光敏感的展品或藏品应控制年曝光量。

（3）对于在灯光作用下易变质退色的展示品，应选择低照度水平和采用可过滤紫外线辐射的灯具；对于机械装置和雕塑等展品，应有较强的灯光。弱光展示区宜设在强光展示区之前，并应使照度水平不同的展厅之间有适宜的过渡照明。

会展建筑分级及主要用电负荷分级

不同会展建筑主要用电负荷分级

会展建筑规模（按基地以内的展览面积划分）	主要用电负荷名称	负荷级别
特大型	应急响应系统	一级负荷特别重要负荷
	客梯、排污泵、生活水泵	一级负荷
	展厅照明、主要展览用电、通风机、闸口机	二级负荷
大型	客梯	一级负荷
	展厅照明、主要展览用电、排污泵、生活水泵、通风机、闸口机	二级负荷
中型	展厅照明、主要展览用电、客梯、排污泵、生活水泵、通风机、闸口机	二级负荷
小型	主要展览用电、客梯、排污泵、生活水泵	二级负荷

会展建筑分级

会展建筑规模	总展览面积S（m²）
特大型	$S>100\ 000$
大型	$30\ 000<S\leqslant 100\ 000$
中型	$10\ 000<S\leqslant 30\ 000$
小型	$S\leqslant 10\ 000$

展厅分级

展厅等级	展厅的展览面积S（m²）
甲等	$S>10\ 000$
乙等	$5\ 000<S\leqslant 10\ 000$
丙等	$S\leqslant 5\ 000$

会展建筑配电设计

1. 负荷密度估算可根据展览内容、形式参考选取：
   - 轻型展：50～100 W/m²。
   - 中型展：100～200 W/m²。
   - 重型展：200～300 W/m²。
2. 特大型会展建筑宜设自备应急柴油发电机组。
3. 特大型会展建筑的展览设施用电宜设单独变压器供电，专用变压器的负荷率不宜大于70%。
4. 室外展场宜选用预装式变电站，单台容量不宜大于1 000 kV·A。
5. 会展建筑的照明、电力、展览设施等的用电负荷、临时性负荷宜分别自成配电系统。
6. 由展览用配电柜配至各展位箱（或展位电缆井）的低压配电宜采用放射式或放射式与树干式相结合的配电方式。
7. 会展建筑应采用低烟无卤阻燃电力电缆、电线或无烟无卤阻燃电力电缆、电线。
8. 主沟、辅沟内明敷设的电力电缆可根据当地环境条件，选用防鼠型或防白蚁型。
9. 展览用配电柜专为展区内展览设施提供电源，宜按不超过600 m²展厅面积设置一个。每2~4个标准展位宜设置一个展位箱。

会展建筑照度标准值

会展建筑照度标准

房间或场所		参考平面及其高度	照度标准值(lx)	统一眩光值 *UGR*	照度均匀度 U_0	一般显色指数 R_a	照明功率密度限值（W/m²）		备注
							现行值	目标值	
会议室、洽谈室		0.75 m水平面	300	19	0.6	80	≤9	≤8	—
多功能厅、宴会厅		0.75 m水平面	300	22	0.6	80	≤13.5	≤12	
展馆展厅	一般	地 面	200	22	0.6	80	≤9	≤8	净空高度≤16 m
	高档	地 面	300	22	0.6	80	≤13.5	≤12	净空高度≤16 m
登录厅、公共大厅		地 面	200	22	0.4	80	≤9	≤8	净空高度≤16 m

会展建筑照明设计

1. 正常照明光源应选用高显色性光源，应急照明光源应选用能瞬时可靠点燃的光源。
2. 正常照明设计宜采用一组变压器的两个低压母线段分别引出专用回路各带50%灯具交叉布置的配电方式。
3. 登录厅、观众厅、展厅、多功能厅、宴会厅、大会议厅、餐厅等人员密集场所应设置疏散照明和安全照明。展厅安全照明的照度值不宜低于一般照明照度值的10%。
4. 装设在地面上的疏散指示标志灯承压能力应能满足所在区域的最大荷载要求，防止被重物或外力损伤，且应具有IP54及以上的防护等级。
5. 按建筑使用条件和天然采光状况采取分区、分组控制措施。集中照明控制系统应具备清扫、布展、展览等控制模式。

举办重要会议场所设计

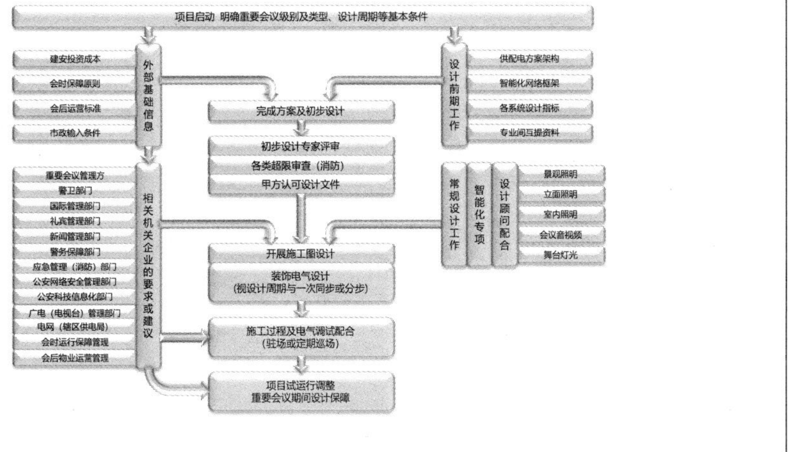

举办重要会议场所设计

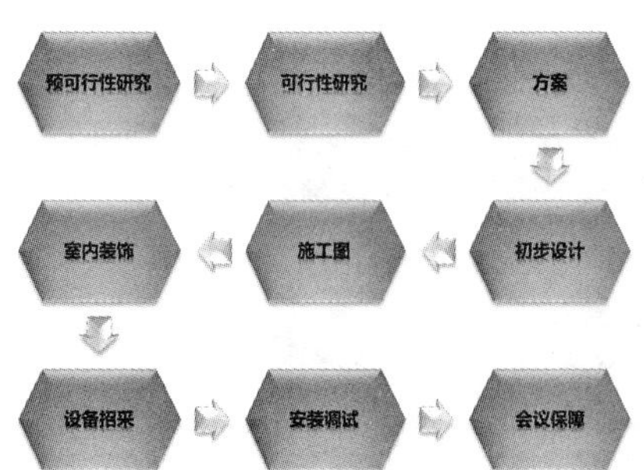

- 峰会项目周期短、任务重、需求多。
- 通常采用设计总包或总控方式。
- 设计团队全过程控制。
- 制定图纸设计及现场配合计划。
- 统筹管理分包设计。
- 沟通会务主管及保障部门。
- 预判可能发生的问题。

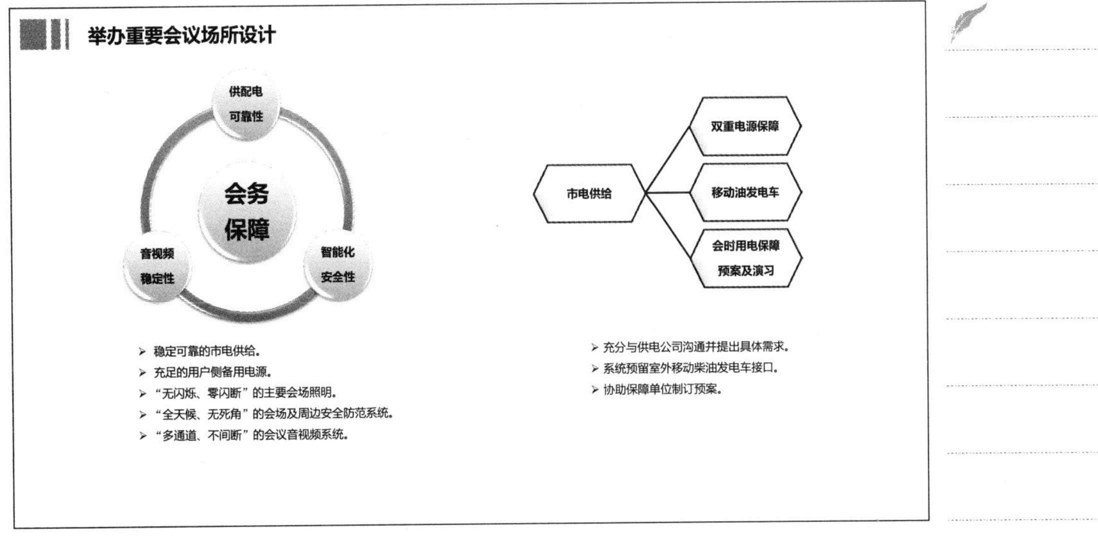
举办重要会议场所设计
供配电
可靠性
会务
保障
音视频
稳定性
智能化
安全性
市电供给
双重电源保障
移动油发电车
会时用电保障
预案及演习
➢ 稳定可靠的市电供给。
➢ 充足的用户侧备用电源。
➢ “无闪烁、零闪断”的主要会场照明。
➢ “全天候、无死角”的会场及周边安全防范系统。
➢ “多通道、不间断”的会议音视频系统。
➢ 充分与供电公司沟通并提出具体需求。
➢ 系统预留室外移动柴油发电车接口。
➢ 协助保障单位制订预案。

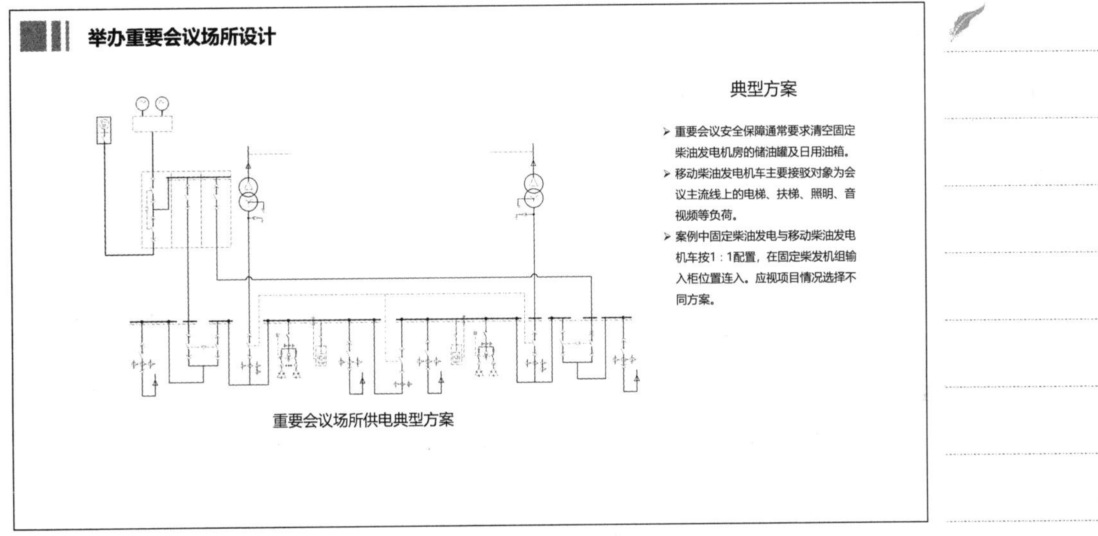
举办重要会议场所设计
典型方案
➢ 重要会议安全保障通常要求清空固定柴油发电机房的储油罐及日用油箱。
➢ 移动柴油发电机车主要接驳对象为会议主流线上的电梯、扶梯、照明、音视频等负荷。
➢ 案例中固定柴油发电与移动柴油发电机车按1：1配置，在固定柴发机组输入柜位置连入。应视项目情况选择不同方案。
重要会议场所供电典型方案

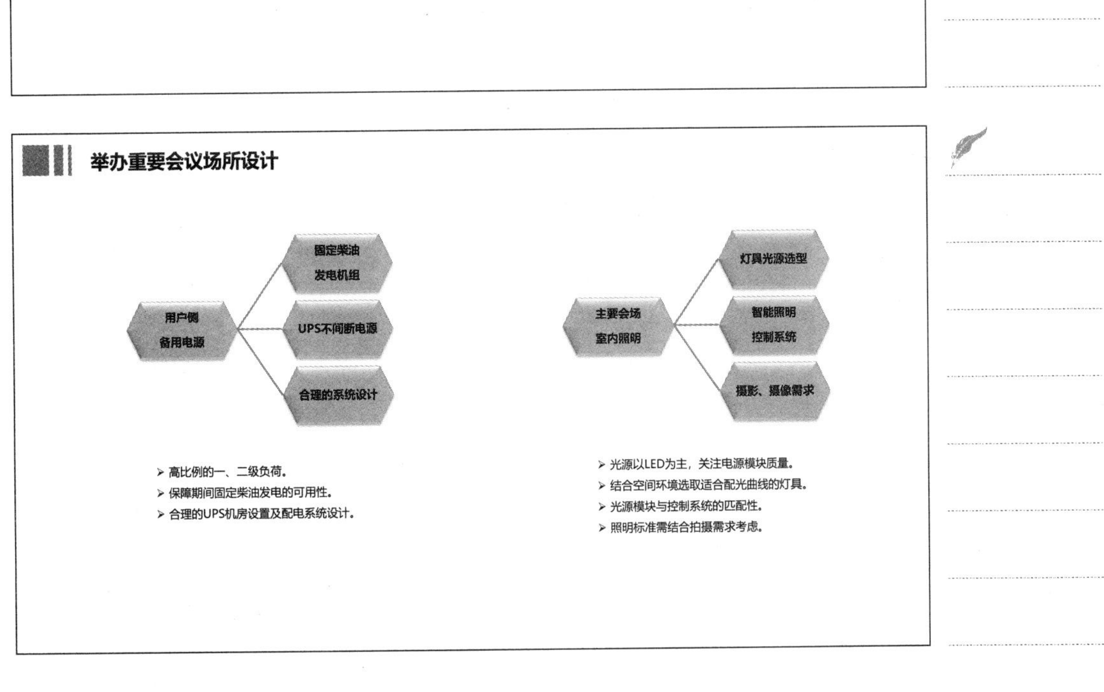
举办重要会议场所设计
用户侧
备用电源
固定柴油
发电机组
UPS不间断电源
合理的系统设计
主要会场
室内照明
灯具光源选型
智能照明
控制系统
摄影、摄像需求
➢ 高比例的一、二级负荷。
➢ 保障期间固定柴油发电的可用性。
➢ 合理的UPS机房设置及配电系统设计。
➢ 光源以LED为主，关注电源模块质量。
➢ 结合空间环境选取适合配光曲线的灯具。
➢ 光源模块与控制系统的匹配性。
➢ 照明标准需结合拍摄需求考虑。

5.2 智能化设计

博览建筑智能化设计应根据博览建筑性质、规模配置智能化系统，不仅要满足博物馆建筑业务运行和物业管理的信息化应用需求，而且要满足管理人员远程及异地访问授权服务器的需要，控制人流密度，满足文物对环境安全的控制要求，避免腐蚀性物质、CO_2、温度、湿度、光照、漏水等对文物和展品的影响，并应考虑高大空间对传感器设置的影响。

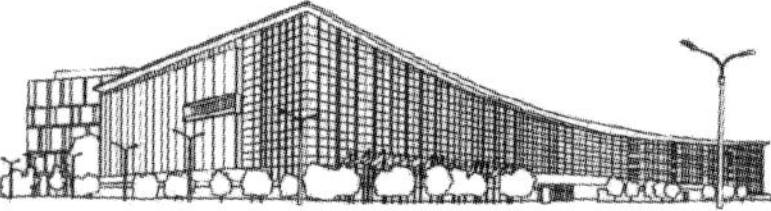

博物馆建筑智能化系统配置

博物馆建筑智能化系统配置表（一）

智能化系统			小型博物馆	中型博物馆	大型博物馆
信息化应用系统	公共服务系统		宜配置	应配置	应配置
	智能卡应用系统		宜配置	应配置	应配置
	物业管理系统		可配置	宜配置	应配置
	信息设施运行管理系统		可配置	宜配置	应配置
	信息安全管理系统		可配置	宜配置	应配置
	通用业务系统	基本业务办公系统	按国家现行有关标准进行配置		
	专业业务系统	博物馆业务信息化系统			
智能化集成系统		智能化信息集成(平台)系统	可配置	宜配置	应配置
		集成信息应用系统	可配置	宜配置	应配置

注：1.信息化应用系统的配置应满足博物馆建筑业务运行和物业管理的信息化应用需求。博物馆信息化应用系统以信息设施系统为技术平台组成文化遗产数字资源系统、藏品管理系统、陈列展示系统、导览服务系统、数字博物馆系统和业务办公自动化等各个功能子系统。
2.博物馆应根据规模、等级设置智能化系统集成。

博物馆建筑智能化系统配置

博物馆建筑智能化系统配置表（二）

智能化系统			小型博物馆	中型博物馆	大型博物馆
信息化设施系统	信息接入系统		应配置	应配置	应配置
	布线系统		应配置	应配置	应配置
	移动通信室内信号覆盖系统		应配置	应配置	应配置
	用户电话交换系统		宜配置	应配置	应配置
	无线对讲系统		宜配置	宜配置	应配置
	信息网络系统		应配置	应配置	应配置
	有线电视系统		应配置	应配置	应配置
	公共广播系统		宜配置	应配置	应配置
	会议系统		宜配置	应配置	应配置
	信息导引及发布系统		宜配置	应配置	应配置
建筑设管理系统		建筑设备监控系统	宜配置	应配置	应配置
		建筑能效监管系统	宜配置	应配置	应配置

注：1.信息接入系统应满足博物馆管理人员远程及异地访问授权服务器的需要。
2.特大型、大型博物馆应设置公共信息查询系统。主要出入口、休息区和各展厅出入口处宜设置信息查询终端。
3.博物馆的主要出入口和需控制人流密度的场所宜设置客流分析系统。
4.建筑设备管理系统应满足文物对环境安全的控制要求，避免腐蚀性物质、CO_2、温度、湿度、光照和漏水等对文物的影响。应对文物熏蒸、清洗、干燥等处理、文物修复等工作区的各种有害气体浓度实时监控。
5.文物保存环境的相对湿度范围宜控制在50%～55%，相对温度不得大于65%、不得小于40%。环境相对湿度日波动值宜控制在5%以内。文物保存环境的温度日波动值宜控制在50℃幅度内。

博物馆建筑智能化系统配置

博物馆建筑智能化系统配置表（三）

智能化系统			小型博物馆	中型博物馆	大型博物馆
公共安全系统	火灾自动报警系统		按国家现行有关标准进行配置		
	安全技术防范系统	入侵报警系统			
		视频安防监控系统			
		出入口控制系统			
		电子巡查系统			
		安全检查系统			
		停车库(场)管理系统	宜配置	宜配置	应配置
	安全防范综合管理(平台)系统		可配置	宜配置	应配置

注：1.藏品库房应设置感烟、感温探测器，宜设置吸气式探测器、红外光束感烟探测器等探测设备。
2.高度大于12 m的场所，选择两种及以上火灾探测参数的火灾探测器，此区域电气线路应设置电气火灾监控探测器，照明线路上应设置具有探测故障电弧功能的电气火灾监控探测器。
3.大、中型以上博物馆，主要疏散通道的地面上应设置能保持视觉连续的灯光疏散指示标志或蓄光疏散指示标志。
4.纸质文物、丝绸织绣品的库区和展览区宜采用气体灭火系统。

博物馆建筑智能化系统配置

博物馆建筑智能化系统配置表（四）

智能化系统		小型博物馆	中型博物馆	大型博物馆
机房工程	信息接入机房	应配置	应配置	应配置
	有线电视前端机房	应配置	应配置	应配置
	信息设施系统总配线机房	应配置	应配置	应配置
	智能化总控室	应配置	应配置	应配置
	信息网络机房	可配置	应配置	应配置
	用户电讯交换机房	宜配置	应配置	应配置
	消防控制室	应配置	应配置	应配置
	安防监控中心	应配置	应配置	应配置
	智能化设备间(弱电间)	应配置	应配置	应配置
	机房安全系统	按国家现行有关标准进行配置		
	机房综合管理系统	可配置	宜配置	应配置

博物馆网络结构

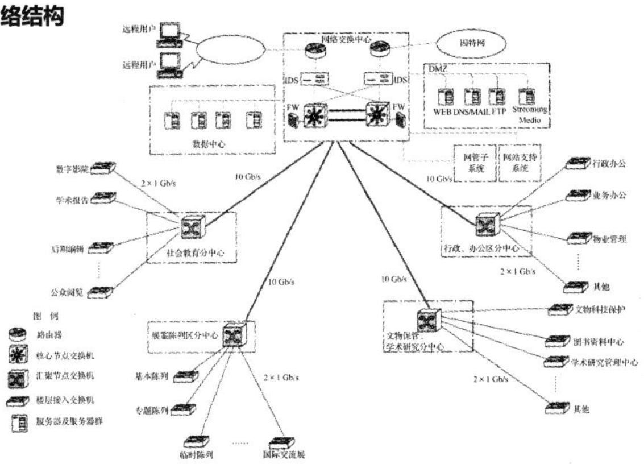

博物馆网络结构图

会展建筑智能化系统配置

会展建筑智能化系统配置表（一）

智能化系统			小型会展中心	中型会展中心	大型会展中心	特大型会展中心
信息化应用系统	公共服务系统		宜配置	应配置	应配置	应配置
	智能卡应用系统		应配置	应配置	应配置	应配置
	物业管理系统		宜配置	应配置	应配置	应配置
	信息设施运行管理系统		宜配置	应配置	应配置	应配置
	信息安全管理系统		宜配置	应配置	应配置	应配置
	通用业务系统	基本业务办公系统	按国家现行有关标准进行配置			
	专业业务系统	会展建筑业务运营系统				
		票务管理系统				
		自助寄存系统				
智能化集成系统		智能化信息集成(平台)系统	宜配置	应配置	应配置	应配置
		集成信息应用系统	宜配置	应配置	应配置	应配置

注：1.信息化应用系统的配置应满足会展建筑业务运行和物业管理的信息化应用需求。
2.会展应根据规模、等级设置智能化系统集成。

会展建筑智能化系统配置

会展建筑智能化系统配置表（二）

智能化系统		小型会展中心	中型会展中心	大型会展中心	特大型会展中心
信息化设施系统	信息接入系统	应配置	应配置	应配置	应配置
	布线系统	应配置	应配置	应配置	应配置
	移动通信室内信号覆盖系统	应配置	应配置	应配置	应配置
	用户电话交换系统	宜配置	应配置	应配置	应配置
	无线对讲系统	应配置	应配置	应配置	应配置
	信息网络系统	应配置	应配置	应配置	应配置
	有线电视系统	应配置	应配置	应配置	应配置
	公共广播系统	应配置	应配置	应配置	应配置
	会议系统	宜配置	应配置	应配置	应配置
	信息导引及发布系统	应配置	应配置	应配置	应配置
	时钟系统	可配置	宜配置	应配置	应配置
建筑设管理系统	建筑设备监控系统	宜配置	应配置	应配置	应配置
	建筑能效监管系统	宜配置	应配置	应配置	应配置

注：1.信息接入系统应满足会展建筑管理人员远程及异地访问授权服务器的需要。
2.特大型、大型会展建筑应设置公共信息查询系统。主要出入口、休息区和各展厅出入口处宜设置信息查询终端。
3.会展建筑的主要出入口和需控制人流密度的场所宜设置客流分析系统。
4.特大型、大型会展建筑广播系统应采用主控-分控的网络架构方式。

会展建筑智能化系统配置

会展建筑智能化系统配置表（三）

智能化系统			小型剧场	中型剧场	大型剧场	特大型剧场
公共安全系统	火灾自动报警系统		按国家现行有关标准进行配置			
	安全技术防范系统	入侵报警系统				
		视频安防监控系统				
		出入口控制系统				
		电子巡查系统				
		安全检查系统				
		停车库(场)管理系统	可配置	宜配置	应配置	应配置
	安全防范综合管理(平台)系统		宜配置	应配置	应配置	应配置

注：1.高度大于12 m的展厅、登录厅和会议厅等高大空间场所，选择两种及以上火灾探测参数的火灾探测器，此区域电气线路应设置电气火灾监控探测器，照明线路上应设置具有探测故障电弧功能的电气火灾监控探测器。
2.根据需要可在观众主要出入口处设置闸口系统，X射线安检设备、金属探测门和爆炸物检测仪等防爆安检系统。
3.特大型会展建筑宜设置应急响应系统。

会展建筑智能化系统配置

会展建筑智能化系统配置表（四）

智能化系统		小型剧场	中型剧场	大型剧场	特大型剧场
机房工程	信息接入机房	应配置	应配置	应配置	应配置
	有线电视前端机房	应配置	应配置	应配置	应配置
	信息设施系统总配线机房	应配置	应配置	应配置	应配置
	智能化总控室	应配置	应配置	应配置	应配置
	信息网络机房	应配置	应配置	应配置	应配置
	用户电讯交换机房	宜配置	应配置	应配置	应配置
	消防控制室	应配置	宜配置	应配置	应配置
	安防监控中心	应配置	应配置	应配置	应配置
	应急响应中心	可配置	宜配置	应配置	应配置
	智能化设备间(弱电间)	应配置	应配置	应配置	应配置
	机房安全系统	按国家现行有关标准进行配置			
	机房综合管理系统	可配置	宜配置	应配置	应配置

举办重要会议场所设计

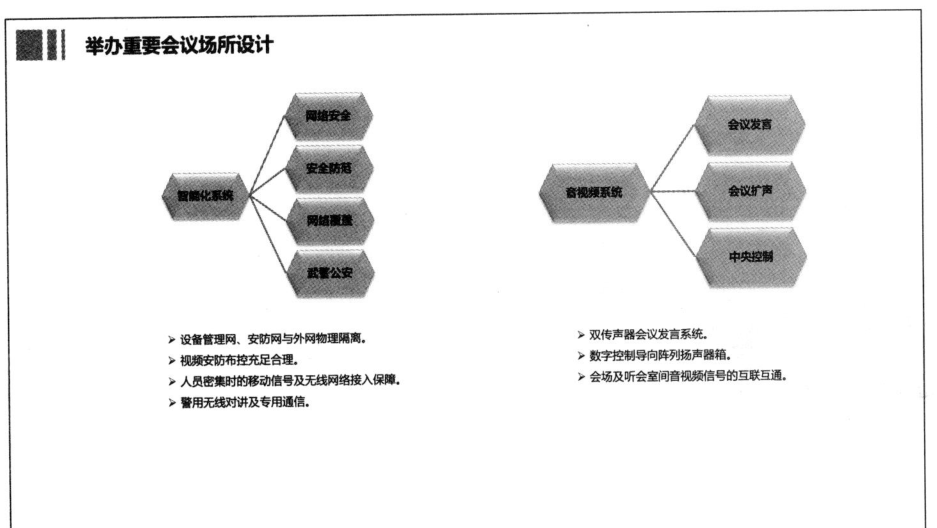

举办重要会议场所设计

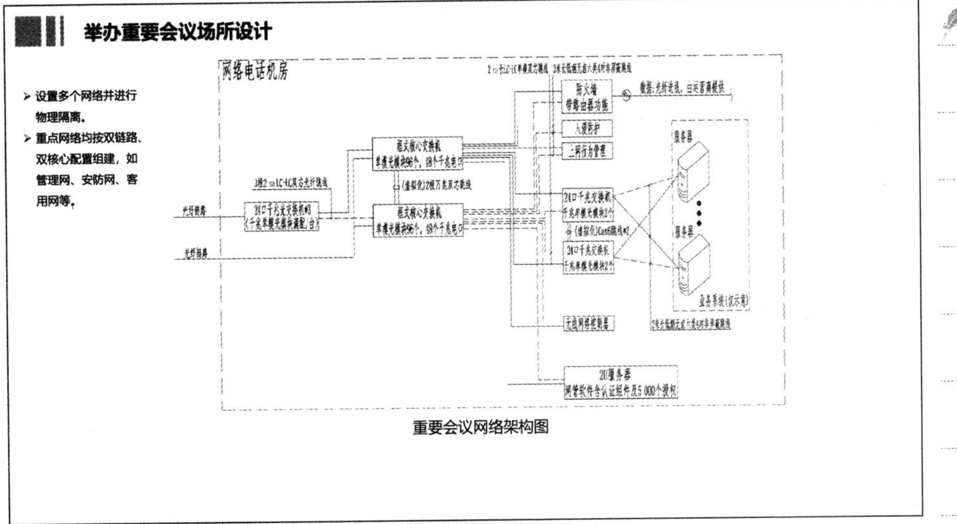

重要会议网络架构图

举办重要会议场所设计

- 采用双传声器发言系统实现扩声系统与会议系统互为备份。
- 配设额外的有线会议传声器、无纸化多媒体会议发言单元、数字无线会议发言单元。

重要会议音响系统示意图

举办重要会议场所设计

- 会议各主要流线区域实现360°无死角、全覆盖的视频监控。
- 采用1080P数字高清摄像头，存储按6M、90天设置，通过网闸与外网连接。
- 正式会议期间，主要流线区域在重要VIP人员通过时，需要根据主管部门要求技防、撤防，进行人员布控设防。
- 重要出入口等重要部位的摄像机具备视频分析侦测功能。

5.3 会议中心电气设计实例

本工程总建筑面积409 000 m²，地上总建筑面积约256 000 m²，地下总建筑面积约153 000 m²。建筑高度45 m，南北长约450 m，东西宽约200 m。防火设计建筑分类：一类；建筑耐火等级：一级；抗震设防烈度为8度；设计使用年限50年。由会议区、展览区组成，主要用于举办国务、政务及高端国际交往活动。

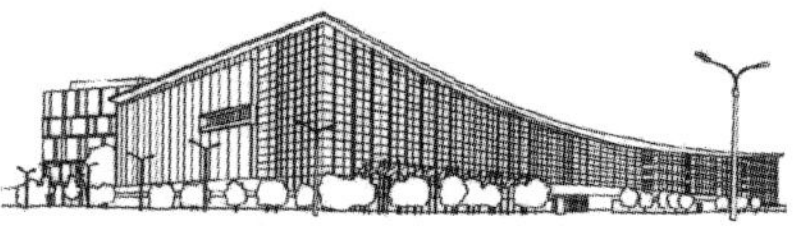

典型剖面

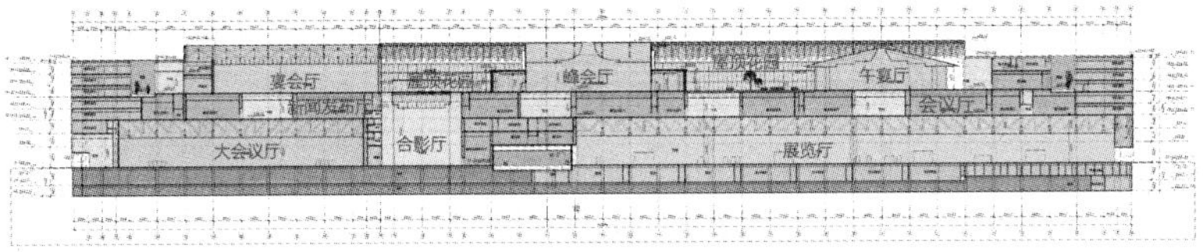

会议中心剖面图（一）

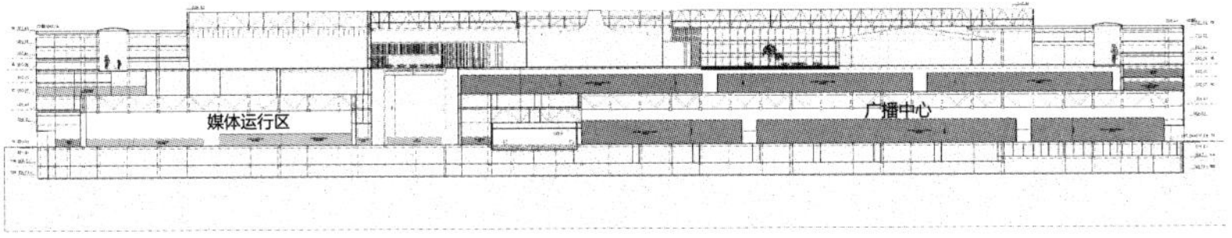

会议中心剖面图（二）

赛后使用需求

赛后重点区域主要由一层主会场、合影厅、展厅、序厅，二层会议厅、新闻发布厅，三层宴会厅、峰会厅、午宴厅及其配套用房等组成。

会议中心用于举办国务、政务及高端国际交往活动，供配电可靠性要求高。特别是主会场、合影厅、宴会厅、峰会厅和午宴厅等重点场所需设置供电保障措施，确保灯光、音视频等系统供电的连续可靠性。

重要的电梯用电，重要的安防、消防系统用电均应设置柴油发电机。

赛时使用需求

赛时分别作为主新闻中心、国际广播中心使用，为奥运会主要场馆。

新闻中心主要由摄影工作间、媒体工作间、新闻发布厅、远传同声传译室、医疗服务室、场馆运行区等组成。为奥运会注册文字与摄影媒体的中心工作地点。根据北京奥组委提供的技术文件的要求，文字记者工作间、摄影工作间、奥林匹克新闻服务（OIS）、媒体租用空间等为重要负荷，采用双路市电+室外发电机供电的方案。其中，文字及摄影记者工作间、新闻发布厅、摄影影像中心、OIS等关键点区域应设置不间断电源。

国际广播中心主要由特权转播商租赁、OBS办公、赛场接待、场馆运营等组成。其主体结构内部，各奥林匹克转播服务公司会后续搭建各自封闭区域，供其转播运行部门入驻。转播区用电变压器采用2N系统，并配有备用发电机供电，RHB区配置隔离变压器及UPS，确保供电可靠。

变电站、配电站、发电站设置

变、配电站发电站设置

名称	赛后容量（kV·A）	赛时容量（kV·A）
会议区高压配电室	24 000	16 000
会议1#变配电室	6x2 000	4x2 000
会议2#变配电室	6x2 000	4x2 000
会议柴油发电机房	1x1 500	—
展览区高压配电室	31 200	31 200
展览1#变配电室	2x1 600+2x2 000	2x1 600+2x2 000
展览2#变配电室	6x2 000	6x2 000
展览3#变配电室	6x2 000	6x2 000
展览柴油发电机房	1x1 500	—
制冷机房高/低压变配电室	13 400	5 570

赛后会议部分总装机容量：24 000 kV·A
赛时MPC部分总装机容量：16 000 kV·A

赛后展览部分总装机容量：31 200 kV·A
赛时IBC部分总装机容量：31 200 kV·A

采用集中冷源方案。
赛后集中冷源总装机容量：13 400 kV·A
赛时集中冷源总装机容量：5 570 kV·A

市政电源

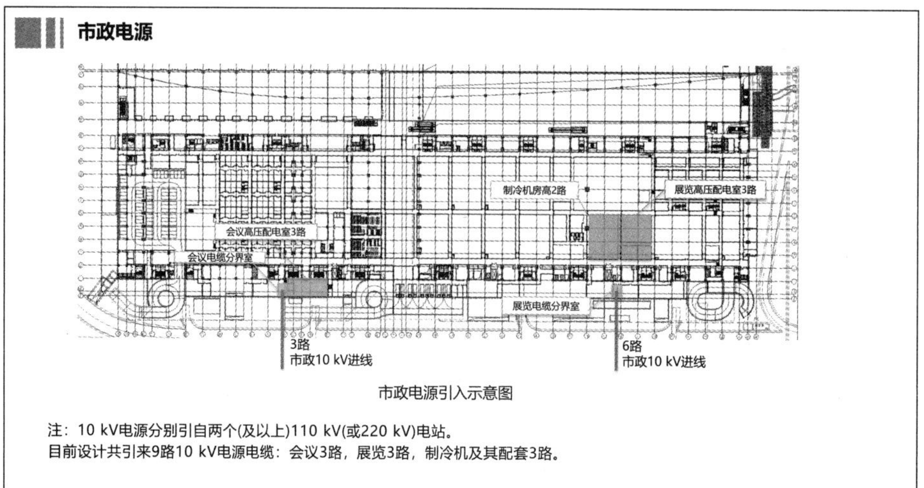

市政电源引入示意图

注：10 kV电源分别引自两个(及以上)110 kV(或220 kV)电站。
目前设计共引来9路10 kV电源电缆：会议3路，展览3路，制冷机及其配套3路。

变电站、配电站、发电站设置

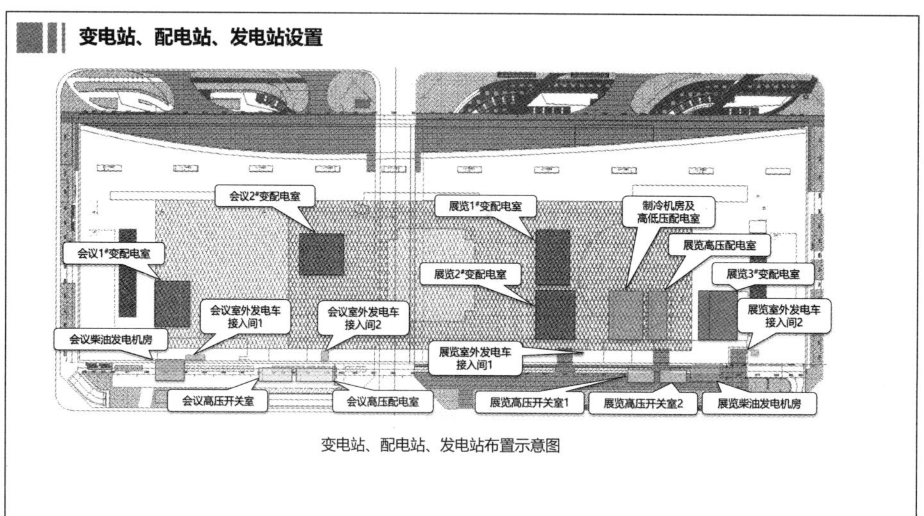

变电站、配电站、发电站布置示意图

高压系统主接线

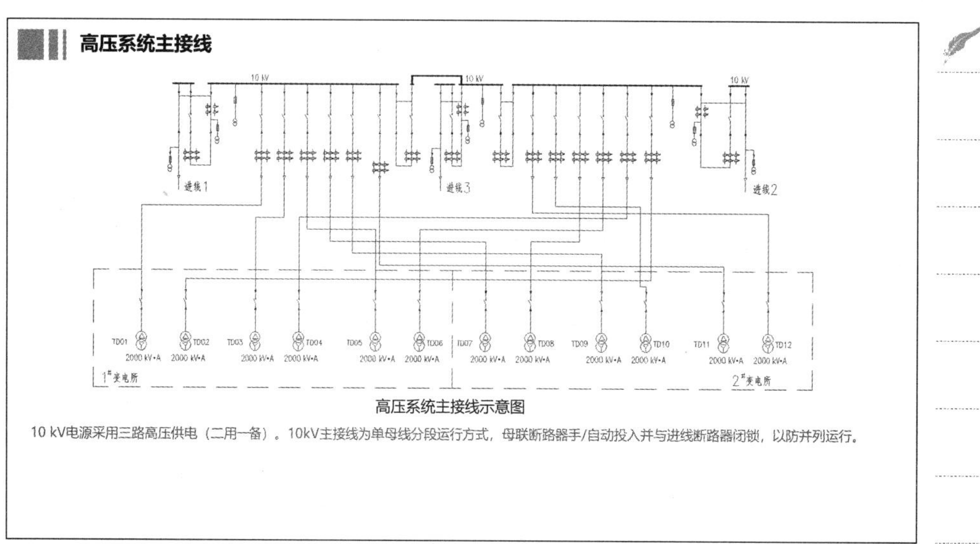

高压系统主接线示意图

10 kV电源采用三路高压供电（二用一备）。10kV主接线为单母线分段运行方式，母联断路器手/自动投入并与进线断路器闭锁，以防并列运行。

低压配电系统

一、 低压系统主接线

- 消防负荷采用分组方案。消防泵、消防电梯、应急照明等重要消防负荷可由室内柴油发电机供电。
- 弱电机房、VIP电梯等重要负荷可由室内柴油发电机供电。
- 重要会议负荷预留室外发电车接口，确保供电可靠。

二、 重要负荷保障方案

为确保合影区、主会场、宴会厅、峰会厅和午宴厅等重要场所的照明、音视频会议系统的供电可靠性，设置了两组变压器（含室外发电车供电）+末端互投+UPS的形式，确保供电持续、可靠。

三、 赛时MPC配电方案

赛时MPC沿用赛后方案，采用二用一备的高压供电。重要负荷预留快速发电车接口。

低压配电系统

四、 赛时MPC重要负荷保障方案

根据国际奥委会的技术要求，文字及摄影记者工作间、新闻发布厅、摄影影像中心、OIS等需设置不间断电源系统，同时预留发电车快速接口，确保事故时的电力供应。

重要赛时负荷供电的ATSE均采用带旁路型，确保ATSE检修时的供电可靠性。

五、 赛时IBC转播区配电方案

4路高压进线，二用二备。变压器采用2N系统，互为备用。柴油发电机按2N设置，一用一备。

RHB转播区按OBS要求设置隔离变压器及UPS 。

六、 赛时空调冷源系统配电方案

根据OBS的要求，空调冷源系统高压电源采用二用一备方案。

展览配电方案

展览用配电柜专为展区内展览设施提供电源，

宜按不超过400~600 m²展厅面积设置一个。

展厅地面
强电开关
插头
不锈钢盖板
出线箱框架
金属软管
强电槽
弱电槽
线槽支架

地沟展位配电箱安装示意

IP44单相插头
IP44单相插座
IP67三相插头
IP67三相插座
IP67强电防护罩
IP67弱电防护罩
漏电保护器
微型断路器

展位地面配电箱

展览配电方案

开关柜编号	1AP-Z1								
开关柜型号	1 000 mmx2 000 mmx600 mm IP54								
主接线 P_e =160 kW K_x =0.8 P_{js} =128 kW $\cos\phi$ =0.8 I_{js} =243 A	SPD BYJ(4×16)	TMY[4(40×5)+1(30×4)]							L1
展位箱		[illegible]	[illegible]	[illegible]	[illegible]	[illegible]	[illegible]	预留出线	
支路编号	1-WPM1	WP1	WP2	WP3	WP4	WP5	WP6	WP7	
设备名称	展览用配电柜进线	展览预留	展览预留	展览预留	展览预留	展览预留	展览预留	展览预留	控制电源
线缆规格 WDZ-YJY(防鼠型)	4×185+1×95	4×70+1×35	4×70+1×35	4×70+1×35	4×70+1×35	4×70+1×35	4×70+1×35	4×95+1×50	
隔离开关	400A/3P								
断路器		MCCB-160A/3P	MCCB-160A/3P	MCCB-160A/3P	MCCB-160A/3P	MCCB-160A/3P	MCCB-160A/3P	MCCB-200A/3P	MCCB-10A
电流互感器 BH	3×350/5								
综合网络型仪表及监控模块	综合网络型仪表	8路监控模块							
备注									

典型展览用配电柜系统图

展区照明设计

1F会展区照明设计
区域空间简介
面积：18682.28m²
高度：18m
照明方式：吊装LED高天棚灯+Dynalite智能照明控制系统

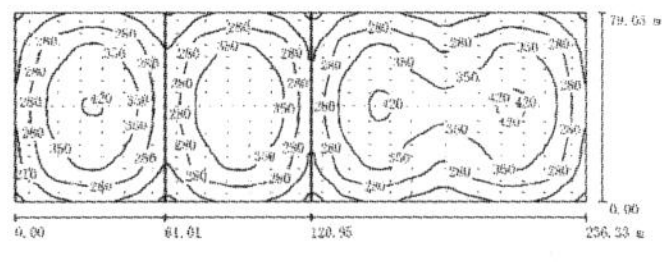

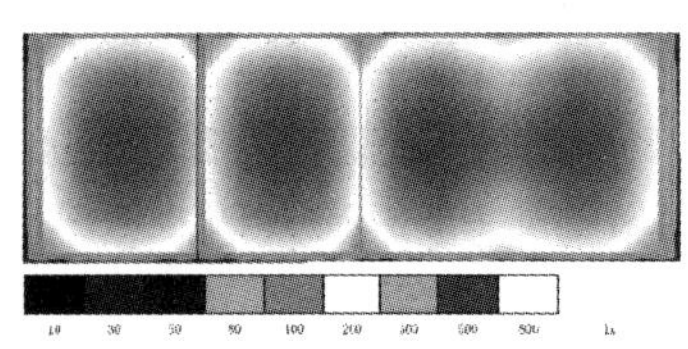

灯光信息			
灯具型号：	BY698P LED200	灯具功率：	160 W
光源色温：	4 000 K	光源显色性：	CRI 85 R9≥0
系统效率：	130 lm/W	光束角度：	WB 宽光束
IP防护等级：	63	流明维持率：	100 000 Hrs
灯具尺寸：	直径ø452，W454，H107	灯具数量：	370 盏
计算结果			
灯具安装高度：	17 m	灯具排布间距：	9 m×5 m/4.5 m×4.5 m
地面照度：	333 lx	功率密度：	3.16 W/m²

控制方式

1. 此区域使用Dynalite智能照明控制系统，以达到绿色建筑的照明要求。
2. 分区域可进行on/off开关控制，以实现节约能耗要求。
3. 按照运营状态，对每个区域进行灯具亮度调节，大大增加功耗的节能量。

智能照明框架与实现方式

室外景观照明接口
景观照明专用控制系统
3F楼层控制器
预留宴会区照明控制系统
3F
2F楼层控制器
预留会议区照明控制系统
2F
1F楼层控制器
1F会展区照明控制
1F办公区照明控制
1F
B1F楼层控制器
B1F设备间照明控制
B1F公共区照明控制
B1F
B2F楼层控制器
专用网关连接至停车管理系统
B2F车库区照明控制
B2F
智能照明系统控制终端

智能照明系统架构示意

智能照明框架与实现方式

●主干系统：

主干系统使用485总线作为传输链路,系统成熟稳定。由于使用分布式存储,只有在系统进行重新定义或更新时,总线系统才会有大的数据,一般工作时,只传输调用信息,调用信息传输到受控执行模块后,模块根据已经存在内部的动作信息进行动作。因此系统主干的数据压力小,整体系统运行效率高。

总线最长有效距离为1 km,当接近或超过1 km时,增加放大器即可再传输1 km距离。在总线上最多可以设置100个楼层控制器(网桥),最多可以划分255个控制区域。

●支路系统：

支路由主干网络的楼层控制器(网桥)连接而出,每个支路总线最长距离可以到1 km,超过1 km使用放大器进行延续。支路总线上最多可以设置100个设备,最多可以划分255个控制区域。

支路系统可以通过特殊设备与其他类型的设备进行连接并通信,如通过以太网控制器可以与PE照明控制系统连接并实现互通控制,由POE完成光通信、POE灯具供电和控制功能,而由支路系统提供传感器、智能面板等传统交互界面,达到需要个性设置时可以做到,需要统一控制时也能做到的目的。

支路系统还可以通过特殊设备与其他设施连接,如空调系统、窗帘系统等,尤其是窗帘系统当采用窗帘控制+光感传感器+调光灯具的组合时,可以实现人工照明智能补偿天然采光的功能。

●末端系统。

智能照明框架与实现方式

照明末端设备在展厅、办公、车库几个空间内均采用LED可DAL调光灯具。而末端灯具控制是供电+弱电双控制的方式纳入智能系统中,这样带来的好处是：

1.软关灯+断电方式,可以将灯具驱动器的待机功耗彻底归零。

2.软关灯+断电方式,可以防止在检修等操作时可能带来的麻烦和触电危险。

● 信息共享与能源管理：

智能控制系统可以实现必要信息的共享,在本项目中,车库部分设置有停车位传感器,车辆位置信息可以传递给停车管理系统,为日后可能用到的“引导进入空车位”等人性化操作创造数据基础。

本系统在终端使用计算机客户端管理软件进行本地管理,可以通过云平台让在线用户远程查看状态和数据汇总(可以设定多个等级的安全权限)。

线路敷设

主会场、合影厅、宴会厅、峰会厅和午宴厅等重要区域的音视频、灯光配电由就近设置的UPS供电。前端分别由两个变电室经不同路由引入，确保供电的安全可靠。

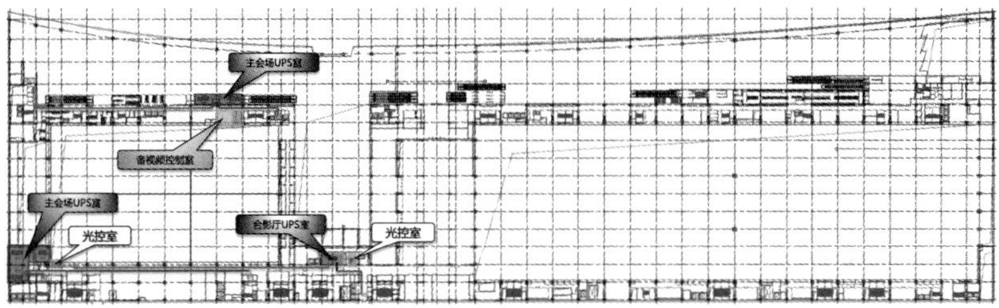

会议厅电力线路敷设示意图

线路敷设

主会场、合影厅、宴会厅、峰会厅和午宴厅等重要区域的音视频、灯光配电由就近设置的UPS供电。前端分别由两个变电室经不同路由引入，确保供电的安全可靠。

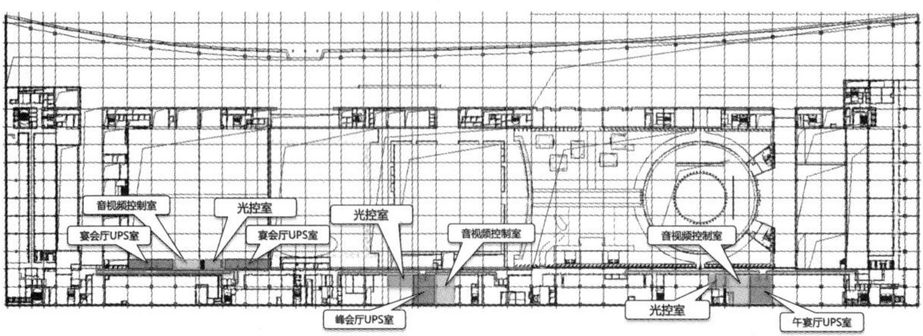

宴会厅电力线路敷设示意图

配电分区

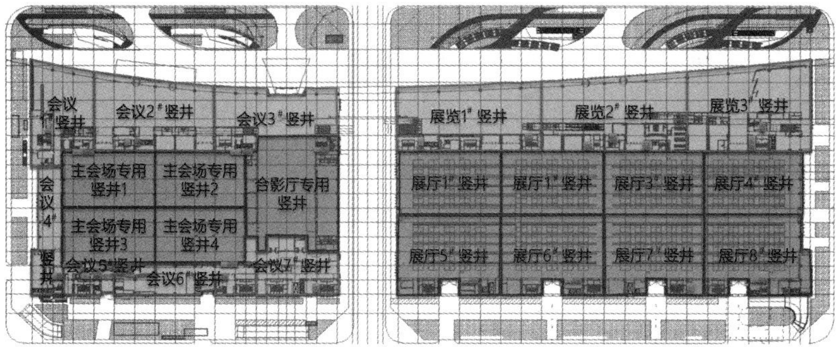

配电分区示意图

消防主要机房布置

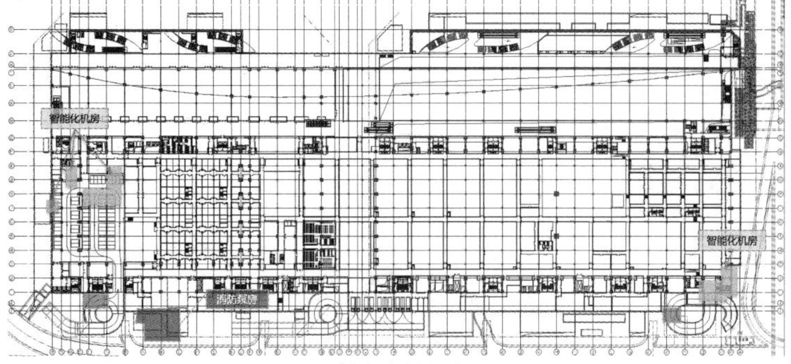

电气机房布置示意

消防控制兼保安监控中心：会议、展览区B1层分设，有直通室外的疏散楼梯。

重点场所火灾自动报警设计

一层序厅、主会场、合影区等高大空间场所，设置空气采样+红外对射报警探测系统。
三层宴会厅、峰会厅、午宴厅主要吊顶高度均不大于12m，设置点式感烟探测器。
三层屋顶花园区域设置双波段火灾探测系统。

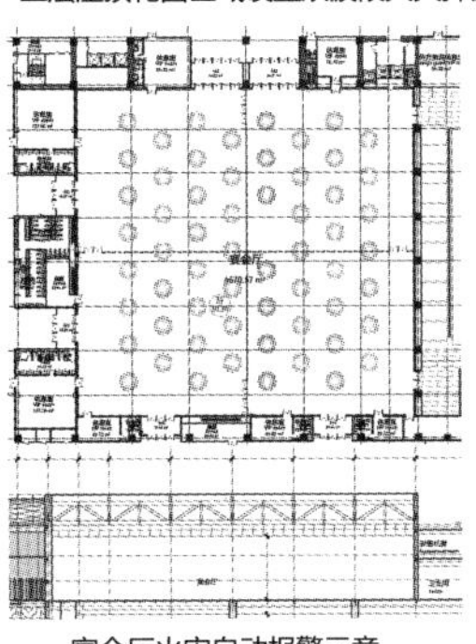
宴会厅火灾自动报警示意

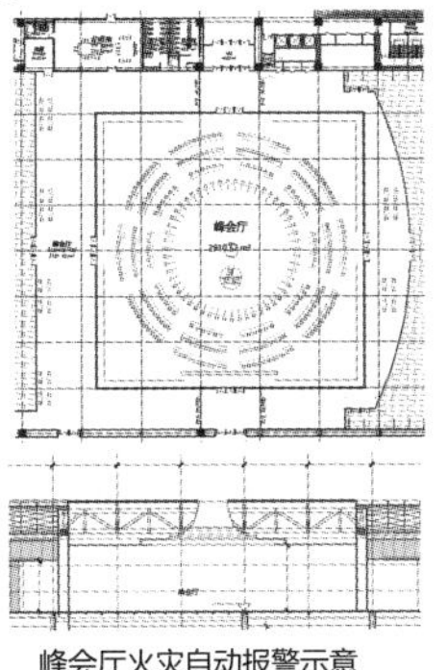
峰会厅火灾自动报警示意

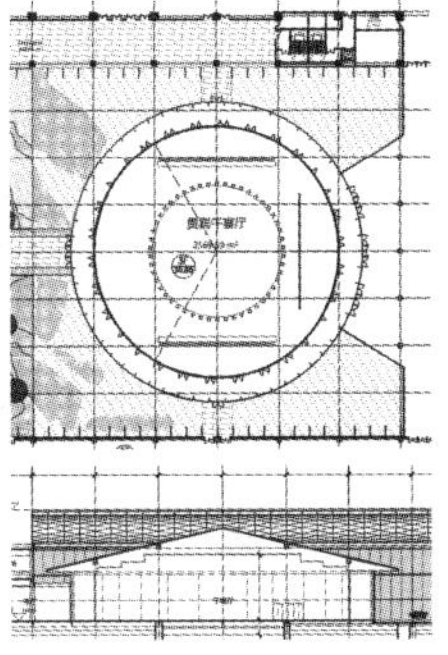
贵宾午宴厅火灾自动报警示意

人员疏散路径

地下一层：

受一层展厅、主会场等大空间影响，中心区域无法设置疏散楼梯。采用避难走道方案，连通各中心区域防火分区，导引人员疏散。避难走道设不低于10 lx的消防应急照明，地面设可保持视觉连续的疏散指示标志；直通避难走道的内部疏散通道设不低于5 lx的消防应急照明。

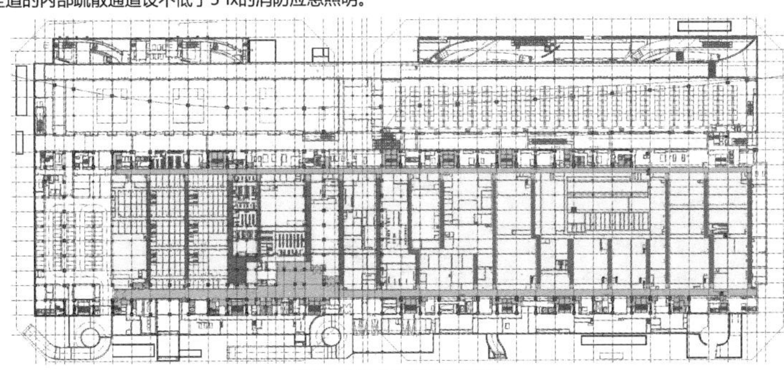
地下一层人员疏散路径示意

人员疏散路径

一层：

主会场、合影厅、展馆等大空间人员密集场所经序厅、门厅、后勤走道疏散。

人员密集大空间场所内设不低于10 lx的消防应急照明；划分主要疏散通道，地面设可保持视觉连续的疏散指示标志，确保人员可靠疏散。

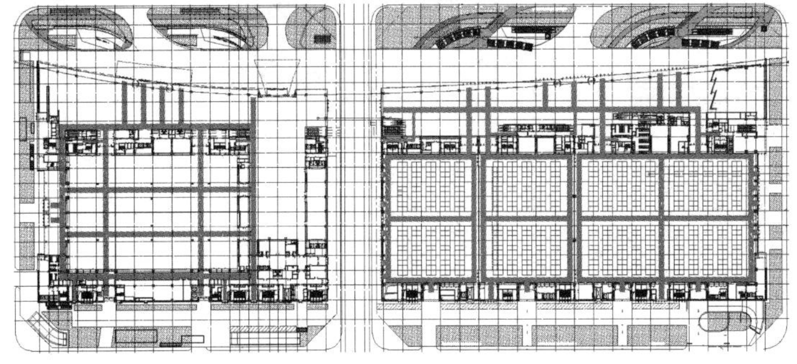
一层人员疏散路径示意

人员疏散路径

二层：

人员疏散时分别经东侧序厅、西侧疏散大走道、序厅及疏散大走道疏散楼梯向外疏散。

东侧序厅内划分主要疏散通道、西侧设疏散大走道，内设不低于5 lx的消防应急照明，地面设可保持视觉连续的疏散指示标志，确保人员可靠疏散。

二层人员疏散路径示意

人员疏散路径

三层：

宴会厅、峰会厅、午宴厅人员疏散时分别经东侧序厅、西侧疏散大走道疏散楼梯疏散。

各重要空间内均设不低于10 lx的消防应急照明；划分主要疏散走道，地面设可保持视觉连续的疏散指示标志，确保人员可靠疏散。

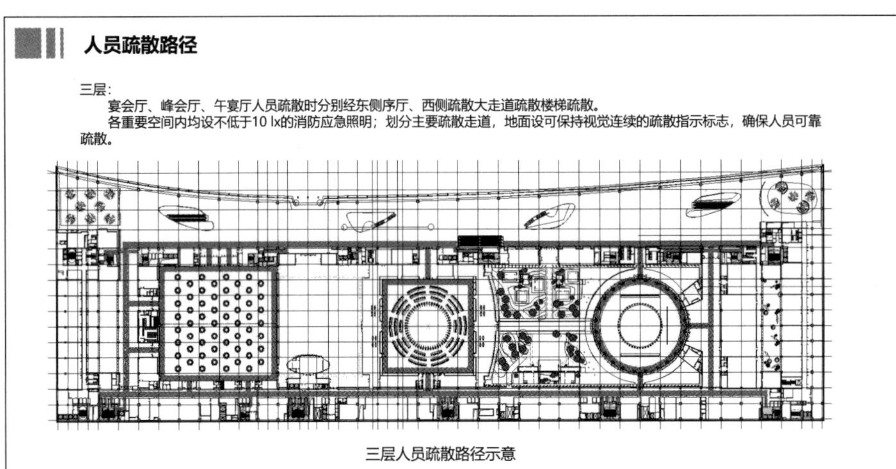

三层人员疏散路径示意

智能化主要机房布置

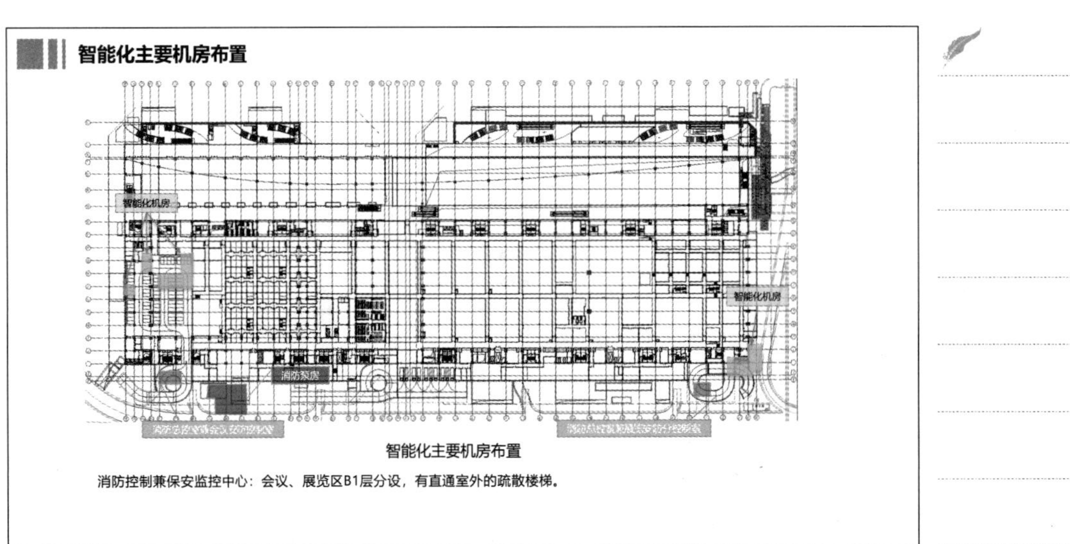

智能化主要机房布置

消防控制兼保安监控中心：会议、展览区B1层分设，有直通室外的疏散楼梯。

信息网络

本项目主要用于举办政务及高端国际交流活动。随着“互联网+”、人工智能、智慧城市时代的到来，信息网络的建设将为智慧展馆、智慧会议提供有力的支撑。

本次设计，网络系统按照三套考虑：办公内网（管理网）、办公外网（公共网，含无线网络系统、IP电话系统）以及智能化设备网（安防、楼控和公共广播等系统），三套网络相互独立。

大数据、云计算

数据中心集约化，数据互联互通、共享，为各种应用保驾护航。

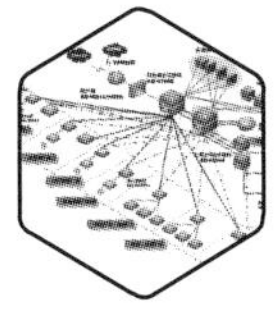

网络高速路

根据项目的特点、业主的需求及运营管理模式，合理规划建设网络系统。

无线WiFi

室内外无线WiFi无缝衔接，满足会展高密度、高并发、高性能的无线网络需求。

5G

工信部提出2020年启用5G商用，设计阶段预留5G应用基础条件。

会议中心网络系统

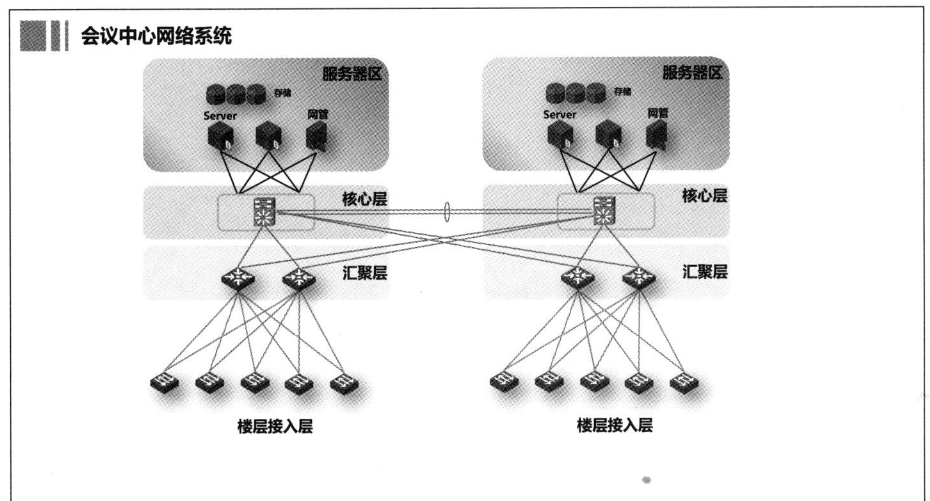

布线系统

- 采用开放式星型拓扑布线结构。
- 布线产品标准化、模块化。
- 数据主干采用万兆光纤。
- 预留直通外线大对数电缆。
- 水平采用六类非屏蔽铜缆或光纤。
- 系统满足语音、数据和多媒体传输。

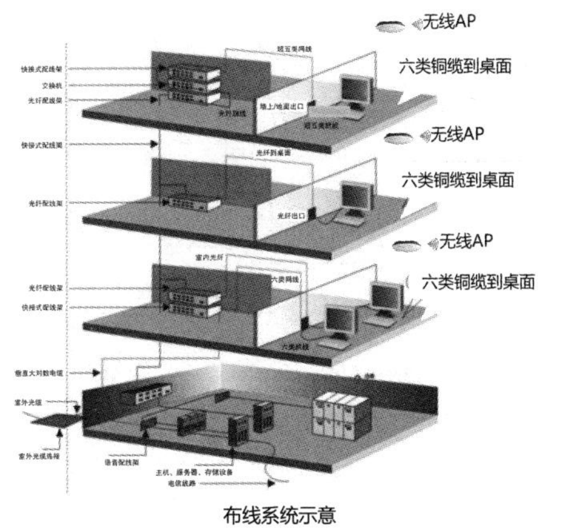

布线系统示意

布线系统点位布置

布线系统点位布置

布线系统	系统设置原则
物业用房	2个信息点（1个内网数据点+1个电话点）/8 ㎡或每工位
地下	重要机房设置2个信息点（1个内网数据点+1个电话点）
会议区	各会议区控制室内预留光缆及信息点，大会议室、大宴会厅考虑光纤预留； 在会议多媒体出线盒内预留信息点，点位数量需与会议系统顾问进一步确定； 在会议室内的桌面多媒体插座里预留信息点； 峰会厅、宴会厅和贵宾厅：墙面8 m范围内设置一个双口网络信息点，并配有光纤预留。舞台区域10 m范围内设置一个双口网络信息点
会展区	每个展位按6 ㎡预留两个信息点； 展厅管沟位置预留展位弱电箱（箱内给每个展位预留2个信息点），并在弱电间内给每20个展位预留6芯多模光纤
无线AP 点位	每个无线AP 点位安装一个单口网线信息点； 办公区每40 ㎡设置1个点位； 每个会议室设置1个点位； 餐厅每20 ㎡设置1个点位； 其他人员密集区域按照每20 ㎡设置1个点位

信息化设施系统

一、移动通信室内信号覆盖系统

- 移动通信信号的室内分布系统在公共区域、电梯、地下室、办公室和展示区等区域布设。
- 设置该系统可消除室内覆盖盲区、抑制干扰，为楼内的移动通信用户提供稳定、可靠的室内2G/3G/4G/5G信号。
- 根据各通信公司的要求预留机房、配电等技术条件，并预留垂直及水平路由及线槽。

二、用户电话交换系统

- 本项目用户电话交换系统采用 IP 电话交换系统。
- 部分不适合安装 IP 电话位置（如设备机房等），设置模拟电话，通过模/数转换方式接入 IP 电话交换系统。
- 重要位置（控制室、值班室和管理办公室）设置直线电话。

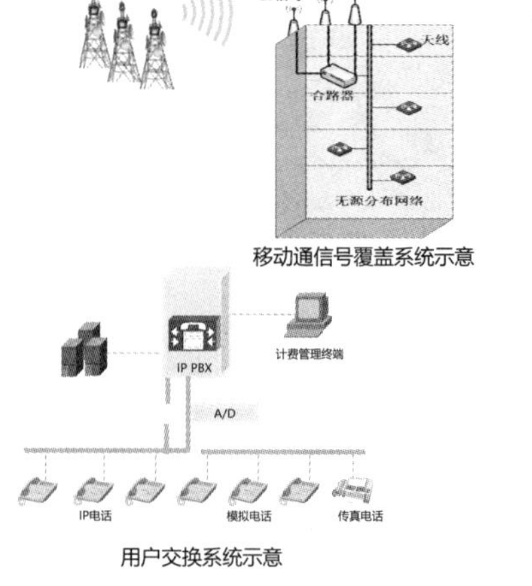

移动通信号覆盖系统示意

用户交换系统示意

信息化设施系统

三、无线对讲系统

- 采用数字无线对讲，民用通信通道。
- 可作为保安、维修和清洁等物业管理部门的工作与应急通信工具。
- 无线对讲信号覆盖整个园区及室内公共区域。

四、有线电视系统

- 通过市政有线电视信号引来，信号在电视前端机房经技术处理后，通过分配网络将信号传送到不同楼层的各个用户终端。
- 本系统为数字双向传输，满足高清数字电视信号接收。

位置	系统设置原则
办公区	会议室设置有线电视插座，餐厅预留有线电视分支器箱
会议区	控制室内预留有线电视分支器箱，大会议厅多媒体出线盒内预留有线电视点位，休息区、会议室墙面设置有线电视插座

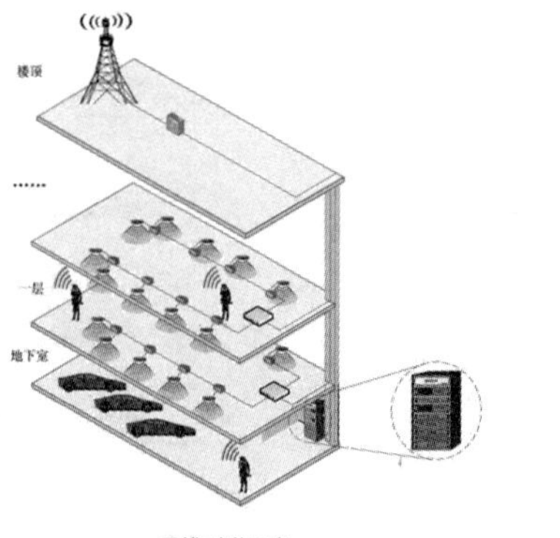

无线对讲示意

信息化设施系统

五、信息导引及发布系统

- 系统可及时发布新闻、企业信息和会议通知等信息；
- 休息区、电梯候梯厅等人流主要动线上设置信息发布终端；
- 会议区设置信息发布屏，用以显示会议信息；
- 各主要人员出入口设置多媒体查询机，方便来访人员快速准确查询到所需信息。

六、公共广播系统

- 本次设计设置一套与应急广播相独立的公共广播系统。
- 系统采用 IP 组网方式，广播分区可灵活规划。
- 系统平时播放背景音乐和日常广播，营造轻松、愉快的氛围。当发生火灾时受火灾信号控制，相关楼层自动切换为紧急广播。

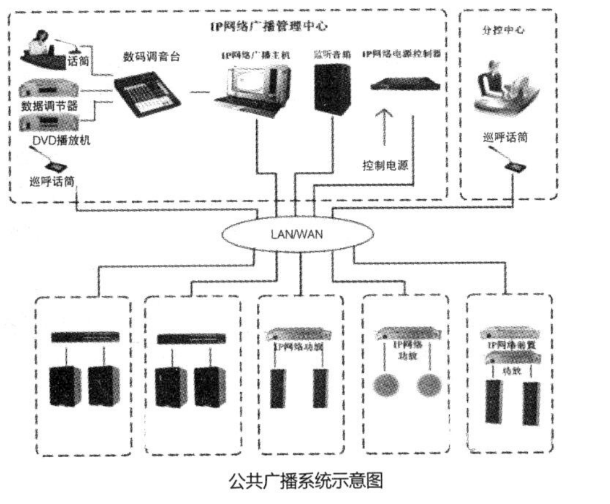

公共广播系统示意图

安全防范综合管理系统

一、多层级、全方位的安全保障

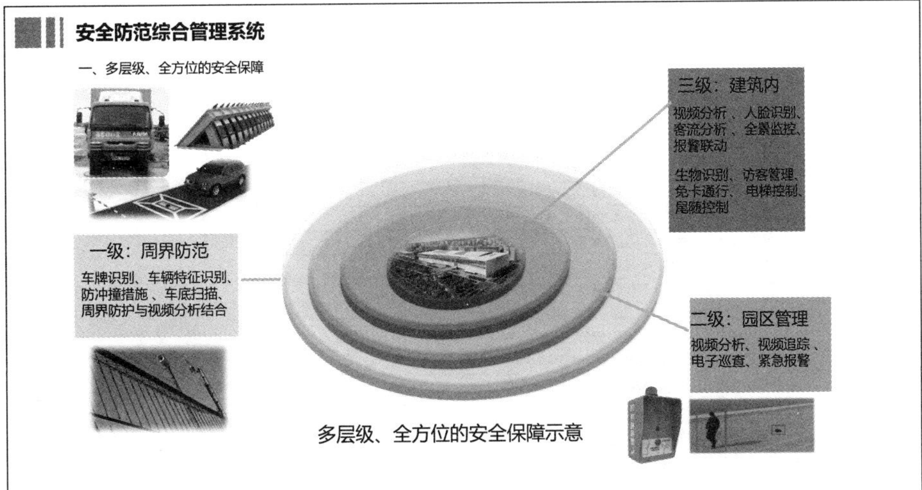

多层级、全方位的安全保障示意

安全防范综合管理系统

二、综合安防管理平台

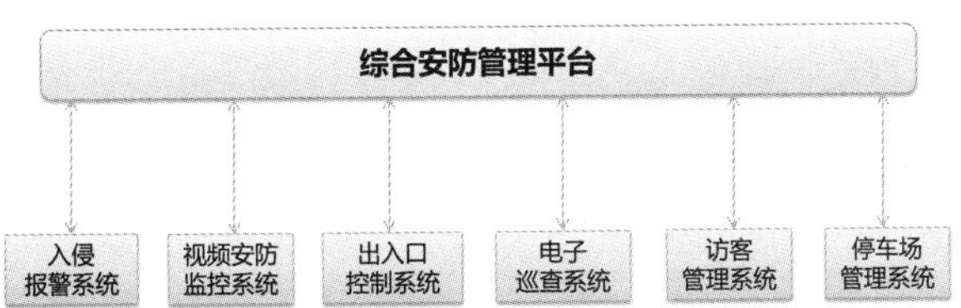

项目设置安全防范综合管理系统。利用统一的物管网和管理软件将监控中心设备与各子系统设备联网，实现由监控中心对各子系统的自动化管理与监控。当安全管理系统发生故障时，不影响各子系统的独立运行。

本系统纳入智能化集成系统，与火灾自动报警系统互联互通。

安全防范综合管理系统

三、视频安防监控系统

- 采用全数字化的网络视频监控系统即从前端设备到末端设备均采用数字化设备的视频监控系统。
- 具体配置为：IP摄像机+物业管理网传输+网络存储服务器+IP管理平台（包括操作、管理等）+数字电视墙。

四、出入口控制系统

- 本系统主要采用非接触式 IC 卡方式，重要位置设置生物识别验证。
- 采用联网式控制方式。联网式控制控制点主要由门禁控制器、读卡器、电控锁、出门按钮及电源等组成。
- 读卡器采用感应式，以感应卡为通行证，通过门禁控制器控制门的开/关，同时管理主机，将门开/关的时间、状态和门地址记录在管理机硬盘中予以保存。

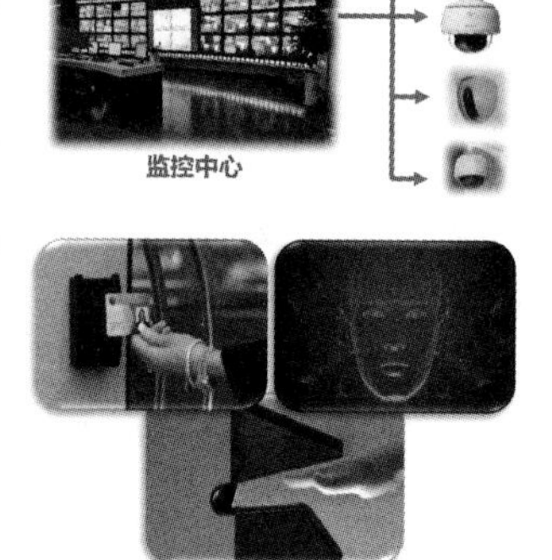

安全防范综合管理系统

五、视频安防监控点位

视频安防监控点位要求

视频安防监控点位	系统设置原则
通向室外的主、次人行出入口	设置彩转黑、宽动态、定焦摄像头
通向地库/屋面的主、次人行出入口	设置彩转黑、宽动态、定焦监控摄像头
电梯轿厢/扶梯口	设置彩色半球、定焦、彩转黑或红外摄像头
电梯厅	设置彩色半球、定焦、彩转黑或红外摄像头
公共卫生间出口	设置彩色半球/彩色枪机、定焦摄像头
公共通道每个交叉口	设置彩色半球、定焦、彩转黑或红外监控摄像头
员工通道/货运通道	设置彩色枪机、定焦、彩转黑或红外监控摄像头
楼层服务台内	设置彩色半球定焦、彩转黑或红外监控摄像头
客户中心、财务室	设置彩色枪机、定焦、彩转黑或红外监控摄像头
中控室	设置彩色枪机、定焦、彩转黑或红外监控摄像头
信息网络机房	设置彩色枪机、定焦、彩转黑或红外监控摄像头
会议室	设置安防监控系统摄像机
展厅顶部	设置高速球型摄像机或全景监控摄像机

安全防范综合管理系统

六、出入口控制系统点位

出入口控制点位布置

出入口控制系统点位	系统设置原则
门禁	物业后勤办公区与展览区域、会议区域分界处; 首层进入楼内的自动门、平开门; 地下室部分：大型机房设门禁，如中控室、网络机房、有线电视机房、变配电室、冷站、锅炉房、生活水泵房、消防水泵房等; 通往室外的出口门、楼层楼梯间出入口
人脸门禁系统	办公区域（考勤），有人值守的机房
速通门系统	办公区入口处及会展中心入口

七、入侵报警系统探测器

入侵报警系统探测器设置

入侵报警系统	系统设置原则
消防通道	设置红外双鉴探测器
财务室、收银点、接待台	设置紧急报警按钮
安防控制室、重要机房等	设置紧急报警按钮
首层对外的疏散通道	设置红外双鉴探测器
残疾人卫生间	设置手动报警按钮，并在门口设置声光报警器

安全防范综合管理系统

八、停车场管理系统

- 停车场管理系统采用车牌识别技术识别车辆进出。
- 停车场管理系统可实现的功能：对外部车辆进行收费管理；设置车牌识别功能，正常情况下通过车牌识别进行车辆的准入、准出及外部车辆停车收费等功能；在出入口处设置余位显示屏进行余位显示。
- 管理方式：对临时车辆进行收费。内部车辆不收费，内部车辆通过车牌识别进入停车场。
- 项目共设置三组管理系统道闸，会议中心和会展中心停车场出入口统一管理。

九、停车引导及反向寻车系统

- 停车引导系统采用视频探测器和指示灯相结合的方式，引导车主轻松快捷停车，节约时间；提升停车管理水平，提高物业管理形象；
- 极大地提高了停车场车位利用率和周转率，增加了经营效益；
- 车主通过在主要人行交通流线上设置的反向寻车终端，快速找到停车位置，节约寻车时间；
- 寻车终端同时具备收费功能，避免停车场出口交费造成阻塞。

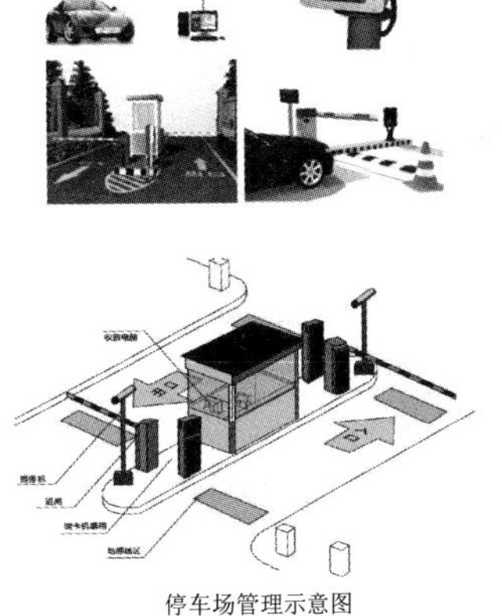

停车场管理示意图

建筑设备管理系统

一、建筑设备监控系统

- 建筑设备监控系统（BAS）是对建筑物内的空调冷热源、新风机组、空调机组、送排风设备、给排水系统、电梯和供配电系统等机电设备进行监测、控制和管理，从而管理机电设备的运行状态、运行参数设置，最终达到设备管理，环境温、湿度的舒适性控制和节能管理等功能。
- 通过网关或标准通信协议实现以上所有机电系统的集成监控。
- 管理主机设置：管理主机分别设置在会议中心和会展中心的控制室内，工程部办公室可设置监控工作站。

二、建筑能效监管系统

- 系统由管理主机、管理软件及数据库、网络设备、智能数字终端和智能仪表等组成。
- 系统对电量、水量、燃气量、集中供热耗热量和集中供冷耗冷量等使用状态信息进行管理。
- 可实时管理，并将数据进行自动分析，可实现能耗突变告警、能源持续型损耗告警、设备低效率运行告警和能耗超限告警；形成能源数据报表及分析报表，让用户了解能耗情况及收费依据。
- 核算各区域独自的运营能源成本；实施监控设备的运行状况，通过统计和分析设备能耗，分析判断设备运行状态。

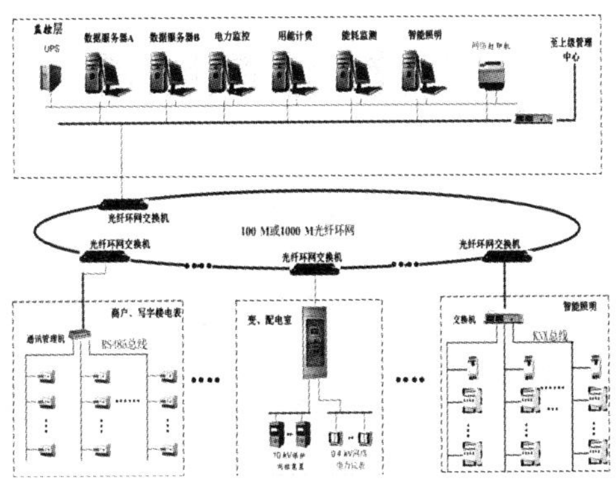

建筑设备管理系统示意

基于BIM系统的物业运营管理平台

建设物业运营管理平台是将各个相互独立的子系统融合在一起，实现各系统间的联动控制。各系统联动所带来的将是全新的智能化应用体验。

利用云计算、分布式处理技术以及海量数据存储等大数据技术，对自动化及智能系统进行集成并对其产生的数据进行采集、存储及分析，分析的结果将为运营方提供帮助，使其运营更高效、更环保、更安全。

- 人员密集场景（室内定位+应急指挥+信息发布+无线网络）

当节假日，或者组织活动期间，室内定位系统会感知建筑内局部地区出现的人员密集、拥堵等特殊情况，将此处WiFi信号加强，加大新风量，同时信息发布引导，广播疏散，缓解拥堵。

- 会议场景（智能会议+信息发布会议预约+BA环境控制+视频分析+无线网络）

会议期间，会议音视频系统完成会议功能，结合信息发布会议预定进行会议的引导及预约，BA环境控制调整会议室内空气质量，温、湿度水平，视频分析与会人员人脸识别，流量控制。

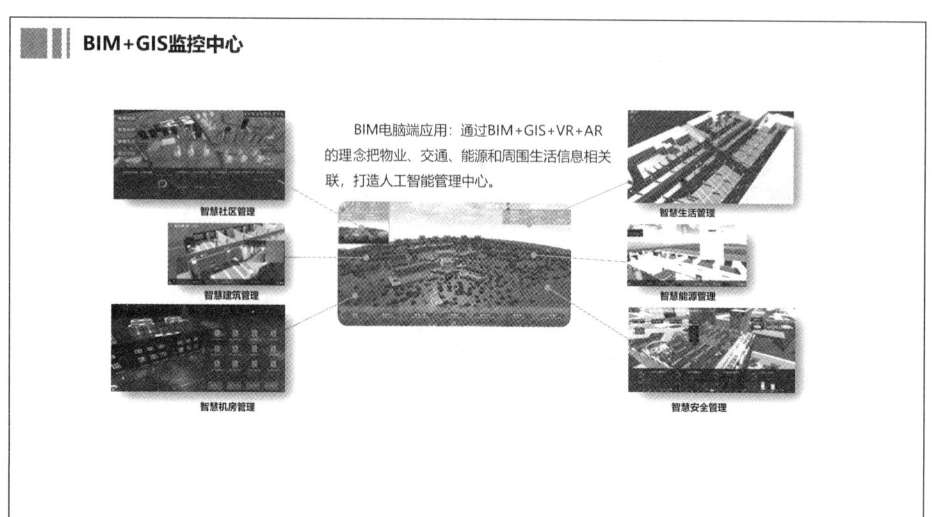
BIM+GIS监控中心
BIM电脑端应用：通过BIM+GIS+VR+AR的理念把物业、交通、能源和周围生活信息相关联，打造人工智能管理中心。
智慧社区管理
智慧建筑管理
智慧机房管理
智慧生活管理
智慧能源管理
智慧安全管理

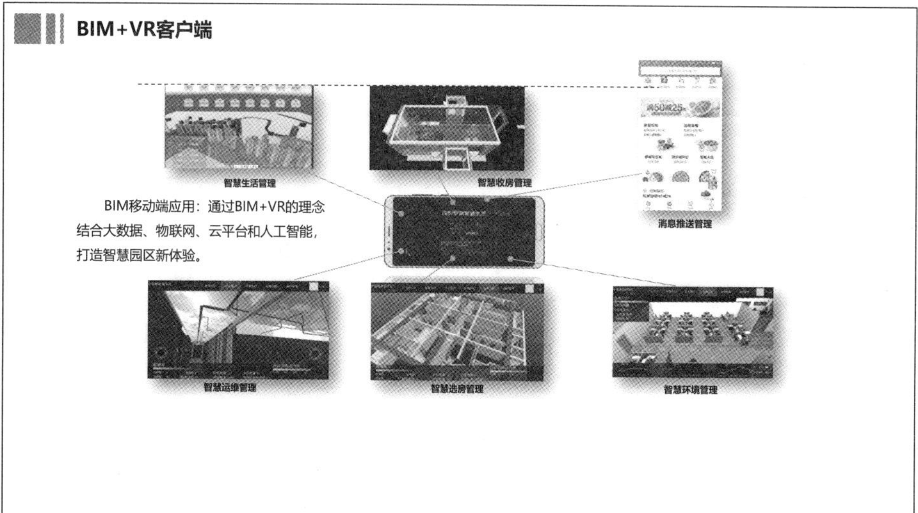
BIM+VR客户端
BIM移动端应用：通过BIM+VR的理念结合大数据、物联网、云平台和人工智能，打造智慧园区新体验。
智慧生活管理
智慧收房管理
消息推送管理
智慧运维管理
智慧选房管理
智慧环境管理

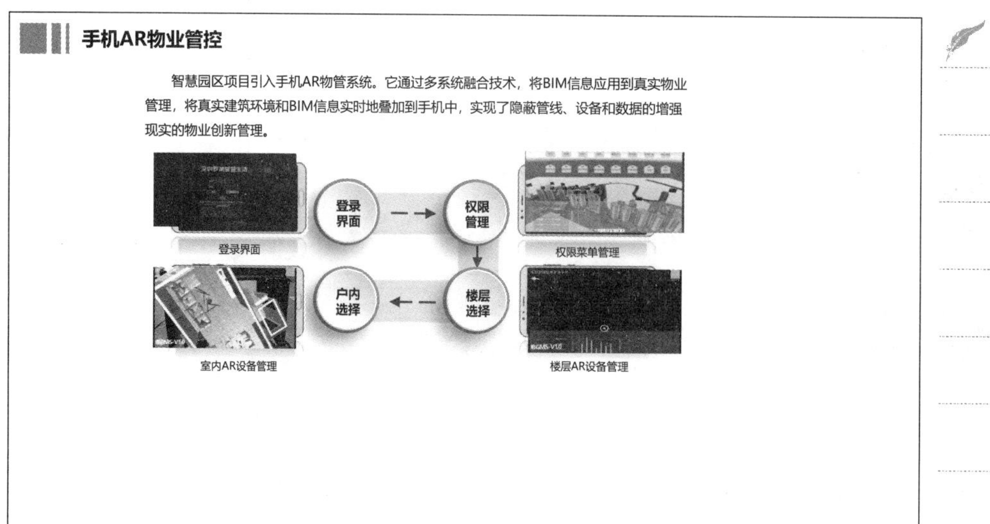
手机AR物业管控
智慧园区项目引入手机AR物管系统。它通过多系统融合技术，将BIM信息应用到真实物业管理，将真实建筑环境和BIM信息实时地叠加到手机中，实现了隐蔽管线、设备和数据的增强现实的物业创新管理。
登录界面
权限管理
楼层选择
户内选择
登录界面
权限菜单管理
室内AR设备管理
楼层AR设备管理

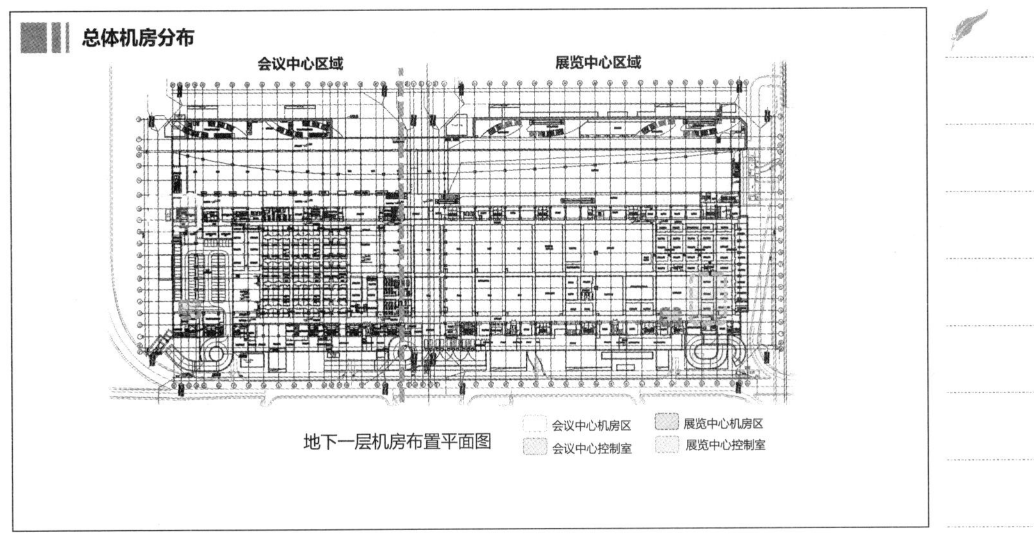

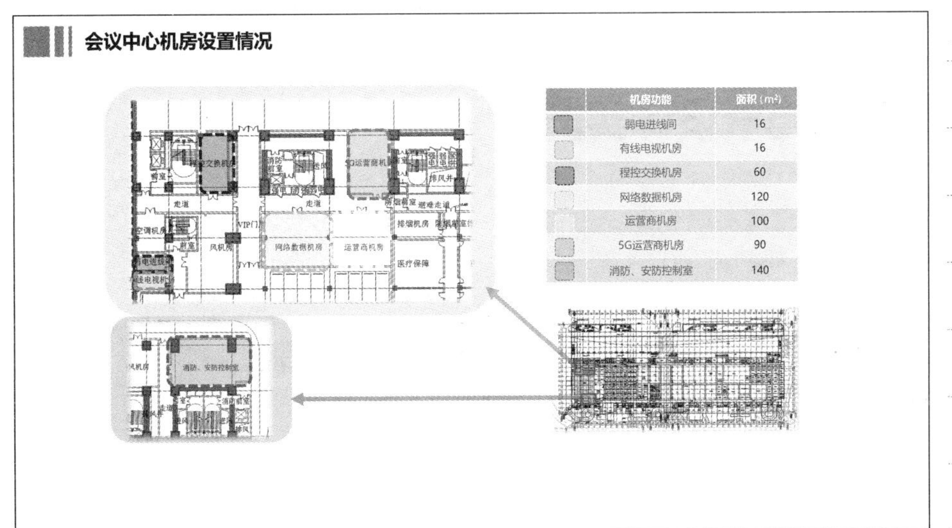

机房功能	面积（m²）
弱电进线间	16
有线电视机房	16
程控交换机房	60
网络数据机房	120
运营商机房	100
5G运营商机房	90
消防、安防控制室	140

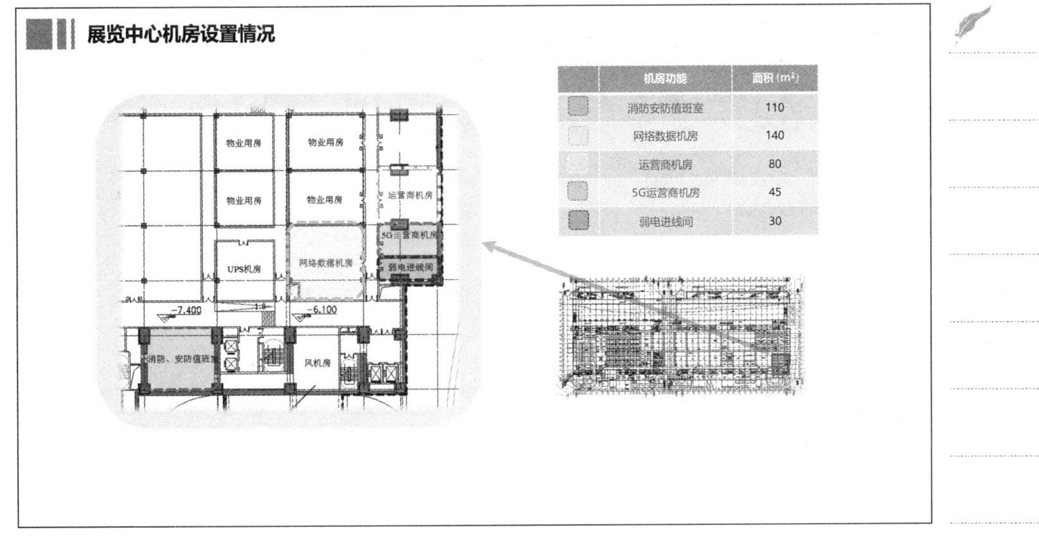

机房功能	面积（m²）
消防安防值班室	110
网络数据机房	140
运营商机房	80
5G运营商机房	45
弱电进线间	30

室内主干管线及路由

1. 赛时阶段安装的弱电竖向及水平主干桥架，在赛后可以继续使用；
2. 赛时阶段布放的机房至启用楼层弱电小间的主干光缆、电缆，在赛后可以部分利用；
3. 赛时阶段启用的设备机房内安装的门禁、视频监控设备，在赛后可以继续使用；
4. 赛时阶段安装的排水、送排风设备的监控管理系统及设备，在赛后可以继续使用。

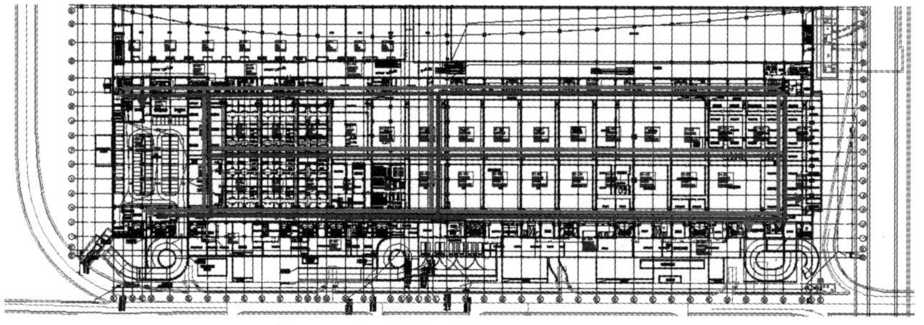

地下一层主干管线及路由平面图　　弱电系统主干线槽

5.4　博物馆电气设计实例

本工程总建筑面积63 000 m^2，为多功能大型公共建筑，平面呈长方形，长144 m，宽98 m，长轴31.20 m，短轴23.6 m，竖向按10∶3比例向北倾斜；管理办公楼地上六层，檐口高度23 m；地下一层是车库和综合服务区，地下二层是藏品库区和设备区。地面以上分为位于北侧的主展览楼、椭圆形展览楼和位于南侧的管理办公楼三个相对独立的结构；主展览楼呈长方形，地上五层，基本柱网尺寸为16 m；椭圆形展览楼地上六层。

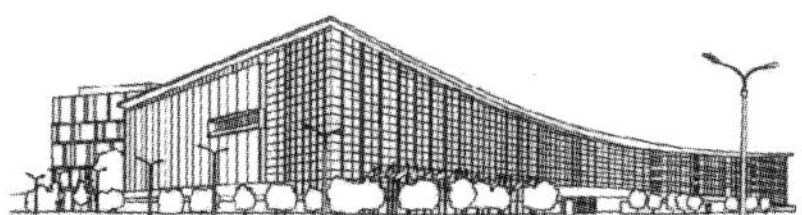

负荷等级及统计

1.一级负荷包括安防系统用电，珍贵展品展室照明用电，为文物服务的空调设备、消防系统设施电源、应急照明和疏散照明及通信电源、计算机系统电源等为一级负荷。设备容量约为：Pe=4 200 kW。其中，安防系统用电、珍贵展品展室照明用电，消防系统设施电源、应急照明和疏散照明及通信电源、计算机系统电源等为一级负荷中特别重要负荷。设备容量约为：Pe=1 280 kW。

2.二级负荷包括展览用电、客梯、排水泵、生活水泵等属二级负荷。设备容量约为：Pe=1 500 kW。

3.三级负荷包括一般照明及动力负荷。设备容量约为：Pe=856 kW。

电源

由市政外网引来两路双重高压电源。高压系统电压等级为10 kV。高压采用单母线分段运行方式，中间设联络开关，平时两路电源同时分列运行，互为备用，当一路电源故障时，通过手/自动操作联络开关，另一路电源负担全部负荷。容量7 200 kV·A。

在地下一层设置一处柴油发电机房。每个机房各拟设置1台1 600 kW柴油发电机组。当市电出现停电、缺相、电压超出范围(AC380V：−15% ~ +10%)或频率超出范围(50Hz±5%)时延时15s(可调)机组自动启动。当市电故障时，安防系统用电、珍贵展品展室照明用电、消防系统设施电源、应急照明和疏散照明及通信电源、计算机系统电源均由自备应急电源提供电源。

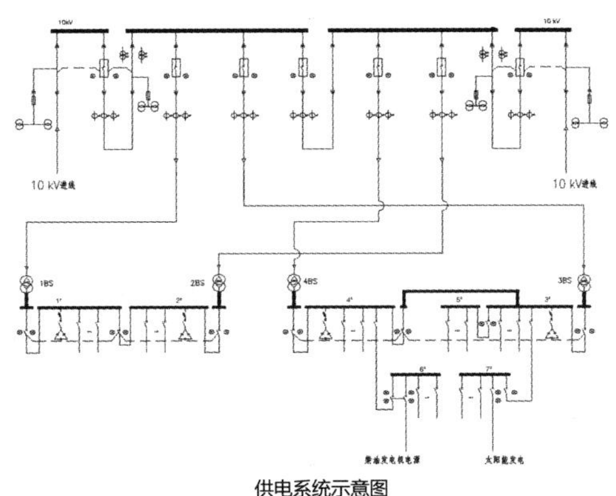

供电系统示意图

变电站、配电站设置

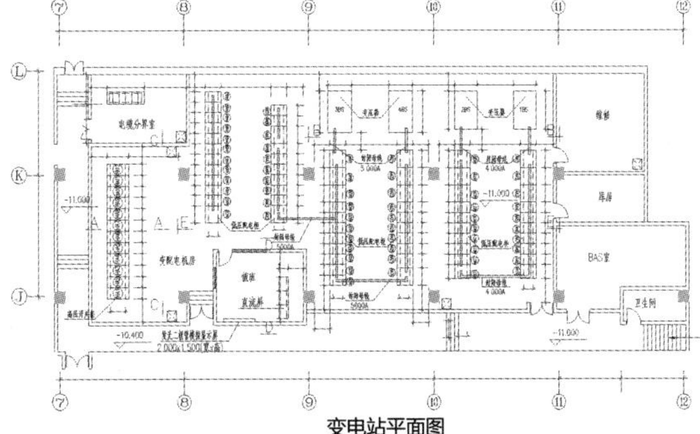

变电站平面图

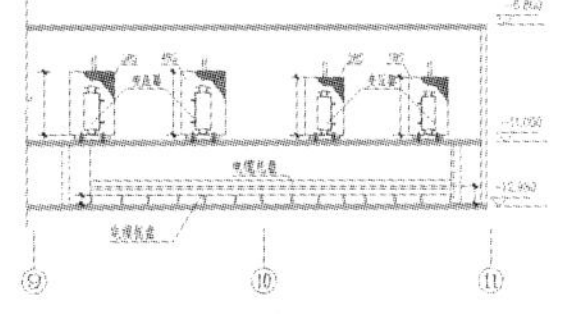

变电站剖面图

在地下二层设置变电所一处，拟内设两台2 000 kV·A和两台1 600 kV·A干式变压器。变压器低压侧0.4 kV采用单母线分段接线方式，低压母线分段开关采用自动投切方式时，低压母联断路器应采用设有自投自复、自投手复、自投停用三种状态的位置选择开关，自投时应设有一定的延时，当变压器低压侧总开关因过负荷或短路故障而分闸时，母联断路器不得自动合闸；电源主断路器与母联断路器之间应有电气联锁。

太阳能发电系统

一、太阳能发电系统配置

太阳能发电系统是利用太阳能电池将太阳光能转换为电能的系统，它是集物理学、化学、电子学、电工学、光学、机械工程学、光电子科学和系统工程学等多种学科技术而成的一种高科技产品。首都博物馆新馆在建筑内的中庭、礼仪大厅等处的照明利用太阳能发电供电，太阳能发电能力为300 kW，采用并网型太阳能发电系统。

二、太阳能发电量计算

太阳能发电系统年间发电量=（$U\times P_m\times P\times H_p\times H_i\times H_c$）/$P_0$

式中：

U——日射量（kWh /m²·d）；

P_m——太阳电池组件输出（W/块）；

P——太阳电池组件数量（块）；

H_p——太阳电池板参数；

H_i——功率调节器效率；

H_c——线路损耗系数；

P_0——放射强度（1 000 W/ m²）。

不同月份太阳能发电量

月份	日射量 [kW·h/(m²·d)]	日发电量（kW·h）	发电量天数（d）	月发电量（kW·h）
1	2.54	643.585	31	19 951.14
2	3.35	848.890	28	23 768.92
3	4.48	1 135.232	31	35 192.20
4	5.22	1 322.748	30	39 682.44
5	6.19	1 568.546	31	48 624.93
6	6.12	1 550.808	30	46 524.24
7	5.19	1 315.146	31	40 769.53
8	4.82	1 221.388	31	37 863.03
9	4.59	1 160.106	30	34 893.18
10	3.54	897.036	31	27 808.12
11	2.56	648.704	30	19 461.12
12	2.19	554.946	31	17 203.33
合计			365	391 742.18

太阳能发电系统

三、太阳能发电对环境贡献度评价

1.太阳能发电系统的发电量(寿命为20年以上)20×391 742.18=7 834 843.6 kW·h。

相当于标准煤7 834 843.6 kW·h×0.402 9 kg/（kW·h）=3 156 658.4 kg=3 156.66 t。

2. CO_2排放量根据电力部门的统计约726kg/t标准煤，可减少CO_2排放量=726×3 155.66=2 291 009.1 kg=2 291 t。

3. SO_2排放量根据电力部门的统计约22kg/t标准煤，可减少SO_2排放量=22×3 155.66=69 424.52 kg=69.42 t。

4. NO_X排放量根据电力部门的统计约10kg/t标准煤，可减少NO_X排放量=10×3 155.66=31 556.6 kg=31.56 t。

5. 烟尘排放量根据电力部门的统计约17kg/t标准煤，可减少烟尘排放量=17×3 155.66=53 646.22 kg=53.65 t。

四、太阳能发电对节约资源(石油)贡献度评价

石油燃烧发热量与电量的换算。4.18×103 J/3 600 W·h/kcal=1.16 W·h/kcal，1 kcal=4.18×103 J。

换算为发电厂的石油燃烧量。发电厂量=石油发热量×换算值×发电厂至用户端效率=10 740 kcal/kg×1.16 W·h/kcal×0.37=4.61 kW·h/kg

可减少的资源量——石油。可节约石油量=7 834 843.6 kW·h/4.61 kW·h/kg=1 699 532.2 kg，可节约石油量约1 700 t。

电力、照明系统

1.配电系统的接地形式采用TN-S系统。冷冻机组、冷冻泵、冷却泵、生活泵、热力站和电梯等设备采用放射式供电，风机、空调机、污水泵等小型设备采用树干式供电。

2. 照明、电力、展览设施、专用设备、消防及安防用电负荷、临时性负荷分别自成配电系统。为保证重要负荷的供电，对重要设备如通信机房、消防用电设备(消防水泵、排烟风机、加压风机和消防电梯等)、信息网络设备、消防控制室、中央控制室等均采用双回路专用电缆供电，在最末一级配电箱处设双电源自投，自投方式采用双电源自投自复。藏品库区设置单独的配电回路，并设有剩余电流保护装置，配电箱应安装在藏品库区的藏品库房总门之外。

3.文物消毒熏蒸室的电气开关必须在室外控制。文物消毒熏蒸室、文物修复部门、科学技术实验室的电源插座应采用防溅型。

4.主要配电干线沿变电所用电缆槽盒引至各电气小间，支线穿钢管敷设。

5.普通干线防鼠型采用辐照交联低烟无卤阻燃电缆；重要负荷的配电干线采用矿物绝缘电缆，电缆应采用防鼠咬措施，部分大容量干线采用封闭母线。

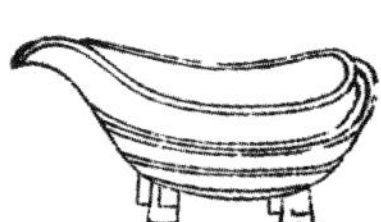

电力系统图

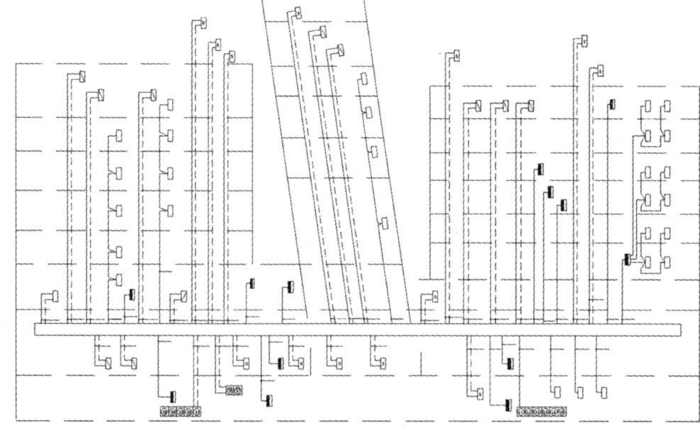

电力系统图

夹层槽盒平面图

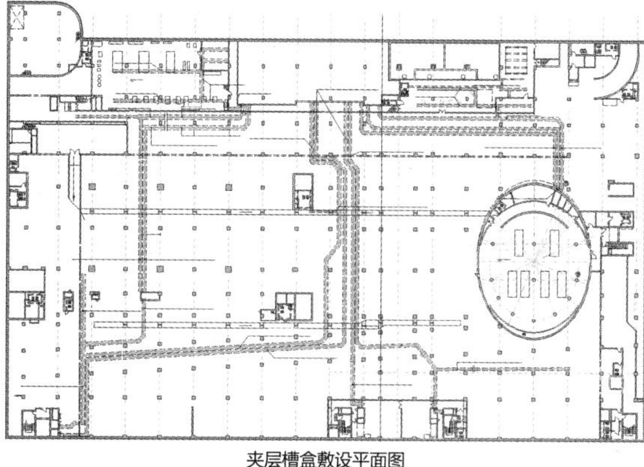

夹层槽盒敷设平面图

照明设计

1.展厅、藏品库、文物修复室、文保研究室根据使用功能确定光源。对光较敏感的展品，如书画、丝绸等以白炽灯、石英灯和光纤灯为主。对光不敏感的展品，如陶瓷、金属等以高显色指数的金属卤化物灯为主；对在灯光作用下易变质褪色的展品或藏品，采用可过滤紫外线辐射的光源或灯具。文物库房采用可过滤紫外线辐射的荧光灯。办公、修复、实验、机房等内部办公用房以高效荧光灯为主，根据需要部分采用可过滤紫外辐射的光源。

2.为防止光线对藏品的损害，应对藏品采取防止紫外光和控制可见光照度的措施。文物保存环境的紫外线辐射应低于20 μW / lm。

3.为了满足展品的要求以及为观众提供舒适的光环境和视觉效果，照明设计应遵循以下原则：

采用先进而成熟的分布式智能照明控制系统，充分利用电子及计算机技术，把自然光与人工光有机结合；光源的发热量尽量低；带辐射性的光源和灯具应增加过滤紫外线功能；总曝光量应加以限制（包括展览时和非展览时的全部光照）；对珍贵精致的展品的照度要加以限制；光源显色性要高，色温要适当；要防止产生反射眩光；对展品的照明，照度要有一定的均匀性，对立体展品，照明要体现立体感；展品照度与一般照明要有一定的比例关系。

4.藏品库房的电源开关应统一设在藏品库区内的藏品库房总门之外，并应装设防火剩余电流动作保护装置。藏品库房照明采用分区控制。

照明设计

5.当采用卤钨灯时，其灯具应配以抗热玻璃或滤光层。对于壁挂式展示品，在保证必要照度的前提下，应使展示品表面的亮度在25 cd/m^{2}以上，并应使展示品表面的照度保持一定的均匀性，最低照度与最高照度之比应大于0.75。对于有光泽或放入玻璃镜柜内的壁挂式展示品，一般照明光源的位置应避开反射干扰区。为了防止镜面映像，应使观众面向展示品方向的亮度与展示品表面亮度之比小于0.5。对于具有立体造型的展示品，在展示品的侧前方40°～60°处设置定向聚光灯，其照度宜为一般照度的3～5倍；当展示品为暗色时，其照度应为一般照度的5～10倍。陈列橱柜的照明应注意照明灯具的配置和遮光板的设置，防止直射眩光。对于在灯光作用下易变质褪色的展示品，应选择低照度水平和采用可过滤紫外线辐射的光源；对于机器和雕塑等展品，应有较强的灯光。弱光展示区设在强光展示区之前，并应使照度水平不同的展厅之间有适宜的过渡照明。展厅灯光采用自动调光系统。面积超过1 500 m^{2}的展厅应设有备用照明。藏品库房设有警卫照明。藏品库房和展厅的照明线路应采用铜芯绝缘导线暗配线方式。

照明配电系统图

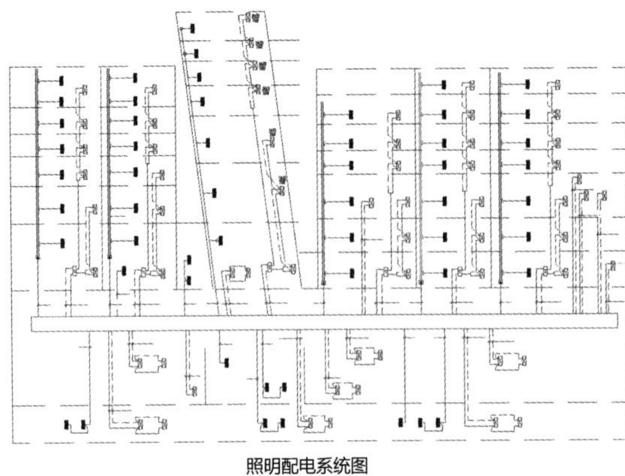

照明配电系统图

防雷与接地系统

1.本建筑物按二类防雷建筑物设防，在屋顶设置接闪带，并且再设置独立接闪杆作为防雷接闪器，利用建筑物结构柱内两根主钢筋（$\phi \geqslant 16$ mm）作为引下线，接闪带和主钢筋可靠焊接，引下线和基础底盘钢筋焊接为一整体作为接地装置，并且在地下层四周外墙适当位置甩出镀锌扁钢，以备外接沿建筑物四周暗敷的40×4镀锌扁钢人工水平接地网。

2.为防止侧向雷击，将三层、五层沿建筑物四周的金属门窗构件与该层楼板内的钢筋接成一体后再与引下线焊接，防雷接闪器附近的电气设备的金属外壳均应与防雷装置可靠焊接。

3.为预防雷电电磁脉冲引起的过电流和过电压，在变压器低压侧、向重要设备供电的末端配电箱的各相母线上、由室外引入或由室内引至室外的电力线路、信号线路、控制线路和信息线路等装设电涌保护器(SPD)。

4.本工程强、弱电接地系统统一设置，即采用同一接地体，故要求总接地电阻$R \leqslant 1\Omega$，当接地电阻达不到要求时，可补打人工接地极。

5.总等电位连接。在配电室内适当柱子处预留40×4铜带作为主接地线，并在线槽中全长敷设一根和主接地线连接的40×4铜带作为专用接地保护线(PE)，本工程的用电设备外壳均采用铜芯导线与接地保护线连接。在消防控制室、电梯机房、电话机房、中央控制室以及各层强、弱电竖井等处作辅助等电位连接。

接地系统

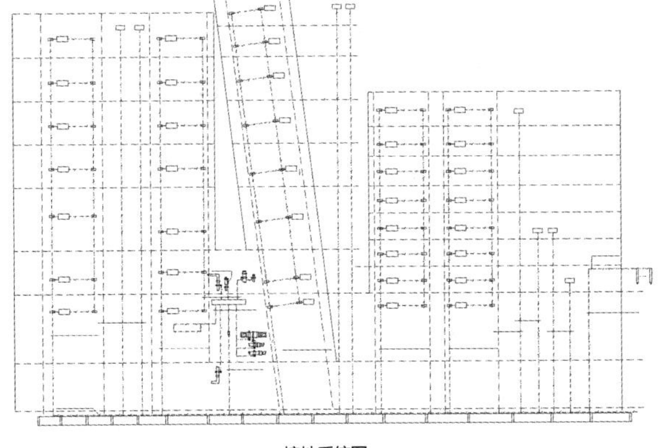

接地系统图

电气消防系统

1.本工程属一类高层建筑，耐火等级为一级。火灾自动报警系统采用集中自动报警系统。

2.本工程在一层入口处附近设置消防控制室，对全楼的消防进行探测、监视和控制。消防控制室的报警控制设备由火灾报警盘、消防联动控制台、CRT图形显示屏、打印机、火灾应急广播设备、消防直通对讲电话、电梯运行监视控制盘、UPS不间断电源及备用电源等组成。

3.本工程采用集中报警系统及区域报警系统。本工程根据环境发生火灾可能性设置感烟探测器、感温探测器、煤气报警器及手动报警器，在大厅采用红外探测器。在各层楼梯前室适当位置处设置一台火灾复示盘，复示盘上设有向消防控制室进行报警的确认按钮及报警灯，还应设置检查复示盘上各指示灯的自检按钮及声光报警复位按钮。

4.气体消防系统。库区、文物修复中心、碑贴书库、善本书库、中央控制室、电话机房、消防与安防中心、地下一层珍贵展厅和二、三层专题展厅采用气体喷洒系统。每个防护区域内都设有双探测回路，当某一个回路报警时，系统进入报警状态，警铃鸣响；当两个回路都报警时设在该防护区域内、外的蜂鸣器及闪灯将动作，通知防护区内人员疏散，关闭空调、防火阀；再经过30 s延时或根据需要不延时，控制盘将启动气体钢瓶组上释放阀的电磁启动器和对应防护区域的选择阀，或启动对应氮气小钢瓶的电磁瓶头阀和对应防护区的选择阀，气体释放后，设在管道上的压力开关将灭火剂已经释放的信号送回控制盘或消防控制中心的火灾报警系统。而保护区域门外的蜂鸣器及闪灯在灭火期间一直工作，警告所有人员不能进入防护区域，直至确认火灾已经扑灭。

电气消防系统

5.为防止接地故障引起的火灾，本工程设置电气火灾报警系统，可以准确、实时地监控电气线路的故障和异常状态，及时发现电气火灾的隐患，及时报警、提醒有关人员消除这些隐患，避免电气火灾的发生，是从源头上预防电气火灾的有效措施。与传统火灾自动报警系统不同的是，电气火灾监控系统早期报警是为了避免损失，而传统火灾自动报警系统是在火灾发生并严重到一定程度后才会报警，目的是减少火灾造成的损失。

6. 消防设备电源监控系统。为保证消防设备电源可靠性，本工程设置消防设备电源监控系统，通过检测消防设备电源的电压、电流和开关状态等有关设备电源信息，从而判断电源设备是否有断路、短路、过压、欠压、缺相、错相以及过流（过载）等故障信息并实时报警、记录的监控系统，可以有效避免在火灾发生时，消防设备由于电源故障而无法正常工作的危急情况，最大限度地保障消防联动系统的可靠性。

7.防火门监控系统。为保证防火门充分发挥其隔离作用，在火灾发生时，迅速隔离火源，有效控制火势范围，为扑救火灾及人员的疏散逃生创造良好条件，本工程设置防火门监控系统。对防火门的工作状态进行24 h实时自动巡检，对处于非正常状态的防火门给出报警提示。在发生火情时，该监控系统自动关闭防火门，为火灾救援和人员疏散赢得宝贵时间。

信息化应用系统

博物馆信息化应用系统以信息设施系统为技术平台。组成文化遗产数字资源系统、藏品管理系统、陈列展示系统、导览服务系统、数字博物馆系统和业务办公自动化等各个功能子系统。系统应保证博物馆内计算机的资源共享和信息交流，支持用户认证和数据传输加密，提供互联网访问服务。系统包括公共服务、智能卡应用、物业管理、信息设施运行管理、信息安全管理、基本业务办公和专业业务等信息化应用系统。博物馆局域网应根据不同信息传输速率、频度、流量的要求，采取多层、分组模式。

1.公共服务系统。公共服务系统应具有访客接待管理和公共服务信息发布等功能，并将各类公共服务事务纳入规范运行程序的管理功能。

2.智能卡应用系统。根据建设方物业信息管理部门要求对出入口控制、电子巡查、停车场管理、考勤管理、消费等实行一卡通管理，在同一张卡片上实现开门、考勤、消费等多种功能；各系统的终端接入局域网进行数据传输和信息交换。

3.信息设施运行管理系统。信息设施运行管理系统应具有对建筑物信息设施的运行状态、资源配置和技术性能等进行监测、分析、处理和维护的功能。系统基于信息网络及布线系统，系统服务器设置于中心网络机房，管理终端设置于相应管理用房。

4.信息安全管理系统。信息网络安全管理系统通过采用防火墙、加密、虚拟专用网、安全隔离和病毒防治等各种技术和管理措施，确保经过网络的传输和管理措施使网络系统正常运行，确保经过网络传输和交换的数据不会发生增加、修改、丢失和泄露。

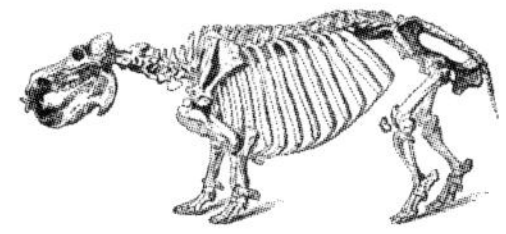

智能化集成系统

1.集成管理，重点是突出在中央管理系统的管理，控制仍由下面各子系统进行。将博物馆中日常运作的各种信息、各种日常办公管理信息、物业管理信息等构成相互之间有关联的一个整体，从而有效地提升博物馆整体的运作水平和效率。

2.集成管理，集成的系统应该是一个开放性的系统，各个系统间通信协议采用标准化，真正达到各子系统之间的联动，才能做到无论集成先后均能平滑连接。

3.系统集成的规模，先期将在建筑中有相互联动关系的各建筑设备子系统进行相对集成，达到相互之间在处理和解决建筑中出现的问题时能协同动作、提高效率、便于管理。

4.在BMS系统的基础上，再考虑与办公自动化系统中的有关子系统进行相关的联系，以便由办公自动化与BMS的方便、快捷的联系，形成对博物馆中各种信息流的综合信息管理。

智能化集成系统

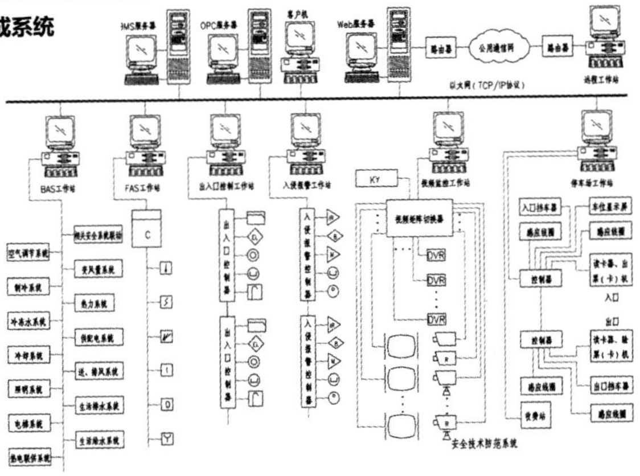

智能化集成系统示意

信息化设施系统

1.信息系统对城市公用事业的需求。本工程需输出/输入中继线100对（呼出呼入各50%），另申请直拨外线160对。

2.通信自动化系统。根据博物馆的规模及工作人员的数量，初步拟定设置一台600门的PABX。

3.综合布线系统。博物馆综合布线系统（GCS）应为一套完善可靠的支持语音、数据和多媒体传输的开放式的结构，作为通信自动化系统和办公自动化系统的支持平台，满足现代博物馆的通信和办公自动化的需求。本系统能支持综合信息（语音、数据、多媒体）传输和连接，实现多种设备配线的兼容，本综合布线系统能支持所有数据处理（计算机）的供应商的产品，支持各种计算机网络的高速和低速的数据通信，可以传输所有标准的模拟和数字的语音信号，具有传输ISDN的功能，可以传输模拟图像、数字图像以及会议电视等的多媒体信号。完全能承担博物馆内的信息通信设备与外部的信息通信网络相连。本工程在地下一层设置网络室。

4.有线电视及卫星电视系统。

5.有线广播系统。

6.同声传译系统。

7.会议系统。

8.信息导引及发布系统。

9.无线通讯增强系统。

信息化设施系统

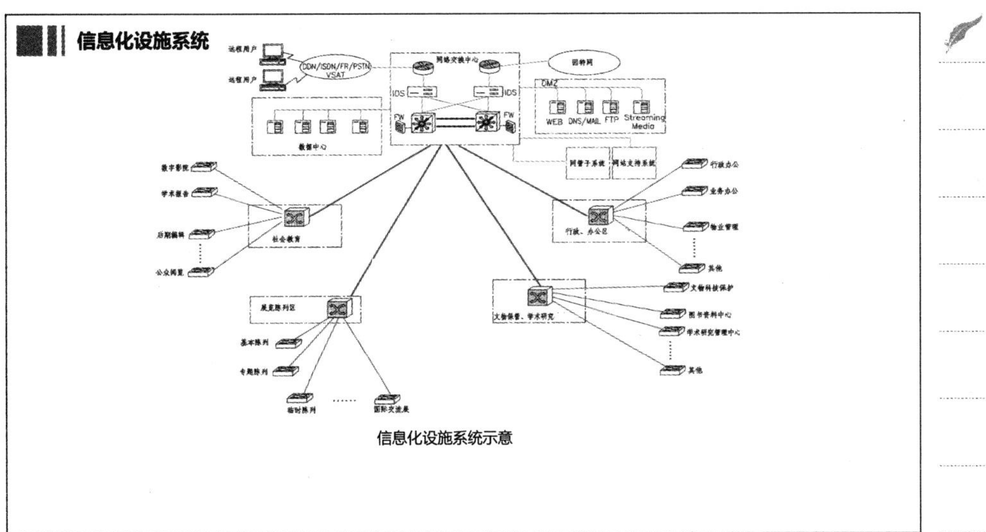

信息化设施系统示意

建筑设备管理系统

1.建筑设备监控系统。博物馆建筑设备管理系统的功能设计必须与博物馆的建筑规模、人工管理体制、管理制度相一致，以达到运行效果，提高管理效率与节约能源。本工程建筑设备监控系统的总体目标是分别对建筑内的建筑设备（HVAC、给排水系统、供配电系统、照明系统等）进行分散控制、集中监视管理，并对文物进行熏蒸、清洗、干燥等处理，对文物修复等工作区的各种有害气体浓度实时监控，满足文物对环境安全的控制要求，避免腐蚀性物质、CO_2、温度、湿度、光照、漏水等对文物的影响，从而提供一个舒适的工作环境，通过优化控制提高管理水平，从而达到节约能源和人工成本，并能方便实现物业管理自动化。本工程在地下一层设置一处建筑设备监控室，对建筑设备实施管理与控制。本工程建筑设备监控系统监控点数共计为1 173控制点，其中AI=124点、AO=280点、DI=527点、DO=242点。

2.建筑能效监管系统。本工程建筑能效监管主机设置于各个建筑物业管理室。系统可对冷热源系统、供暖通风和空气调节、给水排水、供配电、照明、电梯等建筑设备进行能耗监测。根据建筑物业管理的要求及基于对建筑设备运行能耗信息化监管的需求，应能对建筑的用能环节进行相应适度调控及供能配置适时调整。

建筑设备管理系统

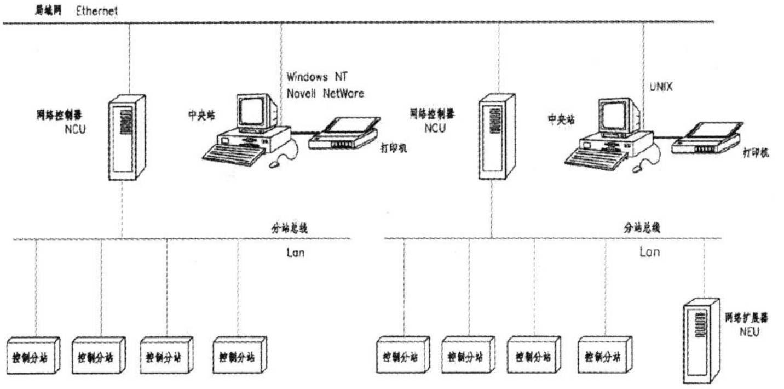

建筑设备管理系统示意

公共安全系统

本工程为一级风险单位，设置防爆安检及检票安全技术防范系统。安防监控中心设在禁区内。安防监控中心和上一级报警接收中心可实施双向通信，并有现场处警指挥系统。具有三种以上不同探测技术组成的交叉入侵探测系统。具有电视图像复核为主，现场声音复核为辅的报警信息复核系统。一级、二级文物展柜安装报警装置，并设置实体防护。本工程安防监控中心是一个专用房间，宜设置两道防盗安全门，两门之间的通道距离不小于3 m，安防监控中心的窗户要安装采用防弹材料制作的防盗窗，防盗安全门上要安装出入控制身份识别装置，通道安装摄像机。安防监控中心设有卫生间和专用空调设备。安防监控中心靠近主要出入口。

公共安全系统

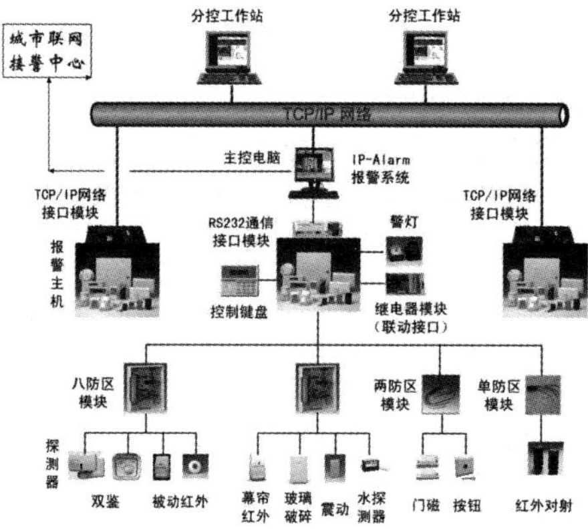

公共安全系统示意

小结

博展建筑的电气设计要根据建筑规模和使用要求，确定合理电气系统，保证展品和参观的正常使用，满足防灾及陈列展览等要求。博物馆是以物质文化遗产(文物)和非物质文化遗产为基础，用保存和展示的方式实证人类历史供社会公众终身学习和体验人类共同记忆的公共文化建筑，博物馆设计首先要满足文物要求。会展建筑是指举办会议和展览活动的场所，会展建筑满足举办不同会议展览要求。博览建筑智能化设计应根据博览建筑性质、规模配置智能化系统，不仅要满足博物馆建筑业务运行和物业管理的信息化应用需求，而且要满足管理人员远程及异地访问授权服务器的需要、控制人流密度、满足文物对环境安全的控制要求，避免腐蚀性物质、CO_2、温度、湿度、光照、漏水等对文物和展品的影响，同时应考虑高达空间对传感器设置的影响。

The End

第六章

文化建筑电气关键技术设计实践

Design Practice of Electrical Key Technology's of Cultural Architecture

文化建筑一般以档案馆、图书馆等文化设施为主构成，其建设与城市的建设、发展有着密切的联系。文化建筑一方面是体现时代的特征，另一方面是体现城市传统与地域文化的特征，一般包括档案库，书库，阅览室，采编、修复工作间，陈列室，目录厅（室），出纳厅等场所。文化建筑的电气设计应根据建筑用途、规模特点，以方便人们学习、欣赏、吸收和传播文化为原则，合理配置变配电系统、智能化照明系统、防雷接地系统、火灾报警等系统，满足顾客、工作人员的不同需求。

6.1 强电设计

图书馆是收集、整理、收藏图书资料以供人阅览、参考的机构，图书馆按使用性质分为公共图书馆、高等学校图书馆、科学研究图书馆、专门图书馆。档案馆是收集、保管档案的机构。图书馆、档案馆强电设计应根据建筑分级、规模配备供配电系统。要保证安全防范系统及计算机系统的用电应连续性，为了避免珍藏品遭受紫外线的损伤，对珍善本房间的光源紫外线应予以控制。

图书馆、档案馆建筑分级

图书馆建筑耐火等级

类别	图书馆形式	耐火等级
一类	1.国家级、省（自治区、直辖市）级图书馆； 2.建筑高度超过50 m的图书楼； 3.可容藏书量100万册以上的图书馆	一类及各类建筑物中储存珍贵文献的特藏书库应为一级
二类	1.地市（计划单列市、省辖市、地区、盟、州）级图书馆； 2.建筑高度不超过50 m的图书楼； 3.可容藏书量10万册以上，100万册以下的图书馆	二类及三类中书库和开架阅览室部分不低于二级
三类	1.县（县级市、旗）级及县级以下的图书馆； 2.可容藏书量10万册以下的图书馆	三级

档案馆建筑耐火等级

类别	档案馆形式	耐火等级
特级	中央级档案馆	一级
甲级	省、自治区、直辖市、计划单列市、副省级市档案馆	一级
乙级	地（市）及县（市）档案馆	二级

注：1.一般大型图书馆及高规格的中小型图书馆的供电指标采用80 ~ 100 V·A/m^2 。
2.一般档案馆供电指标采用70 ~ 100 V·A/m^2 。

负荷分级及备用电源

一、负荷等级

1.特级档案馆的档案库、配变电所、水泵房、消防用房等的用电负荷不应低于一级。

2.甲级档案馆变电所、水泵房、消防用房等的用电负荷不宜低于一级。

3.乙级档案馆的档案库、配变电所、水泵房、消防用房等的用电负荷不应低于二级。

4.藏书量超过100万册的图书馆，用电负荷等级不应低于一级，其中安防系统、图书检索用计算机系统用电为一级负荷中特别重要负荷。

5.总藏书量10万~100万册的图书馆用电负荷等级不应低于二级。

6.总藏书量10万册以下的图书馆用电负荷等级不应低于三级。

二、备用电源

1.特级档案馆应设置自备电源。

2.甲级档案馆宜设置自备电源。

3.安防系统、图书检索用计算机系统用电应设置不间断电源作为备用电源。

配电设计

1.库区与公用空间、内部使用空间的配电应分开配电和控制。
2.技术用房应按需求设置足够的计算机网络、通信接口和电源插座。
3.装裱、整修用房内应配置加热用的电源。
4.库区电源总开关应设于库区外，档案库房内不宜设置电源插座。
5.电气配线宜采用低烟无卤阻燃型电线电缆。
6.为防止电磁对电子文献资料、电子设备的干扰，配变电所的设置应远离库区、技术用房，并采取屏蔽措施。
7.如馆内设置厨房，则厨房配电线路应设置独立路由，不应与其他负荷配电电缆同槽敷设。

照度标准

文化建筑照度标准值

房间或场所	参考平面及其高度	照度标准值（lx）	统一眩光值UGR	照度均匀度U_0	一般显色指数R_a
一般阅览室、开放式阅览室	0.75 m水平面	300	19	0.60	80
重要图书馆的阅览室	0.75 m水平面	500	19	0.60	80
多媒体阅览室	0.75 m水平面	300	19	0.60	80
老年阅览室	0.75 m水平面	500	19	0.70	80
珍善本、舆图阅览室	0.75 m水平面	500	19	0.60	80
陈列室、目录厅（室）、出纳厅	0.75 m水平面	300	19	0.60	80
档案室	0.75 m水平面	300	19	0.60	80
档案库、书库	0.25 m垂直面	≥50	—	0.40	80
开放式书架	0.25 m垂直面	≥50	—	0.40	80
工作间	0.75 m水平面	300	19	0.60	80
采编、修复工作间	0.75 m水平面	500	19	0.60	80

注：图书馆应设置正常照明和应急照明，并宜根据需要设置值班照明或警卫照明。

照明设计及照明控制

一、照明设计

1.为保护缩微资料，缩微阅览室应设启闭方便的遮光设施，并在阅读桌上设局部照明。
2.当采用人工照明时，档案库房、书库、阅览室、展览室、拷贝复印室、与档案有关的技术用房应采取隔紫外线灯具和防紫外线光源，并有安全防火措施。缩微阅览室、计算机房照明宜防止显示屏出现灯具影像和反射眩光。
3.展览室、陈列室宜采光均匀，防止阳光直射和眩光。
4.档案库灯具形式及安装位置应与档案密集架布置相配合。
5.书库、非书型资料库、开架阅览室内不得设置卤钨灯等高温照明器。珍善本书库及其阅览室应采用隔紫外线灯具或无紫外线光源。
6.书库照明宜采用无眩光灯具，灯具与图书资料等易燃物的垂直距离不应小于0.5 m。

二、照明控制

1.书库（档案库）、非书型（非档案型）资料库照明宜分区控制。
2.书库照明宜分区分架控制，每层电源总开关应设于库外。
3.书架行道照明应有单独开关控制，行道两端都有通道时应设双控开关；书库内部楼梯照明也应采用双控开关。
4.公共场所的照明应采用集中、分区或分组控制的方式，阅览区的照明宜采用分区控制方式。均根据不同使用要求采取自动控制的节能措施。

配电保护及防雷等级划分

一、配电保护及线路

1.配电箱及开关宜设置在仓库外。

2.凡采用金属书架并在其上敷设220 V线路、安装灯开关插座等的书库必须设剩余电流保护器保护。

3.库房配电电源应设有剩余电流动作保护、防过流安全保护装置。

4.档案馆、一类图书馆和二类图书馆的书库及主体建筑、三类图书馆的书库应采用铜芯线缆敷设。

5.非消防电源线路宜采用低烟无卤阻燃型电线电缆，消防电源线路应遵循相关的规范规定。

6.档案馆、图书馆建筑应设置电气火灾监控系统。

二、防雷等级划分

1.特级、甲级档案馆应为二类防雷建筑，乙级档案馆应为三类防雷建筑。

2.一类、二类建筑图书馆及结合当地气象、地形、地质及周围环境等确定需要防雷的三类建筑图书馆应为二类防雷建筑物，其余为三类防雷建筑物。

6.2 智能化设计

图书馆是搜集、整理、收藏图书资料以供人阅览、参考的机构，档案馆是收集、保管档案的机构。图书馆、档案馆强电设计应根据建筑分级、规模配备供配电系统。要保证安全防范系统及计算机系统的用电连续性，为了避免珍藏品遭受紫外线的损伤，对珍善本房间的光源紫外线应予以控制。图书馆、档案馆应采取电气火灾监控措施。

图书馆智能化系统配置

图书馆智能化系统配置表（一）

<table>
<tr><th colspan="3">智能化系统</th><th>专门图书馆</th><th>科研图书馆</th><th>高等院校图书馆</th><th>公共图书馆</th></tr>
<tr><td rowspan="7">信息化应用系统</td><td colspan="2">公共服务系统</td><td>宜配置</td><td>应配置</td><td>应配置</td><td>应配置</td></tr>
<tr><td colspan="2">智能卡应用系统</td><td>应配置</td><td>应配置</td><td>应配置</td><td>应配置</td></tr>
<tr><td colspan="2">物业管理系统</td><td>宜配置</td><td>宜配置</td><td>应配置</td><td>应配置</td></tr>
<tr><td colspan="2">信息设施运行管理系统</td><td>宜配置</td><td>应配置</td><td>应配置</td><td>应配置</td></tr>
<tr><td colspan="2">信息安全管理系统</td><td>应配置</td><td>应配置</td><td>应配置</td><td>应配置</td></tr>
<tr><td>通用业务系统</td><td>基本业务办公系统</td><td colspan="4" rowspan="2">按国家现行有关标准进行配置</td></tr>
<tr><td>专业业务系统</td><td>图书馆数字化管理系统</td></tr>
<tr><td rowspan="2">智能化集成系统</td><td colspan="2">智能化信息集成(平台)系统</td><td>可配置</td><td>宜配置</td><td>应配置</td><td>应配置</td></tr>
<tr><td colspan="2">集成信息应用系统</td><td>可配置</td><td>宜配置</td><td>应配置</td><td>应配置</td></tr>
</table>

注：1. 图书馆信息化应用系统的配置应满足图书馆业务运行和物业管理的信息化应用需求。图书馆业务管理自动化，实现图书馆各类文献资源，包括图书、非图书资料电子出版物的采访、编目、流通、检索的计算机管理实现文献联合编目、联机检索和馆院互借。
2.智能卡系统，能够提供工作人员的身份识别、考勤、出入口控制、停车管理、消费等功能，还能提供读者的图书借阅、上网计费、馆内消费、停车收费管理、身份识别等功能。该系统可分为IC卡读者证管理子系统、消费管理子系统、员工考勤管理子系统、上机管理子系统和查询子系统。
3.读者自动借还书系统。包括图书自助借阅机、图书监测仪、充消磁验证仪、消磁仪、磁条分配器、安全磁条、自助借阅软件等，兼具借书、还书功能，读者可自行办理。

图书馆智能化系统配置

图书馆智能化系统配置表（二）

智能化系统		专门图书馆	科研图书馆	高等院校图书馆	公共图书馆
信息化设施系统	信息接入系统	应配置	应配置	应配置	应配置
	布线系统	应配置	应配置	应配置	应配置
	移动通信室内信号覆盖系统	应配置	应配置	应配置	应配置
	用户电话交换系统	宜配置	应配置	应配置	应配置
	无线对讲系统	宜配置	宜配置	应配置	应配置
	信息网络系统	应配置	应配置	应配置	应配置
	有线电视系统	应配置	应配置	应配置	应配置
	公共广播系统	应配置	应配置	应配置	应配置
	会议系统	宜配置	宜配置	应配置	应配置
	信息导引及发布系统	应配置	应配置	应配置	应配置
建筑设管理系统	建筑设备监控系统	宜配置	宜配置	应配置	应配置
	建筑能效监管系统	宜配置	宜配置	应配置	应配置

注：1.信息网络系统应满足图书阅览和借阅的需求，业务工作区、阅览室、公众服务区应设置信息端口，公共区域应配置公用电话和无障碍专用的公用电话。图书馆应设置借阅信息查询终端和无障碍信息查询终端。会议系统应满足文化交流的需求，且具有国际交流活动需求的会议室或报告厅，宜配置同声传译系统。
2.建筑设备管理系统应满足图书储藏库的通风、除尘过滤、温度和湿度等环境参数的监控要求。

图书馆智能化系统配置

图书馆智能化系统配置表（三）

智能化系统			专门图书馆	科研图书馆	高等院校图书馆	公共图书馆
公共安全系统	火灾自动报警系统		按国家现行有关标准进行配置			
	安全技术防范系统	入侵报警系统				
		视频安防监控系统				
		出入口控制系统				
		电子巡查系统				
		安全检查系统				
		停车库(场)管理系统	宜配置	宜配置	应配置	应配置
	安全防范综合管理(平台)系统		可配置	宜配置	应配置	应配置

注：安全技术防范系统应按图书馆的阅览、藏书、管理办公等划分不同防护区域，并应确定不同技术防范等级。

图书馆智能化系统配置

图书馆智能化系统配置表（四）

智能化系统		专门图书馆	科研图书馆	高等院校图书馆	公共图书馆
机房工程	信息接入机房	应配置	应配置	应配置	应配置
	有线电视前端机房	应配置	应配置	应配置	应配置
	信息设施系统总配线机房	应配置	应配置	应配置	应配置
	智能化总控室	应配置	应配置	应配置	应配置
	信息网络机房	宜配置	应配置	应配置	应配置
	用户电信交换机房	宜配置	应配置	应配置	应配置
	消防控制室	应配置	宜配置	应配置	应配置
	安防监控中心	应配置	应配置	应配置	应配置
	智能化设备间(弱电间)	应配置	应配置	应配置	应配置
	机房安全系统	按国家现行有关标准进行配置			
	机房综合管理系统	可配置	宜配置	应配置	应配置

档案馆智能化系统配置

档案馆智能化系统配置表（一）

<table>
<tr><th colspan="3">智能化系统</th><th>乙级档案馆</th><th>甲级档案馆</th><th>特级档案馆</th></tr>
<tr><td rowspan="7">信息化应用系统</td><td colspan="2">公共服务系统</td><td>宜配置</td><td>应配置</td><td>应配置</td></tr>
<tr><td colspan="2">智能卡应用系统</td><td>宜配置</td><td>应配置</td><td>应配置</td></tr>
<tr><td colspan="2">物业管理系统</td><td>可配置</td><td>宜配置</td><td>应配置</td></tr>
<tr><td colspan="2">信息设施运行管理系统</td><td>可配置</td><td>宜配置</td><td>应配置</td></tr>
<tr><td colspan="2">信息安全管理系统</td><td>宜配置</td><td>宜配置</td><td>应配置</td></tr>
<tr><td>通用业务系统</td><td>基本业务办公系统</td><td colspan="3" rowspan="3">按国家现行有关标准进行配置</td></tr>
<tr><td>专业业务系统</td><td>档案数字化管理系统</td></tr>
<tr><td rowspan="2">智能化集成系统</td><td colspan="2">智能化信息集成(平台)系统</td></tr>
<tr><td colspan="2">集成信息应用系统</td><td>应配置</td><td>应配置</td><td>应配置</td></tr>
</table>

注：信息化应用系统的配置应满足档案馆业务运行和物业管理的信息化应用需求。

档案馆智能化系统配置

档案馆智能化系统配置表（二）

<table>
<tr><th colspan="2">智能化系统</th><th>乙级档案馆</th><th>甲级档案馆</th><th>特级档案馆</th></tr>
<tr><td rowspan="10">信息化设施系统</td><td>信息接入系统</td><td>可配置</td><td>宜配置</td><td>应配置</td></tr>
<tr><td>布线系统</td><td>应配置</td><td>应配置</td><td>应配置</td></tr>
<tr><td>移动通信室内信号覆盖系统</td><td>应配置</td><td>应配置</td><td>应配置</td></tr>
<tr><td>用户电话交换系统</td><td>应配置</td><td>应配置</td><td>应配置</td></tr>
<tr><td>无线对讲系统</td><td>宜配置</td><td>应配置</td><td>应配置</td></tr>
<tr><td>信息网络系统</td><td>宜配置</td><td>应配置</td><td>应配置</td></tr>
<tr><td>有线电视系统</td><td>应配置</td><td>应配置</td><td>应配置</td></tr>
<tr><td>公共广播系统</td><td>应配置</td><td>应配置</td><td>应配置</td></tr>
<tr><td>会议系统</td><td>可配置</td><td>宜配置</td><td>应配置</td></tr>
<tr><td>信息导引及发布系统</td><td>可配置</td><td>宜配置</td><td>应配置</td></tr>
<tr><td rowspan="2">建筑设管理系统</td><td>建筑设备监控系统</td><td>宜配置</td><td>应配置</td><td>应配置</td></tr>
<tr><td>建筑能效监管系统</td><td>宜配置</td><td>应配置</td><td>应配置</td></tr>
</table>

注：信息网络系统应满足档案馆管理的需求，并应满足安全、保密等要求。建筑设备管理系统应满足档案资料防护的要求。

档案馆智能化系统配置

档案馆智能化系统配置表（三）

<table>
<tr><th colspan="3">智能化系统</th><th>乙级档案馆</th><th>甲级档案馆</th><th>特级档案馆</th></tr>
<tr><td rowspan="9">公共安全系统</td><td colspan="2">火灾自动报警系统</td><td colspan="3" rowspan="6">按国家现行有关标准进行配置</td></tr>
<tr><td rowspan="7">安全技术防范系统</td><td>入侵报警系统</td></tr>
<tr><td>视频安防监控系统</td></tr>
<tr><td>出入口控制系统</td></tr>
<tr><td>电子巡查系统</td></tr>
<tr><td>安全检查系统</td></tr>
<tr><td>停车库(场)管理系统</td><td>宜配置</td><td>应配置</td><td>应配置</td></tr>
<tr><td colspan="2">安全防范综合管理(平台)系统</td><td>可配置</td><td>宜配置</td><td>应配置</td></tr>
</table>

注：安全技术防范系统应根据档案馆的级别采取相应的人防、技防配套措施。

档案馆智能化系统配置

档案馆智能化系统配置表（四）

智能化系统		乙级档案馆	甲级档案馆	特级档案馆
机房工程	信息接入机房	应配置	应配置	应配置
	有线电视前端机房	应配置	应配置	应配置
	信息设施系统总配线机房	应配置	应配置	应配置
	智能化总控室	应配置	应配置	应配置
	信息网络机房	宜配置	应配置	应配置
	用户电信交换机房	宜配置	应配置	应配置
	消防控制室	应配置	应配置	应配置
	安防监控中心	应配置	应配置	应配置
	智能化设备间(弱电间)	应配置	应配置	应配置
	机房安全系统	按国家现行有关标准进行配置		
	机房综合管理系统	可配置	宜配置	应配置

智能化系统

一、综合安防系统

1. 在建筑物的主要出入口、档案库区、书库、阅览室、借阅处、重要设备室、电子信息系统机房和安防中心等处应设置出入口控制系统、入侵报警系统、视频监控系统及电子巡查系统。
2. 在档案馆的利用大厅、开架阅览室设置全方位视频监控系统，保证监视到每一个阅览座位及书架。
3. 库区内部如设置门禁系统则为双向门禁系统。库区外部设置单向门禁系统。

二、计算机网络系统

1. 档案馆应根据需求设置外网、内网、档案专网、涉密网、无线网五种计算机网络。外网及内网宜采用非屏蔽系统，线缆可同槽敷设。档案专网与涉密网应采用屏蔽系统，线缆应分槽敷设。涉密网应按国家保密局的相关规定执行。
2. 图书馆设置网络化系统，设置由主干网、局域网、信息点组成的网络系统。信息点的布局应根据阅览座席、业务工作的需要确定。有条件时，可设置局域无线网络系统。

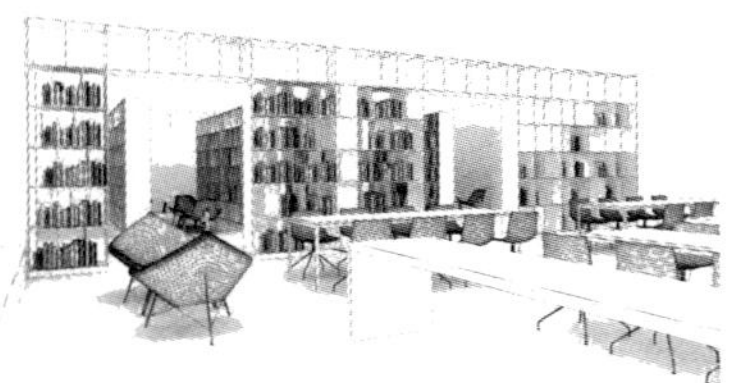

智能化系统

三、公共广播系统

1. 档案馆、图书馆应设置公共广播系统，并与消防应急广播在火灾情况下切换。
2. 档案馆、图书馆应设置开、闭馆音响信号装置。

四、信息发布与查询系统

1. 档案馆、图书馆宜设置信息发布及信息查询系统。在入口大厅、休息厅等处设置大屏幕信息显示装置。
2. 在入口大厅、信息利用大厅、出纳厅、阅览室等处设置一定数量的自助信息查询终端。

五、电气消防系统

1. 珍贵文献资料、珍善本库、重要档案的储藏库、陈列室、数据机房等重要房间设置吸气式烟雾探测报警系统及一氧化碳火灾探测器。
2. 档案库房、书库宜设置高压细水雾灭火系统。在库房墙外设置高压细水雾控制盘接入火灾自动报警系统进行联动控制，也可独立于火灾报警控制器进行手动控制。高压细水雾要求同时具有自动控制、手动控制和应急操作三种控制方式。
3. 应采取电气火灾监控措施。

6.3 图书馆电气设计实例

本工程属于一类建筑，地上共5层，地下1层，建筑面积为71 995 ㎡，建筑高度30 m，耐火等级为一级，抗震设防烈度为8度，设计使用年限50年。图书馆及配套项目包括金融藏书、借阅、会议、展览、培训、销售、读者餐厅、停车及后勤用房等。

负荷统计、供电电源及变电所、柴油发电机机房

一、负荷统计

1.一级负荷设备容量为：*Pe*=2 900 kW。

2.二级负荷设备容量为：*Pe*=4 200 kW。

3.三级负荷设备容量为：*Pe*=1 200 kW。

二、供电电源

由市政外网引来两路双重高压电源。高压系统电压等级为10 kV。高压采用单母线分段运行方式，中间设联络开关，平时两路电源同时分列运行，互为备用，当一路电源故障时，通过手动/自动操作联络开关，另一路电源负担全部负荷。

三、变电所、柴油发电机房

在地下一层设置变电所一处，变电室总装机容量为7 200 kV·A，其中一组变压器（2×2 000 kV·A）的供电对象主要为各类照明、消防设备用电、电梯及其他动力用电等，另一组变压器（2×1 600 kV·A）的供电对象主要为冷冻机、冷冻泵、冷却泵及部分空调机等。

在地下一层设置一处柴油发电机房。机房拟设置一台1 000 kW柴油发电机组。

变电所运维云平台

- 将分散在各地的变电所集中监控，统一管理；
- 掌握运行状况，即时响应故障跳闸等事件，缩短抢修时间，并分析故障原因；
- 制订变电所巡检计划，加强巡检管理，完善绩效考核；
- 自动生成汇总报表，减轻人工统计的工作量；
- 变电所配电线缆、配电设备管理，生成保修、维修、检修电子档案；
- 通过各种终端获取信息，随时随地移动办公，电力运维更方便。

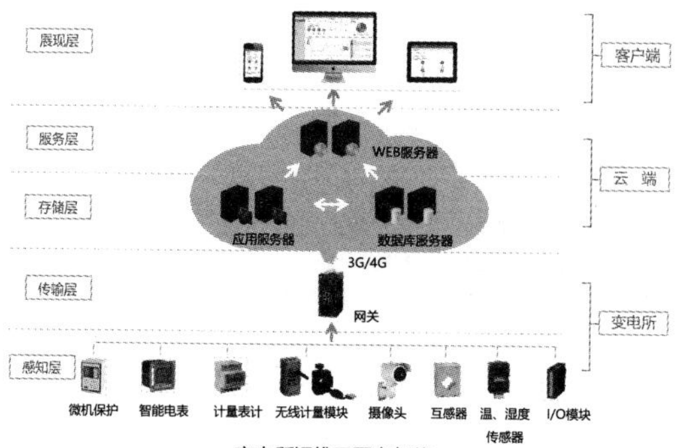

变电所运维云平台架构

照明设计

1. 光源：照明应以清洁、明快为原则进行设计，同时考虑节能因素，避免能源浪费，以满足使用的要求。室内外照明应选用发光效率高、显色性好、使用寿命长、色温相宜、符合环保要求的光源，办公区域选用双抛物面格栅、蝙蝠翼配光曲线的荧光灯灯具，荧光灯为显色指数大于80的三基色的荧光灯。室外照明装置应限制对周围环境产生的光干扰。照射大面积的书架时应选择宽光束灯具，避免明显的光斑出现在书架上，达到柔和均匀的效果。
2. 为保护缩微资料，缩微阅览室应设启闭方便的遮光设施，并在阅读桌上设局部照明。书库、阅览室、展览室、拷贝复印室有安全防火措施。展览室、陈列室宜采光均匀，防止阳光直射和眩光。书库、非书型资料库、开架阅览室内不得设置卤钨灯等高温照明器。
3. 阅览室照明采用荧光灯具。其一般照明沿外窗平行方向控制或分区控制，供长时间阅览的阅览室设置局部照明。
4. 书库照明宜采用窄配光荧光灯具，灯具与图书等易燃物的距离大于0.5 m，地面采用反射比较高的建筑材料。对于珍贵图书和文物书库应选用有过滤紫外线的灯具。书库照明用电源配电箱应有电源指示灯并应设于书库之外，书库通道照明应在通道两端独立设置双控开关，书库照明的控制宜在配电箱分路集中控制。
5. 存放重要文献资料和珍贵书籍的场所设值班照明和警卫照明。

照明控制及防雷与接地

一、照明控制

1. 书库、资料库照明采用分区控制。
2. 书库照明采用分区分架控制，每层电源总开关应设于库外。
3. 书架行道照明应有单独开关控制，行道两端都有通道时应设双控开关；书库内部楼梯照明也应采用双控开关。
4. 公共场所的照明应采用集中、分区或分组控制的方式；阅览区的照明宜采用分区控制方式。均根据不同使用要求采取自动控制的节能措施。

二、防雷与接地

1. 本建筑物按二类防雷建筑物设防，屋顶设网格不大于10 m×10 m的接闪带，所有突出屋面的金属体和构筑物应与接闪带电气连接。
2. 为预防雷电电磁脉冲引起的过电流和过电压，在变压器低压侧、向重要设备供电的末端配电箱的各相母线上、由室外引入或由室内引至室外的电力线路、信号线路、控制线路、信息线路等部位装设电涌保护器。
3. 本工程强、弱电采用共用接地装置，以建筑物、构筑物的金属体、构造钢筋和基础钢筋作为接地体，其接地电阻小于1 Ω。
4. 建筑物做总等电位连接，在配变电所内安装一个总等电位连接端子箱，将所有进出建筑物的金属管道、金属构件、接地干线等与总等电位端子箱有效连接。

电气消防系统

1. 消防控制室设在首层(含广播室和保安监视室)，对全楼的消防进行探测监视和控制。
2. 珍贵文献资料、珍善本库、陈列室、数据机房等重要房间宜设置吸气式烟雾探测报警系统及一氧化碳火灾探测器。
3. 在消防控制室设置联动控制台，控制方式分为自动控制和手动控制两种。通过联动控制台，可以实现对消火栓、自动喷洒灭火系统、防烟、排烟、加压送风系统的监视和控制，火灾发生时手动切断一般照明及空调机组、通风机、动力电源。当发生火灾时，自动关闭总煤气进气阀门。
4. 消防紧急广播系统、消防直通对讲电话系统、电梯监视控制系统、电气火灾报警系统、防火门监控系统及消防电源监控系统。

电气消防系统

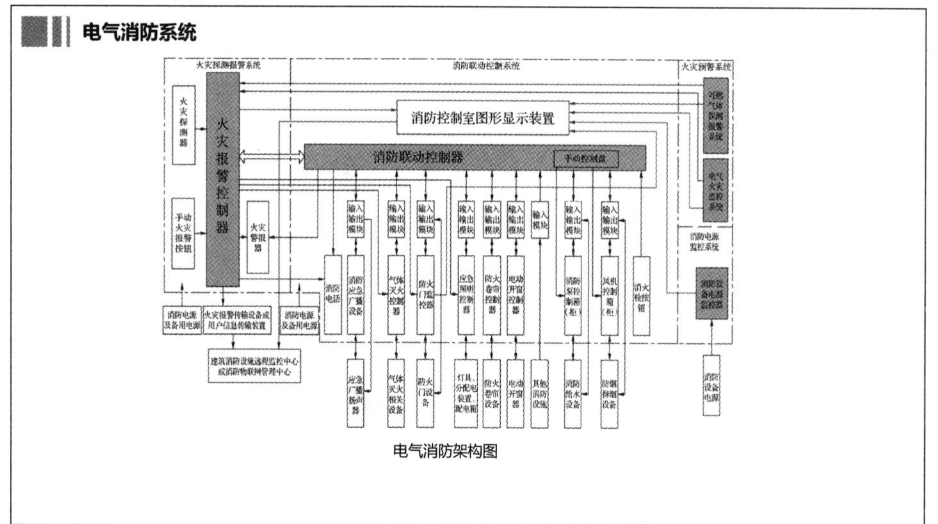

电气消防架构图

信息化应用系统

1. 有针对性地为不同社会层面的读者提供知识和为读者学习知识提供帮助和指导的方向发展。对有价值的图像、文本、读者、影像、软件和科学数据等多媒体信息进行收集。进行数字化加工、存储和管理。实现内容系统分类并提供基于网络的数字化存取服务。
2. 智能卡应用系统。能够提供工作人员的身份识别、考勤、出入口控制、停车管理、消费等功能。
3. 图书馆业务管理自动化。实现图书馆各类文献资源，包括图书、非图书资料电子出版物的采访、编目、流通、检索的计算机管理实现文献联合编目，联机检索和馆院互借。
4. 信息设施运行管理系统。
5. 信息安全管理系统。

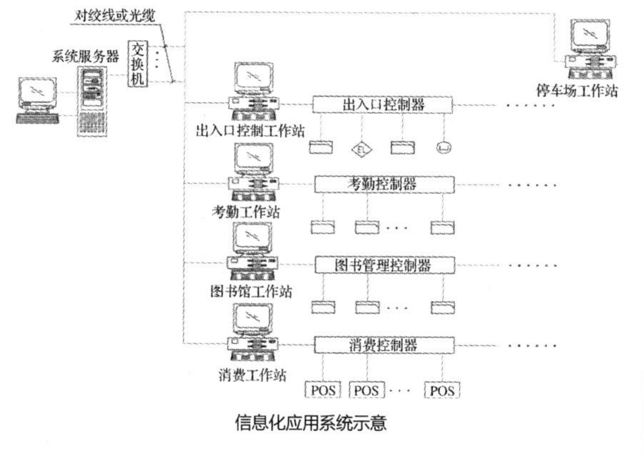

信息化应用系统示意

图书检索系统构架

1. 用于查询所有馆藏书刊的书目信息和馆藏、流通情况。
2. 查询该读者所有在借图书的书目、借书日期和应还日期等信息。对于有违章的读者，系统还将显示其违章记录。
3. 显示该读者已提交的有效预约记录及状态，并允许读者对预约记录进行删除或添加。
4. 读者可在网上办理续借手续，既方便读者又可减轻流通工作人员的工作量。
5. 读者可以在此修改个人密码和电子邮件等个人信息。
6. 显示新到馆图书清单。
7. 可在网上浏览各馆藏地的馆藏图书信息。
8. 显示预约到书通报、图书催还通知、超期欠款通知。

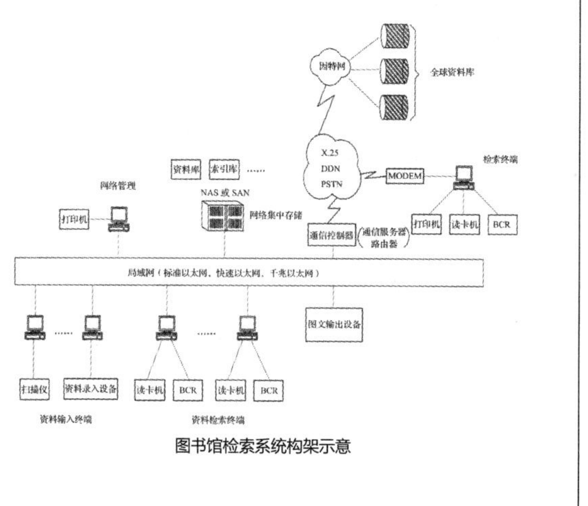

图书馆检索系统构架示意

智能化集成系统

1. 智能化信息集成系统。集成软件平台安装在主机服务器上，实现把所有子系统集成在统一的用户界面下，对子系统进行统一监视、控制和协调，从而构成一个统一的协同工作的整体。包括实现对子系统实时数据的存储和加工，对系统用户的综合监控、显示以及智能分析等其他功能。
2. 集成信息应用系统。对于管理数据的集成，要求控制系统在软件上使用标准的、开放的数据库进行数据交换，实现管理数据的系统集成。

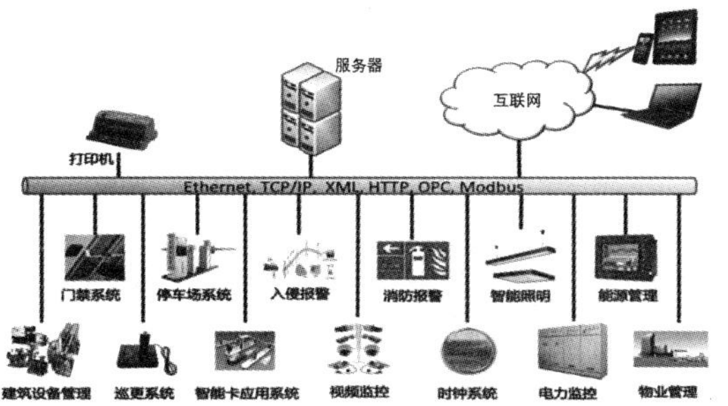

智能化集成系统示意

信息化设施系统

一、通信系统

1. 根据图书馆的规模及工作人员的数量，本工程在地下一层设置电话交换机房，设置一台1 000门的程控交换机。
2. 本工程需中继线100对（呼出、呼入各50%）。另外申请直拨外线150对。

二、综合布线系统

1. 工作区子系统：在办公、阅览、电子查询、书库等部门设置工作区,每个工作区根据需要设置一个单孔或双孔信息插座,用于连接电话、计算机或其他终端设备。
2. 干线子系统：图书馆内的干线采用光缆和大对数铜缆,光缆主要用于通信速率要求较高的计算机网络,干线光缆按每48个信息插座配2芯多模光缆配置。
3. 设备间子系统:综合布线设备间设在一层,面积约20 m^2 。

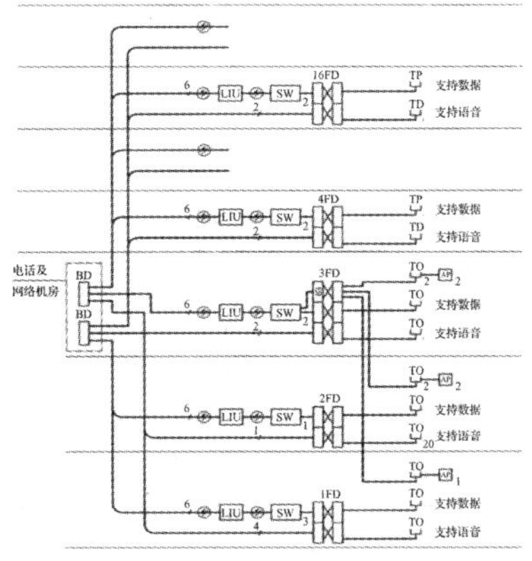

综合布线系统示意

信息化设施系统

三、信息导引及发布系统

在入口大厅、休息厅等处设置大屏幕信息显示装置，在入口大厅、信息利用大厅、出纳厅、阅览室等处设置一定数量的自助信息查询终端。

1.触摸屏信息查询系统设置在图书馆主入口处。方便读者快捷方便地了解图书馆平面布局、阅览室的位置和特点、借阅的规则和要求、检索查询的步骤。触摸屏信息查询系统具有多媒体功能一般采用在线式。

2.一般在图书馆大厅及检索目录厅处设置公共显示系统。播发图书资料出版发布信息，重要新闻信息和讲座及活动信息。

四、同声传译系统

系统采用红外无线方式，设4种语言的同声传译，采用直接翻译和二次翻译相结合的方式。根据现场环境，在报告厅内设数个红外辐射器，用以传送译音信号，与会者通过红外接收机，配戴耳机，通过选择开关选择要听的语种。

信息化设施系统

五、有线电视系统

有线电视系统根据用户情况采用分配-分支分配方式。

六、有线广播系统

本工程内设置有线广播系统，其功能为语音广播和背景音乐广播。本系统与火灾应急广播系统分别设置。

七、会议电视系统

本工程在多功能厅设置全数字化技术的数字会议网络系统（DCN系统），该系统采用模块化结构设计，全数字化音频技术。具有全功能、高智能化、高清晰音质。方便扩展和数据传递、保密等优点。可实现发言演讲、会议讨论、会议录音等各种国际性会议功能，其中主席位置的设备具有最高优先权，可控制会议进程。

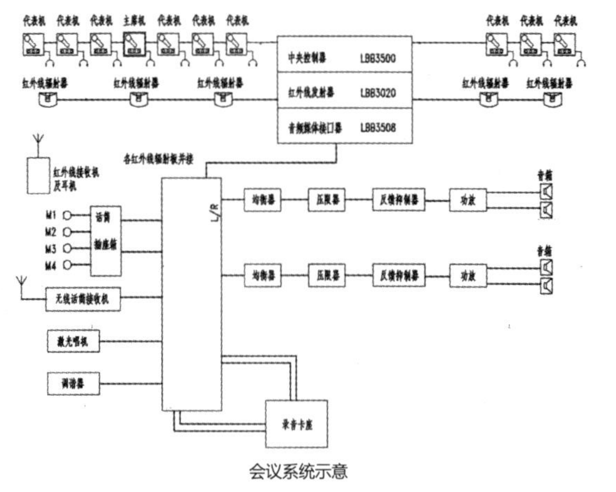

会议系统示意

建筑设备管理系统

一、建筑设备监控系统

通过对工程中建筑内温、湿度的自动调节，空气质量的最佳控制，以及对室内照明进行自动化管理等手段提供最佳的能源管理方案，对机电设备以及照明等采取优化控制和管理，确保节能运行，从而降低能源成本及运行费用。本工程在地下一层设置一处建筑设备监控室，对建筑设备实施管理与控制。监控点数共计为1 332控制点，其中，AI=158点、AO=177点、DI=691点、DO=306点。

二、建筑能效监管系统

本工程建筑能效监管主机设置于各个建筑物业管理室。系统可对冷热源系统、供暖通风和空气调节、给水排水、供配电、照明、电梯等建筑设备进行能耗监测。根据建筑物业管理的要求及基于对建筑设备运行能耗信息化监管的需求，应能对建筑的用能环节进行相应适度调控及供能配置适时调整。

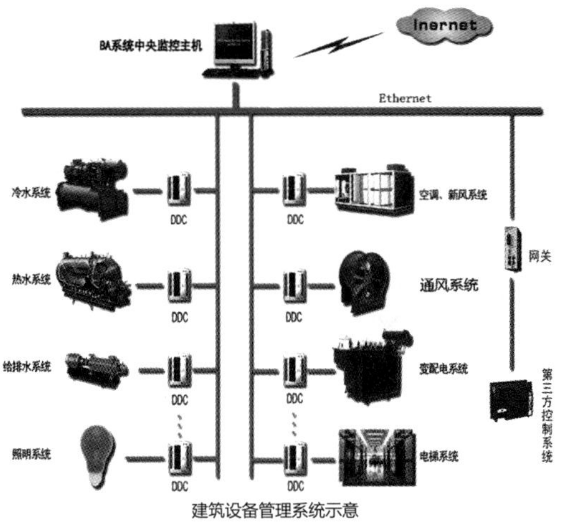

建筑设备管理系统示意

公共安全系统

1. 视频监控系统。本工程在一层设置保安室(与消防控制室共室)，内设系统矩阵主机、视频录像、打印机，监视器及AC 24 V电源设备等。视频自动切换器接受多个摄像点信号输入,定时自动轮换(1～30 s）输出监控信号，也可手动任选一个摄像机的画面跟踪监视、录像、打印。系统矩阵主机带输入、输出板，云台控制及编程，控制输出时、日、字符叠加等功能。
2. 出入口控制系统。库区内部如设置门禁系统则为双向门禁系统。库区外部设置单向门禁系统。系统主机设置于建筑消防控制室。
3. 在建筑物的主要出入口、书库、阅览室、借阅处、重要设备室、电子信息系统机房和安防中心等处设置出入口控制系统、入侵报警系统、视频监控系统及电子巡查系统。
4. 停车场管理系统。在停车场出入口设置停车场管理系统，采用影像全鉴别系统，对于内部车辆采用非接触式IC卡进行识别。

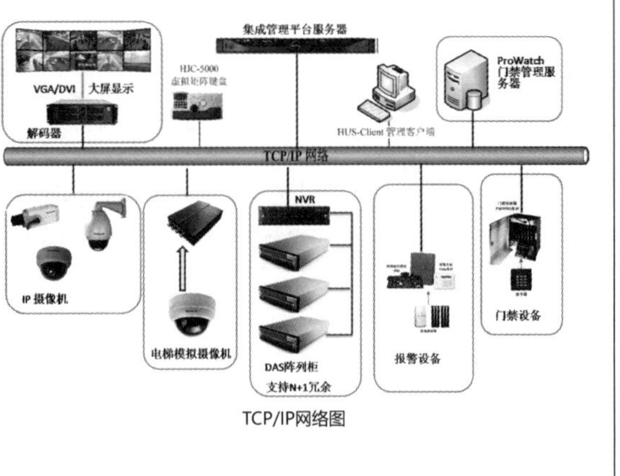

TCP/IP网络图

电气节能与抗震设计

一、电气节能措施

1. 变电所深入负荷中心，合理选用导线截面，减少电压损失。
2. 三相配电变压器满足现行国家标准《电力变压器能效限定值及能效等级》GB 20052的节能评价值要求，水泵、风机等设备及其他电气装置满足相关现行国家标准的节能评价值要求。
3. 设置建筑设备监控系统，对建筑物内的设备实现节能控制。合理选用电梯和自动扶梯，并采取电梯群控、扶梯自动启停等节能控制措施。
4. 对室内的二氧化碳浓度进行数据采集、分析，并与通风系统联动，实现室内污染物浓度超标实时报警，并与通风系统联动。
5. 采用低压集中自动补偿方式，并配备谐波电抗器组合，作为谐波抑制措施，避免高次谐波电流与电力电容发生谐振。
6. 照明光源应优先采用节能光源，采用智能灯光控制系统。走廊、楼梯间、门厅、大堂、大空间、地下停车场等场所的照明系统采取分区、定时、感应等节能控制措施。建筑照明功率密度值应小于《建筑照明设计标准》GB 50034中的规定。
7. 设置智能建筑能源管理专家分析系统，提高对建筑电力系统、动力系统、供水系统和环境数据实施集中监控和管理，实现能源管理系统集中调度控制和经济结算。

二、电气抗震设计

1. 高低压配电柜、变压器、配电箱、控制箱等设备安装均应满足抗震设防规定。
2. 设在建筑物屋顶上的共用天线等应设置防止因地震导致设备损坏后部件坠落伤人的安全防护措施。
3. 应急广播系统预置地震广播模式。安装在吊顶上的灯具应考虑地震时吊顶与楼板的相对位移。
4. 电气设备系统中内径大于或等于60 mm的电气配管和重量大于或等于15 kg/m的电缆桥架及多管共架系统须采用机电管线抗震支撑系统。
5. 垂直电梯应具有地震探测功能，地震时电梯能够自动停于就近平层并开门运行。

6.4 档案馆电气设计实例

本工程属于一类建筑，地上共5层，地下1层，建筑面积为120 365 ㎡，建筑高度58 m，抗震设防烈度为8度，耐火等级为一级，设计使用年限50年。工程性质为档案及配套项目，包括档案业务、办公、库房及辅助用房等。

负荷统计、供电电源及变电所

一、负荷统计

1. 一级负荷设备容量为：Pe= 2 900 kW。
2. 二级负荷设备容量为：Pe= 3 120 kW。
3. 三级负荷设备容量为：Pe= 1 950 kW。

二、供电电源

1. 由市政外网引来两路双重高压电源。高压系统电压等级为10 kV。高压采用单母线分段运行方式，中间设联络开关，平时两路电源同时分列运行，互为备用，当一路电源故障时，通过手动/自动操作联络开关，另一路电源负担全部负荷。
2. 机房设置一台1 600 kW柴油发电机组作为备用电源。

三、变配电所

1. 在地下一层设置变电所一处，变电所总装机容量为10 500 kV·A，变电所内设两台12 500 kV·A变压器和四台2 000 kV·A变压器，其中一组变压器供电对象主要为冷冻机、冷冻泵、冷却泵及部分空调机等。
2. 地下一层设置一处柴油发电机房。

电力、照明系统

1. 配电系统的接地采用TN - S系统。冷冻机组、冷冻泵、冷却泵、生活泵、热力站、电梯等设备采用放射式供电，风机、空调机、污水泵等小型设备采用树干式供电。
2. 档案库区与公用空间、内部使用空间的配电应分开配电和控制。技术用房应按需求设置足够的计算网络、通信接口和电源插座。库区电源总开关应设于库区外，档案库房内不设置电源插座。为保证重要负荷的供电，对重要设备，如通信机房、消防用电设备(消防水泵、排烟风机、加压风机、消防梯等)、信息网络设备、消防控制室、中央控制室等均采用双回路专用电缆供电，在最末一级配电箱设双电源自投，自投方式采用双电源自投自复。
3. 主要配电干线沿由变电所用电缆槽盒引至各电气小间，支线穿钢管敷设。
4. 普通干线采用辐照交联低烟无卤阻燃电缆；重要负荷的配电干线采用矿物绝缘电缆，电缆应采用防咬措施，部分大容量干线采用封闭母线。
5. 库区电源总开关应设于库区外，库房的电源开关应设于库房外，并应设有防止漏电的安全保护装置。
6. 空调设施和电热装置应单独设置配电线路，并穿金属管保护。
7. 控制导线及档案库供电导线应用铜芯导线。档案库、计算机房和缩微用房配电线路采取穿金属管暗敷方式。

照明及控制

一、照明设计

1. 光源: 一般场所为荧光灯或高效节能型灯具。档案库和查阅档案等用房采用荧光灯时，应有过滤紫外线和安全防火措施。档案库灯具形式及安装位置应与灯具布置相配合。缩微阅览室、计算机房照明设计宜防止显示屏出现灯具影像和反射眩光。本工程主要场所的荧光灯采用电子镇流器，以提高功率因数,减少频闪和噪声。
2. 存放重要文献资料的场所设值班照明和警卫照明。
3. 阅览室照明采用荧光灯具。其一般照明沿外窗平行方向控制或分区控制。供长时间阅览的阅览室设置局部照明。

二、照明控制

1. 资料库照明采用分区控制。
2. 档案库房照明采用分区分架控制，每层电源总开关应设于库外。
3. 资料库行道照明应有单独开关控制，行道两端都有通道时应设双控开关；内部楼梯照明也应采用双控开关。
4. 公共场所的照明应采用集中、分区或分组控制的方式，阅览区的照明宜采用分区控制方式。根据不同使用要求采取自动控制的节能措施。
5. 车库、办公走道等处的照明采用智能型照明管理系统，以实现照明节能管理与控制。

防雷与接地系统

1. 本建筑物按二类防雷建筑物设防，为防直击雷在屋顶设置接闪带，其网格不大于10 m×10 m，所有凸出屋面的金属体和构筑物应与接闪带电气连接。
2. 为预防雷电电磁脉冲引起的过电流和过电压，在变压器低压侧、在向重要设备供电的末端配电箱的各相母线上、由室外引入或由室内引至室外的电力线路、信号线路、控制线路、信息线路等部位装设电涌保护器。
3. 本工程强、弱电采用共用接地装置，以建（构）筑物的金属体、构造钢筋和基础钢筋作为接地体，其接地电阻小于1 Ω。
4. AC 220/380 V低压系统接地形式采用TN-S，PE线与N线严格分开。
5. 建筑物做总等电位连接,在配变电所内安装一个总等电位连接端子箱,将所有进出建筑物的金属管道、金属构件、接地干线等与总等电位端子箱有效连接。
6. 在所有弱电机房、电梯机房、浴室等处做辅助等电位连接。

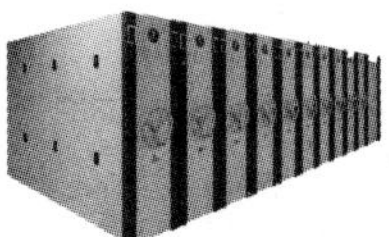

电气消防系统

1.消防控制室设在首层(含广播室和保安监视室)，对全楼的消防进行探测监视和控制。消防控制室的报警控制设备由火灾报警盘、消防联动控制台、CRT图形显示屏、打印机、火灾应急广播设备、消防直通对讲电话、电梯运行监视控制盘、UPS不间断电源及备用电源等组成。

2.重要档案的储藏库、陈列室、数据机房等重要房间宜设置吸气式烟雾探测报警系统及一氧化碳火灾探测器。在每个防火分区设火灾报警按钮，从任何位置到手动报警按钮的步行距离不超过30 m。消防控制中心在接到火灾报警信号后，按程序联锁控制消防泵、喷淋泵、防排烟机、风机、空调机、防火卷帘、电梯、非消防电源、应急电源和气体灭火系统等。火灾自动报警系统采用双路消防电源单独回路供电，容量5 kW直流备用电源采用火灾报警控制器专用蓄电池。

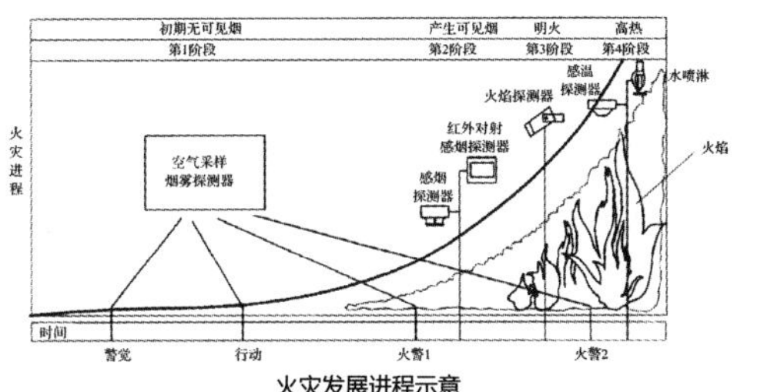

火灾发展进程示意

3.消防联动控制系统。在消防控制室设置联动控制台，控制方式分为自动控制和手动控制两种。通过联动控制台，可以实现对消火栓、自动喷洒灭火系统、防烟、排烟、加压送风系统的监视和控制，火灾发生时手动切断一般照明及空调机组、通风机、动力电源。当发生火灾时，自动关闭总煤气进气阀门。

电气消防系统

4.消防紧急广播系统。在消防控制室设置消防广播机柜，机组采用定压式输出。地下泵房、冷冻机房等处设号角式15 W扬声器，其他场所设置3 W扬声器。消防紧急广播按建筑层分路，每层一路。当发生火灾时，消防控制室值班人员可自动或手动向全楼进行火灾广播，及时指挥疏导人员撤离火灾现场。

5.消防直通对讲电话系统。在消防控制室内设置消防直通对讲电话总机，除在各层的手动报警按钮处设置消防对讲电话插孔外，在变配电室、水泵房、电梯机房、冷冻机房、防排烟机房、建筑设备监控室、管理值班室等处设置消防直通对讲电话分机。

6.电梯监视控制系统。在消防控制室设置电梯监控盘，除显示各电梯运行状态、层数显示外，还应设置正常、故障、开门、关门等状态显示。火灾发生时，根据火灾情况及场所，由消防控制室电梯监控盘发出指令，指挥电梯按消防程序运行：对全部或任意一台电梯进行对讲，说明改变运行程序的原因；除消防电梯保持运行外，其余电梯均强制返回一层并开门。火灾指令开关采用钥匙型开关，由消防控制室负责火灾时的电梯控制。

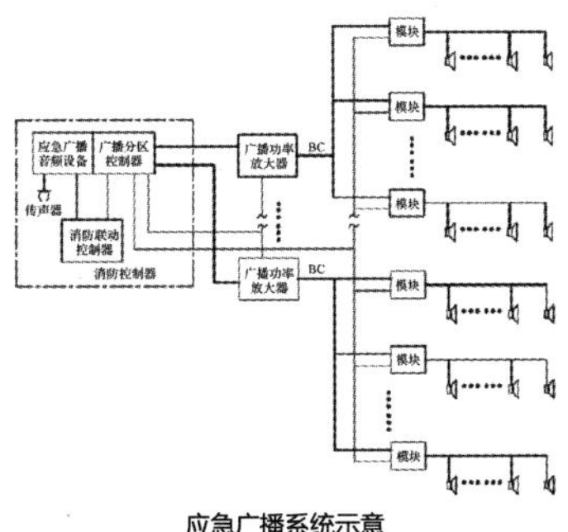

应急广播系统示意

电气消防系统

7.为防止接地故障引起的火灾，本工程设置电气火灾报警系统，可以准确实时地监控电气线路的故障和异常状态，及时发现电气火灾的隐患，及时报警、提醒有关人员去消除这些隐患，避免电气火灾的发生，是从源头上预防电气火灾的有效措施。

8.为保证消防设备电源可靠性，本工程设置消防设备电源监控系统，通过检测消防设备电源的电压、电流、开关状态等有关设备电源信息，从而判断电源设备是否有断路、短路、过压、欠压、缺相、错相以及过流（过载）等故障信息并实时报警、记录的监控系统，从而可以有效地避免在火灾发生时，消防设备由于电源故障而无法正常工作的危急情况，最大程度地保障消防联动系统的可靠性。

9. 为保证防火门充分发挥其隔离作用，在火灾发生时，迅速隔离火源，有效控制火势范围，为扑救火灾及人员的疏散逃生创造良好条件，本工程设置防火门监控系统。对防火门的工作状态进行24 h实时自动巡检，对处于非正常状态的防火门给出报警提示。在发生火情时，该监控系统自动关闭防火门，为火灾救援和人员疏散赢得宝贵时间。

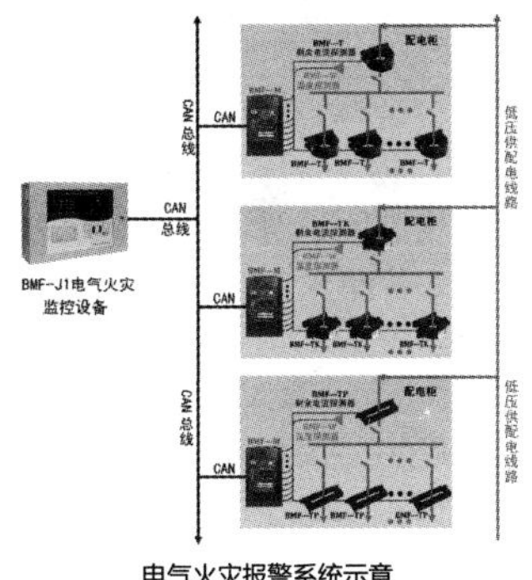

电气火灾报警系统示意

电气抗震设计

1.高低压配电柜、变压器、配电箱、控制箱等设备安装均应满足抗震设防规定。

2.电气设备系统中内径大于或等于60 mm的电气配管和质量大于或等于15 kg/m的电缆桥架及多管共架系统须采用机电管线抗震支撑系统。

3.刚性管道侧向抗震支撑最大设计间距不得超过12 m，柔性管道侧向抗震支撑最大设计间距不得超过6 m。

4.刚性管道纵向抗震支撑最大设计间距不得超过24 m，柔性管道纵向抗震支撑最大设计间距不得超过12 m。

5.垂直电梯应具有地震探测功能，地震时电梯能够自动停在就近平层并开门运行。

6.设在建筑物屋顶上的共用天线等，应设置防止因地震导致设备损坏后部件坠落伤人的安全防护措施。

7. 应急广播系统预置地震广播模式。

8. 安装在吊顶上的灯具，应考虑地震时吊顶与楼板的相对位移。

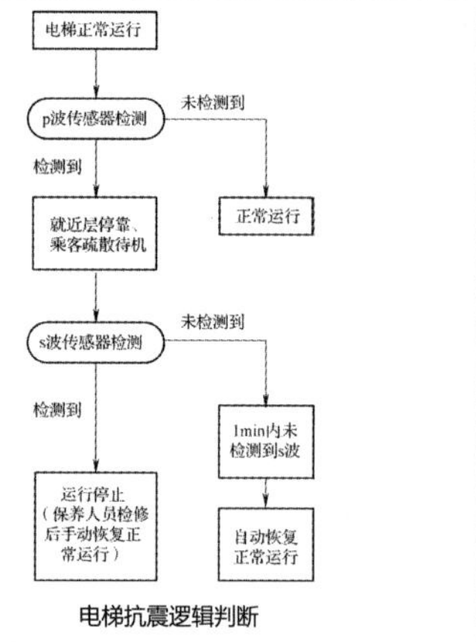

电梯抗震逻辑判断

信息化应用系统

1.公共服务系统。公共服务系统应具有访客接待管理和公共服务信息发布等功能，并宜具有将各类公共服务事务纳入规范运行程序的管理功能。

2.智能卡应用系统。根据建设方物业信息管理部门要求对出入口控制、电子巡查、停车场管理、考勤管理、消费等实行一卡通管理，“一卡”在同一张卡片上实现开门、考勤、消费等多种功能。

3.信息设施运行管理系统。信息设施运行管理系统应具有对建筑物信息设施的运行状态、资源配置、技术性能等进行监测、分析、处理和维护的功能。

4.信息安全管理系统。信息网络安全管理系统通过采用防火墙、加密、虚拟专用网、安全隔离和病毒防治等各种技术和管理措施，室网络系统正常运行，确保经过网络的传输和管理措施，使网络系统正常运行，确保经过网络传输和交换的数据不会发生增加、修改、丢失和泄露。

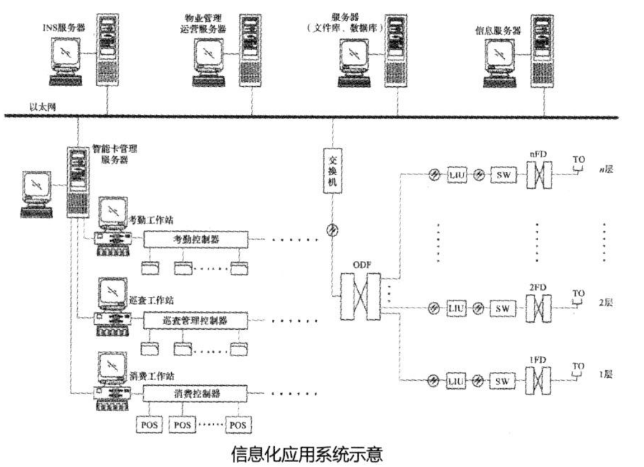

信息化应用系统示意

智能化集成系统

本工程对信息设施各子系统通过统一的信息平台实现集成，实施综合管理，将建筑中日常运作的各种信息，如建筑设备监控系统、安防、火灾自动报警、公共广播、通信系统以及展览管理信息，各种日常办公管理信息，物业管理信息等构成相互之间有关联的一个整体，从而有效地提升建筑整体的运作水平和效率。

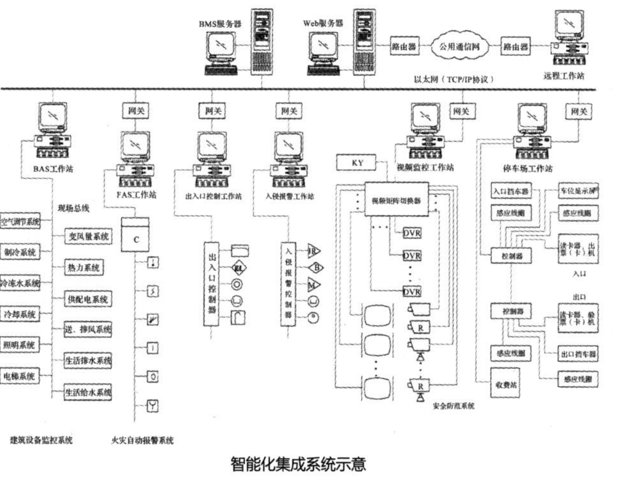

智能化集成系统示意

信息化设施系统

1.信息系统对城市公用事业的需求:

1)本工程需输出/输入中继线200对（呼出、呼入各50%）。另外申请直拨外线300对。

2)电视信号接自城市有线电视网，在顶层设有卫星电视机房，对建筑内的有线电视实施管理与控制。

2.通信自动化系统。根据档案馆的规模及工作人员的数量，本工程在地下一层设置电话交换机房，设置一台2 000门PABX。

3.综合布线系统。综合布线系统是信息化、网络化、办公自动化的基础，将建筑内的业务、办公、通信等设计统一规划布线。综合布线系统满足楼内信息处理和通信（数据、语音、图像等），它能有效地融合视频信息和其他媒体信息，建立一套科学、有效的媒体管理系统，其中包括资料的采集、储存、编目、管理、传输和编码转换等，并保持用户与外界互联网及通信的联系，达到信息资源共享、交互、再利用，实现数据的有效管理。

信息化设施系统

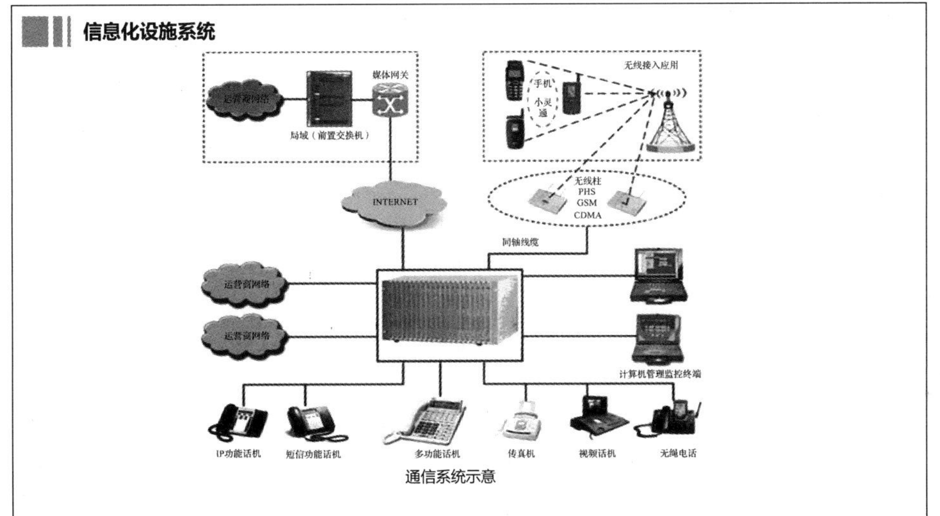

通信系统示意

信息化设施系统

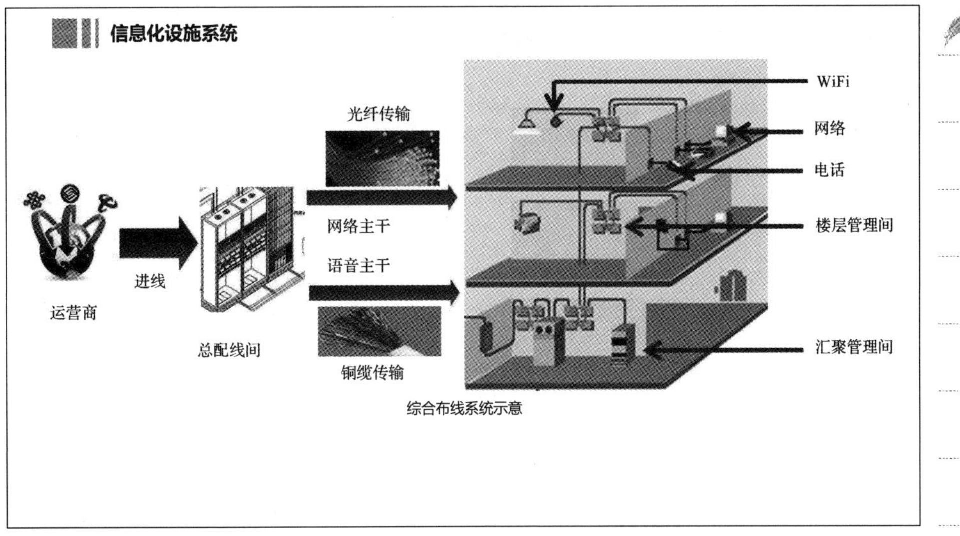

综合布线系统示意

信息化设施系统

4.会议电视系统。本工程在多功能厅设置全数字化技术的数字会议网络系统（DCN系统），该系统采用模块化结构设计，全数字化音频技术。具有全功能、高智能化、高清晰音质。方便扩展和数据传递保密等优点。可实现发言演讲、会议讨论、会议录音等各种国际性会议功能，其中主席设备具有最高优先权，可控制会议进程。

5.有线电视及卫星电视系统。本工程在地下一层设置有线电视前端室，在顶层设有卫星电视机房，有线电视系统根据用户情况采用分配-分支分配方式，对建筑内的有线电视实施管理与控制。

6.有线广播系统。本工程内设置有线广播系统，其功能为语音广播和背景音乐广播。本系统与火灾应急广播系统分别设置。

7.无线通信增强系统。为避免无线基站信道容量有限，忙时可能出现网络拥塞，手机用户不能及时打进或接进电话。

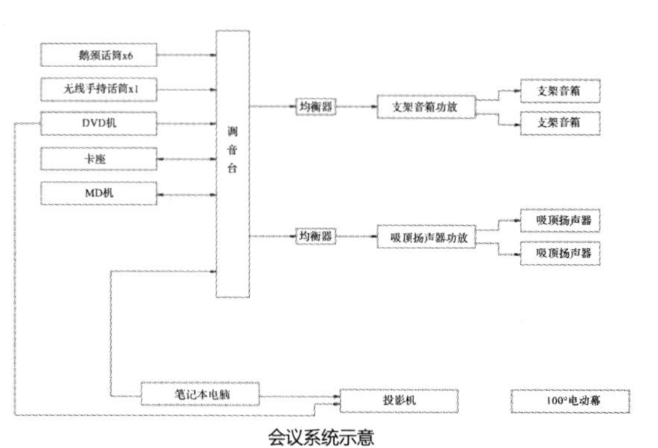

会议系统示意

建筑设备管理系统

一、建筑设备监控系统

建筑设备监控系统融合了现代计算机技术、网络通信技术、自动控制技术、数据库管理技术以及软件技术等，采用“集散型系统”，通过中央监控系统的计算机网络，将各层的控制器、现场传感器、执行器及远程通信设备进行连网，共同实现集中管理、分散控制的综合监控及管理功能。本工程在地下一层设置一处建筑设备监控室，对建筑设备实施管理与控制。监控点数共计为2 332控制点，其中，AI=363点、AO=496点、DI=791点、DO=682点。

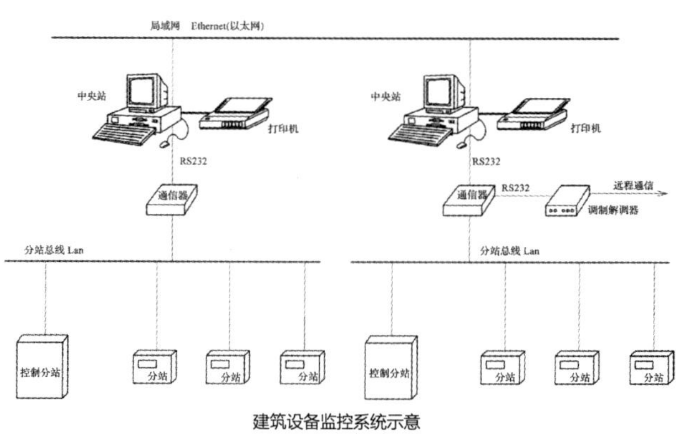

建筑设备监控系统示意

建筑设备管理系统

二、建筑能效监管系统

本工程建筑能效监管主机设置于各个建筑物业管理室。系统可对冷热源系统、供暖通风和空气调节、给水排水、供配电、照明、电梯等建筑设备进行能耗监测。根据建筑物业管理的要求及基于对建筑设备运行能耗信息化监管的需求，应能对建筑的用能环节进行相应适度调控及供能配置适时调整。

1. 实时监测空调冷源供冷水负荷（瞬时、平均、最大、最小），计算累计用量，费用核算。
2. 实时监测自来水/中水供水流量（瞬时、平均、最大、最小），计算累计用量，费用核算。
3. 根据管理需要，设置计量热表，计算租户累计用量，费用核算。
4. 根据管理需要，设置电量计量，计算租户累计用量，费用核算。
5. 实现对采集的建筑能耗数据进行分析、比对和智能化的处理。对经过数据处理后的分类、分项能耗数据进行分析、汇总和整合，通过静态表格和动态图表方式将能耗数据展示出来，为节能运行、节能改造、信息服务和制定政策提供信息服务。

建筑设备管理系统

市级建筑能耗数据中心
数据传输网络
建筑能源管理平台
管理中心
管理中心
数据中心
TCP/IP、3G
数据集中器（Linux）
TCP/IP
支持有线无线通信方式
采集网关（Linux）
采集网关（Linux）
采集网关（Linux）
分类能耗数据采集
现场数据总线：RS485/M-BUS/无线
水表
电表
燃气表
热量表
温控器
温度传感器
湿度传感器

建筑能耗监管系统示意

建筑设备管理系统

三、建筑设备管理平台

基于互联网的iOVE2000平台采用目前最流行的B/S（Browser-Server，浏览器-服务器）架构。

设备数据通过通信管理机上传到远程中转服务器中，中转服务器将数据进行归类整理后存储，通过程序分析数据后形成各种形式的数据报表和统计结果，并提供对外访问服务（Web浏览），用户计算机不需要安装任何客户端软件，能上网即可。用户打开浏览器，登录远程能耗管理平台，即可通过计算机或移动端查看所有监控的配电室运行状况、能耗消耗状况，通过各种维度查看电能数据和电量数据。

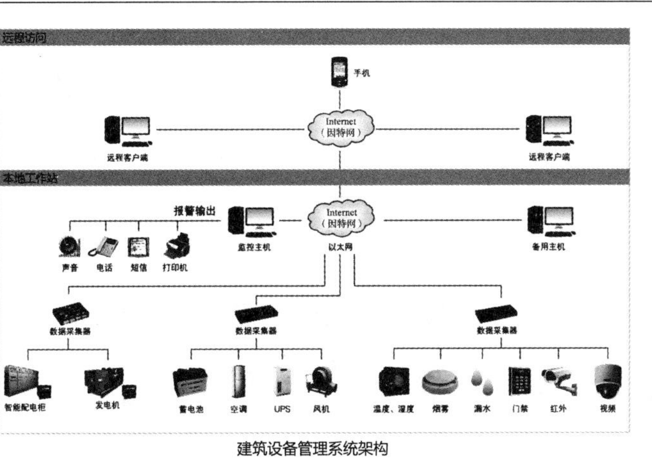

建筑设备管理系统架构

公共安全系统

1.在建筑的主要出入口、楼梯间、电梯前室和电梯轿厢内设彩色摄像机，在消防控制室设彩色监视器，用多画面监视器进行连续监视，并设有录像机和大屏幕监视器，当遇到重要情况时，可利用键盘将任一台摄像机的图像调到大屏幕上连续监视，并可录像。在重要机房、网络控制中心等处设置防盗监控系统。为确保某些特殊房间的安全，在其出入通道的出入口设门禁系统，以避免无关人员闯入。

2.在建筑物的主要出入口、档案库区、书库、阅览室、借阅处、重要设备室、电子信息系统机房和安防中心等处应设置出入口控制系统、入侵报警系统、视频监控系统及电子巡查系统。

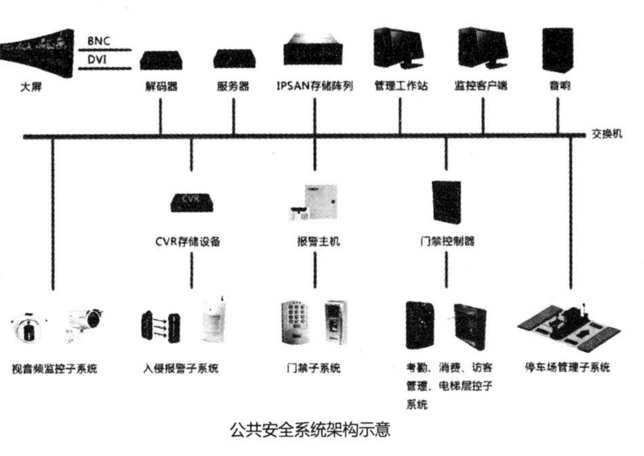

公共安全系统架构示意

公共安全系统

3.停车场管理系统。在停车场出入口设置停车场管理系统，采用影像全鉴别系统，对于内部车辆，采用非接触式IC卡进行识别。对于外部临时车辆则采用临时出票方式。停车场管理系统由进/出口读卡机、挡车器、感应线圈、摄像机、收费机、入口处LED显示屏等组成。停车场管理系统的操作软件应有全汉化操作系统，人机界面友好，该系统应与楼宇自控系统、消防系统、安全系统有接口，并应为开放的通信协议，便于系统的互联或联动。

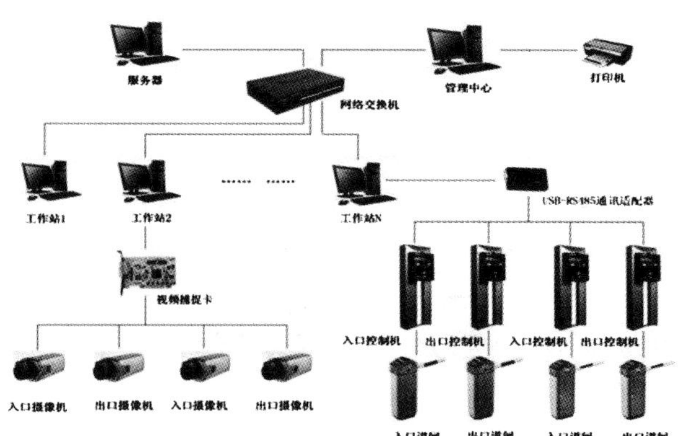

停车场管理系统示意

公共安全系统

4.出入口控制系统。库区内部如设置门禁系统则为双向门禁系统。库区外部设置单向门禁系统。系统主机设置于建筑消防控制室。系统构成与主要技术功能：

(1) 出入口控制系统由识读部分、传输部分、管理/控制部分和执行部分以及相应的系统软件组成。

(2)本工程在重要机房、物业用房、车库的出入口安装读卡机、电控锁以及门磁开关等控制装置。系统设置于各建筑内消防控制室内。

(3)系统的信息处理装置应能对系统中的有关信息自动记录、打印、储存，并有防篡改和防销毁的措施。

(4)出入口控制系统应能独立运行，并能与火灾自动报警系统、视频监控系统联动。当发生火警或需紧急疏散时，人员不使用钥匙应能迅速安全通过。

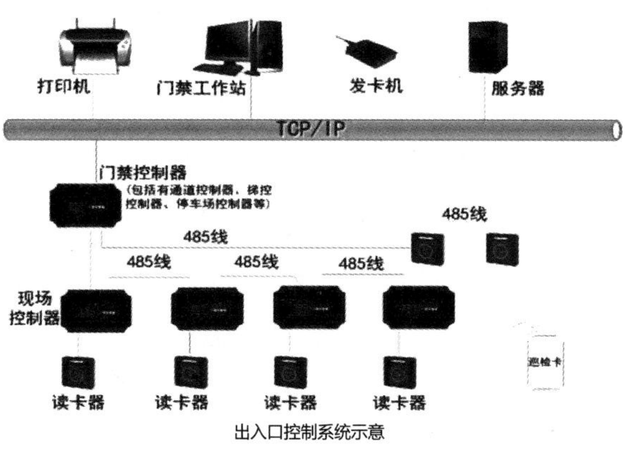

出入口控制系统示意

小结

图书馆、档案馆应根据文化建筑规模和使用要求，确定合理电气系统，安防系统、图书检索用计算机系统用电应设置不间断电源作为备用电源。库区与公用空间、内部使用空间的配电应分开配电和控制。库区电源总开关应设于库区外。珍善本书库及其阅览室应采用防紫外线灯具或无紫外线光源。图书馆、档案馆应根据文化建筑性质、规模配置智能化系统。图书馆应满足图书阅览和借阅的需求，同时应满足满足图书储藏库的通风、除尘过滤、温度、湿度等环境参数的监控要求。档案馆应满足档案馆管理的需求，并应满足安全、保密等要求，建筑设备管理系统应满足档案资料防护的要求。

第七章

办公建筑电气关键技术设计实践

Design Practice of Key Technology of Office Building Electrical Engineering

办公建筑指机关、企业、事业单位行政管理人员，业务技术人员等办公的业务用房，办公楼的组成因规模和具体使用要求而异，有企业总部、行政办公楼、传媒建筑、出租办公楼等形式。一般包括办公室、会议室、门厅、走道、电梯和楼梯间、食堂、礼堂、机电设备间、卫生间、库房等辅助用房等。现代办公楼正向综合化、一体化方向发展。由于办公楼的规模日趋扩大，内容也越加复杂，办公建筑电气设计，应根据建筑用途、规模特点，合理确定电气系统，确保平时和消防时的正常使用。

7.1 强电设计

办公建筑是供机关、团体和企事业单位办理行政事务和从事各类业务活动的建筑物。它由办公室用房、公共用房、服务用房和设备用房等组成。办公建筑建筑供配电系统要根据建筑规模和等级、管理模式和业务需求进行配置变压器容量、变电所和柴油发电机组的设置，既要满足近期使用要求，又要兼顾未来发展的需要，满足办公建筑日常供电的安全可靠要求，使工作人员获得安全，舒适的健康环境。

办公建筑分类与负荷分级

办公建筑分类表

类别	示例	设计使用年限	耐火等级
一类	特别重要的办公建筑	100年或50年	一级
二类	重要的办公建筑	50年	不低于二级
三类	普通的办公建筑	25年或50年	不低于二级

注：特别重要的办公建筑可以理解为国家级行政办公建筑，省部级行政办公建筑，重要的金融、电力调度、广播电视、通信枢纽等办公建筑以及建筑高度超过该结构体系的最大适用高度的超高层办公建筑。

负荷分级表

建筑物名称	用电设备（或场所）名称	负荷等级
一类办公建筑和建筑高度超过50 m的高层办公建筑的重要设备及部位	重要办公室、总值班室、主要通道的照明、值班照明、警卫照明、屋顶停机坪信号灯、电话总机房、计算机房、变配电所、柴油发电机房等；经营管理用及设备管理用电子计算机系统电源，客梯电力、排污泵、变频调速恒压供水生活水泵电源	一级负荷
二类办公建筑和建筑高度不超过50 m的高层办公建筑以及部、省级行政办公建筑的重要设备及部位		二级负荷
三类办公建筑和除一、二级负荷以外的用电设备及部位	照明、电力设备	三级负荷

注：消防负荷分级按建筑所属类别考虑。

配电技术要求

1. 用电指标：30~70 W/m²，变压器装置指标：50~100 V·A/m²。在办公的用电负荷中，一般照明插座负荷约占40%，空调负荷约占35%，动力设备负荷约占25%。
2. 计量方式。用户电能计量设置应按当地供电部门有关计量要求设计并应征得供电部门同意。办公建筑一般照明、动力负荷分别计费按二者间负荷较小的一种设置子表计量。公寓式办公楼和出租办公楼可根据管理需要及建设方要求设置计量表。
3. 照明设计。

(1) 办公建筑在日间工作时间考虑到节能及舒适性，人工照明设备应与窗口射入的自然光合理地结合，将直管型荧光灯与侧窗平行布置，开关控制灯列与侧窗平行布置。

(2) 会议室、洽谈室的照明应保证足够的垂直照度，一般而言，背窗者的面垂直照度不低于300 lx。

(3) 为了适应幻灯或电子演示的需要，宜在会议室、洽谈室照明设计时考虑调光控制，有条件时设置智能化控制系统。

(4) 开放式办公室的楼地面直接在家具位置埋设强电和弱电插座，办公室的插座数量不应小于工作位数量。若无确切资料可按4~5 m²一个电源插座考虑，满足每人不少于一个单相三孔和一个单相两孔插座两组。

办公建筑照度标准值

房间及场所	参考平面及其高度	照度标准值（lx）	UGR	U_0	R_a
普通办公室	0.75水平面	300	19	0.60	80
高档办公室	0.75水平面	500	19	0.60	80
会议室	0.75水平面	300	19	0.60	80
视频会议室	0.75水平面	750	19	0.60	80
接待室	0.75水平面	200	—	0.40	80
大厅	0.75水平面	300	22	0.40	80
发行室	0.75水平面	300	—	0.40	80
设计室	实际工作面	500	19	0.60	80
资料室	0.75水平面	200	—	0.60	80

办公设备用电量

常用办公设备用电量表

名称	电源			名称	电源			名称	电源		
	电压（V）	功率（kW）	功率因数		电压（V）	功率（kW）	功率因数		电压（V）	功率（kW）	功率因数
台式传真机	220	0.01~1.0	0.8	电子计算机（主机）	220	3.0	0.7	自动咖啡机	220	0.8	0.8
绘图仪	220	0.055	0.8	电子计算机（主机）	380	10.0	0.7	幻灯机	220	0.2	0.8
投影仪	220	0.1~0.4	0.8	电子计算机（主机）	380	15.0	0.7	电动油印机	220	0.02	0.7
喷墨打印机	220	0.16	0.6	电子计算机（主机）	380	20.0	0.7	光电誊印机	220	0.02	0.7
彩色激光打印机（台式）	220	0.79	0.6	电子计算机（主机）	380	30.0	0.7	胶印机	220	0.02	0.7
激光图形打印机	220	2.6	0.8	电子计算机（主机）	380	50.0	0.7	对讲电话机	220	0.1	0.7
晒图机（小型）	220	1.4	0.8	电子计算机（主机）	380	100.0	0.7	会议电话汇接机	220	0.3	0.7
静电复印机（台式）	220	1.2	0.8	数据终端机（主机）	220	0.05	0.7	会议电话终端机	220	0.02	0.7
静电复印机（桌式）	220	1.4	0.8	台式PC机（液晶显示屏）	220	0.4	0.7	电铃（ϕ25）	220	0.025	0.5
静电复印机（桌式带分页）	220	2.1	0.8	饮水机	220	1.0	—	电铃（ϕ50）	220	0.005	0.5
静电复印机（大型单张式）	220	3.5	0.8	考勤机	220	0.003~0.015	—	电铃（ϕ75）	220	0.01	0.5
静电复印机（大型卷筒式）	220	6.4	0.8	点钞机	220	0.004~0.08	0.8	电铃（ϕ100）	220	0.015	0.5
静电复印机（大型微缩胶片放大）	220	5.8	0.8	碎纸机	220	0.12	0.8	电铃（ϕ150）	220	0.02	0.5
电子计算机（主机）	220	2.0	0.7	电子白板	220	0.08	—	—	—	—	—

7.2　智能化设计

办公建筑是供机关、团体和企事业单位办理行政事务和从事各类业务活动的建筑物。它由办公室用房、公共用房、服务用房和设备用房等组成。办公建筑智能化系统要根据建筑规模和等级、管理模式需求进行配置，需统筹系统的性质、管理部门等诸多因素，适应办公信息化应用的发展，为办公人员提供有效、可靠的接收、交换、传输、存储、检索和显示处理等各类信息资源的服务。

办公建筑智能化系统配置

办公建筑智能化系统配置表（一）

<table>
<tr><th colspan="3">智能化系统</th><th>普通办公建筑</th><th>商务办公建筑</th></tr>
<tr><td rowspan="7">信息化应用系统</td><td colspan="2">公共服务系统</td><td>应配置</td><td>应配置</td></tr>
<tr><td colspan="2">智能卡应用系统</td><td>应配置</td><td>应配置</td></tr>
<tr><td colspan="2">物业管理系统</td><td>应配置</td><td>应配置</td></tr>
<tr><td colspan="2">信息设施运行管理系统</td><td>宜配置</td><td>应配置</td></tr>
<tr><td colspan="2">信息安全管理系统</td><td>宜配置</td><td>应配置</td></tr>
<tr><td>通用业务系统</td><td>基本业务办公系统</td><td colspan="2" rowspan="2">按国家现行有关标准进行配置</td></tr>
<tr><td>专业业务系统</td><td>专用办公系统</td></tr>
<tr><td colspan="2" rowspan="2">智能化集成系统</td><td>智能化信息集成（平台）系统</td><td>宜配置</td><td>应配置</td></tr>
<tr><td>集成信息应用系统</td><td>宜配置</td><td>应配置</td></tr>
</table>

注：信息化应用系统的配置应满足通用办公建筑办公业务运行和物业管理的信息化应用需求。办公建筑的信息化应用系统应配置办公工作业务系统，物业运营管理系统、公共信息管理系统、商务办公建筑需配置公共服务管理系统，行政及金融办公建筑需配置智能卡应用系统和信息网络安全管理系统，宜配置其他业务功能所需要的应用系统。

办公建筑智能化系统配置

办公建筑智能化系统配置表（二）

智能化系统		普通办公建筑	商务办公建筑
信息化设施系统	信息接入系统	应配置	应配置
	布线系统	应配置	应配置
	移动通信室内信号覆盖系统	应配置	应配置
	用户电话交换系统	宜配置	宜配置
	无线对讲系统	宜配置	宜配置
	信息网络系统	应配置	应配置
	有线电视系统	应配置	应配置
	公共广播系统	应配置	应配置
	会议系统	可配置	应配置
	信息导引及发布系统	宜配置	应配置
	时钟系统	可配置	宜配置
建筑设备管理系统	建筑设备监控系统	应配置	应配置
	建筑能效监管系统	宜配置	宜配置

注：信息接入系统宜将各类公共信息网引入至建筑物办公区域或办公单元内，并应适应多家运营商接入的需求。移动通信室内信号覆盖系统应做到公共区域无盲区。用户电话交换系统应满足通用办公建筑内部语音通信的需求。信息网络系统，当用于建筑物业管理系统时，宜独立配置；当用于出租或出售办公单元时，宜满足承租者或入驻用户的使用需求。

办公建筑智能化系统配置

办公建筑智能化系统配置表（三）

智能化系统			普通办公建筑	商务办公建筑
公共安全系统	火灾自动报警系统		按国家现行有关标准进行配置	
	安全技术防范系统	入侵报警系统		
		视频安防监控系统		
		出入口控制系统		
		电子巡查系统		
		安全检查系统		
		停车库（场）管理系统	宜配置	应配置
	安全防范综合管理（平台）系统		宜配置	应配置
	应急响应系统		可配置	宜配置
机房工程	信息接入机房、有线电视机房、信息化设施系统总配线机房、智能化总控室		应配置	应配置
	信息网络机房		宜配置	应配置
	用户电话交换机房		宜配置	宜配置
	消防控制室、安防中心		应配置	应配置
	应急响应中心		可配置	宜配置
	智能化设备间		应配置	应配置
	机房安全系统		按国家现行有关标准进行配置	
	机房综合管理系统		可配置	宜配置

7.3 中信大厦设计实例

中信大厦楼建筑面积约为457 000 m²，建筑高度为528 m，地上108层，地下7层，集商务办公、多功能中心等功能于一体，是北京市地标式建筑。本项目地上建筑共分为9区，其中Z0区为大堂及会议，Z8区为多功能中心功能，其余7个区段均为办公区，各办公区段层数（不包含功能区下设备层及避难层）均匀布置，控制在10~14层之间。结构形式为“混凝土核心筒+组合矩柱+矩形钢斜撑+带状钢桁架”的混合结构，基础为桩基。结构设计使用年限50年（耐久性100年），抗震设防烈度8度，抗震措施9度。建筑结构安全等级一级。

城市的意义

由于考虑城市历史风貌保护的原因，北京的超高层建筑在城市市区被限制，CBD是北京超高层建设的一次历史性突破。在这样一个历史底蕴丰厚的城市中如何创作出既与首都历史面貌和谐，又面向未来并富有动态和创意的新地标是极具挑战性的。

中信大厦项目创造的世界之最

- 全球超高层建筑中最节能的夜景照明系统（220 V交流电替代24 V直流供电，线损最低）
- 全球竖向行程最长（504 m）的幕墙擦窗机及配套系统
- 全球观光运力最高的电梯配置（大于1 400人/h）
- 全球大厦首层面积最大（6 084 m^2）的超高层建筑
- 全球配备厚度最薄、综合指标最优的“超静音一体化窗边空调机组”的超高层建筑
- 全球超高层施工中配备的承载力最高（4 800 t）、面积最大（1 849 m^2）、智能化程度最高的顶升作业钢平台
- 全球人均新风量最大（50 m^3/h.p）的超高层建筑
- 全球500 m以上超高层建筑中玻璃幕墙“窗墙比0.44”最小（最节能）的大厦
- 全球首座采用“双中空”超白玻璃单元幕墙 500 m 以上的超高层建筑
- 全球配备双轿厢高速电梯（10 m/s），穿梭高度最高（508 m）的超高层建筑
- 电梯运行总长度与大厦高度比（30:1）、垂直运力全球最大的超高层建筑
- 全球首个建立消防设施临/ 永结合自救体系的超高层建筑

中信大厦项目创造的中国之最

- 中国设计平均能耗最低的超高层建筑（128 V·A/㎡）
- 中国室内办公区域空间净高最高（3 m/3.5 m）的超高层商业办公建筑
- 中国第一个取消大厦核心筒与裙房“后浇带”的超高层建筑
- 中国第一个采用PLC 控制系统，实现大厦空调舒适度高、最节能精密控制的超高层建筑
- 中国第一个采用碳纤维电梯曳引绳（相比钢丝绳更耐火、无谐振、节能、长寿）的超高层建筑
- 中国风振舒适度最高的办公类超高层建筑
- 中国室内空气净化系统性能及综合指标最优的超高层建筑
- 中国第一个由业主主导的“全生命周期”系统运用BIM 技术的超高层建筑
- 中国类似规模超高层建造中开发周期最短的大厦
- 中国第一个采用“双总包”施工管理体系的超高层建筑
- 中国第一个采用“设计联合体”模式的特大型房建工程设计管理体系
- 中国第一个由业主主导EPCO管理模式建造的超高层建筑

中信大厦项目创造的北京之最

- 北京市第一个采用重力消防水供水（最可靠）的超高层建筑
- 北京市最厚的建筑混凝土基础底板（6.5 m）
- 北京市房建工程中工程桩单桩静载最大加载（40 000 kN）
- 北京市房建工程中最深的地质勘察孔（钻探深度地下180 m）
- 北京市大厦基坑开挖深度最深（40 m）
- 北京市第一个“分段（分4段）”获得《建筑工程施工许可证》的城市综合体开发项目
- 北京市最高的观光平台（503 m）
- 北京市最高的观景餐厅（513 m）
- 北京市最高建筑（528 m）

负荷分级

负荷分级表

负荷等级	供电区域或负荷名称	供配电措施	容量（kW）
一级负荷	特别重要负荷：消防系统（含消防值班室内消防控制设备、火灾自动报警系统、消防泵、消防电梯、疏散电梯、防火卷帘、防排烟风机、阀门等）、保安监控系统、楼宇自控系统、卫星通信系统、电话交换机、计算机主机房设备、应急及疏散照明、警卫照明、值班照明、安全照明航空障碍灯等	双电源供电，末端切换，另设柴油发电机作为备用电源	9 833
	银行营业厅照明、会议室照明、厨房、电梯、生活水泵、排水泵、制冷机组、热力站、多功能中心等	双电源供电	24 216
二级负荷	自动扶梯、主要办公室等	双电源供电	15 239
三级负荷	一般照明及电力设备等	单电源供电	38 754
总计			88 042

注：消防用电应按一级负荷中特别重要的负荷供电。应急电源应采用柴油发电机组，柴油发电机组的消防供电回路应采用专用线路连接至专用母线段，连续供电时间不应小于3.0 h。

供电电源

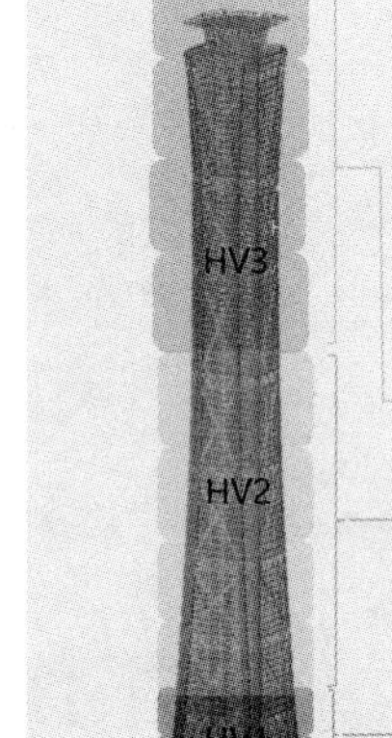

由2个110 kV变电站分别引来3路10 kV双重电源（共6路）。外线由工程地块南侧B4层分两处引入。6路10 kV电源分为3组，每组两路高压电源同时工作，互为备用，当一路高压出现故障，另外一路高压进线能承担故障电源供电的全部一、二级负荷。装机容量：56 400 kV·A；负荷密度：132 V·A/m²。

HV3: A3（17 500 kV·A），B3（17 500 kV·A）

HV2: A2（21 000 kV·A），B2（21 000 kV·A）

HV1: A1（17 900 kV·A），B1（17 900 kV·A）

供电区域划分

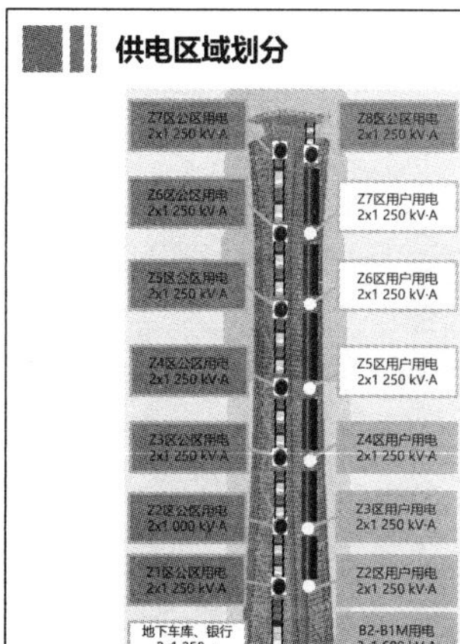

配电室设置表

市政电源10 kV编号	高压配电室编号	变配电室位置	变配电室编号	供电范围	变压器装机及容量/(kV·A)	
A3,B3	3#HV	M8设备层	M8Z8P	Z8区用电	2x1 250	2 500
			M8Z7P	Z7区公区	2x1 250	2 500
		M7设备层	M7Z7T	Z7区用户	2x1 250	2 500
			M7Z6P	Z6区公区	2x1 250	2 500
		M6设备层	M6Z6T	Z6区用户	2x1 250	2 500
			M6Z5P	Z5区公区	2x1 250	2 500
		M5设备层	M5Z5T	Z5区用户	2x1 250	2 500
A2,B2	2#HV	M4设备层	M4Z4P	Z4区公区	2x1 250	2 500
			M4Z4T	Z4区用户	2x1 250	2 500
		M3设备层	M3Z3P	Z3区公区	2x1 250	2 500
			M3Z3T	Z3区用户	2x1 250	2 500
		M2设备层	M2Z2P	Z2区公区	2x1 000	2 000
			M2Z2T	Z2区用户	2x1 250	2 500
		B2层	B2Z1P	Z1区公区	2x1 250	2 500
		B5层	B5Z1T	Z1区用户	2x2 000	4 000
A1,B1	1#HV	B2层	B2B	B2~B1M	2x1 600	3 200
		B5层	B5G	地下停车场	2x1 250	2 500
		B5层	B5RP1	制冷机房辅机1	2x1 600	8 200
				制冷机组	4x1 250	
		B5层	B5RP2	制冷机房辅机2	2x2 000	4 000
总装机容量 (kV·A)						56 400
装机功率密度值 (V·A/m²)						132

自备供电电源

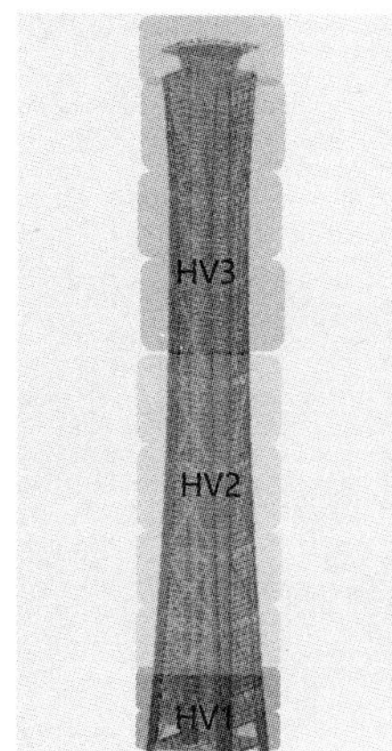

自备电源-柴油发电机组设置表

机组编号	供电范围	用途	供电电压kV	装机容量kV·A	台数	备注
EG6	Z1~Z4	用户备用	0.38	2 500	1	
EG5	Z5~Z8	应急及备用	10	2 500	1	并机运行
EG4			10	2 500	1	
EG3	Z1~Z4	应急及备用	0.38	1 500	1	并机运行
EG2			0.38	1 500	1	
EG1	地下室	应急及备用	0.38	1 500	1	

注：室外设置1个15 m³的油罐。室内柴油发电机组设置1 m³的日用油箱。

供电电源可靠性分析

供电电源可靠性分析表

电源编号	A1	B1	A2	B2	A3	B3	平均供电可靠性指标
电网运行状态	正常	正常	正常	正常	正常	正常	0.999 22
	退出	正常	正常	正常	正常	正常	0.998 88
	正常	退出	正常	正常	正常	正常	0.998 23
	正常	正常	退出	正常	正常	正常	0.997 97
	正常	正常	正常	退出	正常	正常	0.997 97
	正常	正常	正常	正常	退出	正常	0.996 90
	正常	正常	正常	正常	正常	退出	0.997 60
	退出	退出	正常	正常	正常	正常	0.997 66
	正常	正常	退出	退出	正常	正常	0.997 77
	正常	正常	正常	正常	退出	退出	0.999 01
	退出	退出	退出	退出	退出	退出	0.994 67

智能配电系统

基于物联网的数字化中低压解决方案，全方位改善配电系统，实现预防性维护，保障安全、可靠、高效的配电系统，放大业务价值。

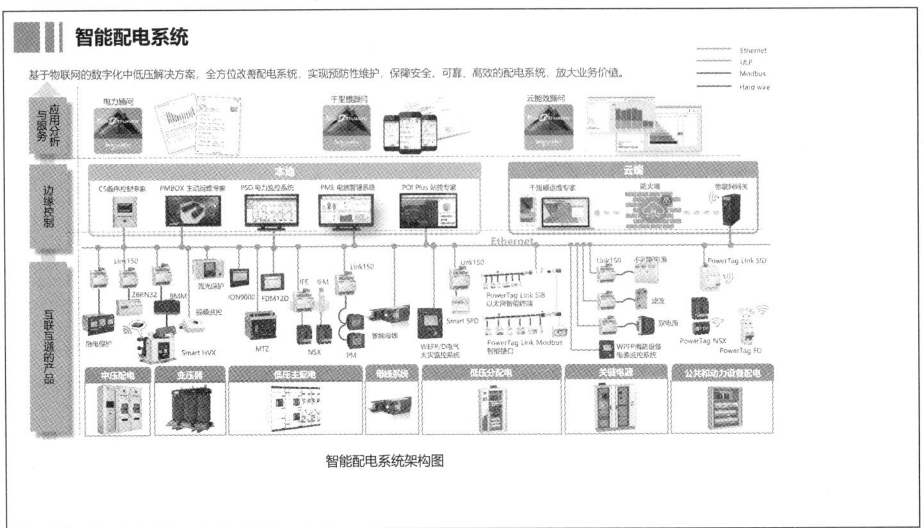

智能配电系统架构图

智能配电系统

Ecostruxure Power 智能配电系统功能

能源效率管理

- 能源规划审计
- 能耗对标
- 能源效率提升
- 能源定制报表，账单
- 能耗深度分析，优化节能

电气资产管理

- 多维度查询及资产报告
- 移动终端App及网页
- 柜门二维码快速访问
- 电气资产配置信息显示
- 断路器老化评估分析

电能质量管理

- 电能质量监视分析
- 谐波分析系统诊断
- 电网实时监测
- 扰动分析判断

运行维护管理

- 快速故障诊断以及恢复指导
- 系统保护选择性分析
- 精准预防性维护指导和计划
- 运行温度实时监控
- 保护定值按需优化
- 人、事、物关联的智能巡检

主动运维、精细化管理、无限增值的服务

智能配电系统

防患于未然，提高运行维护主动性

1.安全　2.高效　3.互联互通

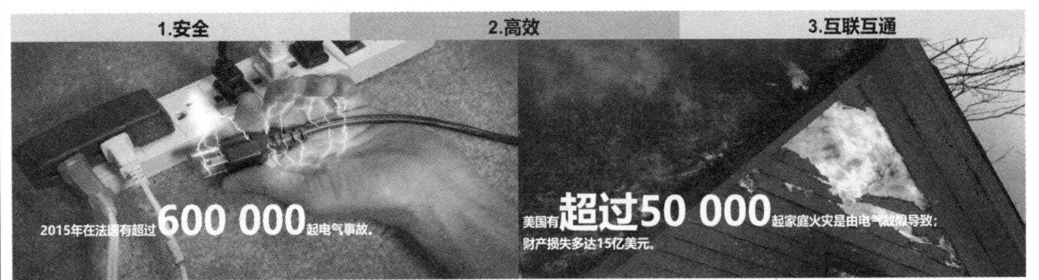

监测电力参数、环境参数、运行参数……

预测设备使用状态及寿命
预判负荷使用趋势
预知电能质量事件对设备潜在破坏程度
预警安全隐患，精确定位……

缩短停电时间 **35%~45%**
减少停电次数 **70%~75%**
延长设备寿命 **30%**

智能配电系统

精细化管理，提升运营体系高效性

1.安全　2.高效　3.互联互通

30% ~50%

通过对能源使用、电气资产、运行维护等全面的精耕细作和深度管理

可以提升的能效潜力

能源使用：通过能耗数据的统计、深度分析，优化节能
电气资产：多维度查询及资产报告，电气设备状态评估分析
运行维护：电气设备状态实时监控，移动运维跟踪管理

降低维护成本 25% ~35%

提升生产效率 20% ~25%

节省设备资产 12% ~18%

智能配电系统

主动运行维护——安全性高

预测设备使用状态及寿命
预判负荷使用趋势
预知电能质量事件对设备潜在破坏程度
预警安全隐患，精确定位……

智能化运营体系——高效

能源使用：通过能耗数据的统计、深度分析，优化节能
电气资产：多维度查询及资产报告，电气设备状态评估分析
运行维护：电气设备状态实时监控，移动运维跟踪管理

共享数字化体验——互联互通性强

通过PC、通过手机、通过平板电脑，实现人与设备实时对话，实现故障定位、能耗呈现、资产统计、运维跟踪、状态监测

被动的进行运行维护——安全性低

只提供现场报警、故障历史纪录、运行报表以及查询功能

依赖人力和经验的运营体系——低效

依赖于日常人工巡检，人员技术水平和经验成为运营管理效率的瓶颈

难以理解的系统——低互通性

设备对于人们而言就是一个黑匣子，人与设备之间缺乏沟通，过度依赖人们的经验，难以及时准确把握系统及设备的运行状态

Price　Value

传统配电系统

智能配电系统

构电力能源之新骨架，创智能配电之新典范

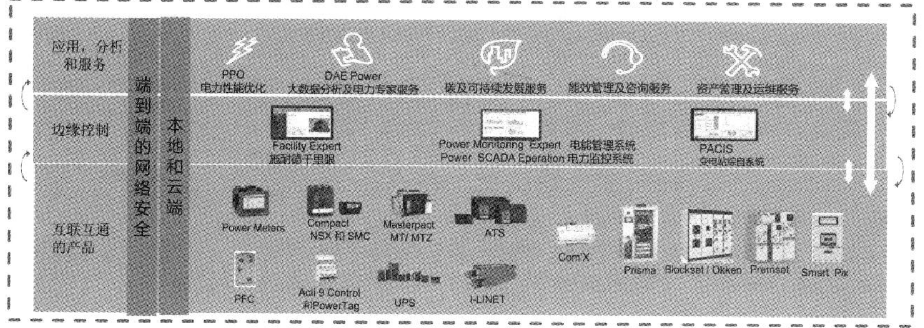

电能及电气设备管理构架

智能配电系统

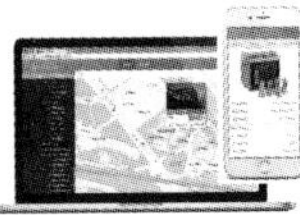

远程运维管理平台，超高层建筑的运维管理尽在弹指之间

降低运维成本 25%

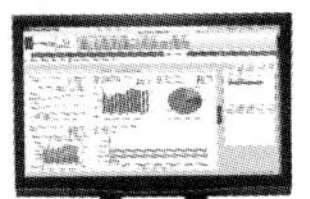

本地管理软件PSE
实时边缘控制
电能质量检测
深度杜绝安全隐患
兼具能效管理功能

缩短停电时间 30%

智能硬件互联互通
安全可靠

物联，超高层建筑电气数字化管理之旅……

核心筒

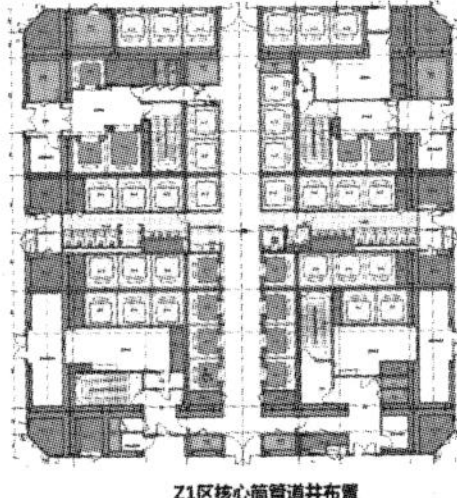

Z1区核心筒管道井布置

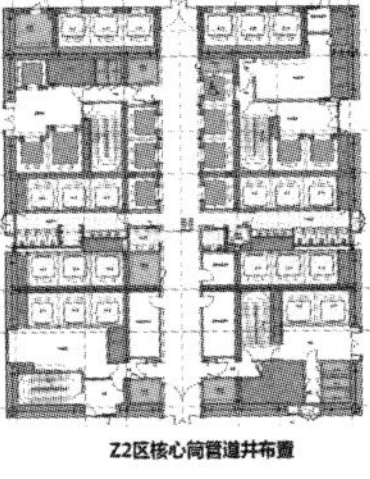

Z2区核心筒管道井布置

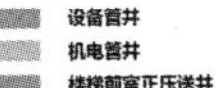

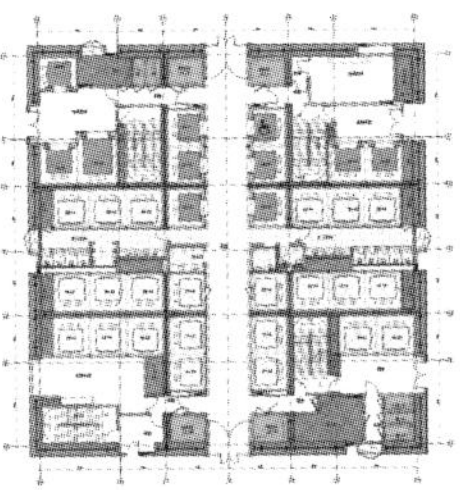

Z3至Z7区核心筒管道井布置

设备管井
机电管井
楼梯前室正压送井

250 m以上超高层应注意

1.电缆井、管道井等竖井井壁的耐火极限不应低于2.00 h；

2.电缆井和管道井等竖井井壁上的检查门应采用甲级防火门；

3.电梯机房、电缆竖井内应设置自动灭火设施。

悬挂型高压电缆应用

10 kV悬挂型高压电缆的电缆结构由三根单芯阻燃电缆与三根钢芯外包阻燃护层截面呈弧面扇形的承载单元绞合成缆，外面再用高强度扎带捆绑扎紧，使之成为一体。单根承载单元即可满足电缆整体自重2倍，长期安全运行系数不小于4。电缆芯与承载整体性好，也有利于电缆垂吊敷设，只需将顶端钢缆吊住即可，大大降低了垂吊及施工成本。直接采用三根单芯电缆作缆芯，及相间敷设绝缘承载钢缆，不仅电缆载流量高，可较同规格钢丝外周铠装电缆提高载流量10%~30%左右；而且电缆重量可减轻20%~30%。

本工程所有变电室的高压进线全部采用低烟无卤阻燃交联电缆敷设，从M2设备层开始至M8设备层各分变电室高压进线电缆采用10 kV悬挂型高压电缆，悬挂型高压电缆指的是在电缆中间垂直敷设段带有3根钢丝绳，安装后为垂直自承重的，两头水平敷设段不带钢丝绳的电缆，10 kV悬挂型高压电缆均从地下三层10 kV变电所的高压柜引出，经电气井分别引至各设备层的分变电室。在如此高的楼宇进行如此长的高压吊装电缆垂直及水平敷设，在国内高压吊装电缆垂直敷设施工上尚为首次。因此本工程的高压电缆垂直敷设施工是电气安装工程总体施工中最主要的关键技术。

10 kV悬挂型高压电缆垂直敷设，应避免在电缆中间加接头。高压吊装电缆每增加一个接头，就等于增加一个安全隐患，对今后的使用来说是不可取的，为此本工程采取高压吊装电缆中间不加接头，每根整体敷设。

悬挂型高压电缆应用

➢ 输送电流提高，采用分布式输配电，电压提高，同等功率下电缆截面可以减小。垂吊电缆相比钢丝铠装，极大地减小了钢丝磁性涡流损耗，节能降耗。

➢ 电缆自带承重单元，免桥架，每层的垂直支架及安装费用可以节省。一次垂吊就能安装到位，安装敷设费用较传统钢丝铠装及桥架敷设大大降低。

AND

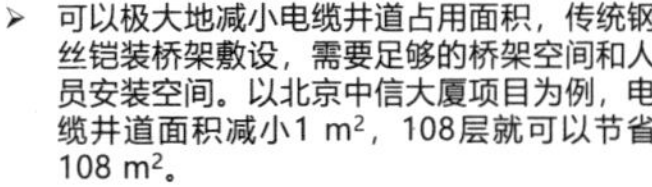

➢ 可以极大地减小电缆井道占用面积，传统钢丝铠装桥架敷设，需要足够的桥架空间和人员安装空间。以北京中信大厦项目为例，电缆井道面积减小1 m^2，108层就可以节省108 m^2。

➢ 采用垂吊电缆分体承重单元单独受力，电缆导体不受拉力，一次性敷设，终身免维护，而钢丝铠装和桥架绑扎敷设需要定期检查维护。

防雷接地系统

雷击大地的年平均密度为3.63 [次 / （km^2·a）]，校正系数取2，年预计雷击次数7.892次 / a
直击雷和雷电电磁脉冲损坏可接受的年平均最大雷击次数N_C为0.026次/a，防雷装置拦截效率E为0.997

雷击人身伤亡风险值R_1=9.02×10^{-6}
风险容许值R_T = 1×10^{-5}
来自建筑物内因危险火花放电触发火灾有关的风险分量占比例R_B= 71.91%
以及信息系统内雷电流侵入产生的风险分量占比例R_V = 23.43%
针对风险分量R_B和R_V采取雷电防护措施

防雷接地系统

雷电冲击仿真模拟

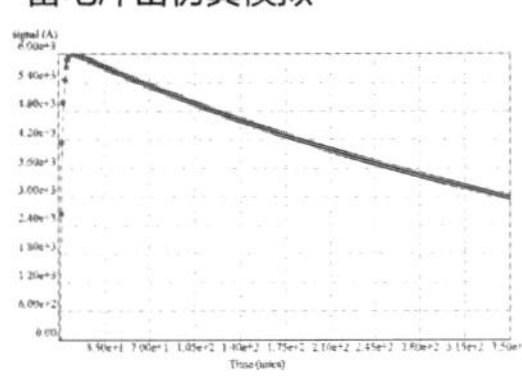

雷电冲击波形

103层的磁密云图分布，最大磁密为2.266×10^{-3} T，大部分区域的磁密值小于0.3×10^{-3} T。

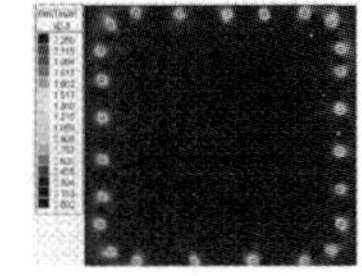

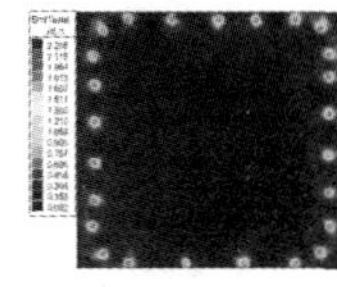

整体磁场云图分布

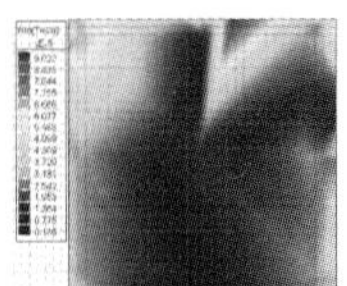

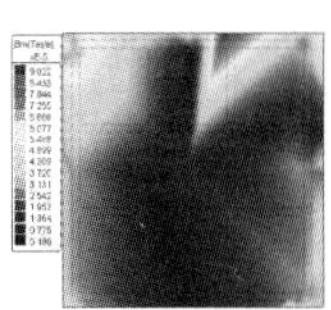

局部磁场云图分布

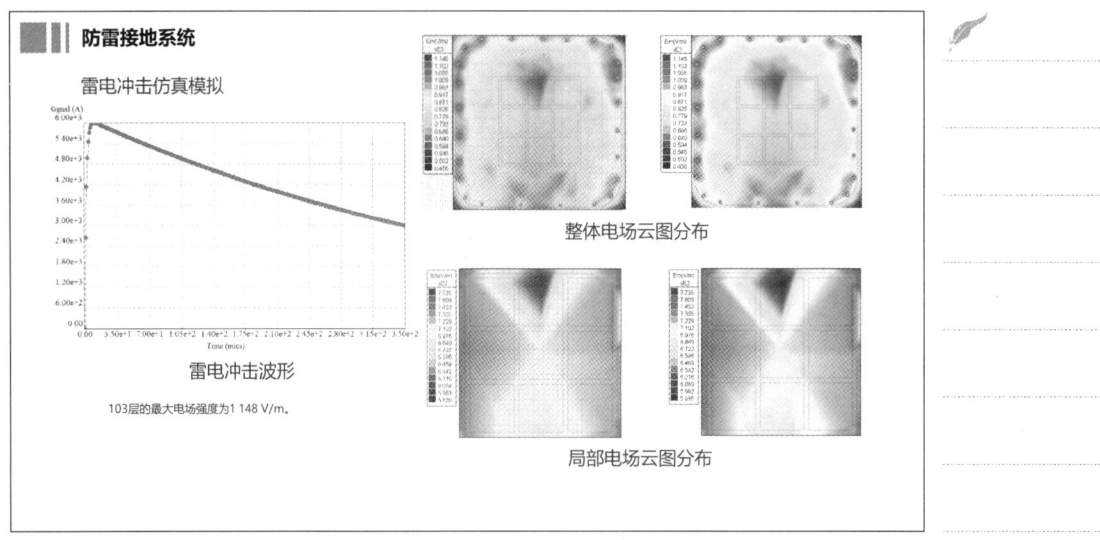
防雷接地系统
雷电冲击仿真模拟
雷电冲击波形
103层的最大电场强度为1 148 V/m。
整体电场云图分布
局部电场云图分布

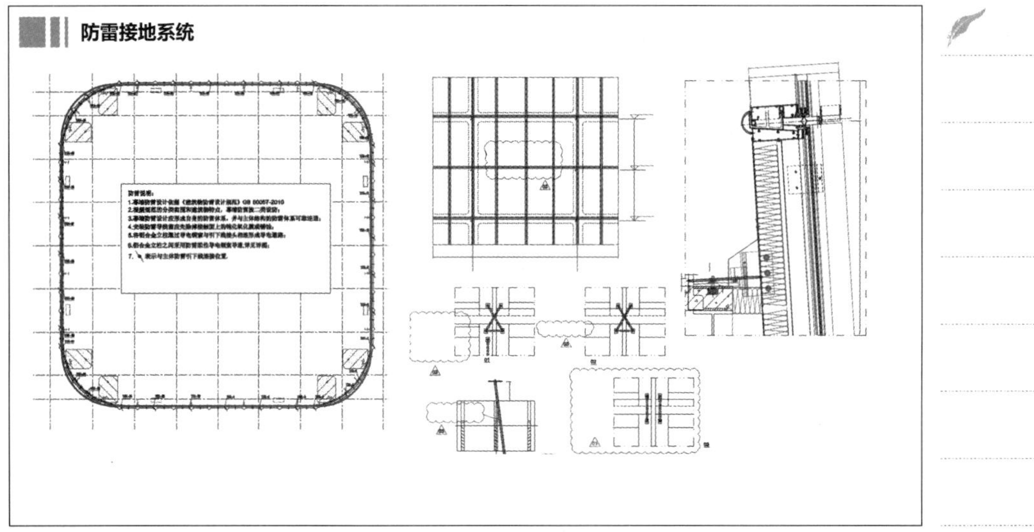
防雷接地系统

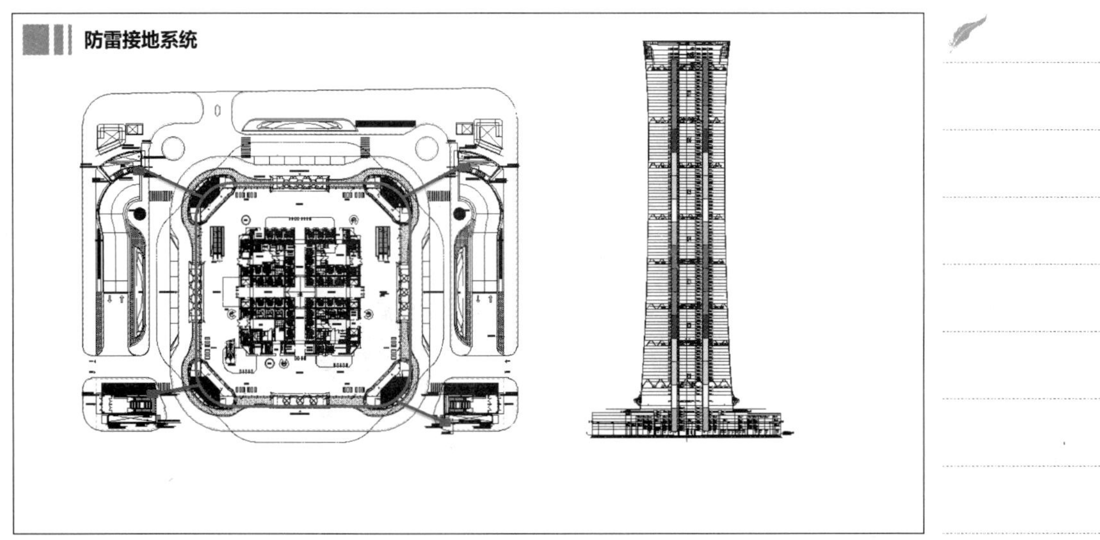
防雷接地系统

防雷接地系统

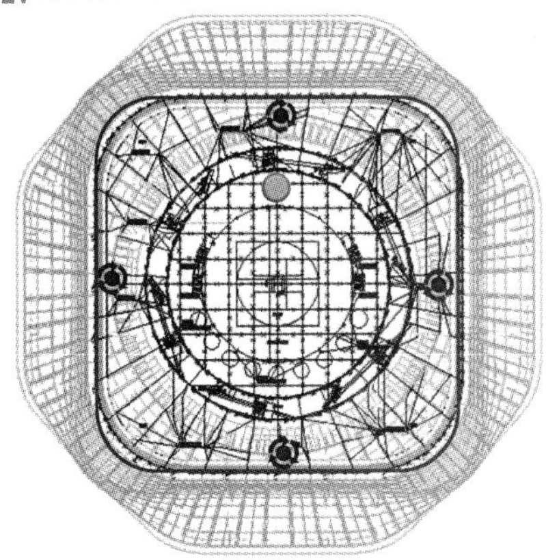

电涌保护检测管理系统

1. 电涌保护器工作状态实时检测和故障报警，及时提示工作人员将模块拔出、连接不可靠等因素导致防护无效的SPD进行维护处理，保证所有SPD均能够起到有效的保护作用。
2. 对SPD的故障状态进行实时检测和报警，及时提醒工作人员将故障损坏（失效）的SPD更换，保证防雷系统具有连续的防护性能。
3. 对SPD及其内部器件的劣化程度进行实时监测，当劣化程度到限定值时报警，以便工作人员在发生劣化的SPD完全失效前对其进行维护，保证所有安装的SPD均具备有效的防护性能。
4. 雷击情况的实时监测和记录，各种操作历史记录、信息查询、显示打印等。

电气消防系统

- 应密切结合建筑体系而设计
- 疏散楼梯和消防电梯应精确计算，保证人员疏散
- 疏散楼梯及竖向管井、电梯井道，应确保疏散要求
- 控制逃生要道的火灾负荷
- 形成以避难层为划分的建筑分区，可以自成系统
- 考虑百米消防车及直升机救援

电气消防系统

消防水箱:

在最高设备层M8设消防专用储水池，水池储存全部室内消防用水量690 m³（分两格）；在B1、M2、M4、M6层各设有60 m³（两个30 m³）传输水箱；在M2、M4、M6层各设有36 m³（两个18 m³）减压水箱。

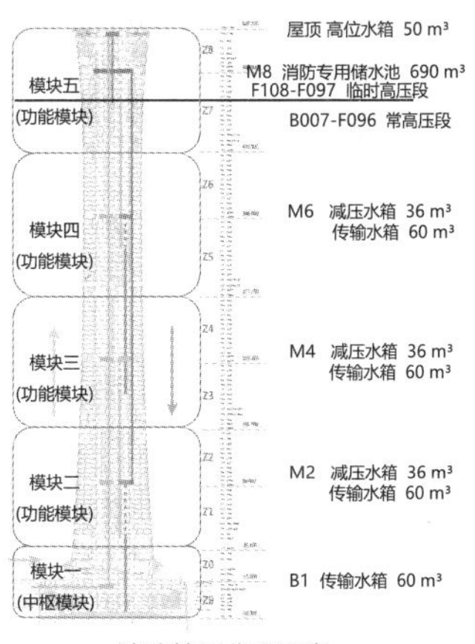

消防管理分区示意

电气消防系统

消防控制中心：

消防控制中心设置于地下一层夹层，实现对全楼的火灾自动报警及联动设备进行集中监测及控制。火灾自动报警系统用电由两路市电及应急柴油发电机和UPS供应。

为了及时发现并处理报警信息，M3，M8层设有消防设备室，实现对本区域的火灾自动报警及联动设备进行监测及控制，并与消防控制中心通信。

消防控制中心主机具有消防联动控制，应急广播控制优先权。

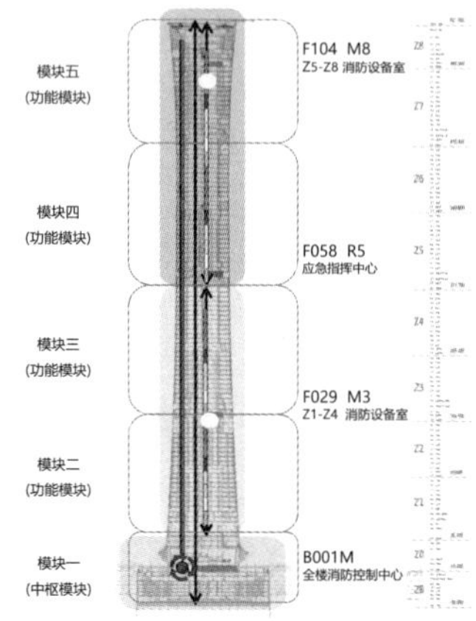

消防设备间设置

电气消防系统

火灾自动报警系统：

1. 系统的消防联动控制总线应采用环形结构；
2. 应接入城市消防远程监控系统；
3. 所有房间均设置火灾探测器，电梯井的顶部、电缆井应设置感烟火灾探测器；
4. 公共建筑中经常有人停留且建筑面积大于100 m^2的房间内应设置消防应急广播扬声器；
5. 疏散楼梯间内每层应设置一部消防专用电话分机，每两层应设置一个消防应急广播扬声器；
6. 避难层（间）、辅助疏散电梯的轿厢及其停靠层的前室内应设置视频监控系统，视频监控信号应接入消防控制室，视频监控系统的供电回路应符合消防供电的要求；
7. 消防控制室应设置在建筑的首层。

电气消防系统

消防泵的控制：

- 消火栓系统全楼共分为9个区。1～7 区（B7～F96 层）为常高压给水系统，在B1、M2、M4、M6 层设传输水泵（一用一备，备用泵与自喷系统合用），8～9 区（F97 层及以上）为临时高压系统，在M8 设备层设有2 台消防水泵（一用一备），供8、9 区消防给水，消火栓泵、稳压泵均可由压力开关联动消防控制台自动和手动启动，也可在泵房手动启动。
- 自动喷洒系统全楼共分为9个区。1～8 区（B7～F96 层）为常高压给水系统，在B1、M2、M4、M6 层设传输水泵（一用一备，备用泵与消火栓系统合用），9 区（F97 层及以上）为临时高压系统,在M8 设备层设有2 台喷洒泵（一用一备），供9 区消防给水。喷洒泵、稳压泵均可由压力开关联动消防控制台自动和手动启动，也可在泵房手动启动。

电气抗震设计

1.变压器的安装设计应满足下列要求：

（1）安装就位后应焊接牢固，内部线圈应牢固固定在变压器外壳内的支承结构上；

（2）装有滚轮的变压器就位后，应将滚轮用能拆卸的制动部件固定；变压器的支承面宜适当加宽，并设置防止其移动和倾倒的限位器；

（3）封闭母线与设备连接采用软连接；并应对接入和接出的柔性导体留有位移的空间。

2.柴油发电机组的安装设计应满足下列要求：

（1）应设置振动隔离装置；

（2）与外部管道应采用柔性连接；

（3）设备与基础之间、设备与减震装置之间的地脚螺栓应能承受水平地震力和垂直地震力。

3.电梯的设计应满足下列要求：

（1）电梯包括其机械、控制器的连接和支承应满足水平地震作用及地震相对位移的要求；

（2）垂直电梯宜具有地震探测功能，地震时电梯应能够自动就近平层并停运。

电气抗震设计

4.配电箱（柜）、通信设备的安装设计应满足下列要求：

（1）配电箱（柜）、通信设备的安装螺栓或焊接强度必须满足抗震要求；交流配电屏、直流配电屏、整流器屏、交流不间断电源、油机控制屏、转换屏、并机屏及其他电源设备，同列相邻设备侧壁间至少有两点用不小于M10螺栓紧固，设备底脚应采用膨胀螺栓与地面加固。

（2）靠墙安装的配电柜、通信设备机柜应在底部安装牢固，当底部安装螺栓或焊接强度不够时，应将其顶部与墙壁进行连接。

（3）非靠墙安装的配电柜、通信设备柜等落地安装时，其根部应采用金属膨胀螺栓或焊接的固定方式，并将几个柜在重心位置以上连成整体。

（4）墙上安装的配电箱等设备应直接或间接采用不小于M10膨胀螺栓与墙体固定。

（5）配电箱（柜）、通信设备机柜内的元器件应考虑与支承结构间的相互作用，元器件之间采用软连接，接线处应做防振处理。

（6）配电箱（柜）面上的仪表应与柜体组装牢固。

（7）配电装置至用电设备间连线进口处应转为挠性线管过渡。

5.应急广播系统预置地震广播模式。

6.安装在吊顶上的灯具，应考虑地震时吊顶与楼板的相对位移。

电气抗震设计

7.母线设计应满足下列要求：

（1）母线的尺寸应尽量减小，提高母线固有频率，避开1～15 Hz的频段；

（2）母线的结构应采取措施强化，部件之间应采用焊接或螺栓连接，避免铆接；

（3）电气连接部分应采用弹性紧固件或弹性垫圈抵消震动，连接力矩应适当加大并采取措施予以保持。

8.设在建筑物屋顶上的共用天线等，应设置防止因地震导致设备损坏后部件坠落伤人的安全防护措施。

9.引入建筑物的电气管路敷设：在进口处应采用挠性线管或采取其他抗震措施；进户缆线留有余量；进户套管与引入管之间的间隙应采用柔性防腐、防水材料密封。

10.机电管线抗震支撑系统：电气设备系统中内径大于或等于60 mm的电气配管和重量大于或等于15 kg/m的电缆桥架及多管共架系统应采用机电管线抗震支撑系统。刚性管道侧向抗震支撑最大设计间距不得超过12 m；柔性管道侧向抗震支撑最大设计间距不得超过6 m。刚性管道纵向抗震支撑最大设计间距不得超过24 m；柔性管道纵向抗震支撑最大设计间距不得超过12 m。

电气抗震设计

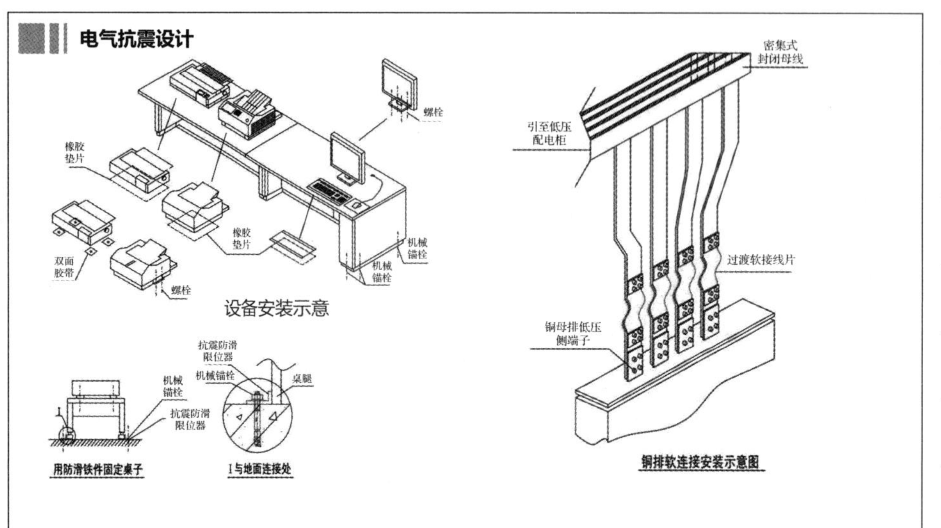

智能化系统

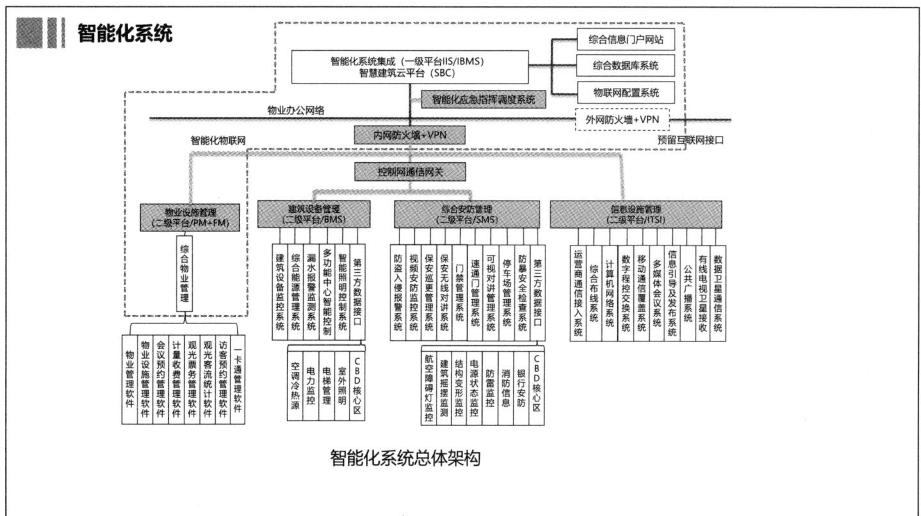

智能化系统总体架构

智能化系统

1.总体网络架构

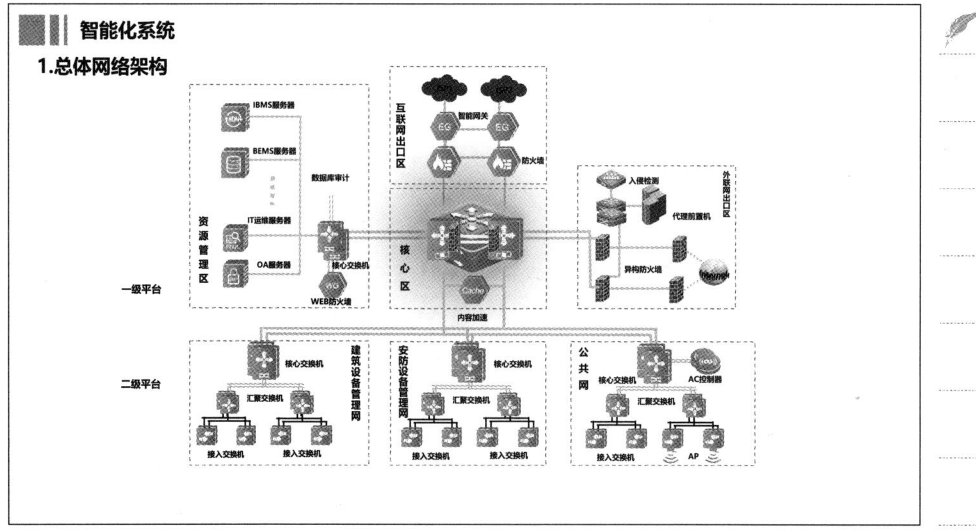

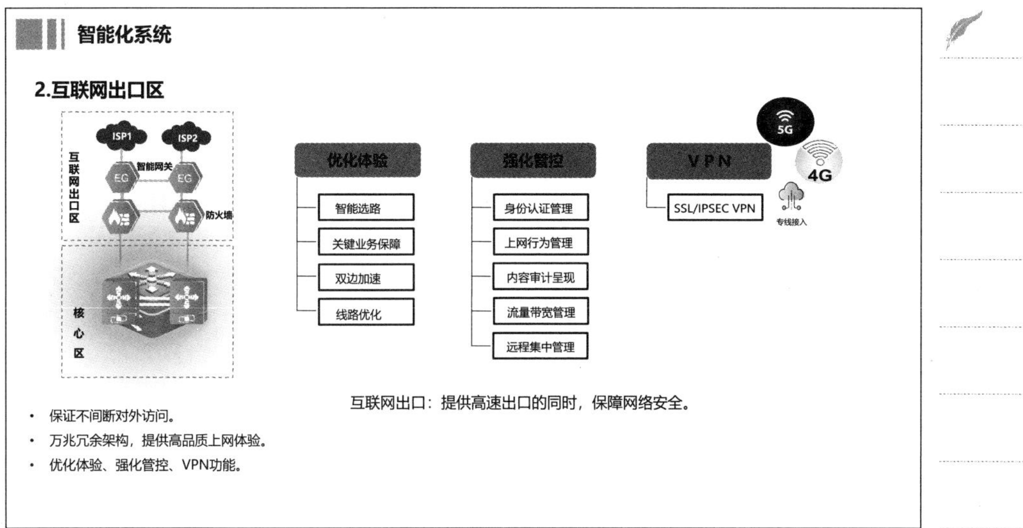

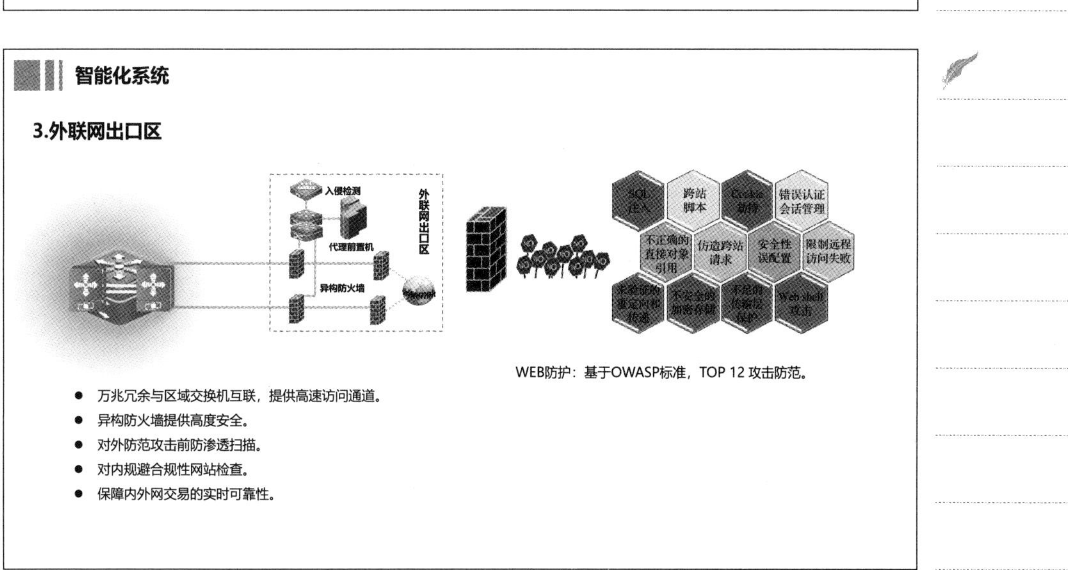

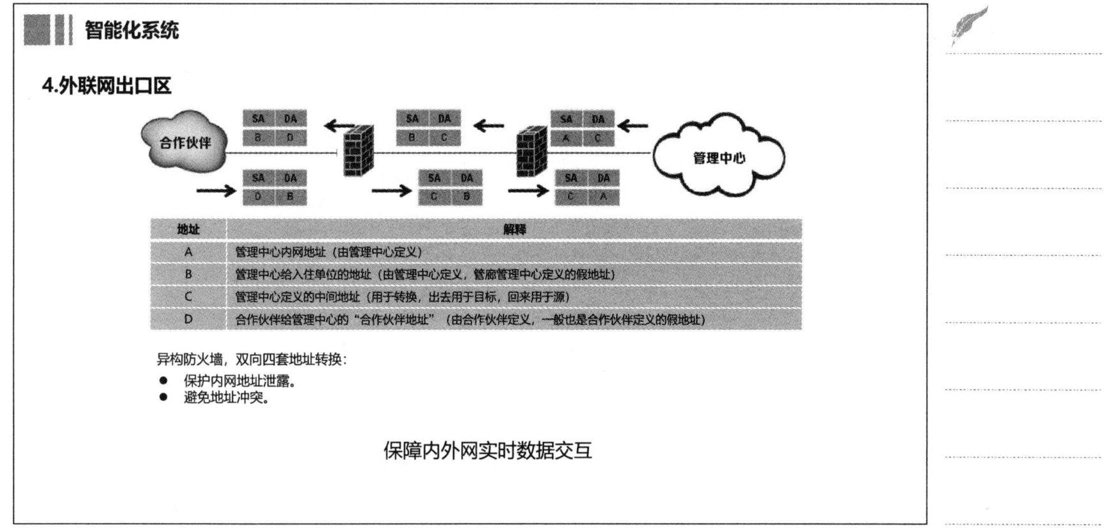

地址	解释
A	管理中心内网地址（由管理中心定义）
B	管理中心给入住单位的地址（由管理中心定义，管廊管理中心定义的假地址）
C	管理中心定义的中间地址（用于转换，出去用于目标，回来用于源）
D	合作伙伴给管理中心的“合作伙伴地址”（由合作伙伴定义，一般也是合作伙伴定义的假地址）

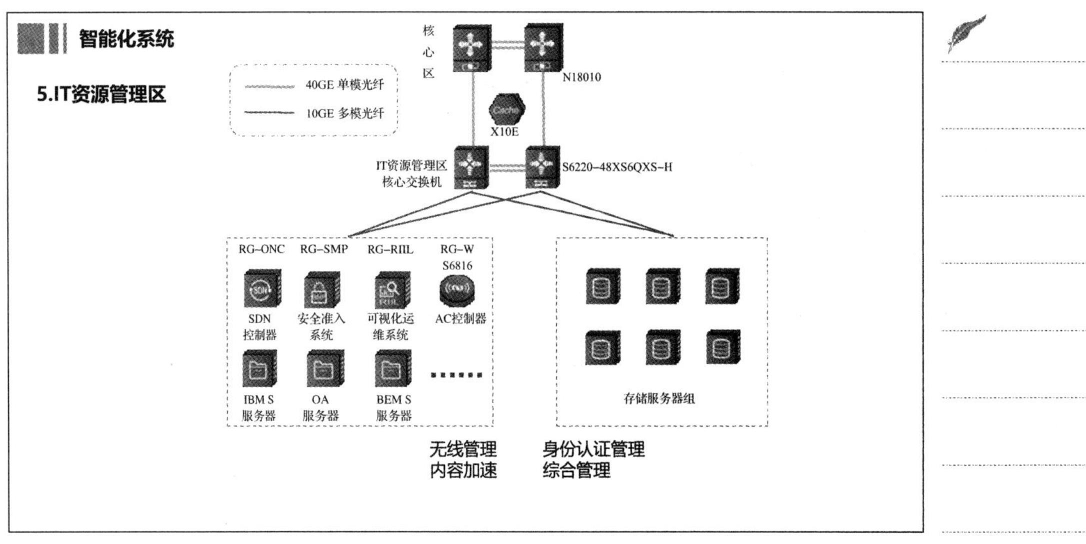
智能化系统
5.IT资源管理区
40GE 单模光纤
10GE 多模光纤
核心区
N18010
Cache
X10E
IT资源管理区
核心交换机
S6220-48XS6QXS-H
RG-ONC
RG-SMP
RG-RIIL
RG-W
S6816
SDN
控制器
安全准入
系统
可视化运
维系统
AC控制器
IBM S
服务器
OA
服务器
BEM S
服务器
存储服务器组
无线管理
内容加速
身份认证管理
综合管理

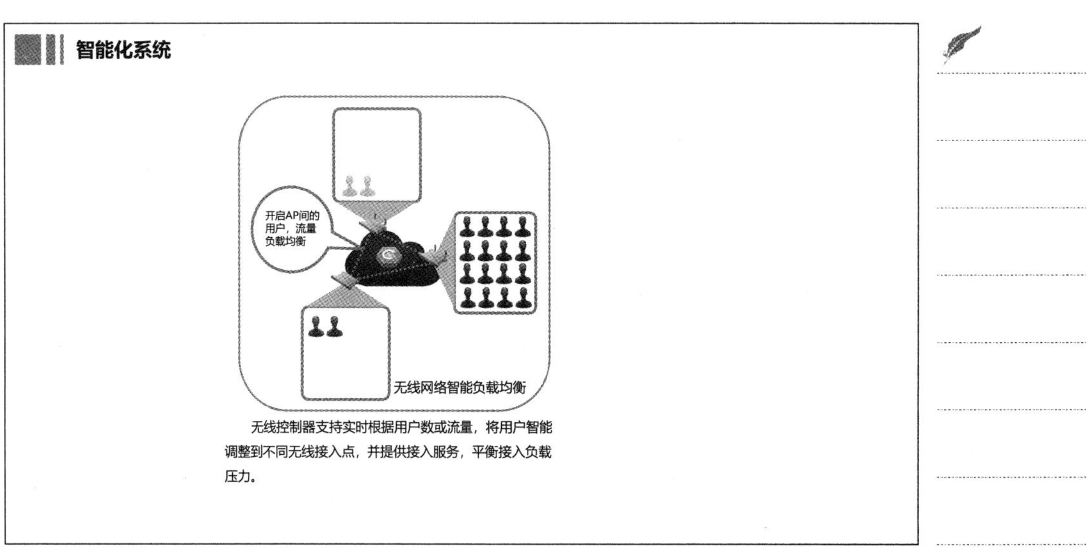
智能化系统
开启AP间的
用户，流量
负载均衡
无线网络智能负载均衡
无线控制器支持实时根据用户数或流量，将用户智能
调整到不同无线接入点，并提供接入服务，平衡接入负载
压力。

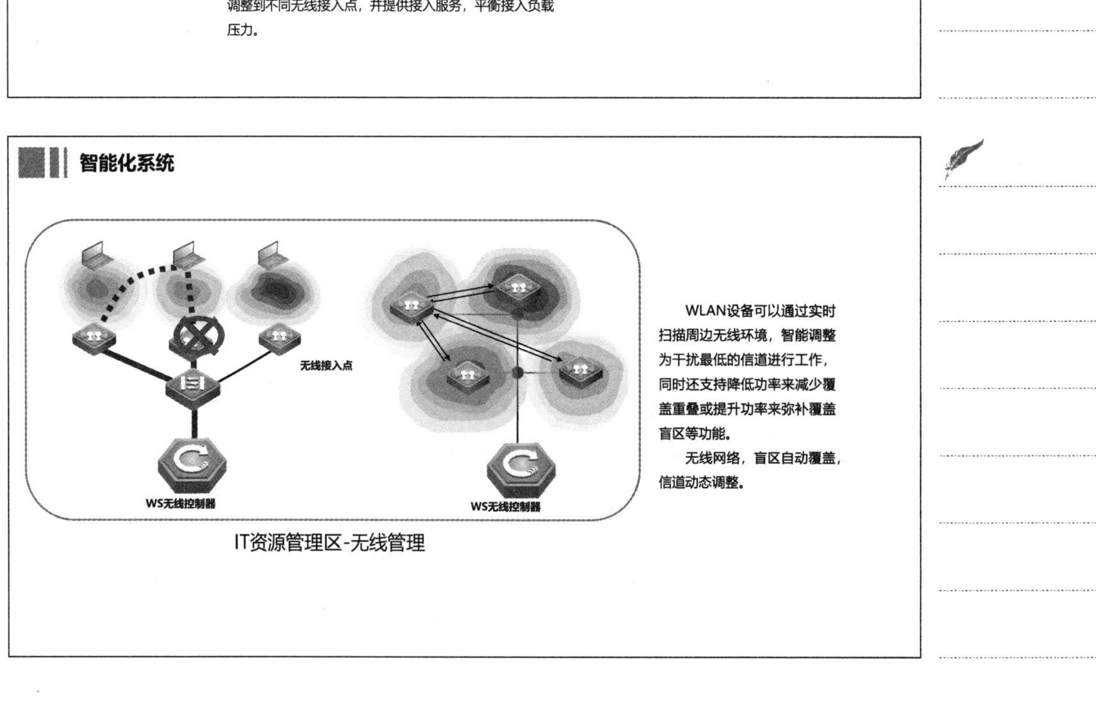
智能化系统
无线接入点
WS无线控制器
WS无线控制器
IT资源管理区-无线管理
WLAN设备可以通过实时
扫描周边无线环境，智能调整
为干扰最低的信道进行工作，
同时还支持降低功率来减少覆
盖重叠或提升功率来弥补覆盖
盲区等功能。
无线网络，盲区自动覆盖，
信道动态调整。

智能化系统

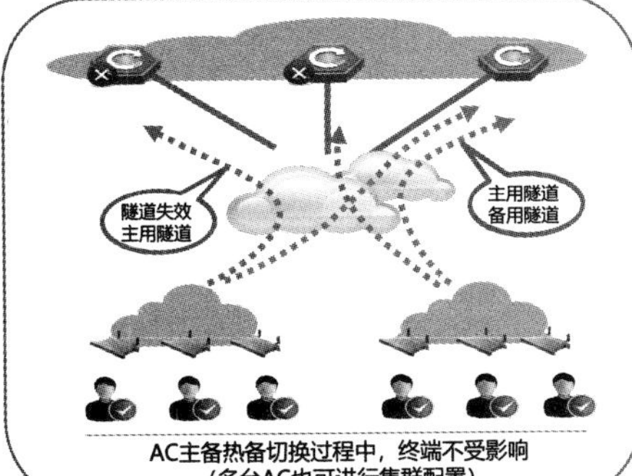

IT资源管理区-无线管理

- 为了防止单点故障，提高WLAN的可靠性，支持1+1、N+1等多种热备方式。
- 通过热备多隧道和快速感知切换技术，将AC的热备切换缩短到50 ms以内，不影响用户正常使用。

无线网络 冗余热备

智能化系统

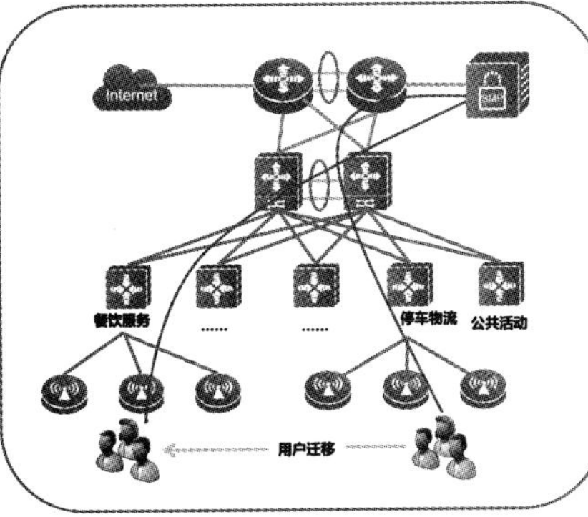

IT资源管理区-SMP安全管理平台

1. SMP验证用户信息，有线、无线一体管理
2. 基于SMP确定访问业务权限和使用优先级
3. SMP与流控设备，联动控制，设置带宽管理
4. SMP+出口 完成多运营商智能选路
5. SMP自动下发用户策略到相应楼层交换机

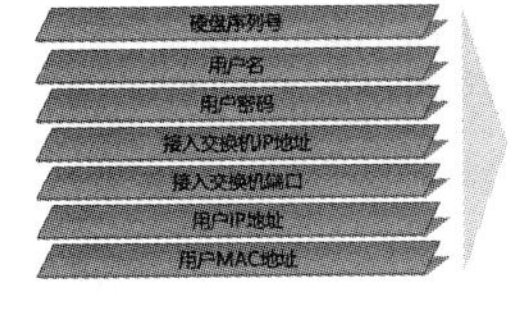

支持对任意元素组合进行自动绑定

智能化系统

一级平台网络架构

核心区域设计为高冗余、高可用、高安全、可伸缩的网络架构。

核心设备的电源、主控、风扇、交换背板等均为冗余设计，各冗余组件均支持热插拔，支持热补丁和ISSU技术，可实现设备在线进行补丁升级，两台设备通过2×40G光缆、虚拟化的方式进行互联冗余。

核心交换机内部增加防火墙模块，可有效防止下联内网数据受病毒攻击后在整个网络泛滥；

每台设备可根据未来中国尊的网络变化升级设备板卡或者软件来符合未来5年的应用需求；

同时，核心区域与缓存系统万兆互联，达到资源缓存，优化出口网络资源的效果。

智能化系统

S6220-48XS6QXS-H

互联网出口区

EG

EG

EG2000XE

S6220-48XS6QXS-H

IT资源管理区

核心区

核心交换机N18010

对外服务区

一级平台

二级平台

核心交换机S8610E

建筑设备管理网

安防设备管理网

核心交换机S8610E

公共网

核心交换机S8610E

40GE 单模光纤

10GE 多模光纤

一级平台网络架构

智能化系统

二级平台网络

分核心层：采用2台设备，使用VSU虚拟化技术，达到高冗余、高可靠、高安全的要求，两台设备采用万兆互联，冗余上联平台核心交换机采用40G，冗余下联汇聚交换机采用10G链路互联。

汇聚层：采用两台48口万兆交换机设备，使用虚拟化技术，将两台变为一台设备，设备之间采用万兆互联，同时冗余万兆下联接入交换机和冗余万兆上联核心交换机。

接入层：采用48口或24口设备，使用两条万兆上联链路，实现高带宽的冗余。

无线网络：采用无线控制器+瘦AP的组网形式，根据电梯、办公区、报告厅/会议室、大堂、核心筒、观光区等不同建筑形态的特点与应用融合，提供信号覆盖同时，还可以自动调整信号强度，覆盖随您而动，实现绿色节能。

智能化系统

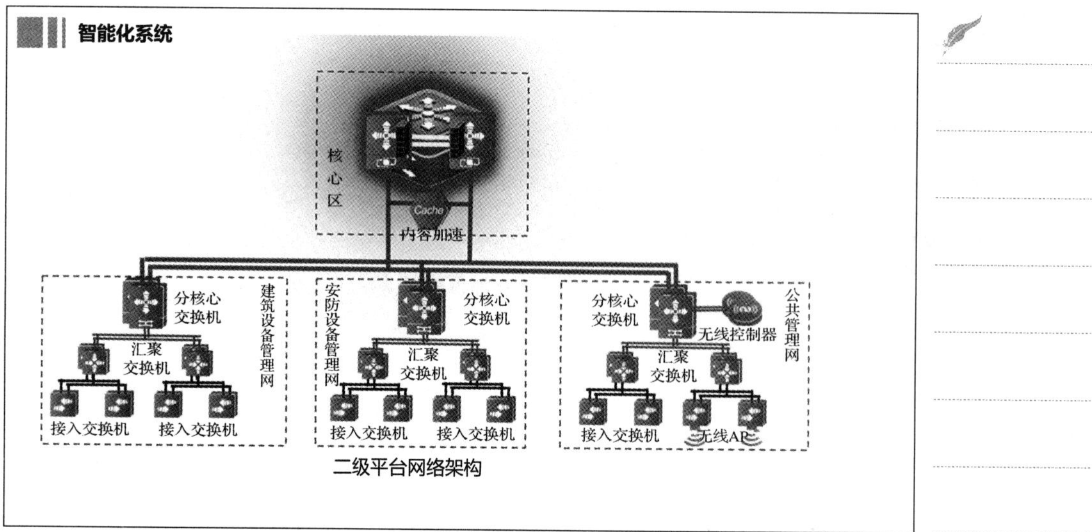

二级平台网络架构

智能化系统

公共网：

1.身份认证：内部员工认证，使用移动终端打开WiFi，输入IT运维人员给予的用户名、密码认证成功即可上网；访客用户认证，访客的移动终端打开WiFi，由接待者对访客的二维码扫描，得到接待者授权后，访客可以顺利接入网络；游客认证，游客关注游客接待中心的微信公众号后，获取到上网链接，跳转到认证首页，点击后根据手机授权码认证后实名上网。

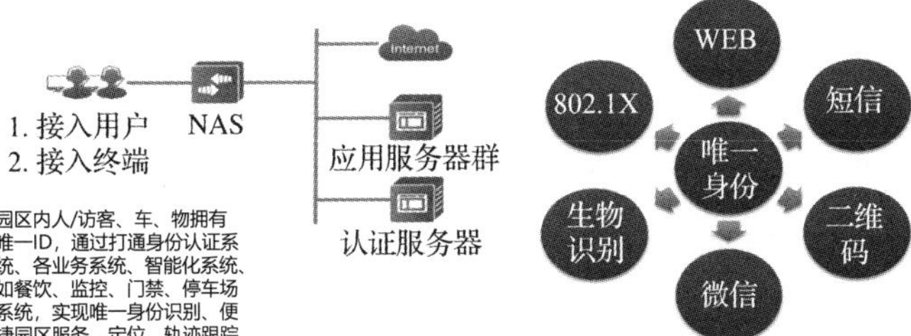

公共网络架构

智能化系统

2.无线部署：首层大堂：首选专用AP设备，墙面、地面安装，干扰控制好，与装修配套，安装隐蔽，施工灵活，维护方便；也可以采用吊顶AP定向覆盖，但需要考虑减少高密度部署时同频干扰，解决施工和调优困难等问题；

会议室、观光层：卫星AP组合套件，通过增加射频的方式扩大待机人数，适用于办公场景人数增加，解决容量不足的问题；

电梯间：部署在电梯间夹层位置，提供有线、无线一体化完全覆盖，满足信息发布、安防、报警等需求；

标准层、设备层、避难层、地下室：用于基础场景无线布置，提供四条以上空间流，满足高密度、大容量终端接入能力。

智能化系统

公共网：

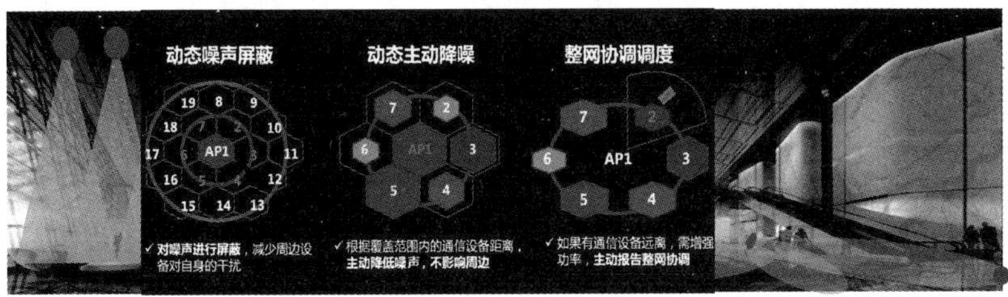

- AP定向覆盖，减少高密度部署时**同频干扰**
- **高增益定向天线**满足高顶部署信号要求
- 可选挂架满足施工和调优困难等问题
- 墙面安装，**干扰控制好**
- **专用AP**设备，安装隐蔽，施工灵活，维护方便
- 与装修方案综合考虑

智能化系统

安防设备管理网：

1.摄像头安全防范：面对日益增多的安防摄像头案件，在安防系统中引入视频接入安全网关，根据应用的行为和特征实现对各类应用的有效识别和控制。

2. 大功率以太网供电：采用IEEE 802.3bt标准HPoE（High Power over Ethernet，大功率以太网供电）技术。实现智能化视频监控，信息发布、门禁、停车场、建筑设备监控等系统的IP设备远程最大60W供电，确保现有布线安全的同时，最大限度地降低物料与施工成本，缩短施工周期，减轻后期维护压力。

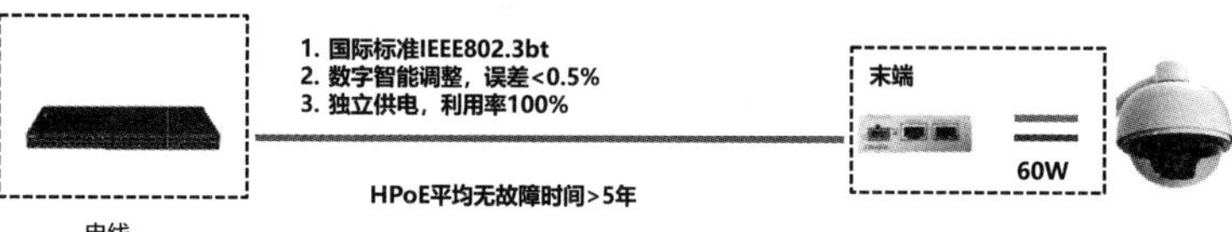

HPoE连接示意

智能化系统

核心交换机 S8610E

汇聚交换机 S6220-48XS4QXS

接入交换机 S2910

摄像机

摄像机

检测特征、扫描漏洞、检测病毒

基础网络

ISG

安全策略下发

视频接入安全管理平台

视频安防管理网示意

智能化系统

设备网（智能化传输网）主要用于智能化控制传输的综合安防管理，独立布线。

综合安防管理系统布线点表

区域	摄像机					物联网网关	可视对讲分机	通道闸	备注
	枪机	半球摄像机	电梯半球	室内球机	室外球机				
ZB~Z0区	453	195	6	18	16	35	8	48	B6~F4层
Z1-Z2区	32	172	8			25	6	60	F5~F28层
Z3-Z4区	8	186	18			28	6		F29~F56层
Z5-Z6区	8	202	18			30	6		F57~F86层
Z7-Z8区	16	200	31			24	6		F87~F109层
总计	517	955	81	18	16	142	32	108	

智能化系统

建筑设备管理网：

1. 非智能终端安全接入：建筑设备管理网、安防设备管理网、公共网中，存在大量摄像头、建筑设备、门禁、自助终端、照明控制器等非智能终端，控制信息多明文传输，入侵篡改的风险大，本项目中采用IP+MAC智能绑定方案，杜绝智能专网被恶意入侵，篡取的可能。
2. 0配置上线：本项目中采用零配置方案，智能发现设备故障，新设备上线，配置自动下发，导入配置，效率提升5倍以上。
3. IP地址智能管理：采用人工登记管理，容易造成地址闲置，或IP地址冲突，造成业务延缓，本项目中采用IP地址智能管理方案，全动态学习的方式采集、记录，IP地址状态一目了然。
4. 环路保护：采用智能环路自愈方案，做到精准定位环路、图形化呈现、环路流量抑制，做到1 s内自愈。

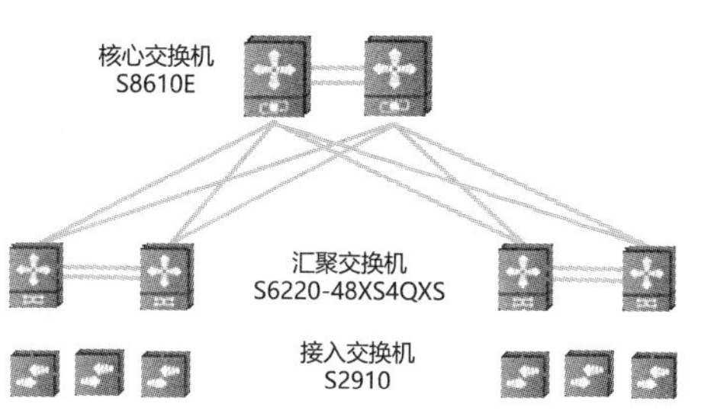

建筑设备管理网架构

智能化系统

设备网（智能化传输网）主要用于智能化控制传输的建筑设备管理系统，独立布线。

建筑设备管理系统布线点表

区域	信息点数量
ZB～Z0区	78
Z1～Z2区	154
Z3区	78
Z4区	74
Z5区	89
Z6区	76
Z7区	89
Z8区	26
总计	664

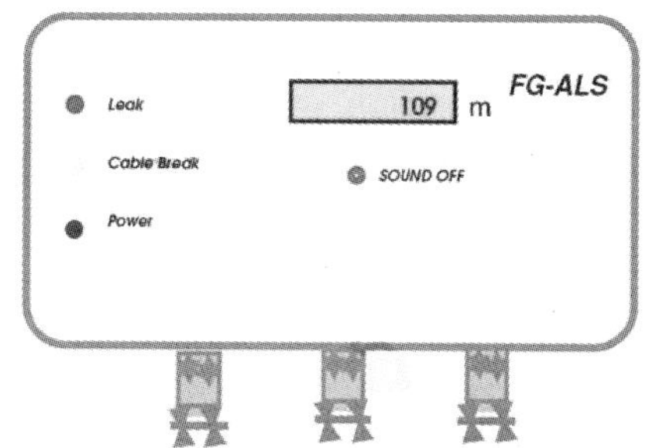

漏水监测点444处，主要分布在网络设备机房、消防（安防）控制室、空调（新风机房）、卫生间、直饮水机房等区域。

智能化系统

信息发布系统结构：

系统中心主机　数字信号　直播服务器　模拟信号　编辑工作站　内部局域网　播放控制器　分屏显示放大器　发送器　接收器　显示器

信息发布系统架构图

智能化系统

信息系统发布点位布置表

区域	信息发布	备注
ZB~Z0区	121	B6~F4层
Z1-Z2区	114	F5~F28层
Z3-Z4区	134	F29~F56层
Z5-Z6区	144	F57~F86层
Z7-Z8区	134	F87~F109层
总计	647	

信息设施管理网主要针对公共网（物业管理网）布线：用于物业管理、办公、通信、无线覆盖、信息发布等功能的综合布线系统。

智能化系统

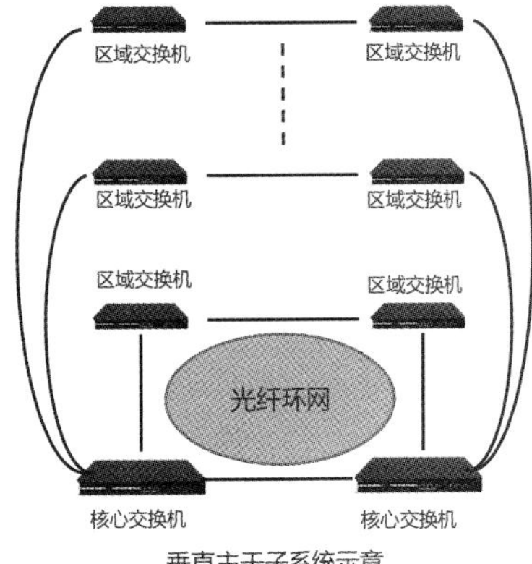

垂直主干子系统示意

设备网部分：使用电子光纤配线架，汇聚设备间与管理间的信息通道管理，建筑设备管理设置独立的汇聚机房。

- 汇聚机房与管理间数据传输采用8芯多模光纤。
- 汇聚机房与总机房传输方面距离超过300 m的采用单模光纤，不超过300 m的采用多模光纤。

智能化系统

设备间子系统：

设备网：光纤配线架采用智能电子光纤配线架，支持单模、多模光纤连接。

光纤配线架：

- 19英寸1HU抽屉式光纤配线箱，可从前部或后部进行端接安装，自带尾纤熔接盒，光纤空白耦合板，室外室内光缆进缆螺旋固紧器；
- 适用于19英寸机架；
- 重复性附加损耗≤0.1 dB。

机柜尺寸：宽度600 mm，深度1 100 mm,高2 000 mm；机柜自重不超过120 kg，整机承重大于1 000 kg。

智能化系统

1. 核心区	高速畅通、弹性扩展
2. 建筑设备管理网	入网智能绑定，确保安全；IP智能管理，简化运维
3. 安防设备管理网	HPoE简化接入，效率高成本低；非法IPC智能控制，安全加固
4. 公共网	有线无线全覆盖，保驾业务融合；0配置、环路保护，维护便捷
5. 互联网出口区	智能控制，强化管控，远程安全接入
6. 外联网出口区	内外网安全检查，保障实时业务交互可靠性
7. IT资源管理区	智能无线管理；内容加速；多维身份认证；智能IT运维

7.4　凤凰中心设计实例

本工程总建筑面积为72 000 m²，建筑高度为54 m，设计使用年限50年。除媒体办公和演播制作功能之外，建筑安排了大量对公众开放的互动体验空间，以体现凤凰传媒独特的开放经营理念，是一个集电视节目制作、办公、商业等多种功能为一体的综合型建筑。建筑造型取意于“莫比乌斯环”，建筑的整体设计逻辑是用一个具有生态功能的外壳将具有独立维护使用的空间包裹在里面，体现了楼中楼的概念，两者之间形成许多共享形公共空间。

10/0.4 kV变配电系统

项目采用市政外网引来两路10 kV双重高压电源，每路均能承担本工程全部负荷，两路高压电源同时工作，互为备用。

设置四台2 000 kV·A和两台1 250 kV·A户内型干式变压器。其中两台1 250 kV·A变压器供演播室灯光系统；四台2 000 kV·A变压器供其他负荷用电。

电力系统中发生短路时，会产生比正常负荷电流大得多的短路电流，它可对供电系统产生极大的危害，系统短路容量取值350 MV·A，电源按引自距本工程1 km处，变压器10 kV侧三相短路电流为17.2 kA，1 250 kV·A变压器0.4 kV侧三相短路电流为28.2 kA，2 000 kV·A变压器0.4 kV侧三相短路电流为33.4 kA。在地下二层设变配电所2处，下设电缆夹层，内设模拟显示屏。

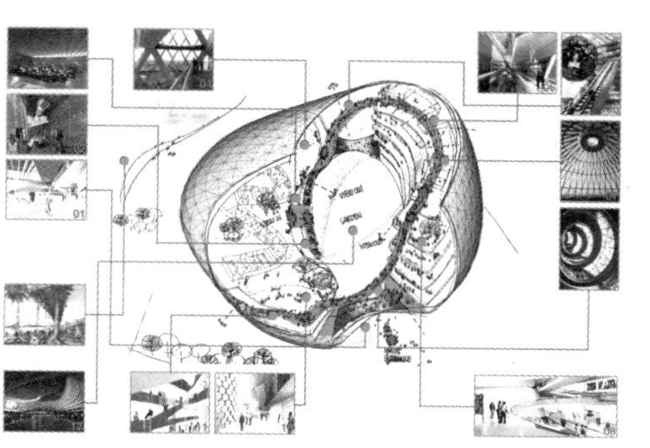

10/0.4 kV变配电系统

高压采用单母线分段运行方式，中间设联络开关，平时两路电源同时分列运行，互为备用，当一路电源故障时，通过手动操作联络开关，另一路电源负担全部负荷，中性点采用经小电阻接地的接地方式。

低压配电系统为单母线分段运行，联络开关设自投自复、自投不自复、手动转换开关。自投时应自动断开非保证负荷，以保证变压器正常工作。主进开关与联络开关设电气联锁，任何情况下只能合其中的两个开关。配电线路根据不同的故障设置短路、过负荷保护等不同的保护装置。低压主进、联络断路器设过载长延时、短路短延时保护脱扣器，其他低压断路器设过载长延时、短路瞬时脱扣器。变压器低压侧总开关和母线分段开关采用选择性断路器。低压主进线断路器与母线分段断路器设有电气联锁。设置电力监控系统，对电力配电实施动态监视。

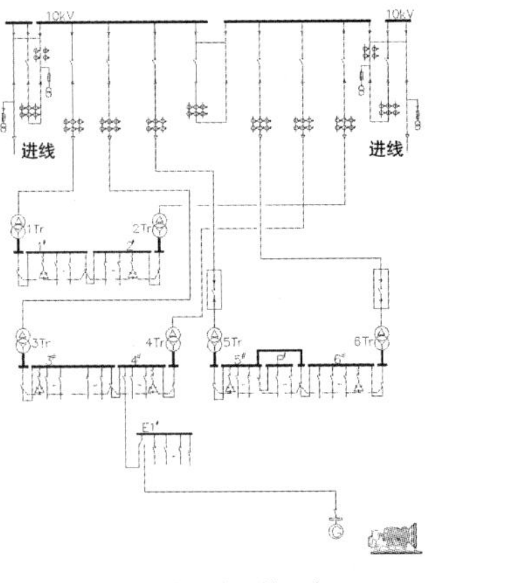

变配电系统示意

变电所布置

变电所平面图（一）

变电所平面图（二）

电力配电系统

冷冻机组、冷冻泵、冷却泵、生活泵、热力站、厨房、电梯等设备采用放射式供电。风机、空调机、污水泵等小型设备采用树干式供电。

为保证重要负荷的供电，对重要设备如：消防用电设备（消防水泵、排烟风机、正压风机、消防电梯等）、信息网络设备、消防控制室、变电所、电话机房等均采用双回路专用电缆供电，在最末一级配电箱处设双电源自投，自投方式采用双电源自投自复。

其他电力设备采用放射式或树干式方式供电。对重要场所，诸如中央机房、消防控制室、电话机房、楼宇自控室等房间内重要设备采用专用UPS装置供电，UPS容量及供电时间依据工艺确定。

2020年4月北京凤凰中心获美国绿色建筑委员会颁发LEED EBOM铂金级绿色建筑认证

电力配电系统

照明方式分为一般照明、分区一般照明和局部照明，设有景观照明。

凤凰中心的楼宇亮化设计将整座楼宇变成了黑夜中的璀璨明珠。整座建筑的亮化设计同异时间出现两种颜色，随着时间的转化，灯光颜色也不停的转换着。内部楼层的“莫比乌斯环”，在幽蓝色灯光的点缀下，犹如冰岩洞里的冰凌，一串一串的挂着。值得一提的是其中发光百叶的设计：8层发光百叶均由3.5 m高的玻璃层层叠加而成，而且通体发光。采用局部智能灯光控制系统，也体现了对绿色节能和低碳环保的设计理念。

夜景照明

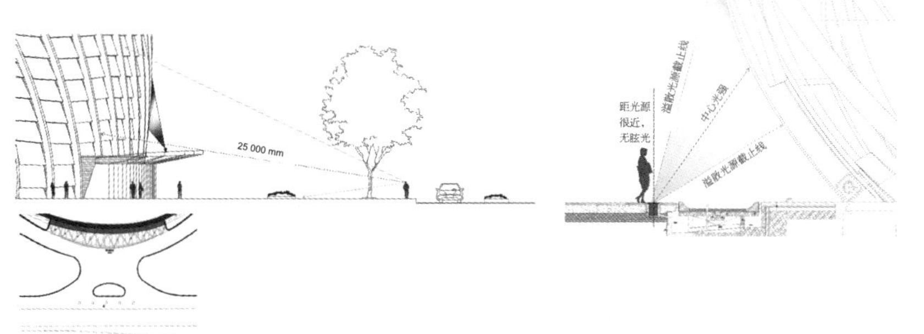

除了考虑灯具的安装外，还通过模拟计算出只有在直线距离超过25 m时，能够看到灯体局部，而从灯具的安装点到红线均在25 m范围内。如此，既满足了照明要求，又实现了有效隐藏灯具的目的，做到了见光不见灯的理想效果。

建筑物防雷及接地系统

建筑物利用金属框架作为接闪器和引下线。节约了专设防雷及接地装置所需的材料，减少了施工难度及工程量，大大降低了工程成本。间接效益也非常大，减少了日常维护费用，增加了使用寿命。

为预防雷电电磁脉冲引起的过电流和过电压装设电涌保护器（SPD）。低压配电接地型式采用TN-S系统。

火灾自动报警及联动系统

本建筑物为一类防火建筑。

在地下一层设置消防控制室，分别对建筑内的消防设备进行探测监视和控制。

建筑采用控制中心报警控制管理方式，火灾自动报警系统按总线形式设计。消防控制室具有高度集中的权力，负责整个系统的控制、管理和协调任务，所有报警数据均要汇集到消防报警控制主机，所有联动指令均要由消防报警控制主机监视和控制。

本工程设置电气火灾监视与控制系统，对建筑中易发生火灾的电气线路进行全面监视和控制。

建筑智能化系统

一、建筑智能化系统目标

本工程智能化各系统设计应遵循国家有关方针、政策，针对本建筑的特点，做到安全适用、技术先进、经济合理，以保证标准化、可靠性、实用性、先进性、灵活性、开放可扩展性、易维护性、独立性、经济性。

智能化系统设计范围：火灾自动报警及联动系统、通信网络及综合布线系统、有线电视及卫星天线系统、建筑设备监控系统、停车场管理系统、安全防范系统、背景音乐及紧急广播系统、无线信号增强系统、系统集成、机房工程。

二、通信网络及综合布线系统

通信系统是本工程内语音、数据、图像信息传输的基础，具有与外部通信网（如电话公网、数据专网、计算机专网、卫星）互通信息的功能。

本工程在地下二层设置电话交换机房（模块局）。拟定设置一台PABX，双局向汇接，每局向500条中继线。直拨电话线预计500条。

系统功能要求：电话通信、声讯服务、视讯服务、卫星通信、无线通信。

建筑智能化系统

三、有线电视及卫星天线系统

本工程设置地下一层有线电视前端室，在地下一层设有卫星电视机房。

系统节目源：普通电视信号由城市有线光缆引来，在地面设置卫星天线，接收卫星信号，并设置一套自办节目。

系统设备包括卫星接收天线、功分器、接收机、解密器、制式转换器、前置放大器、频道放大器、频道转换器、有源混合器、供电单元、宽带放大器、分配器、分支器、终端电阻等。

四、建筑设备监控系统

建筑设备监控系统的网络结构模式应采用集散式或分布式控制的方式，由管理层网络与监控层网络组成，实现对设备运行状态的监视和控制。

建筑内的供水、排水设备；冷水系统、空调设备及供电系统和设备进行监视及节能控制。

建筑设备监控系统监控室设在地下二层。

本工程建筑设备监控系统监控点数共计为2418控制点，其中，AI=403点，AO=249点，DI=1481点，DO=285点。

建筑智能化系统

五、安全防范系统

安全防范系统管理的主要功能包括电视监控系统、防入侵报警系统、门禁系统、一卡通系统、巡更系统、周界防范系统。该系统应具有系统开放，可靠性强，技术先进，扩展性强等特点，同时便于人员操作、管理以及维护。

本工程在地下一层设置保安室与消防控制室共室。电视监控系统应能根据建筑物的安全技术防范管理的需要，对必须监控的场所、部位、通道等进行实时、有效的视频探测、视频监视、视频传输、显示和记录，并应具有报警和图像复核功能。安防图像控制采用视频矩阵。安防矩阵输出信号在保安室电视墙上显示，并能通过通信电缆将所有信息传送到建筑内综合布线系统，以达到资源共享的目的。

六、其他智能化系统

本工程设置背景音乐及紧急广播系统。在一层设置广播室与消防控制室共室。在广播室内设有镭射唱机、录音机等四套节目。当有火灾时，切断背景音乐，接通紧急广播。

停车场为办公和工作人员提供停车服务，停车场的停车区域位于地下二层。系统功能：入口处车位显示、出入口及场内通道的行车指示、车牌和车型的识别、自动控制出入栅栏门、分层的车辆统计、多个出入口组的联网与监控管理。

环保、节能与无障碍设计

将变配电所设置在地下二层，邻近冷冻机房，使变配电所深入负荷中心。变压器负荷配置，合理分配电能；采用低损耗、低噪声的产品。本工程采用低压集中自动补偿方式，并配备谐波电抗器组合，作为谐波抑制措施，避免高次谐波电流与电力电容发生谐振，影响系统设备可靠运行，治理后的谐波水平符合规范的要求。

合理选择电缆、导线截面，减少电能损耗。所有电气设备采用低损耗的产品，变压器谐波抑制措施。

优先采用节能光源和灯具。建筑照明功率密度值满足国家规范要求。

7.5　丽泽SOHO设计实例

本工程属于一类建筑，地下二层至地上二层为办公配套商业；三层至四十五层为办公；地下二层部分、地下三层、地下四层为车库及部分机电、后勤用房。整个项目建筑高度200 m，总建筑面积约175 000 m^2，其中地上124 000 m^2，地下51 000 m^2，设计使用年限50年。工程性质为办公及配套项目，包括商业、餐饮、停车及后勤用房等。

负荷统计、供电电源

负荷统计：
一级负荷中特别重要负荷：$P_e = 3\,462$ kW。
一级负荷：$P_e = 3\,265$ kW。
二级负荷：$P_e = 1\,808$ kW。
三级负荷：$P_e = 8\,932$ kW。

市政电源：市政电源来自上级110/10 kV 变电站馈出的双重10 kV高压电源。
自备电源：柴油发电机的容量为2 400 kW（2台1 200 kW）。

变配电室类型	变配电室编号	变配电室位置	服务区域	建筑功能	变压器容量
高区变配电室	35BDS1	35F避难层	25F~46F	中、高区办公	2×1 250 kV·A
高区变配电室	35BDS2	35F避难层	25F~46F	中、高区办公	2×1 250 kV·A
低区变配电室	13BDS1	13F避难层	3F~24F	低区办公	2×1 000 kV·A
低区变配电室	13BDS2	13F避难层	3F~24F	低区办公	2×1 000 kV·A
主变配电室	B2BDS	地下二层	B4~2F	车库、裙房	2×2 000 kV·A
冷站变配电室	B3BDS	地下三层	制冷机房	制冷机及附属设备	2×250 kV·A

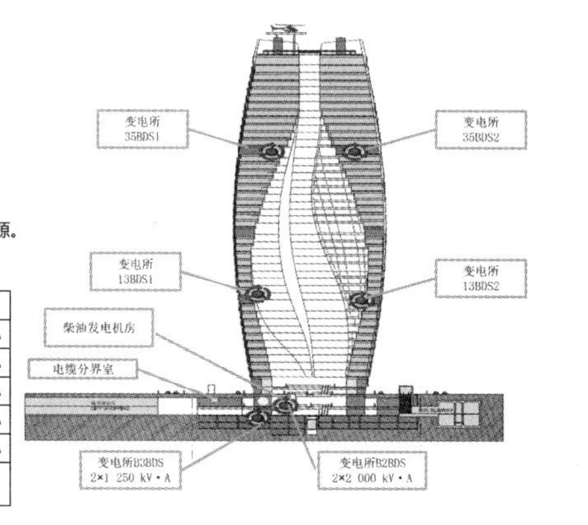

高、低压系统

1. 高压系统。10 kV变配电系统接线方式采用主 - 分变配电室结构形式。10 kV侧采用单母线分段运行方式，平时两路10 kV电源同时供电，分列运行，电源容量按照100%考虑，即平时每路电源各带50%，当一路电源失电时，母联手动投入，另一路电源能独立承担全部一、二级负荷。

2. 低压系统。低压母线采用单母线分段，中间母联联接的运行方式；来自不同高压母线的变压器分组运行，按两台组成一组，平时两台变压器分列运行，同时供电，各带一段母线运行，母联断路器断开；当一台变压器因故停运时，主母联开关自动或手动闭合，由另一台变压器带全部一级负荷和二级负荷。当事故消除后，母联经延时后手动或自动断开，退出运行的主进开关再投入，两段母线恢复正常运行。

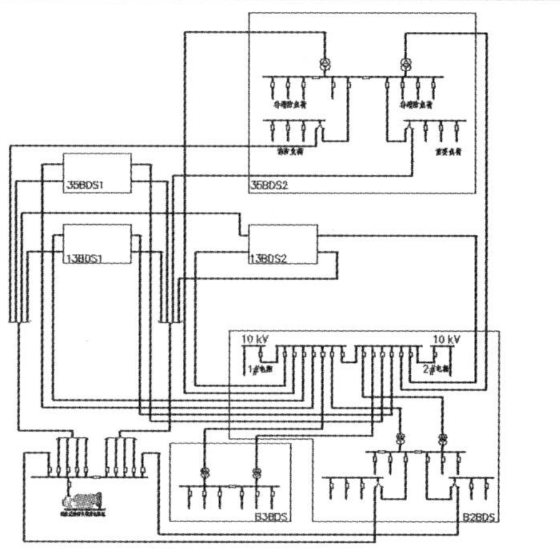

电力系统

冷冻机组、冷冻泵、冷却泵、生活泵、锅炉房、热力站、厨房、电梯等设备采用放射式供电。风机、空调机、污水泵等小型设备采用树干式供电。办公楼租户供电采用双母线供电方式。消防负荷、重要负荷、容量较大的设备及机房采用放射方式，就地设配电柜；容量较小分散设备采用树干式供电。消防水泵、消防电梯、防烟及排烟风机等消防负荷及一级负荷的两个供电回路，消防负荷在最末一级配电箱处自动切换；二级负荷采用双路电源供电，适当位置互投后再放射式供电。公共区域照明、电力单独回路供电和计费。

照明设计、防雷与接地系统、电气消防系统、电气抗震设计、智能化系统（略）。

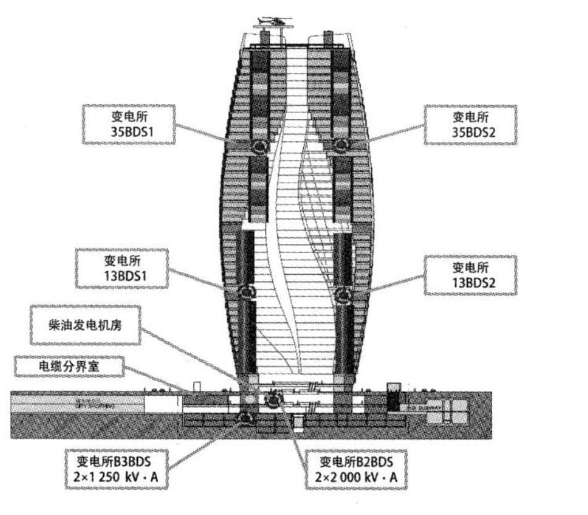

7.6 天辰大厦设计实例

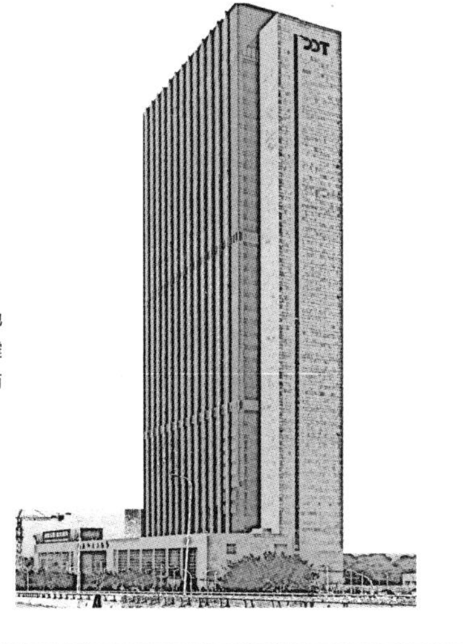

项目总建筑面积为116 809 m²，高度168.9 m。其中地上建筑面积为75 261 m²，地下建筑面积41 548 m²。地上建筑共41层，地上裙房3 层，地下3层。本工程为一类，抗震设防烈度为 7度，合理使用年限为50年。主要功能为企业总部办公楼、会议中心及部分商业用房。地下建筑共3层，为车库及设备用房。

用电负荷及供电

一、负荷统计

一级负荷中特别重要负荷：2 558 kW。

二级负荷：2 441 kW。

三级负荷：5 258 kW。

电气设备安装容量：10 257 kW。

计算容量：5 576 kW。

二、供电电源

本工程市政外网引来两路35 kV独立高压电源，每路均能承担本工程全部负荷。两路高压电源同时工作，互为备用 。

应急电源：本工程配备一台1 250 kW柴油发电机组。

三、变压器配备

设置两台2 000 kV·A户内型干式变压器，供空调冷冻系统负荷，冬季可退出运行。设置四台2 000 kV·A户内型干式变压器，供其他负荷用电。整个工程总装机容量：12 000 kV·A。

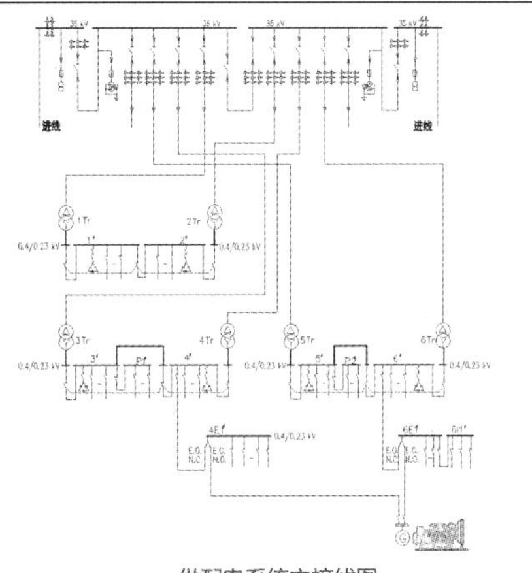

供配电系统主接线图

变电所平面布置

变电所平面图

变电所剖面图

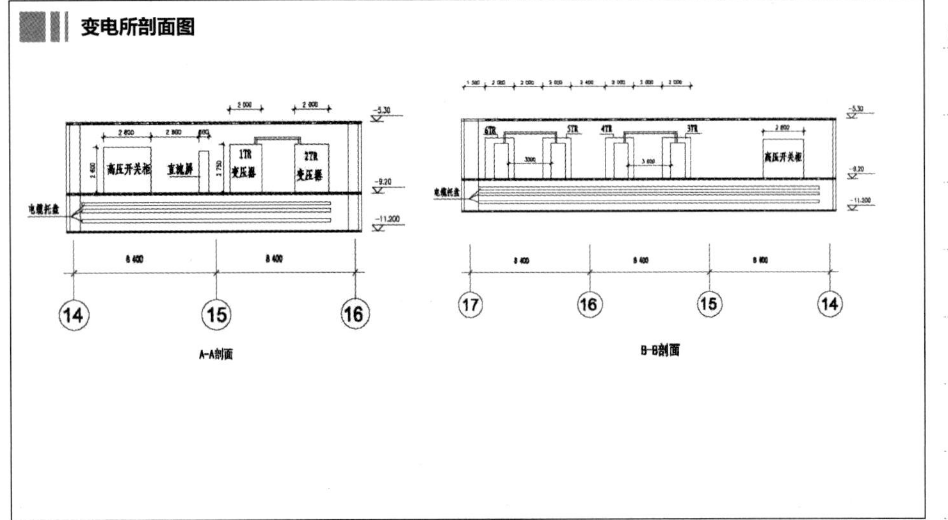

A-A剖面　　B-B剖面

电力、照明系统

1.配电系统的接地型式采用TN-S系统。冷冻机组、冷冻泵、冷却泵、生活泵、热力站、电梯等设备采用放射式供电；风机、空调机、污水泵等小型设备采用树干式供电。

2.为保证重要负荷的供电，对重要设备如通信机房、消防用电设备（消防水泵、排烟风机、加压风机、消防电梯等）、信息网络设备、消防控制室、中央控制室等均采用双回路专用电缆供电，在最末一级配电箱处设双电源自投，自投方式采用双电源自投自复。

3.主要配电干线沿由变电所用电缆槽盒引至各电气小间，支线穿钢管敷设。

4.普通干线采用辐照交联低烟无卤阻燃电缆；重要负荷的配电干线采用矿物绝缘电缆。部分大容量干线采用封闭母线。

5. 对重要场所，诸如信息中心、消防控制室、电话机房、建筑设备管理室等房间内重要设备采用专用UPS装置供电。

电力、照明系统

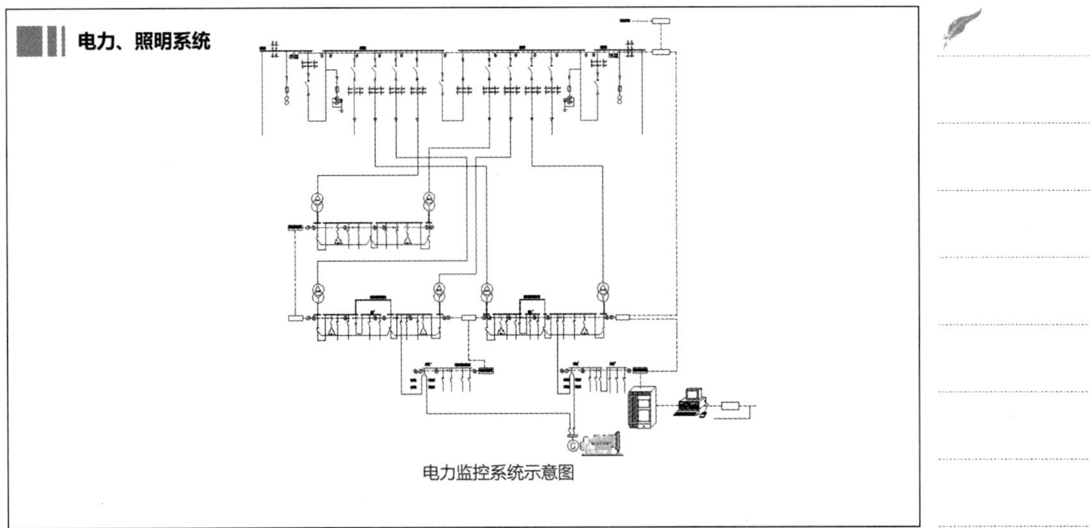

电力监控系统示意图

电力、照明系统

6.光源：照明应以清洁、明快为原则进行设计，同时考虑节能因素避免能源浪费，以满足使用的要求。室内外照明应选用发光效率高、显色性好、使用寿命长、色温相宜、符合环保要求的光源。室外照明装置应限制对周围环境产生的光干扰。对餐厅、电梯厅、走道等均采用LED灯；商场、办公室等采用高效节能荧光灯；设备用房采用荧光灯。

7. 本工程采用智能型照明控制系统，部分灯具考虑调光；汽车库照明采用集中控制；楼梯间、走廊等公共场所的照明采用集中控制和就地控制相结合的方式；走廊的照明采用集中控制。

8.本工程分别在屋顶及每隔40 m左右设置航空障碍标志灯，40~90 m采用中光强型航空障碍标志灯，90 m以上采用航空白色高光强型航空障碍标志灯。航空障碍标志灯的控制纳入建筑设备监控系统统一管理，并根据室外光照及时间自动控制。

电力、照明系统

灯具控制方式一览表

名称	位置分区	控制要求	
		特有控制方式	各区基本（相同的）控制方式
办公区	敞开办公室	◆ 智能开关控制 ◆ 多点现场面板控制 ◆ 365天时钟管理 ◆ 可采用荧光灯调光控制	◆ 消防信号联动 ◆ 中控室监控 ◆ 与楼控系统集成 ◆ 可增加各朝向光感探测（光感探测器，与时钟结合完成大楼的智能管理） ◆ 可利用电话控制大楼内的灯光 ◆ 可提供RS232、RS485、TCP/IP、OPC等接口与楼控系统连接
	领导办公室	◆ 智能开关控制 ◆ 就地面板控制 ◆ 红外遥控 ◆ 可采用回路调光控制	
辅助区域	会议室 报告厅	◆ 多种光源调光控制 ◆ 就地面板控制 ◆ 红外遥控 ◆ 可与电动窗帘、投影幕、投影仪等设备联动 ◆ 可与会议系统联动	
	大堂	◆ 智能开关控制 ◆ 就地面板控制 ◆ 365天时钟管理 ◆ 可采用调光控制	
	公共区域 （走廊、电梯厅等）	◆ 智能开关控制 ◆ 就地面板控制 ◆ 可采用动静控制	
室外泛光		◆ 智能开关控制 ◆ 可采用调光控制	

电气消防系统

1.火灾自动报警系统：本建筑采用控制中心报警控制管理方式，火灾自动报警系统按总线形式设计。本工程采用集中报警系统。燃气表间、厨房设气体探测器，烟尘较大场所设感温探测器，一般场所设感烟探测器。在本楼适当位置设手动报警按钮及消防对讲电话插孔。在消火栓箱内设消火栓报警按钮。消防控制室可接收感烟、感温、气体探测器的火灾报警信号，水流指示器、检修阀、压力报警阀、手动报警按钮、消火栓按钮的动作信号。在每层消防电梯前室附近设置楼层显示复示盘。

2.消火栓泵的控制。

（1）消火栓系统分三个区，B3~9层为1区，10~23层为2区，24~41层为3区。消火栓栓口静压不超过1.0 MPa。1区和2区为临时高压减压阀分区供水，采用消防水池、消防泵和高位水箱联合供水，地下三层消火栓泵（一用一备）用于本区供水。27层水箱兼作系统高位水箱。3区为临时高压水泵传输给串联给水系统，采用消防水池、中间传输水箱、消防泵、传输泵和高位水箱联合供水形式。在27层设置消火栓泵（一用一备）和一台柴油泵及中间传输水箱用于本区供水。

（2）在屋顶设置稳压增压设备，用于保证火灾初期的消火栓的水压和水量。B3层设置专用传输水泵（一用一备）。本工程设置消火栓箱内报警按钮。当火灾发生时，可按动消防报警按钮，启动相应消火栓泵和消防传输水泵，并发出报警信号至消防控制室，及时、准确地提醒工作人员确认火灾现场，并采取必要的灭火措施，消火栓泵运行信号反馈至消火栓处。消火栓泵和消防传输水泵的配电电源可在消防控制室进行监视。消火栓泵在水泵房现场机械应急操作。

电气消防系统

3.自动喷洒泵的控制：

(1) 自动喷洒系统分三个区，B3~9层为1区，10~21层为2区，22~41层为3区。各区报警阀及配管工作压力不超过1.6 MPa。1~2区为临时高压减压阀分区给水系统，采用消防储水池、消防泵和高位水箱联合供水形式。

(2) 在地下三层消防水泵房设有2台消防水泵（一用一备）。位于27层的3区中间转输水箱兼做本系统高位水箱。湿式报警阀集中设在地下三层水泵房和14层报警阀间。3区为临时高压水泵转输串联和减压阀联合分区给水系统，采用消防储水池、中间转输水箱、消防泵、转输泵和高位水箱联合供水形式。

(3) 在27层消防水泵房设有2台消防水泵（一用一备）和1台柴油机泵及中间转输水箱，用于本区的消防供水。在屋顶水箱间设有与消火栓系统合用的高位水箱和单独增压稳压装置，用于保证火灾初期的消火栓系统的水压和水量。

(4) 在地下三层消防水泵房设有2台（一用一备）专用转输水泵。湿式报警阀集中设在27层水泵房。转输水泵专用，备用泵与消火栓系统合用。在消防控制室及水泵房均可以自动/手动控制喷洒泵的启、停，消防控制室具有优先权。喷洒泵及补压泵的运行状态及故障信号送至消防控制室，并在联控台上显示。自动喷洒泵的配电电源可在消防控制室进行监视。水流指示器动作，反映到区域报警盘和总控制盘，表明动作位置。电信号阀门的动作，发出信号，在消防控制室显示。消防专用水池的最低水位报警信号送至消防控制室，在联控台上显示。

(5) 喷洒泵在水泵房现场机械应急操作。

电气消防系统

4.专用排烟风机的控制、消防紧急广播系统、消防直通对讲电话系统、电梯监视控制系统等。

为防止接地故障引起的火灾，本工程设置电气火灾报警系统，可以准确实时地监控电气线路的故障和异常状态，及时发现电气火灾的隐患，及时报警、提醒有关人员去消除这些隐患，避免电气火灾的发生，是从源头上预防电气火灾的有效措施。

5.本工程设置消防设备电源监控系统, 实现对消防设备电源的实时监测，可显著提高消防设备的可靠性、稳定性及备战能力，采用消防设备电源监控系统可实现有效降低消防设备供电电源的故障发生率，确保消防设备的正常工作，对有效保障人民生命和国家财产安全产生意义深远的积极作用。

6.为保证防火门充分发挥其隔离作用，在火灾发生时，迅速隔离火源，有效控制火势范围，为扑救火灾及人员的疏散逃生创造良好条件，本工程设置防火门监控系统。

7.消防控制室：在一层设置消防控制室，对建筑内的消防进行探测监视和控制。消防控制室内分别设有火灾报警控制主机、联动控制台、CRT显示器、打印机、紧急广播设备、消防直通对讲电话设备、电梯监控盘及UPS电源设备等。

防雷与接地系统

1.建筑物及入户设施年预计雷击次数N= 1.202 （次 / a），电子信息系统因雷击损坏可接受最大年平均雷击次数N_C=0.019 2 （次 / a），防雷装置拦截效率E= 0.984 。

2.本建筑物按二类防雷建筑物设防，为防直击雷在屋顶设接闪带，其网格不大于10 m×10 m，所有突出屋面的金属体和构筑物应与接闪带电气连接。

3.利用建筑物钢筋混凝土柱子或剪力墙内两根$\varPhi$16以上主筋通长焊接作为引下线，间距不大于18 m。

4.为防止侧向雷击，将六层以上，每三层沿建筑物四周的金属门窗构件与该层楼板内的钢筋接成一体后再与引下线焊接，防雷接闪器附近的电气设备的金属外壳均应与防雷装置可靠焊接。

5.本工程采用共用接地装置,以建筑物、构筑物的基础钢筋作为接地体，要求接地电阻小于0.5 Ω。

智能化系统

1.信息化应用系统。信息化应用系统功能应满足建筑物运行和管理的信息化需要并提供建筑业务运营的支撑和保障。系统包括公共服务、智能卡应用、物业管理、信息设施运行管理、信息安全管理、基本业务办公和专业业务等信息化应用系统。

2.智能化集成系统。在系统集成管理中，要将建筑设备自控系统、火灾报警系统、闭路电视监控及防盗报警系统、门禁/一卡通系统、智能停车场系统等多个子系统集中在一个集成平台上进行集中监控和管理。下面是要求集成平台在集成各自系统的过程中需要实现的功能，在进行深化设计的过程中，根据子系统的实际情况可以灵活调整。

3.综合布线系统。综合布线系统（GCS）应为一套完善可靠的支持语音、数据、多媒体传输的开放式的结构，作为通信自动化系统和办公自动化系统的支持平台，满足通信和办公自动化的需求。

智能化系统

4.信息发布及大屏幕显示系统。信息显示系统由一楼大厅的全彩LED大屏幕显示系统和大楼主出入口上方的室外单色LED显示屏组成。全彩LED大屏的显示面积约为3 mx5 m，用于显示电视画面或宣传画面；单色LED显示屏的面积约为0.5 mx6 m，用于显示欢迎辞和标语等文字信息。

5.有线电视及卫星电视系统。本工程在地下一层设置有线电视前端室，在四层设置卫星电视机房，对建筑内的有线电视实施管理与控制。

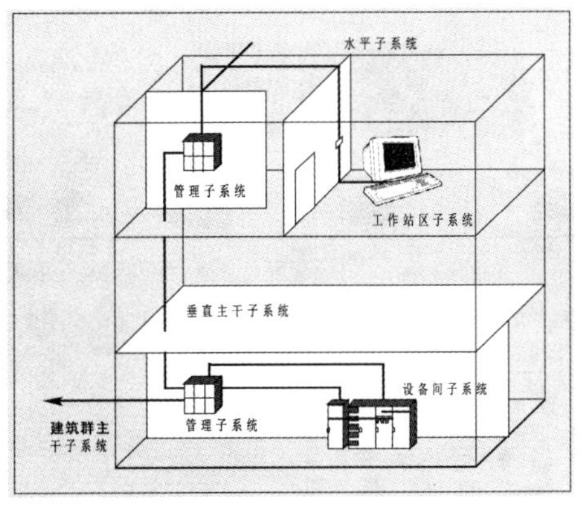

综合布线示意

智能化系统

6.背景音乐及紧急广播系统。公共广播系统应具有背景音乐广播、日常各种业务广播及整个大楼消防广播的功能要求，消防广播需满足消防规范的要求。

7.建筑设备监控系统。本工程设建筑设备管理系统，对建筑内的供水、排水设备；冷水系统、空调设备及供电系统和设备进行监视及节能控制。本工程建筑设备监控系统监控点数共计为2 596控制点，其中，AI=771点、AO=49点、DI=1 324点、DO=452点。

8.建筑能效监管系统。本工程建筑能效监管主机设置于各个建筑物业管理室。系统可对冷热源系统、供暖通风和空气调节、给水排水、供配电、照明、电梯等建筑设备进行能耗监测。

9.公共安全系统。本工程在地下一层设置保安室（与中央控制室共室）。公共安全系统包括视频监控系统、防盗报警系统、门禁/一卡通系统、停车场管理系统、巡更系统。

智能化系统

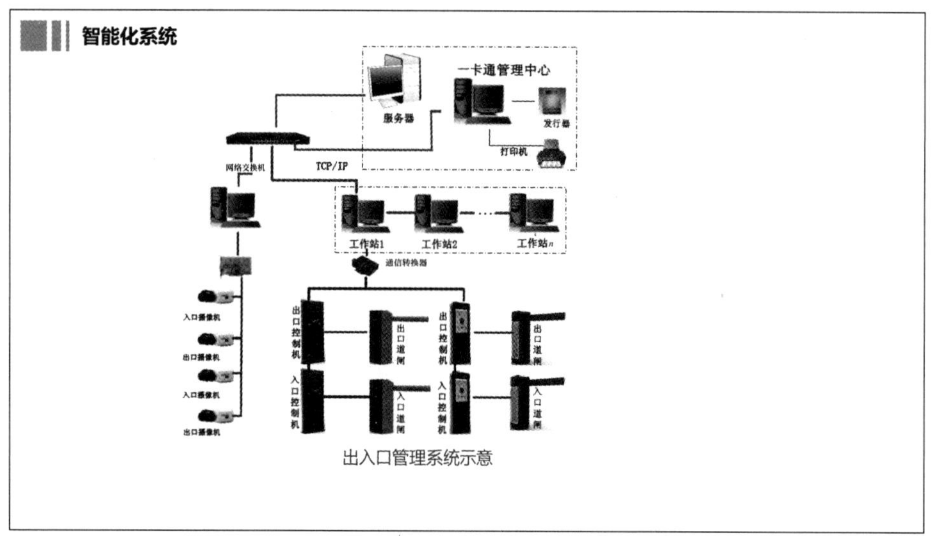

出入口管理系统示意

智能化系统集成

智能化系统集成示意

智能化网络

全球正在兴起新一轮工业革命，生产方式向数字化、网络化、智能化转变，如何做到以信息化为支撑，追求企业可持续发展模式、增强企业信息化应用和管理水平、实现智能化转型，是每一位企业首席信息官持续思考的课题。未来将有更多的云计算、大数据、物联网、AI等相关技术应用落地到企业，因此对企业的基础网络系统的建设提出了更高的要求。

企业基础网络系统不仅要为现有的员工办公、科研、生产、视频监控等应用提供数据传输的作用，而且更要为未来更多的智能制造模式的变革提供重要的网络支撑。

系统采用核心—汇聚—接入的三层架构，整个网络在传输层/网络层采用TCP/IP协议，使用国际标准的路由协议为核心层/汇聚层以及各区核心之间提供动态路由与负载均衡，各主干网络采用高速网络，无线覆盖采用WiFi6协议，另外采用SDN技术提高网络扩展的便利性以及实现高效管理。

智能化网络

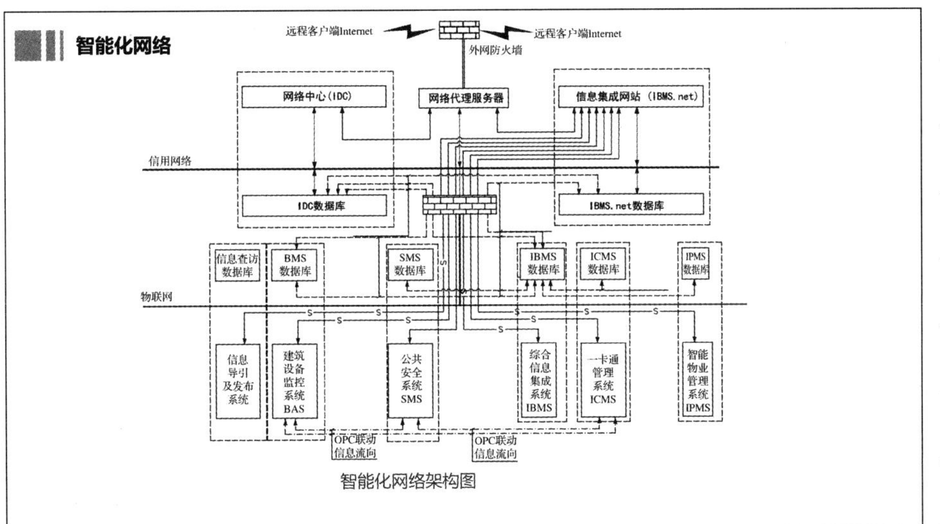

智能化网络架构图

智能化网络

依据《智能建筑设计标准》GB 50314—2015，计算机网络系统项目，将建立一个高速、稳定、安全、可靠、易扩展、易管理的网络，实现企业网络化全覆盖，为后续智能制造打造网络传输平台。

有线网络采用核心—汇聚—接入的三层网络架构。核心层采用两台基于十万兆平台的核心交换机，通过VSU技术虚拟成一台设备工作，再通过VSD技术为不同的业务虚拟出多张逻辑网络，实现网络资源池化，按需分配和灵活扩展。楼宇使用万兆的汇聚交换机，通过双万兆光纤链路上联至核心设备；楼层接入层交换机采用千兆交换机，通过千兆光纤链路上联至楼宇的汇聚层交换机；监控网采用千兆交换机，支持HPoE供电,通过千兆光纤上联至楼层接入交换机。有线网络使用SDN技术，实现全网自动化部署，有效管理接入的终端，实现IP可视化管理，防止未授权终端私自接入网络，让终端接入更安全。

采用WiFi6技术，实现企业无线WiFi全覆盖。办公、会议室等高密度接入的场所，采用三射频的AP，单台AP可支持超过百人进行同时流畅无线应用。

网络安全，部署防火墙、上网行为管理、实名认证、日志系统等设备，满足公安部信息安全的要求，达到等保相应级别的要求。另外，通过在监控摄像头前端处部署安全接入交换机，加强视频监控安全；通过部署安全动态防御系统，克服传统被动防御的弊端，实现主动防御，提升整体网络的安全性。

各场景工作用电脑，采用云桌面的技术架构，实现统一部署、简化维护、提升管理效率，更好地降低管理者的维护工作量，达到节能减排的目标。

IT整体运维，通过构建多种业务分析模型，将IT业务可视化，直观反映IT基础设施的动态变化对业务造成的影响和威胁，帮助管理者实现IT的精细化管理，掌控全局，准确衡量IT对业务的价值贡献，有力保障业务的健康、稳定运行。

办公楼局域网结构

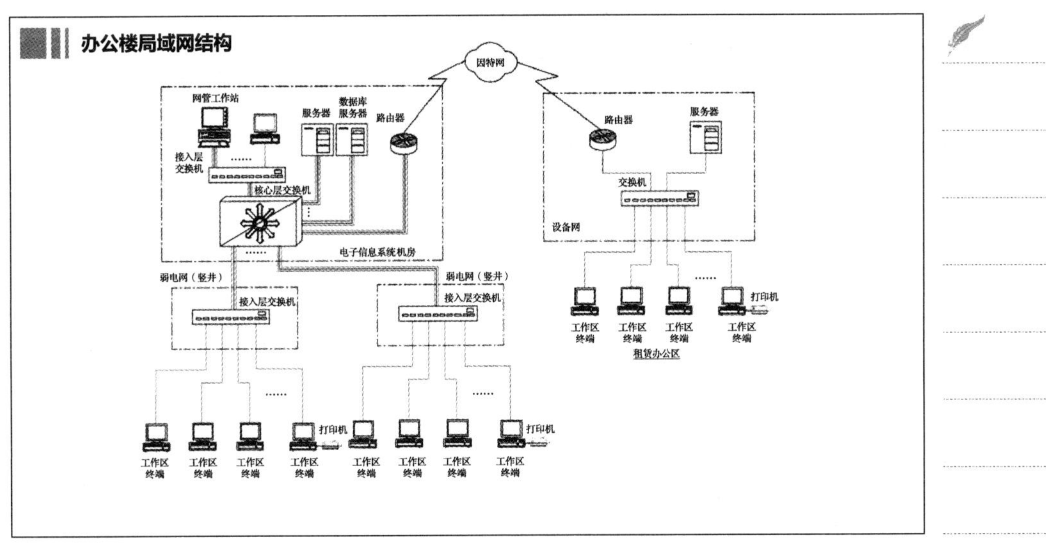

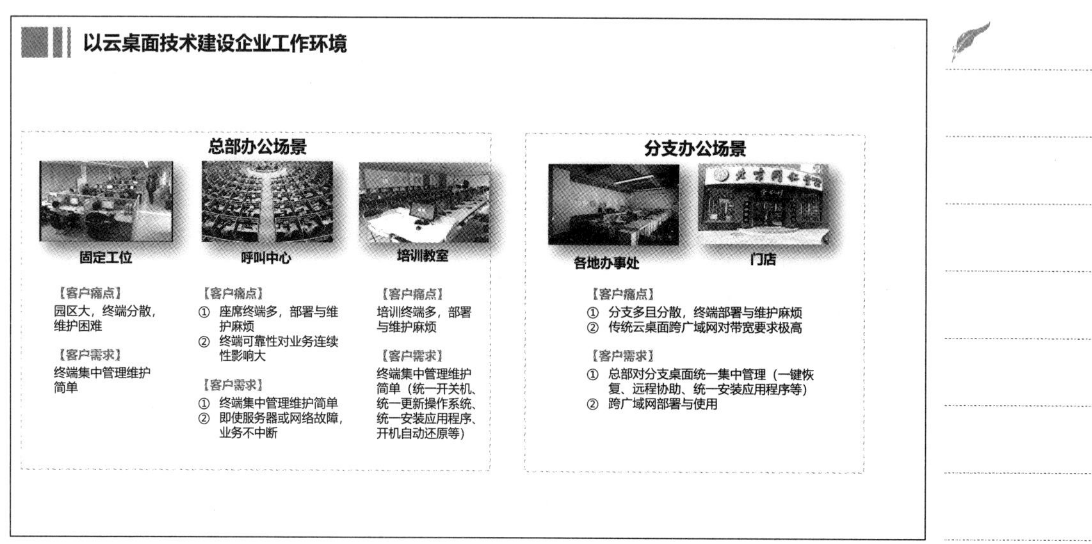
以云桌面技术建设企业工作环境
总部办公场景
固定工位
呼叫中心
培训教室
【客户痛点】
园区大，终端分散，维护困难
【客户需求】
终端集中管理维护简单
【客户痛点】
① 座席终端多，部署与维护麻烦
② 终端可靠性对业务连续性影响大
【客户需求】
① 终端集中管理维护简单
② 即使服务器或网络故障，业务不中断
【客户痛点】
培训终端多，部署与维护麻烦
【客户需求】
终端集中管理维护简单（统一开关机、统一更新操作系统、统一安装应用程序、开机自动还原等）
分支办公场景
各地办事处
门店
【客户痛点】
① 分支多且分散，终端部署与维护麻烦
② 传统云桌面跨广域网对带宽要求极高
【客户需求】
① 总部对分支桌面统一集中管理（一键恢复、远程协助、统一安装应用程序等）
② 跨广域网部署与使用

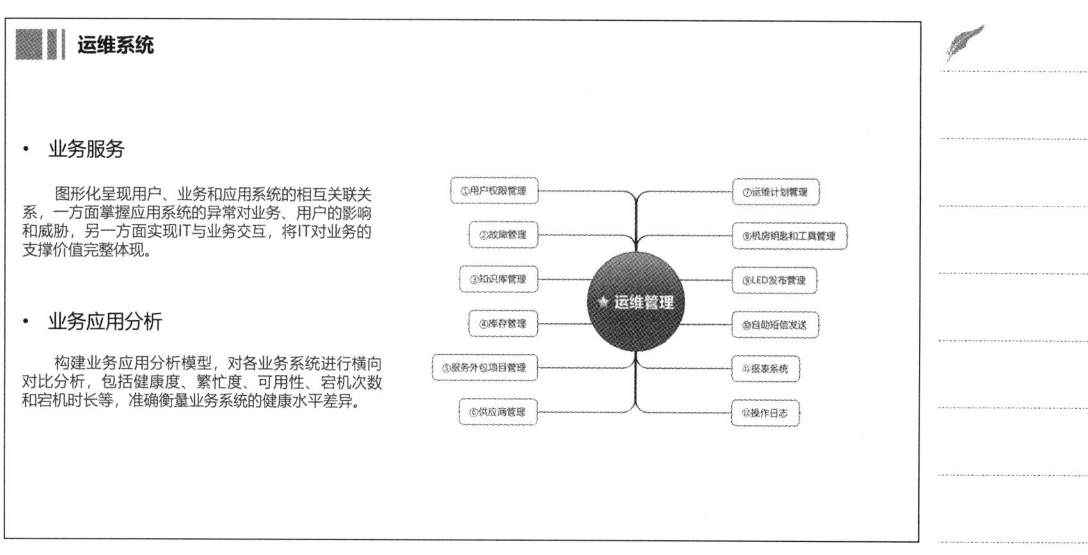
运维系统
• 业务服务
图形化呈现用户、业务和应用系统的相互关联关系，一方面掌握应用系统的异常对业务、用户的影响和威胁，另一方面实现IT与业务交互，将IT对业务的支撑价值完整体现。
• 业务应用分析
构建业务应用分析模型，对各业务系统进行横向对比分析，包括健康度、繁忙度、可用性、宕机次数和宕机时长等，准确衡量业务系统的健康水平差异。
运维管理
①用户权限管理
②故障管理
③知识库管理
④库存管理
⑤服务外包项目管理
⑥供应商管理
⑦运维计划管理
⑧机房钥匙和工具管理
⑨LED发布管理
⑩自助短信发送
⑪报表系统
⑫操作日志

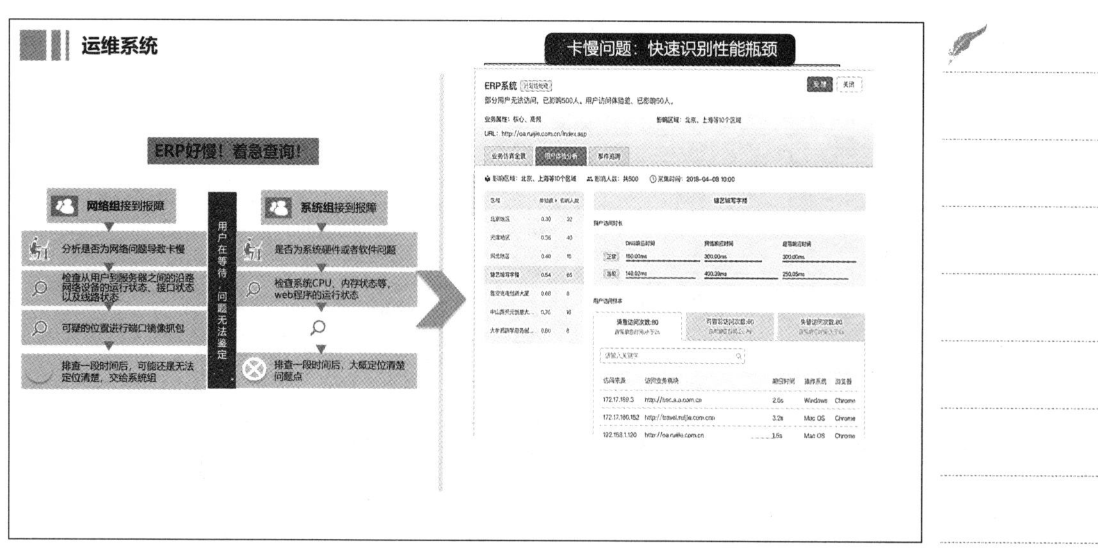
运维系统
ERP好慢！着急查询！
网络组接到报障
分析是否为网络问题导致卡慢
检查从用户到服务器之间的沿路网络设备的运行状态、接口状态以及线路状态
可疑的位置进行端口镜像抓包
排查一段时间后，可能还是无法定位清楚，交给系统组
用户在等待，问题无法鉴定
系统组接到报障
是否为系统硬件或者软件问题
检查系统CPU、内存状态等，web程序的运行状态
排查一段时间后，大概定位清楚问题点
卡慢问题：快速识别性能瓶颈
ERP系统

机房布置图

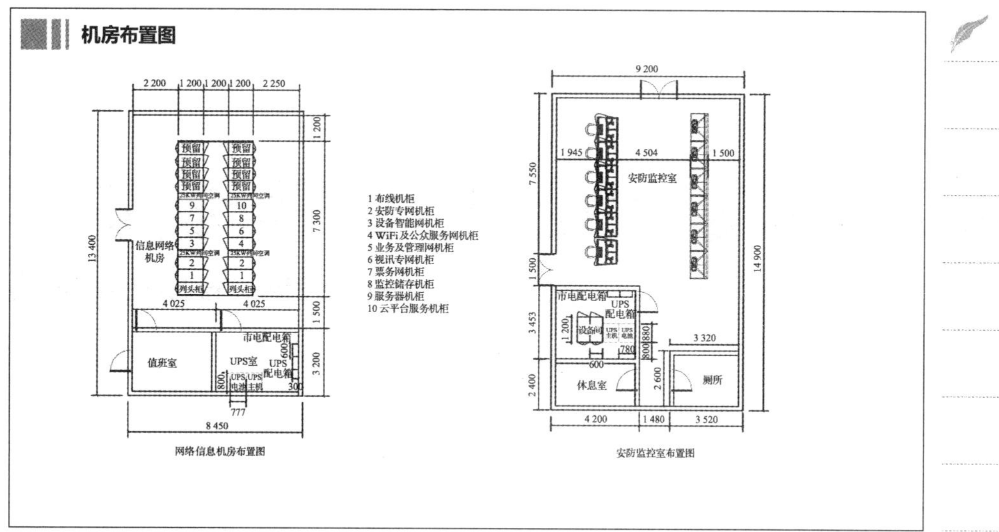

机房综合管理系统图

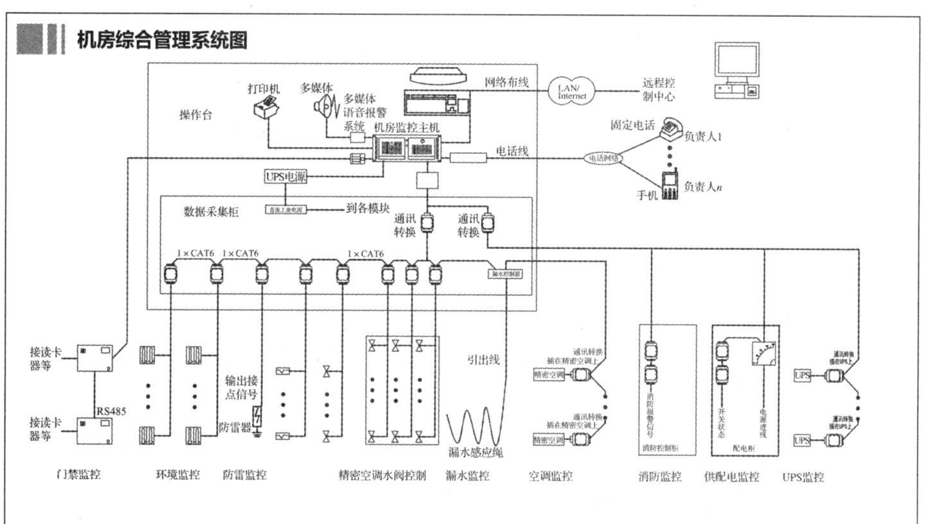

小结

办公建筑建筑供配电系统要根据建筑规模和等级、管理模式和业务需求进行配置变压器容量、变电所和柴油发电机组的设置，既要满足近期使用要求，又要兼顾未来发展的需要，满足办公建筑日常供电的安全可靠要求，能够使工作人员获得安全，舒适的健康环境。办公建筑智能化系统要根据建筑规模和等级、管理模式需求进行配置，需统筹系统的性质、管理部门等诸多因素，适应办公信息化应用的发展，为办公人员提供有效、可靠的接收、交换、传输、存储、检索和显示处理等各类信息资源的服务。

The End

第八章

教育建筑电气关键技术设计实践

Design practice of key technology of educational building electrical engineering

教育建筑是人们为了达到特定的教育目的而建设的教育活动场所，一般包括教室、活动室（场）、实验室、办公室、食堂、机电设备间、卫生间、库房等辅助用房等。教育建筑的电气设计，应根据不同教育场所和学员特点、规模和使用要求，贯彻执行国家关于学校建设的法规，并应符合国家规定的办学标准，响应国家关于建设绿色学校的倡导，适应国家教育事业的发展，满足学校正常教育教学活动的需要，为学生和教职工提供安全、健康、良好的环境，满足用电和信息化需求，确保学生和教职工安全。

8.1　强电设计

教育建筑包括幼儿园、中小学校、中等专科学校、中等职业学校、中等技工学校、大专院校等。其中小学、中学(中专、技校、职高建设标准参照普通中学)一般为多层建筑。教育建筑供配电系统要根据建筑规模和等级、管理模式和业务需求进行配置，既要满足近期使用要求，又要兼顾未来发展的需要，要根据学员特点和不同场所的要求，满足学校正常教育教学活动对电能的需要，为教学、科研、办公和学习创造良好的光环境，确保学生和教职工安全。

学校的等级与类型划分

学校类型划分一览表

等级	类型	说明
高等教育	研究生培养机构	指经国家批准设立的具有培养博士研究生、硕士研究生资格的普通高等学校和科研机构
	普通高等学校	含本科院校、专科院校
	成人高等学校	—
中等教育	高级中学	含普通高中、成人高中
	中等职业学校	含普通中专、成人中专、职业高中、技工学校
	初级中学	含普通初中、职业初中、成人初中
	完全中学	指普通初、高中合设的教育机构
初等教育	普通小学	含完全小学、非完全小学（设有1~4年级）
	成人小学	含扫盲班
学前教育	幼儿园	供学龄前幼儿保育和教育的场所
九年制义务教育	九年制学校	连续实施初等教育和初级中等教育的学校
特殊教育	特殊教育学校	独立设置的招收盲聋哑和智残儿童，以及其他特殊需要的儿童、青少年进行普通或职业初、中等教育的教学机构
工读	工读学校	由教育部门和公安部门联合举办的初、高级中学

负荷分级划分

学校负荷分级一览表

建筑物类别	用电负荷名称	负荷级别
教学楼	主要通道照明	二级
图书馆	藏书超过100万册的，其计算机检索系统及安防系统	一级
	藏书超过100万册的，其他负荷	二级
实验楼	ABSL-3中的b2类生物安全实验室和四级生物安全实验室，对供电连续性要求很高的国家重点实验室	一级中特别重要负荷
	BSL-3生物安全实验室和ABSL-3中的a类和b_1类生物安全实验室，对供电连续性要求较高的国家重点实验室	一级
	二级生物安全实验室、对供电连续性要求较高的其他实验室，主要通道照明	二级
风雨操场（体育场馆）	特级体育建筑的主席台、贵宾室、新闻发布厅照明，比赛场地照明，计时记分装置，通信及网络机房，升旗系统，现场采集及回放系统等用电	一级中特别重要负荷
	甲级体育建筑的上述用电负荷，其他与比赛相关的用房，观众席及主要通道照明，生活水泵、污水泵等用电	一级
	甲级及以上体育建筑非一级负荷，乙级以下体育设施用电	二级
会堂	特大型会堂的疏散照明，特大型会堂的主要通道照明	一级
	大型会堂的疏散照明，大型会堂的主要通道照明，乙等会堂的舞台照明，电声设备	二级
学生宿舍	主要通道照明	二级
学生食堂	厨房设备用电，冷库、主要操作间及通道照明	二级
信息机房	高等学校信息机房用电	一级
	中等学校信息机房用电	二级
属一类高层的建筑	主要通道照明、值班照明，计算机系统用电，客梯、排水泵、生活水泵用电	一级
属二类高层的建筑	主要通道照明、值班照明，计算机系统用电，客梯、排水泵、生活水泵用电	二级

教育建筑用电指标

一、校园配电变压器的装机容量指标要求

学校等级及类型	校园的总配变电站变压器容量指标（V·A/㎡）
普通高等学校、成人高等学校（文科为主）	20～40
普通高等学校、成人高等学校（理工科为主）	30～60
高级中学、初级中学、完全中学、普通小学、成人小学、幼儿园	20～30
中等职业学校（含有实验室、实习车间等）	30～45

二、教育建筑的单位面积用电指标要求

建筑类别	不设空调时的用电指标（W/㎡）	空调用电指标（W/㎡）
教学楼	12～25	20～45
图书馆	15～25	20～35
普通教学实验楼	15～30	30～50
风雨操场	15～20	—
体育馆	25～45	40～50
会堂(会议及一般文艺活动)	15～30	30～40
会堂(会议及文艺演出)	40～60	40～60
办公楼	20～40	25～35
食堂	25～70	40～60
高等学校理工类科研实验楼	根据实验工艺要求确定	30～50
中小学劳技教室	根据实际功能确定	20～45

教育建筑用电设备的需要系数

教育建筑用电设备需要系数一览表

负荷名称	规模	需要系数
照明	S≤500 ㎡	0.9～1
	500<S≤3 000 ㎡	0.7～0.9
	3 000<S≤15 000 ㎡	0.55～0.75
	S>15 000 ㎡	0.4～0.6
实验室实验设备	—	0.4～0.15
分体空调	4～10台	0.6～0.8
	10～50台	0.4～0.6
	>50台	0.3～0.4
空调机组	—	0. 75～0.85
冷冻机、锅炉	1～3台	0.8～0.9
	>3台	0.6～0.7
水泵、通风机	1～5台	0.8～0.95
	>5台	0.6～0.8
厨房设备	≤100 kW	0.4～0.5
	>100 kW	0.3～0.4
体育设施	—	0.7～0.8
会堂舞台照明	≤200 kW	0.6～1
	>200 kW	0.4～0.6

注：S为建筑面积。

配变电所设计要求

1. 学校总配变电所宜独立设置，分配变电所宜附设在建筑物内或外，也可选用户外预装式变电所。
2. 当教育建筑用电设备总容量在250 kW及以上时，宜采用10 kV及以上电压供电;当用电设备总容量低于250 kW时，宜采用0.4 kV电压供电。
3. 配电变压器负荷率平时不宜大于85%，应急状态配电变压器负荷率不宜大于130%。当低压侧电压为0.4 kV时，单台变压器容量不宜大于1 600 kV·A。对于预装式变电所变压器，单台容量不宜大于800 kV·A 。
4. 校区电源总进线处设电能计量总表各栋建筑电源进线处设电能计量分表。
5. 配变电所所址选则应符合以下规定：

(1) 不宜设在人员密集场所。当设在教学楼、实验楼、多功能厅等学生集中的建筑内时，变电所要避免与教室、实验室共用室内走道。

(2) 应满足科研实验室对电源质量、隔声、降噪、防震、室内环境等的工艺要求。

(3) 不应设在有剧烈振动或有爆炸危险介质的实验场所。

(4) 附设在教育建筑内的配变电所，不应在教室、宿舍的正上、下方且不应与教室、宿舍相贴邻。

低压配电技术要求

1. 托儿所、幼儿园的房间内应设置插座，且位置和数量根据需要确定。活动室插座不应少于4组，寝室、图书室、美工室插座不应少于2组。插座应采用安全型，安装高度不应低于1.8 m。插座回路与照明回路应分开设置，插座回路应设置剩余电流动作保护。
2. 幼儿活动室、寝室、卫生间等幼儿用房宜设置紫外线杀菌灯，也可采用安全型移动式紫外线杀菌消毒设备。紫外线杀菌灯的控制装置应单独设置，并应采取防误开措施照明，大型实验设备用电、集中空调、动力、消防及其他防灾用电负荷，宜分别自成配电系统或回路。
3. 配电装置的构造和安装位置应考虑防止意外触及带电部位的措施。配电箱柜应加锁，设备的外露可导电部分应可靠接地，建筑物进线处宜设置配电间，总配电箱（柜）应安装在专用配电间或值班室内，楼层配电箱宜安装在竖井内，避免学生接触。
4. 冲击性负荷、波动大的负荷、非线性负荷和频繁起动的教学或实验设备等，应由单独回路供电。
5. 教学用房和非教学用房的照明及插座线路应分设不同支路。
6. 中小学、幼儿园的电源插座必须采用安全型。幼儿活动场所电源插座不应低于1.8 m。
7. 教育建筑的插座回路应设置剩余电流动作保护器。电开水器电源、室外照明电源均应设置剩余电流动作保护器。
8. 中小学校教学用房、宿舍采用电风扇时，教室应采用吊式电风扇；学生宿舍的电风扇应有防护网。
9. 各类小学的风扇叶片距地面高度不应低于2.8 m；各类中学的风扇叶片距地面高度不应低于3 m。

配电技术要求

一、教室配电技术要求

1. 每间教室宜设教室专用配电箱。当多间教室共用配电箱时，应按不同教室分设插座支路，其照明支路配电范围不宜超过3个教室。幼儿活动场所不宜安装配电箱、控制箱等电气装置；当不能避免时，应采取安全措施，装置底部距地面高度不得低于1.8 m。
2. 教室配电箱应预留供多媒体教学用的电源，并应将管线预留至讲台。
3. 语言、计算机教室学生课桌每座设置电源插座，宜与课桌一体化设计。
4. 普通教室前后墙及内隔墙上应设置多组单相2孔和3孔安全型电源插座，插座间距可按2~3 m布置。
5. 设有吊扇的教室，吊扇叶片不应遮挡教室照明灯具。

二、中小学实验室配电技术要求

1. 教师讲台处宜设实验室配电箱总开关的紧急停电按钮。
2. 应为教师演示台、学生实验桌提供交流单相220 V电源插座，物理实验室教师讲桌处应设三相380 V电源插座。
3. 科学教室、化学实验室、物理实验室应设直流电源接线条件。
4. 化学实验桌设置机械排风时，排风机应设专用电源，其控制开关宜设在教师实验桌内。

配电技术要求

三、生物安全实验室配电技术要求

1. 生物安全实验室应设专用配电箱。
2. 三级和四级生物安全实验室的专用配电箱应设在该实验室的防护区外。
3. 生物安全实验室内应设置足够数量的固定电源插座，避免多台设备共用一个电源插座。重要设备应单独回路配电，且应设置剩余电流保护装置。
4. 管线密封措施应满足生物安全实验室严密性要求。三级和四级生物安全实验室配电管线应采用金属管敷设，穿过墙和楼板的电线管应加套管或采用专用电缆穿墙装置，套管内用不收缩、不燃材料密封。

四、特殊教育学校配电技术要求

1. 特殊教育学校的照明、动力电源插座、开关的选型和安装应保证视力残疾学生使用安全。
2. 特殊教育学校的各种教室、实验室的进门处宜装设进门指示灯或语音提示及多媒体显示系统。
3. 聋生教室每个课桌上均应设置助听设备的电源插座。
4. 康体训练用房的用电应设专用回路，并设置剩余电流动作保护器。

学校建筑主要房间照明标准

学校主要房间照明标准一览表

房间或场所	参考平面及其高度	照度标准值（lx）	统一眩光值UGR	照度均匀度U_0	一般显色指数R_a
教室	课桌面	300	19	0.6	80
实验室	实验桌面	300	19	0.6	80
美术教室	桌面	500	19	0.6	90
多媒体教室	0.75 m 水平面	300	19	0.6	80
计算机教室	0.75 m 水平面	500	19	0.6	80
教室黑板	黑板面	500	—	0.7	80
学生宿舍	地面	150	22	0.4	80

注：1.中小学校照明在计算照度时，维护系数取0.8。
2.黑板面上的照度最低均匀度宜为0.7。黑板灯具不得对学生和教师产生直接眩光。

幼儿园建筑主要房间照明标准

幼儿园主要房间照明标准一览表

主要房间	参考平面及其高度	照度标准值（lx）	统一眩光值UGR	显色指数R_a
活动室	地面	300	19	80
图书室	距地0.5 m水平面	300	19	80
美工室	距地0.5 m水平面	500	19	90
多功能活动室	地面	300	19	80
寝室	距地0.5 m水平面	100	19	80
厨房	台面	200	—	80
办公室、会议室	距地0.75 m水平面	300	19	80
门厅、走道	地面	150	—	80

注：1.医务室和幼儿生活用房可设置紫外线消毒灯具，紫外线消毒灯开关应有明显标识。
2.寄宿制幼儿园的寝室宜设夜间巡视照明。

8.2 智能化设计

教育建筑智能化系统要根据建筑规模和等级、管理模式和教学业务需求进行配置，需统筹系统的性质、管理部门等诸多因素，适应教学、科研、管理以及学生生活等信息化应用的发展，为学校管理和教育教学、科研、办公及师生提供有效、可靠的接收、交换、传输、存储、检索和显示处理等各类信息资源的服务。

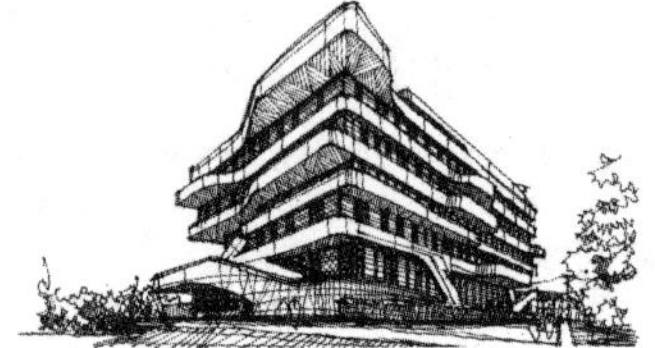

教育建筑智能化系统配置

教育建筑智能化系统配置表（一）

智能化系统			高等学校		高级中学		初级中学和小学	
			高等专科	综合大学	职业学校	普通高中	小学	初级中学
信息化应用系统	公共服务系统		宜配置	应配置	可配置	宜配置	宜配置	宜配置
	校园智能卡应用系统		应配置	应配置	应配置	应配置	宜配置	应配置
	校园物业管理系统		宜配置	应配置	宜配置	应配置	可配置	宜配置
	信息设施运行管理系统		宜配置	宜配置	可配置	宜配置	—	—
	信息安全管理系统		应配置	应配置	宜配置	应配置	宜配置	应配置
	通用业务系统	基本业务办公系统	按国家现行有关标准进行配置					
	专业业务系统	校务数字化管理系统						
		多媒体教学系统						
		教学评估音视频观察系统						
		语音教学系统						
		图书馆管理系统						
智能化集成系统		智能化信息集成(平台)系统	宜配置	应配置	宜配置	应配置	可配置	宜配置
		集成信息应用系统	宜配置	应配置	宜配置	应配置	可配置	宜配置

注：1.教学管理系统宜具有教务公共信息、学籍管理、师资管理、智能排课、教学计划管理、数字化教学管理、学生成绩管理、教学仪器和设备管理等功能；
2.科研管理系统宜具有对各类科研项目、合同、经费、计划和成果等进行管理的功能；
3.办公管理系统宜具有对各部门、各单位的各类通知、计划、资料、文件、档案等进行办公信息管理的功能；
4.学习管理系统宜具有考试管理、选课管理、教材管理、教学质量评价体系、毕业生管理、招生管理以及综合信息查询等功能；
5.物业运行管理系统应结合学校的管理要求，对采暖、水、供电等相关设备的运行和维护进行管理，并提供日常收费、查询等附加功能；
6.校园资源管理系统宜具有电子地图、实时查询、虚拟场景模拟和规划管理等功能。

教育建筑智能化系统配置

教育建筑智能化系统配置表（二）

智能化系统		高等学校		高级中学		初级中学和小学	
		高等专科	综合大学	职业学校	普通高中	小学	初级中学
信息化设施系统	信息接入系统	应配置	应配置	应配置	应配置	应配置	应配置
	布线系统	应配置	应配置	应配置	应配置	应配置	应配置
	移动通信室内信号覆盖系统	应配置	应配置	应配置	应配置	应配置	应配置
	用户电话交换系统	应配置	宜配置	宜配置	应配置	可配置	宜配置
	无线对讲系统	应配置	宜配置	宜配置	宜配置	可配置	宜配置
	信息网络系统	应配置	应配置	应配置	应配置	应配置	应配置
	有线电视系统	应配置	宜配置	应配置	应配置	应配置	应配置
	公共广播系统	应配置	应配置	应配置	应配置	应配置	应配置
	会议系统	应配置	宜配置	应配置	应配置	可配置	宜配置
	信息导引及发布系统	应配置	应配置	应配置	应配置	宜配置	应配置
建筑设备管理系统	建筑设备监控系统	宜配置	应配置	宜配置	应配置	可配置	宜配置
	建筑能效监管系统	宜配置	应配置	宜配置	应配置	可配置	宜配置

注：1.信息接入系统应将校园外部的公共信息网和教育信息专网引入校园内。
2.信息网络系统应满足数字化多媒体教学、学校办公和管理的需求。
3.会议室、报告厅等场所应配置会议系统。
4.学校的校门口处、教学楼等应配置信息导引及发布系统，信息导引及发布系统应与学校信息发布网络管理和学校有线电视系统互联。

教育建筑智能化系统配置

教育建筑智能化系统配置表（三）

智能化系统			高等学校		高级中学		初级中学和小学	
			高等专科	综合大学	职业学校	普通高中	小学	初级中学
公共安全系统	火灾自动报警系统		按国家现行有关标准进行配置					
	安全技术防范系统	入侵报警系统						
		视频安防监控系统						
		出入口控制系统						
		电子巡查系统						
		安全检查系统						
		停车库(场)管理系统	宜配置	应配置	—	—	—	—
	安全防范综合管理(平台)系统		可配置	应配置	宜配置	应配置	可配置	可配置

注：教育建筑防护周界、监视区、防护区、禁区的范围宜包括下列设防区域或部位：
（1）周界：建筑物周界、建筑物地面层和顶层的外墙、广场等；
（2）出入口：校园出入口、建筑物出入口、重要区域或部位的出入口、停车库（场）出入口等；
（3）通道：建筑物内主要通道、门厅、各楼层主要通道、各楼层电梯厅、楼梯等；
（4）人员密集区域：会堂、体育馆、多功能厅、宿舍、食堂、广场等；
（5）重要部位：重要的实验室、办公室、档案室及库房、财务室、信息机房、建筑设备监控室、安全技术防范控制系统控制室等。

教育建筑智能化系统配置

教育建筑智能化系统配置表（四）

智能化系统		高等学校		高级中学		初级中学和小学	
		高等专科	综合大学	职业学校	普通高中	小学	初级中学
机房工程	信息接入机房	应配置	应配置	应配置	应配置	应配置	应配置
	有线电视前端机房	应配置	应配置	应配置	应配置	应配置	应配置
	信息设施系统总配线机房	应配置	应配置	应配置	应配置	应配置	应配置
	智能化总控室	应配置	应配置	应配置	应配置	应配置	应配置
	信息网络机房	应配置	应配置	应配置	应配置	可配置	宜配置
	用户电信交换机房	应配置	应配置	宜配置	应配置	可配置	宜配置
	消防控制室	应配置	应配置	应配置	宜配置	应配置	应配置
	安防监控中心	应配置	应配置	应配置	应配置	应配置	应配置
	智能化设备间（弱电间）	应配置	应配置	应配置	应配置	应配置	应配置
	机房安全系统	按国家现行有关标准进行配置					
	机房综合管理系统	可配置	应配置	可配置	宜配置	—	—

教育建筑智能化系统

一、电子监考系统设计要求

1. 电子监考系统可用于电子监考、教学评估、校园安防、示范课观看和直播、远程观摩听课等，是集网络技术、音频技术和视频压缩技术为一体的现代教学监督管理系统。
2. 电子监考系统应具有多考点的实时录像与监控、硬盘录像、多路存储、高安全性、强保密性、图像清晰、事后查询、稳定可靠等特点。
3. 电子监考系统应基于标准 TCP/IP 网络协议，采用 MPEG4 视频压缩技术，采用实时数据流加密算法，保证存储的文件只能由特定软件打开回放和编辑修改，避免第三方软件的非法阅读和篡改，确保资料的真实性、可靠性、权威性。采取分级授权方式保护系统设置，防止无授权者进入或修改系统。设置防火墙保证数据安全。
4. 电子监考系统应采用 MPEG4 视频压缩技术，保证图像的清晰度和数据的存储。

二、生物安全实验室通信网络设计要求

1. 三级和四级生物安全实验室防护区内应设置必要的通信设备。
2. 三级和四级生物安全实验室内与实验室外应有内部电话或对讲系统。安装对讲系统时，宜采用向内通话受控、向外通话非受控的选择性通话方式。

教育建筑智能化系统

三、生物安全实验室建筑设备监控系统设计要求

1. 空调净化自动控制系统应能保证各房间之间定向流动方向的正确及压差的稳定。
2. 三级和四级生物安全实验室的自控系统应具有压力梯度、温湿度、联锁控制、报警等参数的历史数据存储显示功能，自控系统控制箱应设于防护区外。
3. 三级和四级生物安全实验室自控系统报警信号应分为重要参数报警和一般参数报警。重要参数报警应为声光报警和显示报警，一般参数报警应为显示报警。三级和四级生物安全实验室应在主实验室内设置紧急报警按钮。
4. 三级和四级生物安全实验室应在有负压控制要求的房间入口的显著位置，安装显示房间负压状况的压力显示装置。
5. 三级和四级生物安全实验室防护区的送风机和排风机应设置保护装置，并应将保护装置报警信号接入控制系统。
6. 三级和四级生物安全实验室防护区的送风机和排风机宜设置风压差检测装置，当压差低于正常值时发出声光报警。
7. 三级和四级生物安全实验室防护区应设送排风系统正常运转的标志，当排风系统运转不正常时应能报警。备用排风机组应能自动投入运行，同时应发出报警信号。
8. 三级和四级生物安全实验室防护区的送风和排风系统必须可靠联锁，排风先于送风开启、后于送风关闭。
9. 当空调机组设置电加热装置时应设置送风机有风检测装置，并在电加热段设置监测温度的传感器，有风信号及温度信号应与电加热联锁。
10. 三级和四级生物安全实验室的空调通风设备应能自动和手动控制，应急手动应有优先控制权，且应具备硬件联锁功能。
11. 三级和四级生物安全实验室应设置监测送风、排风高效过滤器阻力的压差传感器。
12. 在空调通风系统未运行时，防护区送风、排风管上的密闭阀应处于常闭状态。

教育建筑智能化系统

四、生物安全实验室的安全技术防范系统设计要求

1. 四级生物安全实验室的建筑周围应设置安防系统。三级和四级生物安全实验室应设门禁控制系统。
2. 三级和四级生物安全实验室防护区内的缓冲间、化学淋浴间等房间的门应采取互锁措施。
3. 三级和四级生物安全实验室应在互锁门附近设置紧急手动解除互锁开关。中控系统应具有解除所有门或指定门互锁的功能。
4. 三级和四级生物安全实验室应设闭路电视监视系统。
5. 生物安全实验室的关键部位应设置监视器，需要时，可实时监视并录制生物安全实验室活动情况和生物安全实验室周围情况。监视设备应有足够的分辨率，影像存储介质应有足够的数据存储容量。

五、幼儿园安全技术防范系统设计

1. 幼儿园园区大门、建筑物出入口、楼梯间、走廊等应设置视频安防监控系统。
2. 幼儿园周界宜设置入侵报警系统、电子巡查系统。
3. 厨房、重要机房宜设置入侵报警系统。
4. 应设置火灾自动报警系统。

教育建筑智能化系统

六、多媒体现代教学系统设计要求

1. 能实现主播室与远端教室进行实时双向交互，如实时情景教学，音视频交互和BBS文字交互。
2. 能把主播室计算机屏幕操作、电子白板信息及时传到远端。在主播教室，学生可以在教师授权下，一起在白板上写字、画图或粘贴等，并可以传给其他学生。
3. 要求系统传输质量较好，图像连续，与声音同步，时延较小。
4. 教学点可用音频或文字的方式提问。
5. 支持多种网络传输方式。教学系统能够支持局域网、互联网、VPN虚拟专用网、卫星网等。
6. 能远程辅导计算机程序操作，教师可以把自己机器上的应用程序共享给某个学生，教师也可以遥控学生的机器，共同操作学生的程序。
7. 有严格的权限管理功能，可以对教师、学生上课的权限进行控制，通过管理者程序来设定用户和教室的权限。
8. 能实时录制课件，教师上课的一切操作都被录制下来，形成一个可流式点播的课件，课件可以通过系统自带的播放器进行播放。

教育建筑智能化系统

七、中小学校广播系统的设计

1.教学用房、教学辅助用房和操场应根据使用需要，分别设置广播支路和扬声器。室内扬声器安装高度不应低于2.4 m。

2.播音系统中兼作播送作息音响信号的扬声器应设置在走道及其他场所。

3.广播线路敷设宜暗敷设。

4.广播室内应设置广播线路接线箱，接线箱宜暗装，并预留与广播扩音设备控制盘连接线的穿线暗管。

5.广播扩音设备的电源侧，应设置电源切断装置。

八、智能化网络设计要求

随着教育信息化进入2.0时代，学校的教学教育管理业务的信息化要求越来越高，教室的信息化设备配备越来越丰富，各种特色的创客教室、VR虚拟实验室等逐渐普及，物联网智能管理也逐步进入校园。未来将有更多的云计算、大数据、物联网、AI等相关技术应用落地到学校，因此对学校的基础网络系统的建设提出了更高的要求。

教育建筑智能化系统

九、智能化网络设计要求

校园基础网络系统不仅要为现有的教职员工办公、校园监控、广播等信息发布系统提供数据传输功能，而且要为教室教学业务的开展，以及未来更多的课堂教学模式的变革提供重要的网络支撑。

系统通过采用核心–汇聚–接入的三层架构，整个网络在传输层/网络层采用TCP/IP协议，使用国际标准的路由协议为核心层/汇聚层以及各区核心之间提供动态路由与负载均衡，各主干网络采用高速网络，无线覆盖采用WiFi 6协议，另外采用SDN技术提高网络扩展的便利性以及实现高效管理。

依据教育部发布的《中小学数字校园建设规范（试行）》指导，中小学校计算机网络系统项目，将为学校建立一个高速、稳定、安全、可靠、易管理的网络，实现校园无线全覆盖，采用物联网技术，将学校打造成一所智慧校园。

有线网络采用核心–汇聚–接入的三层网络架构。核心层采用两台基于万兆平台的核心交换机，通过VSU技术虚拟成一台设备工作，再通过VSD技术为不同的业务虚拟出多张逻辑网络，实现网络资源池化，按需分配和灵活扩展。各教学楼宇使用万兆的汇聚交换机，通过双万兆光纤链路上联至核心设备；楼层接入层交换机采用千兆交换机，通过千兆光纤链路上联至楼宇的汇聚层交换机；教室采用10口千兆交换机，支持POE+供电,通过千兆光纤上联至楼层接入交换机。有线网络使用SDN技术，实现全网自动化部署，有效管理接入的终端，实现IP可视化管理，防止未授权终端私自接入网络，让终端接入更安全。

教育建筑智能化系统

十、智能化网络设计要求

采用WiFi 6技术，实现校园无线WiFi全覆盖。报告厅、电子书包等高密接入的场所，采用三射频的AP，单台AP可支持超过百人进行同时流畅视频观看。普通教室的无线AP，可支持如蓝牙等物联网应用扩展。

校园的办公电脑、计算机教室的学生电脑，采用云桌面的技术架构，配套教学管理工具，实现统一管理、统一维护，提升管理部署效率，更好地降低管理者的维护工作量，更好地提高课堂教学效率，并达到节能减排的目标。

校园网安全管理对象应包括网络安全、系统安全、数据库安全、信息安全、设备安全、传输介质安全和计算机病毒防治安全等。校园网安全管理系统应具有防范内部及外界威胁风险的功能，并可采取下列安全防范措施：

（1）采取传导防护、辐射防护、电磁兼容环境防护等物理安全措施；

（2）采用容错计算机、安全操作系统、安全数据库、病毒防范等系统安全措施；部署防火墙等措施；

（3）采取入网访问控制、网络权限控制、属性安全控制、网络服务器安全控制、网络监控和锁定控制、网络端口和节点控制等网络访问控制，满足公安部信息安全的要求，达到等保二级的要求；

（4）数据加密，采取报文保密、报文完整性及互相证明等安全协议；采取消息确定、身份确认、数字签名、数字凭证等信息确认措施；

（5）通过在监控摄像头前端部署安全接入交换机，加强校园视频监控安全；通过部署安全动态防御系统，克服传统被动防御的弊端，实现主动防御，提升整体网络的安全性。

高等教育智能化网络系统典型架构

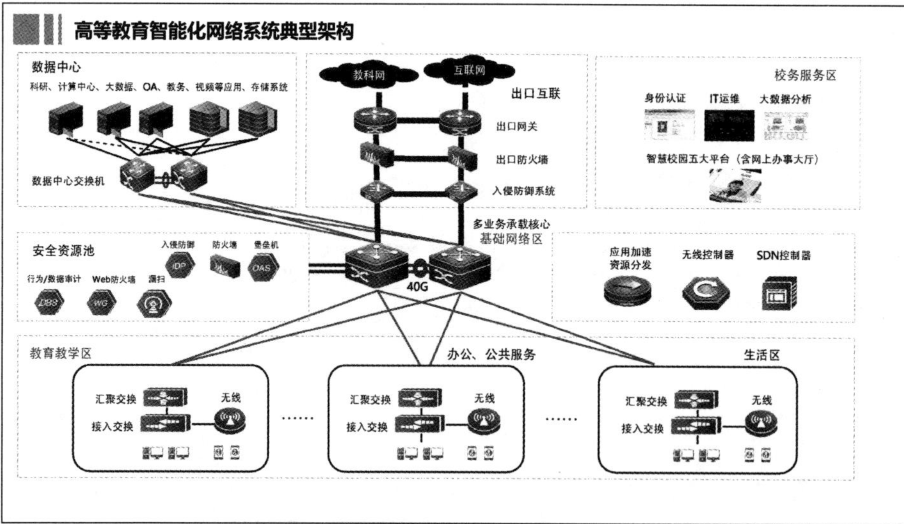

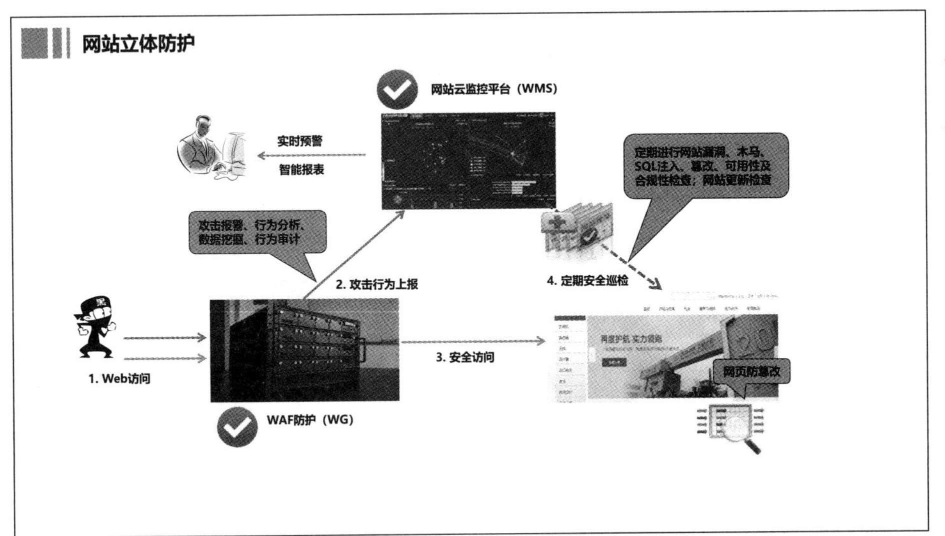

网站立体防护
网站云监控平台（WMS）
实时预警
智能报表
定期进行网站漏洞、木马、SQL注入、篡改、可用性及合规性检查；网站更新检查
攻击报警、行为分析、数据挖掘、行为审计
2. 攻击行为上报
4. 定期安全巡检
1. Web访问
3. 安全访问
网页防篡改
WAF防护（WG）

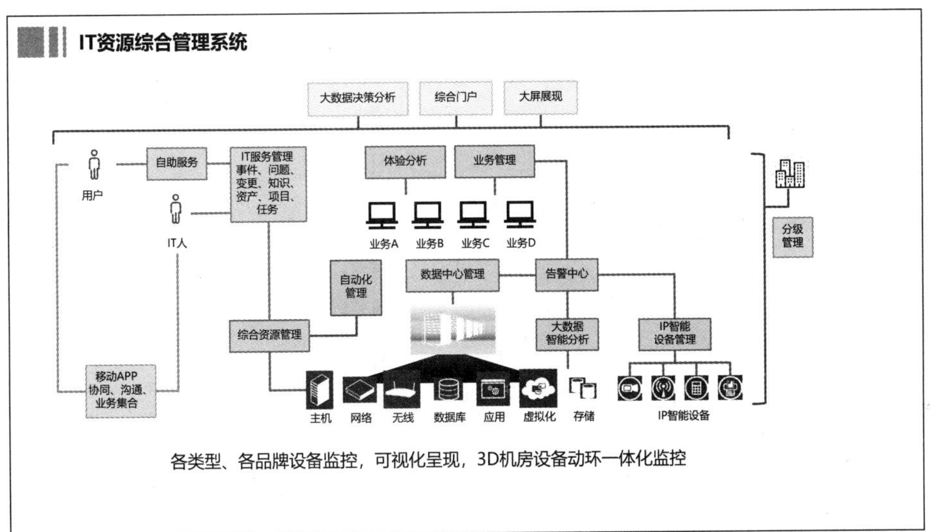

IT资源综合管理系统
大数据决策分析
综合门户
大屏展现
自助服务
IT服务管理 事件、问题、变更、知识、资产、项目、任务
体验分析
业务管理
用户
IT人
业务A
业务B
业务C
业务D
分级管理
自动化管理
数据中心管理
告警中心
综合资源管理
大数据智能分析
IP智能设备管理
移动APP 协同、沟通、业务集合
主机
网络
无线
数据库
应用
虚拟化
存储
IP智能设备
各类型、各品牌设备监控，可视化呈现，3D机房设备动环一体化监控

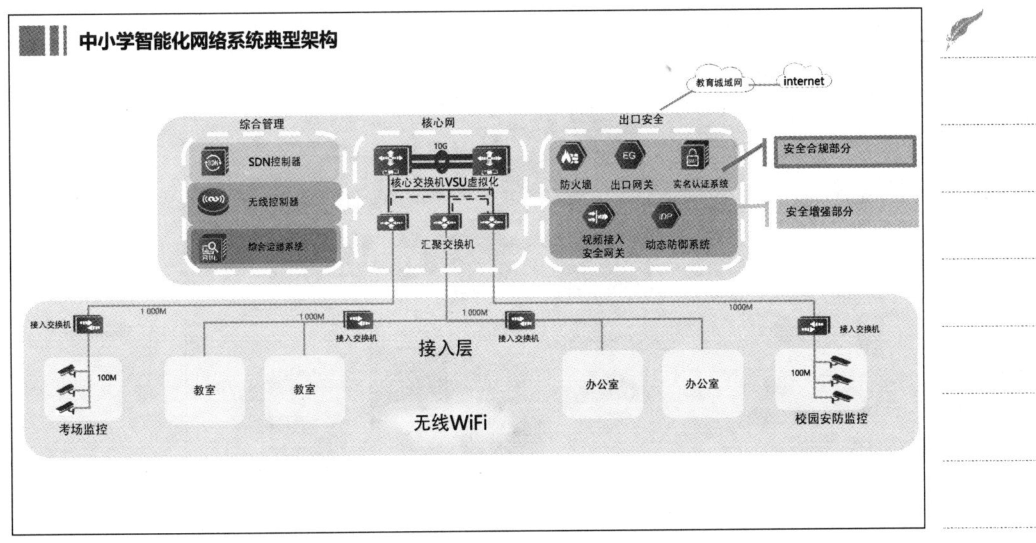

中小学智能化网络系统典型架构
教育城域网
internet
综合管理
核心网
出口安全
SDN控制器
无线控制器
综合运维系统
10G
核心交换机VSU虚拟化
汇聚交换机
防火墙
出口网关
实名认证系统
视频接入安全网关
动态防御系统
安全合规部分
安全增强部分
1 000M
1 000M
1 000M
1000M
接入交换机
接入层
100M
教室
教室
办公室
办公室
考场监控
无线WiFi
校园安防监控

监控网络安全加固

在安防监控场景中摄像头部署广泛、密集、数量庞大，大多数摄像头没有进行有效的识别及管理，没有准入机制，存在私接PC、终端的风险。

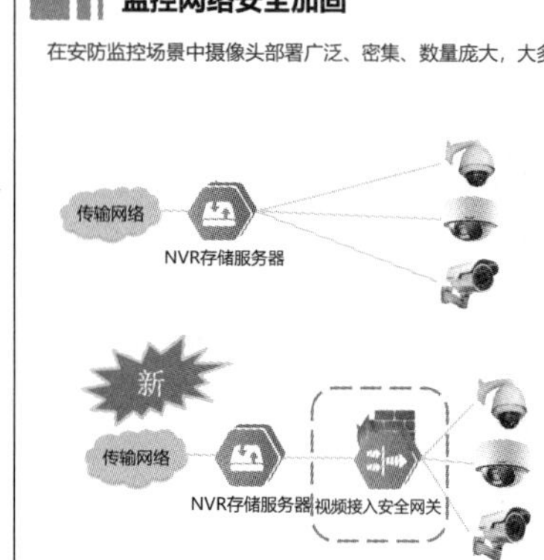

传统的部署方案，前端无安全防护，非法入侵者可以通过伪造设备类型、IP快速入侵，导致发生视频外泄、内网被攻击等安全事件。

新部署方案，前端增加接入安全网关，通过多种技术深度识别及管控摄像头等设备，并结合漏洞发现、病毒检杀、攻击检测等技术提供强大的安全防护功能。

构建智慧校园

智慧校园（教学、科研、管理、服务）

组织结构管理体系

教学业务流程体系

一站式服务平台：微信　APP　门户　QQ

数字化校园：统一身份认证　统一信息门户　统一数据中心

教学支撑：云办公　云机房　智慧云课堂　智慧教室

基础设施：有线网　无线网　物联网　数据中心

校园业务：一卡通　门禁　安防　智能电表　智能水表　RFID　广播

信息平台体系

信息平台运维体系

信息平台安全体系

WiFi与物联网融合

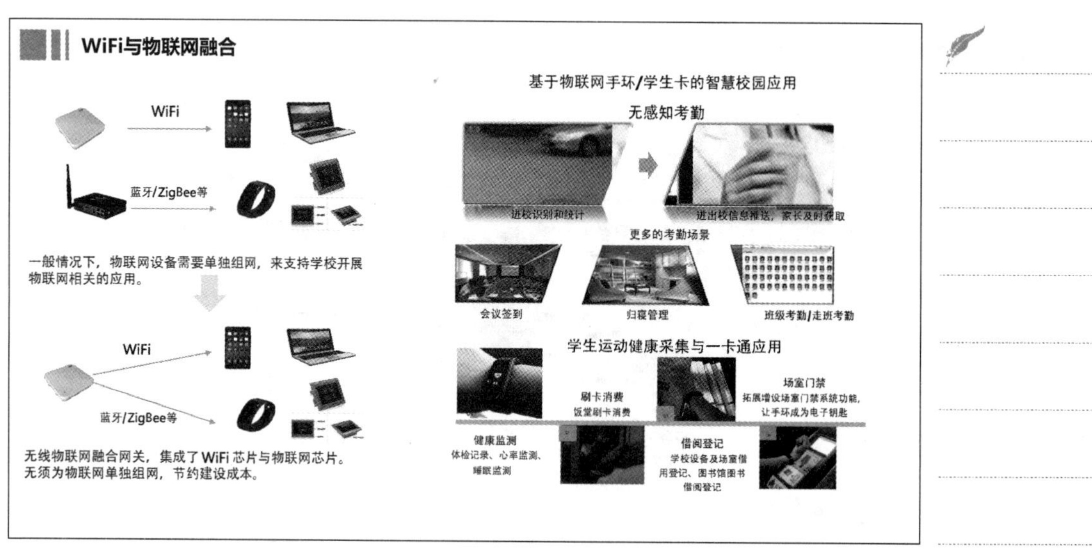

以云桌面技术建设计算机教室

采用云桌面方案部署办公用机、学生用机，为不同的学科制作不同系统镜像，统一进行安全补丁升级，不仅大幅减少系统维护工作量，而且提高了师生的使用体验和网络安全。

不仅仅是设备变小，带来的是管理维护工作量大幅减少，安全增长，绿色节能。

传统采用PC电脑作为教师办公、学生上信息课的计算机，安装软件多导致运行慢，影响教学效率；同时后期维护工作量大。

云桌面解决方案

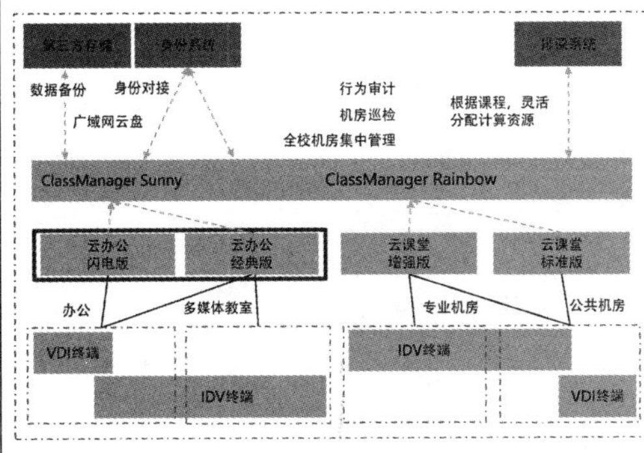

全场景桌面云

方案覆盖中职学校的所有PC场景，包括公共机房、专业机房、多媒体教室和教师办公等。

办公云融合

老师可以通过教师账号在办公室和多媒体教室终端上漫游，终端环境和用户使用习惯不变，满足上课无须带笔记本电脑的需求。

VDI终端简管理

特有的ClassManager软件，让机房课堂管理简单高效，机房维护也不再依赖硬件与版本不一，机房管理更轻松。

IDV终端高性能

独有的IDV部署模式，在满足终端高性能体验的同时，兼顾机房的管理便捷、简单。

教师云办公方案建设

IDV模式裸机仅需6min即可获得桌面

VDI模式配置好账号后，开机即可获得桌面

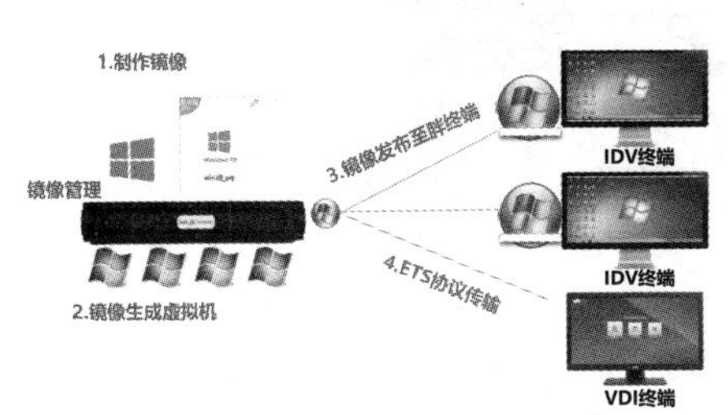

教室云办公方案

对比项	云桌面IDV方案	云桌面VDI模式	PC
管理	集中	集中	分散
数据漫游	支持	支持	不支持
终端免维护	支持	支持	不支持
软件兼容	全软件兼容	不支持3D	全软件兼容
富媒体体验	优	差	优
外设兼容	支持所有外设	特殊设备不兼容	支持所有外设
网络依赖	低	高	低

贯穿教学全周期的教学软件，打造高效互动课堂

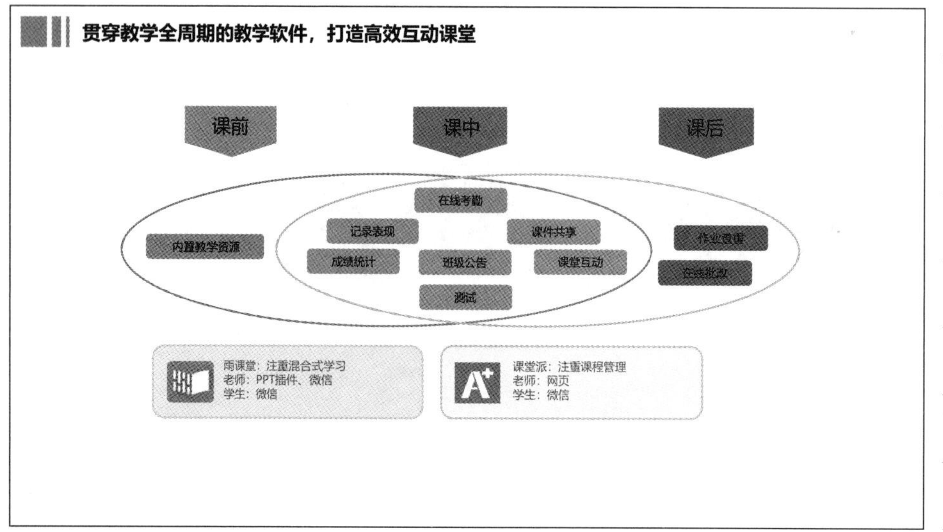

智慧教室

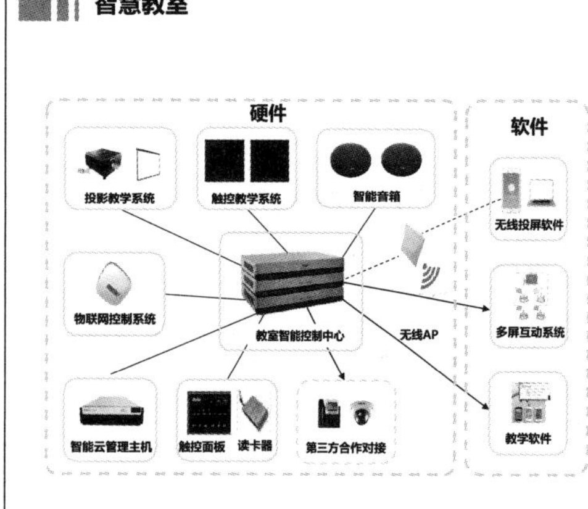

1.高集成度：桌面虚拟化技术+可视化远程集中管理，提升管维效率。

2.师生自带设备无线投屏，灵活开展移动授课和互动教学。

3.多屏调度，支撑新型研讨教学模式。

4.贯穿全流程的互动教学软件，打造互动课堂，提升教学效益。

教室智慧黑板

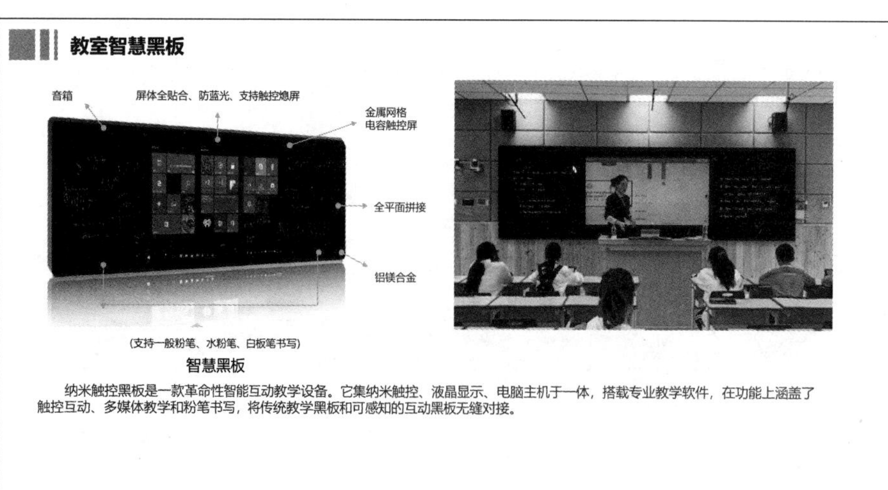

智慧黑板

纳米触控黑板是一款革命性智能互动教学设备。它集纳米触控、液晶显示、电脑主机于一体，搭载专业教学软件，在功能上涵盖了触控互动、多媒体教学和粉笔书写，将传统教学黑板和可感知的互动黑板无缝对接。

学校建筑设备智慧运维系统

学校建筑设备智慧运维系统通过现场物联网感知层监测包括能耗、环境和设备运行状态的实时动态参数，在控制网络层实现现场级别的过程控制、逻辑控制、工艺控制的基础上，将参数传输至现场系统应用层Webtalk服务器，现场应用层融合建筑内部所有系统参数后，将初步节能优化策略信号发送至控制网络层DDC控制器实现初级节能目标，同时将所有能耗、环境和运行数据通过互联网传输至学校建筑设备智慧运维系统平台。学校建筑设备智慧运维系统目标和内容如下：

(1) 掌握学校能源消耗的数量与构成、分布与流向。

(2) 了解学校能量利用过程中的使用情况，损失情况、设备效率、能源利用率、综合能耗。

(3) 运行管理智能化，全面提升物业管理信息化水平。

(4) 采用AI控制模型，达到无人值守自适应控制要求。

(5) 能耗分析，建立区域能耗计费管理，区域出租能耗计费账单管理。

(6) 实现节能和优化运行管理。

(7) 形成节能和过程不断优化运行模式。

8.3　幼儿园电气设计实例

本工程属于二类建筑，地上3层，地下1层，建筑面积为19 980 m²，建筑高度18 m，抗震设防烈度为8度，本工程为II类，设计使用年限50年。工程性质为17班日托幼儿园，建筑耐火等级：地上二级，地下一级。幼儿园内部设计活动室、休息室、综合活动室、美术教室、计算机教室、食堂、餐厅及办公室等。

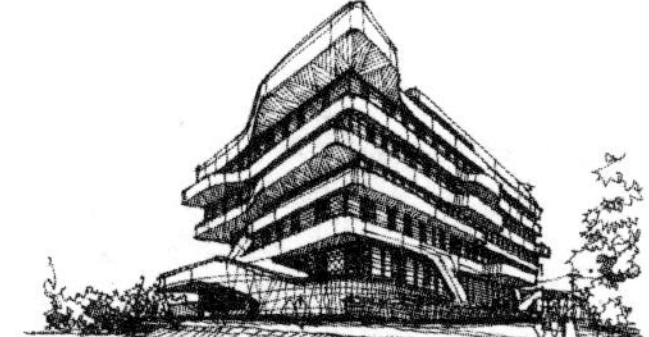

负荷及供电

一、负荷统计

1. 二级负荷设备容量为370 kW。

2. 三级负荷设备容量为400 kW。

二、电源

由市政外网引来两路双路高压电源。高压系统电压等级为10 kV。高压采用单母线分段运行方式，中间设联络开关，平时两路电源同时分列运行，互为备用，当一路电源故障时，通过手动操作联络开关，另一路电源负担全部负荷。

三、变、配电站

在地下一层设置变电所一处。变电所内设两台400 kV·A干式变压器。变压器低压侧0.4 kV采用单母线分段接线方式，低压母线分段开关采用手动投切方式时，低压母联断路器应采用设有自投自复、自投手复、自投停用三种状态的位置选择开关，自投时应设有一定的延时，当变压器低压侧总开关因过负荷或短路故障而分闸时，母联断路器不得自动合闸；电源主断路器与母联断路器之间应有电气联锁。

电力、照明系统

1. 配电系统的接地型式采用TN-S系统。冷冻机组、冷冻泵、冷却泵、生活泵、热力站、电梯等设备采用放射式供电；风机、空调机、污水泵等小型设备采用树干式供电。
2. 为保证重要负荷的供电，对重要设备如：通信机房、消防用电设备(消防水泵、消防风机等)、信息网络设备、消防控制室、中央控制室等均采用双回路专用电缆供电，在最末一级配电箱处设双电源自投，自投方式采用双电源自投自复。
3. 配电箱不安装在幼儿活动场所，配电箱设置在专用小间内。
4. 儿童活动室插座设置四组，寝室、图书室、美工室插座设置两组。插座应采用安全型，安装高度1.8 m。插座回路与照明回路应分开设置，插座回路应设置剩余电流动作保护。
5. 主要配电干线从变电所用电缆槽盒引至各电气小间，支线穿钢管敷设。
6. 普通干线采用辐照交联低烟无卤阻燃电缆；重要负荷的配电干线采用矿物绝缘电缆。

照明及控制方式

1. 光源：活动室、寝室、图书室、美工室等幼儿用房采用显色指数大于80的细管三基色的荧光灯，配电子镇流器。活动室、寝室、幼儿卫生间设置紫外线杀菌灯。
2. 照明控制：为了便于管理和节约能源，以及不同的时间要求不同的效果。本工程采用智能型照明控制系统，部分灯具考虑调光，走廊的照明采用集中控制。室外照明的控制纳入建筑设备监控系统统一管理。紫外线杀菌灯控制装置单独设置，并采取防误开措施。

防灾系统

一、防雷与接地系统

1. 本建筑物按三类防雷建筑物设防，为防直击雷在屋顶设接闪带，其网格不大于20 m×20 m，所有凸出屋面的金属体和构筑物应与接闪带电气连接。
2. 为预防雷电电磁脉冲引起的过电流和过电压，对雷电过电压敏感部位装设电涌保护器，由室外引入或由室内引至室外的电力线路、信号线路、控制线路、信息线路等在其入口处的配电箱、控制箱、前端箱等的引入处应装设SPD。
3. 本工程采用共用接地装置，以建筑物、构筑物的金属体、构造钢筋和基础钢筋作为接地体。
4. AC 220/380 V低压系统接地型式采用TN-S，PE线与N线严格分开。
5. 建筑物做总等电位连接,在变配电所内安装主等电位连接端子箱,将所有进出建筑物的金属管道、金属构件、接地干线等与总等电位端子箱有效连接。
6. 在所有变电所、弱电机房、电梯机房、强/弱电小间、浴室等处做辅助等电位连接。

二、抗震设计

1. 高低压配电柜、变压器、配电箱、控制箱设备安装等均应满足抗震设防规定。
2. 建筑物屋顶上的共用天线设置防止因地震导致设备损坏后部件坠落伤人的安全防护措施。
3. 应急广播系统预置地震广播模式。
4. 安装在吊顶上的灯具，考虑地震时吊顶与楼板的相对位移。
5. 设置机电管线抗震支撑系统。

防灾系统

三、电气消防系统

1. 火灾自动报警系统。本工程消防安防控制室设于首层，设置通向室外的安全出口。消防控制室内设置火灾报警控制器、消防联动控制器、可燃气体报警主机、电气火灾监控主机、消防控制室图形显示装置、消防专用电话总机、消防应急广播控制装置、消防应急照明和疏散指示系统控制装置、消防电源监控器、防火门监控器等设备。消防控制室内设置的消防控制室图形显示装置显示建筑物内设置的全部消防系统及相关设备的动态信息和消防安全管理信息，为远程监控系统预留接口，具有向远程监控系统传输相关信息的功能。燃气表间、厨房设气体探测器，烟尘较大场所设感温探测器，一般场所设感烟探测器。在本楼适当位置设手动报警按钮及消防对讲电话插孔。在消火栓箱内设消火栓报警按钮。消防控制室可接收感烟、感温、气体探测器的火灾报警信号和水流指示器、检修阀、压力报警阀、手动报警按钮、消火栓按钮的动作信号。在每层消防电梯前室附近设置楼层显示复示盘。
2. 消防联动控制系统。在消防控制室设置联动控制台，控制方式分为自动控制和手动控制两种。通过联动控制台，可以实现对消火栓、自动喷水灭火系统和防烟、排烟、加压送风系统的监视和控制，火灾发生时手动切断一般照明及空调机组、通风机、动力电源。当发生火灾时，自动关闭总煤气进气阀门。

防灾系统

3. 在消防控制室设置消防广播机柜，机组采用定压式输出。地下泵房、冷冻机房等处设号角式15 W扬声器，其他场所设置3 W扬声器。当发生火灾时，消防控制室值班人员可自动或手动向全楼进行火灾广播，及时指挥疏导人员撤离火灾现场。
4. 在消防控制室内设置消防直通对讲电话总机，除在各层的手动报警按钮处设置消防对讲电话插孔外，在变配电室、水泵房、电梯机房、防排烟机房、管理值班室等处设置消防直通对讲电话分机。
5. 在消防控制室设置电梯监控盘，除显示各电梯运行状态、层数显示外，还应设置正常、故障、开门、关门等状态显示。火灾发生时，根据火灾情况及场所，由消防控制室电梯监控盘发出指令，指挥电梯按消防程序运行。
6. 为防止接地故障引起的火灾，本工程设置电气火灾报警系统。
7. 消防设备电源监控系统。实现对消防设备电源的实时监测，可显著提高消防设备的可靠性、稳定性及备战能力，采用消防设备电源监控系统可实现有效降低消防设备供电电源的故障发生率，确保消防设备的正常工作，对有效保障人民生命和国家财产安全具有意义深远的积极作用。
8. 防火门监控系统。为保证防火门充分发挥其隔离作用，本系统可以在火灾发生时，迅速隔离火源，有效控制火势范围，为扑救火灾及人员的疏散逃生创造良好条件，对防火门的工作状态进行24 h实时自动巡检，对处于非正常状态的防火门给出报警提示。

防灾系统

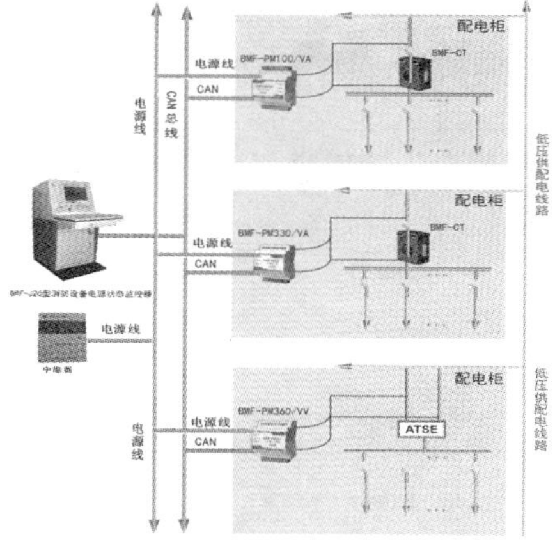

智能化系统

一、广播系统

1. 本工程在一层设置广播室(与消防控制室共室)。
2. 在一层走道、教室等均设有广播扬声器。广播系统采用100 V定压式输出。当有火灾时，切断非消防广播，接通紧急广播。

二、信息管理系统

信息管理系统为幼儿园的管理者及建筑物内的使用者提供有效、可靠的信息接收、交换、传输、存储、检索和显示的综合处理，运用计算机软件技术，结合幼儿园的工作与管理特点，提供决策支持与服务，包括日常办公管理 、幼儿信息管理、幼儿成长档案管理、营养食谱管理、卫生保健管理、收费管理、后勤管理、教育教学管理、安全接送管理等管理模块。

三、公共安全系统

1. 本工程在一层设置保安室(与消防控制室共室)。幼儿园视频监控系统是专门针对幼儿园实际需求中的具体情况而开发的监控管理系统，特别是远程监控管理。本系统采用图像压缩和处理技术先进的计算机网络及通信等技术，结合网络监控的远程监控功能，可使家长通过任何一台使用授权密码监控自己孩子的生活学习情况，这样既可以保证所有监控点都能被实时监控，同时解决了访问权限的问题。摄像头典型监看目标：孩子休息的场所，可以了解您的孩子的休息状况；孩子的学习场所，可以了解孩子的学习情况；餐厅：孩子吃饭的地方，可以了解您的孩子的饮食状况；活动室：孩子玩耍、活动的场所，可以了解孩子日常情况；园门口：查看孩子的父母是否已来接送子女。
2. 门禁系统采用人脸识别技术，推出人脸识别幼儿接送机，解决接送孩子的身份确认问题。每一位幼儿在入学注册时都必需进行登记接送者、接送者面像。使用过程中，每次入园时和放学时，接送家长需要进行人脸识别，如果识别失败拍照后即报警通知管理员，如果认证成功即拍照放行。每一次接送都有详细的时间、接送家长的拍照可供查询。系统供应短信提示的扩展功能， 幼儿每一次被接走时，系统都会发短信到家长手机中。

智能化系统

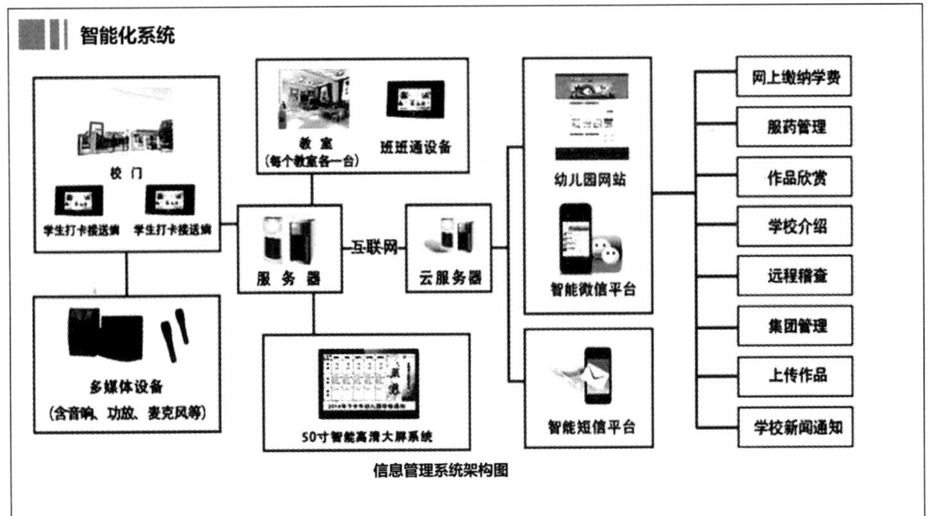

信息管理系统架构图

智能化系统

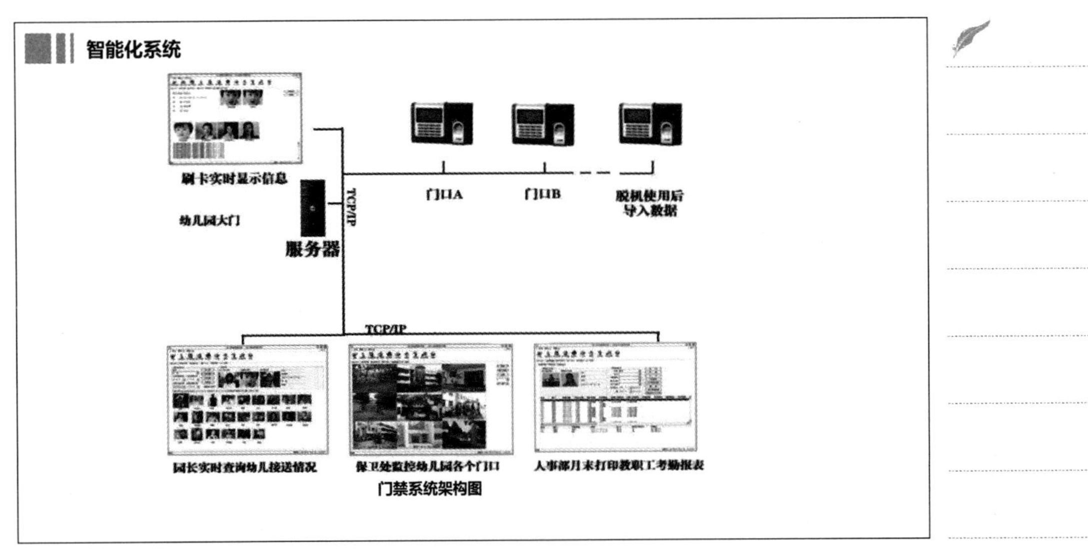

门禁系统架构图

8.4　小学电气设计实例

本工程是一所小学，地上5层，建筑面积为58 760 m^2，地上4层（最高），地下1层，建筑高度21 m，抗震设防烈度为8度，本工程为II类，设计使用年限50年，建筑耐火等级：地上二级，地下一级。工程性质为教学及配套项目，包括图书馆、体验中心、专用教室（科学教室、劳技教室、计算机教室、音乐舞蹈美术教室、语言教室）及教师办公室等。

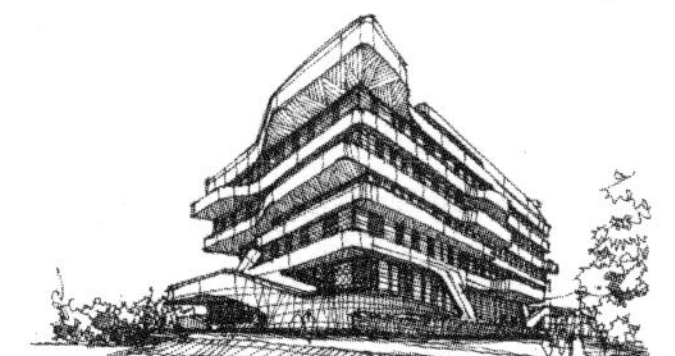

负荷及供电

一、负荷统计

1. 二级负荷设备容量为480 kW。
2. 三级负荷设备容量为1 200 kW。

二、电源

由市政外网引来两路双路高压电源。高压系统电压等级为10 kV。高压采用单母线分段运行方式，中间设联络开关，平时两路电源同时分列运行，互为备用，当一路电源故障时，通过手动操作联络开关，另一路电源负担全部负荷。

三、变、配电站

在地下一层设置变电所一处。变电所内设两台800 kV·A干式变压器。变压器低压侧0.4 kV采用单母线分段接线方式，低压母线分段开关采用手动投切方式时，低压母联断路器应采用设有自投自复、自投手复、自投停用三种状态的位置选择开关，自投时应设有一定的延时，当变压器低压侧总开关因过负荷或短路故障而分闸时，母联断路器不得自动合闸；电源主断路器与母联断路器之间应有电气联锁。

电力、照明系统

1. 配电系统的接地型式采用TN-S系统。大型用电负荷等设备采用放射式供电；风机、空调机、污水泵等小型设备采用树干式供电。
2. 为保证重要负荷的供电，采用双回路专用电缆供电，在最末一级配电箱处设双电源自投，自投方式采用双电源自投自复。
3. 各幢建筑的电源引入处应设电源总切断装置和可靠的接地装置，各楼层应分别设电源切断装置。
4. 配电系统支路的划分应符合以下原则：
   (1)教学用房和非教学用房的照明线路分设不同支路；
   (2)门厅、走道、楼梯照明线路设单独支路；
   (3)教室内电源插座与照明用电分设不同支路；
   (4)空调用电设专用线路。
5. 本工程建筑能效监管主机设置于各个建筑物业管理室。系统可对冷热源系统、供暖通风和空气调节、给水排水、供配电、照明、电梯等建筑设备进行能耗监测。

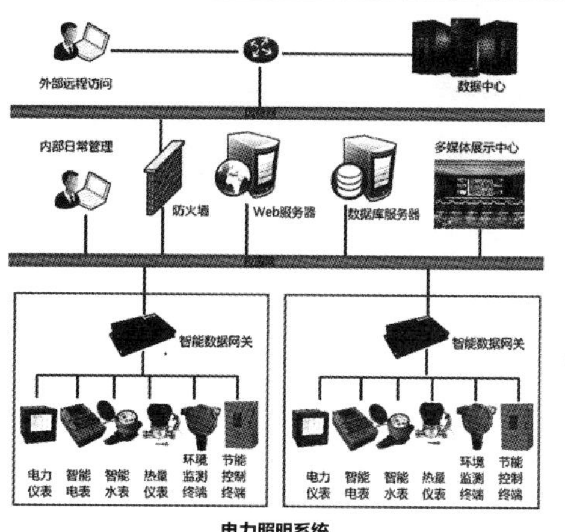

电力照明系统

防灾系统

一、防雷与接地系统

1. 本建筑物按三类防雷建筑物设防，为防直击雷在屋顶设接闪带，其网格不大于20 m×20 m，所有凸出屋面的金属体和构筑物应与接闪带电气连接。
2. 为预防雷电电磁脉冲引起的过电流和过电压，对雷电过电压敏感部位装设电涌保护器及由室外引入或由室内引至室外的电力线路、信号线路、控制线路、信息线路等在其入口处的配电箱、控制箱、前端箱等的引入处应装设SPD。
3. 本工程采用共用接地装置，以建筑物、构筑物的金属体、构造钢筋和基础钢筋作为接地体。
4. AC 220/380 V低压系统接地型式采用TN-S，PE线与N线严格分开。
5. 建筑物做总等电位连接,在变配电所内安装主等电位连接端子箱，将所有进出建筑物的金属管道、金属构件、接地干线等与总等电位端子箱有效连接。
6. 在所有变电所，弱电机房，电梯机房，强、弱电小间，浴室等处做辅助等电位连接。

二、抗震设计

1. 高低压配电柜、变压器、配电箱、控制箱设备安装等均应满足抗震设防规定。
2. 建筑物屋顶上的共用天线设置防止因地震导致设备损坏后部件坠落伤人的安全防护措施。
3. 应急广播系统预置地震广播模式。
4. 安装在吊顶上的灯具，考虑地震时吊顶与楼板的相对位移。
5. 设置机电管线抗震支撑系统。

三、电气消防系统

1. 火灾自动报警系统。
2. 消防联动控制系统。
3. 消防直通对讲电话系统。
4. 电梯监视控制系统。
5. 电气火灾报警系统。
6. 消防设备电源监控系统。
7. 防火门监控系统。

照明设计

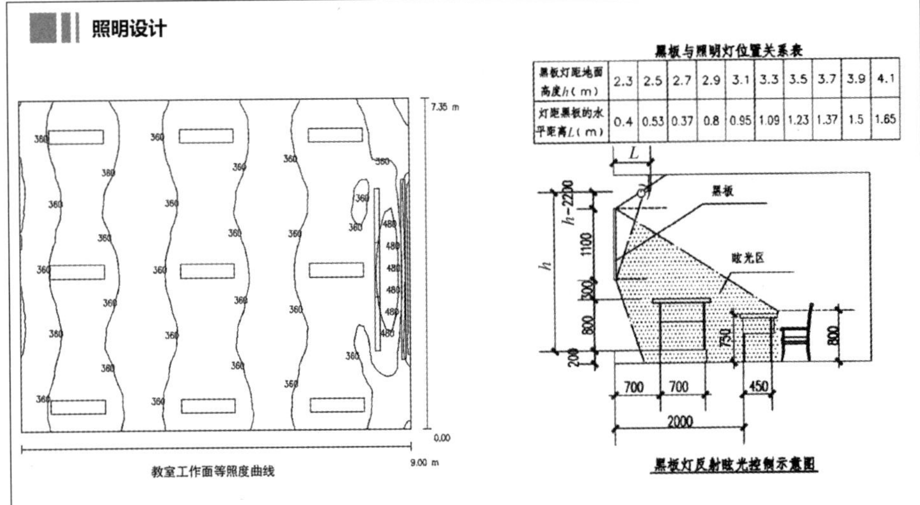

黑板与照明灯位置关系表

黑板灯距地面高度h（m）	2.3	2.5	2.7	2.9	3.1	3.3	3.5	3.7	3.9	4.1
灯距黑板的水平距离L（m）	0.4	0.53	0.37	0.8	0.95	1.09	1.23	1.37	1.5	1.65

教室工作面等照度曲线

黑板灯反射眩光控制示意图

照明设计

1. 光源：教室应采用高效率灯具，教室照明光源采用显色指数R_a大于80的细管径（≤26 mm）稀土三基色荧光灯。识别颜色有较高要求的教室，采用显色指数R_a大于90的高显色性光源；教室灯具选用无眩光的灯具。教学用房照度均匀度不应低于0.7，应避免黑板反射眩光，并宜采用非对称型照明曲线灯具。教室照明灯具的排列平行于学生视线，灯管排列应采用长轴垂直于黑板的方向布置。靠近侧窗的灯具可采用非对称配光灯具，灯具距桌面的最低悬挂高度不应低于1.7 m。黑板灯采用非对称型照明曲线灯具。

照明设计

2. 教学及教学辅助用房电源：

(1)各教室的前后墙应各设置一组电源插座；每组电源插座均为220 V二孔、三孔安全型插座。电源插座回路均应设置剩余电流动作保护器（动作电流≤30 mA，动作时间0.1 s），安装高度为1.8 m。

(2)多媒体教室设置多媒体教学设备电源接线条件。

(3)教学楼内饮水器处设置专用供电电源。

3. 食堂（含厨房及配餐空间）设电源插座及紫外线杀菌灯。

4. 照明控制：

(1)教学用房照明线路支路，控制范围不超过3个教室。

(2) 门厅、走道、楼梯照明线路采用集中控制。

(3)教学用房中，照明灯具宜分组控制。

智能化系统

一、教学及紧急广播系统

1. 教学区广播包括教学广播、消防紧急广播和园区背景音乐广播等。系统由节目源、前置放大器、音频分配器、控制主机（单元）、功率放大器、扬声器组成。本工程应急广播与教学广播共用一套音响装置。本工程在一层设置广播室(与消防控制室共室)。
2. 广播区域划分按建筑功能分区划分。话筒音源，可对每个区域单独编程或全部播出。
3. 系统应具备隔离功能，某一回路扬声器发生短路，应自动从主机上断开，以保证功放及控制设备的安全。
4. 系统主机应为标准的模块化配置，并提供标准接口及相关软件通信协议，以便系统集成。
5. 系统采用100 V定压输出方式。要求从功放设备的输出端至线路上最远的用户扬声器的线路衰耗不大于1 dB (1 000 Hz)。
6. 公共广播系统的平均声压级宜比背景噪声高出12~15 dB，满足应备声压级，但最高声压级不宜超过90 dB。
7. 应急广播优先于其他广播。
8. 环境噪声大于60 dB的场所，紧急广播扬声器在播放范围内最远点的播放声压级应高于背景噪声15 dB。
9. 广播扩音设备的电源侧，应设电源切断装置。有就地音量开关控制的扬声器，紧急广播时消防信号自动强制接通，音量开关附切换装置。
10. 在消防控制室内手动或按预设控制逻辑联动控制选择广播分区、启动或停止消防紧急广播系统，同时切断教学广播。火灾确认后，同时向全楼进行广播。
11. 公共广播的每一分区均设有调音控制板（设在消防控制室），可根据需要调节音量或切除，消防紧急广播时消防信号自动强制接通。

智能化系统

二、多媒体教学系统及远程互动视频

1. 多媒体教学系统是由硬件和软件两部分组成。其核心是一台多媒体教学控制主机，其外围主要是视听等多种媒体设备。多媒体系统的硬件是计算机主机及可以接收和播放多媒体信息的各种输入/输出设备，其软件是多媒体操作系统及各种多媒体工具软件和应用软件。
2. 主机是多媒体计算机的核心，用的最多的还是微机。目前主机主板上可能集成有多媒体专用芯片。
3. 视频部分负责多媒体计算机图像和视频信息的数字化摄取和回放。其信号源可以是摄象头、录放像机、影碟机等。电视卡（盒）：完成普通电视信号的接收、解调、A/D转换及与主机之间的通信，从而可在计算机上观看电视节目，同时还可以以MPEG压缩格式录制电视节目。
4. 音频部分主要完成音频信号的A/D和D/A转换及数字音频的压缩、解压缩及播放等功能。主要包括声卡、外接音箱、话筒、耳麦、MIDI设备等。
5. 视频/音频输入设备包括摄像机、录像机、影碟机、话筒、录音机、激光唱盘和MIDI合成器等；视频/音频输出设备包括显示器、电视机、投影电视、扬声器、立体声耳机等；人机交互设备包括键盘、鼠标、触摸屏和光笔等；数据存储设备包括CD-ROM、磁盘、打印机、可擦写光盘等。
6. 软件系统：多媒体软件系统按功能可分为系统软件和应用软件。多媒体系统软件主要包括多媒体操作系统、媒体素材制作软件及多媒体函数库、多媒体创作工具与开发环境、多媒体外部设备驱动软件和驱动器接口程序等。应用软件是在多媒体创作平台上设计开发的面向应用领域的软件系统。

智能化系统

三、视频监控系统

1. 学校大门口人流复杂，而且学校大门临街建设，很容易出现交通事故。在学校门口的内部及外部区域安装智能网络高速球，对出入口附近30 m范围内的人员、车辆活动情况进行监控，当出现纠纷以及事故，可远程控制球机对局部区域进行重点监控，事后通过视频录像进行取证；同时在门卫室附近安装网络半球摄像机，对人员出入及登记情况进行监控。
2. 行政楼、教学楼出入口及主要通道走廊也是监控的重点区域，对于多出入口的情况，需要在每个出入口安装网络红外一体摄像机，监控出入人员情况。
3. 在学校围墙、车棚设立监控点，根据距离及面积安装网络红外一体摄像机，进行实时及录像监控，保证夜晚监控效果，保障公共及个人财产安全。
4. 在校园操场区域，经常开展体育运动，人员活动也较多，采用智能网络高速球对操场全景进行监控，当出现纠纷以及事故，可远程控制球机对局部区域进行重点监控，事后通过视频录像进行取证调查。
5. 在教室内采用广角的网络半球摄像机，可覆盖教室内所有座位。平时可以监控课堂日常教学情况，在作为考点监控的时候，可通过网络接入专用的考试网上巡查系统，对教室的监控设备权限进行隔离，满足国家以及地方关于考场监控的要求。同时，还可以通过网络进行远程公开课指导，远程教育。
6. 视频监控传输系统。网络视频监控传输系统是基于IP网络设计，主要数据传输介质是以太网双绞线，该系统能很好地集成到现有的校园局域网络中。对距离超远的监控点，配套使用光纤网络摄像机，可减少因采用其他系统而使用光端机设备的成本，并可减少中间设备（如光电转换器或光端机）产生的故障点。

智能化系统

四、门禁系统

1. 学校的大门通道管理，学生上学时必须经过刷卡身份确认后才能进入校园，无身份授权的人员不能进入学校，来访人员配带临时卡才能进入学校，保证闲杂人员无法进入学校，门外人员刷卡时，保安人员可以在控制中心通过管理软件实时监控门外情景，提高校园的安全性。
2. 校内人数快速查询，必要时可快速查询学校的师生人员情况，并可以打印出相关人员名单，如果遇到紧急事故，便于制订营救计划。
3. 校长、财务和老师办公室进出管理，本区域建议采用面部识别系统，提高安全级别。
4. 电教室的电教设备的管理，有权限的卡才能接通电教设备的电源进行使用，老师需要使用设备时必须先刷卡给设备通电，使用完毕老师再刷卡给设备断电，其他没有权限的人无法通过刷卡对设备进行使用。可查询所有老师对设备的使用记录。
5. 学校的宿舍单元门管理，对于学生进出宿舍楼进行实时的信息管理和记录，本住宿楼的学生可实行指定时间段的开门限制；非本住宿楼的学生禁止进入或指定时间门常闭，保障住宿环境。

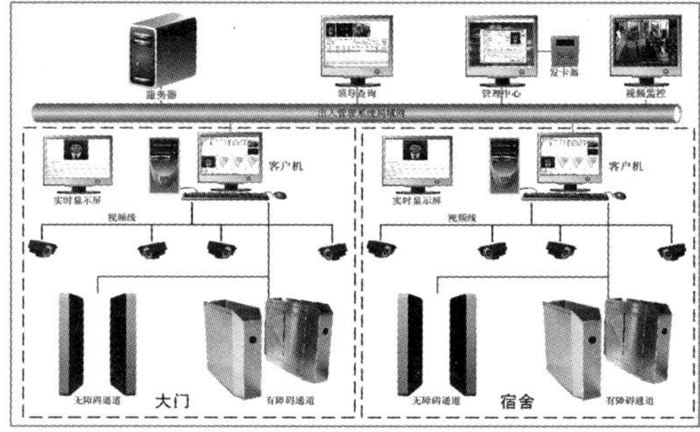

通道管理系统

小结

教育建筑供配电系统要根据建筑规模和等级、管理模式和业务需求进行配置，既要满足近期使用要求，又要兼顾未来发展的需要，要根据学员特点和不同场所的要求，满足学校正常教育教学活动对电能的需要和用电安全，为教学、科研、办公和学习创造良好光环境。教育建筑智能化系统也要根据建筑规模和等级、管理模式和教学业务需求进行配置，需统筹系统的性质、管理部门等诸多因素，适应教学、科研、管理以及学生生活等信息化应用的发展，为学校管理和教育教学、科研、办公及师生提供有效、可靠的接收、交换、传输、存储、检索和显示处理等各类信息资源的服务。

The End

第九章

旅馆建筑电气关键技术设计实践

Design practice of key technology of hotel building electrical engineering

旅馆建筑是指为旅客提供住宿、饮食服务和娱乐活动的公共建筑。一般包括客房、餐厅、多功能厅、宴会厅、游泳池、健身房、洗衣房、厨房、酒吧间、会议室、大堂、总服务台等场所。旅馆建筑电气设计，应根据旅馆建筑等级、规模特点，以方便客人、保持舒适氛围、管理方便为原则，合理配置变配电系统、智能化照明系统、防雷接地系统、火灾报警系统等，最大限度地满足旅客用电和信息化需求，同时应满足管理人员的需求，对突发事故、自然灾害、恐怖袭击等应有预案，对大堂、客房、餐厅等场所创造安全、舒适的建筑环境。

9.1　强电设计

旅馆又被称为宾馆、酒店、旅社、度假村、俱乐部等。旅馆的建筑等级虽与旅游饭店星级在硬件设施上有部分关联，但他们之间并没有直接对应关系，因为旅游饭店星级是通过旅馆的硬件设施和软件服务得分综合评定的。旅馆建筑由高至低划分为一、二、三、四、五、六级建筑等级。旅馆强电设计要根据建筑等级、使用功能、建筑标准、设备设施的要求，进行负荷分级，并配置适宜变配电系统。为避免市电因故障停电而造成旅馆无法继续营业，四、五级旅馆应设自备电源，并在旅馆建筑的前台计算机配备UPS 电源供电。

旅馆分级及负荷等级

一、旅馆分级

旅馆建筑等级分为一级、二级、三级、四级、五级、六级。国家旅游涉外饭店星级标准分为五星、四星、三星、二星、一星。

二、负荷等级

旅馆负荷等级

用电负荷名称	旅馆等级		
	一、二星级	三星级	四、五星级
经营及设备管理用计算机系统用电	二级负荷	一级负荷	一级负荷中特别重要负荷
宴会厅、餐厅、厨房、门厅、高级套房及主要通道等场所的照明用电，信息网络系统、通信系统、广播系统、有线电视及卫星电视接收系统、信息引导及发布系统、时钟系统及公共安全系统用电，乘客电梯、排污泵、生活水泵用电	三级负荷	二级负荷	一级负荷
客房、空调、厨房、洗衣房动力	三级负荷	三级负荷	二级负荷
除上栏所述之外的其他用电设备	三级负荷	三级负荷	三级负荷

注：1.国宾馆主会场、接见厅、宴会厅照明、电声、录像、计算机系统用电等属于一级负荷中的特别重要负荷。国宾馆客梯、总值班室、会议室、主要办公室、档案室等用电属于一级负荷。

2.四级旅馆建筑宜设自备电源，五级旅馆建筑应设自备电源，其容量应能满足实际运行负荷的需求。

3.三级旅馆建筑的前台计算机、收银机的供电电源宜设备用电源；四级及以上旅馆建筑的前台计算机、收银机的供电电源应设备用电源，并应设置不间断电源（UPS）。

市政电源、应急电源与自备电源设计

1. 五星级酒店一般要求提供两路独立的市政高压电源，当其中一路电源中断供电时，另外一路能够承担酒店100%的负荷用电。变压器单位装机容量在80~120 V · A/m²，负载率在70% ~75%。一般照明插座负荷约占30%，空调负荷约占40 % ~50% 电力负荷约占20%~30% 。
2. 如果市政条件不具备两路独立的高压市政电源，则需要考虑发电机电源作为一、二级负荷的第二路电源，柴油发电机容量一般可以按照计算负荷70% ~ 75%的用电容量进行选型。柴油发电机组的供电时间，一般为48 h，需要考虑设置室外储油罐，或预留室外加油口。
3. 旅馆建筑设置的自备发电机组。在消防状态时，应能通过分断消防与非消防配电母线段开关，将非消防负荷自动退出运行。柴油发动机宜采用风冷方式，单台容量不宜大于1 600 kW，柴油发电机组的负载率不应超过80%。
4. 在《旅馆建筑设计规范》JGJ 62—2014中规定，四级旅馆建筑宜设自备电源，五级旅馆建筑应设自备电源，其容量应能满足实际运行负荷的要求。
5. 应急电源与自备电源的选择和转换时间按国家标准和酒店管理公司要求，有些酒店品牌要求10s内完成启动。
6. 选择应急柴油发电机组兼作自备电源系统时，除应满足对消防负荷供电要求外，尚可考虑将非消防时不可中断供电负荷接入系统，其发电机容量应按照满足消防用电设备及应急照明的用电负荷和酒店管理公司提出的酒店运行不允许中断供电的用电负荷中较大者设置。
7. 装设于酒店建筑内的发电机应配套日用油箱，总储油量不应超过8 h的用油量且不应超过1 m³。当燃油来源及运输不便或酒店管理公司有特殊要求时，宜在建筑主体外设置40 ~ 64 h耗用量的储油装置。

自备电源柴油发电机组与燃气发电机（液化石油气或天然气）性能对比

柴油发电机组与液化石油气或天然气发电机组性能对比表

内容	柴油发电机	燃气发电机（液化石油气或天然气）
噪声振动	噪声大、振动强；产生的低频噪声，穿透力强（75~90 dB）	静音减振好；可应用于居民区（噪声最低可达45 dB,振动可达55 dB）
单次最大运行时间	0号柴油（丙类液体）：发电时间受日用油箱及室外储油罐容积影响（室外地下储油罐最大为15 m³，建筑物内油箱最大仅为1 m³）。适宜用作民用建筑备用发电	液化石油气：发电时间受瓶组容积限制（建筑物内气瓶最大容积仅为1 m³，室外单罐最大20 m³，总储量不大于50 m³时，距建筑物距离不小于40 m，并需用高度不低于1m的不燃性围墙遮挡），对场地要求较高。适宜用作民用建筑备用发电。 天然气：使用供应充足的市政天然气，运行时间不受限制。可用于建筑的主供发电
燃料供应点和方式	固定存储和临时注油	液化石油气气瓶：固定存储和临时运输更换。 天然气：通过已有天然气管道输送即可
燃料更换方式	停机且冷却后才能加注燃料；速度慢，易泄露，危险性大	液化石油气：可不停机更换单瓶气瓶。 天然气管道无须更换，速度快，无泄漏，安全性高
安全性	进口机组性能稳定，价格高，国产合资机组价格低。室内连接1 m³油箱，油封易老化应定期维保	燃料和机组可完全分离。 管道接口少且固定，容易检测，设置多个燃气泄露传感器检测，可靠且易于维护，不会形成油膜。 液化石油气气瓶或气罐：采用封闭式燃油供应，保障燃气无泄漏。 天然气管道：由专业人员定期检查维护，不易泄露

自备电源柴油发电机组与燃气发电机（液化石油气或天然气）性能对比

柴油发电机组与液化石油或天然气发电机组性能对比表（续）

内容	柴油发电机	燃气发电机（液化石油气或天然气）
机组选择	仅需根据负载要求及当地使用环境选择	需根据当地资源状况选择合适的燃料气源，对燃料气源进行成分分析并计算燃气低热值，测定燃气的相关物理状态参数及环境状态参数，如供气成分、流量、压力、温度、相对湿度、杂质含量(包括液体含量、固体颗粒含量及直径，硫、苯、酚、焦油等含量)、环境年平均温度、最高温度、最低温度、海拔高度等。由于燃气机组对燃料成分要求严格。选型时间过长，需专业的人员进行检测。根据燃气热值及气量，估算机组功率
结构	发动机，发电机，控制系统，供油系统	发动机、发电机、控制器、稳压过滤装置、气液分离装置、化油器装置
启动时间	快速启动的机组可达10 s	燃气内燃机可达3~6 s
机房面积及荷载	机组占地面积较大，重量较重	机组占地面积较小，重量较轻
维护	燃油易渗漏污染润滑油，且对橡胶部件老化严重，火花塞易积碳，需人工维护	燃气本身就是气体，燃气前无须汽化，不会附着在燃烧室与火花塞上，无积碳，更不会污染润滑油，减少了日常维护，保养费用
寿命	燃油会污染润滑油、老化机组部件	燃气燃料干净，杂质少，动力均匀，温和，机件寿命较长
清洁环保	尾气中含大量的CO、硫化物和氮氧化合物，污染环境和基础设备	尾气不会在设备和机房内形成油污积累，是公认的绿色能源。有害气体排放远低于柴油机

自备电源柴油发电机组与燃气发电机（液化石油气或天然气）性能对比

固定柴油发电机组与燃气机组性能对比表

固定柴油机组	燃气机组
若采用市政电源为主供电源，发电机作为备用电源，建议选用低压柴油发电机组，在酒店变电室附近设置。因平时使用次数较少，采用柴油发电机的初投资较少，运维费用低	若当地无法提供市政电源，采用发电机作为本地块的主供电源，建议选用高压天然气发电机组，机组容量除满足整个建筑物总用电量外，还需设置至少一台应急柴油发电机组作为应急电源

注：燃气发电机（液化石油气或天然气）不能用作消防应急电源。

低压配电设计

1. 应将照明、电力、消防及其他防灾用电负荷分别形成系统。
2. 应急照明及疏散指示系统设置集中EPS电源。
3. 消防控制室、安防控制室、经营及设备管理用计算机系统设置UPS电源。
4. 对于容量较大的用电负荷或重要用电负荷，宜从配电室以放射式配电。
5. 三级旅馆建筑客房内宜设分配电箱或专用照明支路；四级及以上旅馆建筑客房内应设置分配电箱。
6. 总统套房及残疾人客房为保障负荷需要柴发机组提供备用电源。
7. 应根据实际情况在旅馆可能开展大型活动的场所适当位置预留足够的临时性用电条件。
8. 客房区单独设置配电干线及总配电箱，公共区域单独设置配电干线及公区配电箱。
9. 大堂区域单独设置配电箱，设置在前台后区。
10. 高层酒店标准客房采用双密集型母线错层树干式供电，并在非供电层预留插接口。
11. 高星级酒店应放射式配电到各个客房配电箱。

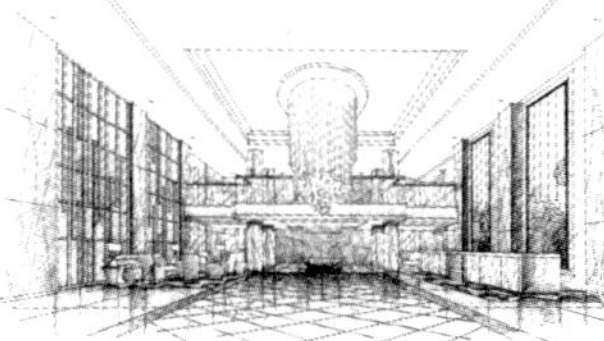

低压配电设计

12. 客房部分的总配电箱不得安装在走道、电梯厅和客人易到达的场所。
13. 当客房内的配电箱安装在衣橱内时，应做好安全防护处理。
14. 在有大量调光设备和存在大量电子开关设备的配电系统中，应考虑谐波的影响，并采取相应的措施。
15. 客房内“请勿打扰”灯、不间断电源供电插座、客用保险箱、迷你冰箱、床头闹钟不受节能钥匙卡控制。
16. 单独设置的不由插卡取电控制的不间断供电的插座，应有明显标识。
17. 客房设置联网型空调控制系统。客房内宜设有在客人离开房间后使风机盘管处于低速运行的节能措施。
18. 在残疾人客房及残疾人卫生间内应设有紧急求助按钮，呼救的声光信号应能在有人值守或经常有人活动的区域显示。
19. 三级旅馆建筑的客房宜设置节电开关；四级及以上旅馆建筑的客房应设置节电开关。
20. 客房应设置节电开关，客房内的冰箱、充电器、传真等用电不应受节电开关控制。
21. 客房床头宜设置总控开关。

电能计量

1. 根据用途、业态、运行管理及相关专业要求设置电能计量。
2. 项目通常采用高压计量，双路高压电源分别设计量柜，与项目所在地供电局明确变电室低压是否设置电力子表。
3. 变电室各低压出线回路配置智能电力仪表，用以监测各用电回路的用电参数（如客房层、宴会厅/宴会前厅、会议区、多功能厅、游泳池循环系统、电梯/自动扶梯、锅炉房、空调换热机组、洗衣房、制冷机房、生活冷热水系统、室外景观、泛光照明等在低压配电柜设计量表）。
4. 商务中心、餐厅、酒吧、厨房、精品店、水疗中心、健身房、游泳池、大堂、大堂吧、咖啡厅等区域在区域配电箱处设计量表；便于独立分包经营电费核算。
5. 所有计量表具预留远传接口。上传至能源管理系统并实时采集能耗数据，进行能耗监测，利于分析建筑物各项能耗水平和能耗结构是否合理，为日后节能管理和决策提供依据。
6. 对长租客房设计分户计量。

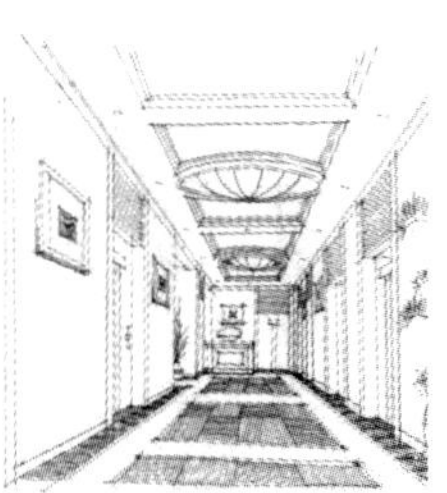

旅馆建筑照明标准

旅馆建筑照度一览表

房间或场所		参考平面及其高度	照度标准值 (lx)	统一眩光值UGR	照度均匀度U_0	一般显色指数R_a
客房	一般活动区	0.75 m水平面	75	—	—	80
	床头	0.75 m水平面	150	—	—	80
	写字台	台面	300*	—	—	80
	卫生间	0.75 m水平面	150	—	—	80
中餐厅		0.75 m水平面	200	22	0.60	80
西餐厅		0.75 m水平面	150	—	0.60	80
酒吧间、咖啡厅		0.75 m水平面	75	—	0.40	80
多功能厅、宴会厅		0.75 m水平面	300	22	0.60	80
会议室		0.75 m水平面	300	19	0.60	80
大堂		地面	200	—	0.40	80
总服务台		台面	300*	—	—	80
休息厅		地面	200	22	0.40	80
客房层走廊		地面	50	—	0.40	80
厨房		台面	500*	—	0.70	80
游泳池		水面	200	22	0.60	80
健身房		0.75 m水平面	200	22	0.60	80
洗衣房		0.75 m水平面	200	—	0.60	80

注："*"指混合照明照度。

照明设计

1. 大堂照明应提高垂直照度，采用不同配光形式的灯具组合形成具有较高环境亮度的整体照明，并宜随室内照度的变化而调节灯光或采用分路控制方式，以适应室内照度受天然光线影响的变化。门厅休息区照明应满足客人阅读报刊所需要的照度。
2. 大宴会厅照明宜采用调光方式，同时宜设置小型演出用的可自由升降的灯光吊杆，灯光控制宜在厅内和灯光控制室两地操作。应根据彩色电视转播的要求预留电容量。
3. 设有红外无线同声传译系统的多功能厅的照明采用热辐射光源时，其照度不宜大于500 lx。
4. 客房照明应防止不舒适眩光和光幕反射，设置在写字台上的灯具应具备合适的遮光角，其亮度不应大于510 cd/m²；客房床头照明宜采用调光方式。根据实际情况确定是否要设置客房夜灯，夜灯一般设在床头柜或入口通道的侧墙上，夜灯表面亮度一定要低。
5. 三级及以上旅馆建筑客房照明宜根据功能采用局部照明，走道、门厅、餐厅、宴会厅、电梯厅等公共场所应设供清扫设备使用的插座；客房穿衣镜和卫生间内化妆镜的照明灯具应安装在视野立体角60°以外，灯具亮度不宜大于2 100 cd/m²。卫生间照明、排风机的控制宜设在卫生间门外。客房壁柜内设置的照明灯具应带有不燃材料的防护罩。
6. 餐厅的照明首先要配合餐饮种类和建筑装修风格，形成相得益彰的效果。其次，应充分考虑显示食物的颜色和质感，中餐厅(200 lx)照度高于西餐厅(100 lx)。中餐厅宜布置均匀的顶光小餐厅或有固定隔断的就餐区域按餐桌的位置布置照明灯具。西餐厅一般不注重照明的均匀度，灯具布置应突出体现其独特的韵味。

照明设计

7. 在对照明有较高要求的场所，包括但不限于宴会厅、餐厅、大堂、客房、夜景照明等，宜设置智能照明控制系统。宜在大堂、餐厅、宴会厅等处设置不同的照明场景。饭店的公共大厅、门厅、休息厅、大楼梯厅、公共走道、客房层走道以及室外庭园等场所的照明，宜在总服务台或相应层服务台处进行集中控制，客房层走道照明亦可就地控制。
8. 四级以上旅馆应在客房内设置独立于客房配电系统的能在消防状态下强制点亮的应急照明，电源取自应急供电回路。
9. 设置有智能照明控制系统的应急照明配电系统应具有在消防状态下，消防信号优先控制应急照明强制点亮的功能。
10. 工程部办公室、收银台、重要的非消防设备机房等当正常供电中断时仍需工作的场所宜考虑设置不低于正常照度50%的备用照明。
11. 智能照明控制系统应具有开放的通信协议，可作为建筑设备管理系统的一个子系统。
12. 对于建筑疏散通道比较复杂的旅馆宜设置集中控制型疏散指示系统。
13. 带有洗浴功能的卫生间或者浴室、游泳池、喷水池、戏水池、喷泉等均应设置辅助等电位保护措施。
14. 安装于水下的照明灯具及其他用电设备应采用安全电压供电并有防止人身触电的措施。
15. 安装质量较大的吊灯的位置应在结构板内预留吊钩，安装于高大空间的灯具应考虑更换、维护条件。

照明设计

照明系统设计要求表

房间或场所	控制方式	与其他系统接口	备注
应急照明及疏散指示	应急照明及疏散指示系统主机集中控制	与消防联动有通信接口	
地下车库的一般照明、客房走道、后勤走道、电梯厅、景观照明、泛光照明、酒店LOGO等	智能照明控制系统控制	具备纳入智能化系统集成平台的通信接口预留BA接口	非面客区墙面设智能照明控制器
酒店大堂、大堂吧、酒吧、宴会厅、餐厅等	智能照明调光控制系统		
小型会议室、卫生间、服务用房、后勤办公室、厨房、机电设备机房	现场墙面开关手动控制	—	—
客房	就地智能面板控制及RCU控制	—	—
楼梯间	采用红外感应控制	—	—

9.2 智能化系统设计

旅馆的建筑要根据等级、使用功能和建筑标准配置适宜智能化系统。通常包括背景音乐兼紧急广播系统、消防报警系统、视频监控系统、巡更系统、停车场管理系统、VOD多媒体信息服务网络系统、酒店一卡通系统、门禁系统、建筑设备管理系统、酒店客房管理系统、酒店商务计算机综合管理系统、酒店经营及办公自动化系统、结构化布线系统、通信系统、卫星、有线及闭路电视系统、多媒体商务会议系统等，要满足不同人群包括行动不便人员的使用要求，确保客人安全。

旅馆建筑化信息应用系统配置（表一）

智能化系统			其他服务等级旅馆	三星及四星服务等级旅馆	五星及以上服务等级旅馆
信息化应用系统	公共服务系统		宜配置	应配置	应配置
	智能卡应用系统		应配置	应配置	应配置
	物业管理系统		宜配置	应配置	应配置
	信息设施运行管理系统		可配置	宜配置	应配置
	信息安全管理系统		宜配置	应配置	应配置
	通用业务系统	基本业务办公系统	按国家现行有关标准进行配置		
	专业业务系统	星级酒店经营管理系统			
智能化集成系统		智能化信息集成(平台)系统	宜配置	应配置	应配置
		集成信息应用系统	宜配置	应配置	应配置

注：信息化应用系统的配置应满足旅馆建筑业务运行和物业管理的信息化应用需求。旅馆经营业务信息网络系统宜独立设置。客房内应配置互联网的信息端口，并宜提供无线接入。公共区域、会议室、餐饮和供宾客休闲的场所等应提供无线接入。旅馆的公共区域、各楼层电梯厅等场所宜配置信息发布显示终端。旅馆的大厅、公共场所宜配置信息查询导引显示终端，并应满足无障碍的要求。智能卡应用系统应与旅馆信息管理系统联网。

旅馆建筑信息化设施及建筑管理系统配置表（二）

智能化系统		其他服务等级旅馆	三星及四星服务等级旅馆	五星及以上服务等级旅馆
信息化设施系统	信息接入系统	应配置	应配置	应配置
	布线系统	应配置	应配置	应配置
	移动通信室内信号覆盖系统	应配置	应配置	应配置
	用户电话交换系统	应配置	应配置	应配置
	无线对讲系统	宜配置	应配置	应配置
	信息网络系统	应配置	应配置	应配置
	有线电视系统	应配置	应配置	应配置
	公共广播系统	应配置	应配置	应配置
	会议系统	可配置	宜配置	应配置
	信息导引及发布系统	宜配置	应配置	应配置
	时钟系统	可配置	宜配置	应配置
建筑设施管理系统	建筑设备监控系统	宜配置	应配置	应配置
	建筑能效监管系统	宜配置	应配置	应配置

注：餐厅、咖啡茶座等公共区域宜配置具有独立音源和控制装置的背景音响。会议中心、中小型会议室等场所宜根据不同使用需要配置相应的会议系统。

旅馆广播系统架构

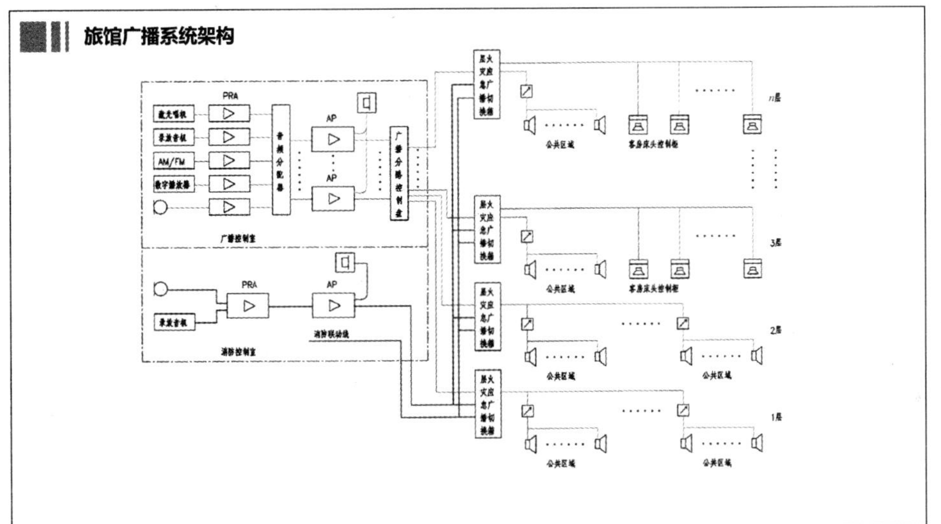

旅馆会议有线同声传译、扩声系统架构

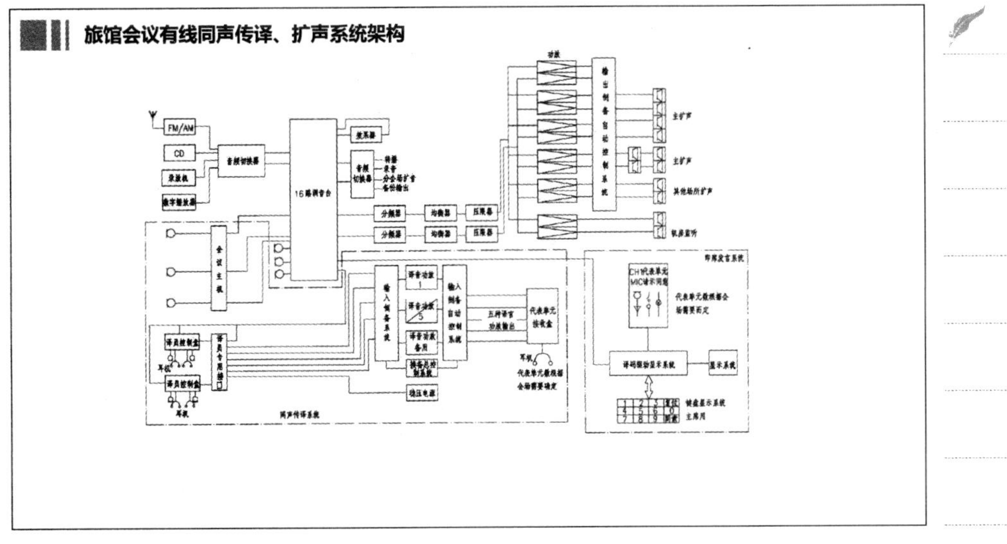

旅馆建筑公共安全系统配置表

<table>
<tr><td colspan="3">智能化系统</td><td>其他
服务等级旅馆</td><td>三星及四星
服务等级旅馆</td><td>五星及以上
服务等级旅馆</td></tr>
<tr><td rowspan="9">公共安全系统</td><td colspan="2">火灾自动报警系统</td><td colspan="3" rowspan="6">按国家现行有关标准进行配置</td></tr>
<tr><td rowspan="6">安全技术防范系统</td><td>入侵报警系统</td></tr>
<tr><td>视频安防监控系统</td></tr>
<tr><td>出入口控制系统</td></tr>
<tr><td>电子巡查系统</td></tr>
<tr><td>安全检查系统</td></tr>
<tr><td>停车库(场)管理系统</td><td>宜配置</td><td>应配置</td><td>应配置</td></tr>
<tr><td colspan="2">安全防范综合管理(平台)系统</td><td>可配置</td><td>宜配置</td><td>应配置</td></tr>
<tr><td colspan="2">应急响应系统</td><td>可配置</td><td>宜配置</td><td>应配置</td></tr>
</table>

注：1. 残疾人客房内须设置声光报警器和紧急求助按钮 。
2.厨房排烟罩灭火系统，需与自动报警系统、燃气泄漏探测系统及燃气截止阀作联动。
3.电话总机房内须设置火灾报警复显和消防电话 。
4.消防广播系统与背景音乐系统分开，独立设置一套系统，避免系统合用带来的接线复杂、系统切换故障率较高等问题。
5.疏散楼梯间每间隔一层设置消防广播扬声器，疏散楼梯间的广播回路不得与其他区域共用回路。
6.严禁通过消防主机设置消防广播选择按钮。

火灾探测器设置表

探测器种类	主要功能房间
感温探测器	热力机房、洗衣房、泳池、水泵房、柴发机房
烟-温组合探测器	采用气体灭火的区域，如变配电室、弱电机房
配独立蜂鸣器的感烟探测器	客房、套间
感烟、一氧化碳浓度探测器	汽车库
感温、一氧化碳浓度-可燃气体组合探测器	燃气锅炉房、厨房
感烟-可燃气体组合探测器	燃气表间
感烟探测器	除上述房间以外的其他所有场所（除有洗浴设施的卫生间）

消防联动简表

报警信号	反馈至消防控制中心和重复显示盘	客房烟感蜂鸣器动作	启动全楼的声光报警	启动全楼的消防广播	将所有电梯迫降至首层	酒店所有门禁释放	启动本层排烟风机及本层防烟分区排烟口	启动正压送风机，启动本层正压送风压口	切断本层非消防用电	启动事故排风，切断燃气供应	启动喷淋泵	启动消火栓泵
客房内烟感	√	√	延迟3 min	延迟3 min	延迟3 min	延迟3 min	延迟3 min	延迟3 min	延迟3 min	—	—	—
其他烟温感	√	—	√	√	√	√	√	√	√	—	—	—
手动报警按钮	√	—	√	√	√	√	√	√	√	—	—	—
水流指示器	√	—	√	√	√	√	√	√	√	—	—	—
湿化学灭火系统	√	—	√	√	√	√	√	√	√	√	—	—
预作用系统	√	—	√	√	√	√	√	√	√	—	—	—
气体灭火系统	√	—	√	√	√	√	√	√	√	—	—	—
消火栓按钮	√	—	—	—	—	—	—	—	—	—	—	—
可燃气体探测器	√	—	—	—	—	—	—	—	—	√	—	—

旅馆建筑机房工程配置表

智能化系统		其他服务等级旅馆	三星及四星服务等级旅馆	五星及以上服务等级旅馆
机房工程	信息接入机房	应配置	应配置	应配置
	有线电视前端机房	应配置	应配置	应配置
	信息设施系统总配线机房	应配置	应配置	应配置
	智能化总控室	应配置	应配置	应配置
	信息网络机房	宜配置	应配置	应配置
	用户电信交换机房	应配置	应配置	应配置
	消防控制室	应配置	应配置	应配置
	应急响应中心	可配置	宜配置	应配置
	安防监控中心	应配置	应配置	应配置
	智能化设备间(弱电间)	应配置	应配置	应配置
	机房安全系统	按国家现行有关标准进行配置		
	机房综合管理系统	可配置	宜配置	应配置

旅馆智能化系统设置

1. 旅馆建筑宜设置计算机经营管理系统。四级及以上旅馆建筑宜设置客房管理系统。
2. 三级旅馆建筑宜设置公共广播系统，四级及以上旅馆建筑应设置公共广播系统。旅馆建筑应设置有线电视系统，四级及以上旅馆建筑宜设置卫星电视接收系统和自办节目或视频点播（VOD）系统。
3. 酒店管理系统包含酒店集成管理系统、酒店前台管理系统、酒店客房控制系统、酒店一卡通管理系统、工服自动更换系统、能耗采集分析系统等。
4. 四级及以上旅馆建筑应设置建筑设备监控系统。
5. 旅馆建筑的会议室、多功能厅宜设置电子会议系统，并可根据需要设置同声传译系统。
6. 三级及以上旅馆建筑宜设置自动程控交换机。
7. 每间客房应装设电话和信息网络插座，四级及以上旅馆建筑客房的卫生间应设置电话副机。
8. 旅馆建筑的门厅、餐厅、宴会厅等公共场所及各设备用房值班室应设电话分机。
9. 三级及以上旅馆建筑的大堂会客区、多功能厅、会议室等公共区域宜设置信息无线网络覆盖。
10. 当旅馆建筑室内存在移动通信信号的弱区和盲区时，应设置移动通信信号增强系统。

旅馆智能化系统设置

11. 供残疾人使用的客房和卫生间应设置紧急求助按钮。
12. 旅馆建筑宜设置计算机经营管理系统。四级及以上旅馆建筑宜设置客房管理系统。
13. 三级及以上旅馆建筑客房层走廊应设置视频安防监控摄像机，一级和二级旅馆建筑客房层走廊宜设置视频安防监控摄像机。
14. 重点部位宜设置入侵报警及出入口控制系统。
15. 地下停车场宜设置停车场管理系统。
16. 在安全疏散通道上设置的出入口控制系统应与火灾自动报警系统联动。
17. 宜在客房内设置带有蜂鸣器的消防报警探测器。
18. 残疾人客房内火灾探测器报警后应能启动房间内火灾声音灯光报警装置。

旅馆智能化系统设置

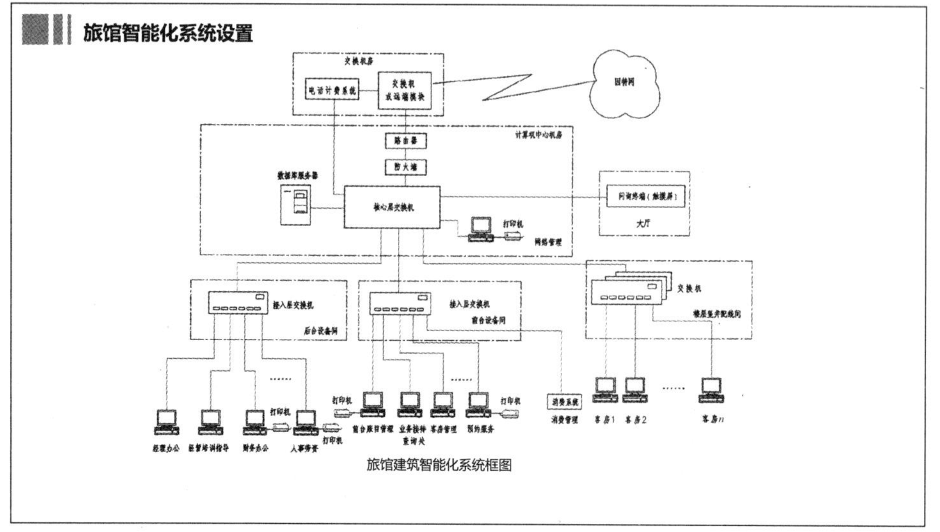

旅馆建筑智能化系统框图

基于云平台的客房控制系统表

功能及模式	应用	
应用功能	移动应用	平板电脑的应用
		微信端客房应用
		电视客房应用
		手机移动APP
	室内环境监测	
	自助入住	
	服务机器人一体化	
	智能音箱语音交互	
	场景式背景音乐	
	门铃可视化	
	体验式消费入口	

功能及模式	应用
管理功能	客房信息综合监测
	客房照明及电器智能控制
	客房空调远程智能控制
	客房服务及其他状态信息显示与报警
	媒体影音设备智能控制
	客房通信设备远程监测
	灯具及电器远程自诊断
	客房用电量统计
	客房异常报警
	其他系统接口应用
运行模式	无人模式
	已租（开房）模式
	欢迎模式
	普通模式
	睡眠模式
	已租（无人）模式
	退房模式
	特别模式

9.3 不同区域电气要求

旅馆是向客人提供服务的场所。客人在异地旅游时，需要一定的设施和服务以解决食宿等问题，旅馆是满足这些需求的场所。旅游者的吃、住、购物、娱乐等需求均可在酒店内得到满足。为确保旅馆正常营业，这些场所必须配备设备电源和通信设施。

客房电气要求

1. 客房内的配电箱安装在衣橱内时，应做好安全防护措施。
2. 每间客房的电源应由层配电箱放射式供电。
3. 应在客房内设置独立于客房配电系统的能在消防状态下强制点亮的应急照明，电源取自应急供电回路。
4. 客房壁柜内设置的照明灯具应带有不燃材料的防护罩。
5. 温控器安装位置应为墙上不受送风气流影响的位置。
6. 宜在客房内设置带有蜂鸣器的消防报警探测器。在套房内，每一个卧室或客厅里需安装连动的探测器。任何一个探测器动作时，套房内所有蜂鸣器应同时鸣响。
7. 残疾人客房内火灾探测器报警后应能启动房间内设置的声光警报装置。
8. 在残疾人客房及残疾人卫生间内应设有紧急求助按钮。
9. 客房不应在分户墙安装背对背的箱盘及插座。
10. 工作台面上需要安装一个不受节电开关控制的通用型插座，应有明显标识。
11. 五星级酒店的客房及卫生间内宜设置紧急求助按钮。
12. 浴室镜的背面宜设置电热除雾器，电热除雾器需与卫生间镜前灯实现联动。

RCU客房控制系统电气要求

13. （1）灯光控制。

1）客人前台登记后，进房间刷卡时RCU开启迎宾模式，廊灯点亮。

2）客人进房后，由客人本地控制。

3）客人离房后，延时断电。

4） 客房床头宜设置总控开关，夜灯不受总控开关控制。

（2）节电控制。

客房内“请勿打扰”灯、不间断电源供电插座、客用保险箱、迷你冰箱、床头闹钟不受节电开关控制。

（3）空调节能控制。

1） 客人进房后，由客人操作本地温控器控制。

2） 客人离开房间后使风机盘管处于节能运行状态：风速低，每小时运行15 min。

3） 旅游度假酒店：客房阳台门打开时，空调制冷停机。

4） 客房服务信息：“清理房间”“请勿打扰”。

RCU客房控制系统电气要求

RCU客房控制系统示意图

其他场所电气要求

一、大堂前厅

1. 大堂前厅内预留安检电源。
2. 大堂区内至少在前台视线内提供两个内线电话插座。
3. 大堂区需提供电视插座。
4. 高大空间灯具应设置防坠落措施。

二、大堂前台

1. 客房数在200间及以下的酒店需至少提供三个工作站。对于200间客房以上的酒店，每增加100间客房，需增加一台登记工作站。
2. 每个工作站至少应满足以下要求:
   (1) 工作台上：一个双位电源插座，一个电话插座和一个数据插座。
   (2) 工作台下：两个双位电源插座和一个双位数据插座。
   (3) 台下电源插座不得与台上插座采用同一条插座回路进行供电。每路插座回路供电不能超过三个工作站。
   (4) 前台工作站的电源应设置备用电源供电，并应设置UPS。

其他场所电气要求

三、礼宾台

1. 应为酒店管理系统提供电源和数据插座。
2. 应提供一部内线电话。

四、行李台、行李房

1. 应为酒店管理系统提供电源和数据插座。
2. 应提供一部内线电话。
3. 行李房入口附近应为行李安检装置提供专门的电源插座。

其他场所电气要求

五、宴会厅/会议厅

1. 宴会厅、会议厅单独设置总配电盘。
2. 宴会厅的灯光和音响应由各自独立的电源供电。
3. 每个宴会间隔内提供两个20 A单相插座，并采用单独回路供电。
4. 每个宴会间隔提供一个100 A三相电源。
5. 每个宴会间隔内的照明必须可以就地和远程调光控制，同时应能实现对所有间隔照明进行联合调光控制。
6. 四周墙上应每隔不超过6.0 m安装一个双位插座。
7. 高大空间灯具应设置防坠落措施。
8. 通信插座位置应按6.0 m的间距设在四周墙上。每个插座接线需容纳以下设备：
   (1) 两根六类语音线(RJ11)。
   (2) 两根六类数据线(RJ45)。
   (3) 一根两芯多模光纤(62.5/125)。
9. 每个宴会间隔内提供一个卫星电视插座。

其他场所电气要求

六、宴会厅/会议厅（前厅区）

1. 宴会厅、多功能前厅单独设置照明配电盘。
2. 每15 m的间距提供一个清洁插座。
3. 座位区提供笔记本使用的双位电源插座、电话插座和数据插座。
4. 在每个会议或宴会隔间的入口位置附近提供3个独立供电回路的双位插座用于茶歇服务设备。
5. 在前厅区的公共卫生间附近提供内线电话插座。

七、宴会厅/会议厅（会议支持区）、商务中心

1. 至少提供两个电脑工作站和一台打印机，一个笔记本工作站。
2. 对于超过300间客房的酒店，每增加300间客房应当增加一台工作站和相关设备。
3. 每个工作站台下至少提供一个四位通用插座为固定设备供电，台上提供一个四位通用插座供客人设备取电。

其他场所电气要求

八、水疗中心

1. 照明为保障性负荷。理疗室应提供间接照明的可调光灯具。灯具不应直接安装在按摩床的正上方。
2. 在干式理疗室内为按摩床提供一个插座，在湿式理疗室内为水疗床提供一个防水插座 。
3. 水疗中心需安装一个紧急按钮。在理疗室、更衣室和登记台位置提供一个紧急电话插座，拿起听筒即直接拨号至话务员室。

九、健身中心

1. 照明为保障性负荷。健身中心的灯具需集中控制，以便在营业时间内任何时候均保持常亮。
2. 每台跑步机采用一条专用回路的15 A插座进行供电。若电源电压不稳定时，所有健身设备必须采用供电时间20分钟以上UPS电源进行供电。
3. 健身中心需安装一个紧急按钮或紧急电话。紧急按钮必须安装在离地1 m以下的位置，同时应与一个24小时值班房间内的警铃进行联动。紧急电话应直线连接至话务员室。

其他场所电气要求

十、游泳池/水力按摩池

1. 照明为保障性负荷。泳池区域的灯具需集中控制，开关安装在客人无法到达的位置，以保证灯具在所有时间内保持常亮。
2. 灯具不允许安装在水面上方。
3. 水力按摩池的附近位置应安装一个带有标识的紧急设备停止开关/按钮，可关断所有喷射泵/循环水泵。
4. 泳池区域需要安装紧急求助按钮或紧急电话。室外泳池区域的电话应当放置在一个防雨的电话亭内，并且电话亭应设置在泳池围栏以内。
5. SPA区、游泳区的配电设施应采用防水防潮型。

十一、桑拿房、蒸汽房

1. 桑拿房、蒸汽房内需要安装紧急按钮。
2. 照明为保障性负荷。桑拿房、蒸汽房内的灯具必须采用防碎安全灯罩，并且基于安全考虑应保持常亮。

其他场所电气要求

十二、厨房

1. 厨房冷库用电可设置一个总配电箱，通常为需要柴油发作为备用电源的保障负荷。
2. 采用暖白色光源的防潮灯具。所有灯具采用透明防护灯罩。
3. 灯具采用就地墙面开关或集中开关控制。不采用调光控制。
4. 需为厨房设备提供相应的电源，同时还应提供若干个额外的通用电源插座。
5. 为安装POS终端设备的客房服务、传菜区、饮料站或服务台等点位提供至少四个电源插座。
6. 厨房排风系统设计应包括送风与排风风机之间联锁，排油烟机风管系统，排油烟风罩消防系统、燃气控制阀之间联锁控制和手动切断燃气装置。
7. 总厨办公室应提供一个桌面电话机的电话插座和与酒店管理系统连接的网络插座。
8. 厨房区域提供一个墙装内线电话插座。
9. 在送餐服务间至少提供两个电话插座。
10. 为计算机/POS终端点位提供至少四个电话插座和数据端口。

其他场所电气要求

十三、餐厅

1. 提供客人取电的方便插座。
2. 取酒台位置应配置POS终端。
3. 为每个POS终端位置提供四个采用专用回路供电的电源插座以及一个额外的10 A双位插座。
4. 每个POS终端提供四个语音/数据插座。

十四、酒吧、咖啡厅

1. 应提供调光照明。
2. 提供客人取电的方便插座。
3. 取酒台位置应配置POS终端。
4. 为每个POS终端位置提供四个采用专用回路供电的电源插座以及一个额外的10 A双位插座。
5. 每个POS终端提供四个语音/数据插座。
6. 每个鸡尾酒台的挡水板上方提供一个10 A的双位插座。

其他场所电气要求

十五、自助餐区

1. 自助餐食物展示和工作区上方须提供增强食物颜色的照明装置。所有冷藏展示台上方须采用荧光灯或LED灯具，并且应采用专门的开关。
2. 应为所有厨房设备提供电源插座，同时提供一定数量的通用插座。

十六、行政酒廊

1. 在迎宾/礼宾台位置提供三组语音、数据插座和三个双位10 A电源插座。
2. 在行政酒廊的备餐间提供一个电话插座。
3. 提供高质量的无线网络覆盖。
4. 在四周的墙上以6 m的间距安装电源插座。
5. 为客用电脑工作站提供四个语音/数据插座和两个双位10 A电源插座。
6. 提供至少一台电磁炉的电源，一般不超过三台。
7. 商用级咖啡机需提供专用的30 A回路供电。
8. 需提供单独的20 A电源回路为烤面包机进行供电。
9. 至少提供两个圆筒果汁机电源。

十七、精品店/礼品店

1. 为POS系统提供四个电源和四个语音/数据插座。
2. 在四周的墙上安装10 A电源插座。

其他场所电气要求

十八、交通区域

1. 交通区域照明控制采用智能灯光控制系统集中控制。
2. 客房走廊：走廊每隔15 m应设置一个清洁插座。
3. 服务通道：走廊每隔20 m应设置一个通用双位插座。

十九、宴会厅服务走廊

1. 整条走廊上以5 m的间隔设置双位插座。每个双位插座应采用单独回路配电。
2. 提供一个内线电话插座。

二十、客用洗衣房

1. 客用洗衣房照明应保持常亮。
2. 提供一个内线电话插座，可以自动拨号至话务员室。
3. 至少应提供一台商用级洗衣机和烘干机电源。

其他场所电气要求

二十一、后场区

1. 财务办公室。

(1) 每个工作台下提供两个10 A双位插座，台上提供一个10 A双位插座。
(2) 每个工作台上应提供一个专用的电话插座和一个数据插座，台下有两个数据端口。
(3) 设置手动报警装置，报警信号引至安防值班室。在出纳办公室还需设置脚踏式报警装置。

2. 洗衣房。

(1) 根据要求为洗衣脱水机、烘干机和烫衣机提供电源。
(2) 在洗衣房内安装一个带有闪灯的铃声增强器，用以对洗衣房经理办公室内电话机铃声进行增强。
(3) 每台洗衣机、烘干机的背面需提供一个10 A的双位插座，用于设备检修。
(4) 烫衣机附近的墙或柱上提供一个10 A的双位插座，用于设备检修。

3. 工程部。

(1) 在工作台四周墙上以不超过6.0 m的间距安装10 A的双位插座。
(2) 工程部的电源插座应安装在离地1.2 m的位置。
(3) 应至少提供两个独立回路的单相20 A插座，用于为固定式电动工具供电。
(4) 工作台至少应提供一个独立回路的三相30 A的电源。
(5) 工作台范围应提供50%照度的备用照明。

其他场所电气要求

二十二、后场区

1. 布草间。

(1) 每面墙上应至少提供一个通用双位插座。
(2) 布草间内的所有电气线槽及配电设备不宜露明设置。
(3) 在进门附近提供一个内线电话插座。
(4) 布草间内储藏区应预留洗杯机、制冰机电源。

2. 垃圾收集区。

(1) 垃圾压实机/冷藏垃圾间。
(2) 根据固定装置和冷藏设备要求提供电源。
(3) 提供打包机和破碎机等必要设备电源。

3. 收货区。

(1) 在收货区通往酒店的入口上方设置一台驱虫风扇。
(2) 收货区内安装一个带接地保护的防水型通用插座。
(3) 收货区应具有良好的照明。灯具必须采用防潮型灯具，并且具有防破坏保护罩。
(4) 收货办公室应提供电源插座和电话、数据插座。
(5) 提供一套内部对讲/门铃系统。
(6) 在收货区提供一台与酒店管理系统连接的电脑和打印机。

用电指标

不同旅馆区域用电指标一览表

区域	用电指标	单位	区域	用电指标	单位
大堂/大堂吧	70~100	W/m²	标准客房	3.5	kW/间
前台	50~80	W/m²	普通套房	5.5	kW/间
前台办公	80~100	W/m²	行政套房	15	kW/间
餐厅（全日餐厅、特色餐厅等）	80~00	W/m²	总统套房	30~60	kW
行政酒廊	150	W/m²	室内游泳池	30	kW
咖啡厅	150	W/m²	酒吧	150	W/m²
宴会厅前厅	80~150	W/m²	客人走廊	25	W/m²
宴会厅/多功能厅	80~150	W/m²	地上公共区域、设备机房及后勤用房	50	W/m²
全日餐厨房、宴会厨房、中餐厨房	1 000	W/m²	员工更衣室	15	W/m²
粗加工冷库	40	kW	服务通道	25	W/m²
中餐厅厨房冷库	20	kW	电话网络机房	60	kW
全日餐厅厨房冷库	20	kW	卫星电视机房	30	kW
宴会厅厨房冷库	20	kW	消防控制室	60	kW
粗加工区	50	kW	安防控制室	40	kW
面包房	85	kW	AV控制室	30	kW
行政办公/会议室/商务中心	80~100	W/m²	泳池机房设备	75	kW
健身房	80~100	W/m²	宴会厅、多功能厅舞台灯光系统	200	kW
SPA	200	W/m²			
工程部	20	kW	宴会厅临时布展	200	kW

干蒸房、湿蒸房电炉用电量

干蒸房电炉用电量表

干蒸房尺寸(mm)	人数	桑拿炉功率(kW)	电压等级（V）
1 000×1 000×2 000	1	3	220
1 000×1 350×2 000	2	3	220
1 200×1 200×2 000	2	3	220
1 500×2 000×2 000	4	6	380
2 000×2 000×2 000	6	8	380
2 000×2 500×2 000	8	9	380
2 000×3 000×2 000	10	12	380
2 500×2 500×2 000	12	12	380
2 500×3 000×2 000	15	15	380
2 500×3 500×2 000	18	15	380
2 500×6 000×2 000	20	12+15	380

湿蒸房电炉用电量表

湿蒸房尺寸(mm)	人数	桑拿炉功率(kW)	电压等级（V）
1 300×1 000×2 140	2	5	380
1 800×1 300×2 140	4	6	380
1 800×1 900×2 140	6	8	380
1 800×2 500×2 140	8	10.5	380
1 800×3 100×2 140	10	12	380
1 800×3 700×2 140	12	13.5	380
1 800×4 300×2 140	14	15	380
1 800×4 900×2 140	16	18	380
4 900×2 120×2 250	18	18	380
5 500×2 120×2 250	20	24	380

厨房设备用电指标

厨房常用设备用电指标一览表

中餐厅、职工食堂								
常用设备名称	设备用电量（kW/台）	电压等级（V）	常用设备名称	设备用电量（kW/台）	电压等级（V）	常用设备名称	设备用电量（kW/台）	电压等级（V）
冷库	8	380	压面机	2.2	380	大锅灶	0.35	220
菜馅机	1.5	380	搅拌机	1.1	380	三门蒸柜	0.35	220
绞肉机	1.5	380	洗碗机	40	380	制冰机	1	220
开水器	12	380	电饼铛	4.5	380	消毒柜	2.5	220
煮面炉	12	380	平台雪柜	1	220	油烟净化器	1	220
电烤箱	19.7	380	双门蒸柜	1	220	高身雪柜	1	220
馒头机	5	380	烟罩灯	1	220	单位面积用电估算（W/m²）		
和面机	8	380	双头双尾炒炉	0.55	220	300~500		
西餐厅								
常用设备名称	设备用电量（kW/台）	电压等级（V）	常用设备名称	设备用电量（kW/台）	电压等级（V）	常用设备名称	设备用电量（kW/台）	电压等级（V）
蒸炉	20	380	烟罩灯	0.8	220	烤面包机	2.3	220
炸炉	12	380	冰淇淋箱	0.5	220	保温灯	0.35	220
焗炉	5.4	380	搅拌机	0.33	220	雪柜	0.6	220
水槽卫生设备	6	380	食物处理器	0.75	220	炒炉	0.37	220
冷库	8	380	切片机	0.7	220			
洗碗机	40	380	榨汁机	1.5	220	单位面积用量估算（W/m²）		
热水器	6	380	保温柜	3	220	900~1 100		

厨房设备用电指标

厨房常用设备用电指标一览表（续）

自助西餐厅								
常用设备名称	设备用电量（kW/台）	电压等级（V）	常用设备名称	设备用电量（kW/台）	电压等级（V）	常用设备名称	设备用电量（kW/台）	电压等级（V）
焗炉	5.4	380	雪柜	0.6	220	烟罩灯	0.6	220
点心保温柜	6	380	炒炉	0.55	220	加热器	5	220
煮面炉	10	380	肠粉炉	0.37	220	面火炉	3.3	220
炸炉	12	380	蒸炉	0.37	220	单位面积用电估算（W/m²）		
电磁炉	2.5	220	熬汤地台柜	2.2	220	1 000		
备餐间								
常用设备名称	设备用电量（kW/台）	电压等级（V）	常用设备名称	设备用电量（kW/台）	电压等级（V）	常用设备名称	设备用电量（kW/台）	电压等级（V）
咖啡机	8.29	380	毛巾柜	0.3	220	雪柜	1	220
烤箱	2.2	380	制冰机	0.5	220	洗杯机	5.6	220
开水器	2.85	220	滤水器	0.1	220	单位面积用电量估算（W/m²）		1 200~1 400
快餐厅								
常用设备名称	设备用电量（kW/台）	电压等级（V）	常用设备名称	设备用电量（kW/台）	电压等级（V）	常用设备名称	设备用电量（kW/台）	电压等级（V）
烤鸡炉	27	380	香肠机	1	220	食物处理器	0.75	220
陈列保温柜	4.2	380	开水机	2.4	220	滤油车	0.25	220
炸炉	18	380	薯条工作站	1.25	220	万用募箱	3	220
扒炉	8	380	冰淇淋箱	0.5	220	单位面积用电量估算（W/m²）		
烤面包机	2	220	搅拌机	0.33	220	1 300~2 000		

9.4 电气设计实例

本工程为超高层五星级酒店，总建筑面积约81 000 m²，建筑高度180 m，是当地的标志性建筑。建筑物地下四层，地上36层，其中地下为汽车库及配套设备用房，1~6层为裙房，功能包括餐饮、会议、KTV，游泳池及配套洗浴，7~36层为酒店客房层，17层、33层为避难层。整个工程的建筑耐火等级为一级。建筑结构的安全等级为一级，抗震设防烈度为7度，设计使用年限为50年。

变配电系统

市政外网引来两路10 kV独立高压电源，每路均能承担本工程全部负荷。两路高压电源同时工作，互为备用。正常时每路各带50%负荷，当一路发生故障时，另一路可带全部的一、二级电气负荷。

酒店选用四台户内型干式变压器，其中设置两台1 600 kV · A户内型干式变压器，供给空调负荷用电，其他负荷由另外两台2 000 kV · A户内型干式变压器供电。

在地下一层设置一台1 250 kW柴油发电机组，作为第三电源。柴油发电机组采用远置散热器冷却系统。

负荷统计：

特别重要负荷设备容量为1 783 kW。

- 一级负荷设备容量为1 783 kW。
- 二级负荷设备容量为4 622 kW。
- 三级负荷设备容量为2 871 kW。

变配电系统

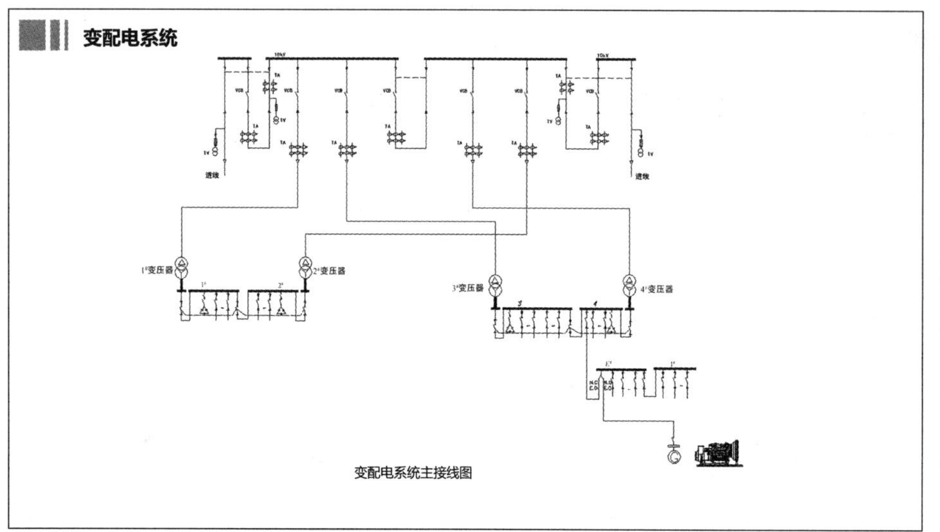

变配电系统主接线图

柴油发电机远置散热器冷却系统

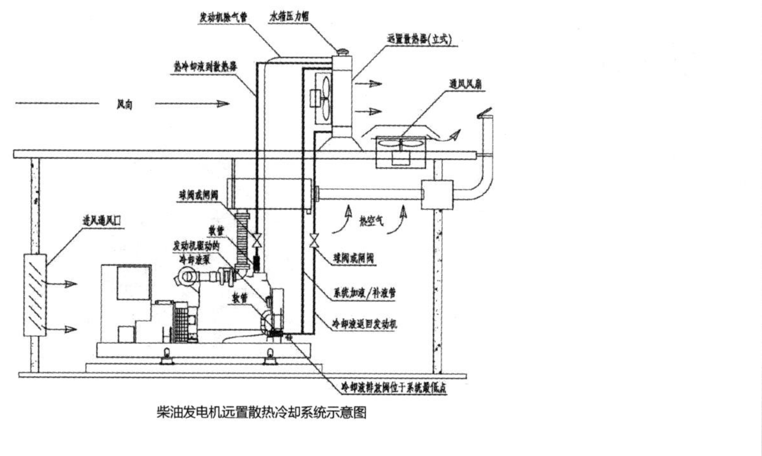

柴油发电机远置散热冷却系统示意图

电力、照明系统

1. 电力系统设计应根据工程性质、规模、负荷容量及业主要求等综合考虑确定。自变压器二次侧至用电设备之间的低压配电级数一般不超过三级。各级低压配电屏或配电箱，根据发展的可能性留有适当数量的备用回路。由树干线式供电的配电箱，其进线开关选用带保护的开关，由放射式供电的配电箱，进线可以用隔离开关。
2. 冷冻机组、冷冻泵、冷却泵、生活泵、锅炉房、热力站、厨房、电梯等设备采用放射式供电。风机、空调机、污水泵等小型设备采用树干式供电。
3. 为保证重要负荷的供电，对重要设备如消防用电设备(消防水泵、排烟风机、正压风机、消防电梯等)、信息网络设备、消防控制室、中央控制室等均采用双回路专用电缆供电，在最末一级配电箱处设双电源自投，自投方式采用双电源自投自复。其他电力设备采用放射式或树干式方式供电。
4. 消防水泵、排烟风机、正压风机等平时就地检测控制，火灾时通过火灾报警及联动控制系统自动控制，消防水泵设置机械启动装置。消防用电设备的过载保护装置（热继电器、空气断路器等）只报警，不跳闸。
5. 普通干线采用辐照交联低烟无卤阻燃电缆。消防干线采用矿物绝缘氧化镁电缆。

防雷与接地系统

1. 本建筑物年预计雷击次数0.421次 / a，按二类防雷建筑物设防。屋面上所有凸起的金属构筑物或管道等，均应与接闪带电气连接。
2. 为防直击雷在屋顶暗敷设接闪带（ϕ 10热镀锌圆钢），其网格不大于10 m×10 m。
3. 为防止侧向雷击，将六层以上，每三层沿建筑物四周的金属门窗构件与该层楼板内的钢筋接成一体后再与引下线焊接，防雷接闪器附近的电气设备的金属外壳均应与防雷装置可靠焊接。
4. 电气机房、设备机房内配电柜均就近与均压环、结构内钢筋或钢结构等金属构件联结。
5. 利用基础底板内大于ϕ16主筋连通形成接地网，每组4根（上下两层主筋）。基础底板内钢筋应保证电气贯通，并与结构柱子主筋连为一体。外墙内、外竖直敷设的金属管道及金属物的顶端与底端不超过20 m与防雷装置等电位连接一次。
6. 卫生间（含淋浴等潮湿性场所）做辅助等电位联结，端子箱设在夹壁墙内，需预留与结构钢筋、设备管道等联结条件，将进出室内的上下水管、PE线等联结。设备机房、竖向管井采用热镀锌扁钢周圈明敷方式做局部等电位联结，需预留设备基础、管道等就近与结构钢筋联结条件。配电间、通信间辅助等电位联结。
7. 通信机房、消防控制中心等各种功能管理中心弱电机房等电位联结。

SPD 监控系统

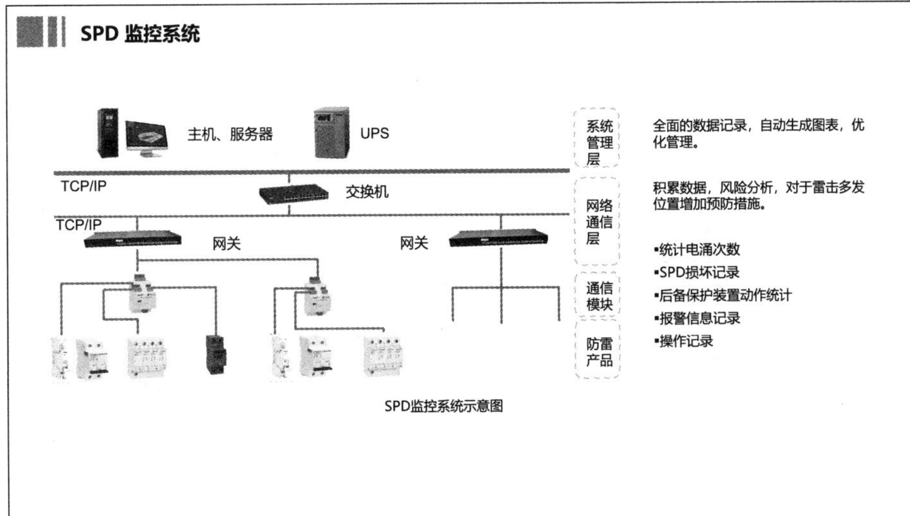

SPD监控系统示意图

电气抗震设计

1. 工程内设备安装如柴油发电机组、高低压配电柜、变压器、配电箱、控制箱等均应满足抗震设防规定。
2. 本建筑对非结构构件，包括建筑非结构构件和建筑附属机电设备自身及其与主体的连接，进行抗震设计。
3. 机电管线抗震支撑系统：
   (1) 电气设备系统中内径大于或等于60 mm的电气配管和重量大于或等于15 kg/m的电缆桥架及多管共架系统应采用机电管线抗震支撑系统。
   (2) 刚性管道侧向抗震支撑最大设计间距不得超过12 m；柔性管道侧向抗震支撑最大设计间距不得超过6 m。
   (3) 刚性管道纵向抗震支撑最大设计间距不得超过24 m；柔性管道纵向抗震支撑最大设计间距不得超过12 m。
4. 垂直电梯应具有地震探测功能，地震时电梯能够自动停于就近平层并开门运行。
5. 应急广播系统预置地震广播模式。
6. 设在建筑物屋顶上的共用天线等，应设置防止因地震导致设备损坏后部件坠落伤人的安全防护措施。
7. 抗震支撑最终间距应根据具体深化设计及现场实际情况综合确定。

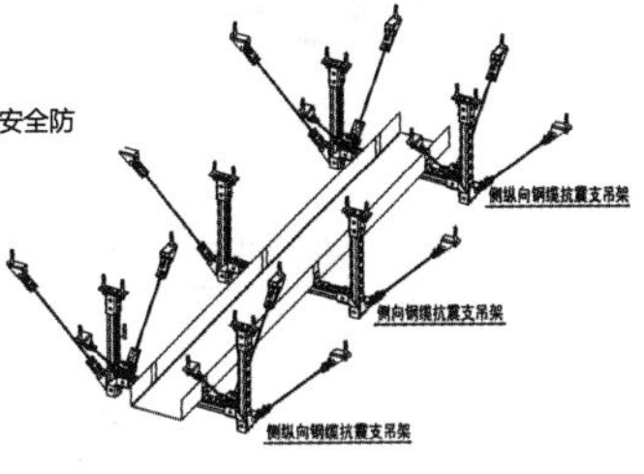

电气消防系统

一、火灾自动报警系统

1. 本建筑采用控制中心报警控制管理方式，火灾自动报警系统按总线形式设计，在消防控制室可进行配置、编程、参数设定、监控及信息的汇总和存储、事故分析、报表打印。
2. 消防控制室可接收感烟、感温、可燃气体探测器的火灾报警信号，水流指示器、检修阀、压力报警阀、手动报警按钮、消防水池水位等的动作信号，随时传送其当前状态信号。
3. 任一台火灾报警控制器所连接的火灾探测器、手动火灾报警按钮和模块等设备总数和地址总数，均不应超过3 200点，其中每一总线回路连接设备的总数不超过200点，且应留有不少于额定容量10%的余量。
4. 任一台消防联动控制器地址总数或火灾报警控制器（联动型）所控制的各类模块总数不应超过1 600点，每一联动总线回路连结设备的总数不超过100点，且应留有不少于额定容量10%的余量。系统总线上应设置总线短路隔离器，每个总线短路隔离器保护的火灾探测器、手动火灾报警按钮和模块等消防设备的总数不应超过32点；总线穿越防火分区时，应在穿越处设置总线短路隔离器。

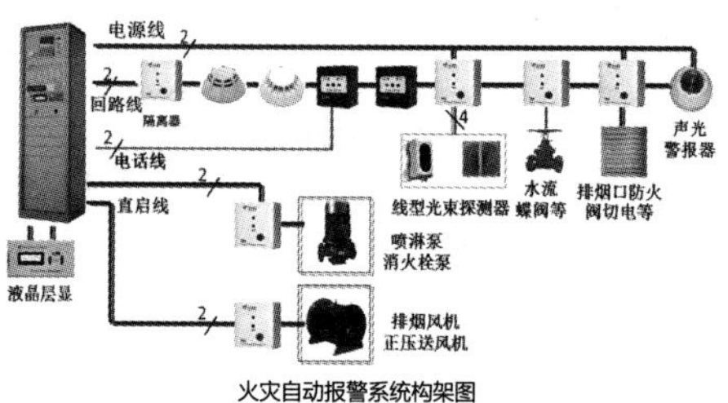

火灾自动报警系统构架图

电气消防系统

5. 设置手动火灾报警器及对讲电话插孔，安装在明显部位。每个防火分区至少设置一个手动报警按钮。从一个防火分区内任何位置到最近的报警按钮步行距离不大于30 m。在建筑疏散分区的主要出入通道及疏散楼梯出入口附近便于操作的位置设置声光报警装置；在每层楼梯间出入口明显部位装设识别火灾层的声光报警楼层显示器；无障碍卫生间设火灾声光报警装置。
6. 各层楼梯间设有火灾声光显示装置，当某一楼层发生火灾时，该楼层的显示灯点亮并闪烁。火灾声光显示装置安装高度距门口上方0.2 m。

二、消防联动控制系统

消防联动控制器应能按设定的控制逻辑向各相关的受控设备发出联动控制信号，并接受相关设备的联动反馈信号。各受控设备接口的特性参数应与消防联动控制器发出的联动控制信号匹配。消防控制系统包括消火栓灭火系统、自动喷淋灭火系统、加压送风系统、防排烟系统、自动灭火系统、防火门监控系统、电动防火卷帘、强制启动应急照明，停非消防电源、火灾应急广播系统等。

电气消防系统

三、可燃气体报警系统

可燃气体探测报警系统是探测保护区域内泄露的可燃气体的浓度，在可燃气体浓度低于爆炸下限时发出警报信号的系统，由可燃气体报警控制器、可燃气体探测器和火灾声光警报器组成，当发生可燃气体泄漏时，安装在保护区域现场的可燃气体探测器，将可燃气体浓度参数信息传输至可燃气体报警控制器，经确认判断达到了预设报警浓度后进行报警，并显示报警部位并发出泄漏可燃气体浓度信息，同时驱动保护区域现场的声光警报器，必要时可控制并关断燃气的阀门，防止燃气的进一步泄漏。

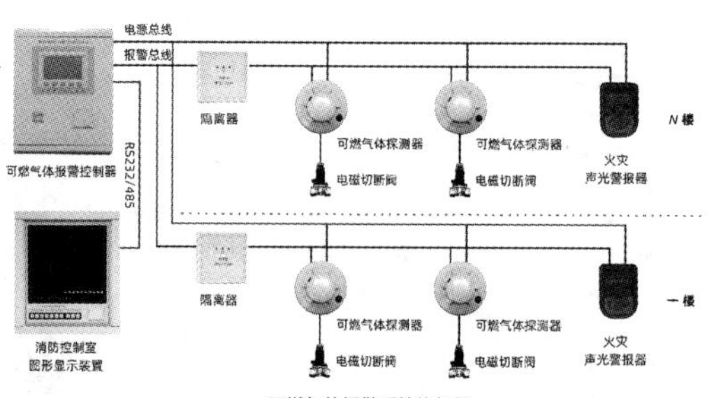

可燃气体报警系统构架图

四、电气火灾监控系统

为能准确监控电气线路的故障和异常状态，能发现电气火灾的隐患，及时报警提醒人员去消除这些隐患，要求设置电气火灾监视与控制系统，对建筑中易发生火灾的电气线路进行全面监视和控制,系统由电气火灾探测器、测温式电气火灾监控探测器和电气火灾监控设备组成。

电气消防系统

五、消防电源监控系统

1. 通过监测消防设备电源的电流、电压、工作状态，从而判断消防设备电源是否存在中断供电、过压、欠压、过流、缺相等故障，并进行声光报警、记录。
2. 消防设备电源的工作状态，均在消防控制室内的消防设备电源状态监控器上集中显示，故障报警后及时进行处理，排除故障隐患，使消防设备电源始终处于正常工作状态。从而有效避免火灾发生时，消防设备由于电源故障而无法正常工作的危机情况，最大限度地保障消防设备的可靠运行。
3. 消防设备电源监控系统采用集中供电方式，现场传感器采用DC24V安全电压供电，有效地保证系统的稳定性、安全性。

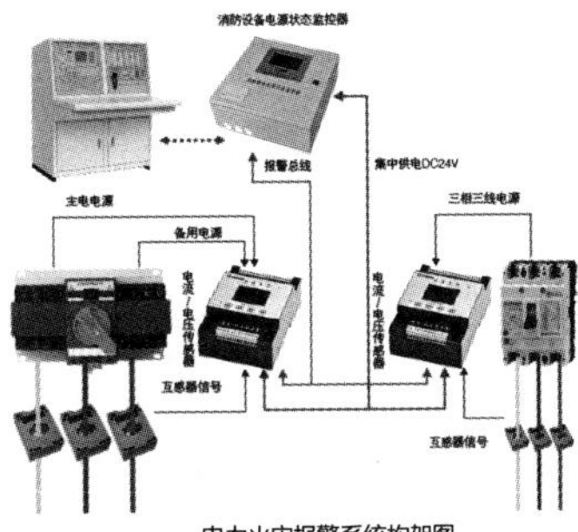

电力火灾报警系统构架图

六、防火门监控系统

本系统可以在火灾发生时，迅速隔离火源，有效控制火势范围，为扑救火灾及人员的疏散逃生创造良好条件，对防火门的工作状态进行24 h实时自动巡检，对处于非正常状态的防火门给出报警提示。在发生火情时，该监控系统自动关闭防火门，为火灾救援和人员疏散赢得宝贵时间。

电气消防系统

七、余压监控系统

余压监控系统可以实时通过设置于不同疏散区域的余压探测器采集该区域火灾发生并启动加压送风系统后的余压信号，传递给余压控制器进行综合分析判断，并作出是否联动控制该区域机械加压送风系统风道上的电动泄压风阀执行器动作，调整泄压风阀的开启角度，以实现楼梯间与前室或前室与室内走道间的余压值保持在合理区间，从而保证机械加压送风系统在满足防烟需求的同时，又不会影响到人员疏散。

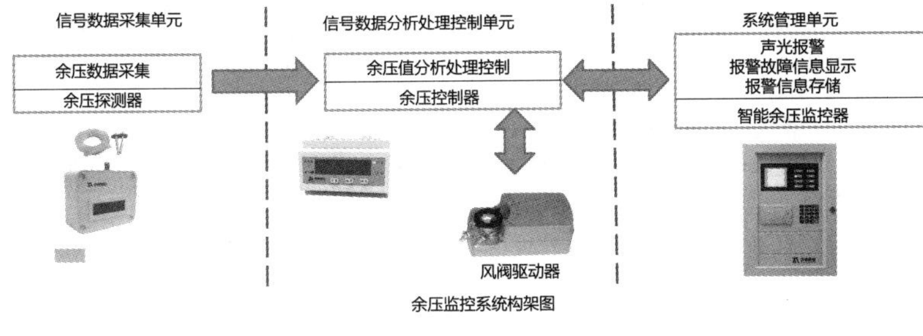

余压监控系统构架图

智能化系统

一、智能化集成系统

集成管理的重点是突出在中央管理系统的管理，控制由各子系统进行。集成管理能为各个管理部门提供高效、科学和方便的管理手段。将建筑日常运作的各种信息，如建筑设备监控系统、安防、火灾自动报警、公共广播、通信系统以及展览管理信息，各种日常办公管理信息，物业管理信息等构成相互之间有关联的一个整体，从而有效提升建筑整体的运作水平和效率。

二、信息化应用系统

信息化应用系统功能应满足建筑物运行和管理的信息化需要并提供建筑业务运营的支撑和保障。系统包括公共服务、智能卡应用、物业管理、信息设施运行管理、信息安全管理、基本业务办公和专业业务等信息化应用系统。

智能化系统

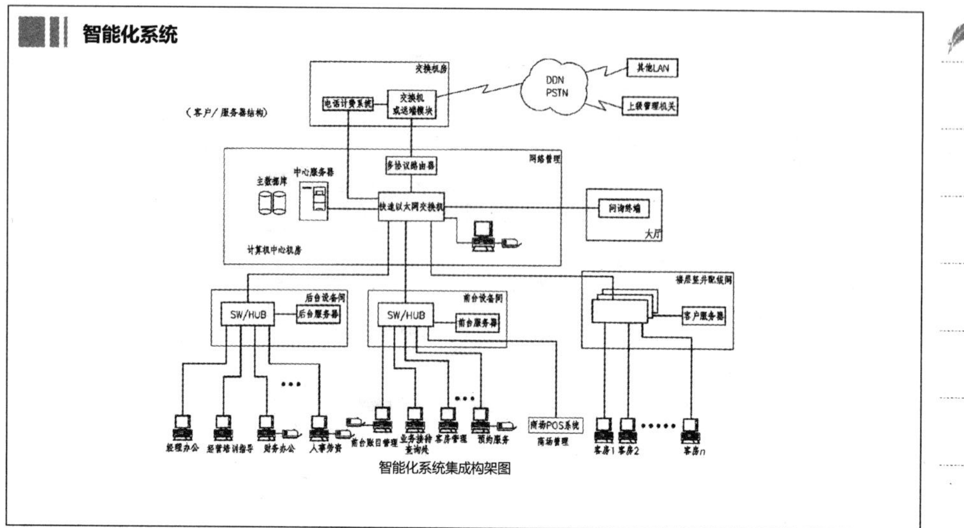

智能化系统集成构架图

智能化系统

三、信息系统对城市公用事业的需求

本工程在地下二层设置电话交换机房，设置一台1 000门的PABX，需输出入中继线200对（呼出呼入各50%）。另外申请直拨外线250对。

电视信号接自城市有线电视网，在建筑物内设有卫星电视机房，对建筑内的有线电视实施管理与控制。

四、综合布线系统

在地下二层设置酒店网络机房，将语音信号、数字信号的配线，经过统一的规范设计，综合在一套标准的配线系统上，此系统为开放式网络平台，方便用户在需要时，形成各自独立的子系统。综合布线系统可以实现资源共享，综合信息数据库管理、电子邮件管理、个人数据库管理、报表处理、财务管理、电话会议、电视会议等。

五、有线电视及卫星电视系统

有线电视前端室设置在地下二层，在屋顶层设有卫星电视机房，对酒店内的有线电视实施管理与控制。有线电视系统根据用户情况采用分配-分支方式，用户终端电视信号出线口出口电平为（69±6）dB。

智能化系统

六、酒店照明控制系统

1. 酒店大堂（包括公共电梯厅）、大堂吧、宴会厅、SPA 公共区域、裙房电梯厅、大宴会厅、多功能厅、会议室、行政酒廊、总统套间、中餐厅、全日餐厅、客房走道、健身中心、游泳池等处照明均采用智能照明控制系统进行调光控制。
2. 后勤公共区域、室外景观、泛光、酒店LOGO、地下车库照明等由智能照明控制系统控制。
3. 智能照明控制系统与本项目的BMS 系统联网。
4. 酒店客房控制采用RCU 对客房内照明、FCU 风盘系统进行控制。
5. 后勤房间（如储物间、员工卫生间、更衣室、办公区域等）照明控制，采用就地开关控制。
6. 公共区的疏散指示照明常明；疏散通道照明平时常灭，消防状态下由消防控制强制点亮。
7. 公共楼梯间照明要求采用红外或声光控制。公共楼梯间照明需采用垂直供电和水平供电相结合的方式，即楼层间平台处的照明灯具宜采用垂直方式供电，且于配电箱内集中控制；而与楼层相同水平的照明灯（包括楼梯前室灯）则由当层公共照明箱供电，以达到楼梯照明的延续性。

智能化系统

七、酒店客房控制系统

酒店客房控制系统是基于总线型的网络系统，整个系统包括计算机网络通信管理软件和智能客房控制硬件系统设备两部分。酒店的每个房间都自成一个控制系统，控制主机按照既定的程序接受弱电信号的输入和实施强电输出控制，并且每个房间的控制系统都可以独立运行。实现联网功能时，只需将所有房间的RCU与系统服务器和各工作站采用通信设备连接形成一个网络，保证RCU可将各客房的服务信息上传到服务器，各工作站也可以访问服务器的信息，这样酒店管理者就可以实时掌握客房使用情况，及时了解和响应客人发出的服务请求信息，并对客房空调等设备实施远程监控。

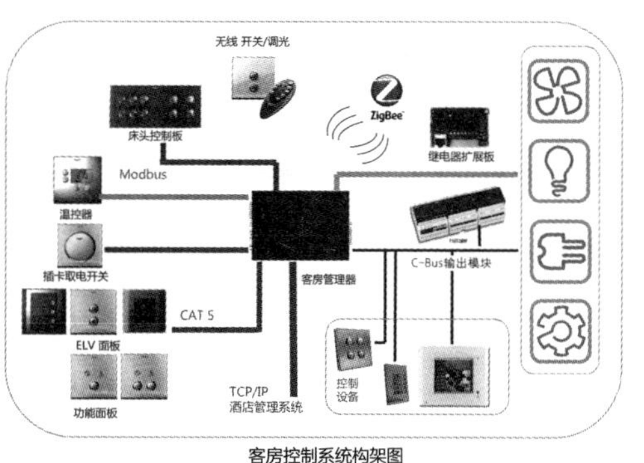

客房控制系统构架图

智能化系统

八、酒店客房控制系统

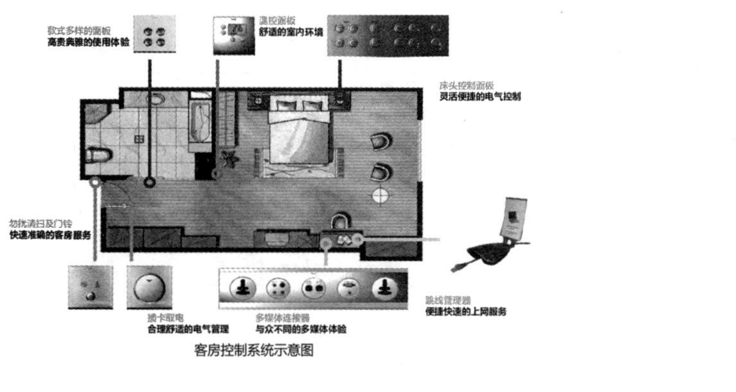

客房控制系统示意图

智能化系统

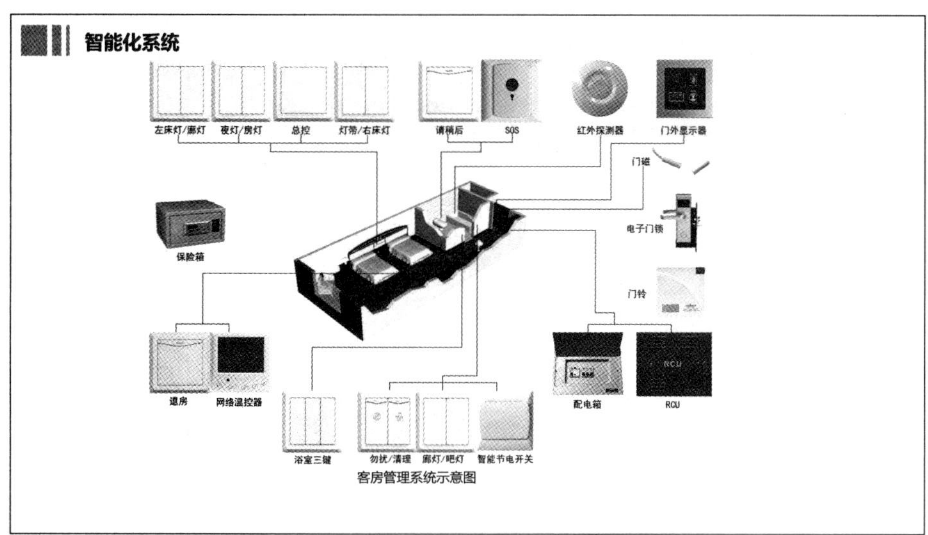

客房管理系统示意图

智能化系统

九、VOD数字视频点播系统

VOD数字视频点播系统是领先的、成熟完善的流媒体系统。整个平台具备完善的DRM数字版权管理系统；可实现自动直播录播；具备特色的门户服务系统，并提供个性化的用户自服务系统；灵活的广告插播管理；可实现对整个平台的可监控和可管理；支持多种灵活的计费策略；较好的整体可扩展及兼容能力，支持平滑的、方便的系统升级与扩容可实现和现有网站系统和用户管理系统的接口和融合。

智能化系统

九、VOD数字视频点播系统

十、多媒体信息发布系统

在酒店内设置信息显示系统，在酒店大堂靠近电梯口处设置大屏幕显示系统。在大宴会厅各主要门口，设置大屏幕显示系统，用于发布重要信息、内部自作电视节目并可以做到声色并貌。在各多功能厅门口，酒店电梯内设液晶显示系统。

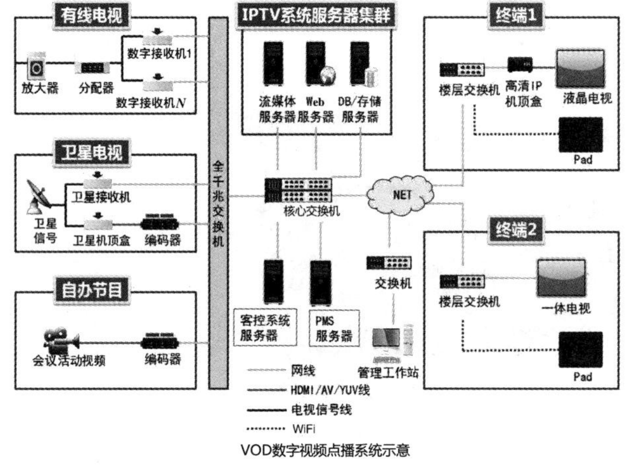

VOD数字视频点播系统示意

智能化系统

十一、会议网络系统

在宴会厅设置全数字化技术的数字会议网络系统，该系统采用模块化结构设计，全数字化音频技术，具有全功能、高智能化、高清晰音质、方便扩展和数据传递保密等优点。可实现发言演讲、会议讨论、会议录音等各种国际性会议功能。其中主席设备具有最高优先权，可控制会议进程。中央控制设备具有控制多台发言设备（主席机、代表机）功能。

十二、背景音乐及紧急广播系统

1. 在酒店设置背景音乐及紧急广播系统。酒店的背景音乐和消防广播的扬声器分开设置。
2. 酒店分别在一层设置广播机房(与消防控制室共室)。
3. 走道、大堂采用3 W扬声器，在酒店客房内采用1 W扬声器。
4. 当有火灾时，接通紧急广播。

智能化系统

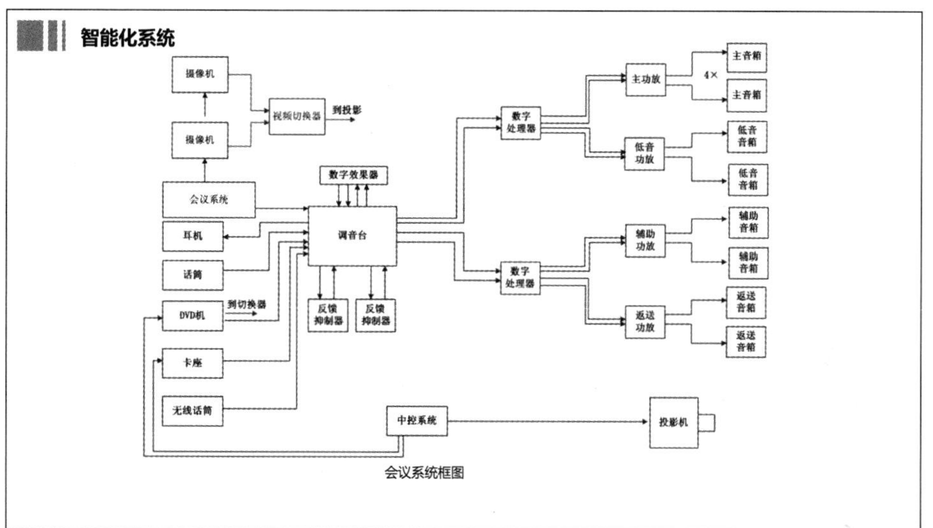

会议系统框图

智能化系统

十三、建筑设备监控系统

本工程建筑设备监控系统（BAS），采用直接数字控制技术，对全楼的暖通空调系统、给排水系统、智能照明系统进行监控；对电梯系统进行监视。本工程建筑设备监控系统监控点数共约1523控制点，其中AI=154点、AO=300点、DI=787点、DO=282点。

十四、能源管理及计量系统

通过计量手段得到运行数据并进行分析，在运营中降低能源管理的成本。

十五、客房电子门锁系统

每间客房设有电子门锁，在总服务台对各客房电子门锁进行监控。

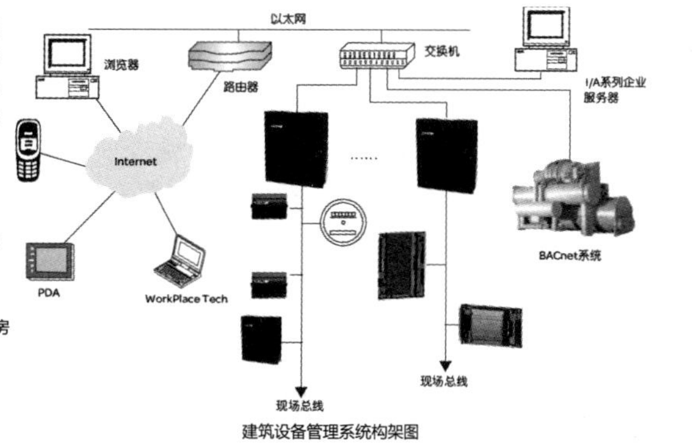

建筑设备管理系统构架图

智能化系统

十六、电力监控系统

- 系统的进线回路进行全面测量，并监视系统电能质量。
- 对空调、电梯等供电回路的电气参数实时监视，多角度分析电能使用情况。
- 对会议中心的多媒体通信设备供电回路的谐波污染进行监视。
- 对各个监测系统机房设备和前台结算中心系统设备的供电回路全面监视。
- 电力监测系统可以针对各类负载的电能消耗进行全面记录，并深入分析，根据多角度的负荷曲线报表，制订合理用电模式，节约电能花费。

智能化系统

十六、电力监控系统

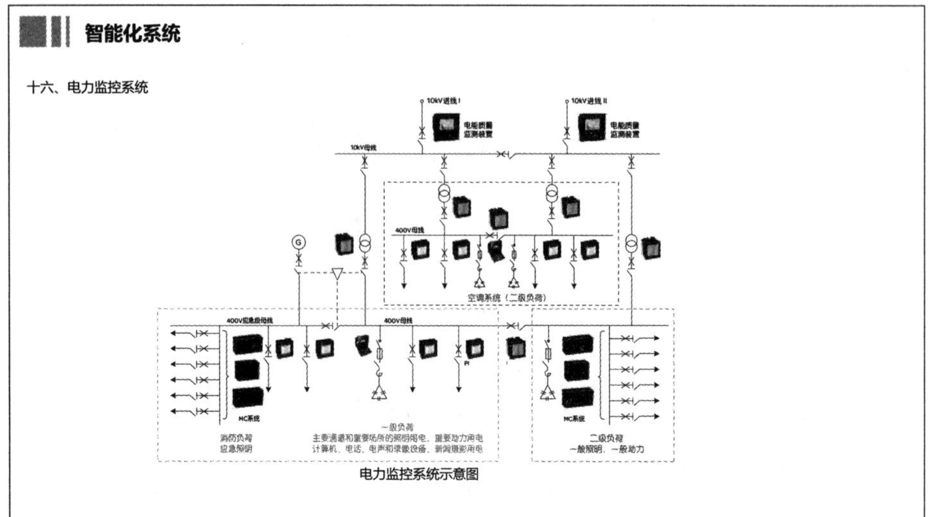

电力监控系统示意图

智能化系统

十七、视频安防系统

本工程在一层设置保安室(与消防控制室共室)，在出入口，酒店大堂正门及各边门，员工出入口，大堂接待处，总出纳处（内外），贵重物品保险柜处，健身房，游泳池，行李储藏室，客梯候梯厅，所有电梯轿厢内，收货处，通向屋顶的门，客房走廊，总机房（客户服务部），酒水仓库等都装有摄像头。电梯轿厢内采用广角镜头，要求图像质量不低于四级。游泳池及健身房内的摄像同时传送到中控室及游泳池及健身接台柜台监视器。

智能化系统

十七、视频安防系统

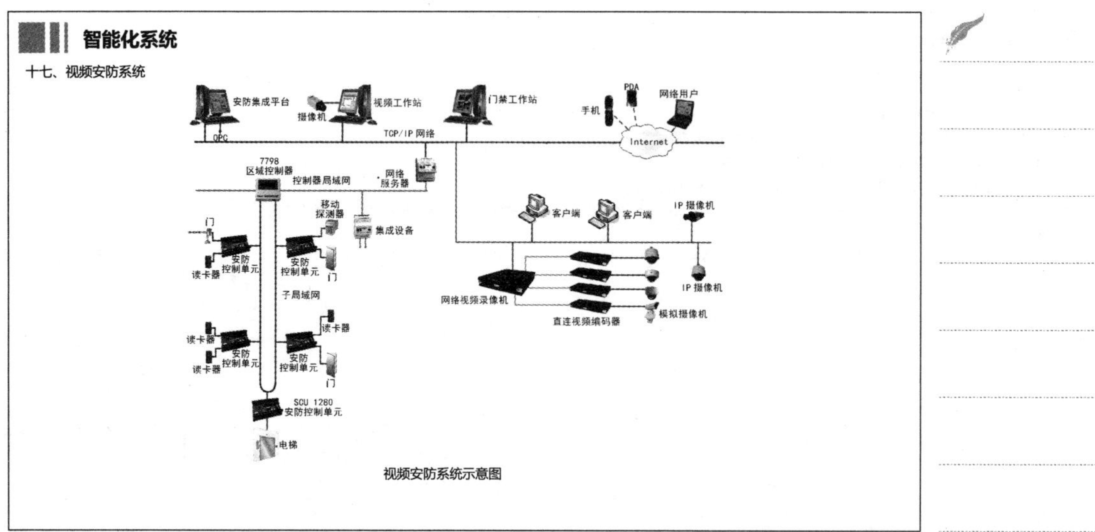

视频安防系统示意图

智能化系统

十八、无线巡更系统

可按人名、时间、巡更班次、巡更路线对巡更人的工作情况进行查询，并可将查询情况打印成各种表格。

十九、紧急报警系统

在本工程读卡控制的门、楼梯间的出口走廊和门、前台的拦截警告、餐厅内的拦截警告、客户贵重物品保险库内的拦截警告等处设置紧急报警装置，当有紧急情况时，可进行手动报警到首层的保安监控室。

二十、无线通信系统

在各层均建立移动通信分布式天线系统，每个楼层布置收发天线，应对地下层、地上层及电梯内进行覆盖，系统采用50Ω同轴电缆组网。

二十一、门禁系统

应能提供进入酒店后部员工入口的功能。同时，也有记录员工出勤的功能。

二十二、停车（场）库管理系统

系统设备包括出入口控制单元、自动栏栅、自动出卡机、自动验卡机及读卡器、远距离读卡器、内部对讲设施、图像对比设施、摄像机、收费电脑及管理电脑单元。本系统入场/出场采用自控发卡及远距离不停车读卡技术，满足临时用户、固定用户的不同管理形式需求。

二十三、无线电寻呼系统

在酒店配备通信和寻呼机系统，以备酒店工作人员日常通信之用，不得有盲点。

智能化系统

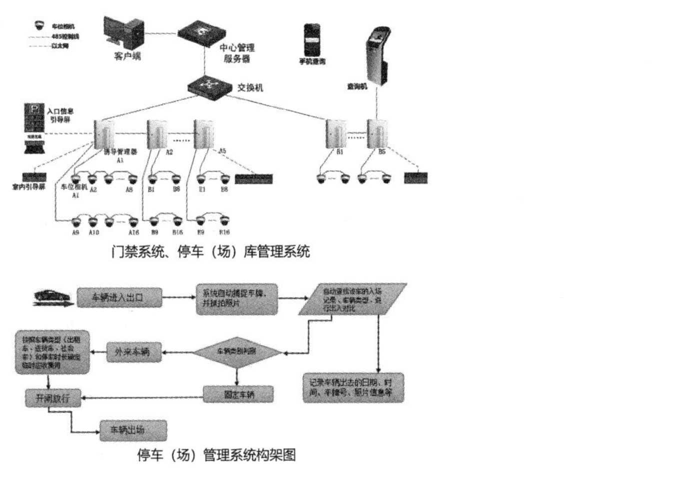

门禁系统、停车（场）库管理系统

停车（场）管理系统构架图

小结

旅馆是向客人提供服务的基地。旅馆强电设计要根据建筑等级、使用功能、建筑标准、设备设施的要求，进行负荷分级，并配置适宜变配电系统。为避免市电因故障停电而造成旅馆无法继续营业，四、五级旅馆应设自备电源，并在旅馆建筑的前台计算机配备UPS 电源供电。旅馆的建筑要根据等级、使用功能、建筑标准配置适宜智能化系统。通常包括背景音乐兼紧急广播系统、消防报警系统、视频监控系统、巡更系统、停车场管理系统、VOD多媒体信息服务网络系统、酒店一卡通、门禁系统、建筑设备管理系统、酒店客房管理系统、酒店商务计算机综合管理系统、酒店经营及办公自动化系统、结构化布线系统、通信系统、卫星、有线及闭路电视系统、多媒体商务会议系统等，要满足不同人群包括行动不便人员的使用要求，确保客人安全。

The End

第十章

商店建筑电气关键技术设计实践

Design practice of key technology of store building electrical engineering

商店建筑是指供商品交换和商品流通的建筑。商店建筑通常包括营业厅、超市（仓储）、库房、办公等辅助用房。商店建筑电气设计应根据建筑规模、顾客、销售不同要求，与商业模式相结合，本着最大限度地便利顾客、方便消费者购物、适应商业业态发展的原则，合理确定电气系统，满足区域性与时代性的要求，创造宜人的购物环境，商业建筑属于人员和商品密集的场所，应设置必要的安全措施，避免突发事件造成的生命和财产损失。

10.1　强电设计

商店建筑是指为商品直接进行买卖和提供服务供给的公共建筑。商店建筑应根据规模及其负荷性质、用电容量以及当地供电条件等，确定供配电系统设计方案，并应具备可扩充性，并根据建筑功能和零售业态布局设置配变电所。大型超级市场应设置自备电源。应根据建筑功能、零售业态、销售商品和环境条件等确定照度值、显色性和均匀度。

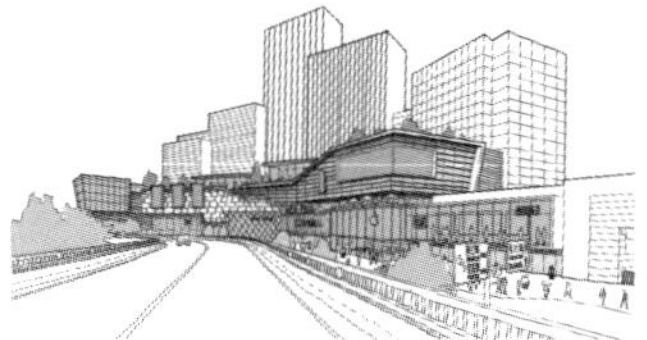

商业建筑分级及用电需求

商业建筑分级

规模	小型	中型	大型
总建筑面积（m^2）	<5 000	5 000~20 000	> 20 000

商业建筑用电需求估算

建筑名称	百货店、购物中心	超级市场	餐饮	专业店、专卖店
用电指标(W/m^2)	150~250	150~600	200~1 000	100~300

商业建筑供电规划

1. 终期配变容量在40 000 kV·A及以上的商业建筑，宜同步规划高压开闭站及线路进出通道，预留高压开闭站建设用房。
2. 配变电所所址选择应遵循缩短供电半径、均衡分布的原则，应深入或接近负荷中心，合理布置。
3. 商业建筑内宜根据商业布局和不同的经营业态划分设置配变电所，每个配变电所的供电半径不宜大于250 m。

商业建筑负荷分级

商业建筑负荷分级一览表

序号	商业建筑规模	用电负荷名称	负荷级别
1	大型商业建筑	经营管理用计算机系统用电	一级负荷中特别重要负荷
		应急照明、信息网络系统、电子信息系统、走道照明、值班照明、警卫照明、客梯、公共安全系统用电	一级
		营业厅的照明、自动扶梯、空调和锅炉用电、冷冻（藏）系统	二级
2	中型商业建筑	经营管理用计算机系统用电	一级
		应急照明、信息网络系统、电子信息系统、走道照明、值班照明、警卫照明、客梯、公共安全系统用电	二级
3	小型商业建筑	经营管理用计算机系统用电、应急照明、信息网络系统、电子信息系统、值班照明、警卫照明、客梯、公共安全系统用电	二级
4	高档商品专业店	经营管理用计算机系统用电、应急照明、信息网络系统、电子信息系统、值班照明、警卫照明、客梯、公共安全系统用电	一级

商业建筑单位建筑面积用电指标

商业建筑用电指标一览表

商店建筑名称		用电指标(W/m²)	
购物中心、超级市场、百货商场	大型购物中心、超级市场、高档百货商场	100~200	
	中型购物中心、超级市场、百货商场	60~150	
	小型超级市场、百货商场	40~100	
	家电卖场	100~150(含空调冷源负荷)	60~100(不含空调主机综合负荷)
	零售	60~100(含空调冷源负荷)	40~80(不含空调主机综合负荷)
步行商业街	餐饮	100~250	
	精品服饰、日用百货	80~120	
专业店	高档商品专业店	80~150	
	一般商品专业店	40~80	
商业服务网点		100~150 (含空调负荷)	
菜市场		10~20	

注：1. 表中所列用电指标中的上限值是按空调冷水机组采用电动压缩式机组时的数值，当空调冷水机组选用吸收式制冷设备(或直燃机) 时，用电指标可降低25~35 V·A 。
2. 商业服务网点中，每个银行网点容量不应小于10 kW (含空调负荷)。

商业建筑供电措施

1. 商业建筑的供电方式应根据用电负荷等级和商业建筑规模及业态确定。
2. 用电设备容量在100 kW及以下的小型商业建筑供电可直接接入市政0.23/0.4 kV低压电网。
3. 安装容量大于200 kW的营业区配电宜设置配电间。
4. 商业建筑低压配电系统的设计应根据商店建筑的业态、规模、容量及可能的发展等因素综合确定。
5. 不同业态的低压用电负荷，其低压配电电源应引自本业态配电系统。
6. 低压配电系统宜按防火分区、功能分区及不同业态配电。
7. 商业建筑中不同负荷等级的负荷，其配电系统应相对独立。
8. 供电干线（管）应设置在公共空间内，不应穿越不同商铺。
9. 商业建筑中重要负荷、大容量负荷和公共设施用电设备宜采用由配变电所放射式配电；非重要负荷配电容量较小时可采用链式配电方式。
10. 商铺宜设置配电箱，配电容量较小的商铺可采用链式配电方式，同一回路链接的配电箱数量不宜超过5个，且链接回路电流不应超过40 A。
11. 商业建筑内出租或专卖店等独立经营或分割的商铺空间，应设独立配电箱，并根据计量要求加装计量装置。
12. 超级市场、菜市场中水产区高于交流50 V的电气设备应设置在2区以外，防护等级不应低于IPX2。

商店建筑照明设计

一、商业建筑照明标准值

商业建筑照明标准一览表

房间或场所	参考平面及其高度	照度标准值（lx）	统一眩光值UGR	照度均匀度U_0	一般显色指数R_a
一般商业营业厅	0.75 m水平面	300	22	0.60	80
一般室内商业街	地面	200	22	0.60	80
高档商业营业厅	0.75 m水平面	500	22	0.60	80
高档室内商业街	地面	300	22	0.60	80
一般超市营业厅	0.75 m水平面	300	22	0.60	80
高档超市营业厅	0.75 m水平面	500	22	0.60	80
仓储式超市	0.75 m水平面	300	22	0.60	80
专卖店营业厅	0.75 m水平面	300	22	0.60	80
农贸市场	0.75 m水平面	200	22	0.40	80
收款台	台面	500*	—	0.60	80

二、商业建筑光源选择

1. 选择光源的色温和显色指数(R_a) 应符合下列规定：
   (1) 商业建筑主要光源的色温，在高照度处宜采用高色温光源，低照度处宜采用低色温光源。
   (2) 按需反映商品颜色的真实性来确定显色指数R_a，一般商品R_a可取60～80，需高保真反映颜色的商品R_a宜大于80。
   (3) 当一种光源不能满足光色要求时，可采用两种及以上光源混光的复合色。
2. 对防止变色、褪色要求较高的商品(如丝绸、文物、字画等)应采用截阻红外线和紫外线的光源。

商店建筑照明设计

三、营业厅的照明设计

1. 营业厅照明设计应着重注意视觉环境，统一协调好照度水平、亮度分布、阴影、眩光、光色与照度稳定性等问题；应合理选择光色比例、色温和照度。
2. 营业厅照明宜由一般照明、专用照明和重点照明组合而成。不宜把装饰商品用的照明兼作一般照明。
3. 营业厅一般照明应满足水平照度要求，且对布艺、服装以及货架上的商品则应确定垂直面上的照度；但对采用自带分层LED照明的货架的区域，其一般照明可执行走道的照度要求。对于玻璃器皿、宝石、贵金属等类陈列柜台，应采用高亮度光源；对于布艺、服装、化妆品等柜台，宜采用高显色性光源；由一般照明和局部照明所产生的照度不宜低于500 lx。
4. 重点照明的照度宜为一般照明照度的3~5倍，柜台内照明的照度宜为一般照明照度的2~3倍。
5. 橱窗照明宜采用带有遮光隔栅或漫射型灯具。当采用带有遮光隔栅的灯具安装在橱窗顶部距地高度大于3 m时，灯具的遮光角不宜小于30°;当安装高度低于3 m,灯具遮光角宜为45°以上。
6. 室外橱窗照明的设置应避免出现镜像，陈列品的亮度应大于室外景物亮度的10%。
7. 大营业厅照明不宜采用分散控制方式。
8. 对贵重物品的营业厅宜设值班照明和备用照明。

商店建筑照明设计

四、仓储部分的照明设计

1. 大件商品库照度为50 lx，一般件商品库照度为100 lx，卸货区照度为200 lx，精细商品库照度为300 lx。
2. 库房内灯具宜布置在货架间，并按需要设局部照明。
3. 库房内照明宜在配电箱内集中控制。

五、营业厅内的照度和亮度分布

1. 一般照明的均匀度(工作面上最低照度与平均照度之比)不应低于0.6。
2. 顶棚的照度应为水平照度的0.3～0.9。
3. 墙面的照度应为水平照度的0.5～0.8。
4. 墙面的亮度不应大于工作区的亮度。
5. 视觉作业亮度与其相邻环境的亮度比宜为3:1。
6. 在需要提高亮度对比或增加阴影的地方可装设局部定向照明。
7. 商业内的修理柜台宜设局部照明，橱窗照明的照度宜为营业厅照度的2～4倍。

商店建筑照明设计

六、应急照明

1. 商业照明设计中为确保人身和运营安全，应注意应急照明的设置。重要商品区、重要机房、变电所及消防控制室等场所应按规范的照度要求设置足够备用照明。 在出入口和疏散通道上设置必要的疏散照明。
2. 总建筑面积超过5 000 m²的地上商业、展销楼；总建筑面积超过500 m²的地下、半地下商业应在其内疏散走道和主要疏散线路的空间设应急照明；在地面或靠近地面的墙上增设能保持视觉连续的灯光疏散指示标志或蓄光疏散指示标志。
3. 当商业一般照明采用双电源（回路）交叉供电时，一般照明可兼作备用照明。
4. 应急照明和疏散指示标志，除采用双电源自动切换供电外，还应采用蓄电池作应急电源。

七、消防疏散指示标志设置

1. 安全出口及疏散出口应设置电光源型疏散指示标志。
2. 商业营业厅疏散通道上应设置电光源型疏散指示标志，通道地面应设置保持视觉连续的光致发光辅助疏散指示标志。
3. 电光源型疏散指示标志可采用消防控制室集中控制或分散式控制。

商店建筑照明设计

八、灯光疏散指示标志

1. 营业厅内采用悬挂设置疏散指示标志时，疏散指示标志的间距不应大于20 m；当营业厅净高高度大于4.0 m时，标志下边缘距地不应大于3.0 m，当营业厅净高高度小于4.0 m时，标志下边缘距地不应大于2.5 m；室内的广告牌、装饰物等不应遮挡疏散指示标志；疏散指示标志的指示方向应指向最近的安全出口。
2. 沿疏散走道设置的灯光疏散指示标志，应设置在疏散走道及其转角处距地面高度1.0 m以下的墙面上，且灯光疏散指示标志间距不应大于20.0 m；对于袋形走道，不应大于10.0 m；在走道转角区，不应大于1.0 m。

九、配电箱位置要求

1. 不宜影响通行，周围应无障碍物品堆放，且应便于管理和维护。
2. 配电箱不应直接安装在可燃材料上，且不应设置于母婴室、卫生间和试衣间等私密场所。
3. 营业区照明配电箱内除正常设备配电回路外，尚应留有不低于20%的备用回路。
4. 不同商户或不同销售部门应分别计量。
5. 用于空调机组、风机和水泵的配电(控制)箱宜设于其机房内，并宜设置在便于观察、操作和维护处。当无机房时，应有防止接触带电体的措施。

电缆电线类型的选择与敷设

1. 大、中型商业建筑应采用阻燃低烟无卤交联绝缘电力电缆、电线或无烟无卤电力电缆、电线。明敷导线应采用低烟无卤型；小型商业建筑宜采用低烟无卤型。
2. 商业建筑公共部位敷设的供电干线电缆应选用低烟、低毒的阻燃电缆。
3. 配电线路不得穿越通风管道内腔或敷设在通风管道外壁上。
4. 配电线路敷设在有可燃物的闷顶内时，应采取穿金属管等防火保护措施；敷设在有可燃物的吊顶内时，宜采取穿金属管、采用封闭式金属槽盒等防火保护措施。
5. 开关、插座和照明灯具靠近可燃物时，应采取隔热、散热等防火保护措施。
6. 在电线电缆敷设时，电缆井道应采取有效的防火封堵和分隔措施。
7. 电力电线电缆与非电力电线电缆宜分开敷设，如确需在同一电缆桥架内敷设时，宜采取分隔离措施。
8. 电线电缆在吊顶或地板内敷设时，宜采用金属管、金属槽盒或金属托盘敷设。
9. 矿物绝缘电缆可采用支架或沿墙明敷。

电器设备选择

1. 电器设备的配电应具备过载和短路保护功能，营业区有接触电击危险的电器设备尚应设置剩余电流保护或采用安全特低电压供电方式。
2. 营业区内应选用安全型插座，不同电压等级的插座，应采用相应电压等级的插头。
3. 营业区内接插电源有电击危险或需频繁开关的电器设备，其插座应具备断开电源功能。
4. 单台设备功率较大的电器设备，应选择满足其额定电流要求的插座。当插座不能满足其额定电流要求时，宜就近设置配电箱或采用工业接插件，不宜使用电源转换器。
5. 儿童活动区不宜设置电源插座。当有设置要求时，插座距地安装高度不应低于1.8 m，且应选用安全型插座。
6. 商店建筑的收银台使用的插座应采用专用配电回路。
7. 营业区内用电设备数量多且集中的区域，宜分类或分区设置电源插座箱。

10.2 智能化设计

商店建筑智能化的设计应满足业态经营、建筑功能和物业管理的需求，信息化应用系统的配置应满足商店建筑业务运行和物业管理的信息化应用需求，信息接入系统应满足商店建筑物内各类用户对信息通信的需求，建筑设备管理系统应建立对各类机电设备系统运行监控、信息共享功能的集成平台，并应满足零售业态和物业运维管理的需求，商店的收银台应设置视频安防监控系统。

商店建筑智能化系统配置

商店建筑智能化系统配置表（一）

智能化系统			小型商店	中型商店	大型商店
信息化应用系统	公共服务系统		宜配置	应配置	应配置
	智能卡应用系统		应配置	应配置	应配置
	物业管理系统		宜配置	应配置	应配置
	信息设施运行管理系统		可配置	宜配置	应配置
	信息安全管理系统		宜配置	应配置	应配置
	通用业务系统	基本业务办公系统	按国家现行有关标准进行配置		
	专业业务系统	商店经营管理系统			
智能化集成系统	智能化信息集成(平台)系统		宜配置	应配置	应配置
	集成信息应用系统		宜配置	应配置	应配置

注：信息化应用系统的配置应满足商店建筑业务运行和物业管理的信息化应用需求。系统宜包括经理办公与决策、商业经营指导、贷款与财务管理、合同与储运管理、商品价格系统、商品积压与仓库管理、人力调配与工资管理、信息与表格制作、银行对账管理等。

商店建筑智能化系统配置

商店建筑智能化系统配置表（二）

智能化系统		小型商店	中型商店	大型商店
信息化设施系统	信息接入系统	应配置	应配置	应配置
	布线系统	应配置	应配置	应配置
	移动通信室内信号覆盖系统	应配置	应配置	应配置
	用户电话交换系统	宜配置	应配置	应配置
	无线对讲系统	宜配置	应配置	应配置
	信息网络系统	应配置	应配置	应配置
	有线电视系统	应配置	应配置	应配置
	公共广播系统	应配置	应配置	应配置
	会议系统	可配置	宜配置	应配置
	信息导引及发布系统	应配置	应配置	应配置
建筑设管理系统	建筑设备监控系统	宜配置	应配置	宜配置
	建筑能效监管系系统	宜配置	应配置	宜配置

注：1. 信息接入系统宜将各类公共通信网引入建筑内。
2. 公共活动区域和供顾客休闲场所等处应配置宽带无线接入网。经营业务信息网络系统宜独立设置。
3. 公共区域宜配置信息发布显示屏，大厅及公共场所宜配置信息查询导引显示终端。
4. 大型商店建筑应设置公共建筑能耗监测系统。

商店建筑智能化系统配置

商店建筑智能化系统配置表（三）

智能化系统			小型商店	中型商店	大型商店
公共安全系统	火灾自动报警系统		按国家现行有关标准进行配置		
	安全技术防范系统	入侵报警系统			
		视频安防监控系统			
		出入口控制系统			
		电子巡查系统			
		停车库(场)管理系统	宜配置	宜配置	应配置
	安全防范综合管理(平台)系统		可配置	宜配置	应配置
	应急响应系统		可配置	宜配置	应配置

注：1. 商店的收银台、贵重商品销售处等应设置摄像机。
2. 财务处、贵重商品库房等应设出入口控制系统和入侵报警系统。
3. 商业区与办公管理区之间宜设出入口控制系统。
4. 大型商店建筑应设应急响应系统，中型商店建筑宜设应急响应系统。
5. 只在各个出入口设置门禁系统供商场建筑非营业时使用。
6. 商店建筑营业区、仓储区、出入口、步行商业街沿街道路、停车场、室内主要通道等处均应设置巡更点。

商店建筑智能化系统配置

商店建筑智能化系统配置表（四）

智能化系统		小型商店	中型商店	大型商店
机房工程	信息接入机房	应配置	应配置	应配置
	有线电视前端机房	应配置	应配置	应配置
	信息设施系统总配线机房	应配置	应配置	应配置
	智能化总控室	应配置	应配置	应配置
	信息网络机房	宜配置	应配置	应配置
	用户电信交换机房	宜配置	应配置	应配置
	消防控制室	应配置	应配置	应配置
	应急响应中心	可配置	宜配置	应配置
	安防监控中心	应配置	应配置	应配置
	智能化设备间(弱电间）	应配置	应配置	应配置
	机房安全系统	按国家现行有关标准进行配置		
	机房综合管理系统	可配置	宜配置	应配置

商店建筑智能化系统设计要求

1. 大型和中型商业建筑的大厅、休息厅、总服务台等公共部位，应设置公用直线电话和内线电话，并应设置无障碍公用电话；小型商业建筑的服务台宜设置公用直线电话。
2. 大型和中型商业建筑的商业区、仓储区、办公业务用房等处，宜设置商业管理或电信业务运营商宽带无线接入网。
3. 商业建筑综合布线系统的配线器件与缆线，应满足千兆及以上以太网信息传输的要求，每个工作区应根据业务需要设置相应的信息端口。
4. 大型和中型商业建筑应设置电信业务运营商移动通信覆盖系统，以及商业管理无线对讲通信覆盖系统。
5. 大型和中型商业建筑应在建筑物室外和室内的公共场所设置信息发布系统。销售电视机的营业厅宜设置有线电视信号接口。大型和中型商业建筑的营业区应设置背景音乐广播系统，并应受火灾自动报警系统的联动控制。
6. 大型和中型商业建筑应按区域和业态设置建筑能耗监测管理系统。大型和中型商业建筑宜设置智能卡应用系统，并宜与商业信息管理系统联网。
7. 大型和中型商业建筑宜设置顾客人数统计系统，并宜与商业信息管理系统联网。
8. 大型和中型商业建筑宜设置商业信息管理系统，并应根据商业规模和管理模式设置前台、后台系统管理软件。

商店建筑智能化系统设计要求

9. 大、中型商店建筑宜配置智能化系统设备专用网络和商业经营专用网络。
10. 大、中型商店建筑的公共广播系统宜采用基于网络的数字广播，可实现分区呼叫、播音与控制。当发生火灾报警时，可实现消防应急广播信号强切功能。
11. 商店的收银台应设置视频安防监控系统。面积超过1 000 m^2的营业厅宜设置视频安防监控系统。
12. 视频数据存储周期不应少于30 d，财务管理、收银台和高档商品经营等重要区域宜另配独立的物理存储设备。
13. 布置在大、中型商店建筑主出入口和楼梯前室的摄像机宜具有客流统计功能。
14. 下列场所应设置摄像机：
    (1) 大、中型商店建筑应监视出入口、道路和广场、停车库、服务台、收银台、仓储区域、贵重物品用房、财务管理用房、高档商品营业区域、设备机房、通道、楼梯间、电梯间和前室等。
    (2) 垂直电梯轿箱内及扶梯。

10.3　大型商场电气设计实例

本工程为大型商店建筑，地上4层,地下2层；总建筑面积63 000 ㎡，建筑高度23.7 m，建筑物使用功能：商业及影院、汽车库，中型电影院，规模为7个观众厅，座位数共计1 125个，为一类高层建筑物；Ⅰ类汽车库，停车约850辆。防火设计建筑分类为一类；建筑耐火等级为一级。

负荷及供电

一、负荷统计

1. 一级负荷设备容量为1 690 kW。
2. 二级负荷设备容量为650 kW。
3. 三级负荷设备容量为7 280 kW。

二、电源

1. 外电源由市政采用两路高压10 kV电力电缆埋地方式引来。两路高压电源采用互备方式运行，要求任一路高压电源可以带起楼内全部一、二级负荷。
2. 设置一台1 250 kW柴油发电机组作为备用电源。

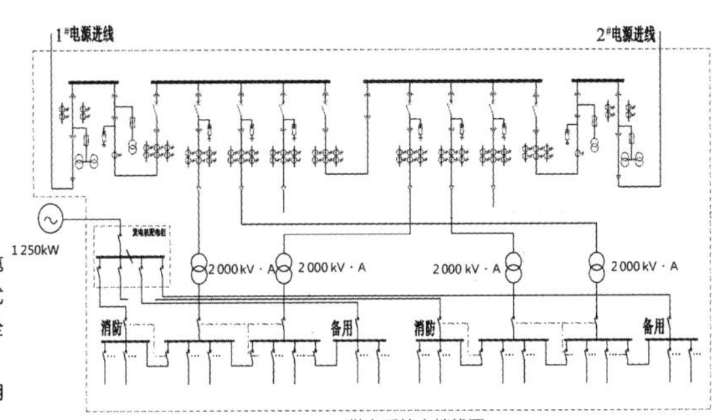

供电系统主楼线图

变配电系统及防雷

一、变、配电站

1. 在地下一层设置一处变电所。商业楼变电所内设4台2 000 kV·A干式变压器。
2. 在地下一层设置一处柴油发电机房。

二、电力、照明系统

1. 配电系统的接地型式采用TN-S系统。消防负荷、重要负荷、容量较大的设备及机房采用放射方式，就地设配电柜；容量较小分散设备采用树干式供电。
2. 消防水泵、消防电梯、防烟及排烟风机等消防负荷及一级负荷的两个供电回路，消防负荷在最末一级配电箱处自动切换；二级负荷采用双路电源供电，适当位置互投后再放射式供电。
3. 普通干线采用辐照交联低烟无卤阻燃电缆；重要负荷的配电干线采用矿物绝缘电缆。部分大容量干线采用封闭母线。

三、防雷与接地系统

1. 本工程年预计雷击次数N= 0.149次/a，为二类防雷建筑物，电子信息系统雷电防护等级为B级。
2. 在屋面装设Φ10热镀锌圆钢接闪带，屋面的接闪带网格不大于10 m×10 m，利用结构柱子主筋兼作防雷引下线。
3. 所有由室外引入建筑物的电气和电子系统线路，均设置SPD保护。
4. 本工程采用联合接地系统。
5. 在消防控制室、电信机房、智能化机房等处设有专用接地端子箱。浴室、有淋浴的卫生间设等电位端子箱。

电气消防系统

1. 火灾自动报警及联动系统：本工程为一类防火建筑，火灾自动报警为控制中心报警系统。在一层设置消防控制室。
2. 消防联动控制系统：在消防控制室设置联动控制台，控制方式分为自动控制和手动控制两种。通过联动控制台，可以实现对消火栓、自动喷洒灭火系统、防烟、排烟、加压送风系统、气体灭火等系统的控制，火灾发生时手动切断一般照明及空调机组、通风机、动力电源。当发生火灾时，自动关闭总煤气进气阀门。
3. 消防紧急广播系统：在消防控制室设置消防广播机柜，机组采用定压式输出。
4. 消防直通对讲电话系统：除在各层的手动报警按钮处设置消防对讲电话插孔外，在变配电室、水泵房、电梯机房、冷冻机房、防排烟机房、建筑设备监控室、管理值班室等处设置消防直通对讲电话分机。
5. 电梯监视控制系统：在消防控制室设置电梯监控盘，除显示各电梯运行状态、层数显示外，还应设置正常、故障、开门、关门等状态显示。
6. 电气火灾报警系统：为防止接地故障引起的火灾，准确实时地监控电气线路的故障和异常状态，及时发现电气火灾的隐患，及时报警。
7. 消防设备电源监控系统：通过检测消防设备电源的电压、电流、开关状态等有关设备电源信息，从而判断电源设备是否有断路、短路、过压、欠压、缺相、错相以及过流（过载）等故障信息并实时报警、记录的监控系统，最大限度地保障消防联动系统的可靠性。
8. 防火门监控系统：在火灾发生时，迅速隔离火源，有效控制火势范围，为扑救火灾及人员的疏散逃生创造良好条件，对防火门的工作状态进行24 h实时自动巡检，对处于非正常状态的防火门给出报警提示。在发生火情时，该监控系统自动关闭防火门，为火灾救援和人员疏散赢得宝贵时间。

智能化系统

一、信息化应用系统

1. 公共服务系统。公共服务系统应具有访客接待管理和公共服务信息发布等功能，并宜具有将各类公共服务事务纳入规范运行程序的管理功能。
2. 智能卡应用系统。根据建设方物业信息管理部门要求对出入口控制、电子巡查、停车场管理、考勤管理、消费等实行一卡通管理。
3. 信息设施运行管理系统。信息设施运行管理系统应具有对建筑物信息设施的运行状态、资源配置、技术性能等进行监测、分析、处理和维护的功能。
4. 信息安全管理系统。信息网络安全管理系统通过采用防火墙、加密、虚拟专用网、安全隔离和病毒防治等各种技术和管理措施，室网络系统正常运行，确保经过网络的传输和管理措施，使网络系统正常运行，确保经过网络传输和交换的数据不会发生增加、修改、丢失和泄露。

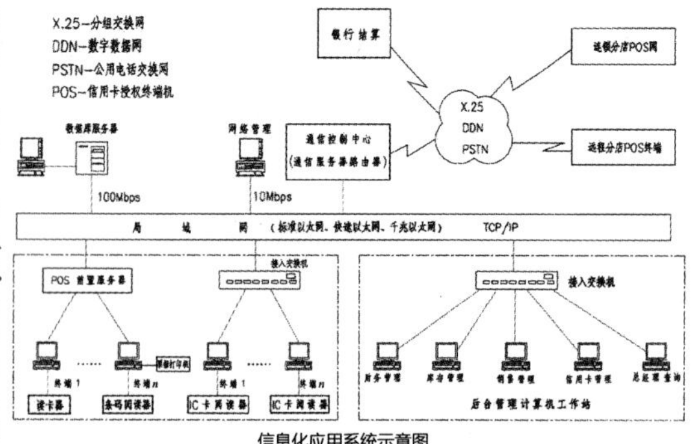

信息化应用系统示意图

智能化系统

二、智能化集成系统

1. 智能化信息集成系统。集成软件平台安装在主机服务器上，实现把所有子系统集成在统一的用户界面下，对子系统进行统一监视、控制和协调，从而构成一个统一的、协同工作的整体，包括实现对子系统实时数据的存储和加工，对系统用户的综合监控和显示以及智能分析等其他功能。
2. 集成信息应用系统。对于管理数据的集成，要求控制系统在软件上使用标准的、开放的数据库进行数据交换，实现管理数据的系统集成。
3. 应急指挥系统。本项目为大型商店建筑，人员密集、社会影响大，设置应急指挥系统，将消防、安防、建筑设备管理集中在统一平台上，建立数据库和应急预案，并与城市防灾指挥中心联网。

三、建筑设备监控系统

本工程通过对工程中子系统的控制，对建筑内温/湿度的自动调节、空气质量的最佳控制，以及对室内照明进行自动化管理等手段，提供最佳的能源管理方案，对机电设备以及照明等采取优化控制和管理，确保节能运行，从而降低能源成本及运行费用。建筑设备监控系统监控点数共计1 363控制点，其中AI=426点、AO=159点、DI=524点、DO=254点。

四、建筑能效监管系统

本工程建筑能效监管主机设置于各个建筑物业管理室。系统可对冷热源系统、供暖通风和空气调节、给水排水、供配电、照明、电梯等建筑设备进行能耗监测。根据建筑物业管理的要求及基于对建筑设备运行能耗信息化监管的需求，应能对建筑的用能环节进行相应适度调控及供能配置适时调整。

智能化系统

五、信息化设施系统

1. 信息接入系统对城市公用事业的需求：
   (1) 系统接入机房设置于建筑通信机房内，通信机房可满足三家运营商入户。本工程需引入中继线300对（呼出/呼入各50%）。另外，申请直拨外线500对。
   (2) 电视信号接自城市有线电视网。
2. 综合布线系统。综合布线系统按照6类非屏蔽铜缆布线系统设计，对于大空间且工作区域不确定的场所，可在适当的位置设置集合点(CP)，并设置局部无线网络（AP）作为辅助通信网络，具体设置情况由承包商深化设计或使用单位（承租方）自理。
3. 有线电视及卫星电视系统。有线电视系统为光纤同轴电缆混合网（HFC）方式组网，邻频传输系统，双向传输（上限频率862 MHz）方式，系统输出口的模拟电视信号输出电平（69±6）dBμV。图像质量不低于4级（五级损伤制评分）。
4. 背景音乐及紧急广播系统。公共广播由单位自行管理，在本单位范围内为公众服务的声音广播，包括业务广播、背景音乐广播和消防应急广播等。
5. 信息导引及发布系统、信息显示系统与有线电视系统、综合布线系统、信息网络系统等设有专用信息通道相联。通过计算机控制，在公共场所显示文字、文本、图形、图像、动画、行情等各种公共信息以及电视录像信号。
6. 客流统计分析系统。根据商业建筑特点，确定客流统计算法以及学习模型，抓取更为准确的数据，进行分析，传送到后台服务器。

智能化系统

六、公共安全系统

本工程商业楼首层分别设置监控中心（与消防控制室合用）。监控中心设置为禁区，有保证自身安全的防护措施和进行内外联络的通信手段，并设置紧急报警装置，留有向上一级处警中心报警的通信接口。

1. 视频监控系统。系统采取同轴电缆传输射频调制信号的传输方式，系统的控制信号采用数字编码传输，对各出入口、主要通道、电梯轿厢内及商场内等部位进行有效的视频探测与监视，图像显示、记录与回放。存储天数按当地公安部门的规定。监视图像信息和声音信息具有原始完整性，系统记录的图像信息应包括图像编号/地址、记录时的时间和日期。

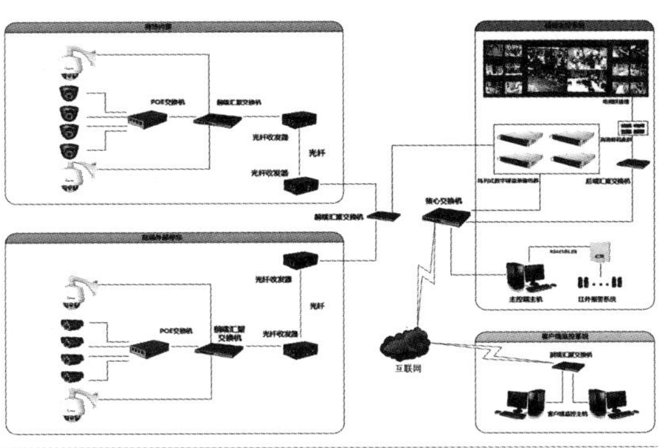

视频安防系统构架图

智能化系统

2. 出入口控制系统。后勤、办公、主要设备机房、控制室等部位的出入口安装读卡机、电控锁以及门磁开关等控制装置。系统的信息处理装置能对系统中的有关信息自动记录、打印、储存，并有防篡改和防销毁的措施。出入口控制系统应能独立运行，并能与火灾自动报警系统、视频监控系统、入侵报警系统联动。当发生火灾或需紧急疏散时，人员不使用钥匙应能迅速安全通过。
3. 入侵报警系统。在周界设置探测器；在监视区设置视频监控系统；在防护区设置紧急报警装置、探测器、声光显示装置；在禁区设置探测器、紧急报警装置、声音复核装置。
4. 电子巡查系统。本工程电子巡查系统采用无线式，在商场货场、库房、主要设备机房等重点部位设置巡查点。
5. 停车场管理系统。本工程停车场管理系统采用影像全鉴别系统，对进出的内部车辆采用车辆影像对比方式，防止盗车；外部车辆采用临时出票机方式。系统具备入口车位显示、出入口及场内通道的行车指示、车位引导、车辆自动识别、读卡识别、出入口挡车器的自动控制、自动计费及收费金额显示、多个出入口的联网与管理、分层停车场（库）的车辆统计与车位显示、出入挡车器被破坏（有非法闯入）报警、非法打开收银箱报警、无效卡出入报警、卡与进出车辆的车牌和车型不一致报警等功能。

10.4 商业街电气设计实例

本工程是由多座小型商业店铺、餐饮店铺等组成商业街建筑。总建筑面积约为2.3万平方米。

强电设计

一、负荷统计

1. 一级负荷设备容量为307 kW。
2. 二级负荷设备容量为140 kW。
3. 三级负荷设备容量为3 660 kW。

二、电源

1. 由市政外网引来一路10 kV高压10 kV电力电缆。
2. 设置一台345 kW柴油发电机组作为备用电源。

三、变、配电站

1. 在一层设置一处变电所。商业楼变电所内设2台1 250 kV·A干式变压器。
2. 在一层设置一处柴油发电机房 。

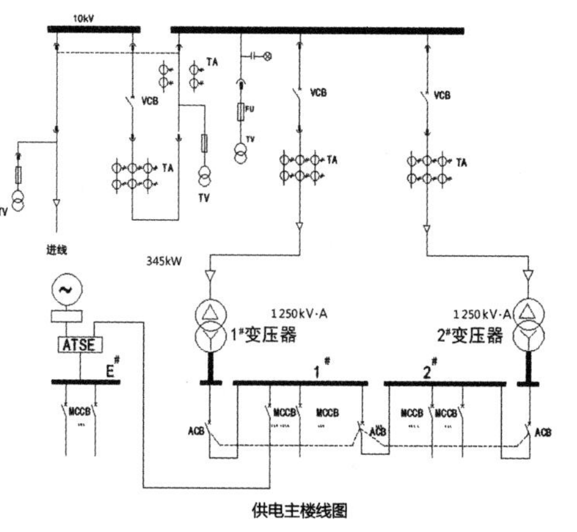

供电主楼线图

强电设计

四、电力、照明系统

生活泵、厨房、电梯等设备采用放射式供电。风机、污水泵等小型设备采用树干式供电。超市、商业、餐厅等采用放射式供电。

五、防雷与接地系统

本建筑物按二类防雷建筑物设防。

六、火灾自动报警及联动控制系统

本建筑采用集中报警控制管理方式，火灾自动报警系统按总线形式设计。在消防控制室设置联动控制台，控制方式分为自动控制和手动控制两种。通过联动控制台，可以实现对消火栓、自动喷洒灭火系统、防烟、排烟、加压送风系统的监视和控制，火灾发生时手动切断一般照明及空调机组、通风机、动力电源。

发生火灾时，启动建筑内的所有火灾声光警报器和紧急广播扬声器，警报器和紧急广播扬声器分时交替工作。

可燃气体探测报警系统独立组成，可燃气体报警控制器的报警信息和故障信息，在消防控制室图形显示装置上显示。

消防电源监控系统，通过监测消防设备电源的电流、电压、工作状态，有效地保证系统的稳定性、安全性。

电气火灾监控系统，监控电气线路的故障和异常状态，能发现电气火灾的隐患，及时报警提醒人员去消除这些隐患。

智能化系统设计

一、信息化应用系统

1. 公共服务系统。公共服务系统应具有访客接待管理和公共服务信息发布等功能，宜具有将各类公共服务事务纳入规范运行程序的管理功能。
2. 智能卡应用系统。根据建设方物业信息管理部门要求对出入口控制、电子巡查、停车场管理、考勤管理、消费等实行一卡通管理，“一卡”在同一张卡片上实现开门、考勤、消费等多种功能。
3. 信息设施运行管理系统。信息设施运行管理系统应具有对建筑物信息设施的运行状态、资源配置、技术性能等进行监测、分析、处理和维护的功能。
4. 信息安全管理系统。通过采用防火墙、加密、虚拟专用网、安全隔离和病毒防治等各种技术和管理措施，使网络系统正常运行，确保经过网络的传输和管理措施，使网络系统正常运行，确保经过网络传输和交换的数据不会发生增加、修改、丢失和泄露。

二、建筑设备管理系统

1. 建筑设备监控系统：本工程建筑设备监控系统的总体目标是对建筑设备（送排风系统、给水排水系统）进行分散控制、集中监视管理，从而提供一个舒适的工作环境，通过优化控制提高管理水平，从而达到节约能源和人工成本，并能方便实现物业管理自动化。本工程建筑设备监控系统监控点数共计297控制点，其中AI=3点、AO=0点、DI=240点、DO=54点。
2. 能源管理及计量系统。对商业街能源的用量：电量、水量、燃气量、蒸汽量、冷量等，并按客房区域、公共区域、后勤区域、餐饮区域等区域需求进行计量，所有计量表均需要具备远传功能，通过建筑智能监控系统，传至商业街管理中心，并进行读取、打印、记录、统计。电计量：分区域、分系统进行计量，照明设备与动力设备分别计量。

智能化系统设计

三、智能化集成系统

1. 智能化信息集成系统。集成软件平台安装在主机服务器上，实现把所有子系统集成在统一的用户界面下，对子系统进行统一监视、控制和协调，从而构成一个统一的协同工作的整体，包括实现对子系统实时数据的存储和加工，对系统用户的综合监控和显示以及智能分析等其他功能。
2. 集成信息应用系统。对于管理数据的集成，要求控制系统在软件上使用标准的、开放的数据库进行数据交换，实现管理数据的系统集成。

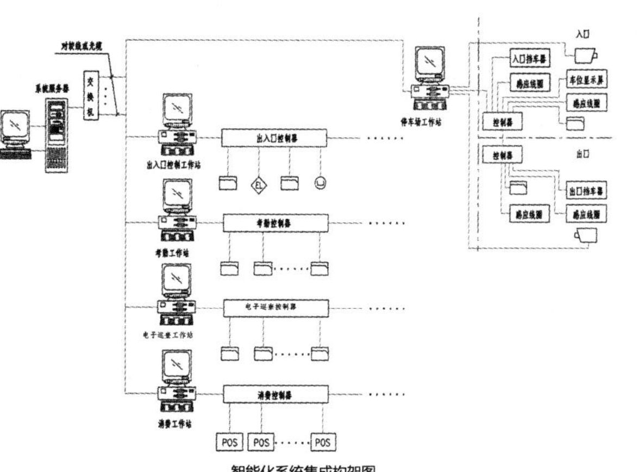

智能化系统集成构架图

智能化系统设计

四、信息化设施系统

1. 信息系统对城市公用事业的需求。通信系统接入机房设置于建筑通信机房内，通信机房可满足三家运营商入户。本工程需引入中继线50对（呼出/呼入各50%）。另外，申请直拨外线30对。电视信号接自城市有线电视网。
2. 在各个商业内预留租户的弱电综合箱，每个小型商业预留2个语音点、2个数据点；每个中型商业预留4个语音点、4个数据点；大型商业预留10个语音点、10个数据点；每个餐厅预留4个语音点、4个数据点；超市预留20个语音点、20个数据点；邮局预留6个语音点、6个数据点。
3. 公共广播系统：在各个商业内预留租户设置扬声器，系统采用100 V定压输出方式。要求从功放设备的输出端至线路上最远的用户扬声器的线路衰耗不大于 1 dB(1 000 Hz)。公共广播系统的平均声压级比背景噪声高出12~15 dB，但最高声压级不超过90 dB。应急广播优先于其他广播。
4. 有线电视系统为光纤同轴电缆混合网（HFC）方式组网，通过分配-分支系统送至各功能区域，在各个商业内预留租户设置电视出线口。
5. 信息导引及发布系统：在公共场所显示文字、文本、图形、图像、动画、行情等各种公共信息以及电视录像信号，实现一路或多路视频信号同时或部分或全屏显示。

智能化系统设计

五、公共安全系统

1. 视频监控系统。本工程在一层设置保安室(与消防控制室共室)，内设中央机房的系统主要设备有视频矩阵切换器、全功能操作键盘、彩色监视器、十六路视频数字硬盘录像机、21"硬盘录像显示器、监控多媒体图形工作站1套；电源控制器、稳压电源、监视器屏、控制机柜及控制台等。所有的出入口门，车道入口，车道，室内及室外停车库，商业入口处、超市入口处、餐厅入口处等装有摄像头。电梯轿厢内采用广角镜头，要求图像质量不低于四级。
2. 入侵报警系统：在周界设置探测器；在监视区设置视频监控系统；在防护区设置紧急报警装置、探测器、声光显示装置。
3. 停车场管理系统：停车场管理系统采用影像全鉴别系统，对进出的内部车辆采用车辆影像对比方式，防止盗车；外部车辆采用临时出票机方式。

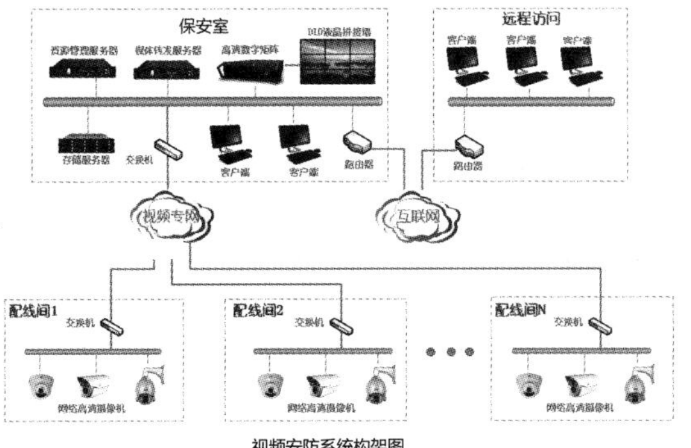

视频安防系统构架图

小结

商店建筑应根据规模及其负荷性质、用电容量以及当地供电条件等因素确定供配电系统设计方案，应具备可扩充性，根据建筑功能和零售业态布局设置配变电所。大型超级市场应设置自备电源。应根据建筑功能、零售业态、销售商品和环境条件等确定照度值、显色性和均匀度。商店建筑智能化的设计应满足业态经营、建筑功能和物业管理的需求，信息化应用系统的配置应满足商店建筑业务运行和物业管理的信息化应用需求，信息接入系统应满足商店建筑物内各类用户对信息通信的需求，建筑设备管理系统应建立对各类机电设备系统运行监控、信息共享功能的集成平台，并应满足零售业态和物业运维管理的需求，商店的收银台应设置视频安防监控系统。

The End

第十一章

城市综合体电气关键技术设计实践

Design practice of key technology of complex building electrical engineering

城市综合体就是将城市中的商业、办公、居住、旅店、展览、餐饮、会议、文娱和交通等城市生活空间的三项以上进行组合，并在各部分间建立一种相互依存、相互助益的能动关系，从而形成一个多功能、高效率的综合体。城市综合体电气设计，应根据城市综合体不同功能，贯彻执行国家相关建设的法规，配置合理电气系统，满足不同使用人群要求。电气系统是一个复合的系统，城市综合体电气设计应充分考虑内部有很多相互依赖的子系统协同作用，使其形成一个多功能、高效率的综合体。

11.1 项目概况

本工程总建筑面积520 000 m²，建筑高度为189 m，地下4层，地上39层，内含裙房4层。抗震设防烈度为7度。高层建筑分类为一类；建筑耐火等级：地上一级，地下一级。设计使用年限为50年。建筑结构形式为塔楼，主体结构为框架-核心筒结构，裙房为框架结构，地基基础形式为桩筏基础。建筑主要功能：商务办公，酒店、公寓式酒店，商业、配套设施。

项目概况

项目概况一览表

层数	层高	主要功能房间
地下四层	3.65 m	人防、汽车库、设备机房及后勤物业用房
地下三层	3.65 m	人防、汽车库、设备机房及后勤物业用房
地下二层	4.0 m	汽车库、设备机房、员工餐厅、厨房及酒店附属用房
地下一层	5.0~7.85 m	下沉广场、商业、物业管理用房、机电设备用房、汽车库、货运车道、垃圾储运间
T1塔楼	首层6.7 m，二层5.5 m，标准层4.2 m，避难层L11和L27为5.1m，L19为4.2 m	首二层为办公大堂，局部有商业；L11、L19和L27为避难层，局部为机电设备用房，其余楼层为出租办公空间
T2塔楼	首层8.9 m，二层5.5 m，标准层4.2 m，避难层L11和L27为5.1 m，L19为4.2 m	首二层为办公大堂，局部有商业；L11、L19和L27为避难层，局部为机电设备用房，其余楼层为出租办公空间
T3塔楼	首层5.65 m，二层6.0 m，三层7.9 m，办公标准层4.2 m，公寓式酒店标准层3.8 m，酒店大堂层L31为6.0 m，酒店标准层4.0 m和4.8 m，酒店配套层6.5 m，避难层L10为4.0 m，L16为5.1 m，L30为6.0 m。在L31酒店大堂层上方有设备夹层L31M为1.8 m	首二层为大堂，局部有商业；L3为大堂和多功能厅；L10、L16和L30为避难层，局部为机电设备用房，L4~L15为出租办公，L17~L29为公寓式酒店。L31为酒店大堂，L31M为机电层，L32~L36为酒店客房及酒店配套
P1、P2裙房	首层、二层6.0 m，三、四层5.1 m	出租商业用房

电气设计管理

1. 电气设计管理意义。电气设计管理是根据使用者的需求，有计划、有组织地进行电气设计的研究活动。能有效地积极调动设计师和工程建造者的开发创造性思维，以更合理、更科学的方式工作，为社会创造更大价值而进行的一系列设计策略、设计活动与工程建设的管理。城市综合体的电气系统繁多。而电气系统又是一个复合的系统，加强电气设计管理可以使电气系统相互依赖的子系统协同。
2. 电气设计管理内容。编制工程项目电气设计统一规定。确立电气设计组成员设计内容与分工，对设计文件表达提出明确要求，要求电气设计组成员精心设计，信守勘察设计人员职业道德准则，遵守纪律，不得私自降低设计标准和运用不合时宜的设计理念。遇见突发不可预见事件不能完成本职工作时，应与项目负责人协商确定具体解决办法。对如何与其他专业密切配合、工程过程控制、设计验证、知识产权管理、确保工程质量和工期提出明确要求，并对在设计阶段可能出现的问题提出注意事项。确立了保证设计进度、确保工程质量、创造精品建筑的工作目标。
3. 指导施工，把控质量管理。对高（低）压配电柜、变压器、动力（照明）配电箱、灯具、开关（插座）、防雷与接地、电气设备采购提出明确技术指标要求，对其安装提出详细工序要求，提出安装应注意的质量问题，确保工质量。
4. 协调管理相关工程建设参与方责任。电气承包人需与本项目其他承包人配合工作，提供所需的有关资料、设备和人员，以确保能与其他承包人协调配合，并确保其负责的工作是按正确的程序施工。不能出现未及时提供而影响综合设备施工图及土建配合图的深化设计，耽误施工进度现象。

11.2　强电系统

根据建筑主要功能(商务办公，酒店、公寓式酒店，商业、配套设施)配置变配电系统。合理确定变电所和柴油发电机房位置。对应急电源、备用电源容量和供油措施应有充分考虑。线路敷设应满足管理方和施工要求，特别是消防要求。航空障碍灯及夜景照明应根据环境要求设置。

负荷分级表

负荷级别		用电负荷名称	供电电源/互投方式	备注
一级负荷	一级负荷中特别重要负荷	安防系统用电，各智能化系统用电	供电电源：双路市电+柴油发电机备用母线段 互投方式：电源末端互投	系统自带UPS 电源
		火灾自动报警系统用电	供电电源：双路市电+柴油发电机备用母线段 互投方式：电源末端互投	系统自带UPS 电源
		应急照明系统（应急疏散照明、备用照明）用电	供电电源：双路市电+柴油发电机应急母线段 互投方式：电源末端互投	集中电源集中控制系统
		消防各设备用电		—
		酒店运营相关的各弱电系统及其机房电源、酒店运营相关的各管理系统的电源；厨房冷库用电；酒店客梯用电；总统套房用电；航空障碍照明用电；大堂接待处及电动旋转门电源；酒店24 h空调系统等。 部分办公楼客梯用电	供电电源：双路市电+柴油发电机应急母线段 互投方式：电源末端互投	酒店管理公司要求
	一级负荷	公共区域照明，酒店厨房照明、酒店宴会厅照明、康乐设施等场所的照明、生活给水系统、排污泵，办公客梯用电，客房应急插座；生活水泵、排污泵、擦窗机用电；大型商场及超市营业厅备用照明	供电电源：双路市电 互投方式：电源末端互投或集中互投	—
		酒店宴会厅厨房用电；部分酒店空调负荷	供电电源：单路市电+柴油发电机应急母线段 互投方式：专路供电	
		车库用电	供电电源：双路市电 配电方式：专路供电	—
二级负荷		办公大堂自动扶梯、货梯用电；酒店其他用电；大型商场及超自动扶梯、货运电梯、空调电力用电	供电电源：单路市电，低压联络 配电方式：专路供电	—
三级负荷		普通空调、普通机房、库房、附属用房等照明及一般动力负荷等	供电电源：单路市电故障时：单台变压器或线路故障，即停掉此负荷	—
		室外照明、景观用电		
		未涉及部分用电；不属于一、二级负荷的其他用电负荷		

负荷密度表

业态名称		功率负荷密度	
		综合指标	照明插座系统(参考)
综合体及购物中心	高档百货	130~160 W/m²	60~80
	甲级写字楼（5A级）	100~120 W/m²	100（办公区）
	写字楼（乙级）	65~85 W/m²	70（办公区）
	大型超市	160 W/m²	60
	酒店	100~120 W/m²	—
	酒店式公寓	80~100（一居室：6 kW；两居室：8 kW）	(未设煤气或天然气)
	家电超市	110~120 W/m²	60
	影城	150~250 W/m²（含空调冷源负荷）	—
	KTV	120 W/m²（含空调冷源负荷）	—
	电玩城	110 W/m²（含空调冷源负荷）	—
	儿童城	80 W/m²（含空调冷源负荷）	—
	零售	100 W/m²（含空调冷源负荷）	—
	特色餐饮	200~300 W/m²（含空调冷源负荷）	60
	健身、洗浴	100 W/m²（含空调冷源负荷）	50
	员工食堂	150~200 W/m²	—
	地下停车场	10~25 W/m²	—
步行商业街	西式快餐	250~300 kW（按签约电量）	
	咖啡馆	100 kW（按签约电量）	
	其他餐饮	200~250 W/m²	
	银行网点	120 W/m²	
	精品服饰	120 W/m²	
	公共区	50 W/m²	
	中庭	预留100 kW或50 kW	

供电与变电所

一、电源

由市政引来五路10kV高压电源，1#高压开关室采用两路双重电源进线，两路电源同时供电，单母线运行方式，互为备用，母线不分段，不设母线联络开关。 2# 高压开关室采用三路高压电源接线，两用一备接线方式，其中任一段母线失电时，备用电源开关自动（或手动）投入。

商务办公，酒店、公寓式酒店设置柴油发电机做为应急电源和备有电源。

二、变、配电站

变、配电站设置一览表

10 kV用户开关室编号	楼号	变配电所名称	服务区域	变压器容量（kV·A）	变压器安装位置
1#开关站	T2塔楼	T2-1#变配电所	1~10层	2X1 000	B1层
		T2-2#变配电所	11~26层	2X1 000	11层设备避难层
		T2-3#变配电所	27~39层	2X1 000	27层设备避难层
	地下车库+P1裙房	C-1#变配电所	P1裙房+B1~B4部分车库	2X1 600	B1层
	地下车库+P2裙房	C-2#变配电所	P2裙房+B1~B4部分车库	2X1 600	B1层
	地下车库	C-3#变配电所	部分车库	2X1 000	B1层
	制冷机房+锅炉房	C-4#变配电所	制冷机房+锅炉房	2X2 000	B1层
	制冷机房		高压冷水机组	3X1 400	B4层
商业增容备用		C-5#变配电所	—	2X2 000	B1层
2#开关站	T1塔楼	T1-1#变配电所	1~10层	2X1 250	B1层
		T1-2#变配电所	11~26层	2X1 000	11层设备避难层
		T1-3#变配电所	27~39层	2X1 000	27层设备避难层
	T3塔楼	T3-1#变配电所	T3南、北塔1~16层	4X1 000	B1层
		T3-2#变配电所	T3南塔17~30层	2X1 000	T3南塔17层设备避难层
		T3-3#变配电所	T3北塔17~30层	2X1 000	T3北塔17层设备避难层
		T3-4#变配电所	31~37层酒店	2X1 250	30层设备避难层

高区避难层变压器的运输方法方案分析选择表

项目	方案一	方案二	方案三	方案四
运输方法	利用大型电梯运输，整台运输	利用服务电梯运输，拆分变压器运输	利用卷扬机于电梯井道内运输	利用避难层的扒杆运输
方案描述	设置一台大吨位的电梯（4 t及以上），并控制上楼变压器的容量在1 250 kV·A及以下（一台1 250 kV·A变压器重量约3 300kg）	将变压器拆卸成铁芯、高低压线圈、铁轭、底座等部件，利用已有的载重为2 t的货梯运输	利用办公及酒店之服务电梯的井道，尺寸一般要求为不少于 2 700 mm×2 600 mm	利用避难层的扒杆，但避难层的一面需采用可拆卸百叶
优点	不受施工单位限制； 日后更换变压器成本较低	不占用核心筒面积，不需设置大吨位电梯，投资成本较低	不占用核心筒面积，投资成本较低	不占用核心筒面积，投资成本较低
缺点	占用核心筒面积较大；电梯运行费用较高，且平时利用率极低，投资成本高； 电梯井道需贯通，对于多业态的建筑不一定合适（需根据项目使用特点）	进行出厂实验后，由于要进行重新组装，变压器的绝缘特性会有所改变； 现场条件有限，冲击试验以及温升实验没有条件再次进行	需事先把电梯轿厢移到适当位置并且拆除井道内的电梯配件（如钢丝绳，随行电缆等）； 井道狭窄，运输时需考虑碰撞或晃动等对井道造成的破坏； 所牵涉到的权责问题需进一步沟通	不适合全天候作业，需考虑风向、风速等气候条件,并做好吊装时安全维护，需专业吊装人员实施； 不适合在机电层高度过高的情况，且对于风向及风速影响需能在可掌控之范围内

应急柴油发电机

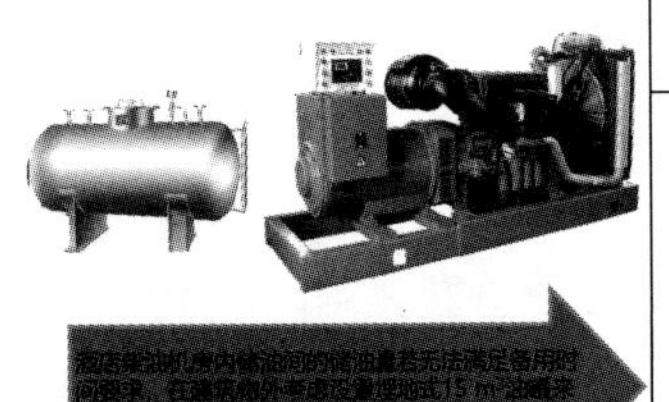

超高层建筑柴油发电机组设置的分析及选择

方案	方案一	方案二	方案三
	高压柴油发电机	低压柴油发电机	高压柴油发电机+ATS
可靠性及优缺点	1.竖井与线路安装空间较小； 2.由于需要配置降压变压器（应急变压器），而长期不使用的变压器损坏的概率相对较高，影响供电可靠性	1.可靠率相对较高； 2.母线槽上电压降较大，有可能需要增大母线槽面积以减小压强，从而进一步增大初投资	采用高压柴油发电机系统与市政10 kV电源母线分段ATS切换 1.高压ATS技术不够成熟，有可能会降低系统可靠性； 2.该方案的实施需征得当地供电部门的同意
机房空间	柴油发电机房需增加降压变压器的安装位置	基本不影响机房面积	基本不影响机房面积
造价	最高	相对较低	最低

柴油发电机房

在地下一层设置两处柴油发电机房，为商务办公、酒店、公寓式酒店提供应急电源和备有电源。

备用柴油发电机需提供以下设备的应急电源：

1. 应急照明；
2. 消防系统；
3. 防排烟系统；
4. 消防电梯；
5. 电梯回降；
6. 给水及热水水泵；
7. 集水井水泵；
8. 擦窗机；
9. 弱电系统(包括安保、通信及管理等系统)；
10. 屋顶航空障碍灯。

柴油发电机配电表

机房编号	柴油发电机编号	服务区域	柴油发电机容量（kV·A）
1#柴油发电机房	G1柴油发电机组	T1塔楼及预留	1 600
	G4柴油发电机组	T3塔楼公寓及酒店	1 250
2#柴油发电机房	G2柴油发电机组	T2塔、P2裙房及部分地下车库	1 600
	G3柴油发电机组	T3塔办公部分、P1裙房及部分地下车库、预留	1 600

公寓及酒店备用柴油发电机系统，除应急负荷外，还提供以下维持酒店基本运作的重要负荷：

1. 酒店重要制冷系统设备；
2. 走道及公共用房内三分之一的照明；浴室内其中一个照明；
3. 一台客梯及一台服务电梯正常运作；
4. 排风机，冷水及热水给水泵，生活热水及锅炉系统设备，电梯井集水泵；
5. 宴会厅厨房设备及100%的照明，宴会厅正常运作的用电；
6. 所有弱电设备；
7. 销售点网络(P.O.S.)及物业管理系统(P.M.S.)；
8. 设置集中UPS供电系统，为公共区重要负荷供电。

塔楼强电竖井及竖向配电方案

塔楼强电竖井及竖向配电方案分析

方案	强电竖井配置	优点	缺点	造价
方案一	单竖井，单母排配置	每层强电井面积约8m²，占用面积最少	遇上严重或重大事故时（如整楼强电井遭受水淹或母排故障等）难以快速提供临时供电；不能为部分高端租户提供双路供电	最低
方案二	单竖井，双母排配置	每层强电井面积约为10m²，占用面积较少；能快速的提供临时供电；能为部分高端租户提供双路供电(租户自行配备自动切换装置ATS)	遇上严重事故时(如整楼强 电井遭受水淹)，整区供电系统将受影响	较低
方案三	双竖井，双母排配置	遇上严重或重大事故时（如整楼强电井遭受水淹或母排故障等）能够快速提供临时供电；能为部分高端租户提供双路供电(租户自行配备自动切换装置ATS)	每层强电井面积约12 m²，占用面积最大	最高

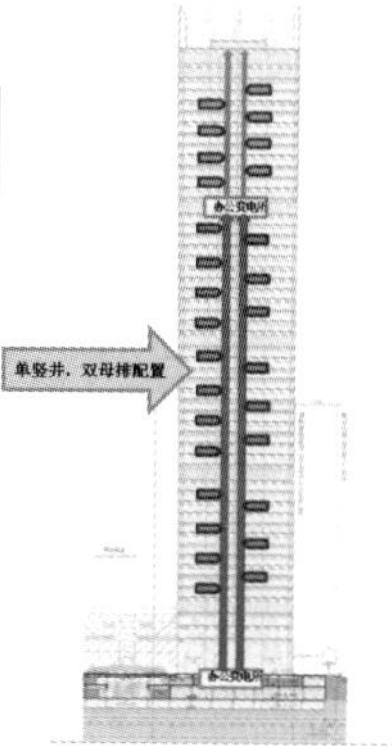

光源与灯具选择

1. 光源：以优质、高效的T5细管径三基色荧光灯为主，结合具体条件合理运用部分LED光源。
2. 有装修要求的场所视装修要求选用节能光源，一般场所为节能高效荧光灯或其他光源。光源显色指数R_a大于80，色温应为2 800~4 500 K之间。
3. 荧光灯为T5细管径三基色荧光灯，光通量不低于2 600 lm以上，配电子镇流器。
4. 应急照明必须选用能瞬时点亮的光源。
5. 应急疏散指示标志灯、夜景照明采用LED光源。
6. 荧光灯灯具效率：开敞式不低于75%，透明保护罩不低于70%，格栅不低于65 %。
7. 发光二极管筒灯灯具效能（4 000 K）：格栅不低于65 lm/W，保护罩不低于70 lm/W。
8. 发光二极管平面灯灯具效能（4 000 K）：反射式不低于70lm/W，直射式不低于75 lm/W。
9. 在室外的场所，应采用防护等级不低于IP54的灯具。
10. 除50V以下低压灯具，一般灯具选用Ⅰ类灯具，所有Ⅰ类灯具均增加一根PE线，平面图中不再表示。Ⅰ类灯具的外露可导电部分必须接地可靠，并应有专用接地螺栓，且有标识。
11. 所有灯具就地补偿后的功率因数均应大于0.9。

集中控制疏散指示系统

火灾初期，有了集中控制疏散指示逃生系统，人们可避免误入烟雾弥漫的火灾现场，争取宝贵的逃生时间。火灾时，根据消防联动信号，集中控制应急照明疏散系统对疏散标志灯的指示方向闪烁灯光、地面疏散标志灯亮，给逃生人员以视觉和听觉等感官的刺激，指引安全逃生方向，加快逃生速度、提高逃生成功率。系统技术参数包括：

1. 备用电源应急时间2 h；
2. 主控机嵌入式工业控制计算机，显示器17"工业全彩液晶显示器；打印机热敏打印机；
3. 总线技术M-BUS：RS-485、EtherNet控制总线；
4. 通信接口RS232，RS485，USB2.0；
5. 通信电压：36 V；
6. 防护等级IP30；
7. 系统限值设备数不大于128 000个、回路数不大于256路、回路设备数不大于64个。

集中控制疏散指示系统

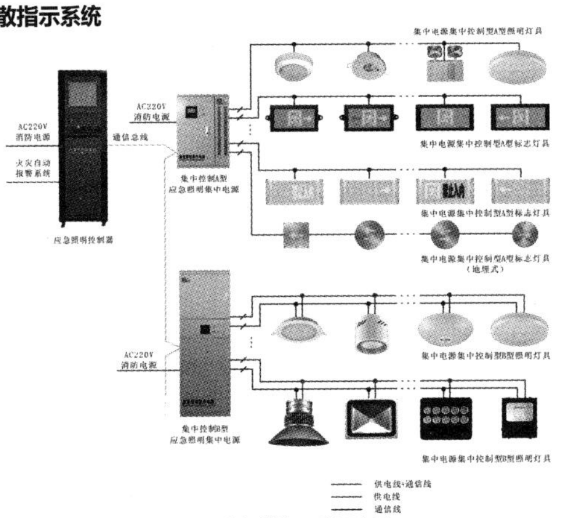

消防疏散指示系统示意图

航空障碍物照明及夜景照明

一、航空障碍物照明

1. 本工程在屋面安装中光强航空闪光障碍灯，在屋顶层(90 m处)安装低光强航空闪光障碍灯。
2. 航空障碍灯每晚六时至次日早六时及雨雾天气及时开亮。
3. 顶部障碍灯为高光强型（航空白色），向下依次为中、低光强型（航空白色及航空红色）。航空障碍灯应符合国家现行标准《航空障碍灯》MH/T 6012的规定。
4. 灯内自带控制装置，航空障碍灯按照度或时间进行通断控制。

二、夜景照明

1. 充分了解和发挥光的特性。如光的方向性、光的折射与反射、光的颜色、显色性、亮度等。针对人对照明所产生的生理及心理反应，灵活应用光线对使人的视觉产生优美而良好的效果。根据被照物的性质、特征和要求，合理选择最佳照明方式。节日照明及室外照明采用集中控制，并应根据不同的时间（平时、节假日、庆典日）有不同效果的选择。
2. 既要突出重点，又要兼顾夜景照明的总体效果，并和周围环境照明协调一致。使用彩色光要慎重。鉴于彩色光的感情色彩强烈，会不适当地强化和异化夜景照明的主题表现，应引起注意。特别是一些庄重的大型公共场所的夜景照明，更要特别谨慎。夜景照明的设置应避免产生眩光和光污染。

11.3　电气防灾系统

城市综合体特点是规模大、建筑体系复杂，人员密集、日常管理和应急状态管理复杂，存在物业多种管理模式。如何保证建筑内不同使用人群安全要求，这是电气防灾系统设计应关注的主要问题。其中包括防火、防恐、抗震（避免二次灾害）、防雷、防虫害等内容。

防雷与接地系统

1. 本工程T1塔楼预计年雷击次数0.195 3次/a，按第二类防雷建筑设计；本工程T2楼预计年雷击次数 0.195 0次/a，按第二类防雷建筑设计；本工程T3楼预计年雷击次数 0.230 7次/a，按第二类防雷建筑设计；本工程电子信息系统雷电防护等级为A级。
2. 接闪器。在屋顶明敷ϕ10镀锌圆钢作为接闪带，网格不大于10 mx10 m，屋面上所有金属构件、金属管道、冷却塔、擦窗机、设备金属外壳等所有凸出屋面的金属物均与屋面防雷装置可靠连接。
3. 引下线。利用建筑物钢筋混凝土屋顶、梁、柱及基础内的钢筋作为防雷引下线，建筑物内、外部所有垂直柱的钢筋均起到防雷引下线的作用。
4. 接地装置。利用桩基及基础梁、基础底板轴线上的上下两层钢筋及内部两根主筋形成基础接地网，其中基础外缘两根主筋需焊连成电气环路，防雷接地、电力系统接地、防静电接地及各弱电系统接地共用次接地装置，实测的综合接地电阻不大于0.5 Ω。
5. 建筑高度超过45 m的部分，除屋顶的外部防雷装置，还采取防侧击措施。
6. 通过对电源SPD的漏电流参数和信号SPD的雷击冲击电流参数的准确测量，实现电源SPD和信号SPD劣化过程、使用寿命的实时监测和失效预警，从而实现100%雷电保护的安全性，提高运行维护的智能化，降低防雷保护运行维护的长期成本。

防雷与接地系统

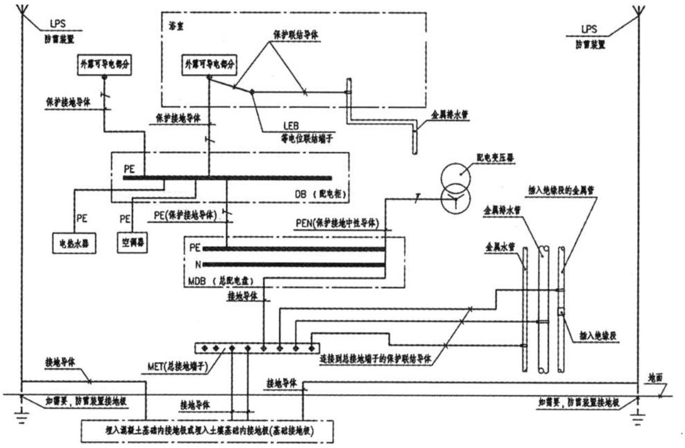

防雷接地系统示意图

电气消防系统

一、电气消防系统

本工程消防控制室设在B1层，面积为300m²，疏散门直通室外（或安全出口）。消防控制室内设置火灾报警控制器、消防联动控制器、消防控制室图形显示装置、消防专用电话总机、消防应急广播控制装置、消防应急照明和疏散指示系统控制装置、消防电源监控器、防火门监控器等设备，消防控制室内设置的消防控制室图形显示装置显示建筑物内设置的全部消防系统及相关设备的动态信息和消防安全管理信息，为远程监控系统预留接口，具有向远程监控系统传输相关信息的功能。

二、火灾自动报警系统

本工程采用的是控制中心报警形式，在T1塔楼首层设置本综合体的消防控制中心（兼作商业消防控制室），在T2塔楼办公地下一层设办公消防控制室，在T3塔楼酒店地下一层设酒店消防控制室。

采用总体保护方式，为二总线环状结构及支状结构混合工作方式，系统干线采用环型网络布线形式，并设置短路隔离器，提高系统可靠性和安全度。酒店报警主机选用UL或FM认证的产品及酒店管理集团认可的火灾报警品牌。

电气消防系统

三、火灾自动报警系统增强措施

1. 火灾自动报警系统的通信线接线采用环形接线。
2. 疏散楼梯间内设消防广播扬声器，并以避难层为界分段按独立广播区域设置。
3. 公共建筑的各功能房间内远端距门外最近扬声器大于12.5 m时，房间内应设紧急广播扬声器。
4. 避难层的避难区域内应设置视频监视摄像头。
5. 所有房间均设置火灾探测器（包括卫生间）。

四、电气系统增强措施

1. 在建筑物内敷设的高压供电线路采用耐火电缆，并按消防配电线路要求敷设。
2. 高压电缆竖井单独设置，且高压线路应设有明显标志。
3. 避难区域不穿过与避难区域用电无关的电气线路。无法避免时，非矿物绝缘类电缆线路应采取相应的防火隔离措施。
4. 疏散楼梯间及防烟前室（合用前室）的消防疏散照明与疏散指示标志连续供电时间不小于120 min。

电气消防系统

五、消防联动控制系统

在消防控制室设置联动控制台，控制方式分为自动控制和手动控制两种。通过联动控制台，可以实现对消火栓、自动喷洒灭火系统、防烟、排烟、加压送风系统的监视和控制，火灾发生时手动切断一般照明及空调机组、通风机、动力电源。当发生火灾时，自动关闭总煤气进气阀门。

六、消防管网监控系统

通过监测消火栓、喷淋管网压力信息、消防管网上各个阀门状态信息、消防管网动态流量信息以及消防水池（箱）水位水量信息，从而判断消防管网工作状态，监测最不利点处的喷头真实工作压力是否达规定值，并将数据实时上传至消防管网系统控制器。

七、消防紧急广播系统

在消防控制室设置消防广播机柜，机组采用定压式输出。地下泵房、冷冻机房等处设号角式15 W扬声器，其他场所设置3 W扬声器。消防紧急广播按建筑层分路，每层一路。当发生火灾时，消防控制室值班人员可自动或手动向全楼进行火灾广播，及时指挥疏导人员撤离火灾现场。

电气消防系统

八、电气火灾报警系统

为防止接地故障引起的火灾，系统准确实时地监控电气线路的故障和异常状态，及时发现电气火灾的隐患，及时报警、提醒有关人员消除这些隐患，避免电气火灾的发生，是从源头上预防电气火灾的有效措施。

九、消防电源监控系统

1. 通过监测消防设备电源的电流、电压、工作状态，从而判断消防设备电源是否存在中断供电、过压、欠压、过流、缺相等故障，并进行声光报警、记录。
2. 消防设备电源的工作状态，均在消防控制室内的消防设备电源状态监控器上集中显示，故障报警后及时进行处理，排除故障隐患，使消防设备电源始终处于正常工作状态。从而有效避免火灾发生时，消防设备由于电源故障而无法正常工作的危机情况，最大限度地保障消防设备的可靠运行。
3. 消防设备电源监控系统采用集中供电方式，现场传感器采用DC24 V安全电压供电，有效地保证系统的稳定性、安全性。

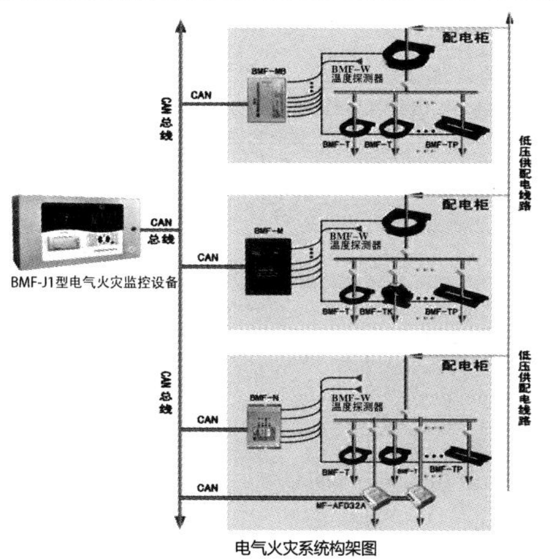

电气火灾系统构架图

电气消防系统

十、消防直通对讲电话系统

在消防控制室内设置消防直通对讲电话总机，除在各层的手动报警按钮处设置消防对讲电话插孔外，在变配电室、水泵房、电梯机房、冷冻机房、防排烟机房、建筑设备监控室、管理值班室等处设置消防直通对讲电话分机。

十一、防火门监控系统

为保证防火门充分发挥其隔离作用，在火灾发生时，迅速隔离火源，有效控制火势范围，为扑救火灾及人员的疏散逃生创造良好条件，本工程设置防火门监控系统。

十二、电梯监视控制系统

在消防控制室设置电梯监控盘，除显示各电梯运行状态、层数显示外，还应设置正常、故障、开门、关门等状态显示。火灾发生时，根据火灾情况及场所，由消防控制室电梯监控盘发出指令，指挥电梯按消防程序运行：对全部或任意一台电梯进行对讲，说明改变运行程序的原因；除消防电梯保持运行外，其余电梯均强制返回一层并开门。火灾指令开关采用钥匙型开关，由消防控制室负责火灾时的电梯控制。

电气抗震设计

1. 变压器的安装设计应满足下列要求：
   (1)安装就位后应焊接牢固，内部线圈应牢固固定在变压器外壳内的支承结构上。
   (2)装有滚轮的变压器就位后，应将滚轮用能拆卸的制动部件固定。变压器的支承面宜适当加宽，并设置防止其移动和倾倒的限位器。
   (3)封闭母线与设备连接采用软连接，并应对接入和接出的柔性导体留有位移的空间。
2. 柴油发电机组的安装设计应满足下列要求：
   (1)应设置震动隔离装置。
   (2)与外部管道应采用柔性连接。
   (3)设备与基础之间、设备与减震装置之间的地脚螺栓应能承受水平地震力和垂直地震力。
3. 电梯的设计应满足下列要求：
   (1)电梯包括其机械、控制器的连接和支承，应满足水平地震作用及地震相对位移的要求。
   (2)垂直电梯宜具有地震探测功能，地震时电梯应能够自动就近平层并停运。
4. 设在建筑物屋顶上的共用天线等，应设置防止因地震导致设备损坏后部件坠落伤人的安全防护措施。
5. 应急广播系统预置地震广播模式。
6. 安装在吊顶上的灯具，应考虑地震时吊顶与楼板的相对位移。

电气抗震设计

7. 配电箱（柜）、通信设备的安装设计应满足下列要求：

(1)配电箱（柜）、通信设备的安装螺栓或焊接强度必须满足抗震要求；交流配电屏、直流配电屏、整流器屏、交流不间断电源、油机控制屏、转换屏、并机屏及其他电源设备，同列相邻设备侧壁间至少有两点用不小于M10螺栓紧固，设备底脚应采用膨胀螺栓与地面加固。

(2)靠墙安装的配电柜、通信设备机柜应在底部安装牢固，当底部安装螺栓或焊接强度不够时，应将其顶部与墙壁进行连接。

(3)非靠墙安装的配电柜、通信设备柜等落地安装时，其根部应采用金属膨胀螺栓或焊接的固定方式，并将几个柜在重心位置以上连成整体。

(4)墙上安装的配电箱等设备应直接或间接采用不小于M10膨胀螺栓与墙体固定。

(5)配电箱（柜）、通信设备机柜内的元器件应考虑与支承结构间的相互作用，元器件之间采用软连接，接线处应做防震处理。

(6)配电箱（柜）面上的仪表应与柜体组装牢固。

(7)配电装置至用电设备间连线进口处应转为挠性线管过渡。

8. 母线设计应满足下列要求：

(1)母线的尺寸应尽量减小，提高母线固有频率，避开1～15 Hz的频段。

(2)母线的结构应采取措施强化，部件之间应采用焊接或螺栓连接，避免铆接。

(3)电气连接部分应采用弹性紧固件或弹性垫圈抵消振动，连接力矩应适当加大并采取措施予以保持。

电气抗震设计

9. 引入建筑物的电气管路敷设时应满足下列要求：

(1)在进口处应采用挠性线管或采取其他抗震措施；

(2)进户缆线留有余量；

(3)进户套管与引入管之间的间隙应采用柔性防腐、防水材料密封。

10. 机电管线抗震支撑系统：

(1)电气设备系统中内径大于或等于60 mm的电气配管和重量大于或等于15 kg/m的电缆桥架及多管共架系统须采用机电管线抗震支撑系统。

(2)刚性管道侧向抗震支撑最大设计间距不得超过12 m；柔性管道侧向抗震支撑最大设计间距不得超过6 m。

(3)刚性管道纵向抗震支撑最大设计间距不得超过24 m；柔性管道纵向抗震支撑最大设计间距不得超过12 m。

电气抗震设计

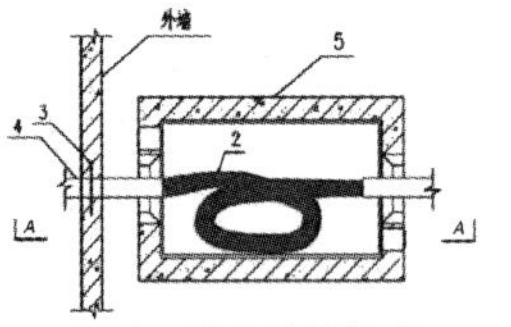

外墙
5
4
3
2
A
A

由室外电缆井引入外墙处连接做法平面图

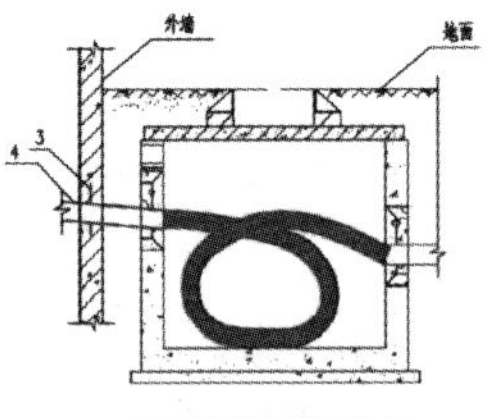

外墙
地面
4
3

由室外电缆井引入外墙处连接做法

A–A剖面图

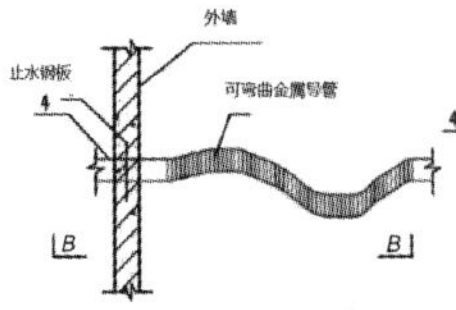

外墙
止水钢板
4
可弯曲金属导管
B
B

由室外引入外墙处软连接做法平面图

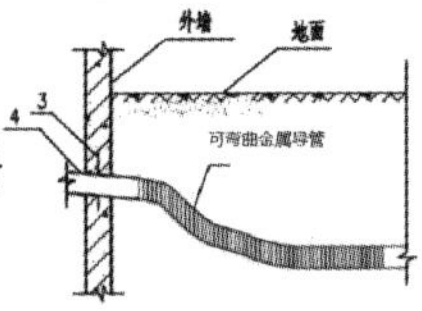

外墙
地面
4
3
可弯曲金属导管

由室外引入外墙处软连接做法

B–B剖面图

11.4　智能化系统

城市综合体特点是规模大、人员密集、日常管理和应急状态管理复杂，存在物业多种管理模式。如何让电气系统之间存在相互依存、相互助益的能动关系，从而形成一个多功能、高效率的综合体，满足不同使用人群要求，这是智能化系统设计应关注的主要问题。

智能化系统总体架构

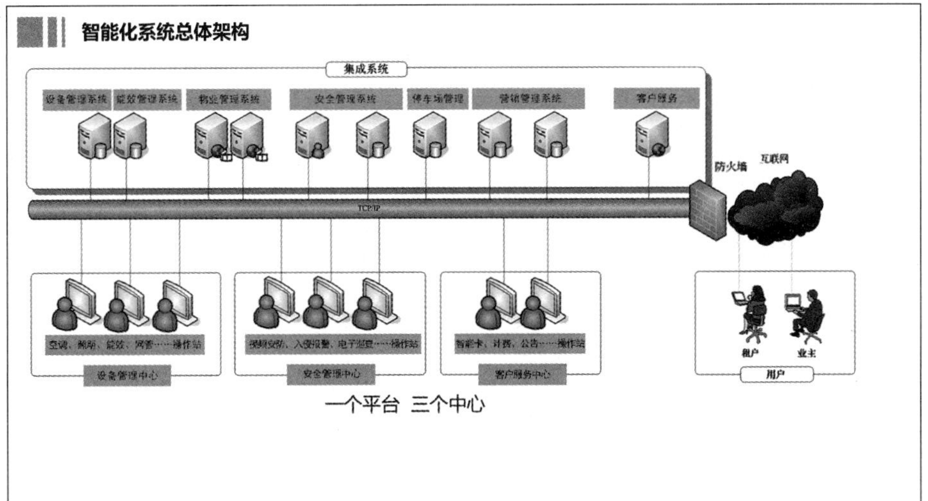

一个平台　三个中心

宽带接入网络架构

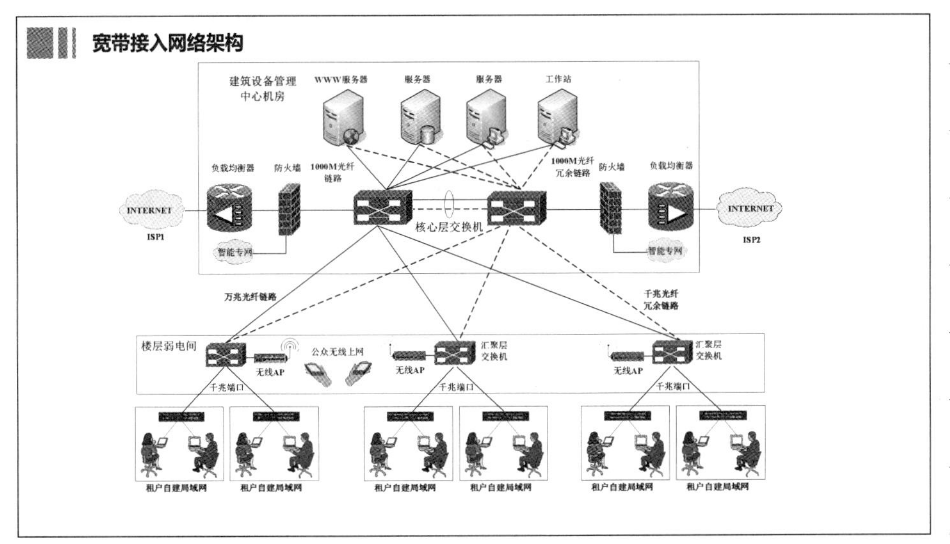

智能化专网架构

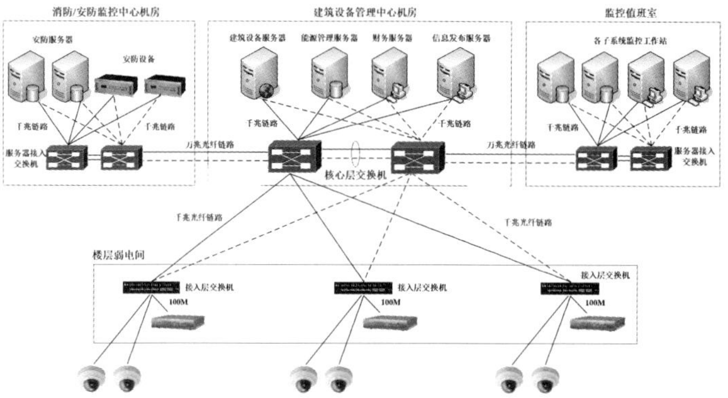
消防/安防监控中心机房
安防服务器
安防设备
千兆链路
千兆链路
服务器接入交换机
建筑设备管理中心机房
建筑设备服务器
能源管理服务器
财务服务器
信息发布服务器
千兆链路
千兆链路
万兆光纤链路
核心层交换机
万兆光纤链路
监控值班室
各子系统监控工作站
千兆链路
千兆链路
服务器接入交换机
千兆光纤链路
千兆光纤链路
楼层弱电间
接入层交换机
100M
接入层交换机
100M
接入层交换机
100M

智能化系统规模与特点表（一）

系统类别	建设内容及规模	特点（开通率、故障率、实用、适用性）
综合布线系统	所有客房设有不少于3台电话机；每个客房的写字桌上设1个数据点上网；电视后面预留一个数据点，用来接收未来视频点播节目（IPTV或VOD）。所有的公共区域，宴会厅、多功能厅、商务中心、行政酒廊和各餐厅设置无线网络接入点。办公用房按5～10 m^2一个语音点和一个数据点	综合布线系统主要为电话布线系统和数据布线系统，其线缆采用光纤和6类UTP网线和模块化配线架。此系统将提供整个项目的语音和数据传输通道。酒店客人使用的客房宽带上网数据网与后勤酒店管理用的数据网物理分开，包括这两组数据网的主干线，是两个独立分开的网络
通信网络系统	网络接入速率最低应达至100 M。无线网络覆盖所有区域，公共区域包括办公区，大堂、会议及宴会厅、商务中心、行政酒廊、健身房游泳池等，客房区域包括所有楼层及客房	酒店客用网络（客人宽带上网所使用的有线和无线网络）和酒店管理网络实现物理机构上的隔离。智能化设备管理专网与酒店管理办公专网采用VILN划分方式隔开。网络必须具有完备的网络安全及保护措施
建筑设备监控系统	建筑设备监控系统的工作站设于各业态的保安监控中心值班室内。系统主要对下以系统和设备进行监视及节能控制：制冷机及其水泵、空调及通风系统、给排水系统、公共照明、电梯、供配电、发电机等	本工程采用楼宇设备监控系统，系统为机电设备提供自动化管理，通过多层次控制网络，提供楼内机电设备的监控及管理的功能要求。同时该系统通过以太网，配合开放式网络协议提供网络化、人性化的设备监管方案。楼宇设备监控系统监控整个项目的机电设备，以作警报、失效表示、分析数据等操作
安全防范系统	综合安全防范管理子系统包括视频安防监控系统、入侵报警系统、电子巡查系统、出入口门禁系统、保安无线对讲系统、停车场管理系统等，使之各安防子系统相互联动响应，集中管理调度	综合安全防范管理系统利用综合布线技术、通信技术、网络互联技术、多媒体应用技术、安全防范技术、网络安全技术等将相关设备、软件进行集成设计、安装调试、界面定制开发和应用支持

智能化系统规模与特点表（二）

系统类别	建设内容及规模	特点（开通率、故障率、实用、适用性）
背景音乐及广播系统	本工程应急广播与背景音乐共用一套音响装置，末端广播分专用应急广播、背景音乐兼应急广播（酒店除外）。系统采用100 V定压输出方式。要求从功放设备的输出端至线路上最远的用户扬声器的线路衰耗不大于1 dB (1 000 Hz)	应急广播优先于其他广播。有就地音量开关控制的扬声器，应急广播时消防信号自动强制接通，音量开关附切换装置。火灾时，自动或手动打开全楼消防应急广播，同时切断背景音乐广播。消防应急广播切换在消防控制室内（或在弱电小间）完成。 公共广播的每一分区均设有调音控制板（设在消防中心），可根据需要调节音量或切除，消防应急广播时消防信号自动强制接通
集成管理系统	集成管理系统主要包含消防报警系统、综合安防集成管理系统、建筑设备监控系统、智能照明管理系统、信息引导及发布系统等。所有的子系统均采用光纤联网，并通过高阶接口进行交接，系统控制功能可接入广域网 (WAN) 供远程监控楼宇信息	智能化集成管理系统的主要设备设于保安监控中心，此系统可为管理者对建筑的监控做出良好及快速的反应，并增强大楼的智能化的程度。本系统建立整个建筑的智能化集成管理服务平台。所有的子系统均采用光纤联网，并通过高阶接口进行交接，系统控制功能可接入广域网 (WAN) 供远程监控楼宇信息
火灾自动报警及联动控制系统	商业及酒店、办公部分业态管理，采用集中报警与控制中心报警形式。各业态设置消防控制室，商业设置消防控制中心。在商业楼首层设置本综合体的消防控制中心（兼作商业消防控制室），在南塔酒店地下一层设有酒店消防控制室，在北塔办公地下一层设有办公消防控制室。三处消防控制室相互连通	采用总体保护方式，选用智能型探测器，为二总线环状结构及支状结构混合工作方式。烟感选用光电智能型探测器，采用环状布线形式，并自带短路隔离器，酒店客房和员工宿舍内感烟探测器带蜂鸣底座。酒店报警主机根据酒店管理公司要求选用UL或FM认证的产品。组成可分可合的消防控制系统，并可实现主消防控制中心与各分消防控制中心之间主控和分控功能，并预留向上级单位输出的接口

停车场管理系统及车辆引导系统

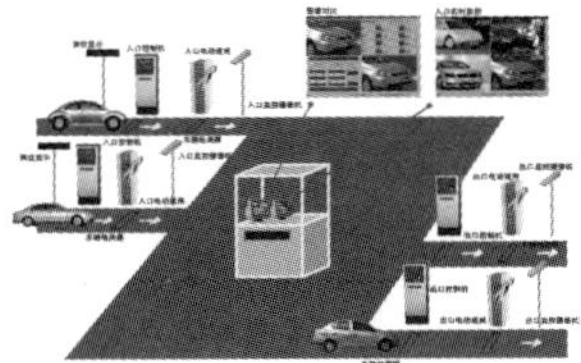

功能：

- 多种收费方式；
- 区域车位引导；
- 入口实时监控；
- 停车场划线；
- 预留一卡通管理扇区；
- 固定用户采用不停车远距；
- 离读卡进入（约3 m）；
- 临时用户采用近距离临时卡。

建筑设备管理系统

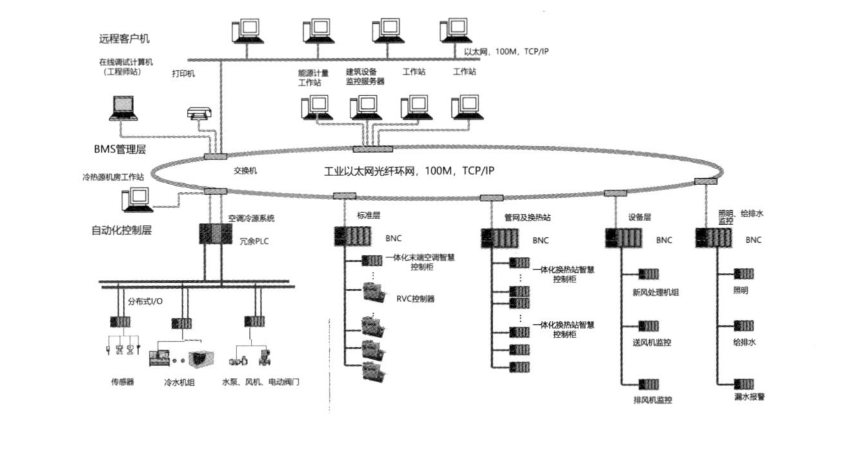

能耗监控系统

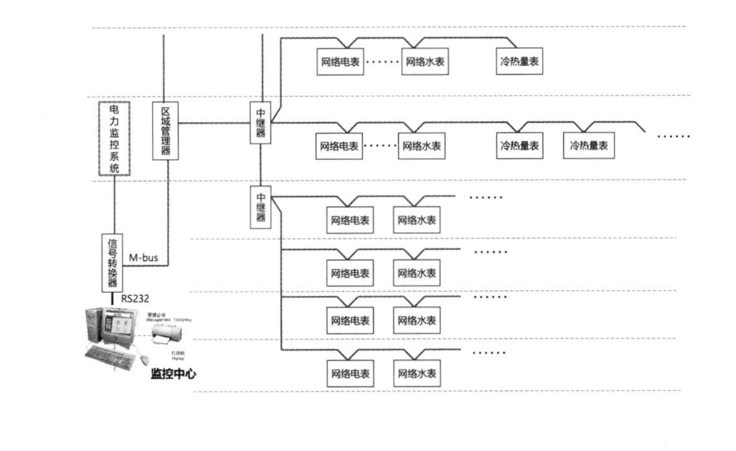

能源计量分析系统

1. 能耗数据采集、存储；
2. 实时能耗数据监测；
3. 空调系统综合能效分析；
4. 对空调能效的综合分析与优化建议；
5. 进行空调能耗收费管理；
6. 系统流量平衡分析与优化建议。

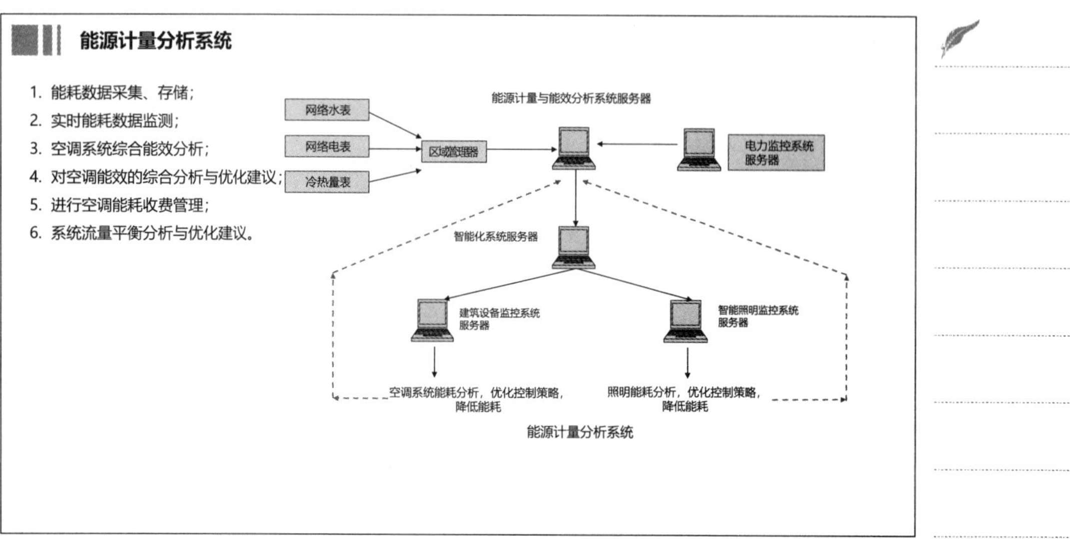

能源计量分析系统

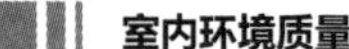

室内环境质量

主要功能房间中人员密度较高且随时间变化大的区域设置室内空气质量监控系统，对室内的二氧化碳浓度进行数据采集、分析，并与通风系统联动；实现室内污染物浓度超标实时报警，并与通风系统联动。

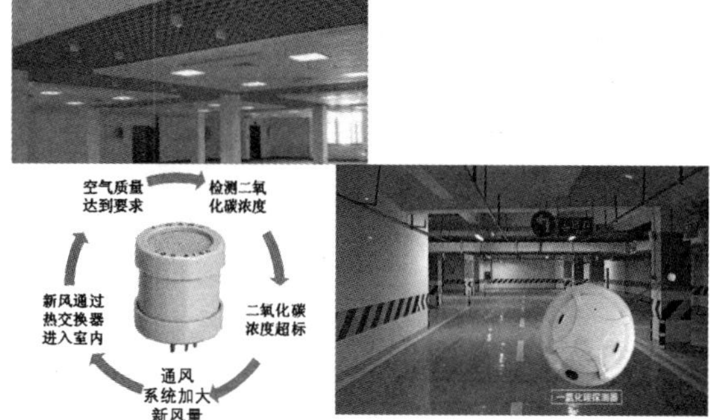

地下车库设置与排风设备联动的一氧化碳浓度监测装置。对地下车库内的一氧化碳浓度进行数据采集、分析，并与通风系统联动；一氧化碳浓度超标实时报警，并与通风系统联动，启动排风设备。

照明系统的节能设计

- 各房间、场所的照明功率密度值（LPD）不高于《建筑照明设计标准》GB 50034—2013的目标值。
- 公共走道和流动区域采用节能光源，采用智能照明控制系统。
- 酒店的宴会厅、餐厅、酒吧、会议室、大堂、包房、行政酒廊、客房等特定的场所照明采用调光系统。
- 车库内车道及车位上的灯具采用线槽灯并使用LED光源，车位上的灯具采用红外感应自动调光。

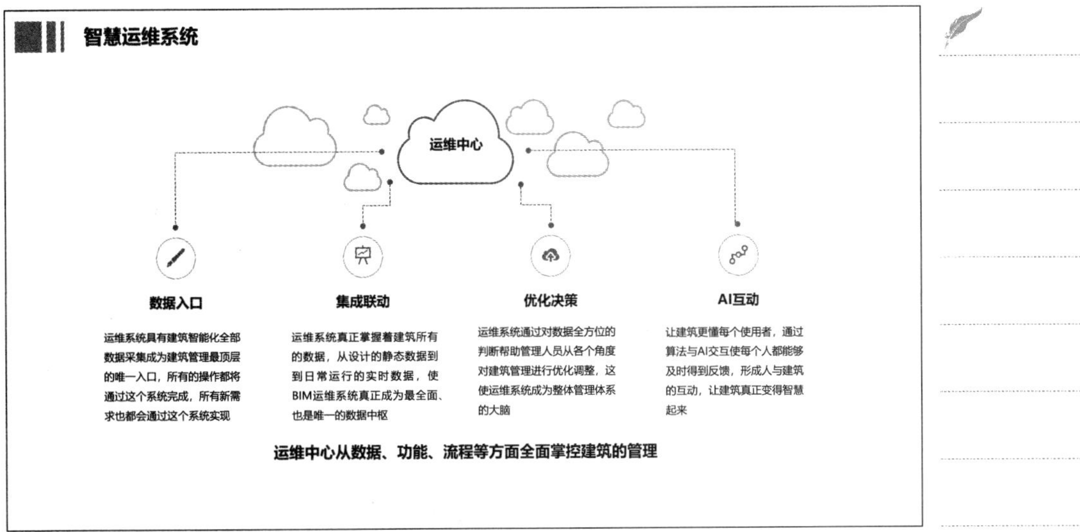

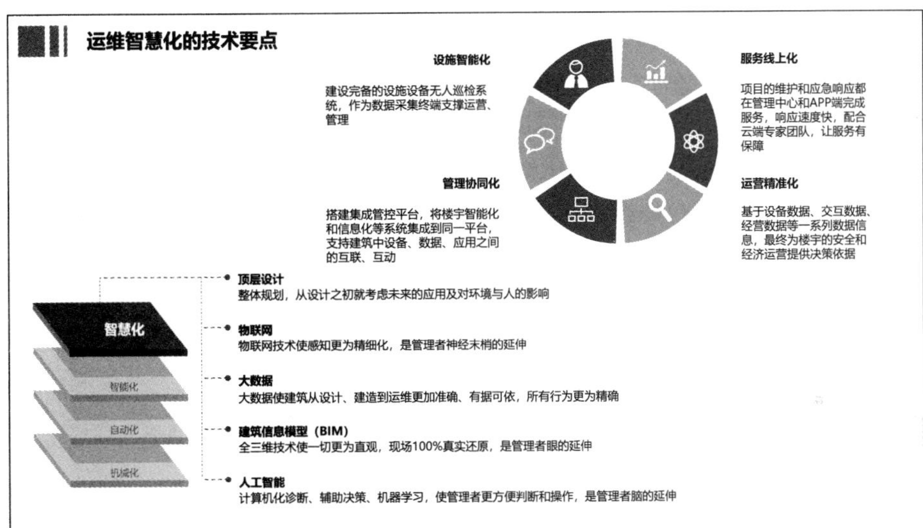

小结

城市综合体就是将城市中的商业、办公、居住、旅店、展览、餐饮、会议、城市综合体和交通等城市生活空间的三项以上进行组合，城市综合体建筑应根据不同业态、规模及其负荷性质、用电容量以及当地供电条件等，确定供配电系统设计方案，并应具备可扩充性。不同业态供配电系统不能相互影响，应建立公共区域的供配电系统。城市综合体建筑要根据不同业态、等级、使用功能、建筑标准配置适宜的智能化系统。应建立公共区域的智能化系统，不同业态智能化不能相互影响。城市综合体建筑中涉及安全、防灾系统应统筹设计。

The End

第十二章

援外项目电气关键技术设计实践

Design practice of key technology of foreign aid projects building electrical engineering

援外项目是指中方在援外资金项下，通过组织或指导施工、安装和试生产等全部或部分阶段，向受援方提供用于生产生活、公共服务等成套设备和工程设施，并提供建成后长效质量保证和配套技术服务的援助项目。电气设计负责项目相关考察、勘察、设计和施工的全部或部分过程，提供全部或部分设备、建筑材料，派遣工程技术人员组织和指导施工、安装和试生产。项目竣工后，移交受援国使用。援外项目是中国应该履行的大国责任，也是中国企业“走出去”的有益途径，并通过援外项目彰显中国价值。

12.1 基本要求

援外项目建设代表国家形象，影响企业品牌，责任重大，设计师必须对受援方风土人情有充分了解，认真进行设计考察，通晓各设计阶段的设计文件审查、翻译等程序，与相关方实行有效沟通，根据工程建设实施模式，按照设计指导原则，向受援方提供用于生产生活、公共服务等成套设备和工程设施，并提供建成后长效质量保证和配套技术服务。

援外项目特点

1. 项目的甲方责任。
   - 项目的设计既要符合我国主管部门对项目的总体要求,又要满足受援国提出的功能要求,并符合当地的风土人情且结合实际情况;
   - 设计中通过技术手段或其他方式,让两个甲方都能接受和满意,是工程设计应追求的平衡点。
2. 以设计为核心，涵盖工程全过程。
   援外工程除正常的前期工作(包括做方案、投标)工程设计外，还参与设计考察(有时尚需做可行性考察或二者含一)方案调整及确认、设计文件咨询审查、受援国审查、设计概算调整、标书编制、招标答疑、进一步完善设计文件、派遣设计代表配合施工全过程，参与工程验收、绘制竣工图等过程。
3. 工作环节多、周期长。
   援外工程在设计过程中,除了正常设计阶段外，设计前期工作比较复杂，增加了非常规的项目考察活动、国内设计审查（监理）、受援国审查、概算调整、设计文件翻译及译校等程序。

援外项目特点

4. 基础资料不完整。
   对于援外工程,由于受援国本身经济、技术条件的限制，考察组通过国外考察，一次完成全部基础资料的收集基本是不可能的，这也就给设计工作的开展增加了难度。
5. 与当地标准和习惯做法相结合。
   对于援外工程的设计,原则上是要遵循我国建筑设计的统一标准进行。但既然是对外援助,设计人员就应结合当地标准和习惯做法尽量提高工程满意度和适用性。
6. 图面表达更完整、准确。
   - 为了避免设计在翻译过程中不能充分体现设计师的意图,援外工程要求设计人员更多地用图来表达自己的构想,而不是文字说明;
   - 不能引用图集和标准规范,尽可能少地使用文字,也是援外工程的一大特点。
7. 更多地参与施工招标工作。

援外项目设计人员素质要求

1. 责任担当。
   - 工程项目建设代表国家形象，责任重大，并且影响企业品牌；
   - 一旦出现问题，处理麻烦、后果严重。
2. 过硬技术。
   - 对受援国的情况要有详细、准确的了解（搜资考察、考察报告）；
   - 不能照搬中国规范，要结合当地具体情况；
   - 设计标准要与当地技术水平、生活习惯结合（如火灾报警、智能照明、电话、管材等）；
   - 产品选型要特别关注使用环境条件，选用质量可靠、最好当地能采购到备品备件的产品；
   - 要对造价进行控制。
3. 有效沟通。
   - 考察、设计文件、外方审图都涉及语言翻译问题，沟通难度大，要力求准确；
   - 工地距离遥远，有时差，设计变更等要经过项目管理方同意，出现问题时必须快速反应。

援外工程设计阶段及设计深度要求

1. 方案设计：

   方案构思要结合受援国具体情况和当地的特点,在满足使用功能需要的前提下,要求技术可靠、经济合理。
2. 初步设计：

   应包括设计说明书、设计图纸、主要设备材料清单和工程算书,其深度应满足下列要求：
   - 应符合对内、对外协议规定和已审定的设计方案。
   - 能进行土地征用、三通一平及施工前期的准备工作。
   - 能供编制较详细的施工组织设计。
   - 能提供工程设计概算,以作为审批确定项目投资的依据。
   - 能满足主要设备、材料的品种、规格、数量的订货要求。
   - 能提出装饰工程用的材料、工艺和效果。
   - 提供特殊施工工艺或方式,以进行施工准备。
   - 屋面工程必须进行防水设计,不允许无设计,也不得用规范代替设计。

援外工程设计阶段及设计深度要求

3. 施工图设计：

   应依据已批准的初步设计进行编制,不得用规范或标准图代替施工图设计,更不得留有任何重大设计内容供设计代表现场设计。施工图设计应包括封面、图纸目录、设计说明、施工图纸、工程预算书等。施工图设计文件应满足下列要求：
   - 能够成为已编制施工图预算依据。
   - 能够成为已安排材料、设备订货和非标设备的制作为依据。
   - 能够成为已进行施工和安装的依据。
   - 能够成为已进行工程验收的依据。

4. 送审要求：

   初步设计必须进行审查,由设计监理企业或由援外司委托有资格的咨询企业作为设计审查单位对初步设计进行内审查并经受援国审批后,施工图设计一般不另行审查。当采用方案设计和施工图设计两个阶段的项目,其方案设计必须参照初步设计审查的规定经内部审查批准后提交受援国审批；直接进行施工图设计的,其施工图设计必须照初步设计审查的规定经内部审查批准后提交受援国审批。

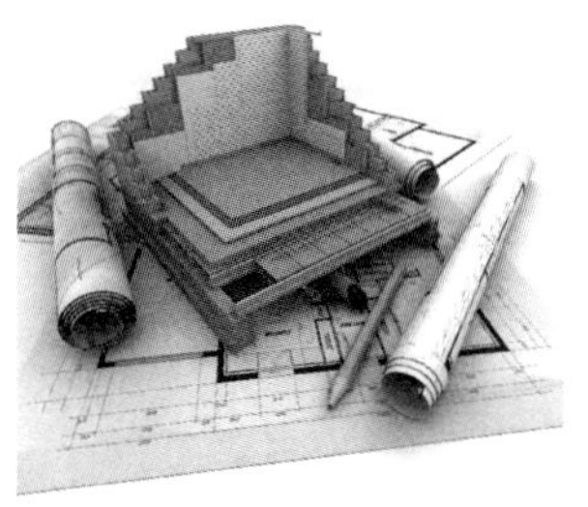
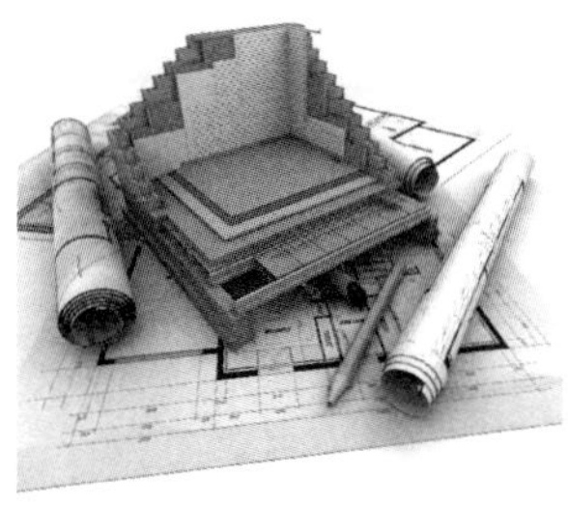

援外工程初步设计送审要求

1. 设计总承包企业将初步设计正式报送援外司,并提交下列文件和资料:对外设计合同、考察报告、设计说明、设计蓝图、地质报告、模型或鸟瞰图、概算。
2. 由设计审查单位审查后召开设计审查会,提出最终审查意见报援外司审核,其中屋面设计进行专项审查。援外司主要审核设计内容是否符合我国政府和受援国政府有关协议的规定,并转发上述最终审查意见。
3. 设计总承包企业根据最终审查意见进行修改完善设计文件,并相应调整概算,再报设计审查单位复核确认(若有不同意见,可予以解释或声明,对于审查双方无法达成一致的问题,将由援外司通过协调或委托技术仲裁等方式解决)。援外司将根据设计审查单位的复核结果对调整后的概算予以审批设计审查单位对最终审查意见负全责。
4. 通过内启审查的初步设计,由设计总承包企业按对外设计合同规定的方式提交受援国审批或由受援国派工作组来华审批,并取得受援国有关机构对送审初步设计的批准文件。

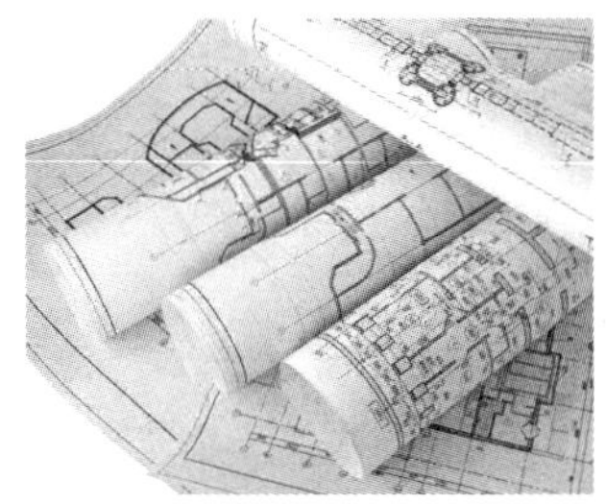

实施模式

1. 目前，我国对外援助包括8种类型：成套项目、物资项目、技术援助、人力资源开发、援外医疗队、紧急人道主义援助、青年志愿者、债务减免。
2. 成套项目：指中方在援外资金项下，通过组织或指导施工、安装和试生产等全部或部分阶段，向受援方提供用于生产生活、公共服务等成套设备和工程设施，并提供建成后长效质量保证和配套技术服务的援助项目。

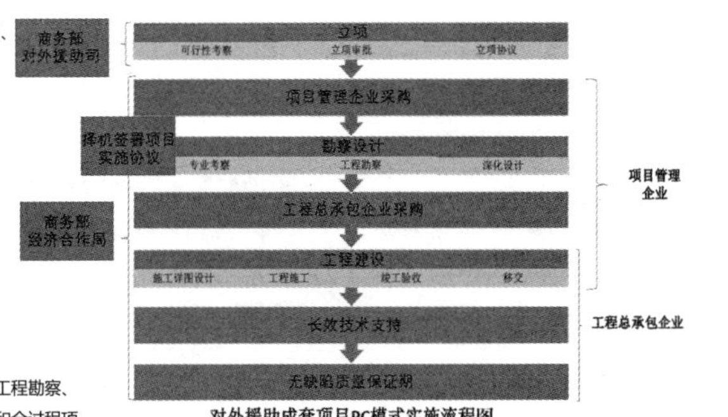

对外援助成套项目PC模式实施流程图

PC方式

1. 项目管理企业：承担成套项目的专业考察、工程勘察、方案设计、深化设计（合并简称勘察设计）和全过程项目管理任务。
2. 工程总承包企业：承担施工详图设计和工程建设总承包任务。

EPC方式

1. 项目管理企业：承担全过程项目管理任务。
2. 工程总承包企业：承担勘察设计、施工详图设计和工程建设总承包任务。

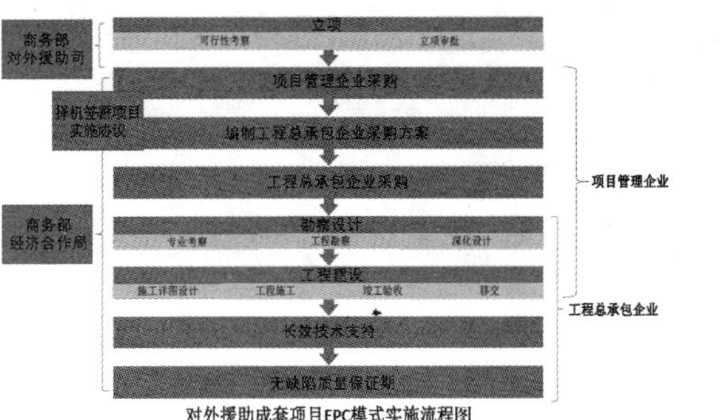

对外援助成套项目EPC模式实施流程图

受援方自建方式

1. 受援方在中国政府援助资金和技术支持下，负责成套项目的勘察、设计和建设全过程或其中主要阶段任务，并相应承担建成后运营、维护责任。
2. 项目管理企业：对受援方自建项目实施有限外部监管。

12.2 收集资料

设计师掌握项目专业考察要点，明确分工，详细了解受援方项目需求和对援助目标的具体建议，与受援方就援外项目的立项设想，进行技术磋商，进行现场考察，制定项目技术方案，核算造价是否超标，编制的考察报告，提示设计中需要注意的问题。

项目专业考察

1. 审查设计方案、确定投资估算。
2. 审查项目专业考察后编制考察报告。
3. 主要审查满足设计阶段的依据资料，以及资料的真实性、资料是否满足下一步设计和施工招评标的需要，核实未提供的主要设计基础资料和对外合同规定时间有影响等主要问题。
4. 专业的主要任务：选址、定方案、搜资和对外签订设计合同等任务。
5. 考察成果鉴别应达到满足初步设计、施工图设计和施工总承包招标评标要求资料。
6. 注意事项：
   - 市政双方分工；
   - 注意设计说明对外提交前，经监理企业审查；
   - 未收到的主要设计基础资料必须在合同中写清楚，何时提供的时间要求；
   - 主要对外谈判应参加。

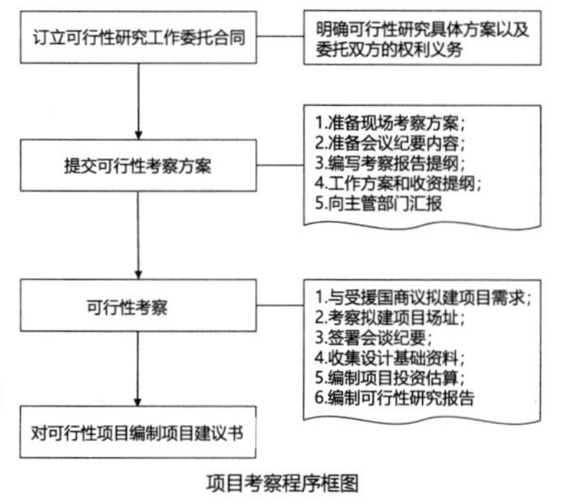

项目考察程序框图

项目专业考察工作重点工作

1. 全面听取受援方介绍拟实施项目规划，详细了解受援方项目需求和对援助目标的具体建议。
2. 深入了解和研究项目的现场实施条件，核实受援国所提供土地是否适合项目建设。
3. 核实国内所搜集项目资料的准确性，补充收集项目可行性研究及后续实施所需资料。
   (1) 施工临时用电：受援国政府负责将施工临时供电线路引至项目建设用地红线内指定地点并提供变配电设备。
   (2) 施工临时电信：受援国政府负责将施工临时电信线路引至项目建设用地红线内指定地点并提供交换机设备。
   (3) 变配电系统：变配电系统的分界点在×× kV/ ×× V变压器的出线端。
   (4) 通信：通信工程的分界点在程控交换机出线处。
   (5) 电视：电视系统的分界点在其前端柜的出线处。
4. 与受援方就援外项目的立项设想，包括技术方案、投资规模、资金安排、中外双方分工职责等进行技术磋商。
5. 制订项目技术方案，核算造价是否超标。
6. 共同拟定可行性研究纪要文稿，签署会谈纪要。

收集资料内容

1. 自然条件：
   - 当地海拔高度；
   - 当地年平均雷暴日数及雷电情况；
   - 土壤电阻率的阻值；
   - 大气及土壤湿度及酸碱度、冻土深度；
   - 地区抗震设防烈度；
   - 风速、洪水水位；
   - 雷电，当地年最高 / 最低温、湿度，月平均温、湿度。
2. 当地电气设计执行的规范及安装验收规范以及电气产品应用情况：
   - 供电系统中受援国当地提供的高压电源，是否能采用我国生产的标准变压器；
   - 城市电信运营商的交换机与我国提供的交换机设备连接是否有问题；
   - 高、低压电气产品的标称电压；
   - 强、弱电末端设备的选型标准；
   - 电缆型号标准等。

收集资料内容

3. 供配电系统：
   - 供电公司管理规定：产权分界，管理（设计分界），供电部门计量装置设置位置；
   - 当地电源频率，中压、低压的电压等级，电网电压波动范围及其允许波动值；
   - 市政电源配出侧出口系统短路容量；本项目上级中压站低压侧中性点的接地型式；
   - 中压电源进线方向及敷设方式；供电公司要求的变配电系统低压侧功率因数，电度计量计费方式（是否按时间段计费；是否按照明 / 动力分别计费），电度计量装置的安装及接线型式；
   - 能否保证为项目提供两路中压电源，分别由哪个电站引来，可为项目提供的最大负荷，所提供电源与本项目的距离，两路电源同时供电互为备用（或一用一冷备），转换时间；
   - 是否需要设置柴油发电机，柴油发电机的运行时间如何考虑，当地柴油供应情况，柴油标号；
   - 项目预计供配电系统运行方式、断路器的额定极限短路分断能力（I_{cu}）、继电保护要求、规格型号；
   - 低压配电系统的接地形式，接地电阻值；
   - 当地变、配、发电站的常规设置形式；
   - 灯具选型、电源插座多少伏，采用什么标准，开关面板符合什么标准。

收集资料内容

4. 通信：
   - 能提供给本工程的通信方式：普通中继线；DDN专线（带宽、速率）；N-ISDN，B-ISDN专线（不同业务传输速率）。
   - 传输媒介（普通电缆、光纤电缆）。
   - 线路引入方向及敷设方式（埋地、架空）。
   - 对程控交换机(PABX)的要求。
   - 通信工程的设计分界点。
5. 通信：
   - 电话交换机制式，交换机型号，生产国家；
   - 是否允许设立用户交换机，用户交换机与电话局用交换机的接口方式；
   - 通信传输方式（有线或无线），采用光缆、电缆、微波、卫星等，通信线路敷设方式（架空、直埋、管道）。
6. 计算机网络：
   - 当地采用哪种通信协议；当地网络系统的带宽和网速；
   - 网络传输媒介（有线、无线）。
7. 电视、广播：
   - 电视信号制式(PAL、NTSC、SECAM)和节目频段(UHF、VHF)和广播节目频段。
   - 本项目与电视中心的接口方式（有线或无线），采用光缆还是电缆如采用电视接收天线，天线规格尺寸以及安装方式；与电台、电视台的方位角及坐标和有无障碍物。
   - 有线电视系统的设计分界点，广播扩声方式（定压、定阻），扩声设备生产供应情况。
8. 消防、安防：

   消防报警、保安设备安装普及率及设备供应、维修情况。

考察

一、现场考察

1.通过走访外方主管部门、参观工程、市场调研、与中资机构座谈等方式全面收集资料。

2.尽量了解当地执行的规范、标准、习惯做法，在与外方会谈中引导外方接受中国的规范和标准。

3.关注中方在当地援建的其他项目的技术信息。

4.掌握专业术语的标准外文译法，与外方沟通时注意翻译的准确性，必要时以纸笔通过草图、公式进行交流，并做好记录。

5.了解当地居民对照明、电器、空调等的使用习惯，有无节电意识。

6.全面了解当地一年中各季节的气候状况，避免把考察时的气候当作全年常态，以偏盖全。

二、考察报告

考察报告是设计工作的重要依据，应认真编制，包括：

1. 设计内容及中外双方设计分工、接口。
2. 当地执行的规范、标准及习惯做法。
3. 当地电气设备、材料供应及维修情况。
4. 设计中需要注意的问题。
5. 对可行性考察报告存疑的问题进行必要的补充。

12.3　注意事项

设计师必须明确项目定位，项目规模和功能要求，设计分工、接口，采用中国规范和相关标准情况，并对贯彻和落实设计原则情况、设计文件内容及设计文件深度要求、针对当地市政情况和自然环境条件进行设备及管材选型以及外方审查内容等方面应予以关注，对施工中可能遇到的问题以及需要注意的事项进行说明。

关注问题

一、贯彻和落实设计原则注意的问题

1. 在设计考察阶段：

   （1）在可行性考察必须明确项目定位，项目规模是否满足功能要求，是否有超前的考虑。

   （2）在专业考察中注意了解受援国的规范、标准与我国现行规范和标准有那些特殊要求？

   （3）选用机电产品对维修养护的方便条件（要有当地主管部门的证明文件）等。

2. 在设计阶段要重视设计标准是否满足使用功能的要求，正确处理设计标准做到功能优先，先满足功能，后考虑装修标准；选用建筑设备产品时应满足受援国的强制性标准及方便当地零件更换和维修。
3. 在设计变更处理时，应通过调查后，尊重受援国的要求，对设计文件进行修改。

二、设计依据

1. 采用中国规范和标准和外方提出技术标准要求。
2. 结合当地的实际情况确定设计标准和技术措施。
3. 以《设计收集资料考察报告》为设计依据。
4. 设计说明尽量明确、简洁，以便翻译能准确表达设计意图。

关注问题

三、设备及管材选型应考虑因素

1. 按照相关部门有关规定选型。
2. 根据外电源条件选型。
3. 针对自然环境条件选型。
4. 结合使用习惯和维修条件选型。

四、初步设计文件内容及设计文件深度要求

1. 对内、对外协议和合同的有关规定；
2. 已审定的设计方案、设计基础资料、工程勘察和专业考察结果；
3. 外方提出的有关法律、法规、设计规范和技术标准要求；
4. 建筑使用功能、结构体系、机电系统选用的合理性、安全性和经济性；
5. 明确主要设备、材料的品种、规格、性能等技术指标，能据以组织订货，能提出特殊施工工艺或方式；
6. 当地自然条件和人文因素；
7. 设计深度能据以进行下一步施工图设计；
8. 能够作为进行土地征用和“三通一平”等施工前期准备工作依据；
9. 符合确定的场址方案、建设范围及中外职责分工；
10. 无技术性、功能性设计缺漏项，未用规范或标准图集代替设计。

关注问题

五、施工图文件内容及设计文件深度要求

1. 是否符合经内、外审核确认的初步设计，内、外设计合同的规定；
2. 是否符合消防、节能、环保、抗震、卫生等有关强制性规范和一般规范标准；
3. 是否存在电气安全问题；
4. 是否满足工程建设材料、设备订货、施工招标的要求；
5. 能够作为编制施工图预算（如要求）、安排材料、设备订货和非标设备的生产制作，进行施工组织和管理，进行工程质量评验、评定和验收依据；
6. 无技术性、功能性设计缺漏项，未用规范或标准图集代替设计；
7. 其他有关要求。

关注问题

六、援外成套项目维修设计原则

1. 项目维修重点为存在安全隐患部位，对提升使用功能产生社会影响较大的部位，对使用有影响的主要机电设施和设备等。同时要注意维修后工程的完整性，不影响使用（特别重视完整性，避免刚维修完受援国又提出二次维修任务）。
2. 在原设计标准基础上进行维修设计，不提高设计标准。
3. 项目维修设计原则上执行原设计采用的我国设计规范和技术规程。在尊重保留原有设计风格和功能要求的条件下，适度采用中国新近执行的建筑设计规范和技术措施。
4. 只考虑原设计项目内容的维修，有必要时更换部分机电设备产品和建筑装修材料以及管材，不考虑增加扩建项目的内容。
5. 项目维修后的使用年限原则为从项目使用之日起50年。

关注问题

七、供配电系统关注问题

1. 供电可靠性。
2. 备用电源、变压器负载率、配电保护、电缆选型等。
3. 手册数据的选用要科学合理，结合当地特点及工程性质留有适当余量。
4. 电压、频率，电能质量。
5. 设计说明中要求选适应宽电压范围的设备，否则配套提供稳压器。
6. 系统接线方式。
7. 简单实用，便于维护。

八、自备电源关注问题

1. 为保证项目正常使用，发电机组成为大多数援外项目的标准配置。
2. 发电机组容量选择。
3. 机房设置储油间时，其总储存量不应大于1 m^3，储油应采用耐火极限不小于3.00 h 的防火隔墙与发电机间分隔;确需在防火隔墙上开门时，应设置甲级防火门。
4. 接地（防静电、并机）。
5. 机房排风、排烟处理。
6. 机房降噪。

常用供配电系统

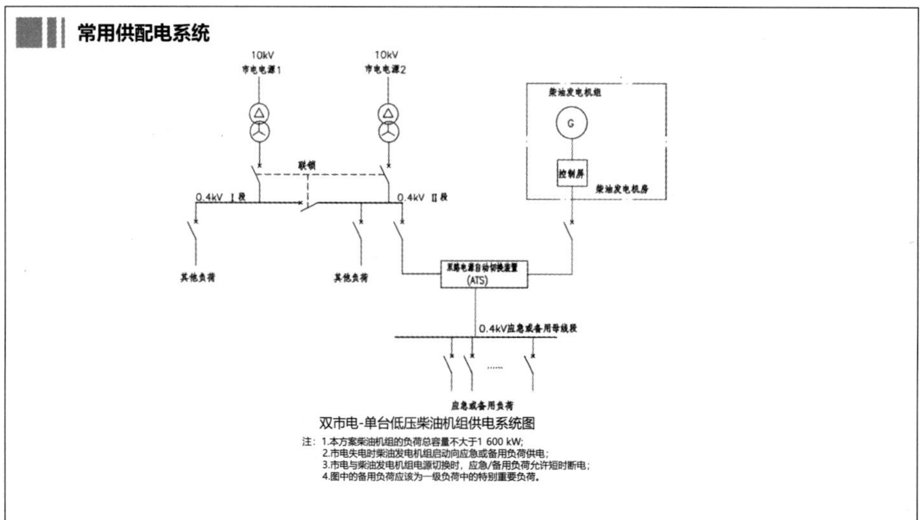

双市电-单台低压柴油机组供电系统图

注：1.本方案柴油机组的负荷总容量不大于1 600 kW;
2.市电失电时柴油发电机组启动向应急或备用负荷供电；
3.市电与柴油发电机组电源切换时，应急/备用负荷允许短时断电；
4.图中的备用负荷应该为一级负荷中的特别重要负荷。

常用供配电系统

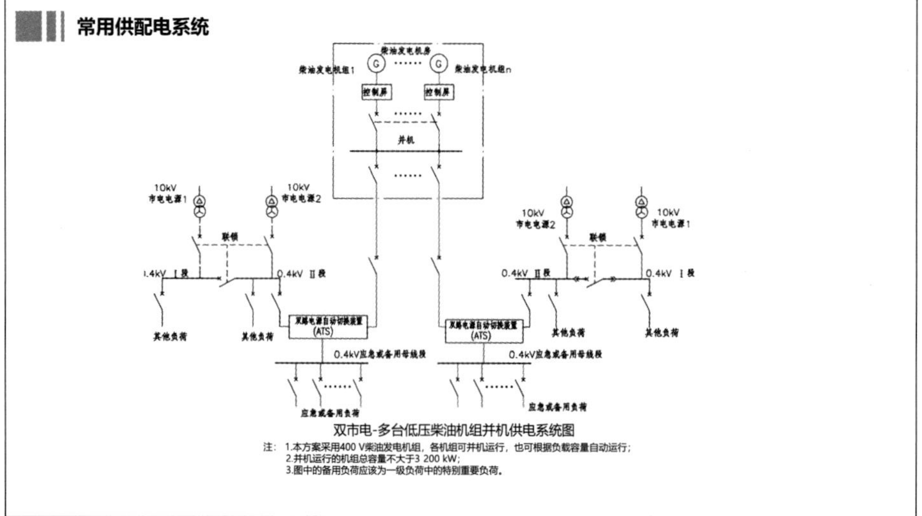

双市电-多台低压柴油机组并机供电系统图

注：1.本方案采用400 V柴油发电机组，各机组可并机运行，也可根据负载容量自动运行；
2.并机运行的机组总容量不大于3 200 kW;
3.图中的备用负荷应该为一级负荷中的特别重要负荷。

常用供配电系统

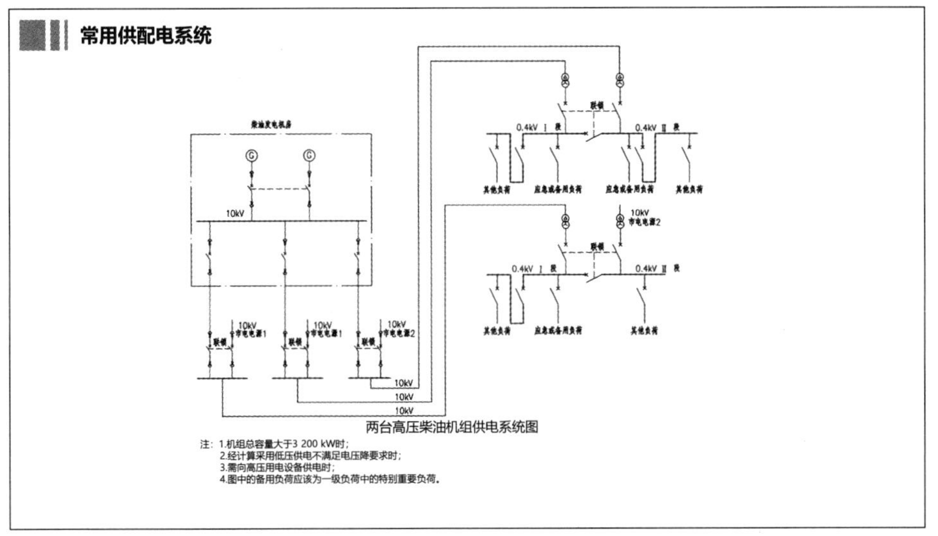

两台高压柴油机组供电系统图

注：1.机组总容量大于3 200 kW时；
2.经计算采用低压供电不满足电压降要求时；
3.需向高压用电设备供电时；
4.图中的备用负荷应该为一级负荷中的特别重要负荷。

低压柴油机组接地系统图

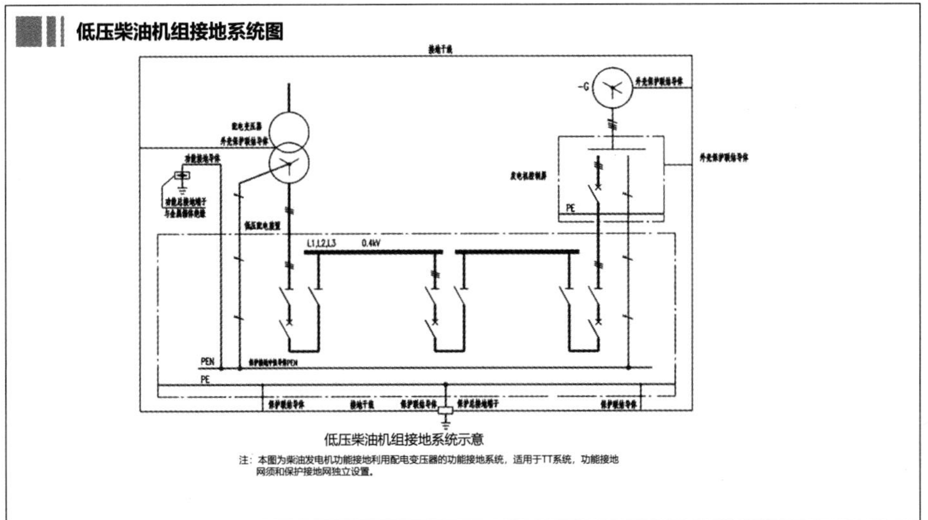

低压柴油机组接地系统示意

注：本图为柴油发电机功能接地利用配电变压器的功能接地系统，适用于TT系统，功能接地网须和保护接地网独立设置。

低压柴油机组并机接地系统图

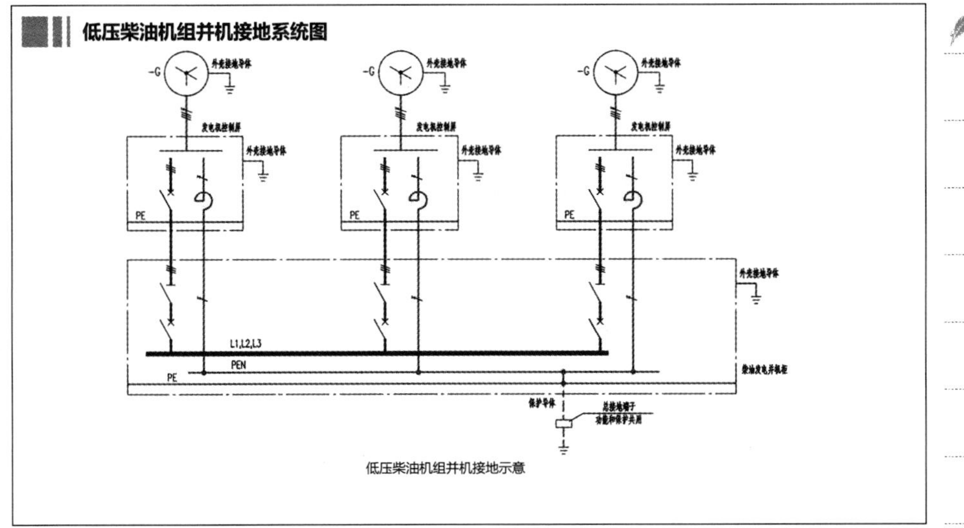

低压柴油机组并机接地示意

低压柴油机组布置及受环境影响

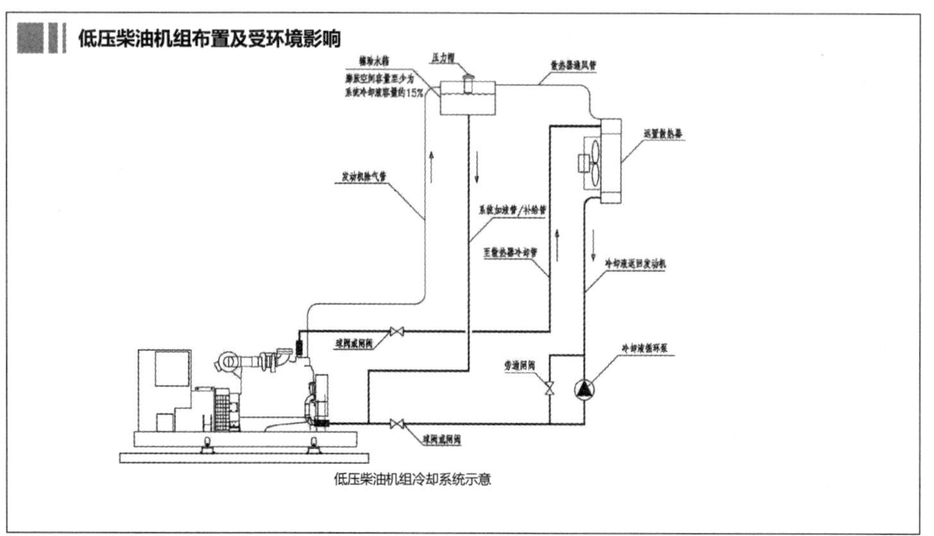

低压柴油机组冷却系统示意

低压柴油机组布置及受环境影响

相对湿度60%非增压柴油机功率修正系数C

海拔（m）	大气压（kPa）	大气温度（℃）									
		0	5	10	15	20	25	30	35	40	45
0	101.3	1	1	1	1	1	1	0.98	0.96	0.93	0.90
200	98.9	1	1	1	1	1	0.98	0.95	0.93	0.90	0.87
400	96.7	1	1	1	0.99	0.97	0.95	0.93	0.90	0.88	0.85
600	94.4	1	1	0.98	0.96	0.94	0.92	0.90	0.88	0.85	0.82
800	92.1	0.99	0.97	0.95	0.93	0.91	0.89	0.87	0.85	0.82	0.80
1 000	89.9	0.96	0.94	0.92	0.90	0.89	0.87	0.85	0.82	0.80	0.77
1 500	84.5	0.89	0.87	0.86	0.84	0.82	0.80	0.78	0.76	0.74	0.71
2 000	79.5	0.82	0.81	0.79	0.78	0.76	0.74	0.72	0.70	0.68	0.65
2 500	74.6	0.76	0.75	0.73	0.72	0.70	0.68	0.66	0.64	0.62	0.60
3 000	70.1	0.70	0.69	0.67	0.66	0.64	0.63	0.61	0.59	0.57	0.54
3 500	65.8	0.65	0.63	0.62	0.61	0.59	0.58	0.56	0.54	0.52	0.49
4 000	61.5	0.59	0.58	0.57	0.55	0.54	0.52	0.51	0.49	0.47	0.44

低压柴油机组布置及受环境影响

相对湿度100%非增压柴油机功率修正系数C

海拔（m）	大气压（kPa）	大气温度（℃）									
		0	5	10	15	20	25	30	35	40	45
0	101.3	1	1	1	1	1	0.99	0.96	0.93	0.90	0.86
200	98.9	1	1	1	1	0.98	0.96	0.93	0.90	0.87	0.83
400	96.7	1	1	1	0.98	0.96	0.93	0.91	0.88	0.84	0.81
600	94.4	1	0.99	0.97	0.95	0.93	0.91	0.88	0.85	0.82	0.78
800	92.1	0.98	0.96	0.94	0.92	0.90	0.88	0.85	0.82	0.79	0.75
1 000	89.9	0.96	0.94	0.92	0.90	0.87	0.85	0.83	0.80	0.76	0.73
1 500	84.5	0.89	0.87	0.85	0.83	0.81	0.79	0.76	0.73	0.70	0.66
2 000	79.4	0.82	0.80	0.79	0.77	0.75	0.73	0.70	0.67	0.64	0.61
2 500	74.6	0.76	0.74	0.72	0.71	0.69	0.67	0.64	0.62	0.59	0.55
3 000	70.1	0.70	0.68	0.67	0.65	0.63	0.61	0.59	0.56	0.53	0.50
3 500	65.8	0.64	0.63	0.61	0.60	0.58	0.56	0.54	0.51	0.48	0.45
4 000	61.5	0.59	0.58	0.57	0.55	0.54	0.52	0.51	0.49	0.47	0.44

低压柴油机组布置及受环境影响

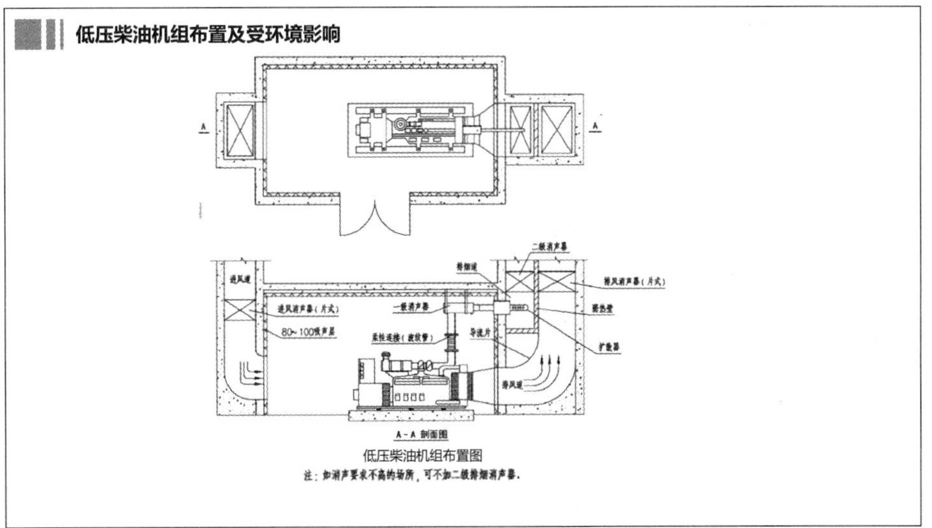

低压柴油机组布置图

注：如消声要求不高的场所，可不加二级排烟消声器。

低压柴油机组布置及受环境影响

相对湿度60%增压柴油机功率修正系数C

海拔（m）	大气压（kPa）	大气温度（℃）									
		0	5	10	15	20	25	30	35	40	45
0	101.3	1	1	1	1	1	1	0.96	0.92	0.87	0.83
200	98.9	1	1	1	1	1	0.98	0.94	0.90	0.86	0.81
400	96.7	1	1	1	1	1	0.96	0.92	0.88	0.84	0.80
600	94.4	1	1	1	1	0.99	0.95	0.90	0.86	0.82	0.78
800	92.1	1	1	1	1	0.97	0.93	0.88	0.84	0.80	0.78
1 000	89.9	1	1	1	0.99	0.95	0.91	0.87	0.83	0.79	0.75
1 500	84.5	1	1	0.98	0.94	0.90	0.86	0.82	0.78	0.74	0.70
2 000	79.5	1	0.98	0.93	0.89	0.85	0.82	0.78	0.74	0.70	0.66
2 500	74.6	0.97	0.93	0.89	0.85	0.81	0.77	0.73	0.70	0.66	0.62
3 000	70.1	0.92	0.88	0.84	0.80	0.77	0.73	0.69	0.66	0.62	0.59
3 500	65.8	0.87	0.83	0.80	0.76	0.72	0.69	0.66	0.62	0.59	0.55
4 000	61.5	0.82	0.79	0.75	0.72	0.68	0.65	0.62	0.58	0.55	0.51

低压柴油机组布置及受环境影响

相对湿度100%增压柴油机功率修正系数C

海拔（m）	大气压（kPa）	大气温度（℃）									
		0	5	10	15	20	25	30	35	40	45
0	101.3	1	1	1	1	1	0.99	0.95	0.90	0.85	0.80
200	98.9	1	1	1	1	1	0.97	0.93	0.88	0.83	0.78
400	96.7	1	1	1	1	1	0.95	0.91	0.86	0.82	0.77
600	94.4	1	1	1	1	0.98	0.93	0.89	0.84	0.80	0.75
800	92.1	1	1	1	1	0.96	0.91	0.87	0.83	0.78	0.73
1 000	89.9	1	1	1	0.98	0.94	0.90	0.85	0.81	0.76	0.72
1 500	84.5	1	1	0.98	0.93	0.89	0.85	0.81	0.76	0.72	0.67
2 000	79.4	1	0.97	0.92	0.88	0.84	0.80	0.76	0.72	0.68	0.63
2 500	74.6	0.97	0.92	0.88	0.84	0.80	0.76	0.72	0.68	0.64	0.59
3 000	70.1	0.92	0.88	0.84	0.80	0.76	0.72	0.68	0.64	0.60	0.56
3 500	65.8	0.87	0.83	0.79	0.75	0.71	0.68	0.64	0.60	0.56	0.52
4 000	61.5	0.82	0.78	0.75	0.71	0.67	0.64	0.60	0.56	0.52	0.48

设备选型注意事项

一、根据外电源条件对设备选型

1. 电压等级：15 kV、11 kV、400/230 V等。
2. 频率：50 Hz、60 Hz。
3. 中压系统接地方式：中性点直接接地、中性点不接地或经消弧线圈接地。
4. 供电可靠性：电压波动、电源频繁转换。

二、针对自然环境条件设备及管材选型

温度、湿度、海拔高度对设备选型的影响：

1. 空气温度过高或过低及温度变化（包括日温差）增大，使产品外壳容易变形、龟裂，密封结构容易破裂。
2. 空气绝对湿度减小，使电工产品的外绝缘强度降低，要考虑工频放电电压与冲击闪络电压的湿度修正。
3. 海拔高度变化引起外绝缘强度的降低；电气间隙的击穿电压下降；电晕及放电电压降低（高压电机、电容器、避雷器等）；使空气介质灭弧的开关电器灭弧性能降低，通断能力下降和电寿命缩短；影响产品机械结构和密封,间接影响到电气性能。
4. 正常使用环境：高压电器设备海拔不超过1 000 m，低压电器不超过2 000 m。

针对自然环境条件设备及管材选型

1. 灰尘对选用相应防护等级的电器设备影响。
2. 盐雾对选用相应防护等级的电器设备影响。

- 材质选择：不锈钢、铝合金、PVC。
- 保护层：涂料、热镀锌、隔绝空气。
- 热镀锌时不宜小于85 μm，室外工程宜增加20~40 μm。钢结构表面施工：防锈底层涂料→防腐中间层涂料→防火涂料→防腐面层涂料。

3. 紫外线对选用相应防护等级的电器设备影响。

敷设在体育建筑室外阳光直射环境中的电力电缆，应选用防水、防紫外线型铜芯电力电缆。

不同灰尘沉降量环境下电气设备的选择

级别	灰尘沉降量(月平均值)	说明	防护等级
Ⅰ	10~100 mg/m²·d	清洁环境	一般电器
Ⅱ	300~550 mg/m²·d	一般多尘环境	IP5X
Ⅲ	≥550 mg/m²·d	多尘环境	IP6X

户内腐蚀环境电气设备的选择

电气设备名称	0类	Ⅰ类	Ⅱ类
配电装置和控制装置	封闭型	F1级防腐型	F2级防腐型
电力变压器	普通型或全封闭型	全封闭型或防腐型	—
控制电器和仪表	保护型、封闭型或密闭型	F1级防腐型	F2级防腐型
灯具	普通型或防水防尘型	防腐型	
电线	塑料绝缘电线	橡皮绝缘电线或塑料护套电线	
电缆	塑料护套电力电缆		
电缆桥架	普通型	F1级防腐型	F2级防腐型

针对自然环境条件设备及管材选型

1.环境的污秽等级。

线路和发电厂、变电所污秽分级标准

污秽等级	污秽特征	盐密(mg/cm²)	
		线路	发电厂、变电所
0	大气清洁地区及离海岸盐场50 km以上无明显污秽地区	≤0.03	—
Ⅰ	大气轻度污秽地区，工业区和人口低密集区,离海岸盐场10~50 km地区，在污闪季节中干燥少雾(含毛毛雨)或雨量较多时	>0.03~0.06	≤0.06
Ⅱ	大气中等污秽地区,轻盐碱和炉烟污秽地区,离海岸盐场3~10 km地区，在污闪季节中潮湿多雾(含毛毛雨)但雨量较少时	>0.06~0.10	>0.06~0.10
Ⅲ	大气污染较严重地区,重雾和重盐碱地区,近海岸盐场1~3 km地区,工业与人口密度较大地区，离化学污染源和炉烟污秽300~1 500 m的较严重污秽地区	>0.10~0.25	>0.10~0.25
Ⅳ	大气特别严重污染地区，离海岸盐场1 km以内,离化学污染源和炉烟污秽300 m以内的地区	>0.25~0.35	>0.25~0.35

针对自然环境条件设备及管材选型

2.防腐蚀。

大气腐蚀环境分类和防腐等级表

大气腐蚀环境类别	单位面积上质量和厚度损失(经第1年暴露后)		温性气候下的典型环境案例(仅供参考)		大气腐蚀环境下的防腐等级				
	低碳钢		外部	内部	使用年限5年	使用年限5~10年	使用年限10~20年	使用年限20~30年	使用年限30~50年
	质量损失	厚度损失							
	(g·m²)	(μx)							
C1很低	≤10	≤1.3	—	加热的建筑物内部，空气洁净，如办公室、商店、学校和宾馆等	—	普通A级	普通B级	加强级	特加强级
C2低	100~200	1.3~25	低污染水平的大气，大部分是乡村地带	冷凝有可能发生的未加热的建筑，如库房、地下室、体育馆等	普通A级	普通B级	加强级	特加强级	重防腐A级
C3中	200~300	25~50	城市和工业大气，中等的二氧化硫污染以及低盐度沿海区域	高温度和有些空气污染的生产厂房内，如食品加工厂、洗衣场、酒厂、乳制品工厂等	普通B级	加强级	特加强级	重防腐A级	重防腐B级
C4高	400~650	50~80	中等含盐度的工业区和沿海区域	如化工厂、游泳池、沿海船舶和造船厂和沿海地区的各类建筑等	特加强级	特加强级	重防腐A级	重防腐B级	*
C5-I很高(工业)	650~1 500	80~200	高湿度和恶劣大气的工业区域	冷凝和高污染持续发生和存在的建筑和区域，如高湿度的地下人防工程内部等	特加强级	重防腐A级	重防腐B级	*	*
C5-M很高(海洋)	650~1 500	80~200	高含盐度的沿海和海上区域	冷凝和高污染持续发生和存在的建筑和区域，如位于海岛或海上的各类建筑、构筑物内部等	特加强级	重防腐A级	重防腐B级	*	*

注：本表中“*”表示本图集中未包含该做法，设计中需根据工程实际情况，由专业厂家或科研机构配合确定。

针对自然环境条件设备及管材选型

1. 虫害（白蚁、鼠类）。
   (1) 电缆沟、入户管路做好密封处理。
   (2) PVC管选硬质管材；电缆选用相应的外护套。
   (3) 喷洒药水、预埋药物。具体做法同土建，在电气进出线管路处加强。
   (4) 必要时选用防白蚁电缆(价格增加约10%)。
2. 地质（膨胀土、湿陷土地区）。
   (1) 电缆井、沟、隧道等的标准图集做法不适用于湿陷性土、膨胀土地区，这类地区需要请结构专业做专门的防沉降处理。
   (2) 在膨胀土、湿陷土地区，室外电气线路尽量选用铠装电缆直埋的做法，电缆S形敷设并留有一定余量。
3. 结合使用习惯和维修条件选型。

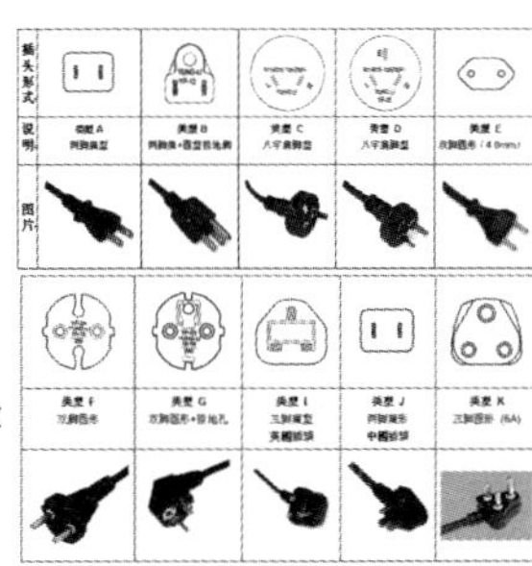

针对自然环境条件设备及管材选型

4. 警示语、标识文字等应选用当地官方语言。
5. 发电机组容量、品牌，考虑当地保养维修条件。
6. 导体安全颜色，同一个项目应标准一致。

- 外方审查内容

1. 明确中外双方的设计分工和设计接口。
2. 准确反映系统配置、设计标准。
3. 与外方规范、习惯做法不一致的地方要进行介绍和沟通，达成一致意见并写入会议纪要。
4. 对外方新提出的超出设计合同的内容和设计标准，要向我方项目经理及时汇报，集体研究解决方案。

世界部分国家和地区对三相导线的颜色要求标准

地区	A相	B相	C相	中性线	地线
中国	黄	绿	红	蓝	黄绿条纹
欧洲（包括英国 IEC 60446）、中国香港、（其他一些国家）	棕	黑	灰	蓝	黄绿条纹
欧洲过去（各国不同）	棕或黑	黑或棕	黑或棕	蓝	黄绿条纹
印度	红	黄	蓝	黑	绿
马来西亚、南非	红	黄	蓝	黑	黄绿条纹（1970 年前为绿）
澳大利亚、新西兰	红	白（以前为黄）	蓝	黑	黄绿条纹（旧设施为绿）
美国大部分地区	黑	红	蓝	白或灰	绿、黄绿条纹、裸露铜线
美国部分地区	棕	橙	黄	白或灰	绿
加拿大强制性使用	红	黑	蓝	白	绿或裸露铜线
加拿大一些独立的三相电设备	橙	棕	黄	白	绿

移交援外项目资料应注意的一些问题

1. 资料整理和组卷不规范。

案卷封面上资料类别和案卷题名填写出错，卷内目录与内容不相符合，存在有目录无内容，有内容未编写目录的现象，有些缺少卷内备考表。

2. 签字盖章不规范、不完善。

施工组织设计、监理规划等资料无审核人签字或机打签字，有些图纸、地勘报告、见证记录等未盖专用章、有些资料存在没有授权代签字现象。

3. 部分移交资料不是原件。

开工报告、报审报验表、试验证明材料、工程款拨付审批单、图纸等资料有些是复印件或扫描件。

4. 记录和表格填写不规范、不完整。

部分移交资料存在漏报和缺项以及错报等现象，例如：部分技术交底记录、设计变更洽商记录不完整，施工合同管理事项审核记录，施工日志、监理日志及入场人员、机械、材料核验记录填写过于简单，有些设计变更未在竣工图纸上标注，有些表格使用不正确，光盘内容中文标识不清楚等。

5. 施工试验记录不规范。

由本单位自己的试验室做的试验，有些无国内认证机构的授权和委托书，部分试验批次过少不规范等。

12.4 施工配合

援外工程涉及对外接口多，起草文件多，建设管理手续烦琐，工程进展每个环节都要有管理和服务。配合施工招标，填写《主要设备材料清单及技术规范书》，把控经济造价，依据现场自然环境条件制定特殊技术方案，设计师应充分认识设计变更带来的风险，对工程遇见问题，及时处理。

援外工程设计管理特点

1. 全过程管理。

对援外工程来说，项目管理是一种全过程的。组团赴受援国考察、完成初步设计和施工图两个阶段的设计、国内审查、组织翻译、递交国外审查、编制标书、参与评标、派遣设计代表、处理施工中出现的各种工程问题、参加竣工验收、组织编制竣工图、签订各种合同文件和协议、办理财务结算等，从头至尾，工程进展的每一步、每一个环节，都要有管理和服务。

2. 涉及对外接口多，起草文件多。

对内：任务下达单位、监理单位、施工单位、咨询单位。对外：我国驻项目所在地使领馆、受援国项目归口管理部门、直接承担单位,以及驻现场的施工单位。

3. 援外工程前期管理手续烦琐。

起草考察对内总承包合同、对外设计考察合同，考察组人员组成,协办考察组成员护照,与驻地使馆联系安排食宿及行程，考察组行前汇报,为考察组准备用品,商定行程路线,组织体检和卫生免疫、订购机票,办理考察费用结算直到送考察组出行、办理履约保证金等一系列工作，都需要管理人员协调和组织。

4. 费用结算。

每一项费用的结算,都要首先办理对外结算后，办理对内结算。账单的编制要经过商务部反复审核，特别是中国银行的对外结算单，需要复写而成,还要到外单位请翻译协助编制,稍有不对的地方都需要整份账单重新编制。

确定技术方案

一、编制主要设备材料清单及技术规范书

1. 配合施工招标，填写《主要设备材料清单及技术规范书》，列明主要设备的规格和主要技术参数、适用技术标准等。
2. 技术标准应是最新版本，产品选型应在规定范围里。

二、依据现场自然环境条件制定特殊技术方案

1. 说明医疗工艺、体育工艺、智能化、扩声音响等专项工程的设计内容、范围、土建施工及安装工艺要求等。
2. 对施工中可能遇到的问题以及需要注意的事项进行说明，包括施工临时用电电源情况及供电措施；防雷、腐蚀、虫害情况及应对措施等。
3. 结合项目特点及环境条件，对施工中可能遇到的问题以及需要注意的事项进行说明。

变更

一、一般性设计变更

1. 对设计文件进行零星修改和补充。
2. 重大设计变更。
   (1) 对项目规模、建筑装修标准、结构形式、建筑物使用功能、系统能力或容量和建筑物安全设计做出改变。
   (2) 中外双方职责分工做出调整。
   (3) 尊重受援国提出的设计变更要求，通过调查核实后，对设计文件进行修改，并报项目管理方审批。

二、变更响应速度

1. 应考虑时差。
2. 可能要结合现场情况，各方多次沟通。

三、设计变更风险

援外项目涉及的风险因素主要包括5类：

1. 政治外交风险、业主责任风险、不可抗力风险、设计变更风险、经营性风险。
2. 设计变更风险是指因勘察设计或管理失误、缺陷、错漏等对项目实施造成的影响。设计变更风险需由项目管理企业承担。
3. 设计变更风险赔付资金来源。
4. 不可预见费、职业责任保险、履约保函、尚未结算的合同价款。
5. 一旦发生职业责任险赔付，按相关规定将取消项目管理企业承担援外项目管理任务资格。如不启动职业责任险，造成的损失由相关责任部门赔偿。

变更

四、重大设计变更的申报和认定程序

1. 根据受援国政府或相关部门要求、或现场实际情况，中方设计代表与施工监理组和施工技术组共同研究后，提出设计变更方案，并经施工技术组长和施工监理组组长签署意见后报设计企业。
2. 设计企业经过分析、研究、论证后，认为设计代表报送的设计变更方案具有技术必要性和可行性，应提出设计变更的建议，编制相应的设计文件（包括补充概算），并报受托管理机构审核。
3. 根据受援国政府或相关部门要求，设计企业可直接提出设计变更方案，编制相应的设计文件（包括补充概算），并报受托管理机构审核。
4. 受托管理机构委托设计监理（设计审查）企业对设计变更事项进行经济技术审核后，提出初步处理意见报相关部门审批。
5. 重大设计变更报告应包括内容：变更的原因和必要性，重大设计变更界定依据，设计变更处理方案和编制相应设计修改文件的概算书。
6. 对于批准的重大设计变更，设计企业需及时与受援国有关机构办理确认手续。未经受援国有关机构确认的重大设计变更，施工企业不得组织施工。
7. 在援外工作面临新情况时，设计代表要高度重视受援国提出设计修改的要求意见，确保项目竣工后顺利通过移交。
8. 准确了解受援国提出修改意见，需进行调查研究，精确向国内汇报情况。
9. 必须遵守受援国执行的规范和有关制度的规定，处理好受援国提出来的设计修改意见。

变更

五、一般性设计变更审批程序

1. 现场设计代表或施工技术组提出一般性设计变更申请，报现场施工监理组审核。
2. 施工监理组同意并经三方洽商达成一致意见后，由设计代表报设计企业复核。
3. 设计企业在接到设计变更申请后2个工作日内出具书面复核意见，复核同意的变更事项由现场施工监理组审定并签批洽商通知单生效，施工技术组据此组织施工。
4. 设计监理企业接到变更备案后应在2个工作日内完成复核，发现问题立即向相关部门反映，否则视为同意。
5. 实施一般性设计变更所需费用按有关合同规定处理。

小结

援外项目是中国应该履行的大国责任，也是中国企业“走出去”的有益途径，并通过援外项目彰显中国价值。设计师必须明确项目定位，项目规模和功能要求，设计分工、接口，采用中国规范和相关标准情况，充分考虑当地电源可靠性、温度、湿度、海拔高度等条件，并对贯彻和落实设计原则情况、设计文件内容及设计文件深度要求、针对当地市政情况和自然环境条件进行设备及管材选型以及外方审查内容等方面应予以关注，对施工中可能遇到的问题以及需要注意的事项进行说明。

The End

参 考 文 献

［1］北京市建筑设计研究院有限公司．建筑电气专业技术措施：第二版［M］．北京：中国建筑工业出版社，2016.

［2］中国标准设计研究院．体育建筑专用弱电系统设计安装：06X701［M］．北京：中国计划出版社，2006.

［3］中国标准设计研究院．医疗建筑电气设计与安装：19D706-2［M］．北京：中国计划出版社，2019.

［4］中国标准设计研究院．柴油发电机组设计与安装：15D202-2［M］．北京：中国计划出版社，2015.

［5］孙成群．建筑工程设计编制深度实例范本——建筑智能化［M］．北京：中国建筑工业出版社，2019.

［6］孙成群．建筑工程设计编制深度实例范本——建筑电气：第三版［M］．北京：中国建筑工业出版社，2017.

［7］孙成群．建筑电气设计与施工资料集——工程系统模型［M］．北京：中国电力出版社，2019.

［8］孙成群．建筑电气设计与施工资料集——技术数据［M］．北京：中国电力出版社，2013.

［9］孙成群．建筑电气设计与施工资料集——设备选型［M］．北京：中国电力出版社，2013.

［10］孙成群．建筑电气设计与施工资料集——设备安装［M］．北京：中国电力出版社，2013.

［11］孙成群．建筑电气设计与施工资料集——常见问题解析［M］．北京：中国电力出版社，2014.

免费兑换增值服务说明

为了给消防从业人员提供更优质、更专业的服务，凡购买正版《建筑电气关键技术设计实践》的读者，可登录中国工程建设标准知识服务库——“工标库”，免费获取本库资源。

1.“工标库”简介：

“工标库”由中国计划出版社权威推出。本库聚焦工程建设领域，全面收录业内标准规范、服务资讯、工程术语、视频音频等资源，倾力打造内容丰富、专业可靠、更新及时、便捷实用的标准资源数据体系，旨在为我国工程从业人员提供优质、专业的服务。本库主要特色有标准随用随查、标准关联查询、全（条）文检索、强制性条文聚合、条文说明整合、标准资源对比、术语查询、知识库管理、标准定制追踪。

2. 如何兑换增值服务：

第 1 步：扫描封面或下方二维码，关注“工标库”微信公众号。

第 2 步：点击菜单栏“我的服务”—“开通会员”—“邀请码兑换”，刮开封面防伪涂层，输入 20 位数字进行兑换。

表面效果

刮开效果

注：用户可免费获取“工标库”（含官网 www.gongbiaoku.com 和微信小程序）资源。兑换过程中如有问题，请及时与我社联系。

客服电话：010-63906432（周一至周五 9:00—17:00）

客服 QQ：1799386205

网上增值服务如有不完善之处，敬请广大读者谅解。欢迎提出宝贵意见和建议，感谢关注“工标库”！